The Logic
of Life
The Outline of the Integron Theory
of the Living System

白书农

/ 著

整合子生命观概论

生命的逻辑

北京大学出版社
PEKING UNIVERSITY PRESS

图书在版编目（CIP）数据

生命的逻辑：整合子生命观概论/白书农著. —北京：北京大学出版社，2023.12
ISBN 978-7-301-34668-6

Ⅰ.①生…　Ⅱ.①白…　Ⅲ.①生命科学－普及读物　Ⅳ.①Q1-0

中国国家版本馆 CIP 数据核字（2023）第 225068 号

书　　　　名	生命的逻辑：整合子生命观概论	
	SHENGMING DE LUOJI: ZHENGHEZI SHENGMINGGUAN GAILUN	
著作责任者	白书农　著	
责 任 编 辑	王斯宇	
标 准 书 号	ISBN 978-7-301-34668-6	
出 版 发 行	北京大学出版社	
地　　　　址	北京市海淀区成府路 205 号　　100871	
网　　　　址	http://www.pup.cn　　新浪微博:@北京大学出版社	
电 子 邮 箱	编辑部 lk2@pup.cn　　总编室 zpup@pup.cn	
电　　　　话	邮购部 010-62752015　发行部 010-62750672　编辑部 010-62764976	
印 刷 者	北京市科星印刷有限责任公司	
经 销 者	新华书店	
	787 毫米×980 毫米　16 开本　23.5 印张　598 千字	
	2023 年 12 月第 1 版　2024 年 11 月第 2 次印刷	
定　　　　价	79.00 元	

此书献给

我安息的父母白诗甫、李微，他们的养育让我形成了独立思考、自我反省和不争的习惯。

我善良的妻子包勤，她的聪明能干让我可以在"不争"的情况下，享受在舒适的生活氛围中思考。

我的恩师许智宏先生，他先委托我代管他在北京大学的实验室，让我有机会来北京大学工作；后来他在北京大学做校长，又让我可以在他这棵大树的荫蔽下，享受免于世俗纷争的清净。

我工作时间最长的北京大学，在这里，我有机会遇到各种优秀的学者和学生。没有与他们的交流，这本书背后的思考就不可能发生。

我可爱的小孙女白亦青，在我思考人类与其他生物的区别面临困惑时，这个小天使的降临，让我有机会近距离地观察，一个单纯的生物体如何在与周围的人发生双向整合的过程中，逐渐成为一个社会成员。在发现整合的概念可以有效地用来解释人类的个体乃至社会行为的时候，我对整合子概念，乃至整合子生命观的合理性和有效性就更有信心了。

前　言

　　和现在很多年轻人以为是天经地义的规划人生的经历不同,我的职业生涯一直是"被选择"的。作为"文化大革命"之后1977年首次高考的参与者,我没有被自己报考的理工科学校录取(说法之一是因为"政审"),却被当时安徽农学院的一位招生老师因好奇档案袋上我的名字而选中。当我得知自己被农学院录取时,特别失望——因为在高中阶段,我很受老师们的赏识,文科、理科的老师都说我可以去选择他们认为的好专业,我也认为我可以根据国家需要而选择任何专业,可是从来没有想过这些"专业"中应该还包括我名字中的"农"。其实,不只是没有考虑到学农,我连生物和有机化学都没有考虑过。原因很简单:在一次有机化学课上,老师说淀粉是一种分子。我问老师,淀粉分子的分子量是多大。老师说,大分子的分子量是不确定的。我当时在心里非常鄙夷地嘀咕,连分子量都搞不清楚,怎么配叫"分子"? 研究这种"分子"的学科怎么配叫"科学"? ——当时"科学"在我的心目中都是精确的、可用数学公式描述的、可以预测结果的。可是40多年后回顾自己的生活经历,我由衷地感谢当时那位招生老师。如果不是他的选择,我恐怕此生将与生物学研究的经历失之交臂。如果是那样的话,我恐怕将永远没有机会真正地理解自身、理解自己所生活的这个世界——因为说到底,人是生物!

　　在我的职业生涯中,身边的绝大多数同事对待他们的工作都是非常职业化的。虽然他们以各种不同的生物或者生命分子为研究对象,但是极少有人有兴趣讨论"生命是什么"这样抽象的问题。大家都很忙。忙着写项目申请,指导学生实验,写论文发表,参加各种会议以让别人了解自己的工作,参加各种聚会寻求获得资助的机会以便有更多的经费做更大的实验、发高影响因子的论文……很多人在他们不同的职业发展阶段,以能发多少文章、获得多少经费、能否按部就班地戴上各种"帽子"、获得什么奖项来评估自己事业的成败。讨论"生命是什么"这类问题对大多数同事而言,都是闲人聊的闲话。大家没有时间浪费在这样没有用的闲事上。这种氛围下,对于学生而言,生命科学专业是一个介乎文科和理科之间的专业——要动手做实验,这像理科(高考也归理科);可是没有如同物理那样严格的推理系统,所有的知识都要靠背——本科生的学习大部分也的确可以靠考试前的刷夜背书来得到好的GPA(绩点),这被大家认为是文科的秘诀(文科生其实并不认同这种标签)。

　　在我个人成长过程中,或许是因为家庭和时代的原因,上大学时,常常会问老师"为什么"。对那些说不出"为什么"的课程,如栽培育种课,老师就是告诉大家怎么做;一问为什么,就说是"生物学本性",可是什么是"生物学本性"呢? 老师答不上来,我也就对这样的课没有兴趣。最后,只有一门由焦德茂老师主讲的"植物生理学"课程让我感到是讲道理的课。我对这门课的喜欢,让我在本科学习期间读了当时能买到的各种新引进的国外植物生理学教材,毕业后,又选择植物生理方向去读了研究生,最后走上了植物研究的职业道路。大概是因为这样的个性,当我看到我的同事们专注于项目申请、实验和论文;学生们背诵各种概念和反应、在实验台前忙忙碌碌地做实验时,我总想,难道生物学就该是这样一个"鸡零狗碎"的大拼盘,甚至如很多人常常以过来人身份挂在嘴上的"生物学规律永远有例外"? 如果生物学没有规律,为什么有那么多内在的联系? 如果生物学没有规律,我们这些人都在研究什么？如果生物学没有规律，她配被视为一门"科学"吗？我这种做了一辈子植物生物学研究的人还配自己小时候崇敬的"科学家"这样一个称号吗？

有人会说，现代生物学的逻辑体系不是很清楚吗？达尔文的演化理论和基于 DNA 双螺旋的中心法则，不是得到了汗牛充栋的证据支持，并因此在描述地球生物圈中生命之树及其由来方面形成了标准答案吗？从遥感卫星到原子力显微镜，从基因测序、蛋白质结构解析到各种大数据分析，生命科学不是成了 21 世纪汇聚数理化各个学科精英的前沿科学，要取代物理科学在 20 世纪之前在科学领域中的地位了吗？为什么还要对生物学有没有内在规律提出疑问呢？

我的同行朋友们有时在聊天中会自我调侃，说现在的教授是"有知识没文化"。这里的"没文化"主要是说无暇去了解诗词歌赋、琴棋书画这些传统社会文人雅士挂在嘴边的东西。但"知识"呢？其实大家绝大部分的时间是在读杂志上发表的最新文献。很多教授除了在做学生时浮光掠影地读过一些历史上具有重要影响力的学者的著作之外，很少会重读一些令当今生物学概念框架得以构建的经典著作，更不要说对其中的论述进行反思了。我其实也是读书很少的人。之前做研究生时读过一些，1994 年回国主持实验室之后就很少读了。直到 2006 年结识芝加哥大学龙漫远教授和 2008 年结识我们学院的陶乐天教授之后，才在这两位学识渊博的学者的影响下，开始重拾学生时代每天抽十几二十分钟时间读书的习惯（读研究生时是在晚上睡觉前，现在是早晨起床后）。

在我思考性别问题时，漫远送我一本他曾经读过的 Ronald Fisher 的代表性著作 The Genetic Theorem of Nature Selection。我认真地读了该书的一部分。我注意到，Fisher 在书中仔细分析了达尔文理论中"演化"和"自然选择"两个概念的关系。我们学生物的人从读书时开始，就耳濡目染地以为"演化"就是"自然选择"的过程。可是，作为在达尔文儿子直接帮助下成长起来的 Fisher，在他著作的开篇就评价说，"自然选择"不是演化（Natural selection is not evolution）。他认为，在孟德尔发现遗传因子分布的统计规律之后，达尔文提出的融合遗传理论就不再成立。而建立在融合遗传理论基础上的有关性状变化的生理机制、突变的控制机制、影响演化方向力量的逻辑前提也就不复存在。在达尔文的演化理论中，只有"自然选择"仍然具有生命力。可是，他发现，在过去的演化研究中，只是将"自然选择"作为抽象的演化动力来讨论，而几乎从未将"自然选择"作为一个具体的科学问题来研究。他因此在孟德尔发现遗传因子的前提下，把遗传因子作为"自然选择"中被选择的演化要素（evolutionary agency）来进行系统的研究。对前辈的尊敬并不等同于盲从。他对"自然选择"和"演化"这两个概念之间关系的质疑，以及对遗传变异在代际及居群中的分布方式的分析，让他成为拯救达尔文演化理论的"现代综合演化论（modern synthesis）"的奠基者之一。而"现代综合演化论"为把达尔文的演化思想和源于孟德尔的遗传因子、盛于摩尔根的染色体、成于沃森与克里克的 DNA 双螺旋模型的基因理论进行整合提供了可能性。这使得现代演化论的研究对象，从达尔文时代的个体性状，转而成为基因的变异、创新与分布。可是基因就代表了"生命"吗？可以说"生命是基因"、基因的规律就是生命的规律吗？

2019 年夏天，我读了一本由 John Brockman 编辑、出版于 2016 年的名为 Life：The Leading Edge of Evolutionary Biology, Genetics, Anthropology, and Environmental Science 的书。该书是一本访谈集。访谈对象是当今最著名的生物学家。我读此书是希望了解在这些权威的眼中，"生命"是什么。给我留下非常深刻的印象是，虽然有人，如 Robert Shapiro，提出一些不同的看法，但整本书反映出来的大家对生命的解读，都是以"基因"为中心的。《自私的基因》作者 Richard Dawkins 更是直言不讳地主张基因中心论。可是问题在于，基因是从哪里来的呢？一瓶 DNA 摆在那里，能被看作是"生命"吗？Craig Venter 说，他把一个细菌的 DNA 放到另外一个细菌中，那个 DNA 受体细菌就具备了供体细菌的特征而不再具备本来的特征。他把这个结果作为支持基因中心论的证据。按照中心法则，的确是 DNA 在指导蛋白质的合成，可是 DNA 自身的合成又非蛋白质不可。那么 DNA 和蛋白质之间的关系最初是怎么构建起来的呢？最初让 DNA 指导蛋白质合成的环境是什么？到哪里能找到类似 Venter 的受体细菌那样的解读 DNA 信息"工场"呢？如果没有这个在基因中心论的表述中语焉不详可实际上是不可或缺的"工场"，那瓶 DNA 可以被看作是"活"的吗？可以与"生命"画等号吗？通读此书，没有找到我希望的答案。但我感觉到在很多人宣扬地球生命来自外太空的观点的背后可能有一个说不出口的动机，即为自己无法解释地球上 DNA 的来源找台阶下，把这个难题推给谁也说不清楚的外太空。这么多顶级的生物学家在"生命是什么"这个问题上都没有给出有说服力的回答，连对象都还没有清楚的定义，还说什么规律？

　　Edge 是一个网站。John Brockman 是一名编辑。有人可能会认为他编辑的小册子虽然访谈对象都是著名专家，但算不上"学术"著作，不足为凭。可是我的另外一些经历，却让我觉得，*Life* 一书中的主流观点所引发的问题和质疑，可能并不是凭空臆想。

　　在这些经历中，首先要提到的，是我 1998 年入职北京大学（以下简称"北大"）两年后，应刚回国不久的樊启昶教授的邀请，参加他开设的"发育生物学"课程。传统的发育生物学基本上只讲动物发育。但樊老师认为，发育作为多细胞生物的一种生命现象，不仅在动物上出现，在植物上也出现。两类多细胞生物的形态建成策略如此不同，其中有哪些相似的、哪些不同的特点，为什么，都是值得探索的。把植物发育和动物发育放在一起教给学生，应该可以帮助他们拓宽视野，激发探索的热情。和樊老师一起上课，不知道学生从中学到多少，我的探索激情真是被他给激发了。樊老师对生命现象有他独特的思考。我在参加他《发育生物学原理》一书的编著时，和他有很多讨论。其中给我印象最深的，是一次他提到，动植物形态建成策略的区别，在于它们营养方式的不同，动物是异养而植物是自养。我的专业学习过程中涉及的都是生理过程、基因表达等等，第一次听到对动植物形态建成策略差别那么复杂的问题，居然可以这么"简单粗暴"地解释，当时的感觉是震撼的。但是反过来想，可不就是这样吗？在他的影响下，进一步了解了动物发育的特点之后，又加上 2005 年受中国科学院植物研究所孔宏智研究员邀请参加了一个植物演化的研讨会，我开始思考一些过去从来没有想过的问题：为什么多细胞生物的发育都是单向的？生命的演化是一个自发过程吗？如果是自发过程，是不是应该服从热力学第二定律呢？虽然薛定谔用"负熵"来解释生命系统的自组织过程看似符合热力学第二定律，产生负熵的自组织生物结构都能被看作是"活"的吗？Prigogine 曾经认为他所提出的耗散结构理论可以解释包括生命系统在内的复杂系统的自组织机制，很多人也都认为耗散结构理论解决了生命系统复杂性的问题。可是如果是那样的话，如同台风这样的自组织复杂系统都可以被看作是"活"的生命系统吗？在负熵和耗散结构的概念框架中，生命系统和非生命系统的边界在哪里呢？而且在这语境中，基因在什么地方？

　　北大的好处是综合性。我当时特别希望能从蛋白质结构上来推进我们实验室的研究，就向生命学院的同事，做蛋白质结构研究的苏晓东教授求助。他为了帮助我了解蛋白质结构的研究，请我参加他的学生的答辩。后来，因为一些机缘巧合，我于 2003 年参加了由当时还在加州大学旧金山分校的汤超、物理学院欧阳颀、化学学院来鲁华三位教授组织，包括了基于数理化背景而研究生物问题的多位国内外教授的"理论生物学中心"的活动。汤超讲述的他曾经通过蛋白质折叠计算来预测肽段序列可能性的工作，给我留下了非常深刻的印象。这个工作是根据氨基酸的属性预测哪些氨基酸的排列顺序可以形成稳定而可折叠的肽链。在他们的计算中，完全无须考虑 DNA 的存在。换句话说，一段多肽的氨基酸序列是由其能态决定，不依赖于中心法则中所说的作为模板的 DNA！更为神奇的是，在他们通过计算预测可以有效折叠而稳定存在的多肽中，除了一条之外，在数据库中都找得到相应的记录。于是，他和来鲁华教授合作，根据那条没有在数据库找到记录、但预测可以稳定存在的多肽序列进行了合成。结果证明这个预测的多肽果然可以稳定地存在。根据这些"道听途说"的知识，我形成了一个想法，即如果碳骨架组分所形成的复合体的能态比这些组分单独存在时低，那么根据热力学第二定律，组分会沿自由能下降的梯度，自发形成复合体。而如果此时复合体形成是靠分子间力（氢键等分子间弱相互作用），而且如果环境输入能量的扰动，恰好可以打破分子间力，复合体不就解体成为组分，"合成"和"分解"，即最初的"代谢"，不就自发地形成了吗？这不就是最初的"活"吗？考虑到依赖于分子间力所形成的复合体是一种特殊的结构，我把这个过程称为"结构换能量"。我猜，"结构换能量"应该是"活"的过程背后的规律。

　　我能查到的有关这个"结构换能量"想法的最早文字记录是在 2007 年。之后虽然我自己觉得很有道理，也会在上课时常常和学生提到这个想法，但一直感到这还不足以作为一种科学假说，还要再看看。于是在之后和不同人的交流中，就特别关注大家的工作对我所说的"结构换能量"有哪些是支持的，哪些是不支持的。其中，在差不多 10 年时间中参加苏晓东教授实验室的博士生答辩，让我确信，有功能的蛋白结构的形成中，分子间力扮演决定性的作用。在北京大学理论生物学中心（后来改名为定量生物学中心）的学术活动中我发现，物理学家、化学家们所谈论的生命现象，也都是各种结构和能量的关系。这也让我愈发感到我的"结构换能量"的想法不至于是无稽之谈。我也曾经和这些朋友们聊过这个想法，可大多数人都不置可否。或许是问题太抽象了？还是自己的"结构换能量"的想法不值一提？

　　2013 年，应漫远之邀，我去芝加哥做了一个月的访问。在那段时间，常常和漫远海阔天空地聊天。他的渊博的学识让我由衷仰慕，而举重若轻、幽默风趣的个性又让我非常喜欢。他从不以自己是新基因的发现者并因此成为该领域的国际引领者自矜，不断和喜欢探讨未知世界的人，包括他的学生平等地交流。在我离开芝加哥时，他送我他喜欢的 Francois Jacob 的两本书，*The Logic of Life* 和 *The Status Within*。Jacob 因提出操纵子模型而成为诺贝尔奖得主我是知道的。但之前，我更多地因"文化大革命"期间的大批判而了解和他一起得诺贝尔奖的 Monod 和其《偶然性与必然性》一书。对 Jacob 有兴趣最初还是从已故的顾孝诚老师那里。有一次聊天中，她提到，Jacob 曾经在 *Science* 杂志上发表过一篇文章，说演化是一个类似补锅匠的修修补补的过程。什么东西顺手就用什么。我觉得这是一个非常智慧的想法。拿到漫远送我的书，回国第一件事就是通读 *The Logic of Life*。读完全书，我发现其结语的标题 Integron 一词不认识。字典中也查不到。我根据他在结语中所讨论的内容和他与他的同事提出"操纵子"——operon——一词的造字原则，推测这个词应该是用 integrate 的前 6 个字母加"on"而造出来的。因此可以被翻译为"整合子"，表示因相互作用而存在的现象。在这个结语中所描述的很多现象，包括它们的形成过程，和我说的"结构换能量"过程有很多相似之处。读完这本书，我在 2014 年初产生了一个冲动，即动手尝试以"结构换能量"为基本原理,重建生命之树自发形成的演化过程。结果发现,从前细胞到细胞再到人类智能,不同形式的生命系统存在方式与演化创新好像的确可以从"结构换能量"原理出发来给出统一的解释。

2014 年 5 月,汤超邀请他的中国科学技术大学校友,现在复旦大学的陈平教授到定量中心来讲他怎么用复杂系统理论解释人类社会的经济现象。陈平在中国科学技术大学本科毕业后,在"文革"期间到基层工作。改革开放后曾参与 1978 年全国科技大会的组织服务工作,之后去美国。自 1981 年起,师从当时已经从比利时移民美国的 Prigogine 从事复杂系统的研究。从读博士到成为同事,直至 2002 年,历时 21 年。他讲的经济我是听不懂的。但他师从 Prigogine 的经历,让我感到是不是可以请他听我讲讲"结构换能量",看看他有什么评论和建议。出乎我的预料之外,他对我的想法大加赞赏,鼓励我一定要把它写出来发表。我告诉他说,我觉得要把一个想法变成学术性的论文,要么得有实验证据,要么得有数学表述。"结构换能量"我没法做实验,而我的数学很差,也没有能力去写一个数学表述。他说,数学很简单,你可以把你的想法写给我,我给你试试。虽然他回复旦之后,一直忙于其他事情而没有帮我写数学表述,但他的鼓励却给了我把这件事情向前推进的动力。

陈平的鼓励让我决定找懂生物的数学家,看看能不能得到他们的帮助。又得感谢北大。当时在哈佛大学任教的谢晓亮应北大之邀,在北大组织了一个生物影像中心(BIOPIC),招募了一批年轻有为的数理化和生物学家,尝试用新的方法来开展新的生物学研究。苏晓东教授因为其物理学和生物学的双重背景而被选做 BIOPIC 的常务副主任。由于晓东是生科院很少的几位喜欢和我聊生命起源和生命本质的朋友之一,我就和他谈了我的想法。他建议说可以和在 BIOPIC 兼职的北大国际数学中心的葛颢聊聊。从晓东处我得知,葛颢在北大数学系获得学士和博士学位后,在美国西雅图的华盛顿大学钱纮教授那里做博士后,从事物理、化学、生物过程的随机数学模型的研究。对复杂生物过程的数学描述和解析有很高的造诣。通过他的介绍,我和葛颢聊了"结构换能量"的想法以及希望能把这个想法做一个数学描述的需求。很快,葛颢告诉我,可以做,并且很快给出了几个数学公式。这实在让我喜出望外! 有了数学描述,"结构换能量"的想法就有了"科学假说"的样子了。于是,我就和葛颢一起,把我们能够想到的,写了一篇论文的初稿。为了核实我们在文章中提到的,在"复合体"基础上是不是有可能自发形成共价键,我还特地请教了当时同在定量生物学中心的化学学院的刘志荣教授。他告诉我很多催化剂的反应机制,就是纳米表面降低共价键形成所需要克服的势垒。这给了我很大的信心。到 2014 年底,初稿写成了。我也把我们的想法在定量中心的例行午餐会上向大家做了报告。欧阳颀表示,没想到一个做生物研究的,会提出这么抽象的问题。可是,也有老师提出,"结构换能量"过程在很多化学反应中都可以观察到,怎么可以说是一个"活"的过程呢? 大家的反应,让我觉得我们的文章要发表,恐怕需要更多的思考。

新的一个机会又来了。2015 年暑假,定量中心邀请葛颢的博士后导师,西雅图华盛顿大学的钱纮教授来给学生上课。钱纮的经历非常独特:本科是北大的天体物理专业,博士是圣路易斯华盛顿大学的生物化学专业(他的导师 Elliot Elson 后来成为美国科学院院士)。之后做了两轮博士后,一轮在俄勒冈大学跟随美国最早做蛋白质结构研究的学者之一,美国科学院院士 John Schellman 做蛋白质折叠的机制研究;另一轮是在加州理工学院跟随另外一位美国科学院院士 John Hopfield 做计算生物学。现在是华盛顿大学应用数学系的讲座教授,从学历上横跨数理化生四大学科。周围的朋友谈起他都表示出一种崇敬之情。我之前听过一次钱纮的讲座，半懂不懂。和葛颢合作之后，对他们的语言有了更多的了解。我想，去听听他的课或许能懂得更多一些。一天的课听下来，感觉他的思路与我和葛颢在写的文章有很多相似之处。于是约他来我办公室专门谈了一下。他对我和葛颢在写的文章表示出兴趣。于是，又约葛颢来一起讨论了一下文章的具体内容。他当时就提出了我们原来没有注意到的一个特点，即复合体的形成过程和解体过程从能量的形式上是两个属性不同的过程，因此，"结构换能量"的过程，本质上是一个不可逆的循环过程。我觉得他提出的观点非常重要。于是征求他的意见，看他能否加入我们，一起来写这篇文章。钱纮是一个很严谨的人。他当时没有给我确切的回复，只是答应回去看看我们的稿子。看来这个稿子对他还是有吸引力。他回到美国之后，就在电子邮件中不断地问我，有没有读过这个人的书、那个人的文章。天哪，这些都是我从来没有接触和了解过的人和观点！在之后的一年中，我一直在加班加点地完成钱纮给我布置的"家庭作业"——读各种不同的文献。这个过程大大地开拓了我的视野，开始了解那些关心生命本质和生命起源问题的物理学家、化学家们是怎么看待和解释这些问题的——当然，也领教了钱纮的学识渊博！在钱纮和我就相关文章和书的交流过程中，他在 2016 年开始正式加入有关"结构换能量"文章的写作。文章的前言部分的逻辑框架——从物理、化学、实验生物学等不同方面对生命本质及其起源问题的研究的回顾，包括后面讨论中的主要内容，都是按照他的意见来构建的。经过两年的努力，这篇文章终于以 Structure for energy cycle: A unique status of the second law of thermodynamics for living systems 为题，发表在《中国科学（英文版）》（*Science China Life Science*）。

在合作完成了"结构换能量循环"的论文之外，还有一件事情让我深得钱纮的教益。2016 年我在我的同事与好朋友李沉简教授（当时任我们学院分管本科教学的副院长）的激将法下，在暑假学期开设了一门另类的生物学通选课——生命的逻辑。课后学生的反响不错，但要求把学时从 24（1.5 学分）增加到 32（2 学分）。可是如果增加 8 个学时，我的课件该怎么调整呢？考虑到我从漫远和钱纮那里得到了那么多教益，我想，何不借此机会，让同学们也能面对面地感受大师的风采？于是我向沉简提出申请，请他资助两位来我的课堂上进行特邀讲座。这个申请得到了他的慷慨支持。于是从 2017 年开始，在这个课上增加了钱纮和龙漫远的特邀讲座。在 2017 年钱纮来上课的期间，我们聊天时他提出了一个问题：如果说数学的原点概念是"数"，物理的原点概念是"质点"，化学的原点概念是"分子"，生物学的原点概念是什么？在听到他的问题之前，我从来没有想过这个问题，也从来没有听到、看到任何其他的人提到类似的问题。我想，恐怕也只有像他这样学历横跨四大学科的"数理化生物学家"有能力和资格来问这样的问题。他的看法是，能不能用"个体（individual）"。可是我觉得这个概念在传统生物学中的内涵与他想表达的意思差别太大；而且英文中 individual 的含义是"不可再分的"，这与我们讨论的结构换能量循环中作为节点的复合体的自发形成和扰动解体的可分可合的动态特点不匹配。我当时没有想到更好的词来表达他所希望提出的生物学原点概念。反复思考（我这个人比较愚钝）之后，在另外一个时间告诉钱纮，我认为前面提到的 Jacob 造的词"整合子"可能是作为生物学原点概念的最佳选择。根据我们对结构换能量循环的论述，这个循环是"活"与"非活"之间的第一条界线，而这个循环是由异质组分所形成的复合体根据"结构换能量"原理而自发形成/扰动解体的动态循环，非常符合 Jacob 提出 integron 一词所希望表达的含义——尽管他在造这个词时所用的例子都是更为复杂的生命现象。因此，整合子之于生物学，应该可以相比于数之于数学、质点之于物理、分子之于化学，成为一个原点概念。有关这个问题，我和钱纮仍然在探讨的过程中。

　　我有勇气在 2016 年开设"生命的逻辑"的课程，其中还有一个重要的背景，即从龙漫远那里了解到，他可以用实验和计算的方法解决一个新基因如何整合到原有的基因网络中，引起新的功能的发生。而且，他的有关人类新基因的研究，让我相信人类演化本质上也服从生命系统演化的一般规律。但在第一次上课的过程中，我并没有涉及基因网络的内容。因为尽管我在自己实验室对雄蕊早期发育过程的分子水平描述的研究中，相信，而且后来也的确发现基因表达网络在发挥重要的作用。可是，基因网络有哪些特点？人们该怎么去研究它？我其实并不了解。2016 年底，从漫远的一次来访，我知道 Barabasi 的 *Linked* 一书对网络科学有很好的介绍。于是，赶快找来这本书，如获至宝！终于可以大致搞明白其中的基本脉络。这对于我梳理生命系统的演化过程有非常重要的帮助。

　　尽管如此，我对于自己基于"结构换能量"原理而构建的生命系统演化过程中，不可回避的中心法则应该在什么位置上其实并不清楚。又是一个意料之外的机缘，让我终于解决了这个问题。这还得感谢钱纮与龙漫远。因为他俩的关系，我认识了敖平。敖平是钱纮的好朋友与合作者。而敖平作为一个转向以生命系统为研究对象的物理学家，近年对演化感兴趣。2018 年 3 月，漫远和在丹麦哥本哈根大学的张国捷等人一起在深圳组织了第一届亚洲演化大会，敖平应邀参会，并在会上做了他的演化动力学的报告。我没有想到，他作为一个物理学家，还真的深入研究过 Ronald Fisher 的 *The Genetic Theorem of Nature Selection*。而且他对 Fisher 非常崇拜！我是因漫远邀请去讲"植物发育单位"的概念框架演化而参会。在会上我和敖平相识并发现有很多共同语言。会后还一直有电子邮件联系交流彼此对感兴趣问题的看法。2018 年底，他发来一个邮件，说他在西雅图的书店中发现一本新书，是宇宙生物学家写的有关生物的书，很有趣。这本书的书名是 *The Equations of Life*。恰好我想看看除了我们在结构换能量循环中提到的几个公式、敖平的演化动力学公式，以及钱纮和他的朋友们的那些对我来说完全是天书的随机方程之外，还有哪些人对用简单的数学形式来描述生命过程有独到之处。于是我赶快让在英国出差的儿子帮我买回这本书，2019 年春节期间就开始看。这的确是一本值得一读的书（已经被我列在给学生推荐的参考书中）。虽然我没有从中找到我所希望的公式，但作者作为宇宙生物学家的完全不同的视角，让我对两件事茅塞顿开：一是搞清楚了长期困扰我的 Barabasi 网络科学中生物网络"节点"的物理意义，二是终于为中心法则在我所梳理的以整合子为中心的生命系统演化过程中找到了一个合理的位置。

　　正是因为有了上述的那么多经历，我才敢在前面提出对基因中心论的质疑。我发现，我们其实可以把现有信息加以梳理和整合，重构出更加合理——即更少循环论证（比如说先有鸡还是先有蛋）、更少自相矛盾（比如纠结病毒算不算有生命）、更少主观推测（比如说生命的宇宙起源）的对于生命本质、起源及其演化历程的解释——即我在"生命的逻辑"课程中介绍的"整合子生命观"。考虑到课程是作为一门通选课，面对各个专业的本科生，虽然讲授的内容都是有根有据的，但构建方式却与主流的生物学教科书相去甚远。从学生学习方便的角度，我觉得如果有一本比较完整的参考书，应该可以为大家提供有益的帮助。另外，近年在一些不同场合的演讲中，我也会介绍我对生命本质的新的理解。为了减少大家误传的可能，写一本书来规范一下自己观点的表述，也不失为一个减少麻烦的方式。但是，我毕竟目前还有其他日常的研究工作要处理。加上其他一些始料不及的原因，信息收集方面变得耗时费力。综合考虑，本书将以概论的形式，把重要的节点概念和它们之间的逻辑关系先构建起来。今后如果有机会，再对这个框架加以充实，为大家提供更加方便的阅读体验。

除了上面提到的朋友之外,本书能够进入写作阶段,还要特别感谢过去七年(2016—2022)选修"生命的逻辑"课程的同学们。没有他们选这门课,我也就无从检验我所构建的概念框架有哪些缺陷和不足——没有检验对象也就无所谓改进。同学们对课程的积极反馈,鼓励我最终决定把讲课内容撰写成书! 尤其要感谢 2020 年选课的同学对本书部分章节所提出的意见和建议[①]。另外,我还要感谢生命科学学院的丁明孝老师。他曾经告诉我,说他一直希望开设一门不同于现在流行的普通生物学的通选课。我告诉他我在准备这门课并希望听听他的意见和建议之后,他不仅给了我非常大的鼓励,而且还为我课件的准备提出了非常有价值的建议。此外,他还把这门课的内容推荐给中国科学院遗传发育所的杨琳博士。从她那里,我得到了大量热情的反馈。这也给我很大的鼓励,特别感谢! 要感谢生命科学学院的罗静初老师。在2017 年,他从头到尾旁听了全部课程,而且还在同学讨论环节给了很多有意义的点评。要感谢苏晓东。在第一次开设"生命的逻辑"课程时,他好几次抽时间来听课,并给出很多建议。在书稿的写作过程中,我在生命科学学院的同事秦咏梅教授对书稿提出了非常重要的修改意见;我在北大实验室的前成员,现在生命科学学院任职的彭宜本博士、在中国人民大学附中任教的李峰博士都为我的书稿提出过非常有价值的建议;我的大学同学,在安徽省宣城地区农业管理机构工作到退休的王世发也对我的文稿给出了热情的鼓励。在此一并表示由衷的感谢。

需要特别说明的是,我对生命的本质、起源与演化的思考虽然不可或缺地得益于上面提到和很多没有提到的同事和朋友的启发、激励、鼓励和帮助,没有与他们的交往,我不可能学到那么多东西,思考那么多问题,但是我在"生命的逻辑"课程中所讲授的"整合子生命观"未必都能得到他们的认同与支持。这门课程所介绍的概念框架如果能得到这些朋友的认同,哪怕是其中的一些节点,都是我的无上荣耀。但无论是选课的同学还是本书的读者,如果对课程或者本书中的内容有任何质疑,或者发现课程或者本书中有任何错误,都由我承担全部的责任。与我在上面提到的这些朋友和同事无关。

"生命的逻辑"课程和本书的基本脉络是这样的:**第一章 引言:理解生命现象的 11 个时间节点**,先简单地介绍人类是怎么观察自己所生存其中的自然的。在人类自然观中有哪些变和不变的要素;所谓的"科学"认知与其他的认知方式有哪些异同;我们在认知过程中如何区分现象、对现象的描述、解释和基于解释的演绎。我们所讨论的"生命"现象的时空尺度在一个什么范围之中。**第二章 探索的历程:人类生命观是如何构建的**? 是在生科院 2019届杨舒雅同学的建议下增加的。她在听课后认为,对于没有经过系统生命科学教育的人来说,告诉大家目前人类对生命现象所了解的主要内容和观念体系,能让大家在了解我在课上所提出的新的逻辑体系时有一个比较与对接。在这一章中,主要是简单地回顾一下现代生物学的由来与当下的概念框架。希望所有学过中学生物课的人都可以大致了解目前大学生物学都在讲点什么。

第三章 什么叫"活"——一个基于既存生命知识的理想实验:结构换能量循环,则是从对"什么是生命"这个问题的答案的追寻出发,提出什么是"活"的问题,并引出结构换能量循

---

① 2020 年本书大部分章节写成初稿。我将初稿发给 2020 级选课同学,请他们提出修改意见。这些同学是(按姓名的汉语拼音字母顺序排列):柴笑寒、陈乐宁、陈一丹、陈奕亮、付锐、胡一飞、黄旭安、吉祥瑞、晋宗毓、李蔚霆、李卓然、栾奕男、马康淇、钱柏言、沈可、田鹭、温一博、杨成昊、杨烯、禹凯耀、张竞成、张天逸、张蔚、张雨桐、朱晗宇。在此一并感谢! 还要感谢生命科学学院 2021 级本科生陈琦子同学。她不仅在整理同学反馈意见上提供了非常大的帮助,而且对课程内容提出了非常积极和建设性的反馈。

环这个理想实验及其数学论证。结构换能量循环是"活"区分于"非活"的第一条边界,结构换能量循环是最初的、具有吸引子属性的整合子。虽然"活"即结构换能量循环还不足以被看作是生命系统,但没有"活"就没有生命系统的形成。"活"是整个整合子生命观的起点。**第四章 什么叫"演化"——源自基于 IMFBC 结构自/异催化的共价键自发形成**,主要解释生命大分子为什么都是碳骨架、为什么主要都是链式形式、为什么形成生命大分子不可或缺的共价键会在结构换能量循环节点的复合体(IMFBC)基础上自发形成,以及为什么生物离不开水。在这里,演化一词的内涵不同于传统生物学中大家所熟悉的从个体到细胞到基因频率的变化,而是指基于 IMFBC 的自/异催化形成共价键之后,所衍生出新的整合子的组分及其相互作用,包括整合子之间关联的复杂性的增加。由此引出生命系统的第一种基本属性——正反馈自组织。并由此提出生命="活"+"演化"(达尔文迭代)的公式。**第五章 什么叫"环境"——环境因子是"活"的结构换能量循环不可或缺的构成要素**,主要提出了一个不同于目前生物学主流的观点,即环境因子是生命系统的构成要素。传统的"生物—环境"二元化的观念,是亚里士多德时代基于感官认知解释生命现象时遗留下来的误读。

　　第六章 前细胞生命系统Ⅰ:以酶为节点的生命大分子互作的双组分系统,主要提出了一个从生命大分子相互作用[①]的双组分系统的角度看酶反应的视角。通过这种视角转换,一方面可以很好地解释酶促反应的基本特点,另一方面也揭示了之前提到的共价键自发形成机制与酶促反应之间遵循的共同原理。由此引出生命系统的第二种基本属性——先协同后分工。**第七章 前细胞生命系统Ⅱ:从随机发生到模板拷贝——多肽序列如何被记录到核酸序列中?** 在介绍中心法则来龙去脉的同时,从整合子属性的角度,对中心法则以及基因的起源及其功能提出了与众不同的解释。论证了基因中心论存在的逻辑缺陷。**第八章 前细胞生命系统Ⅲ:生命大分子网络的形成与演化**,从非酶生命大分子功能的由来开始,通过介绍Barabasi 的网络理论中最基本的概念及其内在逻辑,推理出生命大分子网络的两种存在形式,并引出生命系统的第三种基本属性——复杂换稳健。

　　第九章 细胞化生命系统Ⅰ:世界上第一个细胞的形成与可迭代整合子的全新形式,主要介绍了细胞的概念,以及整合子生命观对细胞起源及其本质的解释,提出了细胞是一个被网络组分包被的生命大分子动态网络单元的观点。同时,引出了生命系统进入细胞化阶段之后出现的新的属性——动态网络单元化。**第十章 细胞化生命系统Ⅱ:整合子视角下的细胞行为**,主要介绍了细胞生长、分裂、分化、死亡等基本细胞行为,并为这些行为提供了整合子生命观的解释。**第十一章 细胞化生命系统Ⅲ:真核细胞与有性生殖周期(SRC)**,除了大致介绍真核生物的基本特点之外,主要探讨了真核细胞起源的可能机制。在这里提出,与原核细胞的生存主体是单个细胞不同,真核细胞的生存主体是细胞集合。在作为生命大分子网络动态单元的单个细胞与作为生存主体的细胞集合之间,由有性生殖周期作为纽带而彼此关联。"两个主体与一个纽带"是真核细胞区别于原核细胞的特殊属性。只有从这个角度,才能有效地澄清在主流生物学观念体系中的很多模棱两可甚至彼此矛盾的说辞。在这里,提出了生命系统进入真核细胞阶段之后出现的、之前形式所没有的全新属性——自变应变。

　　第十二章 超细胞生命系统Ⅰ:越界的整合,先是回顾了之前章节中涉及的整合子的一些基本特征,然后介绍了多细胞生物自发形成的可能机制。把多细胞真核生物的形成看作

---

　　① 在本书中,为方便起见,部分生命大分子间的相互作用将简写为"互作"。

是整合子应对相关要素变化的结果，不仅可以理解多细胞真核生物各种特点的起因，也可以在复杂多样的多细胞真核生物特点的背后，发现生命系统一以贯之的共同规律。**第十三章 超细胞生命系统Ⅱ：多细胞结构的实体构建——同样的对象、不同的解读**，采用了一种不同于传统生物学教科书的模式，没有对纷繁复杂的多细胞真核生物的特点进行具体的描述——因为这样的教科书随处可见，而是从"整合子"运行的核心过程出发，对多细胞真核生物的形态结构及其"功能"的发生做出概括性的梳理。同时，还把不同的生物类群放到整个地球生物圈的食物网络体系中作为一个整体进行考察。**第十四章 超细胞生命系统Ⅲ：形态建成中策略的多样性与原理的同一性**，对多细胞真核生物的共有属性进行进一步的归纳和分析。主要包括多细胞结构的程序性构建、多细胞结构形成之后稳健性维持、多细胞结构之间的互作等。

　　第十五章 整合子生命观：生命系统是一个不同层级整合子迭代而成的倒圆锥状网络，是在前面介绍的知识和分析基础上，对整合子生命观要点的概述。之后的**第十六章 结语：生命的逻辑——寻找第三极的漫漫修远之路前的曙光？** 提出什么叫"第三极"、为什么说是曙光？相信读完整本书之后，每个人都会有自己的思考。书末，与大家现在读到的超乎寻常的长篇前言相对，有一个简短的后记。

　　鉴于这些年我自己的读书经验，在有关参考文献的处理上，我选择了给出一些引发新思考的文献，而不是对书中涉及的知识点给出面面俱到的文献——毕竟，本书所涉及的绝大部分具体的生物学知识，都是在主流生物学教材中可以找到的。本书与主流教材之间的区别，主要在于对这些知识点本身内涵，以及不同知识点之间的关联方式的解释不同。著名的英国植物学家 F. O. Bower 在他以个人经历为基础撰写的关于英国 1875—1935 年间植物科学发展史的著作中曾经提到，科学进步并没有一成不变的定式。有时，新发现会带来进步；有时，对已知现象的重新整合也能带来进步。本书更多的是对已知现象的重新整合。希望大家在阅读时不会因为参考文献的不足而出现理解的困难。

　　最后，还要感谢北京大学出版社的郑月娥编辑以及王斯宇编辑。我和郑老师的联系缘于我 2003 年在北大出版社出版的《植物发育生物学》。有朋友问还能不能买到这本书，我就和出版社联系。郑老师告诉我说这本书第二次印刷后早就售罄了。我在和她介绍了我为这本书的第二版做的长时间准备之后，和她提到《生命的逻辑》这本书的写作。她表示很有兴趣，希望能看看已经完成的书稿。在我将书稿发给她之后，她非常热情地希望我能将此书放到北大出版社出版。从我个人倾向而言，我觉得自己在北大工作二十多年受益无穷，好像找不出有什么可以为北大增光添彩的事情。或许把自己在北大工作的心得放到北大出版社出版，可以聊补我对北大增光添彩不足的遗憾吧。

目　　录

第一章　引言：理解生命现象的 11 个时间节点

关键概念

自然和自然观；人类认知的内容——对实体存在的辨识和对实体存在之间关系的想象；科学作为人类认知方式之一的三个基本特点——解释的合理性、客观性、开放性；质点概念的由来与影响

思考题

人类为什么要追求认知的客观合理性？

"活"与"死"

在第二次暑假学期开设的"生命的逻辑"课程上，我在生命科学学院的同事，一位我非常尊重的前辈、我在研究工作中的合作者、当时已经退休的罗静初老师提出一个点评："我们究竟该怎么理解什么是生命，什么是活？诗人臧克家有一首著名的诗——

> 有的人活着
> 他已经死了；
> 有的人死了
> 他还活着。
> ……

我们在日常的话语中该如何理解'活''死''生命''非生命'这些概念呢？"

看似简单的话，罗老师点出了目前人类探索和理解生命现象所面临困扰的要害！在我开始学习生物和走上植物生物学研究这个职业岗位以来的 40 多年中，经历了谈及生物马上就和恩格斯褒奖过的"蛋白质""细胞"挂钩；到和从孟德尔提出的概念至沃森、克里克发现 DNA 双螺旋实体而衍生出来的"基因""自我复制"挂钩，然后争论病毒算不算生物；再到和薛定谔在《生命是什么》一书中提到的"负熵"挂钩，知识多一点的会谈到 Prigogine 的"耗散结构"。好像大家已经可以为生命的本质给出物理学的解释。当然，所有的人都绕不开伟大的达尔文以及他的自然选择。有了这些大人物的结论之后，大家就可以在这些现成概念的庇佑之下，心安理得地去研究细节，考虑怎么用生物技术来增加粮食产量，满足不断增长的人口需求；找到疾病的原因，让人长命百岁甚至长生不老；在不断增长的新生人口再加上不断增长的长寿人口不可避免地导致地球无法继续承载人类生存的预期下，去研究生命最初是不是从地外空间来的，然后到地外空间去寻找人类新的家园。可是按照这个逻辑，人类对生命的了解越多，必然导致人类居群的规模越大。既然预期人口的增长将把地球糟践到无法承载人类生存了，为什么同样的模式到地外家园不会重蹈覆辙呢？我们纳税人花了成百上千亿的研究经费所资助的、千百万善良聪明勤奋的生物学家为改善自己所在社会乃至全人类的生存状况而坚持不懈在努力的、从每一个具体问题的

角度看都是非常有意义的生物研究，最终的总体效果究竟是在帮助人类可持续生存呢？还是在加速人类的灭亡？

盲人摸象与身在此山

在一次从上海开会回北京的路上，和一位研究工作做得非常出色的朋友聊天。他在会议的报告上用了"盲人摸象"的寓言来比喻现在的研究工作只能是就事论事，很难彼此关联。他的这个说法我非常认同。这也是长期困扰我的一个问题。我在想，如果研究工作都像钻牛角尖那样，且不说一个研究者一辈子能不能钻出牛角尖，就算钻出了牛角尖，对于一辈子只见过牛角尖内部细节的人，能看得到甚至辨认出哪里是牛头、牛身子乃至牛群吗？回到"盲人摸象"这个寓言，我想了很久。有一次忽然意识到，我们绝大部分人并不是盲人呀？对于生理功能正常的人类而言，我们是先"看"到大象呢？还是先"摸"到大象？毫无疑问，对于伟岸的大象而言，人类一定是先"看到"，很久之后才有能力和勇气去"摸"。在"看"和"摸"之间是有空间距离上的差别的！在人的肢体能摸到的距离内，我们的视觉是不可能看到整个的大象的；而在看得到整个大象的距离，我们的肢体又无法摸到它（当然这是指对成年大象而言）。对于一个具体的个人而言，我们不可能同时存在于既能看到、又能摸到完整大象的两个不同的时空位置上。即使在能摸到大象的位置上，也不可能同时既摸到象鼻又摸到象尾。如此看来，"盲人摸象"的问题，本质上不是"盲人"的问题，而是我们人类自身的结构特点与所观察对象之间的时空关系问题。

我想，很多读者看到这里，可能很容易想到近千年前北宋伟大的文学家、书画家和诗人苏东坡的《题西林壁》："横看成岭侧成峰，远近高低各不同。不识庐山真面目，只缘身在此山中。"可是，我们有可能从山中走出来吗？更进一步的问题是，我们为什么要"识"庐山真面目呢？对于年轻人而言，还没有"进山"，也就谈不上"出山"的问题。对于进了"山"的中青年研究者而言，当务之急是要为自己的生存而奋斗——数据、论文、经费，没有这些就不可能有各种头衔、地位甚至岗位。数据、论文、经费都是靠在"牛角尖"中一点一滴地钻研出来的。离开了"牛角尖"，到哪里去找数据、论文和经费呢？因此对这个黄金工作时段的研究者而言，谁敢大胆"出山"一步？对于那些经过各种大浪淘沙剩下来的"山"里人，绝大部分都是"牛角尖"模式的成功者，大多也到了该退休的年龄，他们好像也没有理由走出自己的舒适区，去考虑"出山"的问题。这个问题在科学研究起步较早的西方已经被一些学者所关注。芝加哥大学龙漫远教授作为那里的资深教授，参与到一个学校层面上的教学活动组织中。这个活动的宗旨，就是帮助年轻人面对和思考"大问题（big problems）"。这大概就是希望帮助年轻人在"进山"的同时，也能获得一个更大的视野，以便把自己做的具体问题放到大视野框架内的合适的位置上。

对生命现象的研究所面对的永远是具体的生物体、生物体的组分，以及它们之间的相互关系。因此，研究生物的人不得不面对生命世界的复杂性和特殊性。著名的生物学家Edward Wilson 在 Edge 网站编辑的 Life 一书收入的一个访谈中提到，"生物学首先是一种描述性的科学。这个学科要处理的问题是不同物种对其所生存环境的适应机制。虽然生物学现象基于共同的物理、化学原理，起码不会违背这些原理，但对于上百万个物种而言，本质上每一个物种都有自己的生物学"。他为统一生物学（a united biology）所提出的解决策略，是尽可能详尽地描述地球生物圈中的每一种生物。可是，这种策略能帮助人们透过生物的复杂性和特殊性,去理解生命的本质吗?

何谓"自然"? 理解生命现象的 11 个时间节点

　　如同我在前言中所提到的,很早之前,我就出现过这样的困惑:为什么很多人常常感慨"生物学规律永远有例外"? 总有例外的规律能被看作是规律吗? 如果生物学没有规律,我们这些人都在研究什么? 如果生物学没有规律,她配被视为一门"科学"吗? 反过来问,物理学的描述对象的复杂性和特殊性或者多样性不是远远超过生命系统吗? 为什么物理学能从世间万物中找出那么几条基本的规律? 我们对生命本质的探索能从物理学的发展中获得什么借鉴吗?

　　按照现在人类所掌握的信息,我们所生活的宇宙源自 138 亿年前的大爆炸。地球的年龄为 46 亿年,细胞化生命系统在地球上的存在最早可以追溯到 30 多亿年前。在这样的尺度下,人类实在是太年轻了。我们作为人类的一种,出现在这个星球上的最早证据也只能追溯到二三十万年前。我们的祖先走出非洲是 6、7 万年前的事。而能够找到的人类自身最早的行为记录,也就是距今 4 万多年的岩画。文字记录最早也只能追溯到 6000 年前。中国的甲骨文大概是距今 3600 多年。如果上面的这些信息都是真实的(图 1-1),那么无法回避的一个事实就是,在这个地球上,无论是生物还是非生物,它们在人类出现之前很多年就出现了。从另外一个方面看,根据目前对人类自身的了解,无论怎么解释人类的由来,现在的人类和其他生物一样,也都是由碳骨架分子所构成的细胞按一定方式整合而成的。人类细胞的构成要素,比如构成基因的核苷酸和构成蛋白的氨基酸,与其他生物——从黑猩猩到酿酒酵母、大肠杆菌——并没有什么实质性的不同。同样,如果这些有关人类和其他生物的信息是真实的,那么一个无法回避的推论就是,无论由于什么原因,人类一定是从这些在人类出现之前的实体存在中衍生而来的。人类来源于、依赖于、互动于这些实体存在。显然,更好地了解这些实体存在,应该更有利于人类自身的生存。那么人类是如何了解周围的实体存在的呢?

与人类生命观有关的11个时间节点

- 10^0:1年,地球绕太阳一圈,地球自转360多次,每个人长一岁
- 10^1:10年,人类的寿命很少超过这个数量级的上限
- 10^2:100年,现代人类生活方式在这个数量级内形成:科学/工业/IT革命
- 10^3:1 000年,记录人类行为与思想的文字在这个数量级内产生
- 10^4:10 000年,智人走出非洲,最终进入农耕文明
- 10^5:100 000年,人类走出非洲
- 10^6:1 000 000年,现代人类产生
- 10^7:10 000 000年,灵长类在地球上出现
- 10^8:100 000 000年,哺乳类走出洞穴,恐龙灭亡,陆地/被子植物出现
- 10^9:1 000 000 000年,在这个数量级内出现:地球/生命/细胞/真核细胞
- 10^{10}:10 000 000 000年,宇宙因"大爆炸"产生

图 1-1 与人类生命观有关的 11 个时间节点:从 10 的 0 次方到 10 的 10 次方年。

要回答上面的问题，首先面临的一个问题，就是人类如何描述周围的实体存在。在我们中文的语境下，大家脑海中马上会蹦出的一个词就是"自然"。可是，什么叫"自然"？这个词在中文中最早出现在什么地方？百度的解释是，最早出自老子的《道德经》。这个词是什么意思呢？《新华字典》的解释是：一切天然存在的东西。《现代汉语词典》对"自然"的相关解释是：不经人力干预。《辞海》的解释是：天然；非人为的。与在此讨论的语义相关的"自然"又可指"自然界"，即"一般指无机界和有机界"（《现代汉语词典》），或者"统一的客观物质世界"（《辞海》）。可是，什么叫"天然存在"呢？

在英文中，谈到周围的实体存在，通常人们会想到的也是类似的词，nature。这个词的词义和词源是什么呢？从 oxford dictionaries、dictionary.com、wikitionary 等网络词典所能查到的该词的第一注释，在 oxford dictionaries 是 "The phenomena of the physical world collectively, including plants, animals, the landscape, and other features and products of the earth, as opposed to humans or human creations." 在 dictionary.com 是 "the material world, especially as surrounding humankind and existing independently of human activities." 在 wikitionary 是 "The natural world; that which consists of all things unaffected by or predating human technology, production, and design." 那么 nature 一词的词源呢？这个词经法语来自拉丁语 *natus*，意思是 to be born，即"出生"的含义。我想，这里的"出生"恐怕不是指这些实体存在的出生，而是说我们人类的出生。即这些实体存在是我们人类出现之时就已经在那里的。显然，这些实体存在不因我们人类的出现而存在。可是，我们要以它们为生，因此我们就需要了解它们。于是产生了"自然"这个词，也就产生了"自然观"这个词来表示解释自然的观念。

值得注意的是，虽然"自然"一词通常都是指没有人为干预过的物质世界，可是如果按照英文 nature 的词源，即"出生"，"自然"一词其实还有"与生俱来"的意思。我们前面谈到"'自然'指人类出现时就存在的实体"当然是其中的一种意思。但我们不得不面对还有另外一种情况，即对每一代人而言，他们所面对的世界无论有没有人工的修饰，都是"与生俱来"的，因此都可以被视为是"自然"。从这个意义上，不同时代的人，他们眼中的"自然"其实是不同的。在这里之所以要提出这一点，是因为从后面的内容中我们可以发现，人类对世界的描述和解读，其实是不可能摆脱前人解读的影响的。

自然观是如何形成的呢？关于这个问题，历史学家或者哲学家或许会比我们这些做生物研究的人说得更多。我对这个问题的思考是从另外一个他们可能都不屑一顾的视角，即人类出现之前，其他动物是如何生存下来的？作为生物学研究者，在我的眼中，人类首先是一种生物。作为一种异养的多细胞真核生物，我们要生存下来，就不得不取食、逃避被捕食以及求偶。显然，只有具有识别食物和可能对自身产生伤害物体能力的个体，才能生存下来。这不就是"与生俱来"的"自然观"吗？可是，这种能力，不是所有动物都不得不具备的能力吗？那么人类的自然观和其他动物对周围事物的辨识能力之间有什么不同呢？

虚拟与实体

我常常会问选课的学生和听我演讲的听众一个问题：天冷了，我们是通过添加衣物还是加厚皮毛（主要是皮下脂肪）来御寒？大家大多选择添加衣物的选项。随后的问题是：衣物是一种实体呢？还是一种概念？如果是实体，究竟是指哪些实体？如果希望得到一个严谨的答案,恐怕得要有语言学家的介入。在这里我要讲的是,在动物世界中,大概有几类御寒方式:或者是迁徙到温暖的地方,或者是增加皮毛和皮下脂肪,或者是找个温暖的树洞或者地洞躲起来冬眠。人类御寒的方式,无论是衣物,房屋抑或炭火盆、暖气、空调这些东西,追根溯源无非都是借助外在的实体来营造一个让自身舒适的微环境。至于具体是什么"实体"并不重要,"保温"这个功能才是核心。在这个意义上,"衣物"显然是任何可以上身的保温材料,而"房屋"也可以指任何可以让人生活在其中的保暖空间。

　　不知道在动物中是不是有抽象的集合概念。但对于人类而言,学过英语的人很可能会注意到一个有趣的现象:在英文中,极为少见类似中文的"牛"这样的集合名词。在英文中常用的,只有公牛 bull/ox、母牛 cow、小牛 calf 这些相对而言具体的名词。其实,英文中出现的缺乏覆盖大类的集合名词的现象在中文中也出现过。如果大家去检索一下东汉许慎编的《说文解字》,可以发现在那个年代,人们也是用特定的字来指特定的牛的类型(图 1-2)。或许在当时这种语言的形式人用起来更加方便。从《说文解字》中对有关牛的毛色的字的注释,可以看出对不同的年龄特点或毛色给出特定的字,好像在记载时更加简洁。可是,在现代汉语的语境中,我们更习惯于使用形容词加代指大类的集合名词"牛"的形式。我对这种变化的解读是,从以单字代表不同的亚类型,到以形容词加大类集合名词的变化,可能反映了汉语在信息处理规则上的改变。这种改变的特点是,不仅抽象程度更高了,而且分辨能力更强了——把符号中原本包含的牛＋年龄或牛＋毛色属性的复合信息解析开来,各自用不同的符号来表示。于是,与年龄或者毛色相关的形容词不仅可以用来形容牛,而且可以用来形容其他的事物。通过抽象符号的搭配的变换,而不是记忆针对各种具体类型事物的字,我们可以在记忆尽可能少的信息符号的前提下,描述尽可能多的事物。如果在人脑信息处理能力不变的情况下,这种信息处理规则的改变,不是可以让人以尽可能少的信息处理能力来处理生存所需的信息,从而可以省出信息处理能力去处理新的信息了吗？改进计算机算法来提高性能,不也是这个道理吗？

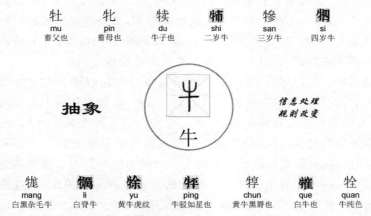

图 1-2　以东汉许慎《说文解字》中与牛有关的字为例,显示古汉语中用单字表示不同的牛的类型,与现代汉语中用词组表示不同的牛的类型之间的区别。这说明人们在不同时代的信息处理规则发生了改变,符号的抽象程度更高,对所需处理的信息量产生压缩效应。

　　从对周围事物的辨识的角度,人类和其他动物一样,都必须具备这种辨识能力才能生存。但大概和其他动物不一样的是,人类在有了描述周围事物的抽象方式,并以语言甚至文字的形式加以记录之后,就可以在使用这些符号化描述方式的过程中,不断地改进描述方式,使之用起来更加便捷,更加有效。从牡、牝到公牛、母牛的变化中,牛本身并没有改变,改变的是人类对它们的描述方式。类似的现象也发生在人类对自身生存所需的各种周围实体存在的辨识上。所有的这些描述加在一起,就构成了人类的"自然观"。显然,用"牡""牝"这类符号为要素构建的自然观和用"公牛""母牛"这些符号为要素构建的自然观传递给社会成员的信息是不同的。从大的时空尺度上,就出现了"自然观"在历史上的变化。

如果再进一步地分析人类和其他动物对周围事物的辨识能力,我们可以发现,在生存必需的要素上,人类和其他动物对周围事物的辨识能力并没有实质性的区别——因为其他动物和人类一样,都在这个地球生物圈中生存下来了。可是,人类有了抽象的符号系统来描述周围的事物,就可以借助语言而传递和共享抽象符号,在更大的时空尺度上了解周围事物,并伴随着工具的创制和使用不断地丰富这些符号。由于工具的使用和改进可以不断增强生存能力,于是形成一个正反馈循环。这种能力是人类特有的。我们知道很多动物(比如鸟类和海豚)可以借助声音在同类之间沟通信息,而黑猩猩和卷尾猴都可以选择趁手的物体(如树枝和石块)作为工具来获取食物。但将抽象符号以语言在同类之间传播的同时还能创制工具,这在人类之外的动物中直到目前还未见报道。这大概是人类能够从位于非洲一个角落中的一个小居群走向全球,成为这个星球上的主导物种的原因。

可是,抽象的符号不是人脑想出来的吗?公牛这种动物在东西方并没有什么实质性的不同,可是在中文中被称为"公牛"或者"牡",而在英语中被称为"bull"或"ox"。显然,符号是人为的,因此也可以称之为主观的。既然符号是主观的,那么由符号为要素所构建的自然观,也是主观的。虽然人类最初用符号来描述周围事物可以帮助人们更好地处理信息,可是当这些符号多了,并进一步形成一个对周围事物描述的体系之后,就出现了一个全新的情况:人类不得不面对两个世界——一个是由符号所描述和构建的符号化的或虚拟的世界,另一个是被符号描述的、在人类出现之前就在那里的实体世界。在人类发展到一定阶段之后,周围事物基本上都被赋予了相应的符号,对于每一个新生儿来说,他们首先接触的除了母亲及周围的亲人之外,已经不再是直接的实体存在,而是口口相传的"符号"! 他们触及的所有的事情都是有"名字"的。换句话说,总体上,对于他们而言,与生俱来的"自然"首先是那个口口相传而得来的符号化的自然,而不是实体存在的自然!

再回到其他动物。我们知道,当今世界上的很多动物在地球上出现的时间要远远早于人类。比如大熊猫,据称在地球上已经生存了 800 万年,是智人二三十万年的三四十倍的时间。目前所知,大熊猫好像没有使用文字,可是它们也活了那么久。显然,人类的信息处理的抽象能力对于保障取食、逃避被捕食以及求偶而言并不是必需的。人类可以凭借这种能力走出非洲、占领全球,但那是超越维持种群生存所需的额外能力。保障取食、逃避被捕食、求偶的对周围事物的辨识能力是包括人类在内的所有动物都必须具备的,否则就无法生存下去。可是超越这种能力的、用符号系统来描述实体存在的"自然观"则可以有不同的命运:有助于人类生存的,显然将保存下来(比如各种生活常识);有害于人类生存的,不可避免地会被淘汰,或者成为人类生存的警示(比如各种禁忌);还有一些暂时无害,也未必有益的,则也会保存下来(比如我们每个人在孩提时代大概都会听到的"从前有座山,山里有座庙,庙里有个老和尚给小和尚讲故事"之类的各种神话和传说)。所有这些构成了人类的"自然观",换言之,以语言和文字为媒介,构成了人类与生俱来的虚拟的认知空间。每一代新人通过这个虚拟的自然观来了解超出其作为动物生存所必需的、很可能终其一生也不会有切身体验的外部世界——比如，我们可以通过读书而了解历史人物的生活，可是我们永远不可能生活到他们的世界中。显然，现在是人类，而不是比人类更早出现在地球上的大熊猫成为这个星球的主导物种，靠的不是可遗传的、保障取食、逃避被捕食以及求偶的、对周围事物的实体存在的"天然"的辨识能力，而是被符号化之后的、虚拟的、不可遗传的认知空间中的信息处理能力。而且，伴随人类社会的发展，这些以虚拟的认知空间为存在形式的认知能力，相比于可遗传的生存能力而言，在人类生存中重要性的所占比重越来越大。这种能力不仅帮助人类更好地生存，而且改变着整个地球的面貌！

好/不好，对/不对，合理/不合理

如果上面有关人类生存所面对的两个空间——即由实体自然所构成的生存空间和以虚拟自然观所构成的认知空间——的描述是真实的，那么我们可以发现，对所有的新生儿来说，他们所面对的自然，首先是由父母口传身授的虚拟的自然，但他们又必须在实体的自然中才能生存下来。他们在实体自然中的生存行为，不断地在检验虚拟的认知空间中现存信息与实体存在的符合度的同时，又在增加虚拟的认知空间中的信息。可是，每个人的生存空间和成长经历都是与众不同的，因此为认知空间提供的信息也是错综复杂的。在这些信息中，除了人不吃东西会死等一些直接涉及个体生死存亡的经验之外，其他的绝大部分都是难以重复的个人体验。在小的家族或者居群中还可以加以核实，可是居群规模增加之后，怎么进行检验与取舍呢？

当然，如果在人的生存能力比较低下，每个人都必须每天劳作方能获取食物而不被饿死的情况下，人类大概和大熊猫不得不不停地吃竹子类似，也要每天找食物，顾不得那么多他人经验的判别和取舍了。可是一旦一个居群中有人有闲了，有空去观察日出日落，恐怕就很难不去问为什么会有白天和黑夜，为什么太阳会从东边升起而从西边落下，为什么天是圆的（因为太阳的移动）地是平的（因为人在地上站着，感觉周围的地面都是平的）之类的问题。大部分的人会接受前辈传下来的说法——因为只有活下来的人才能把说法传下来（书上写的东西就未必了。很多时候写书的人因为犯忌而被杀，可是书却阴差阳错地传下来了），说明传下来的说法大概也可以让当下的人活下去。显然，如果说在动物世界活下来的个体的生活方式一定是"适应"的产物，那么在人类社会，只有活下来的人才能传递经验，因此相信经验，也就是"听话"，常常是活下去的捷径。这也是为什么"不听老人言，吃亏在眼前""听人劝吃饱饭"这样的谚语会以不同的语言在不同的人类居群中流传的原因。

可是，也会有人对传统的说法提出疑问，比如在很早就有人通过观察星象而提出大地可能是一个圆球。甚至还有人纯属出于好玩儿而挑战语言符号与实体存在的关联的可信度。我的一个非常聪明，但有点儿调皮的中学同学就很好奇为什么人们要把糖的味道称为"甜"，而把黄连的味道称为"苦"，为什么不能反过来。他结婚后，和他太太做了个实验，告诉他们的女儿糖的味道是"苦"的。结果对于他女儿来说，他们在家中把糖的味道称为"苦"完全没有任何交流上的困难。只是女儿到幼儿园之后和其他小朋友交流时才遇到困难——为什么别人把糖的味道称为"甜"？然后不得不改变在家里的交流方式，跟随约定俗成的表达方式。

前面提到过，在人类社会的发展过程中，人类自身的生物学结构并没有实质性的改变，因此维持自身生存，即吃喝拉撒睡所需的信息量本质上也并没有实质性的改变。那么增加的那些信息或者经验都是干什么用的呢？仔细去分析可以看出，无非是两类，一类是让人的生存方式更加便捷舒适;另一类就是让人不至于在实现吃喝拉撒睡的需求之后感到闲得无聊。这下问题来了,生存方式的便捷舒适和避免无聊其实都是个体的感受。甚至用"甜"还是"苦"来表达糖的味道,对于共同生活者的交流其实并没有那么重要。我的同学在他女儿身上的实验只是一个好奇心驱动的无伤大雅的恶作剧,不会对人类的生死存亡产生什么实质性的影响。可是还有很多有意无意中形成的观念,比如大地是平的或者大地是一个圆球,这些对人们的生活或者自然观就有可能产生实质性的影响。当然,如果我同学的孩子永远只生活在和父母三个人的世界中,她可能永远以为糖的味道是"苦"。如果一群在大平原上日出而作、日落而息的农人从来不走出他们的村庄,也没有外人走进去,他们可能世世代代都认为大地是平的。可是,孩子不可能永远只生活在和父母的三人世界中,农人的后代可能有一天也会走出去,或者有知道大地是个球的人走进他们的村庄。这两个小例子说明,无论经验如何有用,只要有不同居群的人的交流,人们迟早会面对同一事物的不同的说法,从而也不可避免地要在不同说法之间做出选择。

一家著名的快餐连锁店的纸杯上曾有一段时间印着 I'm lovin' it(我就喜欢)。可是,我喜欢的,你喜欢吗?吃东西,南甜北咸东辣西酸,一个人有一个人喜欢的口味;穿衣服,高矮胖瘦男女老幼,一个人有一个人中意的样式。在面临选择时,"好/不好"当然是一种依据,即个人的感受。可是,这种依据很难有普适性。我有一次和太太在外面旅游,在一个非常漂亮的景色处相互拍照。拍完后比较两个人的照片,发现构图有很大的不同。我们想了半天没有找到原因:明明说好了在同一个位置,而且确定了同一个取景范围,怎么构图会出现那么大的差异呢?后来忽然意识到,我俩的身高不同!这个细微的差别,决定了在同一个位置、同一个背景、同一种执相机的姿势情况下,我们拍出来的照片的构图不同。个人的阅历永远是有限的。因此面对同一事物的不同说法,用个人的感受来做选择,显然是一个靠不住的依据。

那么用前面讲到的经验呢?不是活下来的人才能传递经验,按照前辈的经验总能活下去吗?在很多社会中,尊老是一种生存智慧。父母常常要求子女"听话"也是为了子女少走弯路。因此,在这种文化氛围中就形成了另外一种选择依据——"对/不对",即以父母、师长、领导为代表的群体经验。可是,这种选择依据的有效性需要三个前提:第一,生存环境不变,即中国古代哲人所说的"天不变,道亦不变";第二,没有外来人群的扰动;第三,没有内在的对既存经验的挑战(比如我的同学告诉他女儿糖的味道是"苦")。第三个前提可以通过各种方式去扼杀,可是前两种却不是人力可以阻止的。当居群面对超出前辈经验的新环境时,"群体经验"就无法成为选择的有效依据了。

"好/不好"缺乏普适性,"对/不对"缺乏拓展性和应变性,我们还能根据什么在面对不同说法时做出选择呢?好像剩下的,就只有存在于认知空间之中的,超越个人感受和群体经验的"合理/不合理"了。可是什么叫"合理"?怎么来判断"合理/不合理"呢?

实用性、合理性、客观性

讲到合理,在中文的语境中总是难免联想到"公说公有理,婆说婆有理"。从前面动物和人类的比较分析可以看出,凡涉及取食、逃避被捕食以及求偶这些生死攸关的行为,原本也无须"讲理"——没有语言文字可以去"讲理"的动物也可以生存得很好。如果排除生存这个要素,"公说公有理,婆说婆有理"的现象,的确常常会让人觉得是个无解的死循环。可是,前面说到，人类的认知本质上是为人类的生存提供了一个新的工具，它一方面帮助人们更高效地处理信息，提供行为规范；另一方面还为人们提供新的实体工具，从而提高人类的生存能力。从这个角度，"公理"或"婆理"如果以是否能提高生存能力为标准来衡量，其实是可以做出有效的评估的。这就是在面对同一问题的不同说法时，做选择的第一种依据——"实用性"。问题是，人类生存的环境相对比较复杂，居群越大，信息量越大，对信息处理能力的要求也就越大。每个人有其成长过程，有其对周围事物的不同感受，对生存条件的不同需求，从而会对同一事物形成不同的观点，而且对不同观点权衡利弊时考虑的时空尺度也不一样。因此，在面对同一事物进行讨论时，参与者所占有的信息通常都是不对称的。而要在信息不对称的情况下寻求共识，常常是不可能的。要让"实用性"的选择依据保持有效，最可靠的办法，就是保持居群及其生存环境的稳定性，从而有可能实现参与者所占有信息的对称性。

可是，自从人类走出非洲以来，人类的居群总体上讲在不断扩大。不同居群的交流也不可避免地在不断增加。尽管从各种历史记录来看，不同层级的居群，从家庭到家族到部落到国家，都有自我认同与排外的倾向，可是人类演化的大趋势是不同居群的交流融合。这种大趋势按照龙漫远教授的话来说，是源自两个基本事实：第一，人与人之间没有生殖隔离（为什么这个事情那么重要，后面会解释）；第二，人与人之间的交流随着技术的进步越来越便捷。在这种大趋势下，只要出现交流与融合，人们不可避免地要面对不同居群各自习惯的"理"之间比较与取舍的问题——毕竟说到底，所有的认知，即所有的"理"，无非是一种生存工具，其终极的意义，是要有利于人类的生存。这就不可避免地会发生不同居群之间相互沟通与了解，并在此基础上寻求共识的过程。

我在小时候读历史时曾经想到过一个问题，即中国甲骨文出现之前，人们是怎么生活的？后来年龄大一些，了解的事情多一些之后，仍有类似的问题，即中东两河流域文明之前，人们怎么生活？后来再大一些，知道了雅斯贝尔斯提出的"轴心时代"，即在公元前 500 年前后，在地球上不同的地区，几乎同步出现了几个高度发达的文明，比如中国的春秋战国时代；西方的古希腊等等。如果说人类在六七万年前走出非洲，为什么要经历几万年的时间，到两千五百年之前、即文字出现几千年之后才出现雅斯贝尔斯的"轴心时代"？人文学者会有很多的解释。可是如果从人作为生物的演化历程来看，可能最简单的解释，就是到了那个年代，各种"公理"和"婆理"太多，谁也无法说服谁的同时，谁也无法画地为牢、各安其位，阻止交流融合的大趋势。能走到这个规模的社会，都是各有一套行之有效的保障基本生存的规范的。因此，单纯以提高生存能力的"实用性"为依据来评价不同居群的生存策略，其实完全没有可行性——因为在这个阶段的交流融合中，交流的原动力是各自居群因原栖居地生存资源匮乏而不得不向外扩张。这种扩张的前提是占用对方的资源来满足自己的生存需求，不同居群之间的关系常常是你死我活或者是面对共同敌人的暂时联盟。此时无论出于什么动机，要联合或者融合，各自原有的行为规范及其是非标准之间能否找到交集，就不再是"实用性"所能涵盖的了。寻找超越于原有居群经验范围之上的、在不同居群之间各自行为规范的是非标准之间的共同性，就成为不同居群之间交流融合所无法回避的一个问题。如果这个推理是成立的，再回过头来看雅斯贝尔斯"轴心时代"的那些先贤所关心的话题，我们可以发现惊人的巧合——这些人中没有一个人在关心衣食住行这些"实用"的事物。孔子就被人讥讽为"四体不勤，五谷不分"。可是，恰恰是这些人对概念之间的关系以及对行为规范的是非标准的梳理这些"虚拟"且看上去没有任何实用性的观念探讨，直到今天还在影响我们对事物的判断。从这个意义上，雅斯贝尔斯所谓"轴心时代"的出现，标志着在观念选择上出现了第二套依据：合理性，即追求概念之间关系的逻辑自洽，或者叫合逻辑性。

　　在大众的语境中，"讲理"是常常会面对的一种表述。但讲"合理性"常常会被看作是一种"哲学"。而关于"哲学"在大众语境中的含义，从我的经历中，我发现存在一个耐人寻味的变化。在目前60岁以上的人群中，大概因为曾经的教育，尤其是"文革"中的宣传，"哲学"意味着"众学之学"。凡事只要与"哲学"沾边，常常感到莫名的"高大上（高端、大气、上档次）"。可是对于那些"文革"后出生的人，差不多40岁以下的人，"哲学"是"不明觉厉（虽不明白但觉得厉害）"的代名词，很大程度上带有贬义了。其实，解释"合理性"或者"合逻辑"有一个最简明直白的表述，那就是"有良心"。当然，这里"良心"可以做一个同样简明直白的解释（不是词典的解释），即对自相矛盾的判断（/表述/结论/行为……）的高敏感度和低忍耐度。我相信，但凡对事物的"名"与"实"有基本分辨能力的人，对"自相矛盾"这个词所指的现象都会有共同的理解，不会产生歧义。比如，我们不可能把糖的味道同时既叫做"甜"，又叫做"苦"。就这么简单。如果你一方面认同把糖的味道叫做"甜"，另一方面却信誓旦旦地说刚刚吃到的糖是"苦"的（我的同学在他女儿身上做的实验不算），这就叫做没"良心"！一个人要做到有良心，其实只需要把握这个对良心的定义就足够了，完全不需要学富五车和能言善辩。从这个角度看，"合理性"其实是每个人与生俱来的能力，起码是潜力。换言之，我们每个人在面临选择时，除了可以选择"实用性"这个依据之外，还可以选择"合理性"这个依据。

　　可是，问题来了。超越于"实用性"的、对同一事物不同说法的选择，虽然可以从上述对"良心"的定义出发而选择"合理性"这个依据，但从个人的判断而言，仍然有信息量不足的问题。对此，我们可以通过教育，帮助大家提高认知能力来改进这个问题。可是对观念体系而言，怎么保证"合理"或者"逻辑自洽"的虚拟的观念体系的确有效地反映了所描述的实体存在呢？在历史上有记载的各个人类居群中，似乎所有的居群都推崇"真"和"实"。其原因很容易理解，那就是对实体存在的符号化描述与解释可以帮助人们在现有的信息处理能力范围之内，了解更加广泛的周围世界，即通过认知空间的拓展来实现生存空间的扩张。如果概念或判断所描述的事物并非客观存在，或者描述或判断与其对象之间不匹配，那么基于这种概念或者判断的信息处理就会误导人的行为。可是怎么证明概念或判断所描述的事物是"真"或者是"实"的呢？曾经的说法是"眼见为实"。那眼见的一定"实"吗？眼未见的一定"虚"吗？这其实和前面关于"盲人摸象"寓言的讨论属于同一问题。在那里，面对成年大象，人类个体的生理结构特点无法在同一时空满足"摸"和"看"这两个功能。在这里，则是人类个体感官感知范围和经验范围的有限性，与人类群体生存范围的无限性之间的关系如何理解和处理的问题。从人类社会对历史的记载中，我们可以发现，如何在实体存在与对这些存在的描述和解释之间建立有效的对应关系，即合理认知的"客观性"问题，始终是让几乎所有居群的人类困扰的问题。而这个问题，只有在现代科学出现之后，才找到了部分的解决之道。

什么是"科学"？

　　有关什么是"科学"这个问题，好像有现成的标准答案。其实情况并没有那么简单。我在武汉大学开始读研究生之后，就在想一个问题，即读研究生意味着自己将来要选择从事科学研究作为自己的职业。可是什么是"科学"呢？于是我开始读一些有关科学史和科学哲学的书。在那个年龄段，以我的能力，其实是看不懂这些书的，但多少了解了一些概念与人物。

在真正从事研究工作，而且比较了中美两个社会中不同研究机构的工作氛围，尤其是在自己成为老师之后，面对不同个性与追求的研究生成长过程、反思自己怎么做才能为他们提供有效的帮助的时候，再回过头去了解科学史和科学哲学研究者的观点，逐渐形成了自己对"什么是科学"这个问题的理解。这个理解可以简单地概括为以下三点：

第一，科学是一种认知方式。和其他所有的认知方式一样，其核心功能也是为周围的实体存在、这些存在之间的相互关系以及实体存在出现与互作的原因给出解释。既然是解释，科学的解释与其他所有的认知方式一样，需要满足"合理性"这个标准。

第二，科学是一种双向的认知方式。它只在人类认知发展到一定程度之后才有可能产生。在科学这种认知方式出现之前的所有其他的认知方式中，人们通过观察和想象而得出的对周围实体存在、相互关系及其产生原因的解释，被直接作为结论而接受。这些结论的终极评判标准是其实用性。可是由于在应用的过程中，环境因子总是在发生变化，所以基于实用性的经验性结论，本质上都是特殊的，严格意义上是不可重复的，这些认知都属于单向性的认知。在科学认知中，与所有其他的认知方式最本质的区别是，对认知对象进行观察和想象而得出的结论并不立刻被作为结论而接受，而是先作为假设。然后，设计出一系列的、尽可能排除人为干预或者是明确可检测的人为干预的、可重复的实验来对前面的观察想象中涉及的各个分析、推理的步骤/环节进行逐一的检验。如果各个推理环节都能被实验验证，这时才把所得到的结论作为结论来接受，从而完成一个认知过程。相比较科学认知出现之前的其他认知的单向属性，科学认知是一种双向认知——第一向是通过观察和推理对认知对象进行描述和解释（用来作为假设的结论）；第二向是通过实验，把基于观察和推理的描述和解释反推回去，检验其与认知对象的符合程度。正是由于实验的本质是有意识地排除人为对现象的臆测，而且要求实验的可重复性，才为科学这种双向认知提供了对认知对象的观察与解释和实体存在之间关联的超越个体想象的纽带，从而为基于"逻辑自洽"（合理性）的信息处理所反映的实体存在属性提供了客观性的基础。

第三，科学是一种开放的认知方式。虽然以实验为工具的科学认知可以为认知的合理性提供客观性基础，但有两个无法摆脱的局限：其一是任何实验方法的分辨力总是有限的，而且实验方法总在不断地改进中，因此以任何特定实验提供的证据都只反映部分的真实；其二是所有的实验都必须以具象的实体存在为对象。因此，基于实验所能检测的结论永远是具体的、局部的、暂时的。从这个意义上，科学认知所能提供的结论或者"解释"虽然相比于其他的解释可以具有客观性的优势，但仍然是具体的、局部的、暂时的，不可避免地会随着实验方法的改进和检测对象的改变而不断地改变。怎么平衡科学认知在对实验结果解释上的有限性，和作为一种认知方式所承担的或者被期待的结论的普适性之间的矛盾呢？随着科学的发展，学者们形成了一个与之前所有其他认知方式不同的"游戏规则"或者"潜规则"：即先把自己基于观察和想象的结论设定为错的假设（在统计学术语上叫做"无效假设"，null hypothesis），然后竭尽所能寻找证据来证明自己的假设是错的。在穷尽各种方法而无法证明自己的假设是错的情况下，姑且接受自己的假设是对的。这种"潜规则"本质上就是英语中比较常见的"双重否定"的修辞或者论证方式。在这种规则约束下，一旦有新的证据证明自己的假设是错的，可以马上调整或者放弃自己原有的假设，去构建新的假设。在传统的认知方式中，人们所有的论证都是力求证明自己的结论是对的。只有科学认知才引入了"无效假设"这种游戏规则，勇于面对自己的假设可能是错的。这种规则保障了科学认知的开放性。虽然，近年随着实验研究涉及面越来越复杂，在实际的运行过程中，研究者很难进行穷举式的"无效假设"设计。从发表论文的形式上看到的多是"证明"某种假设。但从本质上,科学认知的开放性是依靠"无效假设"来提供规则性保障的。从这个意义上,科学认知的本质是"疑",即质疑——而且质疑的对象首先是自己,而不是"信"。不仅不轻信他人——哪怕是权威,也不轻信自己——哪怕所有的数据都是自己亲手做出来的!如果没有"疑",在逻辑上就不可能去设计新的实验来检验既存的结论,人们对世界的解释将永远停留在既存的框架中。

由于科学认知在其结论被接受之前先要经过实验的检验,因此科学认知的结论比起其他认知方式的结论来更能反映实体存在的属性,基于科学认知的选择比之前基于单向认知的选择常常更有效。这大概是由科学认知衍生出来的工业革命能在短短的两百年时间中为人类社会乃至地球生物圈带来翻天覆地的改变的根本原因。同时,科学认知的自我质疑的游戏规则因为以实验为节点,所以并非停留在概念层面上的"怀疑主义",其功能在于有效防止这种认知形式故步自封和画地为牢,从而为人类认知空间的拓展不断提供新的可能。

在形成对科学认知是一种具有合理性、客观性和开放性的特点的特殊双向认知方式的看法之后,我无法回避一个与我曾经对"科学"的信仰相冲突的矛盾,即一方面,"科学"这种认知方式存在一种与生俱来的局限性,即其依赖于实验所提供的客观性基础,使得严格意义上的"科学"结论只能是以实体为对象的,因此也就只能是具象的和有限的;另一方面,进行科学认知的主体,即科学家的目标有时并不满足于"就事论事"地观察、描述和解释一个具体的现象,很多人希望以此为切入点去揭示具体现象背后"普适"的基本规律,并希望根据这些"普适"的基本规律对将来加以预测。可是,对尚未发生的事物加以预测,岂不是与"客观性"的特点相悖了吗?

在读一本最近出版的 Michael Strevens 所著的科学史著作 The Knowledge Machine 时,作者的分析让我找到了上述矛盾的症结所在:当下语境中的"科学"其实包含了两种本质上非常不同的认知方式。一种是上面所谈到的具有三个特点的、以实体为认知对象、以实验为工具、以双向认知为过程特征的"科学认知"。这是从伽利略时代引入实验之后才出现的一种全新的认知方式。另一种则是从古希腊时代就出现的、以概念/符号(包括数学符号)为对象、以逻辑为工具、以单向认知为过程特征而追求对"自然"的合理解释的、被称为"哲学"的认知方式!稍微了解一点西方思想史的人都知道,早年的古希腊哲学是特别重视数学的。而在数学史上绕不过去的毕达哥拉斯对数学的研究其实出于哲学的目的。两种在不同时代出现、从处理的对象到处理的方法都有完全不同特点的认知方式彼此关联在一起,成为当下语境中的"科学"。如果我们将伽利略时代出现的以实验为工具/节点的双向认知过程称为"狭义的科学认知",那么当下语境中的"科学"可以被称为"广义的科学认知"。

如果上面的分析是成立的,那么我们就很容易理解为什么伽利略会说自然界的书是用数学语言写成的;为什么牛顿把他的著作称为"自然哲学的数学原理";以及为什么 19 世纪后期很多理论物理学家最后成了哲学家。我们常常会说现代科学脱胎于哲学。可是如果按照上面的分析,当下语境中的"科学",即"广义的科学认知",从来没有离开过哲学。孔夫子曾经说过一句名言:名不正,则言不顺;言不顺,则事不成。当前有关"科学"而衍生的各种争议与问题,现在看来都与对"科学"这个概念(名)的内涵的模糊或者混乱(名不正)有关。

对这个问题的讨论可以另外写一本书,在这里就不再展开论述了。讨论"什么是科学"的问题,主要是希望大家有一个思想准备,意识到建立在以实体为对象的实验基础上的具象和有限的客观合理性结论(科学认知)类似拼图游戏中的零片或者乐高游戏中的零配件(虚拟的概念层面上的),同样的零片或者零配件可以用来拼搭不同的图形或者模型(哲学/数学认知）。这种情况决定了以科学认知为形式而衍生的人类认知空间的拓展过程不是简单的知识积累，而是伴随着探索未知中新现象的发现而无法避免的、不断的概念框架的构建和重构。从这个意义上，在这里的所谓"概念框架重构"本质上就是 Thomas Kuhn 当年所提出的"范式转换（paradigm shift）"。

为什么现代科学源自天文观察？

前面提到，狭义的科学认知是在人类演化历程中很晚才出现的一种特殊的认知形式。那么这种认知形式是在什么时候、因为什么而出现的呢？在现代社会的语境中，谈到现代"科学"的起源，一般都会以牛顿的《自然哲学的数学原理》作为一座让后人仰望的里程碑。而再向前，则有伽利略和哥白尼（当然也有学者将科学的起源追溯到古希腊时代）。[①] 在我的成长历程中，一直有一个印象，即现代科学肇始于物理学，因此，物理学的规则就是科学的规则。可是在思考生命的本质的过程中，我发现虽然很多物理学家都在努力地用他们驾轻就熟的物理学思维去解析生命，而且 19 世纪中后期以来生命科学几乎所有的突破，都源自物理学家、化学家在技术和理念上的创新，可是在物理学家与从事生物研究的人之间，好像总是存在一些大家都说不清楚的隔膜。是因为生物学的研究系统太复杂而挑战了物理学家的能力上限？或者生物学的研究水平太低下而缺乏让物理学家一展身手的舞台？或者传统的物理学家对实体存在的描述和对实体存在之间关系的想象上所向披靡、屡试不爽的思维模式，在处理生命现象时出现了方向性的偏差？前两种或许大家都可以接受，毕竟生命系统太复杂。人们目前所能获取的数据非常有限，而且处理这些数据的计算能力（主要是计算机）也非常有限。可是，第三种恐怕很难被人接受：难道生命系统不是物质世界的一部分吗？物理学不是揭示物质世界的构成与运行规律的吗？怎么可能把生命系统给漏掉呢？

2017 年美国西雅图华盛顿大学应用数学系讲座教授钱纮来做"生命的逻辑"课程讲座时，和我讨论过一个问题，即生物学的原点性概念是什么。他说，数理化这些学科都有自己的原点性概念。数学的原点性概念是"数（number）"，物理学的原点性概念是"质点（point mass）"，化学的原点性概念是"分子（molecule）"。生物学呢？他的问题对我非常有启发。如果说数是人类抽象思维的产物，而分子是实体存在的一个单元，质点是什么？是一个抽象的概念呢，还是一个实体存在呢？从牛顿力学到热力学再到量子力学，如果细究起来，我们在学习物理学时所用公式描述的物质规律，其实都是质点的移动、碰撞、排列的规律。在读物理学家、化学家撰写的有关生命活动的描述时，看到的也都是将研究对象（无论是分子、细胞还是个体）理想化为一些"质点"之后，再分析其移动、碰撞、排列的规律。可是，质点的概念是怎么形成的呢？

我曾经专门检索过不同的词典，没有在权威的词典中找到该词的出处。但在钱纮推荐给我的一篇有关科学史的文章中，讲清楚了质点概念在 18—19 世纪之间从"物体（body）"这个概念演变而来。此外，在有关物理学的发展史中，我注意到一个很有趣的事情，即被科学史家认可的近现代物理学的奠基人，即伽利略、开普勒、牛顿等人都研究过天文学；作为物理学最初形式的力学，很多都源自对天体运行规律的描述。这种情况是偶然的吗？

---

① 有关现代科学起源的问题，清华大学吴国盛教授《什么是科学》一书（该书第一版出版时，他从北大转入清华）中有非常专业的阐述。

　　在对物理学史的检索中,有两张图片给我留下深刻的印象(图1-3):一张是古代天文学家记录下来的天空;一张是现代天文学记录下来的宇宙。据说,开普勒之所以能总结出行星运动规律,是因为他所依据的,是当时世界上对天体观察和记录最详细的丹麦天文学家第谷的数据。而第谷观察了多少个天体呢? 有资料说是 750 个。这应该是当时人们观察天体所能达到的分辨力的极限了。在这种分辨力的范围内,当时的人们是无法获得现代天文学所观测到的宇宙的。但反过来,也给了观测者一个机会,即可以在对象有限的范围内,详细地跟踪记录单个天体的运行轨迹。按照现在的知识,我们知道,不同天体的大小和组成是非常不同的。可是在古人眼中,这些不同与它们的运行轨迹相比较而言,好像没有那么重要——关键是无从细究。而从轨迹的角度讲,所有不同的天体,其实不过都是一些点! 所有的天体都被简化为星图中的"点",而由对这些点的运行轨迹可以归纳出以数学公式描述天体运行的规律,甚至是伟大的牛顿力学体系。显然,套用对天体运行轨迹进行描述的成功,把所有的物体运动都简化为一个点,在物理学的发展上取得了辉煌的成功! 于是,把物体简化为点,然后用数学去描述这些点的运行,成为物理学这一科学体系的一个重要特征。

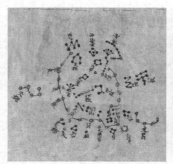

图 1-3　早期的星图与当下星图的比较,信息量出现根本性的不同。
左图:敦煌仓经洞中发现的星图。这是目前世界上发现的最早的星图[Bonnet-Bidaud et al (2009). The Dunhuang Chinese Sky: A comprehensive study of the oldest known star altas. *J. Astronomical History and Heritage*,12:39-59];右图:现代天文学获得的有关银河系的图

　　在前面分析"自然"一词的含义时,我们发现人类眼中的自然是人类出现之前就存在的实体。人类对自然的了解,最终无非是两大类:一类是对实体的辨识,另一类是对实体间关系的想象(见图1-4)(农耕之后,又出现了对实体由来的追溯)。这些辨识和想象都以抽象的符号来表示,并以语言为载体而在居群成员之间交流分享。从这个角度看,把天体简化为"点"来进行观测和描述,虽然取得了极大的成功,但显然只是形式之一。很多其他的观察就很难被简化为"点"来进行,比如为什么水是流动的、棉花是柔软的、岩石是坚硬的,而火可以将一些东西烧为灰烬。对这些现象相关的实体及其相互关系的辨识和想象显然无法用质点式的简化加以解决——最起码在最初的阶段。于是就有化学等反映其他辨识和想象策略的学科的产生。虽然到了原子和亚原子层面,化学和物理殊途同归,但化学至今仍然因其有传统的物理学思维所无法替代或涵盖的独特的问题和研究方法而作为科学的一个分支独立存在。这大概是为什么钱绂在提到原点性概念时,认为物理学的原点性概念是质点,而化学的原点性概念是分子。

　　那么生物学的原点性概念是什么呢? 个体,细胞,基因,还是我们这里提出的整合子? 希望在读完这本书之后,大家能找到让自己满意的答案。

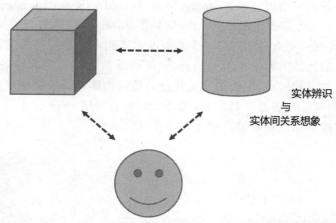

图 1-4　人类和其他动物一样，对实体的辨识和对实体间关系的想象是生存不可或缺的两个要素。

乐高积木的拆与拼

　　美国圣母大学的 Barabasi 曾经在生物网络研究方面独领风骚。他在顶级科学杂志发表了若干篇研究论文之后，写过一本介绍其网络科学思想的书 Linked。我是经龙漫远教授推荐而读到这本书的。Barabasi 在书中对人类研究自然的过程做了个比喻：人类研究自然很像孩子出于好奇心去拆玩具。他的这个比喻很有道理。从前面我们对"自然"一词含义的讨论可以清楚地看出，人类和其他动物一样，不得不从周围实体存在中获取食物才能维生。要从周围复杂的、"与生俱来"的实体存在中分辨出食物、配偶与威胁，最终其实就是做好两件事：对实体的辨识和对实体之间关系的想象。上面一节我们分析过，人类和其他生物不同之处，无非是能够对实体的辨识和实体之间的关系想象给出抽象的符号，然后以语言为载体，将对周围实体存在的认知在居群中交流分享。对天体的辨识和天体运行关系的想象的成功，非常重要的一个点是，由于人类距离天体的遥远和辨识能力的低下而将它们都想象为"点"，从而形成了对观察对象首先加以简化的辨识模式，而简化到极致，就是质点。我记得在上中学时，物理老师特别强调在对事物的观察中，一定要学会找到物体的重心。找到了物体的重心，就可以用它作为质点来计算其运动规律。估计所有上过中学的人都会有类似的记忆。我猜，物理学思维就这样被植入了现代社会成员的认知模式。

　　可是，"找重心"的"质点化"思维和 Barabasi 所说的拆玩具的比喻是一样的吗？乐高（Lego）是一种改革开放之后才在中国传播开来的积木。和很多传统的立体积木或者平面的拼图（puzzle）游戏玩具类似，对小朋友而言，摆在他们面前的其实是两样东西：一是玩具盒子上的图，一是盒子中的零配件。一般而言，小朋友都会被要求先用零配件搭出图上显示的物品或图案。在通过这个过程了解拼装的原理后，小朋友会被鼓励发挥想象力，用零配件去搭出图上所没有显示的物品。从小朋友对这类玩具的玩法上看，这种玩法和 Barabasi 所说的拆玩具比喻是完全不同的！Barabasi 用来比喻人类对未知自然的探索的"拆玩具"，所指的是研究者所面对的是完整的实体存在，而不是一堆被拆散的零配件。研究者需要做的，是先把这些实体存在拆开，看看它们由哪些部分构成，然后把它们装回去。如果能装回去并看到它们按照没有被拆开前的方式存在或者运行，研究者会认为自己了解了研究对象的构成方式和运行规律。著名的物理学家理查德·费曼（Richard Feynman）曾说过一句话：What I cannot create，I do not understand。可是，如果把 Barabasi 的拆玩具和乐高的拼装玩法结合起来，我们可以发现一个有趣的现象：我们假设乐高积木的零配件不是散装在盒子里的，而是从一个被拼好的物体上拆下来的（Barabasi 的拆玩具），这些零配件是只能用于拼装回原来被拆的那个物体，还是也可以被拼装成任意其他的物体？如果被拼装成其他的物体，我们会认为拼装者拼"对"了，还是拼"错"了（图 1-5）？如果套用 Feynman 的名言，这个拼装者是理解了还是没有理解乐高积木的玩法呢？

了解模型构成的第一步是把它拆开

预期可以拼回去

可是，同样的零配件却可以拼装出不同的模型，同样正确

整合与拆解可以是不可逆的过程

图 1-5　乐高的拆与拼示意图

可能有人会说乐高的例子是诡辩，因为所谓的"理解"应该是以最初的研究对象为参照系的。可是，人类是这个地球的后来者。我们来到这个世界之时，与我们生存相关的各种实体存在早已经在那里了。在探索之初，当然是就事论事地对不同的实体进行辨识和解析。可是当信息量达到一定程度之后，人们发现同样的组分/单元/零部件可以构成看起来完全不同的实体。从这个意义上看，从城市街景上拆下来的零部件搭成愤怒的小鸟，好像也并不能说是搭错了呀？

显然，看似简单的儿童玩具的玩法，其实反映了我们了解周围实体存在及其相互关系时的两种不同类型的问题：一类，是现有的实体是怎么构成、怎么运转的。对这类问题，当然是以所探索的实体为参照系，设法拆开并且装回去。此时，问题的重点在所探索的对象上，这个对象是确定的。对这类问题，拆解和拼装这两个过程是可逆的，Feynman 的名言是成立的。可是还有一类，是同样的组分/单元/零配件如何组装成不同的实体，而且这些实体都是可以运行的。在这类问题中，侧重点在组分上，组分的组装规则是通用的，可是组装成的实体是不确定的。通过拆解特定探索对象所了解到的这种对象的构成和运转规律，未必能自动推理出用同样的组分所构成的不同的对象。从这个意义上看，要寻找第二类问题的答案，拆解和拼装这两个过程是不可逆的。

我还在植物所工作时，有一次，在参加一个学术讨论的活动中，一位德高望重的植物分类学家和我们这些当时的年轻人说，在物理学上行之有效的还原论思维，或者说分析方法用在生命现象研究上,好像有时很难给出合理的解释,是不是中国传统的"综合"思维,比如"天人合一"可以更好地用来解释生命系统的复杂性? 在那个阶段,我对什么是还原论、什么是整体论或者系统论知之甚少,只是直觉地感到对于生命现象的复杂性,恐怕并不是"分析"得太多、"综合"得太少,而是"分析"得还不够。现在看来,在对自然现象的探索和理解中,分辨力越高,才越可能有效地整合。从这个意义上,"还原论"没有任何错。问题恐怕在于研究者对问题的界定。最近有一位学识渊博的物理学背景的朋友在和我的电子邮件交流中提到,只有傻瓜才会用原子的运动规律去解释飞机的飞行功能。我非常同意这个说法。传统的物理学思维应用于生命现象所遇到的困难,恐怕并不是其"拆解"的传统——化学不也是靠"拆解"而理解物体/物质的属性的吗——而是其"质点化"的简化策略;不是拆解之后要求拼装回去以检验对研究对象构成及其运行机制解释的客观合理性的标准太严苛,而是在于,对生命系统的构成和运行机制而言,不同实体存在之间具有组分的通用性和拼装路径的多样性,使得成功回答上面提到的第一类问题的策略恐怕还不足以有效地回答第二类问题。如何找到一个合适的策略来回答第二类问题,恐怕是摆在不同学科的学者面前的共同问题。

至此,我们对后面章节具体介绍生命的逻辑时所无法避免的一些基本概念的内涵做了一些澄清。希望这些澄清,可以帮助大家把对生命的探索与思考放到整个大爆炸宇宙,即 10 的 0 次方到 10 的 10 次方的时空量的尺度上来考虑。我在 1998 年来北大工作后曾经应约写过一篇介绍植物发育单位概念的文章。题目中提出了"现象"和"对现象的解释"这两个概念,试图提醒读者注意,人们在生活中经常会出现把别人对现象的解释作为现象本身来接受的情况。后来,我发现,容易出现混淆的还不止于此。人们在对生存所不可或缺的实体存在的辨识和关系想象中所遇到的各种困难,除了实体的物化工具层面的不足之外,很多时候是认知能力在虚拟的观念工具层面上的不足。这种不足除了逻辑推理能力不足之外,最常见的,就是把现象与对现象的描述、基于描述的解释和基于解释的演绎混为一谈。希望本章的内容为大家后续阅读提供一个有益的参照系。

第二章　探索的历程：人类生命观是如何构建的？

关键概念

生存需求——有用与有趣；博物学——辨识与分门别类；对生物结构与由来的解析；对生命本质的探索；现代生物学的概念框架

思考题

不从事生物学研究的人是否需要了解生命的本质与基本规律？

我在上课和与研究生谈话时，经常会提醒他们一个常识：这个世界不是因为我们的出生而出现的。这句话的意思是，在我们之前，就有很多人在描述、解释乃至演绎过我们生活其中的这个世界。在第一章，我们特别强调过，不仅对个人而言，我们看到的这个世界是一个被前人描述、解释和演绎过的世界，而且被人类描述、解释和演绎的世界中的很大部分早在人类出现之前就已经存在了。我们人类只不过是这个在人类意识出现之前就已经存在的世界的迭代产物。这就产生一个问题，即我们对这个世界的认知很大程度上是建立在前人的描述、解释和演绎基础上的，而前人的观察所用的工具和描述、解释所能利用的信息远比现在我们所能利用的粗陋和贫乏，那么，我们在多大程度上可以相信前人利用这些粗陋的工具所做的观察，以及在贫乏的信息基础上所做出的描述、解释甚至是演绎呢？如果不相信，凭一己之力，怎么可能重新遍历前人的探索？如果相信，根据什么去相信？每一代人都以前辈的权威解释作为自己观察、描述、解释的前提或基础，万一前辈的解释错了呢？历史书上留下的各种被现代人视为愚昧和迷信的对自然的解释，在他们那个年代都是被奉为圭臬的，否则那些解释也不可能青史留名。同样，当下被我们视为金科玉律的解释，或许过了几十年、几百年，也会变成被后世所嘲笑的愚昧和迷信。可是，如同我们在引言中提到的，人类出现后，认知能力已经成为人类生存不可或缺的一部分。我们作为后来者，要享用前辈以生命为代价所换取的经验的便利，就不得不接受作为这些经验载体的概念体系，即前人记录下来的对现象观察所做的描述、解释乃至演绎所带来的局限。在利弊权衡之下，恐怕能做的，先是了解与我们关注对象相关的观念体系，了解这个体系构建的核心概念和构建过程，再去分析这些核心概念构建的客观性和概念之间关系构建的合理性。在这个基础上，我们才可能获得一个清晰的概念框架或者是观念体系作为对象，进行下一步的分析、评估甚至重构。

前科学时代

讲到人类生命观，总是可以大量引经据典。不同的居群或者文明，对生命现象的观察对象和角度不同，会有不同的描述、解释和演绎。这些对生命现象的解释一定会存在某种程度上的实用性，否则这个居群或者文明将无以为继，自然也不会有记录留存下来被我们现代人看到。问题是，在一定范围内适用的解释，未必在另外的范围适用；在当时看似合理的解释，未必反映了实体存在的内在特征。比如，按照亚里士多德的说法，世界上的物体可以因灵魂

(soul)的有无和类型被分为四类：矿物、植物、动物和人。这四大类物体的特征分别是什么呢？矿物是没有灵魂的；植物拥有生长的灵魂，即可以生长与繁衍；动物除了有生长的灵魂之外，还有感知的灵魂，可以移动和对周围刺激发生反应；人类除了生长和感知的灵魂之外，还拥有理性的灵魂，可以思考。作为西方文明源头的古希腊文明对生物的解释况且如此，其他不同文明中的相关解释与实际情况之间存在距离，也在情理之中。

在考虑人类生命观构建的问题时，有两个现象不可忽略：第一，目前所能获得的证据表明，智人的历史只有大概二三十万年。人类有文字记录的观察自然的历史只有大约六千年。对现代人类生存产生影响的古代文明，即雅斯贝尔斯所谓的"轴心时代"的历史大概不到三千年。如果这些数据是可信的，那么我们可以理解，现在人是无法真正追溯到作为智人的人类最初是如何描述、解释和演绎生命现象的。现在能够查到的最早的记录，都不过是人类认知历程中较晚阶段的描述、解释和演绎。把这些记录作为人类生命观构建的源头，在逻辑上是不成立的。这就带来一个问题，要追溯人类生命观的构建历程，应该从哪里开始呢？

第二，根据目前的证据，全球的人类有着来源于非洲的共同祖先。人类作为一个物种，维持生存所需要的条件是类似的。虽然在走出非洲并且"开枝散叶"之后，分布在地球不同区域的居群各自发展出不同形式的文明，但对分布在各自居群所在区域的生物的观察，以及基于这些观察而被记录下来的描述、解释和演绎应该有类似或者可沟通之处——因为只有活下来的人能传承他们的认知。尽管有助于具有同样来源和类似生物学属性的不同区域的人类生存的认知会在表现形式（比如用于描述的语言）上存在区别，但在本质上不可避免地会具有共同性。这为不同居群之间就生物的描述与解释的交流互鉴提供了客观基础。

根据上面所提到的两个现象，追溯人类生命观构建历程的一个比较现实的策略，就是以当下获得最多实验证据支持的概念框架为起点，追溯这种概念框架的构建历程。这种策略可以避免在各自无法验证的"如果某种史前文明发展到今天会如何"之类的假设上花费不必要的时间——毕竟我们在这里讨论的是地球上实际存在的生命现象背后的规律，而很多史前文明或者是其他曾经辉煌过的文明并没有为现代人类构建当下获得最多实验证据支持的概念框架提供有迹可循的线索。

当下主流的有关生命现象的解释，或者"生命观"是在哪里形成的呢？如果说在经验层面上，世界各地的人类及其文明对人类感官分辨力范围内的生物的辨识没有太大实质性区别的话，对生物的构成及其相互关系的想象方面，可以建立在实验基础上的概念，以及基于这些概念的学说的源头又在哪里呢？我们后面可以看到，当下获得最多实验证据支持的概念框架中的关键节点，比如在生物体构成要素方面的细胞学说、生物之间关系方面的演化学说，以及作为物种区分基础的遗传物质本质的基因学说，它们都产生在西方基督教文化圈。而根据目前公认的生物学史方面的文献分析，这些概念和学说形成的源头都可追溯到古希腊时代的亚里士多德。从这个角度看，我们要回溯人类生命观的构建历程，比较现实的一种选择是以这一条认知演化道路的产物为对象来进行讨论。

历史上人们为什么会关心生物？

我们在引言中讨论过，人类作为生物的一种，我们的生存来源于、依赖于、互动于很多早于人类出现之前的各种生物和非生物的实体存在。和所有其他作为靠取食而生存的动物一样，我们人类也需要以其他生物为食，并可能成为其他生物的食物。此外，人类还不得不关注同类中的其他个体，否则无法完成繁衍育幼以保障种群的可持续生存。因此，如果人类不关心周围的生物，那么要么被饿死，要么会成为其他生物的食物被吃光；或者不再繁衍，不可能生存至今。从这个意义上，"历史上人类为什么会关心生物"的问题其实没有意义——不仅因为这种关心并非人类特有，而且是反果为因的——如果人类不具备关心生物的能力，人类就不可能生存下来问这样的问题。如果一定要以人类有意识、有认知，所以要反思自身的行为动机的角度来问这个问题，那么大概需要去追问另外两个问题：一是人为什么会问问题，这是有关人类认知的问题；二是生命是什么，这是本书要回答的问题。至于对上面被论证为"没有意义"的"历史上人类为什么会关心生物"这个问题，如果一定要给出一个简单的、避免形式上循环论证的答案，也未尝不可，那就是很多人都会想到而且乐于接受的：有用。显然，这个答案对所有的动物都适用，并非对人类特有。

其实，我们并不确切地知道其他动物会不会也反思自己为什么会关心生物的问题。我们人类会提出这个问题，追根溯源，恐怕就是人类自我意识的形成、认知能力的发展，以及以此为起点的"好奇心"——换言之，人类还会在"有用"之外，仅仅因为"有趣"而关心其他生物。而且，就目前所能掌握的信息，因"有趣"而关心生物，可能是人类特有的，或者在某些神经系统发展程度比较高的动物中才存在的一种关心生物的动机。

之所以要问人类为什么会关心生物这个似乎是没有意义或者是文不对题的问题，是希望强调一点，即后面我们所要进行的有关生命逻辑的探讨，其实都是有特定动机的。不了解这一点，我们就很难理解人们为什么会殚精竭虑、皓首穷经去面对其他生物不了解但也可以活得很好的问题。而了解了人们关心生物的不同动机，我们可以更好地理解前人工作及其伟大之处，以及前人工作的局限和有待发展之处。

无论出于"有用"还是"有趣"的动机，人类对生物的关心，首先面对的问题就是种类的辨识。这也成为分类学是生物学研究中最早出现的部分的毋庸赘言的原因。在基于形态（形态学）的分类学基础上，对生物的探索就开始变得开枝散叶了：对不同生物类型之间关系的关注发展出了演化学说；对生物体构成方式以及最小单位的关注发展出了解剖学并延伸出了细胞学说；伴随化学的发展所产生的对生物体物质构成的关注发展出了生物化学；对生物与非生物之间的差别的关注以及在这种关注中引入物理学的观念和手段发展出了生理学；从更大尺度上对不同个体、不同种群之间，乃至生物体和非生物要素之间的物质、能量的关系的关注发展出了生态学。同时，可以上溯到差不多一万三千年前农耕时代对生物利用方式的探索，在引入了现代生物学观念体系之后，逐步发展出了现代的医学、农学等等。这大概可以概括现代生物学以及当下主流生命观的构建历程。

生物学家都在谈点儿啥 I：信息来源

从 20 世纪 80 年代开始，就有人把 21 世纪看作是生物世纪。意思是期望在 21 世纪，人类对生命现象的理解能如同 20 世纪人类对物质世界的理解那样，可以达到和现代物理学相媲美的程度。现在已经是 21 世纪了。人们对生命现象的了解到了一个什么程度呢？对于没有经过生物专业大学本科教育以上训练的大多数社会成员而言，从哪里去了解具有权威性的有关人士对生命现象的描述和解释呢？

对于一门学科的研究者和学习者而言，有权威性的专业信息来源曾经主要有两个：一是专业杂志上的论文（论文）；二是教科书或者专门的学术著作（书籍）。随着网络技术的兴起，在过去 30 多年间[以成立于 1988 年的美国国家生物技术信息中心（NCBI）为标志]，研究者和教学工作者为了交流的方便，建立了各种网站，其中有很多也收集了大量高质量的专业信息，成为研究和学习过程中的重要的权威性专业信息来源。此外，历史上，很多学者出于其社会责任感，或者一些媒体人出于其对科学研究的好奇，也会撰写一些面向公众的介绍相关研究结果的文章。这类文章在中国传统上被称为"科学普及"，在西方则被称为大众科学（popular science），比如说发表在创刊于 1845 年的 *Scientific American*（《科学美国人》）上的文章。一般而言，专业杂志上发表的论文通常是通过同行评议的第一手研究报告，或者是在某一领域具有学术声望的专家撰写的综述或者观点文章，因此被认为是最具有权威性的专业信息来源。但这种杂志传统上是同行交流的平台，杂志的数量繁多，发表的论文数量庞大，未经过专业训练的人很难有效地从中获得自己所需的信息。科普作品良莠不齐，有顶级专家或者作家撰写的非常高水平的作品，也有很多初学者或者对问题一知半解的写手写的跟风赶时髦的错误百出的文章。因此，要了解一个学科的基本概况，比较可靠而又相对简单的途径，是去了解在业界比较受到认可的教科书。那么要了解目前主流的有关生命现象的描述和解释，可以去查阅哪些教科书呢？

考虑到历史的原因，目前国际上比较被认可的生物学通论性的教科书有 *Campbell Biology*，Jay Phelan 的 *What Is Life? Guide to Biology*，Sadava 等人的 *Life：The Science of Biology* 等。国内比较被认可的通论性教科书则为《陈阅增普通生物学》。图 2-1 显示 *Campbell Biology* 和《陈阅增普通生物学》的目录。从这两份目录可见，虽然不同教科书的组织结构不同，但所涉及的知识，基本上都涵盖了生物的构成、遗传信息、物质与能量的转换、不同结构之间及生物与环境之间的相互作用、演化关系这五大部分。而且，这些教科书一般内容量都非常大。*Campbell Biology* 不包括附录就有近 1300 页；《陈阅增普通生物学》有近 500 页。虽然相对于缤纷万象、演化了十几亿年乃至几十亿年而形成的生命世界而言，几百上千页的教科书所能提供的信息只能算点到为止，对于那些将来要以生物学研究作为职业的年轻人来说，这些教科书中的知识只是入门的第一步。可是对于大众，即那些将来不以生物研究为职业的人而言，很难有人会有那么多时间来系统地了解这些教科书中的信息。如同作为非专业的爱好者，面对浩如烟海的历史和哲学书籍，我总是希望有经验的人能将前人积累的信息以简明扼要的形式转述出来，以便我可以在最短的时间内掌握其核心的内容。换位思考，我猜很多初学者也希望能有人对生物学的知识给出一个概要的介绍。在此，我根据我所掌握的信息，先从历史的角度，帮助大家梳理一下在不同发展阶段，生物学的存在形式。然后，为大家提供几种不同类型的提纲，作为帮助大家了解当下生物学知识体系的路线图。

《陈阅增普通生物学》	Campbell Biology
	Evolution, the Themes of Biology, and Scientific Inquiry
绪论：生物界与生物学	Unit 1 The Chemistry of Life
第1篇 细胞	Unit 2 The Cell
第2篇 动物的形态与功能	Unit 3 Genetics
第3篇 植物的形态与功能	Unit 4 Mechanisms of Evolution
第4篇 遗传与变异	Unit 5 The Evolutionary History of Biological Diversity
第5篇 生物进化	Unit 6 Plant Form and Function
第6篇 生物多样性的进化	Unit 7 Animal Form and Function
第7篇 生态学与动物行为	Unit 8 Ecology

图 2-1 两本主流生物学教科书的主体结构比较

生物学家都在谈点儿啥 Ⅱ：不同时代的不同形式

　　人类对生物的最初认知,应该和其他生物一样,是对食物和捕食者的辨识。进入农耕之后,出现了对可驯化生物习性的观察以及根据被驯化生物习性对其加以利用。这应该是最初的、包括种植业和养殖业的大农业的雏形。在这个过程中,人类也在了解自身,寻找治疗疾病的方法。这也是医学的雏形。在这个持续几千年的农耕发展历史上,人们对生物的了解基本上是以经验为工具,追求认知的实用性。因此在这个历史阶段谁发现和发明了什么并不重要。人们基本上是根据前辈传下来的行之有效(起码当时认为有效)的经验为依据来了解生物、利用生物。

　　智人从非洲最近一次走出之后,经过几万年的演化,世界上不同区域的居群都程度不同地进入了农耕阶段,哪怕是刀耕火种,也算是农耕了。但只有一个地方,即环地中海的古希腊、罗马帝国以及之后的欧洲地区的人把对生物的了解推进到一个全新的"博物学"阶段。根据百度百科可以了解到,所谓博物学(natural history,最初的拉丁文是 *historia naturalis*)一般而言指对动物、植物、矿物、生态系统等所做的宏观层面的观察、描述、收集、分类等。其代表人物从古希腊的亚里士多德(Aristotle),到 18 世纪的布丰(Georges-Louis L. de Buffon)。分类学的奠基人林奈(Carl von Linne)、生物演化研究的代表人物拉马克(Jean-Baptiste Lamarck)、达尔文(Charles R. Darwin)、华莱士(Alfred R. Wallace)等人,很大程度上也都属于博物学家。博物学与传统的经验性的生物观察和利用以及现代意义上的生物学有哪些异同? 与前者的差别,最大的可能是系统性和并不以直接的实用性为诉求;而与后者的差别,最大的可能是除了达尔文之外,几乎所有的博物学家的研究方法,基本上都是停留在对研究对象的观察、描述、收集和分门别类上,没有"实验"的内容。如果按照在引言中所提到的有关"科学"所应该具有的三个属性的解读,博物学并不属于严格意义上"科学"的范畴。但是,从达尔文的例子可以看出,他在 1859 年出版《物种起源》之后,于 1868 年出版的《家养动物和培育植物的变异》以及之后发表的有关植物的研究,证明他已经开始从典型的博物学的收集样本,对样本进行观察、描述、分类,转入了具有"科学"特点的实验性研究。我们要了解生物学发展过程中各种观念的演变,不能忽略研究者在认知方式上的转型。

　　当然,作为了解生物的不可或缺的一个阶段,博物学拓展了人类对地球上生物的认知范围。这为下一阶段的对不同生物类型和生物过程的分门别类的研究奠定了基础。

　　如果把达尔文的《物种起源》看作是他在博物学基础上,对已知生物类型之间相互关系及其转换机制的一个总结的话,那么这本书的发表,实际上也宣告了博物学时代的终结。这一推测可以从达尔文自己后来全身心投入以实验的方法检验所观察到的自然现象的努力得到支持。实际上,从 17 世纪开始,人们已经成规模地对生命系统开展了分门别类的研究。如英国的 N. Grew 和意大利的 M. Malpighi 在 17 世纪开创了现代植物学,英国的 W. Harvey 开创了生理学,K. F. Wolff、K. E. von Baer 等人在 18 世纪开创了胚胎学,19 世纪中后期孟德尔开创的遗传学以及因 F. Wohler 人工合成尿素而兴起的生物化学等等。解剖学的起源甚至可以追溯到 16 世纪的达·芬奇。对生物研究的这种分门别类的趋势持续了两三百年,到 20 世纪中期达到顶峰。自从 1953 年 DNA 双螺旋模型提出之后,对生物的研究进入了一个新的阶段,即各个不同学科的研究,都以 DNA 或者基因作为自己的出发点。从表面上看，好像出现了一个殊途同归的趋势。可是，虽然 1987 年开始出版的 N. Campbell 的 *Campbell Biology* 成为目前一种被广泛使用的囊括了生物学不同领域的教科书，在研究的方面，不同的学科之间还是各行其是——用着大致类似的方法，研究不同生物的不同具体问题。这给大家留下了一个印象，觉得生物学不像物理学那样，有需要逻辑推理的共同规律。曾经有一句很多生物学家都喜欢的自我调侃：生物学规律永远有例外。甚至以研究蚂蚁起家的著名生物学家 E. Wilson 都认为：虽然生物学现象基于共同的物理、化学原理，起码不会违背这些原理，但对于上百万个物种而言，本质上每一个物种都有自己的生物学。很多年轻人鄙视生物学，认为生物学不是科学，是"理科中的文科"。生物学的知识是碎片化的，学习只能靠辅之以一点归纳方法的死背硬记。因为在他们的印象中，只有可以用公式来描述的、具有可预测性的、具有类似物理学那种可以推导的规律的才算是科学。可是情况果然如此吗？

其实，从不同居群的人类历史可以看到，人们很早之前就在探索生物与非生物、活与死之间的差别。亚里士多德的划分指标是灵魂的有无。17 世纪之后，活力论（vitalism）曾经取代亚里士多德的"灵魂说"成为人们描述生命本质的一种方式。虽然由于无法用实验加以证明，进入 20 世纪之后，活力论已经淡出了生物学的范畴，但是人们寻求复杂生命系统内的共同规律的努力却一直没有间断。神创论其实是最简单的一种解释。在现代社会很多人认为神创论是一种可笑的说法，可是如果回到三千年前一神教形成的时代，在当时极为有限的认知空间范围内，能提出神创论来解释这个世界的形成，其实是需要很多现代人都难以望其项背的极其强大的想象力的。在这里之所以要特别把神创论作为一种解释生命本质的观点提出来，很重要的原因是，如果没有神创论，很难想象会有达尔文的演化学说。正是由于经院哲学根据神创论把不同类型的生物排列出一个生物巨链（great chain of being），才让达尔文在分析他所观察到的现象、研究收集到的样本时，发现神创论的不合理性，从而提出自然选择驱动生命之树形成的全新理论，为人们解释生物类型之间的关联和变化关系提出了一个具有普适性的规律。不仅如此，达尔文根据生命之树的逻辑向前追溯，还提到了生命起源的可能机制。他在 1871 年给他的朋友，植物学家 J. D. Hooker 的一封信中提出，生命最早可能"在温暖的小池塘里面（in some warm little pond）"。这种设想到 20 世纪 20 年代苏联学者 A. I. Oparin 那里变成了一个大家熟悉的概念"原始汤（primordial soup 或者 prebiotic soup）"

虽然在达尔文时代，人们对生命系统了解的有限性决定了人们其实无从对生命的本质做出有效的解释，可是，大量的观察和实验还是为寻找生命世界的共性提供了具有坚实实验支持的证据。目前具有广泛共识的生命世界的共同属性中，从组分的层面上，最广为人知的一个是细胞，在 17 世纪中期因显微镜的发明而被 R. Hooke 观察到，到 19 世纪中期基于各种实验证据而由 M. Schleiden 和 T. Schwann 分别提出植物和动物都是由细胞构成、R. Virchow 提出细胞来源于细胞所形成的细胞理论；另一个是基因，在 19 世纪中期由 Mendel 通过实验提出概念原型，20 世纪初由 Morgen 落实到染色体，20 世纪中期由 Watson 和 Crick 落实到 DNA 分子。通过迄今 300 多年的研究，现在比较确定的是，细胞是由包括 DNA 在内的大量复杂的分子，如核酸、蛋白质、多糖和脂类和各种复杂的小分子构成的复杂结构。

细胞这样的复杂结构是如何形成、如何运行的呢？这就涉及生命世界的共同属性的另外一个层面，即机制或者功能。在这个层面上，目前也有几条共同的属性是得到大量实验证据支持的：第一，细胞内各种大分子，包括细胞本身，处在不断的变化过程中，这些变化一般被统称为"新陈代谢"，即不断有新的分子/细胞形成，旧的分子/细胞解体；第二，这些变化依赖于与细胞外的物质和能量的交换；第三，这些变化不是无序的，而是受到调控的。可是，新陈代谢是如何进行的？新陈代谢过程中细胞内外的物质和能量是如何交换的？新陈代谢是如何被调控的？随着人类认知能力的发展，这三大类问题的追问越来越深入，细分的问题也就越来越多，实验不得不随之越做越细。这大概就是生命科学研究进入 20 世纪后半叶以来越来越活跃，人们投入的人、财、物资源越来越多，以至于很多人认为 21 世纪是生命科学的世纪的主要原因。

可是，越分越细的实验研究最终能帮助人们回答有关生命本质的基本问题吗？比如地球上的生命最初从何而来？生命是不是自发产生的？生物与非生物之间的边界在哪里？目前有关生命本质的主流观念是基因中心论。有关生命的几乎所有现象都从基因上去寻求解释。可是，放在试剂瓶中的 DNA 会变成活的生命吗？或者它的存在本身就算是生命吗？如果是，DNA 最初是从哪里来的呢？流行了 300 年的活力论最终因为其缺乏实验证据的支撑而退出了科学舞台，从中心法则提出而兴起 60 多年的基因中心论能经得起逻辑完整性的考验吗？

如同人类对生命本质的追问早在科学作为一种认知方式出现之前就早已存在一样，在生物学作为一个科学认知的领域出现——从收集样本到分门别类地分析研究再到共性探索——的同时，其他科学和非科学领域的学者也有人不断被生命问题所吸引，加入探索生命本质的努力中来——毕竟，每个人都是生命世界的一个成员，我们都会对自己是谁、从哪里来、到哪里去这类问题感到程度不同的好奇，而且有权利给出自己的解释。寻求生命本质问题的答案，并非生物学家的专属领地。在其他科学领域的学者对生命本质所进行的探索中，奥地利物理学家薛定谔的观点大概是迄今为止影响最大的一种。在他 1944 年所做的题为《生命是什么》(*What is Life*)的演讲中，他从物理学的角度，提出了两个命题：第一，生命是如何从有序到有序，即遗传的本质的问题。在这个命题中，他认为，所谓的遗传，应该是信息在代际间的传递，而这种信息的储存形式应该是某种代码在某些物质上的线性排列。第二，生命是如何从无序到有序，即生命本质和起源的问题。在这个命题中，他认为，生命是自发形成的有序现象。按照热力学第二定律，自发形成的过程只会指向无序，即熵增加，可是生命的有序性却指向熵减少，他把这个过程叫做"负熵"(neg-entropy)增加。他认为"负熵"或者说生命系统自身的有序性，源自其形成过程向外在环境排出了熵，即以环境的熵增加来换取生命系统自身的熵减，即有序性。

尽管薛定谔的第一个命题并没有关于从有序到有序的过程中遗传信息载体的具体描述，按照 Watson 在他所著《双螺旋》(*Double Helix*)一书中的说法，这个命题还是为他们发现 DNA 是遗传物质提供了重要的灵感。从 1945 年薛定谔的演讲出版到 1953 年以 DNA 双螺旋结构来解释 DNA 就是遗传物质，再到之后几十年的分子生物学的发现，DNA 是地球生命世界普遍使用的遗传物质已经成为一个有丰富实验证据支持的科学判断。以 DNA 双螺旋来解释 DNA 是遗传物质的成功，表明从其他学科领域对生命本质进行分析对人们的实验研究也能带来实质性的帮助。

可是，薛定谔的第二个命题却很难说为人们理解生命的本质所带来的影响究竟是正面的多还是负面的多。这个问题，我们留到本书的最后再做探讨。

除了物理学家对探讨生命本质的介入之外，化学家也理直气壮地对生命的本质发表他们的看法。化学家的逻辑很简单：生命过程说到底就是化学反应。因超快反应研究而得到诺贝尔化学奖的德国化学家 Manfred Eigen 就曾对生命做过如下的推论：生命的本质是化学反应、是有信息中心组织的化学反应、是反应程序自我复制的化学反应。另外一位因耗散结构而获诺贝尔奖的化学家 I. Prigogine 认为，他的耗散结构理论解释了生命现象的本质。数学家自然也不会让自己置身事外，如 20 世纪 50 年代计算机先驱 von Neumann 有关生命的本质就是自我复制的说法，以及 90 年代 S. Kauffman 有关生命现象的本质是一个动态系统在其信噪比处于边缘状态时的涌现现象。

有趣的是，对于主流生物学家而言，这些数学家、物理学家、化学家对生命的解读与他们日常的研究工作之间没有什么实质性的交集。毕竟，作为一种实验学科，生物学家关注的是生命系统中大分子的行为及其在不同层级上的效应。毕竟，"活"的生命系统，即生物，才是生物学家研究的起点。离开了"活"的生命系统，即生物，在生物学家那里就失去了判断是非的参照系。大家基本上只能在这个参照系范畴内不断地去追踪细节。至于"活"的生命系统是如何形成的问题，在主流生物学家现存的认知体系中，人们好像还未得其门而入。

生物学家都在谈点儿啥Ⅲ：当下生物学观念体系及节点概念

在前面两节中，我们介绍了生物学信息获取的途径和当下生物学知识体系的大致发展过程。可是对于初学者而言，最希望了解的，可能还是在浩繁的信息海洋中，从哪里开始入手，哪些知识对于理解生命的本质和生命的基本规律是必需的。前面提到过，教科书应该是最可靠的入手点。可是，现在的主流教科书都是为本科生物学专业的学生设计的。而且动辄好几百页，英文的甚至上千页；随着生命科学研究的快速发展，教科书还有越变越厚的趋势。对于并非以从事生物学研究工作为目标，但希望对生命的本质及其规律有比较系统了解的人而言，不太可能有那么多时间通过通读当前市面上权威的教科书来满足自己的需求。与此同时，目前国外一些学者根据生命科学快速发展，而且对人类社会产生越来越广泛而深刻的影响的现实，提出应该让不同专业的本科生都学习生物学课程，并为此而设计了不同的概念框架，希望在有限的时间中，将生物学的核心内容展示给读者。在后面的尝试中，有两个代表性的案例可以为我们的读者开拓视野。

一个代表性的案例是美国麻省理工学院组织了一批著名生物学家，设计了一套全体麻省理工本科生都要学习的课程，其核心内容是用一套核心概念，建立具有层级关系的概念框架。通过介绍这个概念框架来帮助学生构建对生命本质及其规律的理解。在这个概念框架中，他们认为生物学知识体系中，最顶层的概念有 18 个，如图 2-2(a)。以这 18 个概念把不同领域的生物学知识整合起来，如图 2-2(b)。可是，从图 2-2(b) 来看，被选择出来的顶层 18 个概念之间基本上还是一种并行的关系，并没有给出内在的逻辑关联。

另外一个代表性的案例来自美国圣路易斯华盛顿大学，Allen 教授和他的合作者撰写的生物学教程 *Scientific Process and Social Issues in Biology Education*（图 2-3）。在这种模式中，作者将生物学作为一种科学研究的形式，以生物学为例传播科学精神，同时以科学精神来帮助人们理解社会生活中所涉及的基本生物学相关问题。他们这门课程是华盛顿大学的通选课，开设多年，每年都有几百位本科生选修。当然，由于课程容量的限制，这门课程无法兼顾生物学知识体系的完整性。

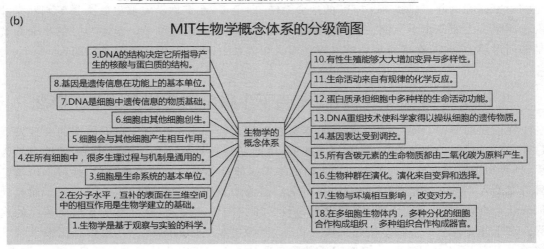

(a)

表1.生物学的底层基本概念

1.生物学是基于观察与实验的科学。

2.在分子水平，互补的表面在三维空间中的相互作用是生物学建立的基础。

3.细胞是生命系统的基本单位。

4.在所有细胞中，很多生理过程与机制是通用的。

5.细胞会与其他细胞产生相互作用。

6.细胞由其他细胞创生。

7.DNA是细胞中遗传信息的物质基础。

8.基因是遗传信息在功能上的基本单位。

9.DNA的结构决定它所指导产生的核酸与蛋白质的结构。

10.有性生殖能够大大增加变异与多样性。

11.生命活动来自有规律的化学反应。

12.蛋白质承担细胞中多种多样的生命活动功能。

13.DNA重组技术使科学家得以操纵细胞的遗传物质。

14.基因表达受到调控。

15.所有含碳元素的生命物质都以二氧化碳为原料产生。

16.生物种群在演化。演化来自变异和选择。

17.生物与环境相互影响，改变对方。

18.在多细胞生物体内，多种分化的细胞合作构成组织，多种组织合作构成器官。

图 2-2　MIT 生物学概念框架的层级结构

（a）生物学概念框架中包含的 18 个顶层概念；（b）生物学概念框架中 18 个顶层概念之间的关系

生物教育：传递科学思维，面向社会议题

目录

1. 作为探索历程的生物学
2. 科学的本质和逻辑
3. 科学的本质和逻辑：假设检验
4. 怎样研究生物学：3个案例讨论
   - 引言
   - 在实验室中提问：神经生长因子的发现
   - 在田野中研究：鲑鱼洄游
   - 演化历史的案例：物种灭绝和恐龙末日：涅墨西斯假说
   - 结语
5. 科学的社会环境：科学与社会的相互作用
   - 引言
   - 科学与技术——公众的困惑
   - 科学的社会构建
   - 科学的社会责任
   - 利用人体进行研究的伦理和社会问题
   - 科学与伪科学："科学神创论"与"智能设计论"；
   - 科学与宗教：内核的不同
   - 结语
   - 练习

图 2-3　美国圣路易斯华盛顿大学 Garland E. Allen 和 Jeffrey J. W. Baker 教授所著，作为通选课的生物学教科书的目录。该书已由李峰博士翻译为中文，以《生命科学的历程》为题出版。

　　我在前言中提到过"生命的逻辑"课程开设的背景。一个在前言中没有提到的经历，是在 2007 年饶毅上任生命科学学院院长之后，提出进行本科教学改革。可是学院上下在本科教学培养目标的问题上始终没有达成一致。培养目标究竟应该是放在全员专业教育上？还是放在通识教育，在通识基础上为少数希望将来以从事研究为业的同学提供专业教育上？我个人的观点是，随着社会的发展，我们的社会不可能持续提供那么多与我们本科教育规模相匹配的研究岗位。在 20 世纪 50 年代国家百废待兴的情况下，通过本科教育来大规模培养专业研究人员和教师以满足社会需求的专业教育模式在当下社会是不可持续的。同时，伴随生命科学的快速发展，生命科学对社会的影响越来越广泛而深刻，可是研究前沿与公众对生物的理解之间的距离也在迅速拉大。研究者与公众之间的信息不对称所产生的鸿沟，不仅对生命科学的发展产生越来越大的负面影响，同时也为公众受益于生命科学的研究带来越来越大的障碍。目前能看到的在研究前沿的研究者与社会公众之间建立桥梁的最有效的方式，就是在生命科学学院的本科教育中，做好生物学的通识教育。让所有的生命科学专业本科生无论将来从事什么职业，都能把对生命本质和生命基本规律的合理观念带到社会中。虽然饶毅并不认同我的观点，但他却鼓励大家按照自己的理念去开设课程。只要对学生有益的，他都予以鼓励和支持。因此，我也认真考虑过怎么在有限的时间内，把生物学的知识体系中的核心内容凝练出来帮助学生学习。基于这种想法，我曾经尝试过从公众最容易提出的问题作为起点，从历史上人们曾经尝试过的回答角度，梳理出了 80 个核心概念（表 2-1）。

表 2-1　以五个感官经验问题为切入点，对生命科学中核心概念的梳理

感官经验问题	不同的回答角度	核心概念
生物与非生物最大的区别是什么	经验的 先验的 理性的	结构换能量 生命世界形成的 5 次创新，3 个阶段（前细胞、细胞、后细胞），5 个属性
生物是如何构成的	分类	植物、动物、真菌、单细胞真核生物、原核生物、生物圈
	解剖	细胞为有机体的基本构成单元
	物质	水、核酸、蛋白质、碳水化合物、脂、离子、其他
生命从哪里来	演化（多样化动力）	环境、居群、变异、结构、适应、选择
	发育（实体形成）	有组织多细胞结构、发育程序的形成、解读与代际传递
	有性生殖周期（代）	减数分裂、受精、性别分化、合子、配子、自变应变
	细胞（边界建立）	细胞周期/复制/迁移/扩散/分化/死亡、胞间通信、反客为主
	遗传（系统状态传递）	大分子能态、序列记忆能态、变异、表型、基因型、中心法则
	起源（无机到有机）	生命分子、RNA 世界、生命大分子及其相互作用、分工协同
什么叫"活"	生死之别	在特定环境条件下、在特定异质性无机分子间，遵循热力学第二定律偶然自发形成，以分子间力相互作用结合的可在环境扰动下解体并重新自发形成的低能态结构
	物理化学反应	力、热力学、电、化学键、底物、产物、催化、调控网络
	获能（环境纽带 1）	能量、能量转换、自养、异养、代谢
	适应（环境纽带 2）	胁迫、信号、响应、认知、理性（合逻辑性）、效率
	自组织与稳态	熵、势垒、非平衡态、网络动力学、正反馈自组织、复杂换稳健
了解生命规律有什么用	农	驯化、农业
	医	生、老、病、死
	社会	人类行为背后的生命规律（自主意识产生后的参照系选择问题）

注：这五大类问题可以被进一步分解为 20 个角度/层级，总共涉及 80 个核心概念。相关参照系可以检索以下网页
http://en.wikipedia.org/wiki/Biology
http://web.mit.edu/bioedgroup/HBCF/CBE-Summer2004.htm
http://www.nap.edu/openbook.php? isbn=0309085357
http://www.botany.org/bsa/millen/index.html

从上述所举的几个例子可以看出,目前生物学知识体系中,核心概念其实是有限的。人们也在努力为这些概念建立内在的逻辑联系,但这些尝试好像都不能令人满意。这也为之后的探索留下了巨大的空间。正是由于这种探索空间的存在,才有了生命的逻辑这门课程和这本教科书。

解读生命现象与我们的日常生活有关吗?

面对生命科学日新月异的发展以及在这个知识体系中建立具有内在逻辑的简明合理概念框架的困难,人们还可以反过来问,有必要去追问生命系统中内在逻辑关系吗?

的确,对生物及其内在规律的研究,最初源自人类生存的需要。比如了解动植物以获取食物、了解人类自身以对抗疾病。以我自己所从事的植物科学为例,长期以来,人们的研究动机主要是两个:一个是将植物作为食物,一个是将植物作为玩物。只要能满足人类粮食、资源、环境乃至审美的需求,让植物为人类所用,就达到了目的。很少人关注植物的形态建成策略和动物的有什么不同,为什么会出现这些不同(见第 12、13 章)。对动物的研究动机呢?一方面与植物类似,为了满足人类的食物、动力(畜力)与审美需求,另一方面,则是因为人类对自身了解的需要。受到伦理的局限,无法用人类自身做实验,只能以与人类类似的动物作为实验对象来解决医学发展的问题。如果仅从人类生存的食物与医疗的需求的角度来看生物的研究,的确绝大部分不以生命科学研究为职业的社会成员并没有了解生命本质和生命基本规律的需求。只要研究者提供相应的食物保障和医疗保障就够了。如同人们可以享受物理学研究所衍生出来的各种技术产品,如手机、飞机、互联网而无须人人都了解物理学。传说大学者钱钟书曾经讲过一句话,鸡蛋好吃就可以了,何必一定要看见生蛋的鸡。可是情况果真如此吗?

在人类历史上有一个特别有趣的现象,就是不同的文明传统中有一个共同点——极力否认人是生物!骂一个人是畜生或者禽兽是最高级别的谴责。可是,无论怎么否认,人是生物中的一种类型——动物——却是一个无法回避的事实。人生中的生老病死、男欢女爱乃至衣食住行,无论是否意识、是否情愿,都无法回避地受到生物规律的支配。对生物的无知并不能改变我们每个人都是生物、都不得不遵循生命的基本规律来走过一生这个无法回避的事实。如果我们有勇气面对这个事实,那么大家是愿意仍然以鸵鸟心态继续假装自己不是生物,拒绝了解生命的本质和基本规律,仅仅根据前人对人类的解释乃至演绎来度过一生呢,还是愿意以人是生物这一事实为前提,花一点时间了解生命的本质及其基本规律,并在此基础上,在自己生活中做出符合生命规律的选择来度过一生呢?如果大家认同后一种选择,学习生物、了解生命的本质和基本规律,就应该是每一位人类社会成员的必修课。

第三章　什么叫"活"——一个基于既存生命知识的理想实验：结构换能量循环

关键概念

生物—生命—活；碳骨架组分；分子间力；热力学第二定律；自由能；势阱；结构换能量循环；"三个特殊"；整合子

思考题

当我们说"生命"一词时，我们脑子里想的是什么？

这个世界上是先有"活"的过程还是先有"生物"？

为什么说"活"的反义词不是"死"，而是"非活"？

生活中大家可能经常会遇到这种场景：某一种现象大家都知道是怎么回事，可是却很难用准确的语言把它描述出来。大家可能想不到，对于生命科学而言，有一个与"生命"这种现象如影随形、所有的人会说话之后不久就知道的词，却一直没有令人信服的解释。这个词就是"活（live，发音[laiv]）"。

我第一次意识到自己无法对"活"这个词给出一个简洁的定义，要归功于我的同事王世强教授。饶毅 2007 年出任北大生命科学学院院长时，提出要进行本科教学改革，鼓励大家参加教学改革的讨论。一些关心本科教学的老师在一起开过几次会，就本科教学的培养目标和课程设置等问题进行过各抒己见甚至是各执己见的讨论。在这些讨论中，樊启昶老师有关发育生物学的教学需要强调多细胞生物发育的基本规律，而不是动物或者植物发育各自规律的观点，得到了王世强老师的认同。出于这种理念，樊老师早在 1998 年回到北大开设"发育生物学"课程之时，就引入了植物发育的内容。我非常认同樊老师的理念，而且很荣幸地在他的课程中讲授植物发育的部分。大概由于这个经历，王老师认为我对动植物生命活动比较方面可能有比较好的心得，于是邀请我参加他的生理学课程，希望帮助同学拓展对"生理"这种现象的理解，不要一谈到"生理"就以为是动物生理，希望大家能从不同多细胞生物类群的比较中，理解生理的本质。

在接受王老师的邀请，准备在生理学课程中讲授植物部分时，我发现遇到了前所未有的挑战！我在本科阶段就喜欢植物生理学，读过当时能找到的几乎全部的中外植物生理学教科书，硕士和博士阶段的专业都是植物生理。可是在有限的学时中选择哪方面的问题来讲才能反映动植物共有的生理的本质呢？这个问题马上就引出了下一个问题，即究竟什么是生理的本质呢？为此，我去查了主要的英文词典（因为中文这方面的学术性术语基本上都是从西方引进的，要追根溯源，直接的办法是查英文词典。如果能懂德语或者法语会更好。可惜我只能读懂英文）。生理的英文 physiology 在牛津词典中的主要解释是：the branch of biology dealing with the functions and activities of living organisms and their parts, including all physical and chemical processes. 一个开放的网络词典 www.dictionary.com 上对该词的解释类似：Physiology is the science of the function of living systems. It is a subcategory of biology。Physiology 一词的词源是什么呢？在网络词典中是这样解释的：1560s，"study and description of natural objects，" from L. *physiologia* "natural science，study of nature，" from Gk. physiologia "natural science，" from physio—，comb. form of physis "nature"（see physic）＋ logia "study." Meaning "science of the normal function of living things" is attested from 1615。从"生理"一词的解释，马上就引出了另外一个问题，什么是"living"？相应于中文，就是什么是"活"？

　　"活"这个概念和"生理"不同。它不再是一个学术范畴的概念，而是一个常识范畴的概念，因为所有的人类居群都无一例外地具有各自的生老病死的概念。因此，当时我想应该很容易从中文和英文词典中都查到对"活"或者是"生"这个概念的解释。

常识中有关"活"与"死"的循环论证怪圈

　　在目前比较容易查到的古代汉语词典《说文解字》上，"活"的解释是这样的：水流声。从水昏声。清代段玉裁对该字的注释中有这样的描述：引申为凡不死之称。在词典网中《新华字典》页面上查到的"活"的第一条注释是这样的：生存，有生命的，能生长，与"死"相对。类似的，"生"字在《说文解字》中的解释是这样的：进也。象草木生出土上。凡生之属皆从生。《新华字典》该字的很多种注释中直接与生命现象相关的两条分别是：一切可以发育的物体在一定条件下具有了最初的体积和重量，并能发展长大；活的，有活力的。显然，"生"字前面一个解释与《说文解字》中的生长，即对一个过程的描述相同，而后一个解释则可以视为"活"的同义字。

　　由于"活"字是以与"死"相对而定义的，那么"死"字是怎么被注释的呢？《说文解字》中是这样解释的：澌也，人所离也。从歺从人。凡死之属皆从死。段玉裁的注释是：澌，水索也。方言。澌，索也。尽也。是澌为凡尽之称。人尽曰死。《新华字典》中对"死"的解释是：丧失生命，与"生""活"相对。这是一个有趣的结论：历史上人们用"死"来定义"活"，或者用"活"来定义"死"，结果除了以水的流动或者流尽的比喻之外，既没有说清楚"活"的意思，也没有说清楚"死"的意思。

　　英文中的情况如何呢？因为"活"这个汉字的英文 living（live［liv］作动词用时的分词）也是一个常识范畴的概念，从词典上可以检索到各种衍生的意思。为了简单起见，我们在这里只讨论几条直接和生命现象相关的词义。在牛津词典中，live 一词位列头条的注释是 remain alive。什么是"alive"呢？解释为（of a person，animal，or plant）living，not dead。那么什么是"dead"呢？词典的解释为：no longer alive。在 dictionary.com 网络词典上的解释也差不多：live 的第一条注释是 to have life，as an organism；be alive；be capable of vital functions，而 die 的第一条注释是 to cease to live；undergo the complete and permanent cessation of all vital functions；become dead。和汉语中的"活"和"死"作为一对概念相互依赖而定义、而存在一样，英文中的"live"和"dead"也成为一对相互依赖的概念，也没有说清楚各自的含义究竟是什么。

　　看来，试图从常识层面的概念来理解"活"与"死"的具体含义恐怕是不可能的了。从中英文两种语言的发展进程来看，从东汉年间许慎（约公元 58—147 年）的《说文解字》至今接近 2000 年的时间，世界上这么多的聪明人在面对没有人可以回避的"活"与"死"究竟意味着什么的问题上，并没有实质性的进展。人们仍然在根据自己的好恶（如第一章中引用的臧克家的诗)而随意地为"活"与"死"这两个概念加上自己的注解。

可是，"活"还是"死"毕竟是一个早在人类出现之前就已经存在的自然现象。按照目前人们所了解的生命系统基本特征，三十多亿年前的地球上就已经出现了生命。如果按照本书引言部分图 1-2 所概括的对地球生命系统的大致分类，生命系统的出现时间是 10 的 9 次方年，而人类有文字记录的历史才 10 的 3 次方年。虽然说"自然"是一种对于人类而言"与生俱来的"实体存在，没有人类，这些实体存在也就失去了对人类的"意义"，可是，对于人类这种在地球生物圈中的后来者而言，我们不能因为自己的后来而认为之前的世界从来没有存在过。可是人们怎么才能了解在人类出现之前就已经存在很多年的世界，并梳理出它们的形成和发展过程呢？回顾人类 6000 年有记录的发展历史可以发现，仅仅依靠在当下世界的生存经验，人类是无法突破当下世界实体存在所能提供的信息、追溯它们的由来及其规律的。只有在人类认知能力的发展进入科学时代，即以实验为工具，以双向认知的模式来探索未知自然、拓展认知空间，从而在新的信息基础上追求具有客观基础的合理认知之后，才有可能打破很多基于感官经验而形成概念的循环论证怪圈。那么，有关"活"与"死"的内涵是什么，科学家们能不能打破在常识范畴内的有关"活"与"死"的相互依赖而定义、除了比喻之外无法提供实质性内涵的怪圈呢？

在科学领域探索生命本质的经典问题："生命是什么？"

在本书的引言中，我们提出了"科学"作为一种认知方式和历史上曾经出现过的认知方式的异同。未必所有人都认同本书把"科学"作为一种认知方式以及科学这种认知方式必须具备合理性、客观性和开放性三条属性的观点。但有一点我想大家都是认可的，即科学研究都是以实体存在为对象，通过实验的方式来对实体存在的属性进行描述和解释，以及对实体存在之间关系的想象加以检验。从这个意义上，科学认知和其他之前的所有认知一样，都是以人类感官所能感知的实体存在为起点的。这种认知行为的特点反映在生物学发展历史上，就是在上一章中所介绍的，最早的生物学是对生物体的观察、收集、描述和分门别类。

无论早期的先贤用什么指标，他们显然已经注意到在自己生存的空间中，存在有生命的和无生命的两大类实体。而在所谓的"有生命"的实体存在中，又有不同的类群。于是，在人类的认知空间中，就出现了"生物"和"生命"两个用于描述这些存在的概念。和之前的基于常识的"活物"或"死物"的区分不同，在这里，生物与非生物，已经有了丰富的特征描述作为基础。于是出现了基于举例和归类的对"生物"或者"生命"的定义。可是，虽然"生物"和"生命"这两个概念已经成为现代语言体系中几乎所有受过基础教育的人都耳熟能详的概念，可是从上一章我们对当下生物学体系中有关"生物"或者"生命"的概念的一些初步分析可以看出，对这两个概念的定义基本上停留在基于举例和归类的层面上，对于所描述对象的本质仍然语焉不详。我们还是回到词典这种在反映当下认知方面具有权威性的信息来源来评估一下这两个概念的定义方式。

对于"生物(organism)"一词，《辞海》的注释是这样的：自然界具有生命的物体。包括动物、植物、微生物三大类。牛津词典的注释是这样的：an individual animal, plant, or single-celled life form。中国最容易检索的百度词条的注释是这样的：具有动能的生命体，也是一个物体的集合，而个体生物指的是生物体，与非生物相对。从这些注释可见，人们目前是以"生命"来定义"生物"的。那么"生命(life)"又是怎么被定义的呢？

对于"生命(life)"一词,《辞海》的注释是:由高分子的核酸蛋白体和其他物质组成的生物体所具有的特有现象。牛津词典的注释是这样的:the condition that distinguishes animals and plants from inorganic matter, including the capacity for growth, reproduction, functional activity and continual change preceding death。百度词条的注释则是:在宇宙发展变化过程中自然出现的存在一定的自我生长、繁衍、感觉、意识、意志、进化、互动等丰富可能的一类现象,也可以包括生化反应产生的能够自我复制的氨基酸结构,以及真菌、细菌、植物、动物(人类),就未来的发展可能而言,人工制造或者促成的机器复杂到一定程度,具备了某种符合生命内涵的基本属性的现象也将可能纳入生命的范畴,包括人机混合体,纯自由意志人工智能机器人等。和前面不同词典有关"生物(organism)"的定义相对一致不同,不同词典对于"生命(life)"一词的定义,就出现了侧重点的分歧。在《辞海》的定义中,把侧重点放在了由特定化学组分组成的生物体所表现出来的现象上;在牛津词典的定义中,则进一步细化了目前已知的生物体所具备而非生物体所不具备的属性;百度词条给出了更多的现象,可是给出的信息量越大,越无法说清什么叫"生命"。

词典上"生物"和"生命"词条注释中包含信息的语焉不详,激发了很多学者的好奇心来揭示生命的本质。在和钱纮、葛颙一起撰写 *Structure for Energy Cycle: A unique status of Second Law of Thermodynamics for living systems* 一文、完成钱纮布置的"家庭作业"时,我发现从 20 世纪初苏联学者 Oparin 就生命起源提出"原始汤"假说以来,在正式的学术性科学杂志上发表的(科幻或者哲学的说法不包括在内)、由不同专业背景学者提出的有关生命本质的猜想或者假说不下二三十种。后来发现有人专门对"生命"一词的定义做过研究,说有两百多个不同的定义。表 3-1 列举了部分作者的观点。在这些猜想或者假说中,最广为人知的莫过于因量子力学研究而得到诺贝尔物理学奖的薛定谔在 1944 年演说中提出的生命是一种"负熵"系统。此外,还有大名鼎鼎的计算机之父 J. von Neumann 在 1951 年提出的生命的本质属性是自我复制;和 J. Watson 一起提出 DNA 双螺旋模型,并提出遗传信息传递的"中心法则"的诺贝尔奖得主 F. Crick 在 1981 年提出的生命系统是一个可以发生突变和修复的编码系统;因超快反应研究而得到诺贝尔化学奖的 M. Eigen 提出的生命系统是一个超环反应系统;以研究非平衡态不可逆过程的热力学而获得诺贝尔化学奖的 I. Prigogine 提出的生命过程是一个耗散结构等等。在 1944 年有人以"What Is Life"为标题出版了薛定谔的演讲之后,目前可以在 Amazon 上查到另外 6 本同样标题的书(图 3-1)。作者们各自从不同的角度讨论生命的本质问题。那么,面对各路大家的众说纷纭,对于初学者而言,有没有一个比较全面反映当今科学界对生命本质认知的简明扼要的表述,可以为大家了解生命提供一个起点呢?

表 3-1　不同学者对"生命(Life)"一词内涵的不同解读

英文原文	中文翻译
Noireaux et al, 2011 一文中引用的说法	
von Neumann, 1951: Self-reproduction	自我复制
F. Crick, 1981: A coded system with mutation and error correction	具有突变和纠错能力的编码系统
S. Kauffman, 1995: An emerging phenomenon and a dynamical system where signal to noise is just marginal	信噪比适度的衍生现象和动力学系统
S. Gould, 2002: A historical phenomenon	历史现象

续表

英文原文	中文翻译
N. Lane，2005：Metabolism with a permanent absorption and transformation of nutrients from the environment，a constant flux of energy is needed to sustain the operation of this living dynamical system	持续从环境中吸收和转化营养的新陈代谢，这个活的动力学系统依赖于稳定的能量流来维持运行

Bai et al，2018 一文中引用的说法

	英文原文	中文翻译
	S. Rose：Distinguishing of life with non-life：infused with the breath of life	生命与非生命的区别在于是否充满生命气息
理论推理	Aristotle's teleology	目的论
	Vitalism by Glisson，Malpigi，and Wolff	活力论
	Oparin's theory and its elaboration by Dyson	奥巴林的"原始汤"理论。该理论被Dyson进一步发挥
	Schrödinger's neg-entropy	负熵
	Blum's organic evolution in a perspective of the 2nd law of thermodynamics	在热力学第二定律下的有机演化
	Eigen & Schuster's hyper-cycles	超环理论
	Smith & Morowitz's metabolism first	代谢优先
实验探索	Miller-Urey's synthesis of amino acid	人工条件下氨基酸合成
	Orgel's study on RNA world	实验室条件下 RNA 合成
	Wächtershäuser's amino acid integration with surface catalysis	在有表面催化条件下氨基酸合成多肽
	Copley's protein moonlighting	蛋白质的衍生功能

其他说法

英文原文	中文翻译
Gerald Joyce，1994（A NASA definition）：Life is a self-sustained chemical system capable of undergoing Darwinian evolution	生命是可以发生达尔文演化的自我维持的化学系统
Robert Shapiro，2007：A Simpler Origin of Life——alternative version of the metabolism first	有关生命起源的随机碰撞理论，"代谢优先"观点的另一种版本
Freeman Dyson，2007：A Garbage-bag Model	垃圾袋模型
Doron Lancet，2000：The GARD model（The graded autocatalysis replication domain）	复制模块的分级自催化模型
Seth Lloyd，2007：A Complexors proposal	复杂子

Noireaux V，Maeda Y T，Libchaber A.（2011）. Development of an artificial cell，from self-organization to computation and self-reproduction. *Proc. Natl. Acad. Sci. USA.*，108(9)：3473-3480.

Bai S N，Ge H，Qian H.（2018）. Structure for energy cycle：A unique status of second law of thermodynamics for living systems. *Sci. China Life Sci.*，61(10)：1266-1273.

Machery E.（2012）. Why I stopped worrying about the definition of life… and why you should as well. *Synthesis*，185：145-164.

　　我在阅读过程中，发现有三个表述可以基本满足上述的条件：一个是美国 Salk 研究所研究生命起源的学者 Gerald Joyce 在 1994 年提出、后为美国宇航局（NASA）采用的一个有关生命的定义：Life is a self-sustained chemical system capable of undergoing Darwinian evolution。第二个是英国爱丁堡大学演化生物学教授 Nicholas Barton 和他的同事于 2007 年编撰的教科书 *Evolution* 中提出的有关生命的定义：Life is composed of organized matter

图 3-1　以"What is Life"为书名，内容与生物学有关的书（以及一本 Mayr 的 *This Is Biology*）

that is capable of undergoing reproduction and nature selection。第三个是英国爱丁堡大学宇宙生物学教授 Charles Cockell 于 2018 出版的一本虽然写作风格上面向大众但信息量非常丰富的科学读物 *The Equations of Life* 中提出的，Life：self-replication matter that evolves。

比较这三个表述我们可以发现，在这些专家眼中，对 Life，即"生命"的定义需要具备三个要素：第一，特殊的物质，如在 Joyce 定义中的 chemical system，Barton 定义中的 organized matter，Cockell 定义中的 matter；第二，特殊的过程，如 self-sustained，evolution，reproduction，self-reproduction；第三，特殊的信息，如 self-reproduction。相比于上面讨论过的词典中对"生命（life）"的注释，这三个表述对生命的界定边界更加清晰一些。但仍然存在一个问题，即在我们讨论"生命"的本质时，是需要同时满足上述三个要素？还是只需要满足其中任何一个要素？如果说只需要满足其中一个要素，那么很显然，放一瓶作为遗传信息载体的化学分子 DNA（此时其实已经满足两个要素了）在实验台上，放上多年，它大概也只是 DNA 分子。过去这些年从化石中分离得到古 DNA，帮助我们了解曾经地球生物的遗传信息，但这并不能改变那些生物已经灭绝多年的事实。如果说需要同时满足三个要素，那么这三个要素最初是哪里来的？它们之间应该是什么关系？这种关系最初又是怎么形成的呢？甚至有没有可能上述三个要素无一反映出生命本质？显然，上面三个比较全面反映当今科学界对生命本质认知的表述，其实还是存在很多未解之谜。这也反映了当今学界的现状。

不知道读者们注意到没有，在本节所介绍的学界对生命本质的探索历史上，人们所提出的问题总是"生命（life）"是什么。或许，在现代生物学形成之初的 17、18 世纪，人们已经在之前西方的地理大发现时代所进行的对地球上不同地区的生物种类所做的观察、收集、描述和分门别类的过程中已经基本上回答了"生物是什么"的问题。因为这一类问题的答案很容易指向可以进行观察和描述的实体存在。但是"生命"作为区分生物与非生物的特征或者是属性，要进行简明描述好像就不是一件容易的事情。可是从常识的层面上，人们在区分"生物"与"非生物"的过程中，最简单的指标就是生物是"活"的。显然，从这个层面上，"活"也是生物的一个特征。可是"活"等于"生命"吗？在上一段提到的有关"生命"的三个表述中，哪个要素可以对应于"活"？如果没有，那么"活"在人类对生命现象的描述中是一个可被观察和描述的实体存在，还是历史上人们的想象？如果是一种可被观察和描述的实体存在，为什么在之前的研究者的探索中始终没有人去问"什么是'活'（what is live, or alive）"，而只问"什么是'生命'（what is life）"呢？

怎么会想到问"什么是'活'"
——背景I：对生命现象几个特点的关注

我在本书前言中开篇就提到，我的职业生涯一直是"被选择"的。现在回想起来，我的职业生涯中屈指可数的"家珍"，在大的方面是试图搞清楚自己所在学科究竟在问什么样的问题；在小的方面是在思考自己所承担的研究课题时，会关心一下与这个课题相关的问题最初在什么年代、由什么人、根据什么现象/证据提出来的。这大概是小时候父母教育要独立思考、不要人云亦云，不能知其然不知其所以然的影响。我在 1998 年进入北大生命科学学院工作之后，自我标榜的实验室研究兴趣，是通过研究植物器官形成来解析植物发育的调控程序。在思考何谓"植物发育程序"的过程中，我意识到，对于多细胞真核生物而言，无论植物还是动物，有一个共同的特点，就是它们的"发育"，或者"形态建成"的过程，都是以一个单细胞即二倍体的合子作为起点，渐次形成复杂的多细胞结构，最后都要形成单倍体的配子。配子相遇形成新的合子，从而开始下一个生活周期。这是一个所有学习生物的人都耳熟能详的过程，没有什么新鲜的。我从中感兴趣的是，这个过程好像是单向的，即从合子到配子的方向。在自然界多细胞真核生物中，好像没有自然发生反向过程的例子。这是为什么呢？

我所关注的生命现象的另外一个特点与演化有关。我读研究生时学的是植物生理学中的发育生理。在美国做博士后期间因课题的关系开始关注一点演化。在 1987 年读博士期间结识了一位极好的朋友张大明，他对我后来的人生带来了极其深刻的影响。在我 1994 年从美国做完博士后回国时，他已经是他的导师、植物系统进化国家重点实验室主任洪德元院士领导的实验室的大师兄，正在考虑怎么在实验室的研究工作中开拓一个新的研究方向。当时，发育生物学研究已经揭示，少数关键基因的改变可以直接造成形态特征的改变。由于形态特征是系统演化研究的关键对象，国际上当时已经有人开始以动物为对象，将关键基因决定重要形态特征的发育生物学研究和以形态特征作为参照的系统演化研究结合起来，建立了一门后来被称为演化发育生物学（Evolutionary-Developmental Biology，简称 Evo-Devo）的新学科。大明希望在植物领域也开展这方面的探索。由于我在美国做拟南芥突变体研究，比较熟悉当时植物发育生物学研究的前沿，而且我 1994 年回国之后就和他交流过"植物发育单位"的概念，他还为此创造了"虚拟胚（virtual embryo）"一词，他和我就"Evo-Devo"的问题开展过很多深入的讨论，从 1994 年我回国到 1998 年我离开植物所到北大之后的四五年中一直在进行。从他那里，以及因他而结识的他周围从事演化研究的朋友那里，我开始了解演化生物学（Evolutionary Biology）的研究者所关心的都是哪些问题。在和他们的聊天中，我逐渐意识到，过去读书时学过的遗传学中"基因加环境决定表型"的观点放到演化问题的研究中,经常被解读为"基因变异加环境选择产生演化"。这对我而言,就产生了一个问题:所谓的"变异"按照当下主流的基因中心论,归根结底应该是 DNA 序列的改变,那么"选择"的对象是什么?是 DNA 序列吗?无论"选择"的主体是自然环境的变换还是人为的功利,它们可能作用于被选择对象的个体、器官、细胞甚至蛋白的结构或功能,但都不可能直接作用在 DNA 序列上。如果从这个角度讲,把"演化"解读为"基因变异加环境选择"这个判断中,就缺少了一个重要的中间环节,即既与基因变异有关、同时又是环境选择对象的"结构(或者功能)"。从哪里去找这个中间环节呢?

　　再有就是很多生物学研究者和大众一样感到困扰的问题,即那么纷繁复杂、看似精妙合理的生命世界,怎么可能是演化而来的呢?自从 1859 年达尔文划时代的《物种起源》发表以来的一百六十多年间,质疑人类乃至生命起源的演化观的声音从来就没有停止过。质疑者中不乏从事科学研究的专家学者。这也难怪,毕竟上帝创造世界,即神创论的说法在三千多年前就出现了,而且曾经是西方基督教世界唯一正确的世界观。之后随着基督教世界向全球的扩张,伴随坚船利炮的基督教观念,包括神创论的世界观,也随之变成一种具有全球影响力的观念。虽然现代科学在 16、17 世纪出现后,科学的发现不断在挑战以《创世纪》为起点的基督教世界观,但科学认知以实验为核心所带来的认知的实体性、具象性、有限性,尤其是科学认知本身的复杂性,很难在很短的时间中建立被大众认同的以科学实验证据为基础的观念体系。因此,试图以只有一百六十多年历史的基于很多具体然而有限的实验证据而构建起来的达尔文的演化观,去替代有三千多年历史的基于抽象且无限的想象而构建起来的神创论,无论是在时间还是在空间尺度上,现阶段还都只是一种努力的目标。即使对于我们从事生命科学研究的人来说,有一个问题是无法回避的,那就是在试图解释所观察的生命现象/过程产生原因时,我们是将其假设为自发产生的,还是设计产生的。很多物理学背景的学者在研究生命现象时,特别喜欢"设计原理(principle of design)"这种表述。无论使用这种表述的人是否认同神创论,这种表述在逻辑上无法否认地暗示了"设计者"的存在。就我目前所能想象的范围,生命现象的产生从源头上似乎只有两种可能,或者是自发产生的,或者是设计产生的。非此即彼。一般来说,大部分研究生物的学者会倾向于认同达尔文的演化论。可是到了具体的研究过程中,很少人去推敲作为自己研究对象的生命现象是否自发,或如何自发产生的;当然,会去问生命现象最初是不是自发产生的人更少——如果是,自发过程的主体是谁,自发产生的机制是什么?

怎么会想到问"什么是'活'"
——背景Ⅱ:有关生命系统的几个基本事实

　　上面一段回顾了我对生命系统中多细胞生物发育的单向性、演化过程中"选择"的对象是什么以及生命现象最初是不是自发产生这几个问题的关注过程。对于学过生物学的人而言,可能会觉得这三个问题或者是不证自明因此无须赘言,比如第一个发育单向性的问题;或者是无事生非,比如第二个演化过程中选择对象究竟是基因还是与基因相关的结构/功能的问题,大家说演化是"基因变异加环境/自然选择"的产物挺好,为什么还要弄出个"结构/功能"作为选择对象;或者是不切实际,如第三个生命现象是不是自发产生的问题,毕竟当下的主流观念是基因中心论,即对很多人而言,所有的生命现象都是由基因决定的,了解了基因就了解了生命,为什么还要在基因之外去思考生命现象是不是自发产生的问题?而且,欲改变性状当然需要改变基因，而改变基因当然就需要"设计"，不考虑设计原理，人们怎么去操作基因、按照人类的意愿改变性状呢？可是，如果我们把科学作为一种为人类生存相关的实体存在及其相互关系提供具有客观合理性的解释的认知方式，而不只是按照人类意愿改变生物体的性状，其实没有什么问题是不能问的。关键是，在寻求问题答案的过程中能否保持具有客观合理性的逻辑链条的完整性。其中，涉及有关生命现象的思考最重要的一个客观性要素，在我看来，就是不能脱离生命现象的物质性。

什么是生命现象的物质性呢？我认为，首先是作为生命现象基础的生命分子的物质属性；其次是生命分子相互作用的化学属性；最后是影响生命分子相互作用的能量关系。

生命分子的物质属性——碳骨架分子

在讨论生命分子的物质属性之前，先要向大家请教一个问题，谁知道"无机化学（inorganic chemistry）"一词是谁在什么时候提出来的？我从未在手边能查到的资料中找到这个问题的答案。但与之相对应的"有机化学（organic chemistry）"一词的创立者和时间却很容易查到——瑞典化学家 J. Berzelius，1806 年。有机化学的定义很清楚，在《辞海》中的注释是"研究有机化合物的来源、制备、结构、性质、应用及有关理论的一门学科"。其中的"有机化合物"指的是"碳化合物（除无机碳化物外）、碳氢化合物及其衍生物的总称"。在前面提到的网络词典 www.dictionary.com 中的注释是"the branch of chemistry, originally limited to substances found only in living organisms, dealing with the compounds of carbon"。Wiktionary 中的注释是"The chemistry of carbon-containing compounds, especially those that occur naturally in living organisms"。为什么会把碳化合物、碳氢化合物及其衍生物称为有机物呢？F. Jacob 在他的 *The Logic of Life* 一书的第二章专门讨论过对生物的描述如何从 living beings 变成 organisms。其中一个关键的转折点在于大家在对生物的研究中发现，所有研究过的生物都由复杂的结构组成，即"well organized"。Berzelius 在系统研究生物体的化学组成时，他注意到，几乎所有生物体的主要化学组成都是碳及碳氢化合物（当然有一些含氮、磷、硫、氧）。同时，他当时认为生物和非生物之间因有没有"活力"而存在根本的区别。这些大概是他创造一个"organic chemistry"来特指分析源自生物构成物质的化学的原因吧。

在 1824 年到 1828 年间，德国化学家 F. Wohler 以氰和氰酸铵这两种公认的无机物分别制备出了草酸和尿素这两种公认的有机物，打破了 Berzelius 划分的"有机物"和"无机物"之间的人为界线，但 Berzelius 基于对物质成分分析所提出的生物体的化学组成都是碳及含氮、磷、硫、氧的碳氢化合物的结论并没有被动摇。目前所有的生物学教科书（包括本书第二章所列的）都把这个结论作为讨论生命现象的基本前提。毕竟，目前所知道的地球上生物体的化学组成中的所谓"生命分子"，即蛋白质、核酸、多糖和脂类，其基本结构都是由碳原子经共价键关联起来作为骨架加上各种修饰所形成的链式分子（图 3-2）。然而，目前地球上已知的化学元素有 118 种，为什么生物体的化学组成是碳骨架（carbon-based）？

碳是化学元素周期表中第 6 号元素（图 3-3）。按照目前的化学知识，碳的原子核外有两层电子，外层是 4 个电子，可以形成 4 个共价键。这可能是碳成为生物体化学组成骨架的必要条件。

可是，在目前的各种媒体中，不同的人会以不同的理由推崇"硅基生命"的说法。如果大家在百度中输入"硅基生命"检索，可以发现该词条下对这个说法来龙去脉的详细解释。在此就不再赘述。我个人不认同"硅基生命"的说法。但之前也没有直面这个问题，因为

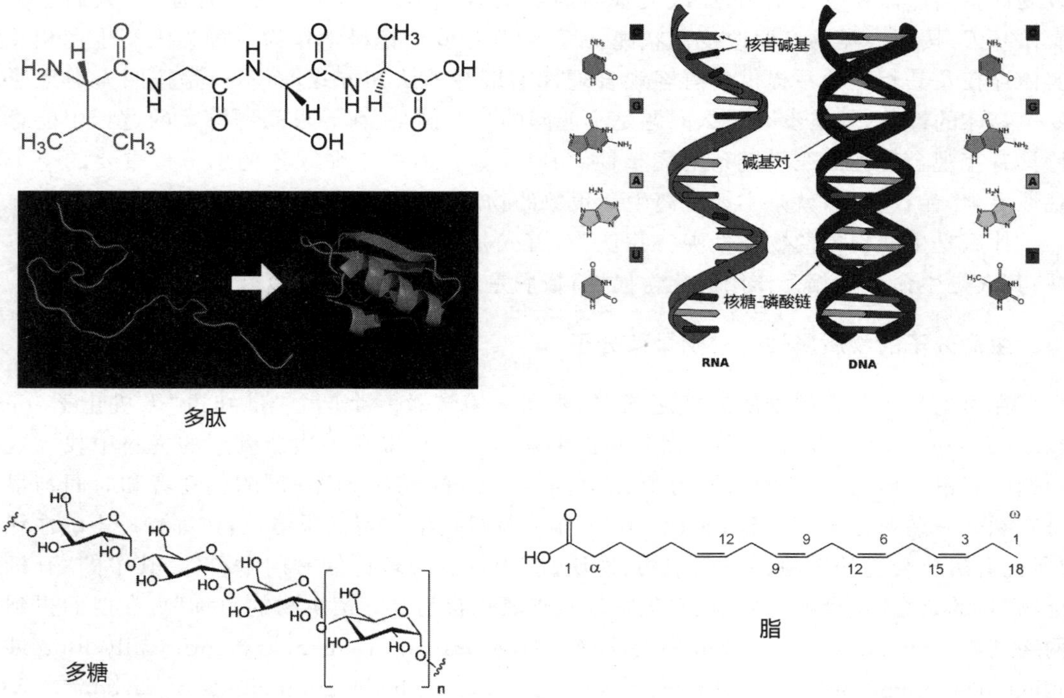

图 3-2　四类生命大分子

我并不掌握有效的证据去反驳这种说法。在 2016 年第一次开设"生命的逻辑"课程时,我们生命科学学院选修此课的本科生温凯隆同学在他的课程论文中给出了一个为什么生命分子以碳而不是硅作为骨架元素的道理。他基于北京大学出版社出版的、麦松威等编著的《高等无机结构化学》第二版 440 页所提供的信息写道:"现比较认可的解释如下。硅元素比碳多一个周期,原子半径大,导致 Si—Si 键长为 235 pm,而 C—C 为 154 pm,硅烷中较长的键使得 Si 的 sp^3 轨道有效的互相重叠减少,键能降低。而 C—C 键由于较短而较强,利于形成长链。又由于 Si—Si 键能(226 kJ·mol^{-1})比 Si—O(452 kJ·mol^{-1})小很多,使得硅硅键倾向于形成以更稳定的硅氧键为单位的硅氧化合物,也就是我们常见的玻璃等物质。而 C—C 键能(356 kJ·mol^{-1})大于 C—O 键能(336 kJ·mol^{-1}),因而更倾向于形成以碳骨架为单位的有机分子,也就是我们所见的各种生命分子"。我认为他对碳和硅的化学属性的定量分析对我而言是一个非常有说服力的证据,应该可以帮助大家理解(或者解释)为什么地球上生物体的化学组成以碳而不是以硅为骨架。更难能可贵的是,他能从学习时用的教科书中找到论据来支持他的论点。看来,北大的"学霸"之所以成为"学霸",大概是他们知道怎么"用心",知道要言之有据,知道去正确的地方找有客观基础的信息作为支持自己论点的证据。

　　除了从化学层面上把硅基生命的讨论排除在我们对生命的物质性的讨论之外,对碳骨架分子的强调,还希望把以广义硅基生命,即基于硅基芯片的计算机而产生的人工智能也排除在我们对生命物质性的讨论之外。大家在读到后面的章节之后,大概可以理解在这里把对生命物质性的讨论局限在碳骨架分子范围内的意义。

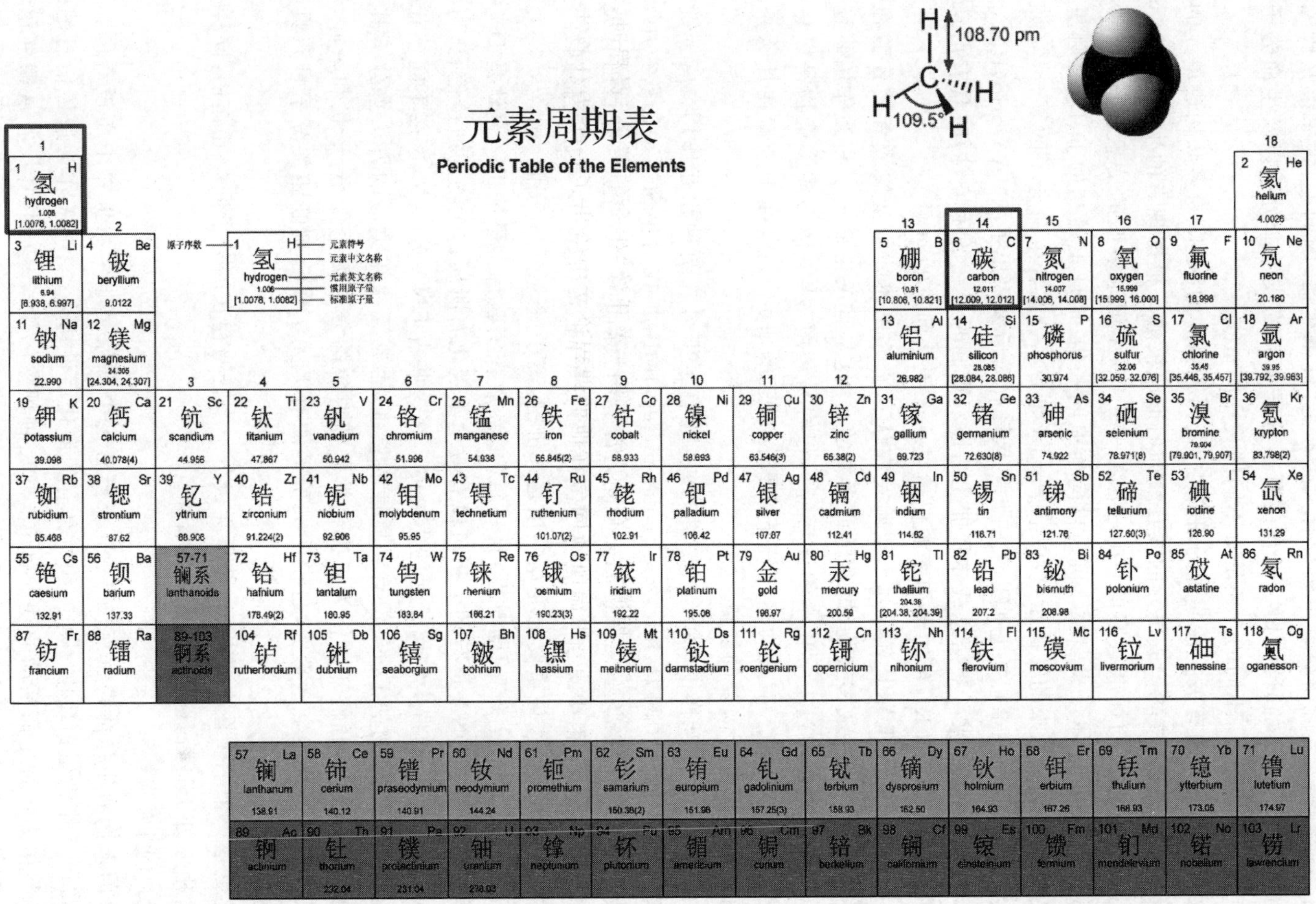
元素周期表
Periodic Table of the Elements
108.70 pm
109.5°
C
H
H
H
H

图 3-3　碳在元素周期表中的位置及甲烷分子的基本特征。元素周期表中的粗线框特别强调生命大分子中作为基本要素的碳和氢。本元素周期表由中国化学会译制。

生命分子互作的化学属性——独特的分子间力

虽然在生命科学的实际研究者中极少有人去涉足"硅基生命"的问题,大家都是脚踏实地地以碳骨架分子为自己的研究对象,但在碳骨架分子如何构成生命分子以及生命分子之间如何相互作用的问题上,不同的人还是有不同的关注侧重点。

目前文献中能看到的有关生命起源的研究中,最为人关注的,是作为多肽构成单元的氨基酸如何形成多肽,或者核酸构成单元的核苷酸如何形成核酸。根据现有的生命科学知识,这类问题好像是有现成的标准答案的:中心法则——DNA 记录多肽的信息,通过 mRNA这个中间载体,指导核糖体合成多肽。可是再向前追问一步,地球上最初的 DNA 是哪里来的? 最初的核糖体是哪里来的? 由于这些生命分子(如 DNA)或者生命分子的复合体(如核糖体)都太复杂了,似乎很难想象它们生来如此! 尽管有人后来提出了 RNA world(RNA 世界)的说法来调和多肽合成需要信息载体和催化活性双重同时存在的困境,同时具有信息载体和催化活性双重功能的 RNA 的最初来源仍然是一个无法回避的问题。

大概由于这个原因,世界上有好几个实验室在认真研究单体的氨基酸或者核苷酸在什么样的地球环境下可以形成多聚物(即肽链或者核酸)。这是有关生命分子相互作用研究中一个非常重要的方面。学过中学化学的读者应该很容易理解,从单体形成多聚物是以单体间的共价键连接为基础的。有关地球环境下多聚物形成的研究,关键在于探索在什么条件下可以具有共价键形成所需要的能量。

可是,在生命分子的互作中,除了共价键之外,还至少另外两种相互作用:离子键和包括氢键、范德华力的分子间力(inter-molecular-forces,IMF)。在对生命活动的研究中,无论是信号转导还是酶反应机理,离子键和分子间力都受到人们的关注。但是,在目前有关生命分子起源的探讨中,却很少见到人们涉及离子键和分子间力。这个现象让我感到好奇:在生物体中,生命分子互作最重要的究竟应该是共价键,离子键,还是分子间力?

在前面分析"生命是什么"问题时提到,一瓶 DNA 放在实验台上恐怕将一直就是 DNA。现代生物学对化石中古 DNA 进行的分析可以有效地重现化石所属古生物的遗传信息,可是没有人会认为成为化石的古生物属于活的生物体。在这些古 DNA 分子中,连接不同核苷酸的共价键与取自活体生物的 DNA 没有实质性的差别,否则无法用类似的方法去分析其序列。放到更大的尺度上,我们知道作为有机化学研究对象的分子无论大小、形状和来源,都由共价键关联而成。从这个意义上,也说明共价键的有无无法作为判断相关分子是否具有生命活性的指标。

离子键更是一种不仅在有机分子,还在无机分子中普遍存在的分子间相互作用,同样无法作为判断相关分子是否具有生命活性的指标。

那么,分子间力呢?

基于目前人们对生命活动特点的了解,大概有三个现象是非生命世界中所没有的:第一,在常温常压下作为蛋白质中一种的酶所具有的催化活性;第二,DNA 作为遗传信息的载体;第三,细胞作为各种生命活动的基本单位。这三种现象的化学基础是什么? 从酶催化活性的基础来看,目前已经有很多证据表明,活性中心是酶催化功能的关键。那么,活性中心是怎么构成的呢? 特定蛋白结构上特定区间内特定氨基酸之间的分子间力所形成的特定空间。就我的知识范围,没有分子间力,就不可能产生活性中心,也就无法形成酶的催化活性。从 DNA 作为遗传信息载体的功能来看,这种功能的化学基础,是两条 DNA 链上的碱基配对。而碱基配对的基础是氢键。换句话说，如果没有分子间力，就不会有 DNA 作为遗传信息载体的功能。从细胞的构成来看，在细胞构成的各种组分中，最重要的结构是细胞膜。可以说，没有细胞膜就没有细胞。那么，细胞膜是怎么构成的呢？基本结构是磷脂双层膜。磷脂是一种一头亲水、一头疏水的极性/两性（amphiphilic）分子。在水中会因为分子间力与水分子相互作用而自发地形成双层膜。如果我们认同酶的催化活性、DNA 作为遗传信息载体和细胞作为生物体的基本结构是生命系统的三个独特属性的话，那么分子间力是这三个属性形成所不可或缺的一种分子间相互作用。从这个意义上，分子间力才是在理解生命系统独特性时最应该予以关注的！

生命分子相互作用的能量关系——热力学第二定律

上一节中提到，如果不接受地球上生命系统的神创论，就不得不在逻辑上接受生命现象具有自发产生的特点。可是在人类现有知识范围内，究竟什么样的过程会具有"自发产生"的特点呢？基于常识，人们知道，水往低处流、热的东西会自然冷却到常温。这些都属于自发过程。在 19 世纪中期，物理学家提出了一个有关自发过程的普适规律——热力学第二定律。这个定律有不同的表述方式。从最初 Carnot 非常具象的热机表述，到之后 R. Clausius 比较抽象的"Entropy（熵）"的表述，再到 Planck 将熵增现象提升到一种宇宙中普遍存在的现象，这个定律所表示的就是一句话：在封闭系统中，自发过程一定向熵增加的方向进行。到了 19 世纪 70 年代，美国学者 J. Gibbs 提出了自由能（free energy）的概念。根据化学热力学的吉布斯方程，在等温、等压的封闭体系内，不做非体积功的前提下，任何自发反应总是朝着吉布斯自由能（G）减小的方向进行。吉布斯方程为热力学第二定律提供了一个自由能的表述形式。

这下问题来了：如果接受生命现象具有自发产生的特点，而热力学第二定律又指出自发现象的方向一定是熵增，即混乱度增加，也即倾向解体；可是作为生物体基本单位的细胞却是一个高度有组织的存在，对于多细胞生物而言，从一个单细胞的合子变成多细胞的个体，生物体的细胞数量在增加，这些细胞之间也一直按照特定的规则形成高度组织化的结构。生命过程不是一个有组织的过程，或者说是混乱度减少或者"熵减"的过程吗？这不是违背了热力学第二定律所指出的自发过程一定是熵增的过程吗？为解决这个问题，薛定谔提出了负熵的概念。他基于生命系统的维持必须与周围环境进行物质和能量的交换，从而不满足热力学第二定律所规定的自发过程向熵增方向所需要的封闭系统这个前提，提出生物体以消耗环境中的熵来减少自身的熵，从而实现自发的自组织过程。这也是薛定谔有关生命系统从无序到有序的自组织过程由负熵驱动的说法广受欢迎的基本原因。

负熵的说法换成自由能，就变成了生物体从环境摄取能量，通过消耗从环境中获得的能量所形成的化学势差来维持自身化学反应的自发进行。

可是，负熵和获能这种说法虽然从直觉上解决了生命过程中出现的自组织现象和热力学第二定律所规定的封闭系统自发过程指向熵增之间的矛盾，可是仍然有一个问题，即最初的具有自组织特点的生命过程是什么？外来的能量作用于生命分子时，是增加其自组织程度？还是打破自组织，增加混乱度？

还是以前面提到的蛋白质和核酸这两种最具代表性的生命大分子为例。大家可能在中学生物学实验中就了解到，如果给蛋白质加热，即增加能量，维持蛋白质结构的分子间力会被打破,蛋白质会变性,即出现结构的紊乱。对于 DNA 分子而言,如果加热,即增加能量,维持 DNA 双螺旋的氢键会被打破,出现核酸变性,即双链打开。等到温度降下来,双链又会逐步"复性",即回复碱基配对的双链状态。这也是外来能量的影响,对这种现象,怎么用上述负熵或者获能的概念来解释呢?

由此看来,虽然从逻辑上不得不接受生命现象具有自发产生的特点,可是要解释生命现象自发产生特点的形成机制,恐怕并不像很多人想的那么简单。

怎么会想到问"什么是'活'"
——背景Ⅲ:一个"结构换能量"的理想实验

2005 年前后的一段时间,我思考的兴奋点在试图理解植物发育过程的单向性背后的机制是什么。当意识到可以用光合自养功能和作为光合作用主体的光合细胞之间的正反馈来解释植物不断生长的驱动力,而要以最小生物量构成最大光合面积,不得不用刚性的细胞壁来解决地球上柔性物体由于表面张力总是维持最小表面积的问题时,我真的开心了好一阵子:复杂生命现象背后的道理居然可以那么简单! 在这一年的暑假,曾邀请我和他一起上"发育生物学"课程的樊启昶老师送我一本他刚刚出版的新书《解析生命》。在这本书中,他尝试从动力学和系统论的角度对生命现象进行一种整体和系统的解析。我在本书前言中提到,和他一起上课和写书时,就感受到他的思考的深度。很多复杂的问题,他都能高屋建瓴地提出独到的看法。可能由于当时我已经参加了欧阳颀(北京大学物理学院教授)、来鲁华(北京大学化学学院教授)、汤超(美国加州大学旧金山分校教授)三人组织的、由一批数学家、物理学家、化学家参加的北京大学理论生物学中心两年的活动,对这些数理化背景的人如何讨论生命现象开始有了一些了解。此时再看樊老师的《解析生命》,总有一些和我在 20世纪 80 年代末期在张大明影响下读 Prigogine 有关耗散结构的书,试图从复杂系统的角度解释生命现象似曾相识的感觉:好像解释了,好像又没有解释。但是,这个阶段的心得和与周围同事的沟通让我意识到,用抽象的方式来思考复杂而具象的生命现象,有时的确可以有助于对生命现象的理解。

这个阶段,我在理论生物学中心开会时听来的汤超的两个工作也对我的思考产生了非常深刻的影响。一个是他之前在 NEC 研究所所做、1996 年发表在 Science 上的有关蛋白质折叠模型的工作。在这个工作中,他们分析了一个由 27 个氨基酸组成的肽段中,20 种氨基酸该怎么排列才可能形成可折叠的序列。他们根据氨基酸残基之间可能的相互作用,用计算的方法预测,只有少数几种氨基酸排列方式能够形成可折叠的肽段。令人惊讶的是,在他们预测的可以折叠的肽段中除了一条,其他都可以在当时的蛋白质数据库中找到(不可折叠意味着可能无法稳定存在,因此在数据库中找不到也可以理解)。为什么那个预测可以折叠的肽段在数据库中没有找到呢? 当时汤超在报告中提到,他们正在请来鲁华实验室按照序列进行人工合成,来检验他们的预测。虽然当时肽段合成的工作还没有发表(后来在 2009年发表),但已经知道,他们预测可折叠的肽段的确是可以折叠并可以稳定存在的。这个工作对我最大的震撼是,肽段中氨基酸的序列可否稳定存在,最终的决定因素是氨基酸之间的相互作用关系。在这里,没有 DNA 序列什么事儿!

汤超实验室另外一个给我留下深刻印象的工作,是他们后来发表在 Cell 上的有关三节点酶反应网络适应性功能实现方式的定量模型。他们以大肠杆菌向化性形成的三个关键调控节点为例，发现只有两种调控方式可以稳定地实现大肠杆菌取食必需的向化性：或者是带有缓冲节点的负反馈回路（a negative feedback loop with a buffering node），或者是带有成比例节点的不一致前馈回路（an incoherent feedforward loop with a proportioner node）。这又是一个超越具体蛋白，根据相关酶反应过程节点之间的关系而做出的一个抽象，然而普适的规律性发现。

汤超实验室对复杂生命现象的定量分析让我意识到，要理解生命现象的本质，恐怕是可以跳出当前基因中心论的思维模式，从不同的角度进行探索的！可是，跳出基因中心论的思维模式，我们该怎么解释生命现象最初是如何发生，并且最终形成了区别于非生命系统的复杂生物体的呢？

我于是试着做了下面一个推理，或者叫"理想实验"：根据前面分析的有关生命系统的几个基本事实，首先假设，生命形成之初，已经有一些碳骨架分子的存在——这是可能的，因为根据 Miller-Urey 实验，非常简单的含碳分子如甲烷在有氨、氢和水的存在情况下，经历火花放电，可以形成氨基酸。C. Cockell 在他的 *The Equations of Life* 中也提到，在宇宙中的确存在一些类似氨基酸、核苷酸的碳骨架分子。然后假设，如果这些碳骨架分子偶尔相遇，形成的复合物的能态低于其各自单独存在时（自由态）的能态——这也是可能的，比如 DNA 以双链形式存在时的能态就低于单链形式——虽然这个例子不太合适，因为 DNA 分子太大了，但在向化学学院的老师的请教中，得到的回复是，类似这样的例子还有很多。第三个假设是，如果低能态复合体是以分子间力相互作用而形成——这仍然是可能的，在生命大分子中有太多的例子。基于这三个假设，可以推论出这样一个自发过程：即自由态的碳骨架分子会顺自由能下降的方向，自发形成以分子间力为纽带的低能态复合体。这个过程虽然是随机的，复合体的形成也是偶然的，但却是服从热力学第二定律，因此是可以自发形成的。就这么简单？好像的确很简单！所有必要条件的存在——碳骨架分子、低能态复合体、复合体形成所需的分子间力——都在之前被论证过，唯一的新意，在于想象了一下自由态的碳骨架分子可以顺着热力学第二定律所规定的方向，自发、当然是偶然地形成低能态复合体。

考虑到上述基于分子间力的低能态复合体的形成是顺着热力学第二定律的自由能下降方向而形成，而复合体又是一种碳骨架分子相互作用所形成的特殊结构，我当时给这种现象起了个名字，叫"结构换能量"。其中结构指复合体；而能量指自由能下降。

结构换能量现象发现之后，我一直很难相信那么复杂的生命现象的形成最初可能就这么简单。我知道自己的才疏学浅。因此，在之后很长一段时间，我在每年上课时都会向学生提到理解生命现象时可以有结构换能量这个视角，但上课时讲这个现象的假说，更多的是为自己提供一个对这个假说进行反思和审视的机会。

什么是"活"——结构换能量循环

结构换能量的说法，最早的文字和图示记录是在 2007 年。因为有了这个想法，我不仅会在之后每年的上课过程中反思和审视这个观点，还会在听各种有关生命本质研究的讲座、报告时，有意识地把别人的观点和结构换能量观点进行比较。此外，也曾向理论生物学中心同事请教过对这个观点的看法。可是，这些审视、比较和探讨既没有让我对结构换能量的说法更加有信心，也没有产生更多的质疑。

时间到了 2013 年,情况出现了变化。那年夏天,我应芝加哥大学龙漫远教授之邀去他实验室访问。离开芝加哥时,他送了我一本 François Jacob 在 1970 年出版的 *The Logic of Life* 一书。Jacob 在该书中,通过对生命科学发展历史的总结提出了他对生命本质的理解。他在结论中以 integron(整合子,参见本书前言)一词所概括的不同层级生命现象的特点,即"整合性",在我看来,和我所说的结构换能量似乎有异曲同工之妙!这大大增加了我对结构换能量假说的信心。

之后在 2014 年结识陈平、葛颢和 2015 年结识钱纮的故事在前言中已经提到,在此就不再赘述。我在 2007 年所记下的结构换能量现象,经过和葛颢、钱纮先后 5 年时间的探讨,最终以"结构换能量循环"的表述形式发表(Bai et al,2018)。在这里要强调的是,结构换能量循环究竟指的是什么。

首先,我们假设在一个特定的环境中,存在以下 5 个要素:(1)两种以上的碳骨架组分(小分子);(2)这些碳骨架组分在这个环境中有一定的浓度;(3)碳骨架组分可以通过分子间力(IMF)形成复合体,即 inter-molecular-force-bond complex(IMFBC);(4)IMFBC 形成后有一定存在概率;(5)这个环境有一定的开放性,即有外来能量的输入。

有了上述 5 个要素之后,可以预期,如果 IMFBC 的能态比其组分处于自由态时低,根据热力学第二定律,在这个环境中,原本自由态的碳骨架组分会自发形成 IMFBC。下面的公式(1)是对这个过程的定量描述:

$$\Delta G_s = G_A^0 + G_B^0 - G_{A_{im}B}^0 + k_B T \log \frac{[A][B]}{[A_{im}B]} > 0 \tag{1}$$

公式中的方括号代表组分(A、B;$A_{im}B$ 表示以分子间力关联的 IMFBC)的浓度或者活性。G_s^0(包括 G_A、G_B)表示组分的能态。

如果没有其他因素的介入,那么上述过程最终会形成组分与 IMFBC 之间的平衡态,IMFBC 的浓度将维持在一个恒定的水平。可是,我们上面所假设的环境却是开放的,有外来能量的输入。如果此时输入的外来能量的大小恰好可以打破分子间力,那么此时将出现第二个过程:IMFBC 的解体!下面的公式(2)是对这个过程的定量描述:

$$\Delta G_d = G_{A_{im}B}^0 + G_{ex} - G_A^0 - G_B^0 + k_B T \log \frac{[A_{im}B]}{[A][B]} \tag{2}$$

公式中 G_{ex} 表示环境输入的外来能量。

在这个特定环境中,IMFBC 既能自发形成,又能在环境输入的外来能量扰动下打破 IMFBC 形成所依赖的分子间力而解体。只要外来能量输入大于 0,公式(1)和(2)所描述的过程都将可以持续进行。公式(3)是对这个过程的定量描述:

$$\Delta G_s + \Delta G_d = G_{ex} \tag{3}$$

可是,以 IMFBC 作为节点而耦联的两个过程,即复合体的自发形成,和复合体在外在能量输入的情况下的扰动解体是不是又成为一个类似平衡态化学反应那样,最后又形成一个静态的循环呢?这是一个非常关键的问题。在我们撰写结构换能量循环论文时,钱纮特别强调,上述公式所描述的以 IMFBC 为节点而耦联的复合体自发形成和扰动解体的两个过程,表面上看是 IMFBC 的形成和解体的循环,实际上却是内在机制完全不同的两个过程:复合体的自发形成是顺着自由能下降方向的自发过程,自由能的差是由自由态组分的能态与复合体的能态相比较而出现的。并没有涉及复合体的形成方式!而复合体的解体则是外来能量对构成复合体的分子间力的扰动产物,外来能量的作用点是分子间力!因此表面上看是 IMFBC 的形成和解体的循环,实际上 IMFBC 作为节点而耦联的复合体的自发形成和扰动解体的过程是两个不可逆的过程。因此,这个过程本质上不是一个平衡态化学反应,而是一个非平衡态过程。只要前面提到的 5 个要素持续存在,这个过程就可以一直持续下去。图 3-4 概述了上面三个公式所描述的结构换能量循环过程。

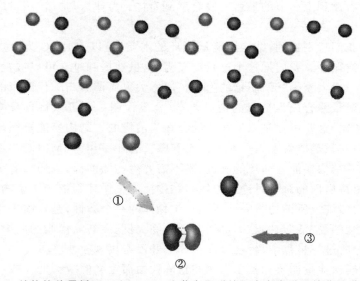

图 3-4　结构换能量循环:以 IMFBC 为节点耦联的两个自发过程的非可逆循环。
红球、蓝球代表不同的碳骨架组分。箭头①:柔性碳骨架组分顺自由能下降或浓度梯度方向自发形成复合体;红球蓝球之间的虚线②:分子间力(如氢键、范德华力等)维系复合体稳定;箭头③:周边环境因子所携带的能量打破维系复合体的分子间力,形成复合体的组分恢复独立存在状态,整个系统进入循环,是为"活"。

IMFBC 的存在概率会有多高呢? 这就要看特定环境中自由态的碳骨架组分浓度、IMFBC 中组分结合强度以及外来能量的输入量之间的平衡。

比较之前我自己思考过程中形成的结构换能量概念和之后与葛颢、钱纮在论文撰写过程中历时 5 年探讨而形成的结构换能量循环概念,两者是有很大的区别的。将对这个问题的探讨过程介绍给大家,或许可以帮助大家更好地理解结构换能量循环这个概念。

从图 3-4 可以看出,结构换能量循环,即以 IMFBC 为节点而耦联的复合体自发形成和扰动解体这两个独立过程的非可逆循环,不就是一直被作为是生物体基本属性之一的代谢的最简单形式吗? 如果说新陈代谢是生物体"活"的标志,那么结构换能量循环不就是最早的或者最初的"活"吗? 在这里,不需要用水的流动来做比喻,不需要基因,甚至不需要人们基于感官经验而来界定生/死的生物。只要有上述 5 个要素的存在,就可以出现结构换能量循环,就可以出现"活(living、alive 或 live)";而如果不能形成结构换能量循环,那么同样的碳骨架组分的自由态存在状态,或形成复合体后无法解体(如钟乳石)的状态,都可以视为"非活(non-living)"! 或许我们现在可以这么说,结构换能量循环,或者说"活",是宇宙大爆炸之后所产生物质的一种特殊的存在状态。

打破循环定义怪圈
——"活"是特殊组分在特殊环境因子参与下的特殊相互作用

可能有的读者读到上一节的最后一段会感到奇怪：为什么与"活"相对应的是"非活"而不是"死"？

在上一节中我们特别提到，结构换能量循环的本质，是以 IMFBC 为节点而耦联的两个独立过程的非可逆循环。我们把这个过程定义为活，虽然提到过它可以被视为最初的代谢，但它还是有别于一般大家用"活"所指的生物。通常大家所谓的新陈代谢指的是生物体既可以吸收外在物质能量并合成为自身的构成要素（合成代谢），又可以将自身构成要素分解排出体内（分解代谢）。这些过程是以生物体的存在为前提的。结构换能量循环则完全不需要生物体作为前提，它只是碳骨架组分在自由态和整合态——作为 IMFBC 中组分的存在状态之间的动态变换。结构换能量循环的出现，既不需要生物为前提，也还没有生命的出现（"生命"是什么我们留待后面的章节讨论）。显然，结构换能量循环不依赖于生物的存在，而是生物发生的起点；而传统上所谓的新陈代谢则是生物体的一个属性，是依附于生物体的存在而被描述的。以大众感受"活"与"死"的最初对象动物为例，在新陈代谢的两个组成部分（合成代谢和分解代谢）的进行过程中，生物体在整体上并没有出现改变。

从上面对结构换能量循环和基于动物的新陈代谢而定义的"活"的比较，我们可以发现，历史上人们对生物的"活"和"死"辨识的逻辑是，同为周边环境中的实体存在（肉眼可辨为界），有的是"动"的、喘气的、对刺激有反应的（动物）、可以生长的（植物），有的则不具备这些特点。于是把具备这些特点的叫动物、植物，而把不具备这些特点的叫矿物，而人是辨识这些实体存在类型的主体——这不恰好就是亚里士多德时代对世界上物体的分类吗？虽然人类在 16、17 世纪进入科学时代之后，逐步把动物植物再加上人类统称为生物，世界上的实体存在变成了生物和非生物两大类；但在对"活"和"死"的辨识上，其基本的逻辑却仍然沿袭了亚里士多德时代对基于感官的辨识对象的属性描述的模式。

相比较而言，结构换能量循环所描述的在本质上并不是去辨识一种类似"生物体"的实体存在的属性。从上一节的描述可以看出，结构换能量循环所描述的，只是特殊组分在特殊环境因子参与下的特殊相互作用（"三个特殊"，肉眼不可见）。所谓的特殊组分指的是地球环境甚至地外环境中既存的碳骨架分子；特殊环境因子目前看来就是地球演化历程中出现的、碳骨架组分之外的、结构换能量循环不可或缺的各种因子（详见第五章）；特殊相互作用则是指碳骨架组分之间形成复合体的分子间力。在这里，没有预设的类似生物体的实体存在。IMFBC 只是"三个特殊"的一种高概率存在形式。在结构换能量循环中，作为以一定浓度存在的自由态的特殊组分和导致 IMF 解体的外来能量（特殊环境因子之一），都是循环得以形成与持续的必要条件。前面提到的 5 个要素对于结构换能量循环的出现缺一不可。从这个意义上，虽然我们借用传统上认为只有生物才有的、因此被用来"科学地"定义"活"的新陈代谢的既有合成又有分解的特点，把结构换能量循环界定为最初的"活"，在这里我们不得不再次特别强调，结构换能量循环和传统意义上定义生物特征的新陈代谢在内在逻辑上有本质的不同。

如果上面的区分是合理的，那么就很容易理解为什么我们在把结构换能量循环定义为"活"的同时，没有把"死"作为其反义词，而是把"非活"作为反义词。因为传统的以生物体为对象的属性描述中，"活"与"死"都是生物体的状态。所谓"死"的个体在"死"的状态下，个体并没有消失，只是原本被定义为"活"的生物所具有的各自属性中的一些关键属性消失。在这种逻辑框架下，"活"作为"死"的反义词，所描述的都是生物体这种实体存在的不兼容状态。因此出现了本章第一节提到的常识中"活"与"死"循环论证的怪圈。在结构换能量循环所描述的过程中，没有类似生物体的预设。所涉及的只是特殊组分在特殊环境因子参与下的特殊相互作用。只要满足相应的条件，就可以自发形成结构换能量循环。一旦有条件无法满足，这个循环就无法形成，那些特殊组分仍然在，但只是不再形成基于特殊相互作用的、以 IMFBC 为节点而耦联自发形成和扰动解体这两个独立过程的非可逆循环。以结构换能量循环来定义"活"，只是强调了其非可逆循环的动态特征。"活"与"非活"之所以成为一对反义词，所指的只是结构换能量循环的"转"和"不转"。在这里，没有预设的类似生物体的实体存在，因此也就不存在用来描述生物体状态的"活"与"死"的含义。从这个意义上，以结构换能量循环也就跳出了与"活"与"死"之间定义的循环论证的怪圈！

有关"活"的全新定义方式的特点与意义

可能有人会说，用结构换能量循环来定义"活"无非就是一种文字游戏。有必要做这种文字游戏吗？

从探索生命本质的角度，以结构换能量循环来定义"活"并不是一种文字游戏。这是对生命本质的一种非常有意义的新探索。在本章前面对历史的分享中，我们看到传统的对生命本质的探索都是以生物的存在为前提的。生命被作为生物的一种属性来看待。在这种逻辑下，没有生物也就无所谓生命。前面的分析表明，这种思维模式是从基于感官分辨力的亚里士多德时代承袭下来的。可是如果以实体存在的物体的属性辨识来区分生物与非生物，那么将最终陷入一个寻找最初具有"活"的属性的实体的 Berzelius 式的困境！传统的活力论之所以会陷入困境，其实正是亚里士多德思维模式的产物。遗憾的是，虽然 Berzelius 以有机物来定义生物化学组成特殊性和以活力论来解释生物与非生物之间的区别的努力都被实验证明是行不通的，可是人们似乎并没有意识到亚里士多德式的以生物体的存在为前提来讨论生命属性/本质的思维模式的局限。从这个角度看，把结构换能量循环定义为"活"，从"三个特殊"的角度来解释"活"与"非活"之间的区别，是一种既满足前面提到的生命系统的物质性、又满足生命系统形成的自发性，还反映生命系统特有的区别于非生命系统的动态形式的最简单的解释。

将提问的方式从"什么是生命"转变为"什么是'活'"带来了探索视角的转变，因此而发现结构换能量循环并以此来定义"活"，为理解或者解释生命现象带来了一些始料未及的冲击：

首先，我们可以看到，在结构换能量循环中，无须负熵这个概念来解释 IMFBC 的形成。其次，一些之前被认为是天经地义的金科玉律面临挑战。比如，巴斯德时代提出来的"细胞源自细胞"，虽然为之后的生物学研究提供了一条简化的道路，可是也引入了一个亚里士多德式的逻辑困境，因为这个判断不可避免地引出细胞来源究竟是自发还是神创的争论。最后，原本只是作为生命大分子附属特点的分子间力被前所未有地赋予解释生命本质的关键角色。这些都是在没有结构换能量循环这个概念时无法想象的。

对于生物研究者而言,以结构换能量循环来定义"活",并将这一循环能否形成作为区分非生命世界与生命世界的第一条边界,带来的最重要的观念冲击有两个:第一个观念冲击是,作为结构换能量循环的节点的 IMFBC 是特殊组分相互作用的动态产物。IMFBC 不是一个固定的独立存在,而是一个特殊的组分相互作用状态。如果将结构换能量循环作为生命系统发生的最初形式,虽然这个循环以 IMFBC 为节点,但这个节点不是一种孤立的、相当于亚里士多德"生物"的实体存在,而是整个非可逆循环中一个环节,一个特殊的状态。从这个意义上,Jacob 在他 1970 年出版的 *The Logic of Life* 中所创制的 integron,即"整合子"一词特别适合用来描述这种以 IMFBC 为代表的结构换能量循环。考虑到结构换能量循环中 IMFBC 是顺自由能下降方向而自发形成的,可以认为这个过程具有"吸引子(attractor)"属性。因此,如果要问在生物学中哪个概念可以相当于数学中的"数"、物理学中的"质点"和化学中的"分子",能够作为整个学科的起点概念,我现在的回答,应该是用来描述结构换能量循环的整合子。当然,在有的情况下为方便起见,整合子也可以代指作为结构换能量循环节点的 IMFBC 的衍生形式。这一点我们在以后的章节中会继续讨论。

以结构换能量循环来定义"活",对传统生物学产生的第二个观念冲击是,对于这个最初具有"活"的特点的循环而言,环境因子是维持其存在的必要条件,因此是结构换能量循环的构成要素。传统的生物学观念中虽然也重视环境对生物的重要性,但环境要素始终是作为生物体的外在因子,并不被视为生命系统的构成要素。有关这个问题,我们将在第五章进一步讨论。

此外,结构换能量循环还可以解决在有关"活"的定义上的一些困扰。比如,很多时候人们在讨论生物这种活的实体存在的特有属性时,常常会把生长作为一个特征。可是,在自然界中,未必只有生物具有生长的属性。比如大家很熟悉的钟乳石、雪花中的结晶就可以生长。我们可不可以把钟乳石和雪花都认为是活的,甚至认为它们也是有生命的呢?如果用结构换能量循环作为标准,显然钟乳石和雪花都不具备非可逆循环的特征。因为它们的形成过程都是单向的!另外,有人会把水的气态、液态、固态之间的循环与结构换能量循环类比,因为水的相变基础也是分子间力,而且也是在外来能量的影响下出现的相变。但是以碳骨架作为特殊组分的结构换能量循环和水的相变有一个根本的不同,即两个过程的内在机制是不同的,水的相变机制只有一个,即温度的变化。至于在第一章中开头提到的诗人臧克家所提到的有关人的"活着"就更不会和结构换能量循环的内涵发生任何的混淆了。

我在思考结构换能量循环的属性时曾经注意到一种可能性,即这种循环和中国传统的阴阳太极的说法看上去好像不谋而合。因为看起来,图 3-4 所示的结构换能量循环的构成要素是异质的碳骨架组分,它们的相互作用可以形成 IMFBC,这个过程似乎可以对应于黑白太极鱼所形成的太极图。可是,如果仔细分析一下中国古代典籍中对太极特点的描述,可以发现结构换能量循环与阴阳太极在本质上还是不同的。结构换能量循环是特殊组分在特殊环境因子参与下的特殊相互作用的结果。特殊组分是既存的,虽然它们可以形成 IMFBC,但并不依赖于 IMFBC 的存在而存在,甚至未必一定参与 IMFBC 的形成。可是在《易传·系辞上》中有关太极的描述是这样的:"是故易有太极,是生两仪,两仪生四象,四相生八卦"。《道德经》也有与太极相关的表述:"道生一,一生二,二生三,三生万物。万物负阴而抱阳,冲气以为和。"在这里,太极或者"道"是与生俱来的,是"一"。阴阳两仪是由"一"而生的。这种说法和结构换能量循环中所揭示的特殊组分和 IMFBC 的关系恰好是相反的。太极和道的来源是需要解释的,而且好像是难以解释的;而特殊组分是无须解释的,因为它们的存在是有实验基础的。因此，结构换能量循环与中国传统的阴阳太极的说法不仅在实体内容上完全没有可比性，而且从内在逻辑上也是完全不同的。

基于上面的分析，我们可以看到，以结构换能量循环来定义"活"，提出了在大爆炸宇宙中普遍存在的碳骨架组分产物如何通过特殊的相互作用而获得"活"的属性的一种可能。结构换能量循环不仅在数学上能证明是可发生的，而且，钱纮也设计了一套实验方法可以对结构换能量循环的发生进行实验检验。在我看来，这类实验的思路并不复杂：首先通过计算的方式从目前已知的简单碳骨架组分中筛选可能以分子间力形成复合体的组分。然后再用计算的方式对这些组分进行模拟匹配——2014 年已经有人用计算机模型模拟出了著名的Miller-Urey 实验，为这个思路提供了一个成功的先例。再针对这些可能的组分标记，来进行结构换能量循环发生过程的实验检验——最近报道的超低温减缓化学反应过程可以观察到中间产物，为实验检验结构换能量循环的发生提供了全新的思路。只要有人看到这种新思路的价值而愿意投入资源进行研究，相信一定会有意想不到的收获。

尽管如此，结构换能量循环只是解释了具有"活"的特征的生命系统如何自发形成的可能机制。以结构换能量循环来定义"活"，并不能解释人们从对既存生命系统的研究中所发现的演化和多细胞生物发育中的单向性这些现象。这些问题有待后续的章节来加以探讨。

第四章　什么叫"演化"——源自基于 IMFBC 结构自/异催化的共价键自发形成

关键概念

演化；催化；共价键自发形成；正反馈自组织；迭代

思考题

为什么说"演化"不是专属生物学的一个概念？

了解共价键自发形成对理解生命大分子的来源的意义何在？

在日常生活中有哪些"正反馈自组织"现象？

在上一章"什么叫'活'"中，我们对生命系统自发形成的最初情形提出了一个结构换能量循环的假说，为解释碳骨架组分如何从"非活"变成"活"提供了一个可以用实验加以检验的可能性。可是，结构换能量循环存在一个问题，那就是就算 5 个要素都具备，以 IMFBC 为节点的不可逆循环只能是类似图 3-4 所表示的红球蓝球为代表的特殊组分存在形式的自由态和作为 IMFBC 组分的整合态之间的状态改变。这种非可逆循环的持续将是一个乏味的过程，因为由 IMFBC 为节点而耦联起来的两个独立过程本身并不能带来新组分的产生。这也难怪当我向一些化学教授介绍结构换能量循环时，他们的反应是，类似这样的反应在化学中不胜枚举，怎么能把这样的过程能否形成看作是非生命世界与生命世界之间的第一条分界线呢？

而且，在目前的主流生物学观念中，生命系统一个不可或缺的属性就是演化。如同我们在上一章中提到的，谈到演化，人们自然地就会想到"遗传变异加环境/自然选择"。进入 20 世纪之后，但凡讲到遗传，就毋庸置疑地会联想到基因，而讲到基因就不言自明地指 DNA 片段。IMFBC 及整个结构换能量循环过程，与 DNA、基因、遗传和遗传变异之间看上去风马牛不相及。怎么看，都很难把结构换能量循环和演化搭上边，而一个过程如果与演化无关，大概也就与生命无关了。

可是，实际情况究竟会是怎样呢？我们在上一章的分析中已经注意到，人们之所以在寻求"什么是生命"的问题中始终众说纷纭，一个很重要的原因，是人们在问这个问题时，已经把亚里士多德时代基于感官经验对实体存在分门别类作为自己的逻辑前提，把"生命"作为感官经验中的生物这种实体存在区别于矿物这种实体存在的一种属性，同时也就出现了把"活"和"死"作为生物这种实体存在的两种不兼容状态（当然不排除"半死不活"这种中间态）而相互依赖定义的循环论证怪圈。如果我们相信结构换能量循环的出现可以作为区分非生命世界与生命世界的第一条分界线，那么这个循环应该会以某种方式与演化这个属性之间建立起某种联系。当然，在分析这种可能的关联之前，我们需要先梳理一下演化这个词究竟指的是什么。

演化词义的沿革

很多人都知道 evolution 这个词应该被翻译为"演化"还是"进化"的争论。可是不知道有多少人去检索过 evolution 这个英文词的由来。其实,做这个检索非常容易。从本书之前提到的几个英文词典来源,可以得到以下两条注释:

- 1615-25;＜Latin ēvolūtiōn-(stem of ēvolūtiō) an unrolling, opening, equivalent to ēvolūt(us) (see evolute) ＋ -iōn- -ion
- Early senses related to movement, first recorded in describing a 'wheeling' manoeuvre in the realignment of troops or ships

有关 evolution 一词的使用还可以查到下面的记述:Used in various senses in medicine, mathematics, and general use, including "growth to maturity and development of an individual living thing" (1660s)。那么是谁最先把 evolution 一词用在对物种之间关系的描述上的呢? 不是《物种起源》一书的作者达尔文(达尔文在他的《物种起源》一书中,把自己的理论叫做"the theory of descent with modification through natural selection");也不是《天演论》的部分原本,*Evolution and Ethics* 的作者 T. H. Huxley;而是苏格兰的地质学家,达尔文的好朋友 C. Lyell。

目前在生物学范畴内,一般怎么定义 evolution 呢? 牛津词典是这么注释的: The process by which different kinds of living organism are believed to have developed from earlier forms during the history of the earth。在 Wikipedia 的注释是: Evolution is change in the heritable characteristics of biological populations over successive generations。

如果有人以为演化的观念是达尔文首先提出来的,那就错了。演化的思想古已有之。只不过在随欧洲文艺复兴发展而孕育,以伽利略、牛顿为代表的科学时代到来之前,各种有关自然起源的说法都没有经过实验的检验,都同样缺乏客观性,因此也不必在此专门讨论。之所以后世将达尔文奉为演化论的创始人,一方面是因为他渊博的学识和严谨的学风;另一方面是因为他不仅提出了物种之间树状关联(the Great Tree of Life,"生命之树")关系,还在《物种起源》一书中对演化之树上不同生物之间演化的动力提出了自然选择的解释。有关达尔文的演化理论,E. Mayr 在他的 *The Growth of Biological Thought* 一书中有简明的概括。他把达尔文的《物种起源》的主要内容归纳为两组,各三个事实和一个推论:

- Every species is fertile enough that if all offspring survived to reproduce, the population would grow (fact).
- Despite periodic fluctuations, populations remain roughly the same size (fact).
- Resources such as food are limited and are relatively stable over time (fact).
- A struggle for survival ensues (inference).
- Individuals in a population vary significantly from one another (fact).
- Much of this variation is heritable (fact).
- Individuals less suited to the environment are less likely to survive and less likely to reproduce; individuals more suited to the environment are more likely to survive and more likely to reproduce and leave their heritable traits to future generations, which

produces the process of natural selection (fact).

- This slowly effected process results in populations changing to adapt to their environments, and ultimately, these variations accumulate over time to form new species (inference).

从 Mayr 归纳的达尔文《物种起源》一书中的主要内容来看,前三个事实陈述中可以找出 5 个关键词:species(物种),reproduction(生殖),population(居群),time(时间),resource(资源)。而在后三个事实陈述中可以找出 6 个:individuals(个体),variation(变异),heritable(可遗传),generation(代),adaptation(适应),natural selection(自然选择)。在这 11 个关键词中,达尔文可能认为 heritable 的内涵不清楚,有必要进一步澄清。因为在达尔文写作《物种起源》的年代,人们基于"自肖其父"的感官经验可以感受到遗传现象的存在,而且显然这被作为区分物种的基础,又是变异的主体,可是没有人知道遗传的实体是什么。于是他在 1868 年出版了另外一本书 The Variation of Animals and Plants under Domestication。在这本书中,他利用大量数据,为遗传机制提出了"theory of pangenesis(泛生论)"的解释。之后的科学发展表明,伟大的达尔文在这个问题上的判断是错的。可遗传的实体,是最初被孟德尔描述的可分离、可自由组合、后来被确定为 DNA 片段的遗传因子,即"基因"。达尔文的泛生论,包括被很多人质疑的长时段内变异积累导致新物种产生的"适者生存"推论,使得他的演化论在 19 世纪后期受到严峻的挑战。

但是,进入 20 世纪之后,以 R. A. Fisher, J. B. S. Haldane 和 S. Wright 为代表的一批学者通过把孟德尔的遗传因子的概念引入居群中的表型变化分析,通过数学分析和突变体分析,再加上对古生物表型变化的分析,证明达尔文有关演化动力是遗传变异加自然选择的观点是经得起实验检验的。到了 20 世纪 40 年代,随着 J. Huxley(Evolution and Ethics 的作者 T. H. Huxley 的孙子)Evolution: Modern Synthesis 一书的出版,现代综合演化论的概念广为传播。这为达尔文演化思想成为当今生物学的指导思想打下了坚实的基础。

尽管如此,从达尔文《物种起源》发表以后,演化论的内涵其实一直都在变化中。在我读书时,对演化的理解大致可以概括为两种表达:一是"生存竞争、自然选择、适者生存"。这是比较传统的,在 19 世纪演绎出"社会达尔文主义"。另外一个是"基因变异、自然选择、适者生存"。可是,我后来读 R. Fisher 的 The Genetical Theory of Nature Selection 一书时,发现他居然开篇第一句就是"Nature selection is not evolution."在他看来,达尔文的演化理论中所有的要素最后可以成立的,就是自然选择(Nature selection)理论,而自然选择理论却没有被认真地研究。他认为,自然选择是一种演化的"agency",即推动力量。因此对自然选择的研究应该是对被选择要素/因子的研究,而不是对导致突变的可能因素的推测。他的策略是分析这些被选择因子在居群分布中的变化。他的工作不仅为现代综合演化论的形成做出了决定性的贡献,也为群体遗传学作为一门学科的形成奠定了坚实的基础。

时过境迁,目前主流观念中,对自然选择的解读又回到达尔文当年的意思,即一个过程(见上述 Mayr 总结第 7 条)。可是如果按照 Mayr 所归纳的,把自然选择解读为伴随世代更迭适者生存的过程,那么究竟什么是被选择的主体呢?居群,个体,性状,还是基因?谁又是选择的主体呢?自然界,自然界中的特定环境?可是自然界或者其中的特定环境为什么要对生存其中的实体存在进行选择呢?这种选择是如何发生的呢?这里最后一个问题,就是在上一章中提到的对生命现象几个特定关注中提到的第二点,即到哪里去找那个既与基因变异有关、同时又是环境选择对象的中间环节。

　　当然,上面对演化论内涵的反思主要是试图从操作的层面上更好地理解达尔文演化论的思想。实际上,自从达尔文《物种起源》出版之后,演化论的内涵虽然在生物学研究领域中一直存在不同的解读,但演化思想的影响已经很快超出了生物学的范畴,成为整个人类自然观的一个构成要素。大爆炸理论本质上其实就是有关宇宙形成的演化观。这使得"演化"已经不再被默认是一个生物学专业词汇。

　　正因为如此,当在生物学范畴内讨论演化时,我们所使用的演化一词究竟在指什么? 如果说大家所指的是不同的对象,彼此能否实现有效的沟通? 按照 Fisher 和 Mayr 的说法,达尔文演化论的核心是自然选择,那么被选择的对象是什么? 基因,还是基因频率? 可是基因最初又是哪里来的呢? 现代的生物学研究者常常把这个问题丢给对生命起源感兴趣的化学家。可是在达尔文那里,自然选择只是对他所看到的生命世界多样性形成机制的一种解释。在他的《物种起源》发表 22 年前,1837 年,他就在他的编号为"B"的有关物种变化关系(Transmutation of Species)的笔记本中画下了"生命之树"的示意图(图 4-1)。而在他 1859 年发表《物种起源》一书时,表示物种分化的树状图(图 4-2)又是他在全书唯一的示意图。这充分表明他在对物种起源的探索中,对所有的生物有共同起源、不同物种是在历史上因自然选择而形成这个观点的重视。这个共同起源是什么? 他并没有明确地指出。在他画生命之树的时间点上也不可能给出具有客观合理性的预期。在达尔文之后的一百六十多年中,演化的主体从达尔文的物种,变成了居群中的基因频率、变成了变异的基因、变成了由基因决定的性状,可基因是从哪里来的?

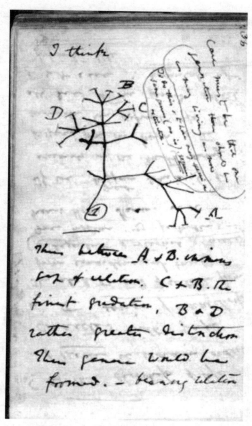

图 4-1　达尔文 1837 年笔记本 B 中有关生命之树的记录。

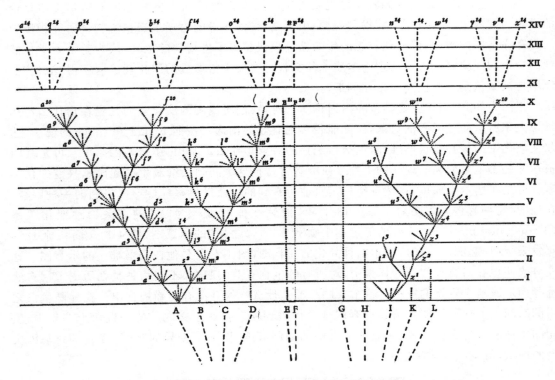

图 4-2　达尔文《物种起源》一书（第一版）中唯一插图，显示了生命之树。

按照达尔文生命之树的观点推理（包括前面提到的 1871 年给 Hooker 的信），最初的生命应该是从非生命而来的。按照这个逻辑，生命分子也应该从非生命分子而来。目前人们所知道的主要生命分子都是多个碳组分以共价键串联起来的大分子。如果有关演化的讨论停留在基因，即作为生命大分子的 DNA 的层面上，从达尔文生命之树的逻辑上讲，这种讨论是不完整的。虽然我们在上一章讨论了作为生命系统化学组成的碳骨架分子形成"活"的可能过程，可同时也指出，具有"活"的特定的结构换能量循环本身只是一个组分和复合体之间的乏味循环过程，并没有新的组分的产生，这个循环本身并不能解释生命大分子的形成。因此也就无法为达尔文演化观点的推理给出合理的解释。但是以结构换能量循环为生命系统的起点起码为"活"的特征给出了合理的解释。要回答达尔文演化观中所蕴含的生命如何从非生命自发而非创造产生的问题，如果把问题的形式转换成可进行实验检测的"生命分子如何形成"，就是下面要做的工作。

生命大分子形成所必需的共价键有可能自发形成吗？

在上一章的图 3-2 中，我们展示了目前已知的主要生物大分子的基本结构。以多肽分子为例，它们都是多个氨基酸以肽键（即一个氨基酸的碳和另一个氨基酸的氮之间形成的共价键）的形式串联起来而形成的稳定的链式分子。目前，几乎所有的教科书对生物大分子形成机制的解释，都是各种酶催化反应。可是如果稍微做一点非常简单的逻辑推理：酶是什么？结论是，酶是具有催化功能的多肽。于是问题就出来了：最初具有催化功能的多肽是哪里来的？上帝给的礼物？还是自发产生的？

　　酶是具有催化功能的蛋白质这个结论，在 1926 年 J. Sumner 从刀豆种子中结晶出脲酶并证明其是一种蛋白质之后，在 20 世纪 30 年代就已经成为学界共识。因此，要回答最初的多肽究竟是哪里来的问题，就要承认一个前提：这个问题从实验层面上讲不是一个问题，而是两个问题。第一，多肽形成所必需的共价键是如何形成的；第二，多肽中不同的氨基酸是怎么排列的。第二个问题我们在上一章提到过，汤超教授当年在 NEC 所做的研究工作中给出了一个超越主流教科书的回答，即根据多肽的能态而排列，并不需要 DNA（当然现存生命系统多肽序列都是根据中心法则，由 DNA 序列决定的。这个问题，我们将在第 7 章具体讨论）。至于第一个问题，其实也就是化学反应中如何跨越共价键形成所需势垒的问题。这类问题不需要太多的知识，稍微做一点儿逻辑推理就可以提出来，当然也就轮不着我们这样的晚辈去提。在 20 世纪 80 年代，就有少数实验室（如德国 G. Wachtershauser 的实验室）在探索在没有酶、没有 DNA 作为氨基酸序列模板的情况下，多肽这样的生命大分子是如何形成的。基于系列的实验，Wachtershauser 提出了在 FeS_2 表面可以催化肽链形成的观点。这个假说为生命大分子的自发形成提出了一种可能的机制。此外，美国的 L. Orgel 等人则侧重探索核酸的自发形成机制；中国的赵玉芬提出了磷酸胺类分子具有催化核苷酸、多肽和核酸自发形成的功能的观点。

　　关于生命大分子自发形成机制的探索，除了围绕着氨基酸之间或者核苷酸之间肽键或者磷酸二酯键（连接核苷酸形成核酸的核糖的 $3'$ 位和 $5'$ 位碳原子分别与磷酸之间的键）如何在特殊的无机环境下被催化形成的问题，还有以 D. Deamer 为代表的一批人提出了在热泉附近干湿交替的环境下有可能出现生命大分子的聚合/形成共价键的假设。还有没有其他可能呢？

　　在上一章，我们提到在结构换能量循环中，碳骨架组分可以顺着自由能下降的方向自发形成 IMFBC。在外来能量打破关联碳骨架组分的分子间力、导致 IMFBC 解体之前，IMFBC 有一定的存在时间。考虑到碳骨架组分中的碳原子外围有 4 个电子（图 3-3），按照目前有关碳原子形成甲烷时的空间结构，我们可以推测，在两个碳骨架组分之间形成以分子间力关联的复合体时，不可能占用所有的 4 个外围电子。应该有空间以形成分子间力的原子/基团所需键之外的电子去和其他组分形成其他的键！换言之，在 IMFBC 上有空间去和其他组分形成共价键，即 IMFBC 有可能成为共价键形成的前体。

　　如果基于甲烷的碳原子成键模式为 IMFBC 成为共价键形成的前体提供了空间上的可能性，那么如何解决共价键形成所必须解决的势垒跨越问题呢？从目前的化学知识，氢键和范德华力等分子间力的成键或者破键能量大多在 $10\ kJ \cdot mol^{-1}$ 以下。可是共价键的成键或者破键能量却比分子间力高至少一个数量级。这也是为什么人们在探讨生命大分子的形成过程中一定要考虑高温高压或者催化机制的原因。IMFBC 能够具备解决共价键形成所需要势垒跨越的问题吗？

　　如果 IMFBC 可以成为共价键形成的前体，那么其形成机制一定不可能是通过高温高压的方式。原因很简单，在第三章讨论结构换能量循环时已经把维持这个非可逆循环的能量范围限定在了分子间力的能量范围内。高温高压不是结构换能量循环可以发生的条件，它和作为结构换能量循环节点的 IMFBC 的存在是不兼容的。

　　那么有可能 IMFBC 本身具备自催化（auto-catalytic）的活性吗？或者在周边其他组分存在情况下，通过类似 FeS_2 的异催化（allo-catalytic）机制来实现以 IMFBC 为前体的共价键形成? 对这个问题,我专门请教过北京大学化学学院的刘志荣老师。从他那里得知,基于纳米科学的研究,目前已知很多纳米级别的材料表面可以具有催化活性。从这个角度讲,IMFBC 有可能通过其表面的纳米属性而具有自催化能力而成为共价键形成的前体(Bai et al, 2018)。

基于以上分析,我们可以发现,IMFBC 完全有可能因为其表面的纳米属性而具有自催化能力或者与其他催化组分相遇而被催化,使得构成 IMFBC 碳骨架组分的复合体相互作用面之外的区域自发形成共价键,它可以在保留组分间以分子间力形成复合体的相互作用面之外,以共价键和其他碳骨架分子或者中间分子(比如核苷酸形成核酸时以磷酸为中间分子,以磷酸二酯键连接不同的核苷酸)形成稳定但复杂性增加的碳骨架组分。

上面所描述的可能性也是可以用实验来加以检验的。不仅如此,IMFBC 可能的自催化能力甚至还可以作为上一章所提到的检验结构换能量循环可能性实验中的一个检验指标,来对可能的结构换能量循环组分进行筛选。

以 IMFBC 为前体、IMFBC 本身所具有的自催化功能或者因其周边其他组分存在而被异催化而自发形成共价键的假设,与之前探索以共价键相连接的生命分子起源的努力思路的不同之处在于,在我们的假设中,共价键的形成是以 IMFBC 的存在为前提,而且共价键是以 IMFBC 为前体而在作为其组分的碳骨架组分上形成的。在之前的探索中,都没有这一个前提的存在。至于哪一种假设更加接近历史上的真实情况,还有待今后实验的检验。

在本书写作过程中,2020 年 9 月 25 日,*Science* 杂志上报道了几位波兰裔美国化学家,利用他们开发的一套化学反应计算软件,以最简单的化学分子,如甲烷、水、氰、氨气、二氧化硫等大爆炸宇宙中既存的简单分子,加入已知的地球早期可能的化学反应条件,设定在化学反应产物基础上继续之后的反应。结果发现,经过 7 轮反应,居然可以自发形成几十种包括氨基酸、多肽、碱基、核苷酸、碳水化合物在内的生命分子以及上万种其他分子。在这个计算机模拟的化学反应迭代过程中,当然不可避免地存在自催化或者异催化反应,存在共价键的自发形成。这一报道,呼应之前提到的计算机模拟 Miller-Urey 实验,为人们理解生命大分子起源及其相互关系的发生提供全新的视角。

在 IMFBC 前体上共价键自发产生的神奇副作用: 正反馈自组织

如果作为结构换能量循环节点的 IMFBC 的确可以自催化或者遇到其他催化组分而被异催化,在保持碳骨架组分以分子间力关联的相互作用面的前提下自发形成新的共价键而形成稳定的但复杂性增加的新碳骨架组分,此时可能出现一个情理之中的新情况: 即在原本形成 IMFBC 的碳骨架组分上,以共价键连接上去的新碳骨架组分有可能出现新的、与其他碳骨架组分发生分子间力的相互作用面! 如果形成 IMFBC 的两个碳骨架组分都各自以共价键连接上了新的碳骨架组分而变成更为复杂的组分,比如碳骨架组分链,那么新连接上去的碳骨架组分之间就应该很容易形成新的 IMF 而相互作用(图 4-3)! 如果新连接上去的碳骨架组分之间的确出现了新的基于 IMF 的相互作用,会出现什么情况? 正反馈!

什么正反馈? 从对结构换能量循环的分析中,我们指出,IMFBC 之所以会自发形成,是因为以 IMF 相互作用形成的碳骨架组分复合体的能态低于组分独立存在时的能态。碳骨架组分的两种状态之间存在自由能梯度,可以顺着自由能下降方向自发地形成复合体,即 IMFBC。如果在形成 IMFBC 的两个碳骨架组分上都以共价键连接上了新的碳骨架组分,

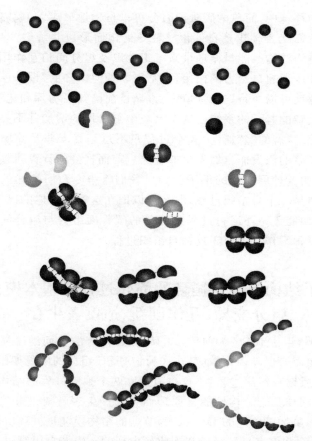

图 4-3 在 IMFBC 前体上自发产生共价键并形成正反馈。图中两个 IMFBC 之间的爆炸图标表示在自/异催化条件下,自发产生共价键。共价键一旦形成,$IMFBC^+$ 相比于 IMFBC 具有更多的形成 IMF 的机会,最终形成链式分子。

并且两个新的碳骨架组分之间也可以形成基于 IMF 的互作,那么原来的 IMFBC 就可能从两个碳骨架组分之间的互作变成了两个碳骨架组分链之间基于两个 IMF 的 $IMFBC^+$。两个碳骨架组分链之间的两个 IMF 的互作应该强于两个碳骨架组分之间的单个 IMF,如果两个碳骨架组分链之间形成的新的 $IMFBC^+$ 仍然保持相对于其碳骨架组分链单独存在时较低的能态,那么新的 $IMFBC^+$ 仍然可以自发形成,但要维持新组分的结构换能量循环,则需要更多的外来能量去打破关联 $IMFBC^+$ 的分子间力。这意味着新的、由基于共价键形成的碳骨架组分链所形成的 $IMFBC^+$,相比于共价键连接新碳骨架组分之前的 IMFBC 更加稳定。由此推论,在具备结构换能量循环发生所需的 5 个要素的环境中,$IMFBC^+$ 将具有更高的生存概率。这意味着基于 IMBFC 自催化或者异催化形成的碳骨架组分上,共价键连接所形成新的碳骨架组分对于结构换能量循环而言,基于共价键连接的碳骨架组分越多,所形成的碳骨架组分链所形成的 $IMFBC^{+n}$ 的生存概率就越高,于是,整个系统对于 $IMFBC^{+n}$ 的形成以及以其为节点的结构换能量循环而言,形成了一个自发的,不仅有利于碳骨架组分构成的复杂性增加,而且有利于组分之间互作的复杂性增加的正反馈效应。这同时还为生命大分子为什么都是链式分子提出了一个简单而逻辑自洽的解释。

如果上面所分析的情况的确可能发生,那么我们将可以看到,在一个满足结构换能量循环发生的 5 个要素的环境中,简单的碳骨架组分可以自发地形成以 IMFBC 为节点的非可逆循环,然后再以 IMFBC 为前体出现自催化或者异催化而形成共价键产生碳骨架组分链,这种自发产生的共价键为结构换能量循环带来了组分以及组分间相互作用复杂性的增加。不需要任何的人为设计或者超自然力的作用,也不需要任何未知的"设计原理",在大爆炸宇宙中出现的碳骨架组分就可以在特定的环境中,遵循目前已知的物理和化学规律,自发地形成组分和形式越来越复杂的"活"的系统。这个系统中复杂性的增加并不是出于系统本身或者其中任何形式的组分/状态的"意愿"。整个过程只不过是基于非常简单的碳骨架组分的化学属性和几个非常简单的假设而自然发生的现象。前面提到的计算机模拟生命分子起源的实验,已经给出了证明这种可能性的例子。如果我们将第 3 章所描述的具有"活"的特征的结构换能量循环看作是一个自组织过程,那么可以把在这里所描述的以 IMFBC 作为共价键形成前体的、在结构换能量循环运行过程中简单的碳骨架组分与组分间的相互作用关系都越来越复杂的自发过程看作是一个正反馈自组织过程。

基于结构换能量循环的演化过程的基本模式: 组分变异、互作创新、适度者生存

上面的分析表明,以 IMFBC 为前体,以 IMFBC 特有的表面纳米属性所产生的自催化或者因周边组分存在而出现异催化效应,在作为 IMFBC 组分的碳骨架组分上自发形成共价键,并因此而产生正反馈自组织过程,不仅可以关联两个独立过程的结构换能量循环而获得"活"的特征,还可以同样基于结构换能量原理而自发产生碳骨架组分以及碳骨架组分相互作用过程的复杂化。虽然以单纯的 IMFBC 为节点的结构换能量循环所代表的自组织过程,和以 IMFBC 为前体的共价键自发形成和因此而出现的正反馈自组织过程都是假设的,需要进行实验检验,但这两个过程关联起来,就提供了一种可能:从大爆炸宇宙中既存的碳骨架组分自发地形成"活"的过程,到"活"的过程的组分和相互作用复杂性自发增加。这为达尔文演化观中所蕴含的"生命从非生命而来"的推理中,构成生命大分子所必需的共价键的自发形成提供了一个合理的解释。

如果说达尔文演化观中不同生命类型最终都可以追溯到共同祖先,而最初的共同祖先又应该从非生命物质转变而来的话,那么我们前面提到的结构换能量循环这种自组织、以 IMFBC 为前体的共价键自发形成以及正反馈自组织,也可以被视为从非生命世界进入生命世界的转换过程。因此,以共价键自发形成为核心的正反馈自组织过程本质上也可以被视为演化过程,或者演化过程的一种形式,甚至是生命系统演化过程中的第一步。从这个意义上,我们认为可以为"生命是什么"这个问题提出一个新的表述,即

生命＝活＋演化(Life＝live＋evolve)

如同很多人不把结构换能量循环看作是"活"一样,很多人恐怕也很难接受把以 IMFBC 为前体的共价键自发形成以及在此基础上衍生出的正反馈自组织看作是演化过程。在本章第一节引用的 Mayr 对达尔文演化理论的六个陈述和两个推论的概括中,我们曾经梳理出 11 个关键词,即物种、生殖、居群、时间、资源、个体、变异、可遗传、代、适应、自然选择。显然,这 11 个关键词就其在主流生物学观念体系中的内涵而言,没有一个涉及以 IMFBC 为前体的共价键自发形成的正反馈自组织过程。那么,我们把正反馈自组织过程视为演化过程,与传统的演化观之间有什么异同呢?

我们可以从 Mayr 概括中的 11 个关键词入手来做一点概略的分析。

这 11 个关键词中有关自然选择的内涵，我们曾经介绍了 Fisher 的分析，在此先不进一步讨论。时间的内涵常常会在物理学家那里出现争论，在此我们也不进一步讨论。物种、资源、适应、居群等关键词的内涵，会在后面的章节中有所涉及，这里先不讨论。那么剩下的还有 5 个关键词：生殖、个体、变异、遗传、代。在达尔文开展研究工作的 19 世纪，虽然人们都意识到性状在个体之间代际传递的现象，但对什么因子在决定性状以及决定性状的因子在代际传递的机制仍处于探索阶段。孟德尔发现的性状受在代际独立分配的因子决定的现象，因为各种原因，并未进入当时学术界的视野。因此，遗传、变异的主体是个体。在这个意义上，遗传和变异成为个体性状的两个侧面，而性状则是根据人类感官或者设备的分辨力范围而被定义的。生殖和代这两个关键词也都与个体有关。在那个时代，生殖主要指由个体产生新的个体，并且既可以通过有性的方式，也可以通过无性的方式。代通常则是指个体和新个体之间的区分。在这里，对新个体来自有性还是无性过程常常并不加以严格的区分。这是 19 世纪的大致情况。

进入 20 世纪之后，人们不仅找到了决定性状的遗传因子，即 DNA，而且知道了遗传因子的传递方式，即在细胞分裂中 DNA 被均匀地分配到两个产物细胞中。这种对遗传主体辨识的分辨力的提高，带来了两个问题，即对于一个多细胞的个体而言，性状在代际的传递和改变，只与个体中特定细胞类型（生殖细胞）有关，与其他细胞类型（体细胞）似乎并无直接关联。而且人们发现只有以有性的方式产生的后代，DNA 序列才会因重组而出现改变，所谓的无性方式并不出现 DNA 序列上的有规律的改变。如果把 DNA 作为可以代际传递的遗传因子，那么在有性和无性生殖过程中，同一物种内遗传和变异存在同样的规律吗？

此外，人们知道，多细胞生物的个体在形成过程中会不断出现细胞分裂，每次细胞分裂都可以把 DNA 分配到产物细胞中。如果说以细胞分裂作为代的标记，那么从一个合子而来的多细胞个体应该被视为很多代吗？如果不以一次细胞分裂为一代，而以一次有性生殖，即从合子经过减数分裂并衍生出配子，两个配子相遇形成新的合子为一代，那么没有有性生殖的细菌（或者叫原核生物，比如大肠杆菌）岂不是没有代这个现象，可是人们为什么还会把一次细菌的分裂称为一代呢？

从上面简单的分析我们可以发现，进入 20 世纪之后，随着生物学研究的深入，很多形成于 19 世纪的概念所代指的对象已经发生了巨大的变化。当年大家约定俗成不会产生歧义的概念，现在很多都很难经得起推敲了。如同上面提到的在发现生殖细胞系之后，性状的遗传、变异就不再是个体，而是个体中承载的生殖细胞中的 DNA；遗传所指的主要是以有性生殖为纽带，遗传因子在有性生殖前后的传递；而变异则不仅指 DNA 序列本身的随机变化（所谓中性突变），更多的是指有性生殖过程中作为 DNA 片段的基因在后代中分布状态的改变。而原核细胞发现之后，代就无法再简单地被视为个体与由其产生的新个体之间的区分，因为个体所代指的对象在单细胞原核生物、单细胞真核生物和多细胞真核生物之间是不同的。如果不对达尔文时代形成的概念的内涵加以辨析，只是简单地停留在经典的论述中，很多时候我们不得不面对不同人在使用同一概念时却赋予它完全不同乃至彼此不兼容的内涵的尴尬情况。

演化这个概念就面临这个问题。尽管在达尔文的经典著作《物种起源》中，他自己并没有用这个概念——他把自己的理论表述为"the theory of descent with modification through natural selection"，在之后的研究中，尤其是基因理论构建起来之后，人们常常把演化过程简单地概括为"基因变异、自然选择"。这里面就出现两个问题：第一，基因从哪里来的？基因出现之前有没有演化？如果有，主体是谁？这个主体的演化被什么"自然"以什么方式选择？第二，如果演化的主体只是基因，那么人类出现之后还有没有继续演化？如果演化，不同社会形态的差距是以基因为载体的吗？如果不演化，不同社会形态的差距又是如何产生的呢？而且人类社会进入工业化之后，人们感受到的都是人类对自然的改变，人类的演化——如果仍然有的话——是被哪个"自然"以什么方式选择呢？如果这些问题无法得到逻辑自洽的回答，被认为是生命科学最重要的理论基础（起码目前我还没有看到哪个生物学家站出来反对 Dobzhansky 的那句名言"Nothing in biology makes sense except in the light of evolution"）的达尔文演化理论还能经得起推敲吗？如果这么重要的理论基础经不起推敲，那么按照 Dobzhansky 的说法，生命科学或者生物学的研究意义何在？

在前面一章中，我们以结构换能量循环作为"活"的内涵，从而帮助"活"这个概念摆脱了依赖于"死"而定义的循环论证的尴尬境地。在这里，我们把以 IMFBC 为前体的共价键自发形成以及在此基础上衍生出的正反馈自组织看作是演化过程。从这个角度看，这个以结构换能量循环为核心的"活"的过程可以自发地在组分及其相互作用方式上不断地增加复杂性。尽管在这个过程中，组分可以包括 DNA，但不限于 DNA。从本书后面章节的介绍可以看到，以结构换能量循环为起点，辅之以 IMFBC 为前体的共价键自发形成这个系统的运行，即"活"加"演化"，完全可以给出当今地球生物圈中包括人类在内的千姿百态生物的由来及其属性的逻辑自洽的解释。这套解释不仅可以避免"活"与"死"之间循环定义的困境，而且在解释演化的基本模式时，还可以避免上面提到的 19 世纪所形成的概念在解释 20 世纪大量新发现时，常常不得不面对的其内涵在逻辑自洽性上的挑战。具体来说，以 IMFBC 为前体的共价键自发形成为起点来定义演化，我们可以跳出演化这个概念在内涵上对基因或者核酸（无论是 DNA 还是 RNA）这个特化主体的依赖或者捆绑，从组分及其相互作用的角度来看待演化的基本模式。在这个视角下，演化的基本模式可以表述为：组分变异、互作创新、适度者生存。

在上述对演化基本模式的表述中，组分变异和互作创新在前面分析以 IMFBC 为前体的共价键自发形成过程中已经给出了论证。后面的章节中，我们将逐步讨论这种变异和创新如何在生命系统中渐次衍生出越来越复杂的形式。那么什么叫"适度者生存"呢？

我们在第三章的讨论中提到，结构换能量循环的节点 IMFBC 有特定的存在概率。由 IMFBC 为节点而关联的两个自发过程，即按照热力学第二定律自由态组分自发形成 IMFBC，以及周边环境因子变化所产生的能量对 IMFBC 组分连接所必需的分子间力的破坏（扰动解体）之间的动态平衡，是 IMFBC 存在概率的决定因子。在认为这个表述成立的前提下，那么如果扰动解体远大于自发形成，IMFBC 将不可能有机会被检测到（更不要说会出现人类这样的检测者了）；而如果自发形成的过程远大于扰动解体的过程，则可能形成类似钟乳石这样的宏观上单向的过程，也不可能形成地球生物圈这样处于动态变化中的生命系统。显然，地球上生命系统之所以生生不息，作为其起点的结构换能量循环中以 IMFBC 为节点耦联的两个自发过程——无论其组分与相互作用如何改变——都需要满足适度的要求。任何一个过程的"过"和"不及"，结构换能量循环及其演化产物都无法维持动态的存在。这就叫"适度者生存"。

迭代：演化词义的一种更具普适性的表述

考虑到演化这个概念在生命科学话语体系中具有无法替代的重要地位，而当前主流生命科学观念体系中谈到演化，其主语约定俗成地指向 DNA。但我们在这里提出的演化概念的主语是不依赖于 DNA 的。作为一种新观念，我们也无法期待业界同仁很快接受用新的解释来取代旧的解释。上面一节中我们已经提到，在 20 世纪生命科学的发展中，因为大量新现象的发现，衍生出了很多同一概念下出现不相关甚至不兼容的内涵的尴尬情况。由此为原本已经众说纷纭的演化一词的内涵增加另外的解读，显然是一种不明智的做法。可是，怎么能在把达尔文演化观的内涵向前推进一步，跳出目前被设定的基因的窠臼，又不要带来新的不必要的概念混乱呢？

一个尝试，是引入迭代（iteration）这个概念。"迭代"一词常见于数学和计算机方面的语境，在这些方面有它们自己的含义。但从英文 iteration 这个词的词源来看，这个词的词义原本是非常简单的，就是"重复"。从 www.dictionary.com 上的词源栏目中查到的结果是这样的：First recorded in 1425-75；＜Latin *iterātus*，past participle of *iterāre* to repeat，equivalent to iter-(stem of iterum) again ＋ -ātus-ate。在 Wikipedia 可以检索时查到的解释是这样的：Iteration is the repetition of a process in order to generate a (possibly unbounded) sequence of outcomes. The sequence will approach some end point or end value. Each repetition of the process is a single iteration, and the outcome of each iteration is then the starting point of the next iteration。百度搜索到的注释是这样的：迭代是重复反馈过程的活动，……每一次迭代得到的结果会作为下一次迭代的初始值。为什么要引入迭代一词来表达上述正反馈自组织过程中的演化含义呢？

首先，它可以表达上述正反馈自组织过程的前提，即作为共价键自发产生的前体 IMFBC 中所蕴涵的结构换能量循环这个过程，但结构换能量循环并不以正反馈自组织为前提。在我们的推理体系中，先有结构换能量循环而后有共价键自发形成和正反馈自组织。结构换能量循环可以只是一个单调乏味的非可逆循环，也可以在特定条件下出现共价键自发形成的结果。迭代一词恰好比较准确地反映了这个特点。即首先是过程的重复，然后是在重复的过程中，每一次的结果作为下一次过程重复的初始值。这一特点完全符合达尔文对他的理论的概括，即 descent with modification。

其次，虽然在达尔文演化论的要点中，生殖（reproduction）是变异传递，即演化的关键，但所谓的生殖从目前的知识来看，都是以细胞为最小单位的。虽然生殖有重复，即迭代的含义，但低于细胞这个单位的，就无法使用生殖这个概念。在基因中心论的概念框架内，变异的传递是以 DNA 复制为载体而实现的。DNA 复制也有重复，或者迭代的含义，但在 DNA 复制这个现象之外，也就无法使用生殖这个概念。相比较而言，迭代这个概念因为其抽象，因此可以在比较广泛的范围内泛指所有具有重复这个特点的复杂程度不同的过程。就目前的观察来看，对于以 IMFBC 为前体的正反馈自组织过程而言，用迭代显然比较合适。

最后，前面提到细胞的生殖、基因的复制，这些过程都是有非常具象的内涵的，它们其实都包含了抽象的重复过程的特点。樊启昶老师在他的《解析生命》中把这种特点称为"周期性"。他试图以周期性这个概念来揭示不同复杂程度的生命系统所具有的共同特点。可是，周期性这个概念有两个问题：一是表现出周期性的主体是什么，是亚里士多德式的实体存在吗？它的起点和终点在哪里？我在读博士时，曾经和前辈讨论过植物生活周期是不是有起点和终点的问题。当时得到前辈的反馈是，植物的生活周期没有起点也没有终点。当时我觉得这种说法与有性生殖过程好像不吻合，但无法给出清晰的辩驳。后来发现国际上一些著名专家对这个问题也持和当年那位前辈类似的观点。本书后面会专门对生活周期的形成及其起点和终点的问题进行讨论。在这里提出这个问题，主要希望提醒大家注意，周期性这个概念用在描述生命过程时，很容易产生不同的歧义或者误解。二是周期的机制是什么？周期的方向是如何决定的？相比较周期性这个概念，迭代这个概念相对而言不仅简单，而且包含明确的起点和终点。换言之，迭代的过程虽然看上去是可重复的，但本质上每一次重复的过程都是单向的。使用迭代这个概念的前提，是必须对被迭代的可重复过程有清晰的界定。在本书的概念框架中，所谓迭代的核心过程就是结构换能量循环。这个过程的重复/迭代的过程中可以不出现组分和相互作用方式的变化，即单调乏味的非可逆循环；也可以出现组分或者相互作用方式的变化，比如以 IMFBC 为节点的两个独立过程的非可逆循环在重复的基础上出现这两种变化，从而导致复杂度和多样性的增加。因此，在本书后面章节的讨论中，将常常用"迭代"这个概念。

当然，在这里引入迭代这个概念，并不是希望去替换演化这个概念，只是希望能把演化的概念所覆盖的范围加以拓展，拓展到达尔文演化观的逻辑源头，为从非生命到生命的转换过程提供一个可以进行实验检验的合理假说。为此，我希望在这个新的概念框架中所使用的"迭代"之前冠以"达尔文"，以"达尔文迭代（Darwinian Iteration）"一词来向达尔文致敬。从这个意义上，达尔文迭代的概念包含了传统意义上演化的概念，但又把演化的过程从细胞和基因的层面进一步向更加简单的形式推进，直至和非生命世界的物质变化过程衔接起来。在另外一端，还可以把人类社会演化放到同样的逻辑体系中来加以讨论。在"达尔文迭代"的概念框架下，"活"的结构换能量循环和在此基础上出现的正反馈自组织可以看作是从非生命世界向生命世界转换的最初步骤。换言之，正反馈自组织的出现，标志着以结构换能量循环为起点的单调的"活"的过程（还不能被视为生命系统，因为不具有演化的属性）被赋予了迭代即演化的属性。以此为起点，在地球上出现了生命系统这样一种独特的物质存在形式。如果按照第三章中所提到的，结构换能量循环可以被视为一种整合子，那么按照上一节中提到"生命＝活＋演化（达尔文迭代）"公式，生命系统就可以被视为可迭代的整合子。

第五章　什么叫"环境"——环境因子是"活"的结构换能量循环不可或缺的构成要素

关键概念

生物—环境二元化分类模式；人类肉眼实体辨识分辨力；"特殊环境"迭代的不同形式——水、其他要素、电子得失的由来

思考题

水为什么是生命系统不可或缺的构成要素？

"生物"与"环境"二元分类法的问题出在哪里？

从整合子"三个特殊"的视角解读生命现象的合理性是什么？

什么叫"环境"？这个问题对于很多上过生物课程的人来说好像不是问题——生物生存所依赖的条件或者空间。查看英文中有关 environment 的注释，牛津词典第一条就是 The surroundings or conditions in which a person, animal, or plant lives or operates。网络词典 www. dictionary. com 对该词的注释中与生态(ecology)有关的一条是 the air, water, minerals, organisms, and all other external factors surrounding and affecting a given organism at any time。追踪其词源，www. dictionary. com 中介绍的是 First recorded in 1595—1605；environ + -ment。其中的词根 environ 一词源自法语：1300-50；Middle English environen＜Old French environner, derivative of environ around (en en + viron a circle；vir (er) to turn, veer + -on noun suffix)。中文的"环境"一词是一个现代词。《说文解字》中"环"字的解释是"璧也。肉好若一谓之环。从玉睘声"。引申出"无穷止"或"围绕无端之义"。"境"字的解释是：疆也。从土竟声。经典通用竟。"环境"一词的注释在百度和《辞海》中均以人类为中心在定义。在《汉语词典》中则有一条相对中性一些，是"周围的自然条件和社会条件"。从这些似乎没有异议的词义中，我们可以看出一种辨识逻辑：生物或者被观察者作为对象的实体存在为一方，而生物或者对象的存在所在的空间或者条件为另一方。环境就是对后面这一方所包含的各种要素的统称——典型的亚里士多德式的基于感官经验的自然观，在这里，我们姑且将之称为"生物—环境"的二元化分类模式[1]。

在很长的时间里，我一直也是这么理解环境一词的含义的。甚至在 2007 年在梳理自己所做的有关结构换能量的理想实验时，明明已经隐约意识到复合体低能态遵循热力学第二定律自发形成，意识到 DNA 双链会在外来能量扰动下解体(变性，即以碱基配对的氢键被打破，DNA 由双链变成单链)，但仍然没有明确意识到外来能量这种环境因子是基于结构换能量原理的大分子自发形成的动态过程中不可或缺的组成部分！

---

[1]　在本书稿完成后，我阅读 Canguilhem 的 *Knowledge of Life* 一书时，发现他对"环境"概念(他偏好用 milieu 而非 environment)是如何被引入生物学的来龙去脉有详细的追溯。非常好。他的论证应该支持了而不是否定了我有关"生物—环境"二元化分类模式源自人类依赖感官分辨力而对周边实体加以辨识的结论。

不期而然：我们是怎么意识到特殊环境因子
是结构换能量循环的构成要素的？

在 2005—2007 年期间，为了了解人们在描述生物体的基本属性时究竟最少需要几个特征，我做过一些文献检索。之所以做这件事，是因为我对《陈阅增普通生物学》上所列的 8 个特征（图 5-1）不满意。因为不仅太多，而且 8 个特征在概念的内涵上存在重叠。樊启昶老师在《解析生命》一书中用动力学和系统论来定义生命，好像有点儿抽象。当时在读 1976 年出版的 *Strasburger's Textbook of Botany* 的英文第 30 版的引言时，发现该书的译者（von Denffer, Bell, Coombe）提出了一个生物体必须具备的三个基本特征，即获能、适应环境和生殖（对于真核生物而言，是有性生殖，即达尔文演化观中作为演化过程基础的有性生殖）。我当时认为这三个特征好像是生物体区别于非生物体既必要又充分的基本特征，其他的特征都可以从这三个基本特征中推理或者衍生出来。于是在之后好几年的教学过程中，我都以这三个特征作为生物的基本特征进行讲授。

- 化学成分的同一性
- 严整有序的结构
- 新陈代谢
- 应激性
- 稳态
- 生长发育
- 遗传变异和进化
- 适应

图 5-1　《陈阅增普通生物学》所概括的生物的 **8** 个特点。
其中"应激""适应"都包含有明显的他者的存在。

可是，到了 2010—2011 年，我在反思自己实验室研究的植物单性花发育是不是属于性别分化机制问题时，发现了有性生殖周期（sexual reproduction cycle, SRC）现象。根据这个现象，我意识到，有性生殖只是真核生物生活周期完成过程中特殊的或者终极的胁迫响应（有关 SRC 的内容将在第十一章详细讨论）。如此一来，原来认为逻辑上既必要又充分的三个基本特征中，有性生殖就变成了胁迫响应（本质上是适应环境的一种形式）中的一种特殊或者终极形式，把有性生殖和适应环境并列，在形式逻辑上相当于把一个原本作为一个大概念中构成部分的小概念独立出来和大概念并列。这显然是不合理的。只有把有性生殖并入对环境的"适应"这个特征范围内，才能和有性生殖周期概念的内涵在逻辑上自洽。于是，在当时的我看来，作为生物必要而又充分的基本特征从三个变成了两个，即"获能"和生物对环境的"适应"。

令人始料未及的是，在 2014 年开始和葛颢、钱纮探讨结构换能量循环之后，我意识到获能和对环境的适应这两个属性的界定好像也出现了逻辑不自洽的问题。

首先，是获能的问题。从结构换能量循环的形成过程来看，碳骨架组分是在大爆炸宇宙中既存的，IMFBC 是因为碳骨架组分浓度或者组分单独存在（自由态）和以复合体形式存在（整合态）之间的自由能梯度而自发产生的，外来能量打破 IMFBC 形成的分子间力也是随机发生的。在整个以 IMFBC 为节点的非可逆循环过程中，没有一个环节、组分、相互作用是"有意而为"的，完全是随机过程的产物。虽然整个过程既有结构（IMFBC），又有能量（导致

IMFBC 自发形成的自由能梯度和打破构成 IMFBC 的分子间力的外来能量),整个过程被我们定义为一个具有吸引子属性的整合子,但并不存在一个"有意"要获能的主体! 如果按照前面两章的分析,尤其是在达尔文迭代的概念框架下,把结构换能量循环定义为"活"、具有迭代/演化属性的正反馈自组织过程定义为从非生命向生命世界转换的最初步骤,那么起码对获得了演化属性的可迭代(正反馈自组织)的整合子(结构换能量循环)——这个可以被看作具备生命系统基本要素的特殊状态——而言,没有一个主体需要获能。

其次,对环境的适应属性也出现了问题:从对结构换能量循环的描述而言,这个循环之所以能形成,关键一个要素是外来能量打破关联碳骨架组分的分子间力。如果没有这个外来能量的扰动,自发形成的 IMFBC 中连接两个组分的分子间力就无法被打破,以 IMFBC 为节点的非可逆循环也就无法形成,从而也就没有结构换能量循环的"活"。在我们用来描述结构换能量循环的"特殊组分在特殊环境因子参与下的特殊相互作用"的表述中,特殊环境因子已经是结构换能量循环的一个构成要素了! 如上一章中提到的,整合子的迭代/演化的基本模式是"组分变异、互作创新、适度者生存"。既然环境因子已经是"三个特殊"的要素之一了,在这"三个特殊"中,究竟是哪个要素作为主体在适应哪个环境呢?

当我意识到这个推理结果时,自己也被吓了一跳:这个结果也太有颠覆性了吧! 可是,反复梳理推理过程之后,好像实在找不到理由来证否"三个特殊"这个表述中"特殊环境因子是结构换能量循环"的构成要素这个结论。而一旦接受这个结论,就无法摆脱对传统的亚里士多德式的"生物—环境"的二元化分类模式的质疑,从而不得不面临对"什么是'环境'"这个问题的反思。

为什么环境被看作是生物的生存条件而不是生物的构成要素?

我们前面对亚里士多德式的"生物—环境"二元化分类模式的依据有过一个揣测,那就是基于感官经验对周边实体存在的辨识。我们人类视觉分辨力的极限为 100 微米,即 0.1 毫米。一般动物细胞的大小在直径 10~20 微米(也有说 3~30 微米)之间,细菌则在 0.1~1 微米之间。水分子的大小是 0.4 纳米左右,相当于 0.0004 微米。最简单的碳骨架分子甲烷,即碳的 4 个外层电子各自与一个氢原子以共价键连接而形成的分子,其大小是 0.414 纳米,稍大于水分子。显然,小于 100 微米的实体,比如细胞或者分子,人类的视觉是无法分辨的。虽然肉眼无法分辨的东西倒是可以想象,但人类的生存经验传承下来的是"眼见为实"。这就决定了传统上,活下来的人们对世界的解读不可避免地要建立在对实体存在辨识的基础之上。从现有的生物学知识,我们知道,所有的人类肉眼可辨的生物都是由肉眼不可辨的细胞构成的——但借助显微镜却可以确定它们也是实体存在。细胞是有边界的(有关细胞,我们将在第九章详细讨论),因此由多个细胞构成的生物体也是有边界的。既然有边界,就自然产生了边界的内外之别。当我们借助基于反差而获得信号的视觉,辨识出边界并将被勾勒出的实体存在定义为"生物"的时候,那么边界外的其他存在自然就变成了"环境"。从这个意义上,亚里士多德式的"生物—环境"的二元化分类模式是基于我们人类视觉分辨力的极限而形成的。

在 17 世纪后期,A. Leeuwenhoek 利用他自制的显微镜观察到微生物,R. Hooke 发现植物组织由被他称为"cell"(细胞)的小格子构成之后,人们对生物的了解开始突破肉眼分辨力的局限。可是这又向人们提出了另外的不同方向的两类问题:一类是细胞是如何构成的——向微观的方向进一步细分;另外一类则是生物是如何从一个细胞(合子)形成的——向宏观方向以细胞为起点去解释生物属性。这两类问题虽然突破了人类肉眼在分辨力上的局限,但问题的本质仍然是对生物这种实体存在的辨识,只不过在这个阶段,辨识的主体从肉眼可见的实体存在转变为肉眼不可见、但借助工具可见的这些实体存在的构成单元。因此,这两类探索在逻辑上都没有跳出亚里士多德式的"生物—环境"的二元化分类模式。后来大家对生命大分子的寻找乃至当下占据解读生命主流的基因中心论,其内在逻辑一直是承袭了从实体存在中辨识出具有生物特征的更小/基本的实体存在的亚里士多德模式,因此也无法跳出"生物—环境"的二元化分类模式。

其实,到了19世纪上半叶,F. Wohler的实验打破有机物和无机物之间的人为界限之后,应该已经从逻辑上打破了"生物—环境"的二元化分类模式。19世纪末20世纪初兴起的生物化学代表了人们对区别生物和非生物的属性探索的一个全新的角度:不再是关注生物区别于非生物的实体存在形式,而是关注生物所具有的一些特别的过程。这一角度追根溯源其实还是亚里士多德式的。因为在亚里士多德对周边实体存在的分类中,生物,即植物、动物、人类与非生物的区别在于生物有灵魂(见第三章)。历史上各种形式的"活力论",究其源头,无非是亚里士多德式二元化分类模式的窠臼——先确定一个实体存在为对象,然后探究其属性。所谓的"活力"不过是亚里士多德"灵魂"或者"因"的代名词。

进入19世纪之后,人们逐步发现生物所特有的一些过程,比如动物的呼吸作用和植物的光合作用,本质上都是化学反应。生物化学所研究的,只不过是生物体内进行的化学反应(在研究各种中一般需要将体内的反应设法弄到体外的试管中来重现)。按理说,作为化学反应,无论发生在哪里,本质上无非是原子怎么组合成为不同的分子。过程本身无所谓生物和非生物的区别,因此到了这个层面上,也就无所谓生物和环境的区别了。可是,由于"生物化学"的研究对象被限定为"生物体内进行的化学反应"(尽管大部分实验都不得不在体外的试管中进行),其定义的方式仍然依附于生物这个概念,因此,生物化学这种对生命属性的全新的探索,并没有帮助人们跳出亚里士多德式的"生物—环境"二元化分类模式。

实际上,类似中国春秋战国时代的诸子百家,在古希腊,对自然的解释也是多种多样的,不只是亚里士多德一家。只不过因为中世纪的知识界即教廷独尊亚里士多德,他的观点也就对后世产生了更大的影响——无论是坚持还是反对,都反映了他的观点的影响。在亚里士多德出生前一百多年,古希腊Heraclitus曾提出过另一种自然观:每一种东西都是在变动中存在,不断产生的同时不断消失,在变动过程中还会出现性质或形式的转变。在这种观念中,显然没有生物与环境的区分,甚至也不会去强调生物与非生物的区分。

可是,Heraclitus的这种观点很难与人类的感官经验兼容。而且,根据我们在第一章中提到的有关科学认知的本质,即以实验为工具对推论的步骤逐步进行可重复检验的双向认知,没有稳定的具象的实验对象,就没有科学认知。这大概可以部分解释为什么Heraclitus的自然观长期以来只是在哲学范畴内被讨论,而在科学范畴内基本上无人问津。

到了20世纪,出现了一些新的认知世界的视角。先有法国的H. Bergeson提出了有机论的观念,后有南非的J. Smuts在二十年代提出了整体论(Holism)的观念,再后有奥地利的L. von Bertalanffy在三十年代提出了系统论(System Theory)的观念。这些新的观念表明,人们开始尝试在作为研究对象的实体存在越分越细的大趋势中,反思是不是仅仅通过对研究对象构成要素的细分就足以揭示研究对象的本质和运行机制,或者整体是不是其组分的简单加合。与传统的生物学研究中以实体存在为主要关注对象相比较而言,这些观念侧重于组分之间关系的探索,而且超越了化学(分子)的层面,希望在更为复杂的层面上探讨具有普适性的"关系"的属性。如果说在整体论的观念中,其讨论的对象还是有比较明确的边界的,即整体,考虑的重点是构成整体的各个局部组分之间相互作用的效应的话,到了系统论的观念中,强调的则是构成系统的各个要素在变化过程中的相互作用。构成系统的要素是变化的,这就有一点 Heraclitus 思想的味道了。但这两种观念本质上并没有跳出"生物—环境"二元化分类模式,因为大家讨论的生物都是基于感官分辨的实体。就算系统论强调构成系统要素的变化性,可是对系统的边界在哪里,却很少给出清晰的界定。包括对生物感兴趣的物理学家、化学家们在讨论包括生命系统的复杂系统时所讨论的涌现性(emergent property),侧重点还是系统本身新属性的产生,而不是有序的主体和无序的组分之间的边界该如何界定,以及如果有边界的话,在有序主体,即系统的变化中这种边界会出现什么改变。

但是到了二十世纪六十年代,英国大气学家 J. Lovelock 提出的盖亚假说(Gaia hypothesis),却开始直接挑战传承自亚里士多德的生物和环境二元化的分类模式。这种观念认为,生物体与环境之间存在复杂连贯(注意,在这里的重点是"连贯")的相互作用,是动态的环境要素在决定生命系统的存在,因此整个地球或者整个生物圈是一个自我调节的巨大的超有机体(superorganism)。在已故北大生命科学学院张昀教授编写的《生物进化》一书中有这样的数据。另外,对人体细胞寿命的研究也表明,不同的人体细胞的寿命是不同的(表 5-1)。换言之,虽然一个人的所有细胞追溯起来都来源于同一个细胞,但一个人身上的每一个细胞在人的一生中都经过不同速率的更替。这就如同希腊人 Plutarchus 借用古希腊传说所提出的忒修斯之船(The ship of Thesues)所表达的逻辑困境一样。所有的组件都被替换了,所形成的船还是原来那艘船吗?这些数据都是实验检测的结果,但却很难用亚里士多德式的"生物—环境"二元化分类模式来解释,反而可以很好地用来支持 Heraclitus 的观点。

表 5-1 人体不同细胞的更新时间

细胞类型	cell type	更新时间	BNID
小肠上皮细胞	small intestine epithelium	2～4 天	107812,109231
胃细胞	stomach	2～9 天	101940
中性粒细胞	neutrophils	1～5 天	101940
嗜酸性粒细胞	eosinophils	2～5 天	109901,109902
胃肠隐窝细胞	gastrointestinal colon crypt cells	3～4 天	107812
子宫颈细胞	cervix	6 天	110321
肺泡细胞	lungs alveoli	8 天	101940
味蕾细胞(大鼠)	tongue taste buds(rat)	10 天	111427
血小板	platelets	10 天	111407,111408
破/噬骨细胞	bone osteoclasts	2 周	109906
肠板细胞	intestine Paneth cells	20 天	107812
上皮细胞	skin epidermis cells	10～30 天	109214,109215
胰腺 β 细胞(大鼠)	pancreas beta cells(rat)	20～50 天	109228
血液 B 细胞(小鼠)	blood B cells(mouse)	4～7 周	107910
气管细胞	tracheal cell	1～2 月	101940
造血干细胞	hematopoietic stem cells	2 月	109232
精细胞(雄配子)	sperm(male gametes)	2 月	110319,110320
成骨细胞	bone osteoblasts	3 月	109907
红细胞	red blood cells	4 月	101706,107875

细胞类型	cell type	更新时间	BNID
肝细胞	liver hepatocyte cells	0.5～1 年	109233
脂肪细胞	fat cells	8 年	103455
心肌细胞	cardiomyocytes	0.5％～10％每年	107076，107077，107078
中枢神经细胞	central nervous system	终生	101940
骨骼细胞	skeleton cell	10％每年	109908
晶状体细胞	lens cells	终生	109840
卵细胞（雌配子）	oocytes（female gametes）	终生	111451

注：信息来源 Bionumber。感谢元培学院 2020 级吉祥瑞同学提供。

Milo R，Jorgensen P，Moran U，et al. BioNumbers——the database of key numbers in molecular and cell biology. *Nucleic Acids Res*.，38(suppl_1)：D750-D753.

基于以上简略的分析可以看出，历史上亚里士多德式的"生物—环境"的二元化分类模式不仅有其感官认知层面上的合理性，也有科学认知层面上的必要性。可是，随着人们对生命系统了解的深入，这种二元化分类模式也出现了在解释功能上的局限性。历史上有很多例子显示，随着认知的发展，原来占据主导地位的传统观念体系被新兴的观念体系替代。如天文学上的地心说被日心说替代，日心说又被大爆炸理论替代；物理学上的牛顿式时空不变的观念被相对论所替代；化学上燃素说被氧化说所替代；生物学上物种不变的观念被物种之间有共同祖先，在演化过程中改变的观念替代等等。所有曾经占据主导地位的观念在特定的时代都有其符合当时人类认知能力发展水平的合理性。可是，当人类认知能力发展带来的新发现无法被传统观念所解释的时候，人们不得不去构建新的观念体系来替代旧的观念体系。这在 T. Kuhn 那里被称为"科学革命"。其实做一个简单的比喻，就是孩子长大了，该为他（她）做一身新衣服了。

必须承认的是，从本章开头部分的回溯大家可以看到，在这里提出对"生物—环境"二元化分类模式的质疑，并不是因为实验上出现了传统观念无法解释的现象，而只是基于结构换能量循环和对生命系统基本特征分析过程中所发现的新的推理与传统观念在逻辑上不兼容。再进一步追溯起来，实际上相对于从感官认知为起点的"对周围世界的实体存在辨识和实体存在之间相互关系的想象"这种所有动物共有的、对其生存而言不可或缺的与周边实体互动的方式而言，结构换能量理想实验完全是一种一时兴起或者说是灵光乍现的、换一种方式的、从作为生命系统演化源头的最初的"活"、而不是从作为演化结果的人类与生俱来的生命系统实体存在的角度试着思考的冲动。说逆向思维现在看来都有点儿过誉。但恰恰是这种偶然的尝试，却经过一步步的逻辑推论，衍生出了对本来似乎是不言自明的"生物—环境"二元化分类模式的质疑。那么，这种缺乏实验证据支持的新的视角，即把特殊环境因子作为"活"的结构换能量循环和可迭代的正反馈自组织的构成要素，对理解生命系统的本质和解释生命现象能带来什么新的帮助吗？

特殊环境因子的迭代Ⅰ：水是生命分子吗？

把特殊环境因子作为"活"的结构换能量循环和可迭代正反馈自组织的构成要素，对理解生命的本质和解释生命现象所带来的影响，对我而言，首先涉及对环境因子中的重要成员——水在生命系统中所扮演的角色的解释。

　　从很小的时候起,我就和所有人一样,接受了"水是生命之源"的说法。这种说法不仅意味着生命从水中形成,而且还意味着生命离不开水(注意,这里"生命"和"生物"在下意识中都代指一种特殊的区别于周边要素的实体)。后来上大学,在学习植物生理等课程中,知道水不仅是植物光合作用和其他生化反应的原料,还是细胞内各种生化反应和生理过程的媒介。因此在我 2005—2007 年做结构换能量的理想实验时,水是默认的反应介质。在 2014 年初读 P. Hoffmann 所写的 *Life's Ratchet* 时,我非常认同他在引言中有关因观察生命分子行为时看到蛋白质分子在不断运动,想到水作为一种"molecular force"(分子动力)的说法。我觉得这种观点为水在生命活动中最初的功能提出了一个我自己从来没有想到、但是非常有道理、而且支持我的结构换能量说法的解释。

　　可是,后来在和葛颢讨论怎么把结构换能量的想法用数学的形式表示时,他给我提了一个问题,即在我们当时讨论的碳骨架组分复合体自发形成和扰动解体的过程中,好像并不需要水的存在。这是在读 Hoffmann 的书之后,从完全不同的角度又一次让我意识到,自己之前对水在生命活动中所扮演角色的理解可能太肤浅了。

　　虽然在后来和葛颢、钱纮就结构换能量循环的讨论中的确没有考虑水的存在,但我却意识到一个问题:在我们的生物学教科书中,谈到生命分子时,水是不考虑在内的。可是在谈到生物体的组成要素时,水又成为重要组分。在 Urry 等人编写的 *Campbell Biology* 第 11 版中专门有一章介绍水。这一章中除了介绍水的化学属性之外,在水作为一种物质和生物的关系上,出现两种表述:一种是 Water is the substance that makes life possible. 这种表述在我理解中,意思是水使得生命得以发生,但它并不被包括在"生命"的范畴之内。另一种是 All organisms familiar to us are made mostly of water. 这种表述则又把水作为生物体的重要组成部分。两种表述之间存在的问题,恐怕是 organisms(生物体)和 life(生命)之间的关系该怎么理解。如果 organisms 和 life 是等同的,那么两种表述就是不兼容的;如果不等同,两种表述是各自成立的,但需要进一步解释 organisms 和 life 之间在哪里是不同的。这就回到了我们在第三章中讨论过的如何区分生物和生命的问题。

　　其实,从第一章中提到的理解生命现象的 11 个时间节点的角度看,水应该是在地球形成之前、自然也在地球生物圈出现之前,就已经存在了的。我曾经思考过地球上的水是从哪里来的问题。从科普材料中,我了解到地球上的水是从太空中来的,可是之后就没有再思考过太空中的水是从哪里来的。直到 2018 年读 C. Cockell 的 *The Equations of Life* 一书时,我才知道,已经有人解释了水的形成过程(图 5-2)。从这个过程看,水应该是在大爆炸之后不长的时间内就形成了。而且,就地球范围内而言,地球上的很多矿物(与亚里士多德的生物相区别的实体存在)的形成都离不开水的参与。在化学/矿物学上人们将之称为结晶水。从这个意义上,把水称为生命分子或者生物分子好像的确没有什么道理。

$$H_2 + 宇宙射线 \rightarrow H_2^+ + e^-$$

$$H_2^+ + H_2 \rightarrow H_3^+ + H$$

$$H_3^+ + O \rightarrow OH^+ + H_2$$

$$OH_n^+ + H_2 \rightarrow OH_{n+1}^+ + H$$

$$OH_3^+ + e^- \rightarrow H_2O + H;\ OH + 2H$$

图 5-2　在大爆炸宇宙中,水的形成过程,修改自 Cockell(2018)*The Equation of Life.*

　　那么,为什么对于生命系统的形成或者生物而言,水是不可或缺的呢? 目前的解释是,水具有特别的化学性质。概括起来主要有三点:一是水的比热大,二是水有特殊的表面张力,三是水可以作为通用的溶剂,甚至作为反应物参加化学反应,这种特点大家在各种化学或者生化反应中都有了解,后面的章节也会提到。在这里,先分析一下水的比热大对于生命系统的意义在哪里。

　　在一般的教科书中,水的高比热对于地球生命的意义在于可以更好维持一个有利于生命形成的相对稳定温和的温度。可是,为什么生命需要一个相对稳定温和的温度呢?

　　在有关结构换能量循环的讨论中,我们特别强调,由于 IMFBC 是基于势垒比较低的分子间力而形成的,因此无论是其自发形成的自由能梯度还是打破分子间力的外来能量,都不能太高。在有关正反馈自组织的讨论中,基于 IMFBC 表面的自催化或者相关组分的异催化而自发形成的共价键都是要以保障结构换能量循环为前提的。因此正反馈自组织中所出现的迭代/演化,也需要一个相对稳定的条件。剧烈的外来能量改变,显然不利于结构换能量循环的维持和正反馈自组织的发生。如果"活"的结构换能量循环和可迭代的正反馈自组织的确是地球生命系统的源头,那么这两个过程对相对稳定的能量变化(温度)的依赖,的确可以很好地解释为什么地球生物需要相对稳定的、温和的温度(这里所讲的相对稳定和温和并不排除第八章将要讨论的 Deamer 在其火山热泉起源说中提到的具有催化功能的与干湿交替相关的变温)。

　　如果上面的分析是成立的,那么如果上面两个过程("活"与迭代)发生在以水为介质的微环境中,水的高比热属性显然可以为外来能量的输入提供一个有效的缓冲,使得上述两个过程可以耐受更加剧烈的能量变化/扰动。从这个角度讲,尽管结构换能量循环最初的 IMFBC 的发生未必需要水为媒介,但水的参与应该为结构换能量循环的持续乃至共价键自发形成,即正反馈自组织属性的出现提供了更加有利的条件。如果我们把结构换能量循环和正反馈自组织看作是生命系统形成的最初步骤,那么在这个意义上,水虽然不是碳骨架组分,并因此而长期不被视为生命分子,但仍然是可迭代的整合子的不可或缺的构成要素。

　　有关水的功能,有一个故事给我留下非常深刻的印象。美国加州大学伯克利分校化学系的专门研究水和表面属性的 R. Saykally 教授在一些访谈中提过他个人经历中的故事。他的小女儿在很小的时候曾经问过他,为什么水是湿的(why is water wet)? 他妈妈的回答是因为我们把水流/浸过的地方叫做"湿"。可是他给他女儿的答案是,因为水有非常强的四个氢键(strong tetrahedral hydrogen bonding)。在读到他的这个故事之前,我自己从来没有想过"水为什么是湿的"这样的问题。在记忆中好像也没有在父母亲帮助自己洗澡的年龄问过这样的问题。虽然这个问题需要伯克利的教授才能给出简明的科学回答,但却是幼儿就可以提出来的。我为什么就从来没有提出过这样的问题呢? 是不是因为面对周围的事物我们有太多现成的答案,从而不需要自己思考了呢?

特殊环境因子的迭代Ⅱ:为什么生命大分子都是链式的?

　　从结构换能量循环的假设开始推理到现在,已经推理出了基于 IMFBC 的共价键自发形成的可能性,从而证明,以大爆炸宇宙(包括早期地球)中既存的碳骨架组分为起点,在特定的环境因子参与下,不仅"活"的过程,而且我们现在已知的生命大分子,即可迭代的特殊组分,都有可能是基于结构换能量原理,经由正反馈自组织过程而自发产生的。可是,这里存在一个问题，即按照甲烷的分子结构，碳原子可以形成以 109.5°键角相距的 4 个共价键。如果的确可以以 IMFBC 为前体自发形成共价键，那么在以 IMF 为关联的两个碳骨架组分相互作用面之外其他方向的键是不是也可以形成共价键，从而形成分枝的大分子？可是为什么目前已知的四大类生命大分子——多肽、核酸、多糖和脂——大部分都是链式的呢？

　　我曾经为寻求这个问题的答案查阅过一些文献，并咨询过专家，遗憾地没有得到满意的回答。可是，如果从上述以 IMFBC 为前体、通过自催化或者异催化而自发形成生命大分子所必需的共价键的推理来看，链式分子应该是在保障 IMFBC 为节点的结构换能量循环过程的同时，保障大分子自发形成所必需的正反馈自组织过程的最有利的形式！换句话说，链式的大分子可以在保障碳骨架组分复杂性增加所需的共价键形成的同时，最大程度地维持结构换能量循环所必需的分子间相互作用力所必需的相互作用面，而且还可以随共价键增加所带来碳骨架组分复杂性增加而强化作为迭代产物的特殊组分之间以分子间力相互作用来增强新产生的复合体的稳健性（robustness）。这种推测的最有力的支持例证，就是以双链形式存在的核酸——当然，这并不是说现在生命世界中的核酸最初一定是按照上面所推理的方式形成的。以核酸为例，只是因为在生命大分子中，核酸是典型的因为同时具有共价键和分子间力而形成其功能的大分子。可是，在这种解释中，并不需要水的参与。

　　在 2013 年（也可能是 2014 年），我们学院的同事接待了一位来访者。她做的报告是关于植物花粉粒表面的孢粉素是如何形成的。在她对孢粉素背景的介绍中，提到这类分子高度疏水，彼此之间非常容易由于周围存在极性的水而被排斥，从而形成分子间的聚集（aggregation），并因此具有抗酸、抗生物降解的特性。她的报告让我意识到，为什么其他的生命大分子并没有形成类似孢粉素那样的聚集、并没有因分子间聚集而无法被外来输入能量打破，从而导致结构换能量循环无以为继呢？一种可能性，就是与孢粉素的情况相反：生命大分子因为水的存在而得以避免形成聚集的状况！

　　为什么水可以避免生命大分子因聚集而沉积？这就涉及前面一节中提到的水分子特有的因氢键而产生的极性。这种极性使得水分子很容易和其他极性分子相互作用，在连续水分子（即水体）的背景下，极性的大分子因水的存在，不容易出现相互作用形成聚集。如果在普通的化学反应中，这种水分子和其他分子的相互作用被看作是一种溶剂效应。但在生命系统中，大家通常关注的是生命大分子的行为，而把水分子看作是一种默认的存在。可是没有水分子的存在，恐怕就没有上述动态的生命大分子的存在，也谈不上在"活"的结构换能量循环基础上的可迭代的正反馈自组织的存在。水分子在这方面的作用，显然和上面一节中提到的因为比热高而作为外来能量输入的媒介，为结构换能量循环和正反馈自组织提供更加温和而稳定的反应条件的效应是不同的。考虑到这两个过程都以特殊组分为前提，没有这些可迭代的特殊组分也就没有结构换能量循环中的特殊相互作用，也就更谈不上可迭代的正反馈自组织。

　　回到"为什么生命大分子都是链式的"这个问题，上面的分析只是提供一个推理的思路，并不是最终的答案。毕竟像核酸这样的双链大分子还是少数，多肽和多糖大部分都是单链；核酸、多肽、多糖都是极性而亲水的，而脂类则是非极性而疏水的。大分子自身的结构以及相互作用的情况都非常复杂，很难给出简单的统一答案。上面分析的目的，无非是希望为水在生命系统中的角色给出一个不那么闪烁其词的解释。这种解释就是，水是作为基于结构换能量循环（最初的整合子）的可迭代的正反馈自组织系统中特殊组分之间形成特殊相互作用不可或缺的特殊环境因子，是可迭代的整合子，即生命系统的构成要素。至于水是光合作用和其他很多化学反应的原料（反应物），更说明水作为一种特殊的环境因子，完全有资格作为生命系统，即可迭代整合子的不可或缺的构成要素，或者是碳骨架组分之外的生命分子。水这种特殊生命分子在生命系统，即可迭代整合子运行中的作用，除了在类似光合作用这样的化学反应中作为反应物之外，还能作为外来能量输入的高缓冲效应的媒介，以及作为防止生命大分子聚集的媒介。

特殊环境因子的迭代 Ⅲ：pH、O₂、其他离子、光

从以上角度看，可迭代整合子运行过程（即"三个特殊"）所需的相关要素，除了把水看作是生命系统的构成要素（生命分子）而不是生命系统的形成条件，能提供一个全新但却具有客观合理性的解释之外，还很容易解释把其他对生命系统的运行不可或缺的条件或者环境因子，比如 pH，氧，其他各种离子以及光，看作是生命系统的构成要素，而不是生命系统之外的环境。

所有受过中学教育的人都知道，pH 是溶液中氢离子含量的一种度量。pH 对于生命活动或者是生化反应是至关重要的。如果我们将水作为"三个特殊"中参与特殊组分之间特殊相互作用的特殊环境因子，从而是结构换能量循环和可迭代整合子的构成要素，并因此而作为生命分子，那么，溶于水中的氢离子浓度不可避免地会对结构换能量循环和正反馈自组织过程产生因特殊组分和特殊相互作用而异的影响。从这个角度看，因水而生的各种衍生效应，比如 pH，也就顺理成章地可以被看作是特殊环境因子中的一员，并因此而被看作是"三个特殊"的构成要素。

除了氢离子之外，氧也是另外一种特殊环境因子。氧是很多碳骨架组分的构成要素，尤其对于生命大分子而言更是如此，可以作为"三个特殊"中的特殊组分而被视为"其构成要素"，但在很多时候，氧的状态会影响特殊相互作用中化学键的形成或者改变。在这个意义上，氧又可以作为特殊环境因子而成为"三个特殊"的构成要素。

还有很多其他的非碳元素，比如氮、磷、镁、锰、钙、钠、钾等，会以离子或者基团的形式作为特殊组分特殊环境因子而成为"三个特殊"的构成要素。这些元素可能并不参与最初的结构换能量循环，但随着"三个特殊"的各种迭代而产生的复杂性增加，会有不同的非碳元素加入这个系统，维持这个系统的运行。

光是一个特别的物理要素。大家都知道"万物生长靠太阳"。目前有关光的生物学研究非常复杂，但基本上可以分为两大类：第一类是以光合作用为代表的光能转换，第二类是光信号响应。从以结构换能量循环为起点的"三个特殊"来看，光合作用的本质，其实就是光子所携带的能量被转变为以碳骨架分子作为载体的化学能。虽然，在这个过程中，光作为外来能量，其作用并不是结构换能量循环中打破分子间力，也不是基于 IMFBC 的自催化/异催化而自发形成共价键，而是驱动电子移动（下一节再讨论），但仍然可以将其看作是特殊环境因子。

在上面的分析中，好像各种特殊环境因子都或多或少与水有关。对一些好奇于生命起源的人而言，他们常常以能否发现水作为有没有产生生命的前提条件。因此也就有人从这个逻辑上来质疑水是不是生命所必需的。比如在 C. Cockell 的书中，就提出氨在低温下处于液态，也可以作为溶剂，而且在某些地外天体中也发现有大量的液态氨，是否有可能在那种情况下也会出现与地球生命形式不同的"生命"？这其实又回到如何定义"生命"的问题。

如果我们将结构换能量循环作为"活"的最初形式,以正反馈自组织作为演化/迭代的最初形式,那么低于$-33.34℃$才能成为液态的氨对于我们这里所定义的"活"的可迭代过程而言,这种讨论缺乏逻辑上的合理性,因此不在本书的讨论范围。

特殊环境因子对特殊相互作用的影响:
从分子间力到共价键再到电子得失的势阱递降

在第三章中,我们讨论了"活"的结构换能量循环可以用特殊组分在特殊环境因子参与下的特殊相互作用这"三个特殊"来表述。对于"活"的结构换能量循环而言,"三个特殊"缺一不可,都是这个循环必需的构成要素。在第四章中,我们讨论了基于 IMFBC 的共价键自发形成的可能性,论证了可迭代的正反馈自组织的形成过程。基于这种分析,共价键的自发形成是依赖于 IMFBC 的,因此对于可迭代的正反馈自组织过程而言,以 IMFBC 为节点的结构换能量循环中的"三个特殊"也都是不可或缺的构成要素。在本章的前面几节,我们分析了面对同一个生命系统的两种不同的解读视角——即以结构换能量循环作为从非生命进入生命世界的起点的"三个特殊"以及在此基础上迭代形成越来越复杂的系统的视角,和以作为演化结果的人类感官所感受到的生命世界的"生物—环境"的二元化分类模式的视角——在逻辑上的不兼容问题。我们把水和其他目前已知的生命活动中不可或缺的一些非碳组分要素整合到以"三个特殊"为核心的视角中,以特殊环境因子(有的要素同时也是"特殊组分")而作为生命系统的构成要素来看待,从而为解决这些要素在传统的"生物—环境"的二元化分类模式中该属于环境还是属于生物的定位问题提供一个新的解决思路。

其实,把碳骨架组分之外的组分全部作为特殊环境因子有些过于简单化。因为我们知道很多非碳组分是碳骨架的生命大分子中不可或缺的要素,如氨基酸中的氮和硫,核酸中的氮和磷,以及各种生命大分子中几乎无所不在的氢和氧。因此,对于这些要素而言,它们也可以以特殊组分的迭代形式而作为"三个特殊"的构成要素。

那么"三个特殊"中的特殊相互作用就只是分子间力吗?在结构换能量循环中,复合体形成的关键是分子间力。在基于 IMFBC 的共价键自发形成过程中,共价键成为特殊组分迭代的关键。在有关正反馈自组织的讨论中,我们提出由于共价键出现而形成的特殊组分的迭代有可能会强化特殊相互作用,从而为新的复合体的形成带来正反馈效应。那么伴随整合子迭代过程而参与进来的越来越复杂的各种特殊环境因子又会对特殊相互作用产生什么影响呢?

我们对水在"三个特殊"中所扮演的角色中,提出其作为外来能量的媒介,可以为结构换能量循环以及正反馈自组织提供温和而稳定的温度;还可以因其极性而与大分子结合,避免这些迭代的特殊组分聚集,从而有利于这些过程的运行。这些效应都可以看作是水作为特殊环境因子对特殊相互作用所产生的有利影响。

除此之外,在上一节对光的分析中,提到光合作用中光的效应既不是结构换能量循环中打破分子间力,也不是基于 IMFBC 的自催化/异催化而自发形成共价键,而是驱动电子移动,把水分子中的电子"打出来"(水光解),传递到别的地方去。这种现象有一个很有趣的比较:同样是外层电子的效应,分子间力是两个原子之间没有电子得失和共享,只是电子云之间因距离近而相互影响;共价键是两个原子之间共享电子,形成共同的电子云;而电子得失则是从一个原子上移动到另外一个"不相干"的原子上。这三种外层电子的相互作用中,从势阱的角度,自然是分子间力势阱浅,比较容易发生改变,从而不那么稳定,容易被外来能量扰动而打破;共价键势阱比较深,因此相对稳定,不容易被打破;而对于原本稳定的原子外层电子而言(不稳定的外层电子另当别论),电子得失需要更大的能量才能发生。电子得失所形成的势阱或者势垒会形成新的相互作用发生的能量梯度。从这个意义上,光作为"三个特殊"中特殊环境因子,其在光合作用中所产生的电子得失效应,会对"三个特殊"产生全新的影响。对此,我们将在下一章再进行讨论。

如果上面的分析是合理的,那么可以看出,不同的特殊环境因子的参与,不可避免地会引发或者促进特殊组分的迭代和特殊相互作用的迭代。"三个特殊"的相互作用中引发的正反馈,使得原本只是基于碳骨架组分的 IMFBC 的自催化/异催化的共价键自发形成而带来的特殊组分和特殊相互作用的迭代所产生的正反馈自组织过程变得更加多元化。这不仅为生命系统后续的迭代/演化提供了全新的动力,而且也由于参与"三个特殊"迭代的三种不同的电子互动方式的势阱递降,对生命系统迭代/演化的方向产生了决定性的影响。这一点,我们将在后面章节的讨论中不断涉及。

结构换能量循环的主体性辨识问题

本章的问题是从对结构换能量循环的"三个特殊"中包含了特殊环境因子,从而与传统观念中亚里士多德式的"生物—环境"二元化分类模式出现逻辑冲突而引发的。如果前面的分析都是成立的,那么在结构换能量循环中,打破 IMFBC 得以形成的分子间力的外来能量这一特殊环境因子,就成为这个循环得以维系的不可或缺的构成要素。如果我们这里定义的生命系统(可迭代整合子)通过迭代会形成更复杂的、人类感官可以辨识的生命系统(在后面的章节进行讨论),那么传统的亚里士多德式的"生物—环境"二元化分类模式将不再成立,也不再需要。可是如果是这种情况,在这里定义的以结构换能量循环为起点的生命系统和周围非生命实体存在之间的边界在哪里呢?

这个问题可以从两个角度来看:第一,自组织过程本身在最初应该是没有明确边界的。大家大概都有这样的经验:在天气预报的卫星云图上看到台风的形成——从看似均一的大气中逐步形成有别于周边大气的气旋(图 5-3)。这个气旋和周边的大气没有明确的边界,但在大尺度下,这个气旋和周围的大气的确有着完全不同的属性。一个反向的例子是,将一滴蓝墨水滴入清水中,看到蓝墨水逐步扩散到周围无色的水中,从一开始有模糊的边界到最后完全和水融为无法分别的一体。自组织过程可以被想象为这个扩散过程的逆过程——尽管机制完全不是逆过程,在这里只是帮助大家理解的一个比喻。但没有边界并不意味着自组织过程不会发生。第二,我们前面提到过,亚里士多德式的"生物—环境"二元分类模式是基于人类感官分辨力的局限而发生,并由于过去实验研究中的可操作性问题被保留。其实,学过中学生物学的人都应该记得,老师在讲细胞结构时,都会特别强调细胞膜的半透性。我自己在讲授"生命的逻辑"课程时,就发现细胞膜的存在的确是一种物理边界,可以以此来区分生物与环境。可是,如果接受细胞膜的半透性的概念,那么我们就不得不接受在膜两边的物质交流是有一定程度的连续性的,生物和环境又变成无法区分的。在这种情况下,如果把具有自组织属性的生命系统视为类似台风的特殊的物质存在形式,细胞膜半透性所衍生的膜两边物质交流的连续性就不再是一个问题,也就无须"生物—环境"的二元化分类模式。

图 5-3 台风与漩涡：对生命系统的一种比喻。

在为结构换能量循环主体性辨识问题绞尽脑汁而发现台风这一比喻之后，我高兴了没有多长时间，在读一篇有关如何定义"个体"的文章时，有一句话引起了我的注意：居维叶当年曾经把生命（life）比喻为一个漩涡。台风不就是一个漩涡吗？难道用台风作为生命系统的比喻在两百多年前就被人用过了吗？为了找到这句话的来源，我在网上找到一本南京师范大学张之沧教授写的《居维叶及灾变论》。在书中还真有对居维叶有关生命本质论述的介绍。虽然在张教授的书中没有看到有关漩涡的说法，但在他的文章引用的参考文献显示，在居维叶的一本著作（法文版第一版出版于 1817 年，基于法文第四版的英文版出版于 1834 年的 *The Animal Kingdom*）中很可能有相关的论述。通过检索，我发现在中国只有中国科学院南京地质古生物研究所的图书馆中有这本书。恰好我有一个朋友在那里工作。他帮助我做了电子版发了过来（因为他们图书馆这本书从不外借）。果然，在这本书的引言中找到了这么一段话："Life then is a vortex, more or less rapid, more or less complicated, the direction of which is invariable, and which always carries along molecules of similar kinds, but into which individual molecules are continually entering, and from which they are continually departing; so that the form of a living body is more essential to it than its matter."这段话翻译为中文就是"因此，生命是一个漩涡，或快或慢、或复杂或简单，漩涡的方向不变，各种独立的分子不断被整合进去，又不断被解离出来。从这个意义上，生物体的存在形式比其构成组分更加重要。"如此看来，我绞尽脑汁发现的"台风"比喻，居维叶早在两百多年前就讲过了。我只不过因为无知而重新发明了一次轮子！

当然，我相信居维叶当年应该不知道蛋白质、DNA 和分子间力。那个时代的人们还不知道细胞的存在，更不可能提出结构换能量循环。但从我的理解看，他对生命系统是一个动态过程的判断显然揭示了生命系统的本质，超越了他所生活的时代。当然，作为动物解剖学家和古生物学创始人，居维叶对生物体的关注重点在它们的存在形式（form）是预料之中的。但他怎么把所研究的不连续分布的各种实体生物和连续分布的漩涡关联起来，我们现在已无从得知。可以想象，他很可能当年遇到过相对稳定的生物体形态是怎么与动态的生命活动关联起来的问题——这其实是我在这里讨论的动态和开放的结构换能量循环的主体性辨识问题的反问题。

在后来的进一步思考中，我发现台风或者漩涡的比喻背后其实还有更深一层的含义，这是我在最初找到台风作为生命系统主体的比喻时没有意识到的，那就是台风或漩涡的形成，必须以足够大的大气或者水量为前提！换言之，没有足够的气或水，就没有台风或漩涡。台风或漩涡只是大气或者水的一种存在形式——大气和水当然还有台风和漩涡之外的其他存在形式！更直观一点说，是先有河流而后有漩涡，没有河流就没有漩涡，而河流中并不只有漩涡。意识到这一点，我们就很容易理解，生命系统并不是什么特殊的物质，而只是一大堆在地球出现早期就已经存在的各种碳骨架组分、水、光、各种金属离子等等要素中，由于某些机缘巧合而出现的一种特殊的物质存在形式。碳骨架组分固然是这种特殊存在方式中的特征性组分，但只有这种组分是无法形成生命系统这种特殊的物质存在方式的。还需要其他的组分（或者叫要素/因子），包括那些曾经被人们被划到生物体边界之外的环境中的水、氧、光、各种金属离子的参与。而且，这种物质存在方式不只是如居维叶所说的"各种独立分子不断被整合进去，又不断被解离出来"，其存在方式本身还能够自发地迭代（即演化）。如果从这个视角来看生命系统与周边环境因子的关系，我们可以进一步理解亚里士多德时代形成的"生物—环境"二元化分类模式为人们理解生命系统的本质所带来的误导。

　　尽管居维叶把生命系统比作漩涡的说法并不能证明我用台风作为生命系统比喻的正确性，但起码说明，从对具象而有限的研究对象中发现生命系统的本质，总是一些研究者的共同追求。

　　其实，如同我们在第一章中讨论自然和自然观问题时提到的，人类并不是因为有一个对自然的解释而变成人类的。可是，人类发展到今天，每个人都不得不与生俱来地生活在两个自然之中：一个是人类作为地球生物圈中的一员，和其他生物一样生存所依赖的周围的实体存在，即实体的自然；一个是人类在演化道路上形成的对这些实体存在以及它们之间关系的描述、解释乃至演绎而构成的观念，即虚拟的自然，或者说自然观。一个很现实的问题是，前辈提出他们的自然观时所能够使用的信息和检验手段相比于后辈都是贫乏和简陋的，否则谈不上后人的"改进"；同时，他们如果也是普通人的话，也和我们这些后辈一样会出错。亚里士多德是伟大的学者。可是他所构建的观念体系一点一点地被后人的发现和基于新发现而构建的新观念体系替代了。"生物—环境"的二元化分类模式真的就那么不容置疑吗？如果跳出这个分类模式，我们又该如何看待身边的生命现象？这些不都是值得思考的吗？

第六章　前细胞生命系统Ⅰ：以酶为节点的生命大分子互作的双组分系统

关键概念

碳骨架组分互作中的组分通用性和互作/碰撞随机性；从 IMFBC 的自催化功能转变到特殊组分获得催化功能；酶及其基本属性；不对称的双组分系统；高能分子；生命大分子复合体；先协同后分工

思考题

为什么说具有催化功能的生命大分子可能自发产生？

为什么说耗能的生命过程还是自发过程？

为什么在"先协同后分工"的表述中要强调"先后"？

上一章中我们讨论了为什么环境因子是以结构换能量循环为起点的可迭代整合子，或者说是整合子生命观视角下的生命系统的构成要素；以台风或者居维叶漩涡为比喻，讨论了生命系统作为一个动态过程与感官经验中生物体的静态形态特征之间的内在统一性。但我们在这里需要特别指出，虽然台风或者居维叶漩涡的确属于复杂系统——当年 Prigogin 的耗散结构理论提出后，的确有研究者把台风作为复杂系统的例子来进行研究（可惜极少见人提到居维叶漩涡，估计绝大多数人都把居维叶给忘记了），但以台风或者居维叶漩涡作为以结构换能量循环为核心的可迭代整合子的主体性辨识的比喻，并不是说生命系统就是一类台风或漩涡那样的复杂系统。台风或者漩涡的构成要素是相对单一的，都是可以被质点化的气体或者水。但生命系统的复杂性不仅表现在构成要素的多样性（尽管是以碳骨架组分为特殊组分的核心），表现在组分或者要素之间的相互作用方式的多样性——从分子间力到共价键，再到电子得失（这些都不是质点化系统中假设的质点的运动、排列、碰撞所能代表的），更表现在以"三个特殊"（即结构换能量循环）为核心的特殊组分、特殊环境因子和特殊相互作用，都可以在整合子运行过程中不断发生迭代！显然，在没有找到有效的方法对这些特点进行符号化运算之前，要寻找生命系统的内在逻辑，我们还是不得不耐着性子，逐一分析已知生命活动中的无法回避的独特现象。在本章中，我们主要讨论酶。

在第四章讨论有关生命大分子形成所需的共价键是否可能自发形成时，我们提出作为"活"的结构换能量循环的节点，IMFBC 可能基于其表面的纳米属性所具有的自催化、或者是与其他周边组分相互作用被异催化而自发形成共价键，并因此引发构成 IMFBC 的特殊组分的迭代。这种自发产生的共价键以及由此而引发的特殊组分的迭代，还赋予结构换能量循环正反馈自组织属性，提高 IMFBC^{+n} 的发生与维持概率，使可迭代整合子获得更强的稳健性（在这里需要指出，并非所有的迭代都一定产生正反馈效应）。

在第五章我们提出，水作为特殊环境因子或者是特殊的生命分子，在维持生命大分子链式结构，防止大分子集聚沉淀方面均发挥不可替代的作用。可是，这些都是推理和假设。无论是不是因为没有想到而没有去做，目前的确没有实验证据来检验这些推理或者假设。而且,基于正反馈自组织的推理,随着特殊组分的链式延伸,它们之间分子间力的相互作用会越来越强,很可能常温下的外来能量扰动无法打破这些相互作用而维持结构换能量循环的运行。另外,目前所了解到的生命大分子,除了 DNA 主要以双链形式存在之外,其他的多肽、多糖和脂类都是以单链形式存在。这些大分子的形成显然不是简单地根据正反馈自组织假设所能够解释的。因此,虽然从逻辑合理性上,"三个特殊"的迭代提供了生命大分子自发形成的可能性,而且也可以进行实验检验,实际上发生的从简单碳骨架组分所形成的结构换能量循环到当下生命世界中存在的生命大分子的迭代过程,显然要比我们上面假设的情况要复杂得多。

既然知道存在那么多的问题,为什么还要提出上面的各种假设?在第三章有关什么是"活"的讨论中,我们提到目前基因中心论无法回避的一个逻辑困境,那就是所有的生命大分子都是酶促反应的产物。酶是多肽/蛋白质。根据中心法则,有功能的多肽是根据 DNA 序列转录出的 mRNA,携带 DNA 序列编码的遗传信息,在核糖体上按 mRNA 上的序列信息合成/翻译出来的。可是 DNA、mRNA 甚至核糖体本身都需要酶才能合成。在这个系统中所需要的 DNA、RNA 和多肽,究竟哪一种大分子是最先出现的呢?这好像成了一种"鸡生蛋还是蛋生鸡"的问题。如果前面提到的汤超实验室 1996 年所做的,氨基酸排列所产生的能态决定多肽的属性,具有可折叠性的氨基酸排列方式的多肽可以稳定存在,从而决定多肽中的氨基酸序列的结果具有普适性,说明有功能、起码是可折叠、从而可以稳定存在的多肽的形成并不需要 DNA。RNA world 假说中最初的有催化功能的 RNA 的形成所面临的情况和汤超实验中的多肽本质上是一样的。如果这种推理是成立的,那么虽然借汤超实验的结果和 RNA world 假说可以打破核酸与多肽之间谁先出现的"鸡-蛋谜题",但在解释现存生命系统起源机制上仍有一个不可回避的问题,即最初的多肽或者 RNA 所不可或缺的共价键是如何自发形成的。这是之前讨论演化问题,并将共价键自发形成作为演化起点的初衷。

为解决共价键自发形成的问题,我们在第四章中提出了一个基于 IMFBC 的共价键自发形成的思路。可是这种解释好像并不能为我们现在所观察到的酶的现象给出直接的回答。有没有可能是在之前的讨论中还忽略了某些因素,从而出现了那些已有的推理所无法直接回答的问题呢?是不是找到那些被忽略的因素,并加入可迭代整合子的逻辑系统中,就可以为在生命大分子形成过程中具有不可或缺的关键作用的酶的最初自发形成提供一个合理的、并可用于进行实验检验的解释呢?

酶促反应自发形成的可能性:组分的通用性与碰撞的随机性

在我们现在的生物教科书中(尤其是生物化学教科书,如美国比较有影响力的由 Nelson 与 Cox 编著的 *Lehninger Principles of Biochemistry*,国内北京大学朱圣庚等编著的《生物化学》等),生命大分子的形成过程都是被分门别类讨论的。核酸、多肽、多糖、脂类的属性,它们如何由各自的构成单元(如核酸的构成单元是核苷酸,多肽的构成单元是氨基酸,多糖的构成单元是单糖,脂类的构成单元是连有氢原子的碳),通过各自的途径在不同的反应条件下由酶催化合成。这些研究成果和结论,成为生物化学这门学科中重要的内容。在生物化学教科书中,对这些大分子的基本结构、类型、功能,甚至分析方法进行分门别类的介绍显然有助于学生的学习。可是,回到之前的大分子起源问题,那么多复杂的大分子,如果最初就是按照现在生物化学教科书上介绍的那样泾渭分明、环环相扣地形成，除非有超自然的"智慧"力量，否则怎么能想象在随机过程中，所有相关的酶、相关底物、反应条件所需要的离子会那么精确地被配置在同一个反应空间中？如果不接受这种近乎"智慧设计论"的生命大分子起源假设，还可能有其他的替代解释吗？

如果目前对更大尺度上生命系统演化过程的解释反映了真实情况，即复杂的多细胞真核生物在单细胞真核生物基础上较晚出现，真核细胞在原核细胞基础上较晚出现（可见各主要生物教科书中的相关数据），那么套用同样的逻辑，可以假设生命大分子的起源方式很可能并不是生化教科书所描述的那样精确的各有各的泾渭分明、环环相扣的形成过程，而是在一个不同的大分子构成单元混合存在的空间中，先在前面提到的可迭代整合子运行过程的基础上，随机形成复杂的混合分子，再在之后的混合分子的迭代过程中，根据结构换能量原理，基于适度能态的大分子的存在概率高低，逐步分化出同类大分子形成过程的偏好，最后出现稳定的不同类型生物大分子的合成途径。如果这个假设是可能的，那么在自然界中应该存在不同大分子构成单元，比如核苷酸和氨基酸之间、氨基酸和单糖之间形成以共价键连接的混合复合体。自然界是否真的存在这类复合体呢？

借参加北京大学定量生物学中心的工作之便，我请教了中心同事，北京大学化学学院的刘志荣教授，问他有没有人报道过氨基酸和核苷酸共价连接的分子。不久他就让学生发给我一篇 1998 年发表在 *Nucleic Acid Research* 杂志上的综述文章 Natural covalent complexes of nucleic acids and proteins：some comments on practice and theory on the path from well-known complexes to new ones。该文的作者 Y. F. Drygin 是俄罗斯莫斯科大学的教授。他从 20 世纪 70 年代以来就从事蛋白质（多肽）与核酸共价连接所形成的复合体现象。非常有趣的是，从他这篇文章所引用的参考文献和他实验室网页上所列的研究论文来看，多肽与核酸的共价连接的确存在，但主要发现于病毒中。虽然从 20 世纪 70 年代发现至今四五十年时间中，自然界中存在多肽与核酸共价连接的现象并没有成为一个受人关注的热门研究领域，但这种现象的存在本身证明，在自然界中，两类生化属性上完全不同的生命大分子的组分之间是可以形成以共价键相连接的复合体的[①]。在 Drygin 文章中提到的两类自然形成的核酸蛋白复合体中，其中一类复合体的形成甚至并不需要高能分子的参与。虽然目前所见报道的类似复合体多为大分子的核酸和多肽之间，在演化历史的早期，是否可能以更简单的分子形式出现呢？

除了氨基酸与核苷酸之间可以形成以共价键连接的复合体之外，核酸中的碱基与碳水化合物构成单元的单糖（核糖）之间形成核苷、少数单糖所形成的寡糖和多肽以共价键连接形成糖蛋白等分子其实在现存生命系统中也是大家非常熟悉的存在。这些复合体的存在说明，不同类别的生命大分子的构成单元之间，的确可以交叉形成以共价键连接的复合体。虽然这些复杂的分子在生化教科书中一般都是作为不同生命大分子类型形成后的修饰产物来介绍，但并不排除在生命系统的演化早期，这些生命大分子组成单元先以随机相互作用的方式形成复杂的混合物而存在的可能性。

[①] 2021 年，德国生物学家在目前常用的预印本（在被正式科学杂志接受前发表，以减少发现的优先权之争）网页 bioRxiv 上，发表了一篇题为 A viral ADP-ribosyltransferase attaches RNA chains to host proteins 的论文，证明 RNA 和蛋白质之间可以形成共价键。这为 Drygin 当年所总结的核酸与蛋白质共价连接的现象提供了最新的支持证据。这篇文章在两年后被 *Nature* 杂志接受并发表（Wolfram-Schauerte M.，Pozhydaieva N.，Grawenhoff J. et al. (2023). A viral ADP-ribosyltransferase attaches RNA chains to host proteins. *Nature*，620：1054-1062）。

　　如果上面的分析是成立的,那么我们可以推测,如果在具备可迭代整合子形成所需条件的情景下,恰好特殊组分不是我们最初假设的简单的能以红球蓝球为代表的碳骨架组分,而是结构更为复杂、种类更为多元、但都具有发生结构换能量循环和基于 IMFBC 的共价键自发形成的能力的碳骨架组分,那么当这些复杂的组分聚集在一起时,在随机的碰撞下,不同的组分之间可以随机地相互作用而形成更为复杂的组分。换言之,在这种特殊的环境下,不同组分之间的互作将具有两个特点:第一,组分碰撞的随机性(基于化学动力学的结论);第二,互作组分的通用性(基于上述分析中所介绍的各种碳骨架生命大分子构成单元之间以共价键连接而形成的复杂混合物)。在这种情况下,各种在现存生命系统中难以想象的奇形怪状的复杂复合体都可以发生(第四章中提到的,有关模拟地球早期环境下生命大分子形成的计算机模拟论文增加了对这个推论的信心),再在之后出现的"三个特殊"的迭代过程中变成现存生命系统中人们看到的样子。回到前面提到的大尺度(多细胞生物)上生命系统演化趋势的参照系。Stephen J. Gould 在他所著的 *Wonderful Life: The Burgess Shale and the Nature of History* 一书中描述过,在多细胞生物的演化进程中,很多在现存生命系统中从未发现、因此难以想象的生物类型,在古代的化石中都曾经真实存在过(图 6-1)。这也是为什么在本书的引言中,我特别提到乐高游戏的玩法问题。即我们究竟是以被装好的物体拆解后能否复原来评估拆装是否正确,还是以零配件能否被拼装成具有结构和能量稳定性的物体来评估拼装是否正确?

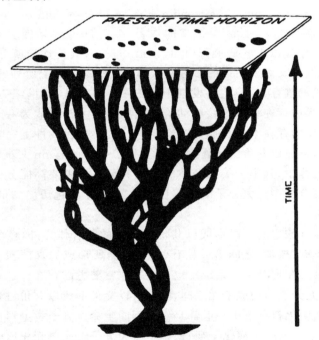

图 6-1　"生命之树"的另一种图示。强调人类是以现存的生物为对象

(图中的 **present time horizon**)在推导生物之间的演化关系。

图引自 Stephen Gould 的 *Wonderful Life* 一书中图 1.16B。

　　如果结构换能量原理是普适性的,那么,在这个最初的基于组分碰撞的随机性和互作组分的通用性的混沌阶段之后,将可能出现以下两个新的现象。

第一，类型分化。同类构成单元所形成的大分子相比于不同类构成单元所形成的大分子具有更高的存在概率。于是，"物以类聚"，同类构成单元所形成的大分子所占的比例会越来越高。最初的复杂复合体，最后会形成有限种类的、现存生命系统中存在的组分上泾渭分明的不同类型的生命大分子。整个系统从组分的构成方式上进入"混沌初开"的阶段或者状态。最近，由 K. Kaneko 领导的国际研究团队借强大的蛋白结构预测工具 AlphaFold，对不同物种中两亿多个蛋白做了比较。他们的研究结果支持"混沌初开"的推理。

第二，功能分化。在前面几章的讨论中，我们提到，基于 IMFBC 可能的表面自催化或者附近组分的异催化功能而自发形成共价键。在这种情形下，形成 IMFBC 的特殊组分可以以 IMFBC 为基础而发生迭代，并以此而形成 $IMFBC^{+n}$。如果在上一节提出的以更复杂组分聚集的条件下，自发形成的复杂复合体之间可能在形成 $IMFBC^{+n}$ 之外，出现一种新的、在没有新的 IMFBC 形成的情况下迭代形成的特殊组分，并对其他特殊组分的迭代产生催化作用的情况。一旦出现这种情况，那么能够对其他特殊组分的迭代产生催化作用的组分，无论其最初的组成和结构是什么，从功能上讲，就都可以被看作是后来生命大分子形成不可或缺的重要组分——酶的最初形式！而一旦具有催化功能的特殊组分出现，对于原本由于随机碰撞和通用组分而出现的复杂的复合体而言，无论其形式是多肽、RNA，还是核苷酸和氨基酸的混合物，就出现了最初的组分功能分化。人们在现存生命系统中发现的以多肽为结构基础的酶和以 RNA 为结构基础的核酶（ribozyme）很可能是在"混沌初开"阶段自发形成的各种复合体中，那些有催化功能的组分迭代产物。从目前已知的酶和核酶的催化能力的差别来看，最初的那些有催化功能的组分在催化功能上应该也是有所不同的。只要有差异、有迭代，那么根据前面讨论中提到的可迭代的整合子的结构换能量原理，以及目前人们基于对复杂系统研究所发现的蝴蝶效应，在之后的演化/迭代中出现进一步功能分化就成为大概率事件。

除了"三个特殊"中特殊组分在混沌阶段出现上述的类型分化和功能分化，使得整个系统在组分层面上进入"混沌初开"的阶段或状态之外，具有催化功能的特殊组分的出现带来了一个可能产生深远影响的改变，那就是共价键自发形成所必需的催化功能可以不再依赖于之前假设的基于 IMFBC 的自催化或者异催化，而由特殊相互作用中的特殊组分——酶来实现！可以想象的是，如果具有催化功能的特殊组分的存在概率要高于作为结构换能量循环节点的 IMFBC（如果是异催化的话，还得考虑与 IMFBC 伴生的其他组分的状态），那么具有催化功能的特殊组分对于其他特殊组分迭代所必需的共价键自发形成的催化作用发生的概率，显然应该高于基于 IMFBC 存在的自/异催化。现存生命系统中基本上所有的催化功能主要由各种各样的酶作为实体形式，或许最初就是由于它的出现为催化功能的实现提供了更高概率。

当然，上面所讨论的仍然都是推测。虽然可以在一定程度上解决前面提到的以简单的碳骨架组分所形成的 IMFBC 为基础解释生命大分子起源所面临的困难，而且相关推测中的某些节点也有一些实验证据的支持，但总体而言毕竟没有正式的实验检验。而且，一个无法回避的问题是，这个推测中那些结构更为复杂、种类更为多元的碳骨架组分是从哪里来的？Miller-Urey 反应和 G. Wachtershauser 实验室所发现的氨基酸催化合成以及其他一些研究的结果表明，这些组分是有可能在地球形成早期，甚至在地外空间，在比较剧烈的反应条件下形成的。只要有这些组分，我们上面推测的过程就有可能发生——对地球早期化学反应的计算机模拟的结果显然支持这种推测。从这个意义上讲，在这里讨论的生命大分子起源和酶的起源的可能性,与传统的假说相比,变得稍微复杂了一点。不是一次性地从无机分子形成有活性的生命分子,而是一个由不同属性的自发过程渐次整合而成的结果。其中一种是在剧烈条件下的自发过程,如 Miller-Urey 实验或者 Wachtershauser 所发现的以特殊组分(如 FeS$_2$)作为催化物而形成复杂分子的过程;另一种是在温和条件下的自发过程,如本书前面所讨论的可迭代整合子的发生过程。本节所讨论的,就是两种过程被整合到一个体系中可能发生的状况,或者说是两个过程的一个整合节点。这种假设虽然目前只是假设,但起码可以在地球上设计实验来进行检验。不至于像目前基因中心论逻辑的推理那样,无法处理蛋白质和 DNA 起源谁先谁后的问题,导致最后不得不依赖于无法解释 RNA 起源的 RNA world 理论,或者把基因起源的问题扔到漫无边际的外太空中。

酶作为生命大分子互作节点的基本属性

无论酶最初是如何起源的,现代生物学研究结果表明,它在生命大分子形成过程中具有不可替代性。由此,酶是现代生物学研究中不可或缺的部分。那么,什么叫酶呢?

"酶"这个字在《说文解字》中没有记录。但从《康熙字典》中已经可以查到,在宋代的《集韵》中已经有这个字:酒本曰酶。或作酶。《五音集韵》注释为"酒母也"。这个词相应的英文 enzyme 最初来自德文的 enzym,是德国生理学家 Frederick W. Kuhne 在 1878 年造的一个词。这个词的构词方法来自古希腊文,即 ἐν(en,"in")+ ζύμη(zúmē,"sour-dough")。其中的词根 zym 是发酵的意思。之所以把具有催化作用的蛋白质与发酵关联在一起,是因为人们最早研究的生物催化过程就是发酵,即在生物体内把淀粉等大分子物质解体为糖和酒精的过程。这也就可以理解为什么日文及早期中文文献中把 enzyme 翻译为"酵素"。

有关酶的知识,包括分类、原理、作用机制、反应条件与调控机制等,包括著名的描述酶反应中底物浓度与反应速度的米氏方程(Michaelis-Menten equation),在各种教科书和网络中都很容易找到。我们在这里不再赘述。但有几个点对我们理解生命本质及生命的规律很重要,需要特别讨论一下。

第一,在所有的词典对 enzyme 的定义中,都强调酶作为一种具有催化功能的蛋白质,是生物体内通过基因编码,根据中心法则在细胞中形成的。这个结论没有问题,充分反映了人们在对自然现象的探索和认知过程中,总是得从身边可以辨识的实体存在,即现存生命系统为入手点。但只停留在这一点,却很难回答酶的起源问题。我们在第三章讨论什么叫"活"的时候,曾经介绍过 1996 年汤超实验室对 27 个氨基酸构成的多肽中,什么样的氨基酸序列才能实现合适的折叠的研究。他们发现,仅仅根据氨基酸残基属性对能态的影响的计算,就可以找到现实中可以稳定存在的多肽序列,并不需要 DNA 序列的指导。他们的工作为打破基因中心论中蛋白质和 DNA 的出现谁先谁后的问题提供了一个全新的线索。这对探索酶的起源问题特别具有启发意义。这也是在这里要花上面那么多篇幅讨论酶的本质和起源的其他可能性的原因。

第二,酶的独特功能在于催化,而催化的本质是化学动力学。换句话说,所有的酶反应或者酶功能,本质上都只是改变所催化反应的速率。如中国科学院生物物理研究所张凯研究员在他 2021 年出版的《膜蛋白结构动力学》一书中所说,酶是利用底物与产物之间的固有化学势,催化那些热力学上可能的,但动力学上不易发生的化学反应。从这个意义上,理解酶的功能的关键，在于解析这类蛋白质在与底物/产物相互作用时，结构出现什么变化；如何基于这些结构的变化，逐步实现在常温常压下难以实现的化学键的改变。张凯研究员在他的书中，提出用能量景观函数（function of free-energy landscape，图 6-2）来描述酶促化学反应。通过他提出的"酶反应三级跳"，即酶与底物/产物的结合、反应、解离，将原来的一个难以克服的过渡态势垒，转化为一系列较小的势垒，从而实现催化效应。就目前所知，酶催化功能的关键在于与底物相互作用的活性中心（active site）。而所谓的活性中心，本质上是在蛋白质折叠的过程中形成的一个由少数氨基酸残基以分子间力（还是分子间力！当然有时也需要离子键）关联起来的区域。正是基于过去十多年间参加苏晓东教授实验室的博士生考核和答辩，意识到分子间力在酶（包括其他蛋白质）功能形成中的作用，我才逐步建立起对前面提到的普适性的结构换能量原理的信心。而这种原理此时可以反过来帮助我们更好地理解酶为什么能有这么高效的催化作用。

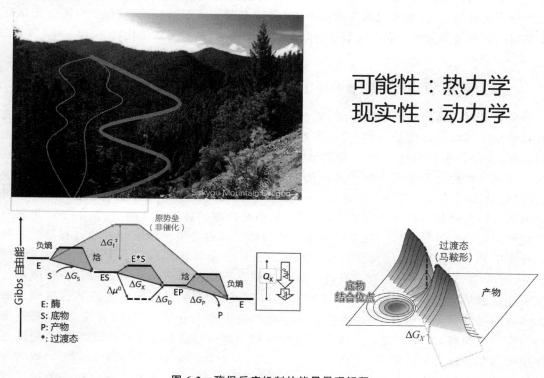

可能性：热力学
现实性：动力学

图 6-2　酶促反应机制的能量景观解释。
引自张凯《膜蛋白结构动力学》图 3.2.3、图 3.3.1、图 3.3.2。

第三，在一般的教科书或研究报告中，有关酶功能的研究常常关注其最佳反应条件。在很多与酶相关的遗传操作中，也常常设计能够实现最佳催化能力的多肽序列。从实验的可操作性角度而言，所有的研究只能把酶从细胞中分离出来，在纯化的状态下，在控制的环境中加以研究。所得到的数据都必须是精确的和可重复的才能被认可——这也是实验所必须追求的。但是在细胞内，酶所在的微环境很可能不会像试管中那么简单。组分碰撞的随机性、互作组分的通用性，再加上酶蛋白空间结构的可变性（肽链的柔性和在互作组分存在的情况下的变构），这些因素都可能使同一种酶在一种环境（比如一类细胞环境）下的最佳功能状态，到了另外一种环境（比如另一类细胞环境）下未必是最佳。甚至同一种酶在同一种细胞环境中,在一种条件下催化合成反应,而在另外一种条件下催化降解反应。这提醒我们在解读酶的序列与功能的关系、分析酶的最佳反应条件、设计新的功能蛋白结构时,恐怕需要更加开放包容的思维。

无论有关酶的研究多复杂,多深入,或者从起源的角度看信息多贫乏,对于绝大多数不从事生物专业研究的读者而言,记住一个关键信息,对我们理解生命的本质和生命系统的运行规律至关重要,那就是在现存生命系统中,绝大多数的生命大分子的合成与降解,都以酶为节点。酶作为具有催化功能的蛋白质,在生命大分子的合成与降解过程中,它们必须与正在合成或者降解的生命大分子或者其构成组分相互作用才能发挥催化作用,但自身不会成为所催化反应中产物的组分。在一次催化反应结束之后,还可以参与下一次催化反应。酶的量不会因所催化的反应而增加或减少(反馈调控的情况另当别论)。催化功能的关键,在于由分子间力形成的特殊结构——活性中心。酶蛋白的结构在与其催化对象组分相互作用过程中所出现的变化(常常包括其他辅因子),把共价键形成所必须跨越、但在常温常压条件下难以跨越的势垒分解为多个比较小的容易跨越的势垒,从而实现催化功能。

以酶为节点的整合子Ⅰ:生命大分子互作的双组分系统

如果上面一节的归纳是成立的,那么我们可以发现,各种酶催化的生命大分子的合成或降解反应都可以被概括为酶(无论多复杂的酶,包括相关的辅因子)作为一方,而被催化的组分(无论是生命大分子的构成单元还是片段)作为另一方的两类特殊组分的互作系统。我们可以称之为生命大分子互作的双组分系统。从这个角度看,生命大分子的合成或降解,就不再是本章第一节中所提到的、处于混沌时期基于组分碰撞的随机性和互作组分的通用性而随机形成复杂的混合物的情形,而是由酶的特异性所锚定的、由于产物能态稳定性而选择的组分偏好性甚至特异形成的情形。换言之是一种组分,即酶,和另外一种在种类上相对确定(因为酶和底物作用的相对偏好甚至特异性),但在大小上相对变化的组分,即生命大分子的构成单元或者片段之间相互作用的情形。显然,酶的出现,使得最初可能是由于能态而导致的概率而出现的物以类聚的"混沌初开",转型或者过渡到以酶为节点而导致另外的组分(即被催化的特定类型的生命大分子)形成的有偏好性、甚至有特异性的更为高效,或者以更高概率发生的过程。前面假设的生命大分子形成之初随机碰撞形成复杂混合物的状态,迭代成以酶为一方,被催化的生命大分子为另一方的双组分系统的状态。与前面假设的混沌状态时的组分相互作用相比,再和之前讨论的简单碳骨架组分以分子间力相互作用形成 IMFBC 的结构换能量循环,以及基于 IMFBC 的可迭代整合子相比,这种以酶为节点的双组分系统虽然其核心仍然是特殊组分在特殊环境因子参与下的特殊相互作用,但不同之处在于,相互作用的两类特殊组分之间是不对称的——以一种组分为相对固定的节点(酶)而导致与之相互作用的另一组分的延伸或者缩短、拼接或者截断。从这个角度,可以将以酶为节点的生命大分子互作的双组分系统视为前面提到的可迭代整合子的一种全新形式。

经上述分析可以发现,前面提到的最初的"活"的形式结构换能量循环,通过基于 IMFBC 的共价键自发形成、结构更为复杂种类更为多元的特殊组分的引入、在这些特殊组分的混沌状态中通过组分的功能分化而出现具有催化活性的组分——酶,现存生命系统中生命大分子形成都依赖于酶促反应这种被大量实验研究所证明的结论,这些原本看起来互不相干的、有的具有坚实的实验基础、有的只是逻辑推理的事实和假设之间，都遵循结构换能量原理，因此可以被看作是同一个生命系统演化过程不同迭代阶段的表现。

生命大分子的合成与降解

如果把以酶为节点的双组分系统看作是生命系统演化过程中的一个阶段，那么在这个阶段中有哪些过程是必须了解的呢？从前面的分析来看，首先，自然是生命大分子的合成和降解。这些过程的共同特征，在于不同的酶和不同的生命分子的构成单元或者其片段相互作用，把不同的构成单元连接成链式的生命大分子，或者将系统中的生命大分子解体成为构成单元。这就构成了生化教科书中介绍的各种生命大分子的代谢过程：蛋白质/多肽、核酸、多糖、脂。在 *Lehninger Principles of Biochemistry* 中，这些生命大分子的代谢过程被分为两部分。一部分是介绍各种生命大分子的基本结构：构成单元，各构成单元之间通过什么方式连接，怎么对这些不同的组分进行实验分析等等。另一部分则是介绍这些生命大分子是如何合成和降解的。

其次，从这个角度看生命大分子的形成过程就可以发现，不同生命大分子的代谢途径的形成，是两个特点相互作用所带来的结果：第一个特点是酶和其互作组分（底物或者叫催化对象）之间的互作的偏好性或者特异性；第二个特点是构成生命大分子的构成单元之间互作具有的通用性和不同构成单元互作存在"物以类聚"的偏好性。这两种偏好性都可以看作是以酶为节点的生命大分子互作的双组分系统不对称性的表现。酶作为节点，把多个构成单元逐步共价连接成为大分子，比如淀粉合酶（starch synthase）把带有 ADP 的葡萄糖（单糖）加到既存的麦芽糖（两个葡萄糖连在一起所形成的二糖）上，逐步串联成一个长链（有时还可以有支链）的分子量不确定的大分子——淀粉（多糖的一种）。可是葡萄糖并不是只能作为淀粉的构成单元。它还可以作为纤维素的构成单元。淀粉和纤维素都是多糖，但它们的物理和化学性质很不一样。为什么构成单元都是葡萄糖，连接方式都是1-4 糖苷键，但却出现两种性质完全不同的大分子？显然只能从被催化对象以及与其互作的酶上去找原因。这两种大分子性质的不同，源自作为其构成单元的葡萄糖类型的不同。淀粉是由 α 葡萄糖之间以 1-4 糖苷键连接而成，而纤维素则是 β 葡萄糖之间以 1-4 糖苷键连接。α 葡萄糖和 β 葡萄糖的差别只是在 1 号碳和 4 号碳上的羟基在空间关系上是同方向还是反方向［图 6-3（a）］。这一点小小的差别，使得同为 1-4 糖苷键的催化需要从序列到结构都完全不同的两种蛋白质——淀粉合酶和纤维素酶——来完成［图 6-3（b）］。这个例子揭示了在这个演化阶段的生命系统中，组分的互作变得更为复杂：构成生命大分子的构成单元具有互作的通用性，但是，这些构成单元如何相互作用以及形成什么样的大分子，取决于催化反应的酶。

最后，前面提到，酶的催化反应本质上是一种化学反应，受到化学反应动力学的影响。虽然我们这里对酶促反应提出了与传统教科书稍微不同的解释，即把酶促反应看作是一种以酶为一方，被催化组分（无论这一方组分是什么单元或者片段以什么方式改变）为另一方的双组分系统，最终被催化组分的改变速率还是要受到底物和产物浓度的影响。酶促反应的这个特点，对于具有正反馈自组织属性的可迭代整合子而言，衍生出了一种全新的具有负反馈性质的调控机制。在以 IMFBC 为节点的结构换能量循环中，整个过程的速率取决于由 IMFBC 为节点耦联的两个过程，即以红球蓝球为代表的特殊组分自发形成 IMFBC 与外来输入能量打破 IMFBC 形成所需分子间力之间的互动。由 IMFBC 为节点耦联的"三个特

(A)

淀粉与纤维素的结构

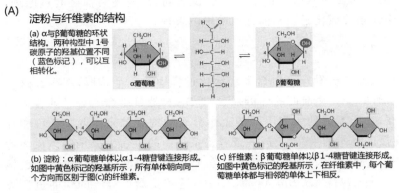

(a) α与β葡萄糖的环状结构。两种构型中 1 号碳原子的羟基位置不同（蓝色标记），可以互相转化。

(b) 淀粉：α 葡萄糖单体以α 1-4 糖苷键连接形成。如图中黄色标记的羟基所示，所有单体朝向同一个方向而区别于图(c)的纤维素。

(c) 纤维素：β 葡萄糖单体以β 1-4 糖苷键连接形成。如图中黄色标记的羟基所示，在纤维素中，每个葡萄糖单体都与相邻的单体上下相反。

(B)

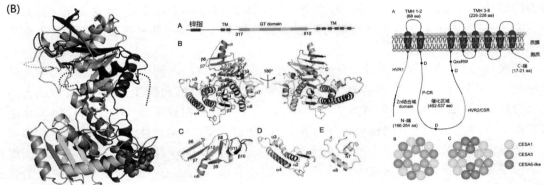

图 6-3 单糖分子中羟基空间位置的不同决定了两种不同性质的多糖分子，而且它们的合成需要不同结构的催化酶。

图引自 Cuesta-Seijo J A, Nielsen M M, Marri L, et al. Structure of starch synthase I from barley: insight into regulatory mechanisms of starch synthase activity. *Acta Cryst*., D69, 1013-1025.；

Qiao Z, Lampugnani E R, Yan X-F, et al. Structure of *Arabidopsis* CESA3 catalytic domain with its substrate UDP-glucose provides insight into the mechanism of cellulose synthesis. *PNAS*, 118(11)：e2024015118.

殊"过程受到之前提到的 5 个要素的影响，但似乎除了这普适的 5 个要素之外，并没有特别的特异性。到了共价键自发形成的过程中，自/异催化的过程显然与 IMFBC 或者周边组分有直接的关系，但仍然是一个化学和物理层面的分子属性。只有到了酶这种具有催化功能的大分子出现之后，才真正第一次出现了特殊组分对特殊相互作用的负反馈影响。酶作为催化效应的主体，成为正反馈效应的主体，而作为双组分系统中的组分（构成单元或者片段）对酶催化功能负反馈影响，对以酶为主体的正反馈效应显然产生了调控效应。这种构成单元（常常是不同酶的底物）与不同的酶在时空量之间的关系，又反过来影响到酶催化的生命大分子的形成及在这个系统中生命大分子最终的种类和比例。我们可以通过主流的生化教科书来了解代谢反应的细节。但在理解生命系统的基本特点上，需要从演化的角度考虑实际发生过程所处环境的复杂性。

在此不得不提到的一点是，酶自身也是蛋白质，它也有一个合成过程。有功能的酶的氨基酸序列是如何决定的，这个问题和核酸的序列是如何决定的一样，单凭酶作为生命大分子形成的节点是不足以解释的。前面提到的基于作为构成单元的氨基酸属性，从能态的角度推测哪些氨基酸序列可以有效折叠并稳定存在，在理论上是成立的。但在实际发生的过程中，就目前所知，每一种蛋白质的氨基酸序列都被记录在 DNA 序列中。这两类生命大分子之间的关系是如何构建的，我们将留待下一章继续讨论。

生命大分子复合体的聚合与解体

　　前面分析了生命大分子形成（合成与降解）的机制。那么这些大分子形成之后会做些什么从而使其得以被保留下来呢？基于对现存生命系统的研究，多糖可以因其组分的合成与降解而储存或释放能量（比如淀粉和糖原），也可以因其大分子所具有的机械支撑效应而成为细胞壁的构成要素（后面会讨论到）；蛋白质除了可以作为酶催化其他生命大分子的形成与降解之外，还能形成一些具有特殊支撑效应的复合体，比如微管、微丝（图 6-4）；脂的一个重要的存在方式，是和磷酸甘油结合后形成磷脂双层膜。当然，还有更为复杂的生命大分子的复合体的形成，比如染色质、核糖体、细胞膜等等。以前面分析中所采用的逻辑来看，这些大分子复合体最初的出现应该也是随机的。更为重要的是，无论多复杂的生命大分子复合体，其形成过程最终仍然是基于不同生命大分子之间的两两相互作用（尽管常常需要其他因子的存在）——或者说是可以被视为双组分系统的衍生形式。这也是我们把生命大分子复合体的聚合与解体放在这里讨论的原因。

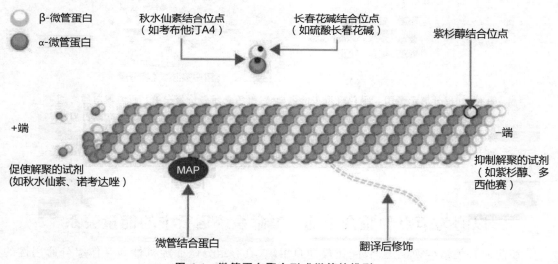

图 6-4　微管蛋白聚合形成微管的模型。

　　生命大分子如何形成复合体呢？就目前所知，有些是在特殊环境因子参与下自发形成，比如磷脂在水中自发形成双层膜甚至形成封闭的脂质体；有些则需要耗能反应驱动，比如微管蛋白的动态组装。总的来看，这类复合体虽然比之前假设的 IMFBC 要复杂很多，但它们也多是基于分子间力形成，大多不需要酶的参与（尽管常常需要有酶参与的磷酸化等）。由于很多复杂的复合体涉及人体健康相关的过程，因此对这些复合体的组装机制问题，目前正成为很多人研究的热点问题，比如组蛋白如何组装成核小体并与 DNA 形成染色质。还有一些更加复杂的复合体，比如核仁为什么会出现，到目前为止也还没有令人信服的解释。总体来说，对生命大分子如何形成复合体的问题所了解的信息是相对有限的。这种情况并不奇怪，因为不了解组分（生命大分子）是什么以及组分是如何形成的，就不可能有效回答复合体是怎么形成的。从前面提到的有关生命大分子的形成过程的探索过程来看,19世纪末人们才意识到有酶这种物质存在,20世纪30年代才确定酶是蛋白质,40年代出现蛋白质结构解析方法、50年代提出中心法则、70年代出现基因操作技术之后,人们才有可能对生命大分子形成过程进行有效的研究。相信随着蛋白质标记、结构解析以及各种计算机数据处理方法的发展,尤其是单分子观察技术的兴起与优化,人们对生命大分子复合体的聚合和解体的过程,以及对机制的了解将取得高速发展。

最近几年的研究领域出现一个热点问题——液-液相分离(liquid-liquid phase separation, LLPS)。其基本现象是在某些生物过程中,被标记的蛋白质从原本分散存在的状态(表现为标记荧光的弥散状态)变成聚集成团块的状态(表现为标记荧光聚集成亮点或者斑块,图6-5)。在报道的很多LLPS案例中,这类生物大分子的聚集和解聚常常是所在环境因子变化的结果。这种现象显然是一种在更高迭代层级上的结构换能量循环,特别值得予以关注。

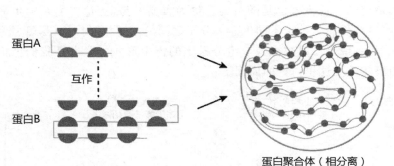

图6-5　相分离示意图。绿色表示多价蛋白A,橙色表示多价蛋白B。两种蛋白质之间可以发生多价态(非共价)相互作用。在合适的条件下,两种蛋白质的单体可以由原本弥散分布的状态聚集为聚合体,表现为液-液相分离。本图由清华大学李丕龙教授馈赠,作者为李教授实验室裴高峰同学。

以酶为节点的整合子Ⅱ:生命系统运行中的能量关系

在前面有关结构换能量循环、正反馈自组织、具有组分碰撞随机性和互作组分通用性的混沌状态,直到互作组分之间出现功能分化、形成具有催化活性的特殊组分酶,这些推测中始终秉持一个前提,就是这些过程可以自发产生。可是,从对现存生命系统的研究结果来看,在生命大分子的合成或者降解过程中,大量的酶催化反应都是耗能的。这就提出了两个问题:第一,能量从哪里来,第二,能量消耗在哪里。

在结构换能量循环的"三个特殊"中,有两个要素与能量相关:一是特殊组分以分子间力所形成的复合体IMFBC的能态相对于组分独立存在时的能态要低;二是特殊环境因子中有可以打破构成IMFBC的分子间力的能量输入。在这种假设的状态下,能量有两个来源,一是特殊组分在自由态和复合体及其组分在整合态下的能态差,即自由能梯度。这个自由能梯度驱动IMFBC的自发形成。另一个是打破IMFBC形成所依赖的分子间力的外来能量输入。两种不同形式的能量驱动IMFBC自发形成和扰动解体这两个独立过程形成非可逆循环。这种可能性我们在第三章进行过论证。

在基于 IMFBC 的表面纳米属性的自催化或者与相关组分异催化情况下，新形成的共价键连接的特殊组分的迭代形式在能态上应该是稳定的，即热力学上可以实现的。但共价键自发形成需要克服一定的势垒。此时需要的能量被催化功能分解为较小的比较容易跨越的势垒。我们在第四章中也讨论过这种推理的合理性。

生命大分子合成与降解的过程本质上是连接构成单元的共价键的形成与打破。从前面对化学键的介绍，共价键的特点是两个不同的原子共享外层电子。改变共价键，即形成新的或者打破既存的共价键，本质上就是改变两个相互作用电子的外层电子的配置方式。化学家对共价键的形成机制与类型有非常深入的研究。虽然在前面有关酶功能的介绍中我们了解到，酶的功能是利用底物与产物之间的固有化学势，催化那些热力学上可能的，但动力学上不易发生的化学反应。换言之，在涉及生命大分子形成和解体的过程中酶催化功能的本质，就是降低改变化学键时必须跨越的势垒。怎么才能实现这一功能呢？在具体机制上是非常复杂和多样的。这是专业研究者关心的问题。从非专业的读者的角度而言，我们大概可以把酶催化反应中影响构成共价键的外层电子配置方式粗略分为两类：一类是通过酶自身结构或大或小的改变来实现。如果这种改变还不足以实现改变化学键时所必须跨越的势垒，那就出现另一类，即借助高能分子，比如 ATP（adenosine triphosphate，腺苷三磷酸）。这是一种由一个腺嘌呤、一个核糖加三个磷酸基团构成的分子（图 6-6）。这三个磷酸基团中，远离核糖的两个都属于不稳定的高能磷酸键。在 ATP 的最外侧磷酸基团水解时，可以放出 30.54 kJ·mol^{-1} 的能量。酶借助这些高能分子所携带的容易释放出来的能量，改变构成共价键的外层电子配置方式，催化形成新的共价键或者打破既存的共价键。从这个角度看，本节第一段最后提出的"能量从哪里来"和"能量消耗在哪里"的问题，就可以转化为更为具体的"高能分子从哪里来"和"高能分子的能量用在哪里"的问题。

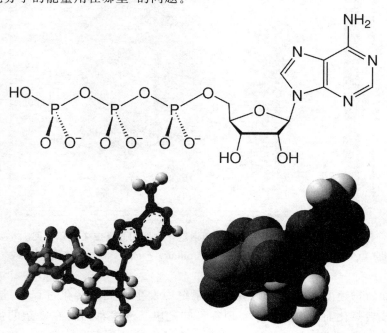

图 6-6　ATP 分子式及其磷酸基团。
图引自 Olga K，Isaacs N W，Motherwell W D S，et al. The crystal and molecular structure of adenosine triphosphate. *Proc. R. Soc. Lond.*，325(1562)：A325401-436.

高能分子的最初来源

　　基于对现存生命系统的研究,所有的高能分子都是酶反应的产物。但如果追根溯源,地球上现存生命系统能够产生高能分子的原初过程只有两类,即化能合成作用(chemosynthesis)和光能合成作用(photosynthesis,光合作用)。植物中进行的光合作用已经被人们研究了两百多年。根据目前所知,光合作用由两个部分构成:一部分是光反应,一部分是暗反应。光反应的核心过程如下:首先,特定波长(680 nm)光中的光子被一些结构非常复杂的蛋白复合体吸收,把结合在这些蛋白质上的 2 个水分子中的电子激发出来,产生 4 个氢离子并放出 1 个氧气分子。电子经过一系列的蛋白传递,再在另外一些结构同样复杂的蛋白复合体上,被另外一个波长(700 nm)的光子的能量推动,把电子转移到一种铁氧还蛋白(ferredoxin,Fd)上。Fd 所携带的电子把 NADP(nicotinamide adenine dinucleotide phosphate,烟酰胺腺嘌呤二核苷酸磷酸)还原成 NADPH,储存一部分水光解时释放的能量。另一部分能量,则由氢离子驱动跨膜的 ATP 酶,催化在 ADP 上加上一个磷酸基团变成 ATP,以高能磷酸键的形式储存起来(图 6-7)。经过以蛋白质为载体的复杂的电子传递,光能转变为以 NADPH 和 ATP 为载体的活跃的化学能,被用在第二个部分——暗反应,即帮助一些酶,把 CO_2 转变为糖,成为稳定的化学能。化能合成作用发生在原核生物中,有不同的类型。但基本的过程是把简单化合物,如硫细菌中的 H_2S,被氧化而释放出来的电子替代光合作用中由水光解所释放出来的电子。把电子中的能量转换为活跃的化学能,再利用这些化学能把 CO_2 转变为糖。

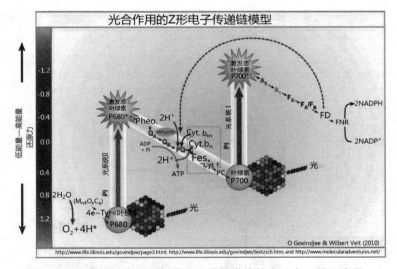

图 6-7　光合作用中光能转变为活跃化学能的光反应 Z 链示意图。
图引自 Orr L,Govindjee. Photosynthesis online. *Photosynth*. *Res*.,105:167-200.

　　显然,上面所描述的已知的在现存生命系统中发生的能量转化过程中,能量最初的来源,其实是光或者氧化而产生的电子。现在已知的电子激发都需要在复杂的蛋白复合体上才能实现,而蛋白质合成又需要能量,这里就产生了在核酸和蛋白质谁先出现之外的另一个"先有鸡还是先有蛋"的问题。在生命系统演化过程的早期,最初的可以被转变为相对稳定化学能的电子激发过程能否不依赖于复杂的、需要耗能才能合成的蛋白复合体呢?

　　2019 年 4 月，北京大学地球与空间科学学院鲁安怀教授团队通过国际合作发现，一些暴露在阳光下的岩石或土壤颗粒表面，普遍被一层铁锰（氢氧）氧化物矿物膜（mineral coating）所覆盖。这层矿物膜中富含水钠锰矿、针铁矿、赤铁矿等天然半导体矿物。厚度从几十纳米到上百微米不等，呈现膜状结构（图 6-8）。他们发现，在阳光照射下，这种特殊的矿物膜能出现光电子—空穴对。如果周边有特殊组分捕获光空穴，分离光电子，则可以发生电子传递过程，并出现光能转变为化学能的过程。

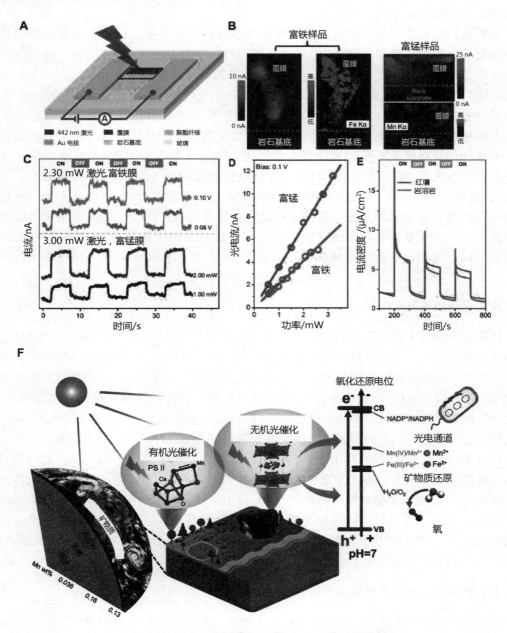

图 6-8　地球表面锰铁膜上发生的光电转换现象。

图引自 Lu A，Li Y，Ding H，et al.（2019）Photoelectric conversion on Earth's surface via widespread Fe- and Mn-mineral coatings. *PNAS*，116(20)：9741-9746.

至于被分离出来的电子如何传递，以及电子传递的载体是否可以自发产生的问题，早在 20 世纪 60 年代就被人关注和研究（Kim et al，2012）。在各种可能的组分中，由 4 个铁原子和 4 个硫原子形成的铁硫簇（Fe_4S_4 cluster）和长短不同的多肽的结合所形成的铁氧还蛋白，在现存生命系统的所有类型中都有存在（比如前面提到的光合作用中的 Fd），结构上又足够简单（与铁硫簇结合的多肽最短只需 4 个氨基酸），因此被认为可能是地球上最早出现的电子传递载体。铁硫簇则是生命系统出现之前就存在并一直保留至今的具有催化功能表面的金属类型。

如果我们将鲁安怀教授团队的发现和铁氧还蛋白研究的相关信息整合到前面提到的生命演化初期的混沌阶段或者说"混沌初开"的阶段，不是提供了一个打破前面提到的、在现存生命系统中出现的电子激发过程和产生电子激发载体需要能量合成这一"先有鸡还是先有蛋"循环的可能思路吗？这种思路就是，在前面提到的出现了类似酶功能的特殊组分的混沌初开的生命系统演化阶段中，如果恰巧所在的环境中存在可以进行光能转变为化学能的矿物系统，比如这里提到的矿物膜，就有可能为酶的催化功能提供额外的能量来源。考虑到前面提到的电子传递所带来的势阱要远低于分子间力，在具有酶功能的催化组分存在的情况下，指向伴随电子传递的反应过程会得到更高的发生概率，从而进入快速的迭代，最终形成基于蛋白质的光电子激发或者氧化电子激发形式，即现存生命系统所利用的特化的将光能或周围其他无机分子中的能量转变为以高能分子为载体的化学能的转换系统。一旦出现基于蛋白质的光电子激发或者是氧化电子激发形式，混沌初开的生命系统就可以不再依赖矿物膜这种特殊环境因子，自主实现酶反应所需要额外能量的电子激发过程。

高能分子的使用场所

目前并不清楚为什么是 ATP 和 NADPH（还有同类的分子如 GTP、NADH 等）作为能量载体的高能分子。一个合理的猜测，即它们也是在"混沌初开"的阶段从各自类似的分子中因为概率和能态的差异脱颖而出。但清楚的是，在现存生命系统中，几乎所有克服势垒在常温常压下实现的过程，都有这些高能分子的参与。因此有人把 ATP 称为生物体内的"能量通货"，即如货币那样可以被广泛使用，并且作为生物过程中能量变化程度的衡量指标。

除了上面讨论中提到的酶反应中改变共价键电子配置方式需要 ATP 之外，ATP 还被用于大分子的空间移动、蛋白质的变构等方面。这是在分子层面对 ATP 使用场所的描述。当然还可以在更大尺度上来讨论能量的使用场所，比如说呼吸作用通过把六碳糖或者五碳糖分解为 CO_2 而把本来储藏在单糖分子 C—C 键中的能量释放出来转化为 ATP、肌肉收缩消耗 ATP。但这些都是就不同过程的最终产物的检测而言。这些过程都是以不同蛋白质为载体发生的。因此，高能分子的使用，最终都是有互作组分作为对象的。从这个意义上，高能分子本质上是不同组分互作中的一个辅助因子。

需要耗能的生命过程还是自发过程吗？

在一般的生物学表述中，我们常常听到生物为了生存而需要获取能量的说法——这显然是一种目的论的说法。可是，如我们在第五章中讨论生命系统获能主体究竟是谁的问题时所分析，如果从"三个特殊"的角度来看"活"和演化，其实作为可迭代的结构换能量循环的"三个特殊"中的构成要素，没有一个存在获能的动机。所有的事情只不过是恰好发生的。

前面讨论的酶的产生和以酶为节点的生命大分子形成的双组分系统中,酶实现催化功能所发生的变构或者所需要外来能量的协助,同样并不是因为酶"要"去催化别的组分互作,而是恰好相遇而发生,并且因为酶的作用的可重复性,以及所催化反应在底物和产物关系上的概率分配所表现出来的反应过程可以高概率地出现,从而被研究者认为是一种可以被实验加以研究的实体存在过程。酶催化所需要的外来能量如果按照我们上面介绍鲁安怀教授团队研究结果时的分析,应该是在当时的生命系统所在的地表中就存在的,不过是恰好被当时的生命系统所整合利用而已。依赖于外来能量的酶促反应过程,在之后的生命系统演化过程中或许对于维系一个更大尺度上、复杂性更高的系统是不可或缺的,就如同对特定的生命大分子形成过程而言,酶是不可或缺的一样,但这些过程并不是"为了"这一点而出现的。这又回到乐高积木的玩法讨论中所提出的该如何评价"正确"的问题。

其实,回到张凯研究员对酶的本质的介绍,即酶是利用底物与产物之间的固有化学势,催化那些热力学上可能的、但动力学上不易发生的化学反应,我们就可以理解,酶也好,酶促反应的能量消耗也好,它们原本都可能不存在,或者不发生。或许,它们不存在或者不发生,就没有现存的生命系统。可是它们发生了,无论什么原因。既然发生了,而且形成了一个新的热力学势阱,如同我们在讨论"活"的时候假设的 IMFBC,那么如何实现这些新的热力学势阱的高概率发生,就成为一个动力学问题,即酶功能的问题。虽然没有一个要求获能的主体,但如同上一章所提到的居维叶漩涡那样,机缘巧合地出现了一个可迭代的"三个特殊"体系,即可迭代整合子,一个吸引子,各种相关的过程就因为这种吸引子的存在而自发地衍生出来。在"三个特殊"的任何一个要素以及它们的衍生/迭代形式缺失,比如打破分子间力所需的外来能量不再存在的情况下,既存的"三个特殊"的运行就无以为继,或者从来就不曾发生。只有相关要素适度匹配时,可迭代整合子才可能成为一种最终被人类感官辨识的实体存在。

从这个意义上,以可迭代整合子来定义的生命系统是一个自发形成的热力学意义上的势阱,但这个势阱的存在所依赖的各种复杂反应在动力学意义上的实现所需要的能量,是维持对于每一个特定反应而言的"三个特殊"运行所需要的特殊环境因子。如果我们仅以既存的可迭代整合子的某一状态(比如 IMFBC,或者酶催化反应中酶蛋白与被催化组分的相互作用状态,以及后面会提到的细胞,源头是人类感官所能分辨的对象)而不是"三个特殊"的完整过程作为界定和辨识生命系统的标准,那么就很容易出现"生物为了生存而需要获取能量"的判断,陷入上一章中提到的"生物—环境"二元化分类模式,并出现目的论的表述。其实,并不是可迭代整合子这个系统要存在、要维持,而是因为它们存在而被人类辨识。但在曾经的基于人类感官辨识能力的阶段,人们无法"看到",因此也无从想象,那些被人们称为"生物"的实体存在,本质上是一种特殊组分在特殊环境因子参与下的特殊相互作用,是一种特殊的物质存在形式。回到以酶为节点的生命大分子相互作用的双组分系统,如果把它看作是一种特殊的、不对称的可迭代整合子,那么维持这种可迭代整合子运行消耗的能量,本质上就是构成这种特殊的可迭代整合子的特殊环境因子的一种迭代形式。以酶为节点的独特的生命大分子互作的双组分系统虽然在运行中需要高能分子,但从其所发生的大的环境而言,它的出现与维系,和之前提到的可迭代整合子一样,仍然是一个自发过程。

先协同后分工

本章讨论的问题其实就是一个，即现存生命系统中作为构成要素的生命大分子有没有可能是自发形成的。之所以要花这么大的篇幅讨论这个问题，是因为从对现存生命系统的研究中人们得出两个基本的结论，即几乎所有的生命大分子（包括酶本身）都是酶促反应的结果，而生命大分子形成的酶促反应常常是耗能的。由于这种反应是耗能的，一般来说就很难解释为什么是自发的，因为违背了热力学第二定律所描述的自发过程必须顺自由能下降的方向进行。而且，如果生物大分子的形成过程是有清晰步骤的，那么说它是自发形成的，就必须解释它们是怎么起源的。

在本章的讨论中，通过引入可能需要剧烈条件才能形成的复杂和多元的碳骨架组分这个要素，在之前几章讨论的可迭代整合子的框架内，假设了一个具有组分碰撞的随机性和互作组分的通用性的复杂的混沌系统，推理出在这种随机发生的混合复合体中，有可能出现具有催化活性的复合体，这就在随机产生的复合体中出现了分化。这种分化可以表现为两种形式，一种形式是复合体组分的物以类聚，其结果是某些特定类型的大分子出现更高的存在概率；另一种形式是互作组分的功能分化，即一类大分子可以作为催化物帮助其他大分子形成。一旦这两种分化出现，原本复杂的混沌体系，就会进入"混沌初开"的状态。最显著的标志，就是出现了酶这种具有催化功能的生命大分子，无论是以多肽的形式还是以核酸，甚至脂膜的形式。更重要的是，一旦出现具有催化功能的特殊组分，生命大分子迭代所必需的共价键形成的催化功能就可以独立于之前假设的基于 IMFBC 的自/异催化，从而具有更大的发生概率和自由度。

具有催化功能的生命大分子出现之后，可迭代整合子中的特殊相互作用就从之前假设的互作组分之间的对称系统，转型成为结构和功能上的不对称系统，即以酶为节点的生命大分子互作的双组分体系。这种双组分体系本质上是一种具有催化功能的特殊组分，即酶，在与另外一种特殊组分的相互作用中，改变另外一种特殊组分的结构。如果此时周边存在以无机组分作为载体的光激发电子传递或者氧化激发电子传递的过程，酶还可能利用这些外来能量，在更大范围或者更高程度上改变与之互作组分的共价键状态。可迭代整合子进入以酶为节点的双组分系统阶段之后，"三个特殊"所包含的要素变得更为复杂，可以在更大范围来整合周边要素。其中特殊组分从原来假设的组分通用性，转变成相当程度的不通用性，即偏好性乃至特异性；特殊环境因子从伴随系统开放的外来能量输入，转变为整合周边发生的电子能量；特殊相互作用从特殊组分以分子间力的随机结合，转变成酶与底物的偏好性甚至特异性相互作用。

在这里需要强调的是，与之前讨论的基于 IMFBC 的共价键自发形成的正反馈自组织的情况不同，虽然在这里讨论的以酶为节点的、耗能的生命大分子合成与解体的双组分系统最终也遵循结构换能量原理，但进入"混沌初开"的演化阶段必须有一个新的要素或者属性，即互作组分之间出现功能的分化——其中不可或缺的就是酶的出现所表现出的功能分化。没有互作组分之间的功能分化，生命大分子的合成是很难想象的。起源于简单碳骨架组分的结构换能量循环的生命系统演化过程就无法进入以酶为节点的双组分系统阶段。但是，这里提到的功能分化，只有在组分互作前提下才有意义。如果没有相互作用,也就无所谓分化。在后面的讨论中我们会看到,这个要素或者属性,在生命系统的演化过程中几乎无所不在。在此,我们将这个属性称为先协同后分工。协同者,相互作用。分工者,组分之间的功能分化。从这个意义上,以酶为节点的生命大分子互作的双组分体系的出现,标志着以可迭代整合子来描述的生命系统演化进入了一个全新的阶段!

第七章　前细胞生命系统Ⅱ：从随机发生到模板拷贝
——多肽序列如何被记录到核酸序列中？

关键概念

互惠式互作；多组分互作；模板拷贝；中心法则；遗传因子——从概念到实体

思考题

多肽中的氨基酸序列和核酸中的碱基序列的对应关系是如何建立起来的？

基因是从哪里来的？

从中心法则能推理出基因中心论吗？

在上一章，我们讨论了一种可能性，即在整合了复杂碳骨架组分的系统中，有可能出现特殊相互作用的特殊组分在种类与功能上的分化。这种分化的结果，不仅出现了特殊相互作用组分的不对称性，更重要的是，共价键形成所必需的催化功能从之前假设的依赖于 IMFBC 的自/异催化，迭代为相对而言更加稳定的特定的生命大分子，使得催化功能可以以更高的概率发挥作用。基于这些变化，我们提出可迭代整合子进入了以酶为节点的生命大分子互作的双组分系统阶段。基于目前所知的信息，我们发现这种系统在特殊的环境因子的参与下，还可能利用无机组分产生的激发电子，实现跨越高势垒的共价键改变。虽然可迭代整合子迭代到这个双组分系统阶段可以实现生物大分子的自发形成，但这种双组分系统的关键节点酶是如何维持其自身的存在的？就算那些具有催化活性的特殊组分（如酶）可以通过自发过程随机形成，并根据其氨基酸排列所产生的可折叠性或者能态而获得更高的存活概率，可以想象这种形成过程出现的概率应该是非常低的。如果具有催化活性的酶这种大分子的自发形成过程出现的概率非常低，那么以这类大分子作为节点的双组分系统的存在概率之低应该也是可以想象的。怎么能高效地产生具有催化功能的酶这种蛋白质呢？

在上一章讨论以酶为节点的整合子时，就曾经提到过酶从哪里来的问题。基于对现存生命系统研究的了解，酶并不是自发产生的，而是基于编码在 DNA 中的遗传信息，通过中心法则所概括的信息传递和解读流程被特殊的酶促（注意，在讨论酶的形成机制时，居然已经出现了酶这个要素作为条件！）反应机制精确地合成出来的。可是，如果停留在这种解释，我们就无法避免 DNA 和蛋白质谁先出现所面临的"先有鸡还是先有蛋"的困境。之前我们介绍过，在汤超实验室有关根据氨基酸特征计算出可以实现蛋白质折叠的稳定肽段序列的实验中无须 DNA 的参与。这为打破 DNA 和蛋白质谁先出现所面临的困境提供了一种多肽自发形成的可能性。可是，多肽自发形成的可能性并不能解释为什么现存生命系统中存在的蛋白质中氨基酸序列和核酸中碱基序列的对应关系。

在已知的四类主要的生命大分子中，多糖和脂类分子主体的链式结构基本上都是由同类构成单元的重复叠加而成，在大分子链式结构中只有构成单元的多少问题，没有排列顺序问题。可是，蛋白质和核酸（包括 DNA 和 RNA）大分子主体的链式结构却不仅有构成单元的多少问题,还有排列顺序问题。显然,对于多糖和脂类的主体链式结构的形成过程而言,用以酶为节点的双组分系统解释起来并不困难。而且现代生物化学的研究已经证明两者的关系本质上就那么简单。可是,蛋白质是以 20 种不同的氨基酸,核酸则是以 4 种不同碱基的核苷酸作为构成单元。它们各自的形成都必须解决排列顺序如何决定的问题。这里不仅有多肽中氨基酸序列是如何决定,还有核酸序列是如何决定的问题,更具挑战性的,是两种大分子在合成过程中如何出现序列对应关系的问题。

酶如何被有效地复制？
互惠式互作、多组分互作、模板高效拷贝？

在前面的推理中,我们提出了一个问题,即虽然多肽的序列可以由氨基酸排列之后的能态来决定,并不需要 DNA 序列作为模板,可是基于随机碰撞而形成可以稳定存在的多肽的概率应该是非常低的。形成具有催化功能多肽的概率就更低了。前面的假设是,尽管概率很低,但还是有可能发生。这才出现了以酶为节点的生命大分子互作的双组分系统。在这种系统中,双组分的一方是酶,另一方是被酶催化而发生改变的生命大分子。从现存生命系统的生命大分子类型来看,这些经酶促反应而形成的大分子中有多糖、脂类、多肽和核酸。我们现在已经知道,具有催化功能的生命大分子不只有以蛋白质为结构载体的酶,还有以 RNA 为结构载体的核酶。把这些信息放在一起考虑时,就出现了一种可能性,即如果与酶互作的另一方是核酸,而且恰好此时被催化形成的核酸也具有催化功能,那会发生什么情况？有没有可能出现互惠式互作？即具有催化功能的特定氨基酸序列的多肽和具有催化功能的特定核苷酸序列的核酸之间出现相互催化,不仅提高了各自的发生概率,也增加了相互作用的发生概率。在这种情况下,多肽的序列与核酸的序列之间出现了序列对应关系。或许这就是现存生命系统中遗传密码的形成机制？

如果此时再出现额外的组分参与,即互作组分不限于双组分,而是三组分甚至多组分——既然双组分可以随机相遇形成互作,多组分随机相遇并加入既存的互作就不是不可能的——不同组分之间可能在互作中出现进一步的功能分化。这些分化包括：（1）因为核酸的稳定性比多肽好,在互惠式互作的不断迭代和选择的过程中,出现了以核酸中碱基排列作为有功能多肽中氨基酸序列的记忆载体；（2）复杂的相互作用组分中有些特化为催化复合体,而本来互惠式互作中的受核酸催化而形成的多肽成为催化复合体的催化产物；（3）稳定的核酸不仅可以作为多肽中氨基酸序列的记忆载体,还可以作为核酸自身合成过程中碱基序列的记忆载体,使得核酸的合成不再依赖于与多肽之间的互惠式互作,而是变成在新的催化复合体的催化下,根据既存核酸的碱基序列拷贝而成。

现存生命系统中看到的以核酸为模板,在其他组分/催化复合体的参与下,根据核酸上碱基序列转化为有功能的氨基酸序列的多肽序列形成、或者是复制核酸序列的多组分互作的催化模式,很可能是上述曾经出现过的复杂的"混沌初开"过程的迭代产物。相比于之前假设的多肽序列随机碰撞加功能选择的形成模式,先把有功能氨基酸序列对应记录在核酸的碱基序列上,然后以核酸序列为模板,通过催化复合体,根据核酸上记录的碱基序列把有功能的氨基酸序列拷贝出有功能多肽的途径显然会有更高的效率。这不仅提高了酶的形成概率,还提高了以酶为节点的生命大分子合成与降解的双组分系统的存在概率。这可能是该系统在"混沌初开"的空间中被选择而保留下来的重要原因。从这个意义上,上述基于互惠式互作而衍生的、以多组分互作为形式的、以模板拷贝而非随机碰撞形成的多肽高效形成模式,可以被看作是双组分系统的一种特殊的迭代形式。

在目前的生物化学教科书中,多肽中氨基酸和核酸中碱基序列的对应关系是证据确凿的金科玉律。可是,和我们之前反复提到的情况一样,现存生命系统中的状况并不排除在生命系统演化早期其他可能性的存在。美国 Scrips 研究所的 Floyd Romesberg 实验室花费了18 年时间,用药物筛选的策略,寻找到一对新的可以通过疏水相互作用(注意,还是分子间力!)而非氢键配对,并被现有 DNA 聚合酶识别的新的碱基对 dNaM-dTTP3,在 2017 年成功构建了带有 6 个碱基作为密码子、同时可以成活的大肠杆菌(图 7-1)。在这个过程中,他们从碱基的选择到构建能够被现存 DNA 聚合酶识别的复合体做了极大的努力。从各自不同的碱基和结构中选到了目前成功的组合。Romesberg 教授做这种探索的动机其实很简单。作为一个化学家他很自然地会问,为什么构成 DNA 大分子的碱基只是 4 种,能不能是5 种或者 6 种?这很像我们在第五章讨论为什么生命离不开水时提到的,R. Saykelly 教授女儿的问题"Why is water wet?"Romesberg 曾经在一个演讲中提到,当下生命世界已经如此完美,大自然已经没有多少空间留给化学家去造物了。但是为了理解生命究竟是怎么回事,他以作为化学家的合成特长,将遗传密码这种现存生命系统中普遍存在的化学组分作为对象,探索能否在现有的 4 种核苷酸组成的 DNA 中加入新的碱基。他成功了。证明了只要条件合适,核酸分子中并不排除有其他的碱基加入。这种成功的意义不同人可以有不同的解读。我们在这里介绍这个故事试图说明什么呢?很简单,如果按照之前提到的从混沌到"混沌初开"的生命演化历程的角度看,Romesberg 殚精竭虑所实现的事情,有没有可能就是在那个阶段实际发生的、甚至更为复杂的事情?在现存生命系统中共用的 4 个碱基的核酸组成,反而是在演化过程中选择的结果?

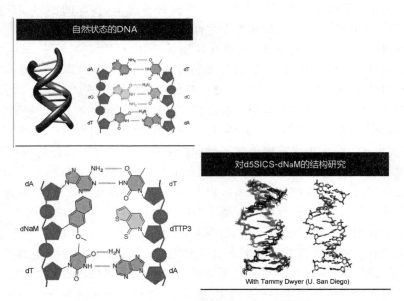

图 7-1　人工加入新碱基后的 DNA 及其结构。

图引自网址 https://www.sohu.com/a/312856075_286128。有兴趣的读者可以自行搜索 Floyd Romesberg,进一步查看相关内容。

无独有偶，2021 年 4 月 30 日，*Science* 杂志同时发表了三篇文章，报道在不同种类的噬菌体中，都发现有氨基腺嘌呤（Z）替代腺嘌呤（A）与胸腺嘧啶配对。与上述 Romesberg 发现利用疏水相互作用可以新的碱基作为遗传密码不同，这批工作所揭示的是自然界存在已知 ACGT 四类碱基作为遗传密码之外的第五类碱基。这些发现进一步说明，在"混沌初开"的地球生命系统形成的早期，不同的碱基都有可能参与核酸序列的形成。只不过在后续的分化过程中，ACGT 四类碱基因其高效或者高概率而被保留下来，成为绝大多数现存生物中遗传密码的构成要素，这并不说明能够作为遗传密码而发挥作用的只有这四类碱基。

如果多肽中的氨基酸序列和核酸中的碱基序列的对应关系源自双组分系统中特殊互惠式互作的假设是成立的，那么经由其他组分参与而形成多组分催化复合体，最后在双组分系统基础上通过分工协同，形成全新的以模板拷贝的形式实现蛋白质和核酸两种生命大分子形成机制——即所谓中心法则所揭示的机制——也不是不可能的。

和之前有关"活"，有关迭代/演化、有关以酶为节点的双组分系统的假设一样，这里的蛋白质与核酸在构成组分通过互惠式互作而建立对应关系、又由于更多催化组分的加入而形成多组分互作、最后出现全新的基于模板的大分子形成过程的分工协同的假设，同样需要并且也可以进行实验检验。Romesberg 教授在现有核酸序列中引入一对新的碱基，而且特意选择了不是通过氢键配对而是疏水相互作用配对的成功，以及最近发现的噬菌体中存在氨基腺嘌呤替代腺嘌呤的例子，说明很多事情非不能也，实不为也。可以想象这类实验一定非常难做。但难做不等于不能做。不知道今后会不会有"闲人"就我们在这里提出的各种假设，或者是自己提出的其他假设开展一些实验探索。

人类想象力与实证追求的胜利
——从概念到分子的遗传因子溯源

在现实的对现存生命系统的研究过程中，蛋白质和核酸这两种生命大分子不同构成单元之间的序列对应关系——核酸，尤其是 DNA 以碱基序列记忆功能多肽的氨基酸序列（其实也是特定氨基酸排列序列的能态）——的发现并不是从对上面假设的检验而实现的。恰恰相反，这种序列对应关系的发现，是在第一章中提到过的人类自然观发展过程——即从对周围实体存在的辨识以及对实体存在之间关系想象开始，在辨识与想象的相互促进中，不断提高分辨力，最终引入对假设的实验检验的成功典范。

对什么实体存在的辨识和对什么实体存在之间关系的想象会导致蛋白质和核酸这两种生命大分子不同构成单元之间的序列对应关系的发现呢？受过中学教育的人马上就可以回答：生物和生物性状的遗传。什么叫"生物"，这个问题我们在第三章中已经有所讨论。那么什么叫遗传呢？

现代汉语中"遗传"一词是从日文"遺伝"引进的。而日文"遺伝"一词则是英文 heredity 的翻译。这个词的解释在不同的英文词典中都差不多。在 Oxford Dictionary 中是 The passing on of physical or mental characteristics genetically from one generation to another。在 www. dictionary. com 中是 the transmission of genetic characters from parents to off-spring。但有关其起源时间，则有两种说法。在 Oxford Dictionary 中的解释是：Late 18th century from French hérédité, from Latin *hereditas* 'heirship', from heres, hered-'heir'。而在 www. dictionary. com 中的解释是：1530-40；＜ Middle French heredite ＜ Latin hērēditāt-（stem of *hērēditās*）inheritance，equivalent to hērēd-（stem of hērēs）heir ＋ -itāt- -ity。无论该词在英语中最早起源于什么年代，有大量的证据可以证明，一个物种或者一个生物个体的属性会从父母传给子女，是人类社会很早以来就意识到的现象。这里起码包含了两个层面的认知内容：第一是归类，即"物以类聚，人以群分"（这句话可以追溯到中国的春秋战国时期）。第二是同一类中不同个体之间的关系，比如"子肖其父"。但是亲子两代之间为什么会相像，各个不同居群大概根据对人类共用的生殖过程的了解而给出过共同的解释，即所谓的"血缘"。可是什么叫血缘？这一直要等到欧洲博物学兴起，人们开始对生物类型进行大规模的系统分析，可以对性状进行辨识和比较之后，才有可能逐步提出有客观依据的回答。

　　如果大家对生物学历史感兴趣，从本书第二章中提供的线索去追踪，可以发现，博物学家对性状的研究首先是和分门别类关联在一起的，然后才开始问同一类群的特征性是怎么从亲代传递到子代的。达尔文在提出"生命之树"的概念，并提出不同物种的形成基于自然选择机制的时候，就不得不面对所谓"优胜劣汰"的"优"与"劣"的性状的决定因子及其传递方式是什么的问题。这也是他为什么要在 1859 年《物种起源》出版之后，还要在 1868 年专门出一本书来讨论性状决定因子的属性及其传递方式问题（*The Variation of Animals and Plants under Domestication*）。在 19 世纪中后期，探讨性状的决定因子及其传递方式并不只是达尔文一个人的问题，而是一个时代的问题。因此，不可避免地会出现不同的解释。按照美国圣路易斯华盛顿州立大学 Garland Allen 在他的新著 *From Little Science to Big Science：The Development of Genetics in the Twentieth Century* 中所提到的，当时除了达尔文的泛生论学说（1868）之外，还有 Ernst Haeckel 的 Perigenesis 假说（质体有规则振荡，regular vibrations of plastidules，驱动生殖过程）（1876 年）、August Weismann 的种质（germ plasm）连续传递假说（1884 年），以及当时被埋没的孟德尔基于豌豆杂交实验结果而提出的遗传因子（inherited factor）独立遗传和自由组合的假说（1865 年）。进入 20 世纪之后，孟德尔定律的重新发现，加上 Thomas Morgen 实验室将被性状表征的遗传因子定位到染色体上，人们才真正认识到，可以通过对染色体这种实体存在的分析来寻找决定性状的遗传因子。具体的方法，就是利用诱变的手段改变染色体的结构，然后看相应于染色体结构变化的性状（表型）的变化，从而在遗传因子与性状之间建立起关系。在这个思路下，最终在 1953 年，J. Watson 和 F. Crick 提出 DNA 双螺旋模型，确定 DNA 是遗传物质。

　　为什么说最终确定 DNA 是遗传物质是想象力和实证追求的胜利？从这段探索历程来看，无论是最终被证明是错的，如达尔文的泛生论学说，还是被证明是对的，如孟德尔的遗传因子学说，在当时都是对各自所观察到的现象的解释。如果仅仅停留在解释的阶段，人们尽可以在这个基础上去演绎，可是最终还是无法判断解释是否以及在多大程度上符合实体存在本身的属性或者特点。只有在摩尔根把遗传因子定位到染色体上，而且发展了通过突变体来建立染色体变化与性状变化之间的关系之后，才为后来追踪遗传物质或者可遗传性状的载体开辟了一条走得通的道路。没有实验，就无法对源自不同想象的假说加以检验。但没有假说，实验也没有检测对象。在这里有一个特别值得一提的现象：如果说孟德尔用来做实验材料的豌豆还有实用价值的话（是一种食物，但其实他选择豌豆纯属方便），摩尔根所用的果蝇则完全没有任何实用的意义（既不能吃，也不中看）。他选择果蝇，完全是因为果蝇小，再加上染色体数目少，可以在有限的空间中以廉价的方式建立足够大的群体，比较方便地来检验孟德尔的学说是否具有普适性。在此之后的几乎所有带来重大突破的遗传学研究，无不是以实证而非实用为诉求的结果。这对于我们理解揭示生命系统奥秘历程中的经验教训是一种很好的历史借鉴。

中心法则：特殊组分的生产流水线

在 DNA 双螺旋模型于 1953 年被提出之后，中心法则不可避免地呼之欲出——既然 DNA 是遗传物质，而 DNA 的特点是 4 种碱基按照不同方式排列而可能携带遗传密码，那么这种"密码"是什么、为谁而编，在生命大分子形成过程中是如何被破译的，就成为各路英豪趋之若鹜的一块研究领域的"大金矿"。的确，短短 5 年之后，1958 年，F. Crick 就提出了 DNA 通过 mRNA 决定蛋白质中氨基酸排列顺序的中心法则（图 7-2）。而到了 1968 年，遗传密码的破译就被授予了诺贝尔生理学或医学奖。在这短短的 15 年时间中，成就了一段群星灿烂的分子生物学兴起的黄金时代。

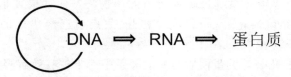

图 7-2　分子生物学中的中心法则图示

中心法则的提出和遗传密码的破译，揭示了现存生命系统中存在的蛋白质中氨基酸序列和核酸中碱基序列的对应关系是什么样，以及这种对应关系是如何实现的。尤其是回答了酶作为可迭代整合子中的一个特殊组分是如何被高效产生的———一个从 DNA 到蛋白质的生产流水线。但并没有解释这种对应关系以及实现机制最初是如何起源的。起源问题在西方科学界从来不会是一个被人忽略的问题。早在 20 世纪 60 年代，当时风华正茂的顶尖生物学家如 C. Woose、F. Crick、L. Orgel 等人就提出了一种假说来试图回答中心法则和遗传密码起源的问题。他们的逻辑很简单，即如果有一种分子同时具有遗传信息载体功能和催化功能，那么就可以作为核酸和蛋白质构成单元的序列对应关系形成的源头。这种想法被哈佛大学物理学家、生物化学家 W. Gilbert（他因发明 DNA 化学修饰测序方法而获得 1980 年诺贝尔化学奖）冠以"RNA world"的名称，从此 RNA world 一说风靡生物学界。后来核酶的发现被认为是对 RNA world 的支持。除此之外，还有很多其他的尝试，比如与 RNA world 假说这类复制优先（replicator-first）相对应的，以 H. Morowitz、E. Smith，以及 R. Shapiro 为代表所主张的代谢优先（metabolism-first）的生命起源假说。钱紘的第二次博士后导师，美国加州理工大学的 J. Hopfield 教授在 1978 年就曾提出过基于 tRNA 结构、序列以及校验动力学的遗传密码起源假说。尽管有那么多聪明的大脑试图回答中心法则和遗传密码的起源问题，在中心法则提出和遗传密码被破译 60 多年之后，迄今为止还没有看到得到实验证据支持的理论。

除了无法回答蛋白质中氨基酸序列和核酸中碱基序列对应关系及其实现机制的起源问题之外，蛋白质与核酸的关系还存在很多未解之谜。比如，为什么在 DNA 分子中，有的区间序列排列与蛋白质的氨基酸序列有对应关系，而有的区间则没有。根据目前对人类基因组的分析，编码蛋白质的 DNA 序列在整个人类基因组 30 亿个碱基对中只占 2%。虽然对于这一部分序列研究得最多，可是从整个基因组的角度来看，2% 在统计上只是一个小概率。

当然，目前已知那些曾经被认为是"垃圾序列"的非编码区的序列大部分都可以被转录，而且越来越多的非编码序列被发现有生物功能。但无论是编码序列还是非编码序列，它们最初是因为什么而发生，又是怎么被保留下来的，既然不编码，把它们转录出来是不是浪费能量？又如，虽然在真核生物中，绝大部分细胞中的 DNA 都是以链式结构和组蛋白相互作用而形成染色质的形式存在，可是在原核生物中，细胞中既有链式 DNA 存在，又有环式 DNA 存在，而且没有组蛋白与之结合。如果接受目前的说法，认同地球上最早出现的细胞是原核细胞的话，是不是真核生物中单一的 DNA 以链式分子形式与组蛋白结合形成染色质的形式，是从更早期的更为多样化的 DNA 存在形式中被迭代出来的呢？再如，让现代生物学家，尤其是大学生物学专业的学生头疼不已的病毒究竟算不算生命/生物的问题，如果假设在细胞出现之前，生命系统的演化过程中的确存在一个以酶为节点的生命大分子互作的双组分系统，那么以核酸或核酸蛋白复合体（无论是分子间力关联还是如我们在上一章中提到的 Drygin 综述论文中介绍的天然存在的核酸与蛋白质共价关联的复合体）的形式存在的病毒，不是这个双组分系统最顺理成章的产物吗？而如果真是这样的话，病毒不就可以被视为这个生命系统演化过程在"混沌初开"之后就已经出现的、时不时参与其他整合子运行的"化石分子"吗？

如果把上面提到的几个有关蛋白质与核酸关系中尚未被有效解释的几个现象放在一起看，似乎可以在双组分系统框架下提出一种新的可能性，即上一节提到的具有催化活性的酶与核酸之间的互惠式互作会产生蛋白质的氨基酸和核酸中的碱基在排列方式上的对应关系。同时，酶还可能以催化其他生命大分子形成的互作方式，即酶在互作中改变被催化分子的共价键而自身并不改变，催化不具备催化功能的核酸的形成。由这种互作产生的核酸分子中的碱基排列与催化其形成的酶的氨基酸序列之间并不形成对应关系。但在双组分系统存在的大的"混沌初开"之后的系统中，具有与蛋白质上的氨基酸序列有对应关系的核酸和那些与蛋白质上的氨基酸序列没有对应关系的核酸序列同时存在，并由于一些偶然的机会被拼接在一起，最终形成包含有非编码区的长链 DNA 分子。

这种可能性显然只是一种逻辑推理。作为其前提的双组分系统的存在都还只是一个假设，这种推理能否成立完全看个人的观点。可是，因为中心法则的提出及其在生物学研究中取得的巨大成功，有关基因起源和演化的问题，就成为人们研究生命演化问题中的一个重要领域。

基因从哪里来？

与我们前面所提到的互惠式互作衍生出多肽和核酸之间的序列匹配和功能互惠的思路不同。目前在文献中能看到的有关基因起源问题的研究主要有两个方面：

第一，从零到一，即基因从无到有地形成。这方面的研究在 Cech 发现 RNA 具有催化活性之后，主要围绕 RNA world 这个概念展开。这个概念从逻辑上比较简单，把特定的功能关联到特定的分子上。可是，如果按照我们这里讨论的"活"的本质是特殊组分在特殊环境因子参与下的特殊相互作用的话，只盯住一种分子来研究基因的起源显然有其局限性。这大概为什么在生命起源研究中始终存在另一种观点，即代谢优先。

第二，从一到多，即基因序列从少数种类变出更多的种类。这个概念从我作为旁观者的角度看，好像是不言自明的事实。可是认识龙漫远教授之后，我才知道，原来以 DNA 序列为对象研究分子演化的领域中，主流的观念居然是基因不变。龙漫远在1993年发现的"精卫"基因，居然是最早被发现的新基因！他的发现为人们探索基因的由来开辟了一个全新的领域。

　　龙漫远教授长达20年的新基因起源研究，证明了即使在已经形成稳定的不同大分子分工协同关系之后的细胞化生命系统中（目前一般认为在30多亿年前就有了细胞的出现，最早的真核细胞存在的证据可以追溯到18亿年前），DNA分子仍然处于动态变化之中，即DNA分子上的碱基排列还会出现不同的重组——虽然规模没有那么大、频率没有那么高，并在这种动态的序列重组中出现新的、可以编码的多肽序列的片段（图7-3）。如果在最近几千万年、甚至十几万年中仍然可以有新基因的产生，那么在生命系统形成之初的"混沌初开"的阶段，可编码和非编码DNA片段并存，然后拼接的情况不是不可能的。这种推理可以解决一个问题，即为DNA长链分子中大量非编码区的起源、DNA分子存在形式的多样性以及病毒的存在提供一个简单的、无须目的论的统一解释。最近，龙漫远实验室发表了一个以水稻为材料做的研究结果，证明过去被认为是"垃圾DNA（Junk DNA）"的DNA序列中发掘到了有功能的新基因。加上之前发现的新基因出现之后通过构建出新的基因网络而改变生物的性状，他的实验室持之以恒的工作，为新基因发生的现象及其机制提供了坚实的实验基础。由于基因在当今社会中已经产生了无所不在的影响。漫远的工作对传统上基因不变的观念产生了根本性的冲击。他因此获得2022年古根海姆奖和吴瑞奖。

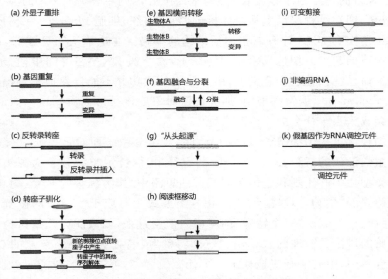

图 7-3　新基因产生的若干机制。

图引自 Chen S, Krinsky B H, Long M. New genes as drivers of phenotypic evolution. *Nat. Rev. Genet.*，(2013).14(9)：645-660.

　　从回答"基因从哪里来？"这个问题的角度，除了前面提到的基因起源，即"从零到一"；和新基因起源，即"从一到多"之外，其实还不能排除另一种在生物研究中的常见现象：DNA复制，即在细胞分裂过程中起始细胞的DNA（基因载体）复制，然后被分配到两个产物细胞中。DNA复制，其实是当下细胞化生命系统中最为常见的基因来源。问题是，DNA为什么会复制呢？

　　有关 DNA 复制的调控机制问题长期以来一直备受关注。道理很简单：和细胞分裂、细胞分裂调控乃至癌症治疗有关。可是，如果按照本书所介绍的生命系统正反馈自组织属性，以及把中心法则所描述的过程看作基于模板拷贝的酶等多肽合成的高效生产流水线的视角，有关 DNA 复制的起始未必一定和细胞分裂有关。大家可以设想，是不是存在这种可能性，即网络生长出现了对"零配件"的需求，而既存的生产流水线的产能不足，网络的稳健性反过来激活 DNA 复制的机制，提供额外的"图纸"拷贝，构建新的生产流水线以满足网络生长对"零配件"的需求？这其实完全符合我们前面提到的生命系统正反馈自组织的属性。有关这个问题，我们将在之后的章节中进行讨论。

由中心法则能推理出基因中心论吗？

　　除了基因不变的观念外，在当今社会，讲到生物或者生物学意义上的"生命"，尤其是讲到生物特征的决定或者生命起源，大家下意识地会和基因关联起来。我们在前言中提到的 John Brockman 编辑、出版于 2016 年的名为 *Life：The Leading Edge of Evolutionary Biology，Genetics，Anthropology，and Environmental Science* 的书可以作为这种"基因中心论"思维定式的代表。而且，在传统生物学观念中根深蒂固的目的论思维下，即生物"要"活，"要"传宗接代，道金斯等人把生物中"要"传宗接代的单位追溯到基因，提出"自私的基因"概念。如果说目的论思维源远流长的话，基因中心论则主要源自现代生物学研究中"拆模型"策略的成功，即在结构层面上从个体拆到器官、组织、细胞、大分子，在调控层面上从符号化的遗传因子落实到 DNA 序列对蛋白质结构的编码。在这个认知尺度下，把 DNA 视为整个生命系统运行的起点好像也没错。问题在于，放一瓶 DNA 在房间中，它永远不可能自发地形成一个生命系统。在这个意义上，中心法则的成功并不能自发地推理出基因中心论。我相信，John Brockman 所编辑的书中，那些访谈对象应该是可以看到这一点的。可是为什么基因中心论会成为当今社会的主流观念呢？

　　相比于我们在这里提出的基于以酶为节点的双组分系统而对蛋白质、核酸中各自构成单元的对应关系的形成的解释，RNA world 的解释中，以特定类型分子为源头要简单很多。在以特定分子类型为中心法则和遗传密码起源的思路中，作为源头的 RNA 分子实际上被看作是亚里士多德式的"生物—环境"的二元化分类模式中对应于"生物"的位置。显然，在这个思路中，不存在、也不需要"三个特殊"的考虑。但反过来，如果前面几章讨论的"活"、迭代等有关生命本质的讨论是合理的，那么在"三个特殊"或者处在以酶为节点的双组分系统阶段的可迭代整合子中，中心法则应该处于一个什么位置、对可迭代整合子的存在具有什么意义呢？

　　从可迭代整合子的角度来看，中心法则的发现，回答了有功能的酶（包括其他的蛋白质）的氨基酸序列是如何被准确地拷贝的问题。由于解决了作为双组分系统关键节点的酶的高效形成的问题，也就解决了自发形成的整个双组分系统的稳定运行、或者说高概率存在的问题。尽管中心法则的发现与"三个特殊"的提出是出于完全不同的逻辑前提与推理过程，但它所揭示的基于记录在 DNA 序列上的有功能蛋白的氨基酸序列，以及通过特定复合体将这种序列信息准确地用于蛋白质合成的机制，为双组分系统中作为节点的酶（包括其他蛋白质）的高效合成提供了有实验证据支持的合理解释——一条以 DNA 为图纸，mRNA 为读图纸的程序，核糖体加 tRNA 作为以氨基酸为原料合成多肽的生产流水线。如果做比较的话，在前面假设的生命系统演化的"混沌初开"阶段，自发形成的酶有点儿像漫不经心的孩童随心所欲捏制的器物——这次碰巧做了一个有用的，下次能不能做成类似的东西没有人说得清。有了中心法则所揭示的强大的生产流水线之后，作为节点的酶可以维持稳定高效的供给，双组分系统的运行也就成为一种大概率存在。从这个意义上，我们认为中心法则所揭示的酶的高效拷贝的生产流水线，为可迭代整合子中特殊组分之一的蛋白质形成提供了一种全新的形成机制，并因此极大地提高了可迭代整合子在双组分系统阶段的生存概率。

中心法则可以看作是 20 世纪生命科学中最富有想象力的成功之作，它因此也成为当下生物学的金科玉律。如同基因研究的成功使人们很容易忽略基因中心论中存在的逻辑悖论一样，中心法则的成功也使人们很容易忽略中心法则没有回答的问题。如果仔细分析中心法则的含义，包括围绕它所获得的一系列研究证据，人们可以发现，中心法则从来没有回答DNA 为什么会成为遗传信息载体的问题，也没有回答是什么在调控记录在 DNA 上的信息读取，尤其是在何时、读取何种信息的问题。如同一瓶 DNA 摆在试剂瓶中算不上生命一样，如果没有细胞的存在、起码是合成 DNA 所需的酶的存在，中心法则是如何启动的呢？在这个意义上，现代的生物学家相比于当年的牛顿，虽然时间上算是后浪，几百年间积累的可供分析信息也远远超越牛顿时代，但在思考的深度上好像还是难以望其项背——牛顿在发现了行星运动，乃至一般性的物体运动规律之后，他会去追问，物体最初的运动是如何开始的。生物学家们目前还是在有意无意地回避 DNA 和蛋白质之间"鸡生蛋还是蛋生鸡"的问题。本章讨论的有关地球生命出现早期存在"混沌初开"阶段、不同组分的生命大分子之间出现互惠式互作、在其基础上不同生命大分子之间出现分工并因高概率而被保留下来、编码和非编码 DNA 在以酶为节点的双组分系统下随机拼接等等可能性，尤其是从"三个特殊"的角度，而不是仅从单个类型的生命大分子的角度来看生命系统运行的内在规律，或许是跳出"鸡生蛋还是蛋生鸡"循环的一种值得尝试的新思路。

其实，把中心法则奉为金科玉律，最大的问题不是忽略其没有回答、没有提出的问题，而是以为它回答了有关生命本质的所有问题。在基因中心论中，人们认为基因决定性状，基因变异被环境选择而出现演化。可是我们知道 DNA 序列本身并不是环境选择的对象。从DNA 到性状之间还有很长的路要走。在 DNA 作为遗传物质被证明之后，中心法则之所以应运而生，最重要的是人们急需 DNA 与性状之间是如何关联起来的答案。中心法则也的确不负众望地告诉大家，DNA 序列所记录的遗传信息经转录成 mRNA 而被翻译成蛋白质中的氨基酸序列。但是，中心法则到此为止！中心法则从来没有告诉大家蛋白质怎么彼此相互作用而发挥生物学功能。我们前面所提到的中心法则所描述的只是蛋白质这种特殊组分是如何以 DNA 作为图纸的生产流水线而被以模板拷贝形式高效生产出来的。如同乐高积木中零配件的生产流水线。至于这些零配件怎么被拼装成模型，或者说哪些零配件被拼装成什么样的模型，中心法则并没有给出答案。之所以说基因通过中心法则来决定性状，很大程度上是因为在发现 DNA 是遗传物质之前，人们是基于性状来判断基因的。于是留下一个思维定式，即只要找到了基因就知道性状是如何被决定的了。可是，20 世纪生命科学的发展结果告诉大家，从 DNA 到蛋白质之后，还有很多层级的变化——代谢过程、细胞结构、组织分化等等——才会出现人们可以检测到的性状。

在一次与一位朋友的交流中，我发现一个特别有趣的现象：在 DNA 双螺旋发现之前，或者说摩尔根把基因定位到染色体上一个片段之前，基因只是人们猜测的一个符号，人们不知道基因究竟是什么。但在那时，人们可以信心满满地说，性状是一个确定的实体存在——

因为无论什么层级的性状,研究者总是可以给出一些数据来加以描述。可是,在发现 DNA 是遗传信息载体之后,尤其是基因组测序实现之后,基因成为一种确定的碱基排列方式,而性状却不知道该在哪一个层面描述才算讲清楚了。或者反过来看,历史上人们对性状的描述,其实很大程度上是人为的,描述性的,在机制层面上,起码是从中心法则的视角来看,很多并没有靠得住的客观依据。从这个角度,我们就很容易理解在研究层面上,为什么会出现这些情况:同样的 DNA 序列变异可以造成不同性状的改变、不同的 DNA 序列会造成相同或者类似的性状,同样的 DNA 序列在这个物种中会造成这种性状,而到另外一个物种中会造成另外的性状,更有时明明改变了 DNA 序列却没有看到任何不正常的性状。

　　由此可见,在从 DNA 序列到可被实验测量的性状之间,其实存在一个巨大的原理层面的认知断层!仍然用乐高积木做比喻,我们现在终于知道零配件是怎么被生产出来的了。但我们并不知道零配件是怎么被拼装成模型的。而我们所希望了解的生命系统的本质及其规律,并不只是前者,更重要的是后者。作为零配件生产流水线的中心法则的发现固然重要,而且我们当然可以继续做摩尔根在一百多年前为了寻找基因是什么而以性状作为基因的表征对象,通过诱变改变基因序列,选择相应的表型变化来定位乃至分离基因那样的事情——人类有两万多个基因,真正研究过它们对性状的影响的只有其中的一小部分;甚至还可以借助基因操作来改变性状以实现功利的目的。但是作为先辈们伟大发现的受惠者,新一代研究者是不是该考虑,如果中心法则所描述的只是类似积木中的零配件的生产流水线,那么相应于乐高积木模型的生命系统主体究竟是什么,相应于乐高积木模型的拼搭机制的生命系统主体的构建机制究竟是什么,这些先辈们还没有顾得上探索的问题呢?

第八章　前细胞生命系统 Ⅲ：生命
大分子网络的形成与演化

关键概念

多糖；脂类；功能；能量储存；膜；网络；复杂换稳健

思考题

Jacob 的"补锅"假说为什么值得关注？

为什么要强调"组分"的功能不是与生俱来的？

知道零配件是如何生产的就能知道器物是怎么被装配的吗？

为什么说"网络"是"可迭代整合子"在分子层面上的最复杂形式？

"复杂换稳健"是生命系统普遍存在的属性吗？

酶和其他蛋白质在中心法则这条生产流水线"下线"之后，去到哪里、和谁互作、互作结果如何？按照第一章中提到乐高积木玩法中通过拆解一个拼搭好的模型来了解其组装过程，并通过把拆下的零配件拼搭成原样来检验玩家是否理解了模型的拼搭原理，那么被拆下来的所有零配件都是有功能的，零配件的生产也都应该是围绕模型拼搭的需要而出现的。如果从这个角度看，是谁最初设计了这个由那么多零配件组装起来的模型，又是为什么而设计了它的呢？

如果没有一种智慧存在而进行设计，那么这些零配件从哪里来，它们为什么又被拼搭成现在被人类所看到的样子呢？当下生物学界对这一问题的主流回答是演化的结果。可是如果再追问一下，是什么，以什么方式演化成现在的样子呢？有人以细胞划界——细胞之前的不属于生物，不在生物学的研究范围；有人以基因划界——所有的生物过程最终都是由基因决定的，至于基因从哪里来，这也不在生物学的研究范围。当然，也有人尝试以物理或者数学的方式来回答生命系统的起源问题。

本书对生命的起源问题提出了一个不同的思路。首先把什么是生命的问题转型为什么是"活"。然后提出"活"是特殊组分在特殊环境因子参与下的特殊相互作用。然后又提出了基于 IMFBC 的共价键自发形成，以及"三个特殊"构成要素的迭代，并进而提出了可迭代整合子来概括最终演化出人们身边生物的生命系统本质的概念框架。在这种概念框架中，构成可迭代整合子的所有特殊组分（零配件），无论是最初在地球空间下甚至地外空间中存在的简单碳骨架组分，还是需要剧烈条件、或者如赵玉芬院士所解释的，只要有磷酸化氨基酸类，就可以自催化而形成复杂的碳骨架组分，甚至是被迭代而出现功能分化的生命大分子，如具有催化功能的酶，它们的出现本质上都是自发的、偶然的、多样的。虽然复杂组分的出现依赖于之前更简单组分的相互作用，但这并不是"为了"产生复杂组分而出现。它们不过是在结构换能量原理所揭示的在不同形式的、符合热力学第二定律的能量交换的高概率存在形式而已。这可以看作是对生物这个可比喻为乐高积木模型，其零配件（生命大分子）最初从哪里来这一问题的一种回答。

　　如果生命大分子真的是自发、偶然形成的，那么下面的问题就是，这些零配件是怎么被整合在一起，最终形成了在现存生命系统中看到的如此精妙的分工协同？对这个问题，可迭代整合子概念框架所给出的解释是，一旦特殊组分在特殊环境因子参与下形成特殊相互作用，这些特殊组分就会以较高的概率被整合到结构换能量循环之中。虽然这些组分相对于其以独立存在的形式（自由态）而言，只是一种不同的状态（整合态），但对于结构换能量循环而言，则成为这一循环中不可或缺的一个构成要素并因此而被赋予了特定的功能。同时，可迭代的组分被整合进入循环，又为循环的运行带去了正反馈自组织的效应。只要循环存在，这些特殊组分就将作为循环的构成要素存在。换言之，不同的组分/零配件因循环的存在而被整合在一起，并反过来强化循环的运行。

　　从这个意义上看，把自发形成的生命大分子一开始就称为"零配件"应该是反果为因的，是一种容易产生目的论误导的说法——作为一个自发形成的组分，本来如结构换能量循环中假设的红球蓝球所代表的碳骨架那样，只是一种物质的存在形式而已，并不是"为了"成为循环的构成要素而出现的。功能或者分工，是组分相对于循环而言的。没有循环的存在，也就无所谓组分的功能。如同在第五章中讨论过的居维叶漩涡，没有水就没有漩涡，但不能说水是因为"要"形成漩涡而出现。从这个意义上，当讨论一个组分的功能是什么的时候，在逻辑上与组分如何形成是没有关系的。如同当年 F. Jacob 把演化过程形容为"tinkering（补锅）"那样：无论手边有什么，能把锅上的洞补上就可以。而被用来补锅的、恰好在补锅匠手边方便获取的材料如铁钉、牙膏皮之类，本来与锅并没有功能上的必然联系。但是被补到锅上之后，就变成了锅的一部分。对被补过的锅而言，没有了这些原本是铁钉、牙膏皮之类与锅无关的东西，锅的功能就无法实现。于是这些原本被随机地选用为补锅的材料，被赋予了作为锅的零配件的功能。

　　基于上面的分析，要回答从中心法则这个生产流水线上"下线"的蛋白质，以及基于以酶为节点的双组分系统所产生的其他生命大分子被合成之后去到哪里，和谁互作，互作结果如何的问题，关键在于那个整合特殊组分（零配件）的循环是如何自发形成的。在第三章中，我们已经对作为"活"的起点的结构换能量循环是如何自发形成的做过探讨。在第四到第七章中，也对在结构换能量循环节点 IMFBC 基础上如何自发形成共价键、从而使得该循环获得正反馈自组织属性而形成可迭代整合子；对具有催化活性的特殊组分出现后如何导致互作组分的不对称性从而出现先协同后分工的属性；直至因更加复杂的相互作用出现而产生了以核酸为模板、高效拷贝特定生命大分子这种全新的特殊组分形成的生产流水线的过程做过探讨。从这些讨论中，我们可以看到，以"三个特殊"为核心，根据对现存生命系统各种不同属性的了解，我们的确可以用一个统一的结构换能量原理来解释蛋白质与核酸这两类生命大分子是如何被自发地整合到可迭代整合子之中的。可是，基于对现存生命系统的了解，生命大分子除了蛋白质与核酸之外，还有其他的类型，比如多糖和脂类。按照上一章所提到的以酶为节点的生命大分子形成与解体的双组分系统的解释，它们只是该系统中酶促反应产生的链式大分子而已。既没有催化活性，又没有如部分核酸那种记录功能多肽上氨基酸序列从而作为模板、提高酶的形成效率、并因此而维持双组分系统存在概率的作用。它们是如何被整合到可迭代整合子之中的呢？它们的加入将为可迭代整合子的运行带来哪些正反馈效应呢？

非酶生命大分子如何被赋予功能？

在各种生物化学教科书中，代谢途径和代谢网络对不少同学来说算是极为头疼的学习内容之一（图 8-1）。不仅要记得各种底物到产物的反应链，包括其中各种不同的酶，还要记得不同代谢途径之间在中间产物上的关系。尽管如此，不得不承认，这样复杂的代谢网络，是生物化学 19 世纪出现以来人们对生命系统拆解式探索上非常了不起的成就。可是这么复杂的网络最初是如何形成的呢？这在一般的生化教科书中很难找到解释。

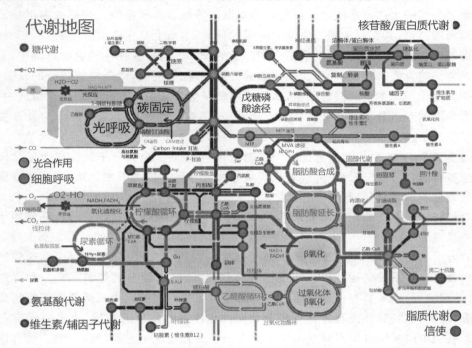

图 8-1　以地铁图形表示的基础代谢网络。

图引自 http://creativecommons.org/licenses/by-sa/4.0。

那么有没有可能从可迭代整合子的角度来探索代谢网络的自发形成呢？

其实，如果 F. Jacob 有关演化机制的"补锅匠"猜测是对的，那么问题可能会变得稍微简单一点，即这些非酶蛋白、非模板核酸类的生命大分子为什么会被"补"到双组分系统这口"锅"上的。换言之，在四大类生命大分子中，那些非酶蛋白、非模板核酸，尤其是多糖和脂类，对于维持以酶为节点的生命大分子互作的双组分系统的运行能带来什么好处？

从目前对中心法则所概括的多肽的模板拷贝形成模式来看，不同的非模板类核酸，包括 tRNA、rRNA 等都各自在多肽这种特殊组分的生产流水线上具有不可或缺的功能。没有这些组分，多肽形成的模板拷贝这条生产流水线就无法高效运行。虽然目前对这条生产流水线形成的具体机制还不甚了了，但从功能的意义上，我们可以大致解释这些大分子被整合到特化的双组分系统中对维持这个系统运行的好处。其他非酶类蛋白的功能，从第六章中高能分子形成的可能机制分析中提到的电子传递，显然是另外一种维持以酶为节点的双组分系统运行所不可或缺的要素。这也就解释了这些组分被整合到以酶为节点的双组分系统的好处。

比较不容易直接找到与以酶为节点的双组分系统关联的生命大分子主要是多糖类和脂类。对这两类生命大分子被整合到生命系统中所带来的可能的好处,大概可以从以下几个方面来加以推测。

合成与降解

在前面的讨论中,虽然我们提出,简单碳骨架组分在形成结构换能量循环之后,有可能在遵循结构换能量原理的前提下,经"三个特殊"各要素的不断迭代,最终自发形成以酶为节点的生命大分子互作的双组分系统,甚至还根据同样原理提出了中心法则所揭示的多肽/核酸类生命大分子的生产流水线这种组分更为复杂的特殊双组分系统迭代形式的可能形成方式。但前面的讨论,其实只提到了生命大分子的形成,本质上是生命大分子构成单元如何通过共价键连接而形成,一直没有提到生命大分子的降解。但是在现存的生命系统中,不仅存在生命大分子的合成,还存在降解。在前面的分析中,我们提到,伴随特殊组分的复杂化,可能对特殊相互作用产生正反馈的效应,从而可以解释为什么生命大分子会自发形成,并且解释以酶为节点的双组分系统存在的优势。可是,好不容易形成的生命大分子为什么要被降解呢?

要回答这个问题,恐怕需要考虑两个层面:第一,构成生命大分子的构成单元之间的共价键如何被打破,从而把构成单元或者片段从链式大分子上解离下来。第二,这种降解对维持可迭代整合子的运行能带来什么好处?

从对现存生命系统的研究结果来看,生命大分子的降解除了少数受特殊环境因子——比如紫外线对 DNA 等等——作用所致之外,绝大部分都是酶促反应的结果。那么好不容易借助高能分子利用特殊环境因子中的外来特殊能量促进了共价键的形成,而且这些被迭代的特殊组分可以为系统的运行提供正反馈效应,为什么共价键会被打破呢?一种可能的解释,就是最初的酶,或者具有催化功能的特殊组分对于共价键形成或者解体所需跨越势垒的降低效应,即催化功能,并没有特异性的分化——只促进共价键的形成,或者只促进共价键的解体。系统中的反应方向主要取决于生命大分子及其构成单元的浓度比例。具有催化功能的特殊组分的作用,只是如张凯教授所说的,催化热力学上可能发生,但动力学上不容易发生的反应。

就算接受上述浓度依赖性的大分子降解发生机制的解释,生命大分子降解能为维持演化到以酶为节点的双组分系统的可迭代整合子的运行带来什么好处呢?

这就要回到什么叫"活"的问题上了。在第三章中,我们提出结构换能量循环是最初的"活"。在这个循环中,一方面有顺着自由能梯度的 IMFBC 的自发形成,另一方面有在外来能量扰动的下的 IMFBC 的解体。一旦 IMFBC 的结构或者其所处的环境中能够产生自催化或者异催化效应,导致基于共价键自发形成的特殊组分迭代,则以结构换能量循环为起点的整合子将进入具有正反馈自组织属性的新阶段,使得这个系统具有更高的存在概率。虽然在假设存在复杂的碳骨架组分出现之后,出现了具有催化功能的特殊组分,使可迭代整合子不仅出现了相互作用的特殊组分之间的不对称性和催化功能从复合体依赖性转变为组分依赖性,形成了以酶为节点的双组分系统,使得生命大分子可以更高效地形成,甚至衍生出中心法则所描述的多肽类大分子形成的生产流水线这样的特殊双组分系统,可迭代整合子的本质,仍然是"三个特殊"相关组分的各种形式的迭代。一旦"三个特殊"中的自发形成和扰动解体及其适度的耦联无以为继,那么无论组分或者互作再怎么复杂,最终的结果只能要么是类似钟乳石或者结晶过程那种非生命系统中出现的组分不断叠加复杂过程；要么是类似风化或者溶解的复杂结构瓦解的过程。都将不再是"活"的过程。

如果上面的分析是成立的，那么就很容易看到一种可能性，即如果以酶为节点的双组分系统运行的空间中生命大分子的构成单元的数量是有限的，那么如果双组分系统的运行只能单向地指向大分子的形成，那么在经过一段时间之后，构成单元将可能都被用于大分子的形成。一旦出现这种情况，那么双组分系统将由于缺乏原料而无法维持原有的功能。我们姑且不去假设这种情况出现后的结局。另一种可能性是，如果在这个空间中，不仅有生命大分子的合成，同时还有降解，那么起码可以维持空间中总有构成单元的存在，从而总是可以维持执行生命大分子形成的双组分系统的运行。两相比较，无论催化生命大分子形成和解体的酶是不是同一种，但在系统中存在的生命大分子可以被降解，应该对维持双组分系统的运行是有好处的。

可是，如果只是这样，那不是如同小学生数学题那样，一个水龙头往水池里放水，一个水龙头往外排水，生命大分子的合成与降解陷入了一种无效循环，或者如我们在讨论演化时所提到的，在没有共价键自发形成的情况下，IMFBC 为节点的结构换能量循环不过是一种乏味的过程吗？

储能与放能

在第四章讨论演化和迭代问题时，我们曾经提到，如果结构换能量循环的节点 IMFBC 恰好具有在特殊组分相互作用的表面之外的碳键上自催化形成共价键的能力，或者 IMFBC 所在的微环境恰好有特别的组分可以帮助在特殊组分的碳键上异催化形成共价键，并形成了特殊组分的迭代，则原本乏味的结构换能量循环就获得了正反馈自组织的属性，并因此可以被迭代为具有更高形成或存在概率的整合子。从这个角度看，虽然 IMFBC 结构或者其存在环境特点是结构换能量循环出现迭代的必要条件，但这个循环本身存在却是正反馈自组织属性出现的前提。

那么对于前面谈到的以酶为节点的生命大分子互作的双组分系统中，有什么必要条件可以使得被酶催化的生命大分子合成和降解这种看似无效循环的过程对于双组分系统运行取得正反馈效应呢？

一种可能性是能量转换。在第六章讨论生命系统运行中的能量关系时曾经提到，当有催化功能的生命大分子（如酶）出现，并作为特殊相互作用的组分之一，对与其互作的另一组分发挥催化作用，造成与其互作组分上连接更多的构成单元、拼接不同片段，或者是切除构成单元、打断大分子等效应时，所需要的能量最初有可能是通过某些电子传递机制形成的高能分子所提供的。如果在某些特殊的情况下，双组分系统所在的微环境中被激发和经由电子传递的能量特别丰富，产生了大量的高能分子，此时如果没有能量储存机制，考虑到对现存生命系统的研究所揭示的这些高能分子不稳定，那么在这种微环境中所获得的能量就会被浪费掉。如果恰好此时有单糖等复杂的碳骨架组分存在，又有相应的酶利用高能分子将它们催化成为相对稳定的多糖分子，这些被高能分子所转换的环境激发能量不是可以被储存起来了吗？一旦能量被储存起来，那么由很多不同酶混合存在（在本书的语境中，一开始的结构换能量循环所假设的就是特殊组分的异质性）的双组分系统的某些成员在缺乏环境激发能量的状态下需要能量来维持运行时，就可以通过降解大分子，释放被储存在共价键中的能量来满足这些需求。从这个意义上，多糖类的生命大分子的存在，可以为维持以双组分系统为特点的可迭代整合子的运行提供一个能量储备。相比于没有能量储备的双组分系统，有多糖类生命大分子的双组分系统显然可以获得更高的稳健性。或许是通过这种途径，原本随机形成的多糖类生命大分子，就如同铁钉、牙膏皮那样，被整合到了以双组分系统为特点的可迭代整合子这口"锅"中，成为新构建的、组分更为复杂的整合子中具有功能的一个组分，而且还为维持该系统运行的稳健性做出了独特的贡献，最终成为不可或缺的一部分。

上面这种推测有多大程度与生命系统演化的实际过程相符呢？光合自养生物中存在的光反应和暗反应的关联为我们提供了一个参照系。虽然我们目前其实并不知道现存生命系统的光合自养生物中，光反应和暗反应各自是如何起源以及二者最初是如何关联的，它们的存在为多糖的能量储备功能提供了一个实际的例证。近年人工光合作用的研究表明，人们可以用化学催化剂直接将光能转变为电能，并利用电子能量放氢，利用自然界的嗜氢细菌将 CO_2 转变为稳定的二碳或者三碳分子，实现把光能转变为化学能的过程。如利用硫化镉和胱氨酸在光照下产生电子，然后由 *M. thermoacetica* 菌自身的代谢系统将 CO_2 变为乙酸，利用水光解产氢，然后由嗜氢的 *R. eutropha* 菌以氢气为养料生产乙醇（图 8-2）。这种过程虽然是人工设计的，但从原理的角度上看，为什么不可能如第七章中介绍 F. Romesberg 所做遗传密码改变时分析的那样，反映了演化早期实际发生的过程呢？

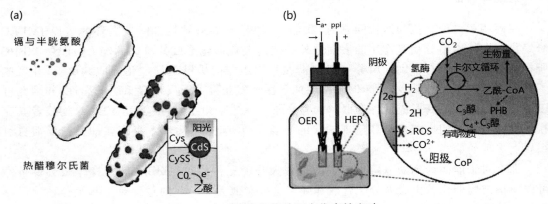

图 8-2　人工光合作用的两个代表性突破。

详见参考文献 Müller V. Microbes in a knight's armor. *Science*,351(6268)：34；Sakimoto K K,Wong A B,Yang P. Self-photosensitization of nonphotosynthetic bacteria for solar-to-chemical production. *Science*,351(6268)：74-77（A）.；Liu C,Colon B C,Ziesack M,et al. Water splitting-biosynthetic system with CO_2 reduction efficiencies exceeding photosynthesis. *Science*,352(6290)：1210.

当然，多糖类生命大分子的功能显然不只是能量储备一种。但仅此一种，就足以让这种原本与双组分系统运行无关的生命大分子被整合到可迭代整合子这一生命系统之中。既然被整合进来了，也就难免在该系统之后的迭代中，衍生出各种其他的功能。比如在细胞出现之后的支撑功能。这些，我们在之后的章节中还会再提到。

磷脂类膜与反应平台

脂类的起源是一个很有意思的问题。与蛋白质（protein）、核酸（nucleic acid）这些由 19 世纪生化学家基于复杂的研究流程而确定的物质，并不得不为它们起名字不同，脂类（fat， lipid)和糖类(saccharides)一样，都是直接由日常生活用语用作学术术语。如果要查词源的话，中文中的"脂"字在《说文解字》中的解释是"戴角者脂，无角者膏。从肉旨声"。英文中的 fat 一词的历史可以追溯到哥特人，而 lipid 则是经由法语 lipide 承接古希腊的 λτπos(lípos, "animal fat")，还是动物脂肪。一般教科书对脂类的介绍中，脂类物质的共同特征是不溶于水，或者叫疏水性。在分类方面，Campbell Biology 或者 Lehinger Principles of Biochemistry 书中都分为三类，一类是作为能量储存形式的脂肪(fat)或者油(oil)；一类是作为细胞膜主体成分的磷脂；还有一类是结构更为复杂多样的，作为信号组分的鞘脂甾醇等。

　　脂类分子最初是哪里来的？为什么，又是如何被整合到可迭代整合子中的呢？

　　有关生命起源的问题，我们前面已经介绍过达尔文的"温暖小池塘"、Oparin 的"原始汤"和 RNA world 假说。在 Life 杂志为祝贺有关生命起源研究中提出"火山热泉起源"观点的加州大学圣克鲁兹分校 David Deamer 教授八十岁生日而组织的专辑中，该专辑的主编，Deamer 的同事 Bruce Damer 撰写的一篇访谈中提到，D. Deamer 在 1975 年去发现脂质体的英国人 Alec Bangham 的实验室做学术休假时，Bangham 根据脂类分子在水中自组装成膜而具有包被效应的现象所提出的"Membranes Come First"的观点，激起了他研究生命起源的兴趣。回到他当时工作的加州大学戴维斯分校后，他通过研究发现，在特定的条件下，用在澳大利亚 Murchison 地区发现的碳质陨石(carbonaceous meteorite)中所发现的两性脂类分子的确可以自发形成膜状结构(图 8-3)。之后，他又和以色列魏斯曼研究所的 Doron Lancet 实验室合作，提出了生命起源的 Lipid World 观点。在 D. Lancet 和他的同事撰写的一篇基于从土卫二(Enceladus)附近采集的喷射物的质谱分析数据进行生命起源理论比较的论文中，从五个方面论证了脂类在生命起源的最初阶段应该扮演关键作用。其中有比较确定的证据支持的有三条：第一，在地外星体中确实发现有两性的脂类分子存在。这表明这类分子可以不依赖于地球生物，而由其他方式形成。第二，脂类分子有催化活性。因此它们可以在具有催化功能的大分子如多肽或者 RNA 出现之前就对自身或其他复杂大分子的形成发挥催化作用。第三，脂类分子可以自组装形成囊泡，并可以分裂等等。

　　那么，这些证据和假说，对我们这里要讨论的脂类分子如何被整合进以酶为节点的双组分系统有什么关系呢？在我看来，最重要的有两点：第一，催化活性；第二，成膜功能。

　　就催化活性而言，从前面对双组分系统的介绍中可以看出，可迭代整合子发展到这个节点最重要的一个提高稳健性的优势，就是生命大分子的合成和降解可以由酶通过催化而完成。如果在双组分系统存在的空间中有具有催化功能的脂类分子存在，或许可能从不同的方面辅助或者强化酶的功能，从而提升双组分系统的稳健性。

　　而脂类分子整合到双组分系统最重要的效应，可能是它的成膜功能。从前面提到的 A. Bangham、D. Deamer 和 D. Lancet 等人对脂类分子功能的研究和描述来看，有两点大概是可以确定的：第一，脂类分子的出现，最初是不依赖于酶的；第二，只要有两性脂类分子出现，在有水的情况下，这些分子就会自发形成双层膜或者是脂质体。由于我们在第五章中提到水是生命系统的"三个特殊"中的特殊环境因子，是生命系统的构成要素，在双组分系统存在的空间中，水是一个被默认存在的组分。在这个前提下，只要有两性脂类分子出现在双组分系统存在的空间中，就有可能自发形成或者开放或者闭合的膜！这种膜的出现对双组分系统的运行会产生什么效应呢？

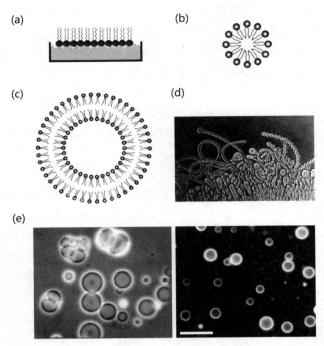

图 8-3　受脂质体启发,发现碳质陨石中的脂类物质可以自发形成囊泡。
(a) 磷脂在水面上的排列;(b) 磷脂分子亲水端和疏水端分别聚合;(c) 磷脂在水中
自发形成双层膜的脂质体;(d) 磷脂分子遇水时出现的髓鞘样结构;(e) 碳质陨石中
脂类分子溶水后自发形成的囊泡。

　　从现存生命系统的研究结果推测,起码可以产生两种效应:第一,作为蛋白质的附着平台。假设在以水为媒介的状态,酶这种特殊组分应该是作为溶质而存在的。它们要与作为其底物的其他特殊组分互作,就存在一个相遇的概率。如果其中一个组分的位置是相对固定的,应该可以把互作的两个组分移动的自由度减少一半,从而增加两个组分相遇的概率。另外,如果不同的酶促反应的底物和产物之间存在上下游的关联,且不同的酶能位于相邻之处,应该可以提高级联反应的效率。再有,如同前面提到的高能分子形成过程中光激活电子的传递,如果不同的电子传递组分能毗邻排列,显然可以提高电子传递效率。从现存生命系统的特点看,能作为蛋白质附着平台的,除了第六章中提到的生命大分子复合体之外,好像就只有两性脂类分子自组装形成的膜了!这个现象说明,膜在为蛋白质发挥协同功能所需的聚集提供平台方面,具有不可替代的优势。在地球上现存的最古老的蓝藻类原核生物中,细胞内虽然没有真核生物所含的细胞器,但仍然拥有片层状膜结构(图 8-4)。从作为反应平台的效应上,作为膜组分的脂类的出现,显然可以为双组分系统的高效运行,包括各种能量传递组分关联以及与相关酶的关联,提供前所未有的贡献。如果的确如此,脂类被整合到可迭代整合子中,成为一种全新的构成要素就有了足够的理由!

　　与作为蛋白质附着平台这个解释中作为电子传递载体串联功能相关的,有一个值得一提的说法,就是英国著名生物学作家 Nick Lane 对生命起源的一种看法。他的基本逻辑是,按照薛定谔以负熵增加来定义生命的前提,自组织过程一定需要耗能。能量从哪里来呢? ATP。ATP 从哪里来呢?他引用了诺贝尔奖得主 P. Mitchell 有关质子梯度驱动 ATP 形

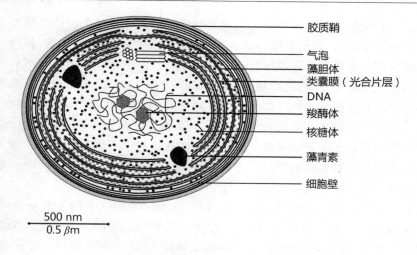

图中标注（从上到下）：胶质鞘、气泡、藻胆体、类囊膜（光合片层）、DNA、羧酶体、核糖体、藻青素、细胞壁

500 nm
0.5 βm

图 8-4　蓝藻细胞内片层状膜结构。
图引自 Cyan-bacteria（cronodon.com），由赵进东教授馈赠。

成的化学渗透说作为依据，提出只要有膜，就能产生质子梯度，就能产生 ATP。虽然这个说法忽略了化学渗透说中质子梯度驱动 ATP 形成需要结构非常复杂的 ATP 酶，但同时高度评价了自组织形成的膜在生命起源中的作用。

第二，成膜功能对于可迭代整合子的存在与迭代还有一个更为重要的效应，就是把双组分系统包被在由双层膜形成的囊泡内，形成一个相对封闭的反应空间。细胞是一个典型的例子。有关细胞的形成问题，我们将在下一章专门讨论。在这里先借一位名人的光环，提醒大家注意这个说法可能不是无稽之谈。这位名人是前不久刚刚去世的、被称为爱因斯坦之后 20 世纪最聪明的科学家的 Freeman Dyson。他曾在 1999 年以 *Origin of Life* 为书名，发表了他有关生命本质及其起源的思考，提出了一个有关生命起源的"垃圾袋模型（Garbage-bag Model）"。在这个模型中，他认为生命起源之初，最早出现的应该有膜类构成的膜包被而成的囊泡，类似垃圾袋，包被一些随机形成的有机分子。他的这个想法，应该是借鉴了 A. Bangham 提出的"Membranes Come First"的观点。但其他研究者有关脂类重要性的观点能入这位聪明人的法眼，起码说明脂类的包被效应在逻辑上对于生命系统的发生与演化的作用应该是值得重视的。

如同前面的各种假设一样，上面的分析中，很多节点都基于前人的实验，或者可以设计实验来检验。如果这些推理是成立的，那么我们可以发现，作为储能和结构组分，或者是作为反应平台或者是包被功能，多糖和脂类可以从不同方面对提高双组分系统的运行稳健性做出不可替代的贡献。无论它们最初是如何起源的，一旦被整合进双组分系统，它们就推动了双组分系统的迭代，并在所迭代形成的新的组分更复杂的整合子中，承担独特的功能，成为这种新的组分更复杂的可迭代整合子中不可或缺的组分。

A. -L. Barabasi 的 *Linked*

上一节的分析，为非酶蛋白、非模板核酸类的生命大分子为什么被整合到以酶为节点的双组分系统这个可迭代整合子中，成为新的、组分更为复杂的整合子中不可或缺的组分提供了可以用实验检验的解释。可是解释了不同类型的生命大分子对于维持双组分系统的稳健性所可能做出的贡献之后，并没有解释这么多新的组分加入这个系统之后，新的可迭代整合子是如何被整合在一起而实现有效运行的。虽然新组分由于其可以增强双组分系统的稳健性而被整合到这个系统中，但它们的加入，也为新的系统带来了原来的双组分系统所不曾具备的要素和属性。有这些新的组分作为不可或缺组分、发挥不可替代功能的系统，就不能再被简单地视为是原有的以酶为节点的生命大分子互作的双组分系统了。显然，以双组分系统为特点的可迭代整合子由于这些组分的加入而被迭代到了一个新的阶段。进入这个新阶段的可迭代整合子具有哪些新的属性呢？在探讨这一问题之前，先为大家进一步介绍之前在本书前言中提到的龙漫远教授的研究工作。

龙漫远教授在美国加州大学戴维斯分校师从 Thomas Morgan 的再传弟子、著名遗传学家 C. Langley 就读博士研究生期间，因发现被他命名为"精卫"的新基因而成为新基因研究领域的开创者。在美国哈佛大学师从 W. Gilbert 和 R. Lewontin 完成博士后深造之后，在芝加哥大学的生态与演化系（Department of Ecology and Evolution）建立了新基因研究的前沿重镇。从 1993 年"精卫"基因在 Science 上发表，到 2013 年应约在 Annual Review in Genetics 和 Nature Review in Genetics 这两份国际顶级专业综述杂志上发表有关新基因研究综述的 20 年间，他的实验室不仅确定了自然界中存在新基因产生这个现象，而且了解了新基因产生的机制，并确定了新基因产生是生物演化中一种重要的驱动力。可是，此时又产生了新的问题，即新基因的功能是如何形成的。这个问题的由来其实不复杂：新基因是以新的核酸序列形式出现的，但基因的功能是以其所编码的蛋白质来实现的。在新基因出现之前，"老基因"所编码的蛋白都有其互作对象而发挥特定功能。新基因所编码的蛋白出现后，和谁去互作，从而形成生物学功能，并最终在演化过程中被选择而保留下来的呢？他与当时在苏州大学的沈百荣教授合作，通过对人类和小鼠新基因及互作蛋白的分析，发现新基因先是在既存基因互作网络的边缘，随着演化过程，逐渐会形成新的基因网络的节点，从而形成新的基因网络、产生新的生物学功能，驱动性状的演化（图 8-5）。这一工作为解释新基因如何形成新的生物学功能提供了一个非常具有说服力的视角。

2016 年，在一次他到北京的访问中，我和他聊起我实验室从基因表达网络的角度解析水稻雄蕊发育过程调控机制的工作。我同时也向他提到了我的一个困扰，即我所谓的"基因表达网络"基本上是依赖于数学方面的合作者的分析，我自己对"网络"的概念知之甚少。他很认同我从基因表达网络来解析发育过程的想法。对于我的困扰，他向我介绍了他实验室当时最新的新基因如何整合到基因网络中的工作。不仅如此，他还告诉我，他们从基因网络重构的角度解释新基因的生物学功能形成机制的想法，受到美籍罗马尼亚裔科学家 A.-L. Barabasi 所提出的"网络科学（network science）"的启迪，并向我推荐了 Barabasi 一本出版于 2002 年的小册子 Linked 作为入门读物。

孤陋寡闻但求知心切的我马上找来这本书仔细读了起来。好在这本书不长。以 15 个"连接（link）"作为章节。前九章介绍了网络的基本属性和原理，后面 6 章则是利用这些基本属性和原理来分析不同的现象。在前面九章中，作者深入浅出地介绍了什么是网络；网络的节点是如何形成的；随机分布（random distribution）和幂指数分布（power law distribution）的区别（图 8-6）；网络的"增长（growth）""偏好性接触（preferential attachment）"和"适合度（fitness）"等三个属性；以及无标度网络（scale free network）的稳健性（robustness）与脆弱性（vulnerability）。由于我的数学功底很差，因此只能从概念层面上来试图理解网络的问题。

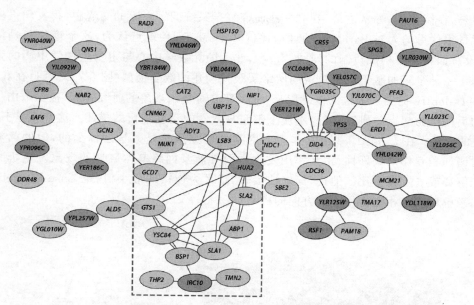

图 8-5　新基因整合到原有基因网络、造成基因网络改变的案例。

灰色椭圆代表原有的基因（其中字母代表不同的基因），红色椭圆代表源自基因复制的新基因，蓝色椭圆代表源自非基因复制的新基因。连线代表基因之间的相互作用而形成的网络。橙色的虚线方框表示两个新基因加入而形成的新的子网络；绿色的虚线方框表示一个原有的基因会通过三个步骤而和11个新基因形成关联。图引自 Long M，VanKuren N W，Chen S，et al. New gene evolution：Little did we know. *Annu. Rev. Genet.*，47：307-333.

从这个层面上，我感到 *Linked* 一书的确为我们观察自然界，尤其是生命系统这类复杂现象提供了一个很好的视角和有说服力的解释。

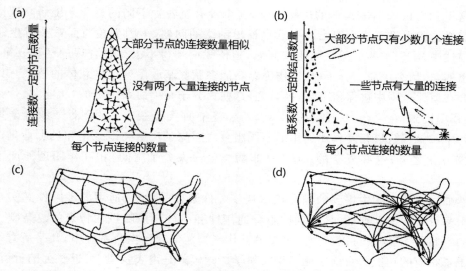

图 8-6　随机网络和无标度网络示意图。

（a）随机网络中元素/节点分布的频率，以及节点与连接之间的关系表现为钟形曲线（或者称为正态分布）；（b）无标度网络中，绝大多数元素/节点只有极少的连接，形成具有大量连接的枢纽，节点和连接的关系呈幂指数分布；（c）随机网络的分布类似国家高速公路系统；（d）无标度网络的分布类似航空网络系统。图引自 Brabasi 的 *Linked* 一书。

　　但是,在读了 *Linked* 之后,在和一些研究复杂系统问题专家的交流中,我发现很多数学物理背景很优秀的人对 Barabasi 的理论评价并不高。一种观点认为,这个理论只是描述性的,并没有回答网络构成机制的问题。最近,北大国际数学中心与定量生物学中心的张磊教授提出了一种全新的基于能量景观的网络层级式构建的数学模型(图 8-7)。可是在我看来,自从 Bertalanffy 提出系统论的概念以来,绝大部分对复杂现象的研究,除了极少数由化学或者生物反应作为起点的研究之外,本质上都是从数学的角度进行的描述。这并不是 Barabasi 一个人的问题。在 *Linked* 一书中,作者对网络的研究虽然是数学层面上的,但的确努力尝试了对诸如相互作用偏好性、相互作用发生方向等涉及网络基本属性的现象发生机制提出可能的解释或者定义。比如他把"偏好性接触"定义为连接取最小值;把 Bose-Einstein 凝聚态搬出来解释决定相互作用方式方向的机制。

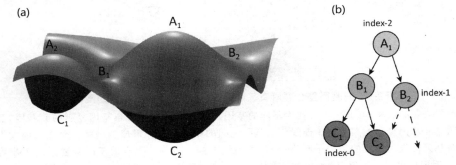

图 8-7　基于能量景观原理而构建的网络系统示意图。
(a) 能量景观图;(b) 以高能量点为起点(A1)向低能量点(C1、C2)自发形成的关联途径(经由 B1、B2 中介)。详见 Yin J Y,Wang Y W,Chen J Z Y,et al. (2020). Construction of a pathway map on a complicated energy landscape. *Phys. Rev. Lett.*,124:090601.

　　在这里我们讨论 Barabasi 的网络科学,完全没有对各种不同的复杂系统研究理论妄加评论的意思。我也没有这个能力。在这里提出网络的问题,是因为在前面章节对生命系统迭代的描述中,出现了两个无法回避的问题,迫使我们不得不去寻找合理的解释。第一,上一节提出的,非酶类生命大分子(除了作为有功能多肽氨基酸序列记忆载体的核酸)出现后,为什么会在演化过程中被保留下来,换言之,这些大分子在生命系统中的"功能"是什么?第二,上一章中提到,在复杂——不仅是结构复杂,还有种类复杂——的碳骨架组分聚集在一起的空间中,碰撞随机、相互作用通用的不同组分之间除了产生类型分化和具有催化作用的酶的功能分化之外,这些复杂的(尤其是非酶类生命大分子之间)相互作用还能产生什么后果?

　　虽然如同在第一章中提到的乐高积木从零配件开始的拼法,通用的零配件其实是可以拼出无限多可能的模型那样,具有互作组分通用性和组分碰撞随机性特点的复杂碳骨架组分聚集的空间中,其实也可以产生无限多的互作产物。但现存生命系统中,几乎所有的组分都被赋予了相应的功能。目前主流的生命科学探索模式是由表及里、由近及远的拆解式,去追问每一个/类组分(零配件)在既存的生命系统(比如细胞)中的功能是什么,为什么要有这样的功能。而本书所采用的生命系统探索模式则是从假设的结构换能量循环开始,遵循一个简单的结构换能量原理,由远及近地整合,根据基于现存生命系统中发现的一些现象为证据,一步一步地推理出复杂的生命大分子可以在满足"三个特殊"所需条件下自发形成,结果出现了上面提到的这些生命大分子出现之后有什么用以及它们之间的相互作用会产生什么后果的问题。把两种探索模式放在一起加以比较,很容易出现一个虽然简单但难以拒绝的结论,即本书整合式逻辑中推理出的自发形成的复杂生命大分子,是以主流生命科学由近及远的拆解式分析所发现的复杂网络组分的形式,在演化过程中被选择而保留下来的。如果这个结论是可以接受的,那么两个问题随之而来:第一,目前主流生命科学研究所发现的复杂网络系统的特征和属性是什么;第二,本书逻辑中推理出的自发形成的复杂生命大分子是如何形成既存生命系统中所看到的复杂网络的。

Barabasi 认为,他找到了既存生命系统复杂网络的描述方式和基本属性。如果他所提供的答案是成立的,那么他的"网络科学",或用他的简单表达,即"无标度网络"就回答了上述第一个问题。显然,不认同他的研究结论的人会提出其他的观点。但对于上述第二个问题,显然不能停留在数学符号关系的定义或假设上,必须落实到特定的实体存在上。因为说到底,我们所研究的生命系统(我们人类自身也是其中的一部分)是特殊组分——碳骨架组分——在特殊环境因子参与下的特殊相互作用。我们可以用符号来描述这种"三个特殊"某些属性,但不能把"三个特殊"完全化为简单的符号关系。从这个角度,本书前面所提到的可迭代整合子的各种迭代形式,不是恰好回答了不同复杂程度的组分彼此之间形成了什么样的相互作用,然后又产生了哪些迭代效应,从而驱动整合子的迭代的吗? 其中,第三章结构换能量循环中代表低势阱(吸引子)的 IMFBC 为 Barabasi 网络理论中的偏好性接触提供了一个实体模型;第四章中的正反馈自组织解释了网络的"生长";而第六章中提到的源自特殊环境因子的电子激发被整合到可迭代整合子的"三个特殊"中而产生的能量梯度,则为节点互作方向的发生或者决定提供了实体存在的解释。而整合子的稳健性,不就是 Barbasi 网络理论中的适合度[其实从环境因子是生命系统构成要素的角度,更合适的表述应该是"适度"(appropriate),而不是 fitness]吗? 当然,有一点不同之处,如果把适度作为偏好性接触的结果,那么在"生长"属性(其实就是正反馈自组织)的驱动下,网络应该具有可复制性(reproducibility)。用可复制性来替换基于"生物—环境"二元化分类语境下的"适应",应该可以更好地反映无标度网络的基本特征。

如果上面的思路是合理的,那么,我们就可以借 Barabasi 所提出的生命系统复杂网络的一些基本属性,来探讨具有多元化生命大分子的可迭代整合子具有哪些具体的存在形式。

生命大分子网络Ⅰ：生命大分子合成与降解网络

Barabasi 为他用来介绍其网络科学的书取名 *Linked*,我想他可能是希望强调,"连接"(link)作为网络的基本构成单元的重要性。连接的最简单的形式是什么? 两个点之间的关联。两个点之间关联的实体是什么? 无非是两个要素:第一,"点"是什么;第二,关联的机制是什么。在这个世界上,存在各种各样的网络。从整合子生命观的角度看,从结构换能量循环开始,无论是假设的红球蓝球之间的特殊相互作用,还是以酶为节点的生命大分子互作的双组分体系,到本章为止我们所讨论的生命系统的现象,其本质不都是两个"点(以碳骨架组分为核心,当然对于生命大分子而言,其主体形式其实是链)"之间的相互作用吗? 本章开篇提出的从中心法则这条生产流水线"下线"之后的蛋白质(包括酶),去到哪里、和谁互作、互作结果如何的问题,以及后面提到的四大类生命大分子如何关联或者整合成为一个动态系统这些问题,背后的答案会不会就是 Barabasi 网络的实体形式呢?

与 Barabasi 等数学家讨论生命系统时经常使用的把生命大分子质点化的处理方式不同,我认为在理解生命大分子网络特点时,必须考虑"三个特殊"各自的特点,不能把高度异质性的生命大分子、复杂的相互作用和高度动态的环境因子简化为抽象的质点来处理。如果我们将生命系统中相互作用的"点"和两点之间关联的机制(或者纽带)基于目前已知的生物学知识加以归纳,我们可以发现,对于"点",即生命大分子,或者说是"组分"(其实还包括作为生命系统构成要素的各种环境因子)而言,有以下三个共同特点:

组分的群体性、通用性、异质性。

组分的通用性在讨论双组分系统时已经提到过。对这一点,学过一点中学生物有关代谢知识的读者都很容易理解。但通用性并不等于同质性。尽管碳原子可以形成 4 个共价键,具有通用性的基础,但在生命系统中不同形式的碳骨架大分子的存在,包括我们前面对多肽、核酸、多糖和脂类分子属性的讨论,说明异质性是生命系统自发形成与迭代的前提。否则,生命系统就和漩涡、钟乳石乃至结晶没有区别了。在三个特点中,最重要,而且是最容易被忽视的,其实是群体性。从之前提到的乐高积木拆解策略的视角,人们很容易以为模型的零配件就是为模型而准备的,从而很难摆脱设计论或者创造论的思维。这也就是居维叶漩涡给人启示的地方:这个世界上一定是先有水,有足够多或者说"过量"的水,才会有漩涡,但水并不是为了漩涡而存在的。对于整合子而言,自由态存在的组分一定要多于参与整合子自发形成和扰动解体过程中所需要的量,组分最初并不是为了复合体的形成而出现的。这就是群体性。

那么对于两点之间关联的机制(或者纽带)呢?在前面的章节中,我们已经提到过在碳骨架组分互作形成结构换能量循环之后的各种"三个特殊"迭代过程中,除了作为最初出现和无所不在的分子间力之外,还有共价键、电子得失,包括离子键的原子、分子之间的相互作用等等。正是这些互作构成了"点",在生命系统中就是各种生命分子(各种链式大分子和包括高能分子的小分子)与其他"点"之间的互作。同样,基于目前已知的生物学知识加以归纳,我们可以发现对于点与点之间的互作,也可以发现以下三个共同特点:

互作的随机性、多样性、异时性。

互作的随机性是相对于群体性的组分而言。我在读 C. Cockell 的 *The Equations of Life* 一书之前,从来没有意识到这一点。或许这是我在学习生化时,对不同的反应分门别类讨论,而且强调定量关系所形成的思维定式。其实,稍微思考一下化学反应过程,分子间的相遇本质上可不就是一个随机过程吗?多样性除了上述不同化学键的参与,也是组分通用性和异质性的结果。这一点不难理解。至于异时性,其实也很容易理解。我们知道不同化学反应的反应常数是不同的。如果不同的组分混在一个空间中,它们之间的互作,显然不可能是同步的。而且,考虑到生命大分子合成和降解过程中不同连接之间的迭代,即前一个反应的产物成为后一个反应的底物,异时性的存在是无法回避的。只是这个特点我在动手写这本书之前从来没有意识到。这大概也是生化教科书对不同反应分门别类的讨论多了,包括我们在研究工作中必须对所检测的反应构建一个纯化的系统、很少考虑细胞内实际上是一个混杂的空间,给我留下的思维定式吧。

考虑了组分的群体性、通用性、异质性,和互作的随机性、多样性、异时性,我们可以开始分析生命大分子合成和降解的网络。

以酶为节点的自下而上的子网络

从上面所分析的以酶为节点的双组分系统及其产物生命大分子两者的特点来看,双组分系统的特点是动态的,即不对称组分,酶与其互作的大分子组分之间的互作是基于分子间力,而且处于动态的结合和分离过程中的,可是作为其产物的生命大分子的存在相对是稳定的。无论是多肽(包括酶本身)、核酸,还是多糖和脂类,它们各自的存在时间与酶反应时互作组分之间的相遇与解离时间显然不在同一数量级上。考虑到以酶为节点的特殊组分之间在特殊环境因子参与下的特殊相互作用与互作产物稳定性的差别,这个新的系统存在状态将有三种可能：第一,生命大分子的稳定时间远大于导致其形成的互作发生所需要的时间,而且也一定程度上大于其降解所需要的时间；第二,生命大分子的稳定时间远大于导致其互作发生所需要的时间,但等于或小于其降解所需要的时间；第三,生命大分子的稳定时间小于导致其形成的互作发生所需要的时间,同时也小于其降解所需要的时间。这三种可能性各自会产生什么后果呢？

显然,在第三种可能性中,大概不太可能有生命大分子的有效形成,也不可能有稳定存在。这个系统因此也无法持续存在。在第二种可能性中,生命大分子倒是可以有效形成,但很难稳定存在。或者即使存在,也很难被迭代,因为生命大分子的降解速率大于其形成速率,所形成的大分子没有多少时间发挥其功能。剩下的就只有第一种可能。可是第一种可能性会产生一个结果,即在这个系统中,生命大分子的存在会出现一个正反馈效应,即在作为零配件的组分供给不受限制时,各类分子的数量会越来越多。虽然从功能上这些分子可以从不同的角度增强双组分系统的稳健性,但在这样的系统中,作为双组分系统产物的生命大分子将从数量上超越作为节点的酶,成为整个系统中的主要成分！在这个系统中,其他种类的生命大分子的种类和数量姑且不说,仅就蛋白质种类而言,国际权威蛋白质数据库 Uniprot 记录在案的人源蛋白质共有 20 356 个,其中被人工注释为酶的只有 4345 个。

如果上面的分析是成立的,那么维持这个系统运行的关键,就是在维持双组分系统运行稳健性的基础之上,维持不同类型组分在类型与含量上的有效关联与平衡。考虑到组分,尤其是各种组分形成过程的中间产物的复杂性,这种系统该怎么描述和怎么分析其内在规律呢？就人类目前对自然的认知能力,大概网络就是可以与之对应的最简单的观念。人们可以用各种不同的网络理论来描述和解释这个系统。但我觉得 Barabasi 的非标度网络理论比较容易与现在需要处理的复杂系统的特点相对应。比如作为他的网络理论前提的幂指数分布所依据的互作的偏好性接触,可以与以酶为节点的双组分系统的不对称性和反应特异性相对应；其对网络属性中的生长属性,就与可迭代整合子的正反馈自组织的属性相对应；而其中的适度属性,也可以与特殊相互作用的稳健性相对应。从这个角度看,大概可以解释为什么尽管只是描述性的,但 Barabasi 的网络理论可以在相当程度上表述生命系统复杂的相互关系。反过来看,把任何网络理论中都不可或缺的"连接",比如 Barabasi 语境中的 link,即相互作用对应到以酶为节点的双组分体系中"特殊组分的特殊相互作用"上,这种相互作用是可以被定量化的,比如测定组分的浓度,互作速率,催化的效率等等。而且,对于在 Barabasi 和其他网络的数学描述方法中人为定义的语焉不详的 link 的本质或者形成机制,一旦将其实体化到特殊组分的特殊相互作用上,就可以根据结构换能量原理来解释。完全不需要引用 Bose-Einstein 凝聚态来解释 link 形成的趋势。

　　虽然,由于生命大分子的复杂性以及对它们之间的互作目前知之甚少,很难得到定量分析所需要的参数,但长期来看,从网络的视角来描述和解释加入了大量非酶蛋白、非模板核酸类生命大分子的系统,不仅从概念层面是可行的,而且回归到实体存在层面的三个特殊层面上也是可行的。只是需要更多的人来参与这个复杂系统的解析过程。如 D. Deamer 在 B. Damer 对他的访谈结束时引用他自己的博士导师经常告诉他的话所做的结束语:"The harvest is plentiful, the workers are few"。

　　上面的分析表明,我们可以用网络来概括以酶为节点的生命大分子的合成和降解的代谢过程之间的关联方式。可是,本节标题中的"自下而上"所指为何? 在这里,所谓自下而上,主要是强调在以大量异质性组分共存的混杂空间中,以酶为节点的互作主要取决于反应底物和产物的状态。网络是由一些自发的随机过程整合而成。相比于下一小节我们将要讨论的由中心法则所描述的以 DNA 为枢纽的多肽生产流水线,这种自发的随机过程整合而成的过程具有自下(各个自发的随机过程)而上(网络)的特点。

以 DNA 为枢纽制约的多肽生产流水线的自上而下的子网络

　　为什么把以 DNA 为枢纽制约的多肽生产流水线称为自上而下的子网络呢?

　　上一章提到中心法则时,最后给出的结论是,中心法则所描述的过程,为包括酶在内的多肽的形成提供了一条模板拷贝形式的高效生产流水线! 在本章开始时,提出了从这条生产流水线上"下线"的作为特殊组分的酶和其他蛋白质去哪里、与谁互作、互作结果如何的问题。前面的分析为这些问题提供了一种解答,即这些特殊组分,尤其是酶与其他组分之间的互作形成了维持整合子高概率存在和高效运行的自下而上的子网络。可是,作为这种自下而上的子网络的节点的酶是从哪里来的呢? 答案就又回到第七章讨论的内容——被记忆在 DNA 模板上的功能蛋白的信息,以及这些信息被生产流水线加工的过程,也即中心法则所描述的过程所控制。

　　按照中心法则的表述,从 DNA 到多肽的模板拷贝的生产流水线,用一个专业术语来说,就是基因表达。所谓的基因,一般指带有特定信息的 DNA 序列。在很多情况下,所谓信息,常常指与多肽中氨基酸序列存在对应关系的核酸中的碱基序列。所谓表达,一般指先以 DNA 为模板合成 mRNA,然后再以核糖体为平台,按照 mRNA 所携带的碱基序列信息指导多肽合成过程中氨基酸序列的形成。与以酶为节点的生命大分子互作,或者酶促反应不同,基因表达的过程不是基于底物和产物的状态并基于随机碰撞发生的,而是受到非常复杂的调控的。所谓调控,就是被记录在 DNA 上的信息的表达过程在时空量上形成维持系统自身运行的状态。

　　尽管基因表达是受到调控的,可是中心法则所描述的,最终不是多肽的生产流水线吗? 怎么成了自上而下的子网络了呢? 考虑到一个 DNA 分子上可以记录多个多肽的序列信息——人类有 23 对染色体,每一条染色体包裹了一个 DNA 分子。人类基因组中所编码的 20 000 到 25 000 个左右的基因(上一节提到,在 UniProt 数据库中记录在案的人源蛋白为 20 356 个,但实际存在的蛋白质数量及各种修饰形式远不止这个数),就分布在这有限的 46 条染色体所包裹的 DNA 分子中。在过去几十年中,不知道花费了多少金钱和研究者的聪明才智开展的有关基因表达调控的研究,逐步发现不同基因的表达调控通常都由不同层级的机制实现。在 20 世纪 80 年代,人们发现在 DNA 编码区的上游,存在一些 DNA 片段供那些催化转录的 RNA 合成酶结合,启动转录过程。这些 DNA 片段被称为启动子。到了 20

世纪 90 年代，基因表达调控的关注重点转移到帮助 RNA 合成酶结合的其他蛋白，被称为转录因子。2000 年前后，人们又发现，除了启动子和转录因子对 RNA 合成必不可少，染色质上 DNA 分子的修饰和作为染色体组分的核小体单元的组蛋白的修饰，也发挥重要作用。2010 年之后，又发现染色质的空间结构也是重要的 RNA 合成影响因子。这还只是中心法则所描述的从 DNA 到 RNA 的步骤，还没有涉及 RNA 合成出来之后的修饰、从 RNA 到蛋白质的翻译过程以及蛋白质合成出来之后的修饰过程。基于这些发现，很明显，尽管从多肽生产的模板拷贝过程来看是线性的过程，我们将其称之为"生产流水线"，但这个过程的调控，其实是在不同层面上发生的、相互影响的、非常复杂的过程。因此，人们常把这个调控过程称为基因表达调控网络。由于整个过程是以 DNA 为中心的——无论是启动子、转录因子、染色质乃至染色质空间结构，通过这种调控网络最终决定包括酶在内的多肽的种类、数量及合成时间，我们将这种基因表达调控网络称为以 DNA 为枢纽的多肽生产流水线的自上而下的子网络。这里的"上"和"下"指决定酶的形成的生产流水线的"上游"和"下游"，即"图纸"和"产品"。

中国有很多谚语或成语来描述蝴蝶效应（在上游微小的调整可以对下游事件产生重大的影响）。比如"四两拨千斤""打蛇打七寸"。但我一直没有找到特别贴切的成语来描述以 DNA 为枢纽制约多肽生产流水线而形成的对以酶为节点的自下而上的子网络的控制。正是由于控制了酶这个节点的形成，现存生命系统中实际运行的网络虽然从起源上经由一系列随机过程被逐步迭代而成，不需要任何设计，但在运行上却表现出高度的有序性。从这个意义上，中心法则对于我们理解生命系统的本质与运行规律的影响是怎么评价都不为过的。正是由于这一点，目前在研究工作中，基于中心法则而构建基因与性状之间的关系在一定范围内仍然是一种行之有效的策略。

生命大分子合成和降解网络的构建中心是酶

基于上面几小节的分析，结合第六章所讨论的内容，我们可以发现一种简单的关系：第一，已知的几大类生命大分子的合成与降解，都是以酶为节点的生命大分子互作的双组分系统的产物（对于核酸和多肽而言，是更复杂的多组分系统）；第二，酶是中心法则描述的以模板拷贝为模式的多肽高效生产流水线的产物；第三，中心法则所描述的多肽生产流水线的运行，即基因表达，受到以酶在其他不同类型蛋白质（比如转录因子）参与下的调控。从这个角度看，在由生命大分子作为节点互作而形成的网络中，哪一种组分在扮演中心的角色？是酶，还是 DNA（或者基因）？

从遗传的角度，显然是基因——毕竟，在现存生命系统中，任何一个细胞乃至个体，其区别于其他细胞乃至个体的特征，最初是由基因决定的，因为基因是遗传信息的载体。

但是，从"活"的生命系统的起源和运行的角度，尽管在现存生命系统中酶是以中心法则所描述的模板拷贝模式高效生产的，但最初的酶，即广义的具有催化活性的生命大分子（包括核酶）却可以有其他的产生方式。模板拷贝模式应该是在现存生命系统形成早期的混沌初开阶段各种具有催化活性的生命大分子形成方式中的一种，只不过因为其高效而在演化过程中被保留至今。否则，我们只能陷在基因和蛋白质之间究竟是"先有鸡还是先有蛋"的纠结之中。并且，如果前面章节中有关生命系统的"活"的本质的讨论，即以结构换能量循环来定义"活"是成立的，那么酶作为"三个特殊"运行中生命大分子互作的特殊节点，它不仅具有催化其他生命大分子合成和降解，而且将不同类型的生命大分子关联在一起形成网络的功能,本身也是作为"三个特殊"运行构成要素的特殊组分中的一员。从这个角度看,酶,而不是 DNA(或者基因),才是生命大分子合成和降解网络构建的中心。

上面这个结论对于当下主流生物学观念体系而言,是有一点反直觉的。毕竟,如本书前面不同地方提到的,基因中心论是当下生物学观念体系中的主流。我自己在研究工作中所关注的也都是基因表达调控中的转录因子以及其他的修饰因子。但跳出自己研究的具体实验,从更大的视角看,要跳出基因和蛋白质之间"先有鸡还是先有蛋"的纠结,回归生命系统自发产生的信念(在这个问题上,目前人们只能谈"信念",因为没有足够的证据做结论。我们只能在逻辑推理基础上选择相信生命系统是自发产生或者是设计产生),我们不得不从源头思考什么是"活",什么是演化的问题。而在以结构换能量循环为起点的整合子生命观的视角下,之前的推理只能衍生出上面的结论,即酶是生命大分子合成和降解网络构建的中心——它不仅是自下而上的子网络的关键节点,还是自下而上和自上而下两个子网络关联的关键节点。

生命大分子网络Ⅱ:生命大分子复合体聚合与解体网络

需要指出的是,就目前对现存生命系统的了解而言,生命大分子的合成和降解只是生命系统运行的一部分。生命大分子被合成出来之后以什么形式存在?这个问题,其实可以类比于乐高积木的零配件生产出来后以什么形式存在。就目前的了解来看,生命大分子中,很多是以复合体的形式存在,比如膜、染色体、细胞骨架、作为蛋白质合成场所的核糖体、作为蛋白质降解场所的泛素复合体,还有更复杂的呼吸过程的电子传递链和光合过程中的光反应中心和电子传递链等等。这些不就是细胞结构吗?

下一章我们会开始讨论细胞。但相信我们的读者对细胞是有基本概念的。中学生物教科书上对细胞的标准定义是:细胞是生物体结构与生命活动的基本单位。在这个定义中,结构和生命活动是两个独立要素。这种定义方式是在早年对人类感官辨识范围内的多细胞生物为对象的研究过程中形成的。对一个多细胞生物而言,我们可以说细胞是其结构的基本单位。可是对一个单细胞生物而言呢?结构所指为何?在过去一百多年研究者们锲而不舍的努力下,人们发现细胞中所谓的结构,不过是生命大分子的复合体。而生命活动也不过是生命大分子的合成与降解、生命大分子复合体的聚合和解体、生命大分子在一定空间中的移动或者变构,以及生命大分子之间以各种不同化学键为媒介的相互作用。

在第六章中,我们已经提到过生命大分子复合体,还提到近年由于技术的发展,人们开始对生命大分子复合体聚合和解体的动态过程及其机制开展研究。虽然对这些过程的机制目前了解不多,但就研究过的案例来看,生命大分子复合体的聚合和解体,很可能类似蛋白质折叠,是基于能态而自发出现的,尽管类似酶促反应,热力学可能的过程在动力学上需要高能分子的协助。我们在这里重提生命大分子复合体的聚合与解体,是从更大的尺度上,关注不同复合体之间在功能上的关联。比如光合作用中,捕光色素、光反应中心、ATP酶等都是由不同生命大分子作为组分形成的复合体,尽管人们可以将它们分离出来分别加以研究,但只有它们以合适的方式被组装在一起时,才能表现出其以光量子为动力解体水分子,并把水分子解体时释放出的电子转为 ATP 的功能。在这个尺度或者视角下,生命大分子复合体不仅是一种作为细胞结构的静态存在,更重要的是,它们之间实际上是一种以小分子(甚至是电子)作为连接的功能层面的网络。而这种功能,就是有关细胞定义中的生命活动。换言之，在单个细胞层面上，传统上所谓的生命活动，在生命大分子的合成与降解之外，另外一个重要内容，就是生命大分子复合体的聚合与解体，以及在这个过程中不同复合体之间关联所形成的网络及其运行。

当然，即使在单细胞层面上，生命活动也包括细胞的形变和移动。目前已经有大量的研究证据表明，即使是这些常常被归于物理层面的生命活动，其内在机制也是生命大分子复合体动态变化的结果，如阿米巴的形变、大肠杆菌鞭毛的运动等等。从这个意义上，结构和生命活动最终是一回事。只不过在历史上因为检测方式的不同而被作为两个方面加以描述罢了。

在这里特别需要指出的是，尽管在有关生命大分子复合体的研究中，基因操作是无法替代的研究手段，但生命大分子复合体的形成机制，从原理上不仅超越了中心法则覆盖的范畴，也超越了酶促反应原理的覆盖范畴。虽然从目前所看到的案例，生命大分子复合体的聚合与解体似乎服从结构换能量原理，可以视为可迭代整合子的一种形式，但这些过程实际上是如何发生的，还需要将来进一步的实验研究。我们前面提到过，近年成为生命科学中研究热点的相分离（liquid-liquid phase separation），本质上就是生命大分子的聚合与解聚。目前兴起的细胞内生命大分子的单分子检测技术，包括更灵敏的单细胞水平蛋白质种类和含量的质谱分析技术，一定可以为生命大分子复合体聚合和解体机制的研究提供全新的发现。

复杂换稳健

从目前对现存生命系统的研究情况看，我们这里所描述的生命大分子网络的两种存在形式已经基本上描述了现存生命系统在分子层面的运行特点。它不仅解释了已知各大类生命大分子的功能，而且解释了它们之间关联形成的可能机制。从这个意义上，生命大分子网络的出现，应该可以被看作是没有被包被的生命系统在分子层面上所能达到的最复杂的可迭代整合子存在形式了。

按照本书的叙述顺序，生命系统以结构换能量循环——最初的"活"的过程为起点，经过基于 IMFBC 的自/异催化而形成具有正反馈自组织属性的可迭代整合子，这种可迭代整合子先因具有催化功能的生命大分子的出现而形成具有先协同后分工属性的以酶为节点的生命大分子互作的双组分体系，不同类型的生命大分子又以不同形式的相互作用作为连接整合成为网络的存在形式。虽然实际上并没有人能确定生命系统演化过程究竟是如何发生的，更不确定是否存在本书所描述的这种先后顺序，但基于本书的分析可以看出一个大的趋势，即迭代程度越高的整合子，其生存概率越高，稳健性也越强。这种更高的生存概率和更强的稳健性的代价，就是系统的复杂程度增加。这种复杂程度不仅表现在可迭代整合子中发生特殊相互作用的特殊组分类型和数量的增加，以及特殊组分形成模式从依赖于 IMFBC 发展到依赖于不对称互作组分中具有催化功能的特定组分（酶）、甚至到酶的形成由简单的互作到依赖于模板的高效拷贝（中心法则）；表现在特殊相互作用发生所必需的特殊环境因子中不仅包含了打破 IMF 的外来能量、包含了作为介导外来能量媒介的水，甚至还包含了整合环境中的光能和其他氧化还原过程所释放的电子能量；还表现在特殊相互作用从分子间力到共价键自发形成再到利用环境变化中所产生的电子能量。我们将这种大趋势看作可迭代整合子的另一个基本属性，即复杂换稳健。

有关"稳健性"的内涵,除了"生存概率"这种推理层面上的含义之外,在操作层面上,很多研究者也发展出对网络稳健性的不同评估方法。前面提到的张磊的能量景观图就是其中一种方法。在我的实验室研究植物发育调控机制的工作中,北大生命科学学院的高歌教授发展的转录因子调控网络分析方法提供了重要的帮助。高歌的方法综合运用贝叶斯统计与系统动力学仿真,从计算的角度对转录因子调控网络的稳健性进行评估,并取得了很好的效果。[①]

其实,复杂换稳健和前面提到的正反馈自组织和先协同后分工两个基本属性一样,并非一定要经过本书这样的推理模式才能被提出来。从 Bertalanffy 开始,大家就开始探讨生命系统的复杂性问题。人们提出了很多数学和物理模型来描述复杂的系统怎么才能实现稳定运行。我们这里推论的复杂换稳健属性与其他讨论不同的地方可能有两个:一个是我们试图尽可能将组分对应到具体的实体存在,即碳骨架组分;另一个是我们跳出了传统的二元化思维定式,把环境因子作为生命系统(整合子)的构成要素。虽然整个系统在不同迭代阶段都是以结构换能量循环这个最初的整合子为核心,但系统越复杂,这种作为"活"的系统的本质的结构换能量循环就越不容易被辨识。以目前主流的由表及里、由近及远的通过拆解演化产物来了解其本质与基本规律的研究策略,对现存生命系统的解析所能看到的酶促反应,只能是生命分子变化的化学反应,底物和产物是主体,酶只是一个催化因子。不会把酶促反应解读为以酶为节点的双组分系统;所看到的不同化学反应之间的关系或者关联,只能是代谢途径、网络和基因表达调控。在这个框架内特别强调中心法则甚至基因中心论,不会把基因表达调控放到特定的特殊组分供应链而参与以酶为节点的大分子网络的角度来看待。本书所选择的由远及近、把由不同种类碳骨架组分共处的混沌状态作为起点,基于结构换能量原理推论可能性的整合式策略,尤其是把环境因子作为生命系统的构成要素的观点,为解释生命系统的复杂性的形成及其特点提供了一个不同的角度。这未必完全符合生命系统演化的实际,但起码在逻辑上更加简单,可以为大家探索生命系统的本质及其基本规律提供一个"out of box"的参照系。

① 高歌实验室发展的网络稳健性评估方法相关文献:Jin, J., He, K., Tang, X., et al. (2015). An arabidopsis transcriptional regulatory map reveals distinct functional and evolutionary features of novel transcription factors. *Mol Biol Evol*, 32(7):1767—1773. Tian, F., Yang, D.C., Meng, Y.Q., et al. (2020). PlantRegMap: Charting functional regulatory maps in plants. *Nucleic Acids Res*. 48, D1104—D1113.

第九章 细胞化生命系统Ⅰ：世界上第一个细胞的形成与可迭代整合子的全新形式

关键概念

主体化(动态-、静态-)；被网络组分包被的生命大分子网络；集零为整；组分在两种存在状态之间的转换；质膜的双重功能；整合子视角下的细胞——两种全新"特殊组分"之间的"特殊相互作用"

思考题

"主体化"现象中组分与复合体谁先出现？二者之间是什么关系？

主流生物学观念体系中"细胞"这个概念是怎么来的？其中暗含了什么逻辑困境？

"被网络组分包被的网络"的表述存在逻辑困境吗？

"环境"是一个集合名词还是一个个体名词？集合名词所代指的对象可以做实验分析吗？

把传统的"生物组分"和"环境因子"的解读转变为"组分的两种存在状态"难以理解吗？

质膜作为网络组分的两种功能的解释在逻辑上成立/自洽吗？

把细胞作为由质膜和生命大分子网络这两个"特殊组分"之间互作的整合子视角合理吗？

细心的读者在读完之前的章节后，可能会发现一个现象，即对于生命大分子不可或缺的共价键的形成和解体所依赖的催化功能的主体，一开始依赖于作为"活"的结构换能量循环两个独立过程的耦联节点 IMFBC(自催化或者是周边相关组分的异催化)，转而依赖于最初可能是可迭代整合子迭代过程中随机形成的具有催化功能的生命大分子(无论其组分特征是多肽还是核酸)，后来又依赖于基于中心法则所描述的由模板分子、中间信息载体和多组分催化复合体所构成的、作为催化功能主体的酶。在这个叙述中，只有中心法则所描述的生产流水线产物的酶是有实验证据支持的。前面两个催化共价键形成和解体的机制都是推测的。可是，如果我们认同生命系统是自发形成而非设计形成的大前提，那么，中心法则所描述的复杂的特殊组分的生产流水线形成之前，一定会有更加简单的形式——或许不是我们在这里所假设/推理的形式。如果认同这个逻辑，那么在上述催化功能主体的演化或者迭代的过程中，最初的具备催化功能主体的出现，应该有很大的随机性。从随机出现的具有催化功能的主体，到现存生命系统中被广泛采用的高度复杂有序的保障具有催化功能蛋白质高效拷贝的催化系统(生产流水线)的演化/迭代过程中，显然存在一个从随机到特化、从环境因子依赖到组分依赖的主体化过程。这个功能的主体化过程，本质上其实就是可迭代整合子在迭代过程中不断把周边原于己无关的要素/组分整合成为自己的组分的"补锅"的过程。

从演化过程的自发性前提和组分互作的随机性特点的角度来看，整合了更多原本不属于自身的组分所形成的更为复杂的新系统可能会更稳健，也可能会更不稳健。但有一个判断大概是可以被接受的,那就是只有更稳健,也就是存在概率更高的系统才可能在演化过程中被保留下来,并被我们人类作为实体存在而看到。而那些更不稳健的新系统虽然可能出现,但大概率会湮灭在演化过程的长河中。这也是为什么我们在上一章提出,可迭代整合子除了具有正反馈自组织和先协同后分工的属性之外,还具有复杂换稳健属性。如果这种推论的逻辑是成立的,那么在这个最终以现存生命系统形式而存在的复杂系统的演化/迭代过程中,应该存在一个很少被人讨论的功能主体化现象。

其实,催化功能主体的主体化现象只是生命系统演化过程中主体化现象的一种表现。如果细究起来,从结构换能量循环形成作为起点时就出现了。比如构成结构换能量循环的"三个特殊"中的特殊组分原本就是地球或者地外宇宙空间中已经存在的组分。只是因为机缘巧合聚集在一起到一定浓度,才出现了特殊相互作用。同样,水也是宇宙大爆炸过程中已经存在的,很可能早于地球出现。它们恰好因可迭代整合子的存在而被整合到这个系统中,成为特殊环境因子中的一种。再有,原本基于组分碰撞随机性和互作组分通用性而出现的以酶为节点的大分子互作的双组分系统,在整合其他非酶、非模板核酸的生命大分子之后所形成的自下而上的生命大分子合成与降解网络,由于作为其节点的酶的种类和数量受到以DNA为枢纽的中心法则所描述的生产流水线的源头调控,也最终从本质上随机形成的网络,转型成为受到自上而下调控的状态,表现出更强的主体性。对这些主体化现象,我们在第五章最后所讨论的结构换能量循环的主体性辨识问题中已经有所涉及。但所有这些被讨论过的主体化现象,如果与另外一个现象相比,则完全不值一提。这个现象,就是细胞的横空出世!这也难怪之前人们很少讨论生命系统演化/迭代过程中的主体化现象。因为细胞长期以来一直被人们认为是生命的基本单位,换言之,生命是以细胞为起点而加以研究和讨论的。本书之前所讨论的各种过程,在传统观念体系中,都是作为细胞的组分、生化反应/代谢过程和功能/机制/属性来进行讨论的。这如同当年亚里士多德把灵魂作为生物(在他的时代是植物、动物和人)的属性加以研究和讨论,现代生物学把生命作为生物的属性加以研究和讨论一样。那么,什么是细胞呢?

什么是细胞?

说到细胞,目前在我们国家的小学自然或者科学教材中,就有专门的章节讲授细胞。在教小朋友用显微镜看动植物细胞的同时,告诉他们细胞是组成生物的基本单位,不同生物的细胞结构(包括质膜、细胞质、细胞核/拟核),大小和形状是不一样的(包括原核细胞和真核细胞),生物体的生长发育是细胞不断生长、增殖、衰老、死亡的过程。此外,还会介绍人体中大概有多少个细胞,举例说明哪类细胞有哪些功能,甚至还会介绍细胞最先是由什么人用什么设备发现的。根据从一位前辈那里获得的普通高中生物学课程标准修订要点,我发现,在为大学教育做准备的高中教育中,已经提出高中生应该了解的四个生物学大概念,其中有两个是以细胞为核心的。一个是细胞是生物体结构与生命活动的基本单位,另一个是细胞的生存需要能量和营养物质。在大学阶段,目前国内的普通生物学教科书种类繁多,有关细胞的组成、结构、行为总是各大教科书的重要组成部分。在陈阅增主持编纂的《普通生物学》第一版的三大部分中,细胞和生命大分子是其中的第一部分。在国外主流教科书 *Campbell Biology* 中,Cell(细胞)是全书 8 个单元中的 1 个。第二章中提到的美国麻省理工学院一批著名生物学家设计的生物学核心概念框架最顶层的 18 个核心概念(图 2-2)中,有 6 个概念的关键词中都包含细胞。由此可见,本书的读者对细胞这个概念的基本内涵应该都是不陌生的。大家所需要的基本信息,可以方便地从各种网络资源中找到。对这样一个概念,我们还有什么可讨论的吗?细胞和本书前面一直在讨论的可迭代整合子之间能够关联起来吗?它们是一种什么关系呢?

为了后面的讨论方便,在这里先把目前主流观念体系中有关细胞的基本知识点稍作回顾。

细胞概念与细胞学说

首先,细胞是作为一个形态学的空间概念而被提出来的。这一发现得益于显微镜的发明和应用。细胞学说的核心,是19世纪中期由德国科学家提出来的——植物、动物的构成单位都是细胞,而细胞只来自细胞。我们之前提到过,在对西方自然观形成过程具有深远影响的亚里士多德的观念中,人类生存的世界中实体存在可以被分为四大类:矿物、植物、动物和人。17世纪兴起的博物学对不同的植物和动物进行观察、收集、描述和分门别类,人们开始意识到它们之间可能存在联系。于是达尔文的演化论应运而生。可是在达尔文那里,不同生物类型之间的关系只是将当时的手段(如尺、天平、放大镜等)可检测/分辨的性状的比较和假设的控制性状的可遗传因子相关联而建立的。在物理层面上,无论性状还是遗传因子,人们对它们的物质基础是什么并不了解。在显微镜这个工具的帮助下,人们把几乎可以说是人类与生俱来的对关注对象的拆解过程发展而来的解剖学推进到了超越肉眼分辨力的程度。终于发现,原来所有的植物(在那个年代,真菌和藻类都被归为植物)和动物(包括人),都是由这种肉眼无法分辨的细胞关联在一起而形成。回顾这段历史,我们可以发现,虽然当时的人们并不知道这些显微镜下看来差不多的结构究竟由什么构成,彼此之间有多大差别,但的确为探索植物、动物这两大类实体存在的本质及其差异提供了一个共同的实体基础。如果说达尔文的演化思想从宏观上把世界上形态各异的生物类型统一到同一棵"生命之树"上,那么细胞学说则是从微观上把这些生物类型统一到同一个结构单元上。细胞学说的出现,为人们在纷繁多样的生物类型中寻找共同点提供了一个逻辑前提。以这个所有生物共同的结构单元为对象来开展研究,极大地帮助人们在从不同的视角探讨复杂多样的生物体构成单元基本特点的同时,揭示生命活动的共同规律。从细胞学说提出之后一百多年人们对生物和生命现象的探索历程来看,细胞这个概念以及细胞学说的提出,对人类生命观发展所做出的贡献是怎么评价也不为过的。

细胞的结构

作为生物体结构与生命活动基本单位的细胞在结构上有哪些特点呢?我认为以下几点在之后的讨论中会被作为前提:第一,所有的细胞都是由磷脂双层膜包被而成的一个半透性的物理空间。第二,这个空间内包含以各种形式存在的碳骨架生命大分子和包括水在内的各种作为"三个特殊"构成要素的小分子。如我们在上一章中提到的,显微镜下可见的各种亚细胞结构,本质上都是各种不同生命大分子的复合体。第三,细胞之间存在不同形式的相互作用。对于肉眼可见的生物(包括动物、植物、蘑菇之类的真菌)而言,各种结构最终都是不同形状的细胞以不同形式粘连在一起所构成的。而很多肉眼不可见的生物,比如大家耳熟能详的大肠杆菌(细菌)或者与很多人生活密切相关的发酵现象的主角酵母菌(单细胞真菌),都是以单个细胞的形式而存在。很多对中学生物学知识记忆犹新的人读到这里可能会觉得奇怪,为什么没有提细胞核?我们可以想一下,细胞核是什么?是不是各种形式存在的生命大分子中的一种形式?如果是,那么它就已经被包括在上述第二个事实中了。我们在后面章节中会专门讨论细胞核的问题。

细胞的生命活动

作为生物体结构与生命活动基本单位的细胞在生命活动上又有哪些特点呢?如果要回答这个问题,我们可能首先要回答什么叫生命活动。这就回到我们在第二、三两章中讨论过的问题,即什么叫生物、生命、"活"。从现代生物学教育的角度,一般的教科书都会告诉学生新陈代谢、生长发育、遗传变异等等。但如果从历史的角度,回到亚里士多德的时代,回到17、18、19世纪,当时的人们基于什么观察来判断什么叫生命活动呢?显然,人们是在知道细胞之前就知道生物的,已经在以生物为对象,寻找生物和非生物之间的差别,并试图界定什么叫生命或者生命活动。

生物和非生物的差别在哪里呢?在细胞学说提出的时代,人们已经知道植物能生长,而且知道是光合作用为植物的生长提供物质基础;也知道动物需要通过取食而获得能量,通过呼吸来维持生命,小动物会长大。当人们知道动植物都是由细胞作为基本的结构单位的时候,自然就会去问,对于植物而言,光合作用所产生的碳水化合物怎么转变为生长所需的组分?对于动物而言,吃下去的东西都去哪里了?这些过程是不是都在细胞内发生?于是就有了后来的研究,人们发现所有与生物体生存有关的物质和能量转化的过程,最终都在细胞内发生。甚至动物的移动、对周围环境变化的感知,也都是不同类型细胞活动的结果。这从个案举例的角度,为细胞是生命活动基本单位这个概念提供了实验依据。不仅如此,人们还发现很多与生物体生存有关的生命活动过程中的关键组分和要素,比如糖、氨基酸、酶,在动物、植物细胞中都是相似的。这则从共性比较和归纳的角度,为细胞是生命活动基本单位这个概念提供了论证。

从细胞是生物体结构与生命活动基本单位和所有细胞都来源于细胞这两个细胞学说的核心概念作为起点,向动植物形态建成的方向推理,直接面临的问题就是这些多细胞生物是如何由最初的单个细胞变成复杂的多细胞生物体的。这就衍生出对细胞行为的研究,包括细胞的生长、分裂、分化和死亡这些过程是如何发生以及如何调控的。既然生物体是由细胞通过其生长、分裂、分化和死亡而构建和维持的,那么生物体包括人类自身的生存状态是否正常,应该取决于相应细胞行为是否正常。几乎所有的人类疾病,都是在细胞行为层面上异常的结果。这方面的研究结果远远超出"汗牛充栋"所能形容的程度。

细胞与遗传

既然细胞是生物体结构与生命活动的基本单位,那么细胞也应该是生物体携带可遗传因子的基本单位。但对这个推理的验证花费了大约一个世纪的时间。达尔文在他1859年出版的《物种起源》一书中虽然很少提及细胞这个概念(他在书中很多地方用 cell 这个词,但基本上是指蜂巢中的小室),但他显然是知道细胞这个概念的,因为在该书的词汇表部分,他列入了 unicellular 一词,解释为 consisting of a single cell。尽管如此,他的直觉是,可遗传的因子应该是遍布全身的,在进行有性生殖时从全身各个细胞集中到生殖细胞,从而把遗传信息传递到下一代。我们之前提到,后来的研究表明,他的泛生论的假设是错了。但他设想的生物全身各细胞都含有遗传物质的想法并没有错。19世纪后期 A. Weismann 提出种质学说(germ plasm theory)，认为生物体分为种质和体质两部分。只有种质(germ plasma，即动物的生殖细胞系，germ cells)才携带可传递到下一代的遗传信息；而体质，或体细胞(somatic cells)则不携带可传递到下一代的遗传信息。现在的研究结果表明，他当时假设在动物中只有生殖细胞系可以传递遗传信息是对的，但说体细胞不携带可传递到下一代的遗传信息则是不对的。到了摩尔根时代，才确定了真核细胞的遗传信息在染色体上，而所有的细胞，无论是生殖细胞(减数分裂之前的)还是体细胞，除了配子染色体数目减半之外，都含有相同数量的染色体，即携带同样的遗传信息。

可是，为什么在多细胞真核生物中携带同样数量的染色体的细胞会出现千差万别的形态、结构和功能，包括生殖细胞和体细胞之间的差别呢？这只有到了分子生物学时代，发现DNA是遗传信息的载体，不同细胞中所携带的相同DNA上以碱基序列编码的遗传信息有不同的表达模式，这才从原则上回答了从达尔文时代人们就一直在寻求答案的问题：物种的性状是如何实现代际传递的，而同样的遗传信息为什么会在同一个多细胞生物中产生千差万别的细胞形态、结构和功能。

细胞学说内在的逻辑问题

目前各种生物学教科书中，细胞相关的知识已经形成了一个看上去逻辑完整的自洽体系。可是，如果仔细分析，大家可能会发现一个显而易见的问题，那就是：世界上第一个细胞是从哪里来的？

其实，如果追溯生物学历史，可以发现在17世纪，以Jan van Helmont为代表的主流观点认为生物是自发形成的。类似的观点在中国则表达为"腐草生萤"。那时虽然还没有发现生物的基本构成单元是细胞，但生物个体由不同的器官、组织构成，个体来自亲代已经很清楚了。当然人们也知道动物要吃食物以维持生命。可是，由于并没有找到生物体的最初构成，自然对其来源就留下了很大的想象空间。这应该是自然发生说的背景。到了19世纪细胞学说提出之后，大家通过对细胞行为的观察，发现细胞都来自之前存在的细胞(pre-existing cell)。巴斯德用曲颈瓶做的著名的有关细菌来源的实验，为埋葬生物自发形成观念的棺材钉上了最后一颗钉子。

细胞内结构复杂，从细胞学说提出迄今一百多年的时间中，这个学说为人们的研究提供了足够的空间。因此，除了研究生命起源的少数学者，生命科学领域中绝大部分研究者并不需要或者是无须关心第一个细胞是从哪里来的。有人甚至把细胞作为讨论生命的起点。如果从我们在引言中讨论的有关科学认知的角度，这种现象很容易理解：以实验为节点的双向认知的对象永远是实体的、具象的和有限的。细胞作为生物体的基本结构与功能单位，对于了解更大尺度上的生物属性而言足够了，无须了解其由来；对于了解细胞构成组分的属性而言也足够了。但如果认可生命系统是自发形成的而不是设计的，那么一个无法回避的问题就是，复杂如细胞的结构，一定有一个自发形成的过程，而不可能如孙悟空那样从石头中蹦出来。当然，现在讨论生命系统的自发形成并不意味着回到Helmont时代对未知的存在加以想象。而是利用过去两百多年中人们对生物体研究所积累的大量成果加以梳理和整合。在这种梳理整合过程中，我们可以发现，无论研究者是不是需要考虑第一个细胞从哪里来的问题，"细胞来自细胞"这个陈述中存在的循环论证的逻辑困境都不会因为研究工作中不涉及而自行消失，研究者们在解释生命系统的本质时只好对它视而不见、避而不谈。

世界上第一个细胞从哪里来？

如果把上一节对细胞的基本特征或者属性再做进一步的概括，作为生物体结构与生命活动的基本单位的细胞，其最重要的构成要素其实就是两个：第一，质膜；第二，质膜内包被的复杂的、以各种形式存在的生命大分子和包括水在内的各种作为"三个特殊"构成要素的小分子的集合（姑且简称为组分集合）。质膜为其内部各种组分的集合提供了一个有边界的物理空间，而膜内组分之间的互作、这些互作对质膜的影响以及不同细胞之间的互作关系，就构成了人们所说的生命活动。如果这种概括是成立的，那么对上面细胞学说中有关细胞只来自细胞的要点所留下的，世界上第一个细胞从何而来的谜团，好像可以拆解为以下几个问题：第一，膜从哪里来？它会自发形成吗？第二，被质膜包被的组分集合从哪里来？它们会自发形成吗？第三，质膜的形成和膜内组分集合的形成之间是相互依赖的吗？如果是分别独立自发形成的，二者之间的关系是怎么建立起来的？

质膜的由来

在上一章我们讨论非酶、非模板核酸生命大分子如何被整合到可迭代整合子中时，提到过以磷脂为主体的双层膜是可以自发形成的。A. Bangham 曾经证明，在实验室内向干燥的磷脂分子加水之后就可以看到双层膜的自发形成并形成脂质体。D. Deamer 还以碳质陨石中提取的两性分子（amphiphilic molecules）为实验材料，发现它们可以在加水的条件下自发形成囊泡结构。如果我们认为 A. Bangham 和 D. Deamer 等人的实验结果是真实的，那么一个简单的推论就是，以磷脂为代表的两性分子自发成膜过程的必要条件只是水，并不依赖其他复杂的生命大分子。从这个角度看，作为细胞的两个最重要的构成要素之一，质膜的形成并不依赖于另一个最重要的构成要素——组分集合中除了水之外的其他组分，自然也不依赖于高能分子。基于这些实验结果和推理，对上面提出的第一个拆解问题的答案应该是比较简单的：质膜可以在有水的情况下，从源自大爆炸宇宙的两性分子自发形成。

组分集合的由来

那么细胞的另外一个最重要的构成要素，即被质膜所包被的组分集合是从哪里来的？它们可能自发形成吗？前面几章中的讨论，即"活"、共价键自发形成、作为特殊环境迭代形式的水和其他组分、以酶为节点的生命大分子互作的双组分系统、中心法则、以及生命大分子网络，还提到脂类分子中的磷脂可以自发形成膜，在可能具有催化功能的同时，可以对其他大分子具有附着平台（比如可能的传递电子的蛋白质）或者包被功能。只要有足够的浓度和异质性的碳骨架组分，所谓的特殊组分（当然，多大的浓度算足够、多异质算异质，这些都需要具体的实验检测），就可以在特殊环境因子的参与下，发生特殊相互作用，形成以结构换能量循环为起点的整合子迭代过程，最终形成上一章提到的在分子层面上所能达到的最复杂的可迭代整合子存在形式——生命大分子网络。那么，上一章所提到的生命大分子网络中的组分和互作机制与上一节所提到的作为生命活动基本单位的细胞生命活动之间是否存在对应关系？能否被看作被质膜所包被的组分集合呢？这可能就需要对细胞生命活动做进一步的解析。

从上面有关细胞的基本知识点的概述中可以看出，细胞生命活动可以被大致分为三大类：第一大类是细胞内大小分子的合成与降解，即所谓物质代谢。这个过程一般认为伴随着以光合作用与呼吸作用为核心的能量代谢。第二大类是细胞行为，主要表现为细胞的生长、分裂、分化和死亡。第三大类就是控制不同细胞类型的代谢和行为特征的遗传机制。目前国内流行的主要普通生物学教科书有关细胞方面的知识，除了膜在上一小节分析过、细胞通信这里暂时没有提及之外，基本上都可以被划归到上述这三大类之中。以 *Campbell Biology* 为代表也可看出国外的主流教科书中有关细胞部分知识的介绍，在该书第 11 版题为 *Cell* 的第二单元中，相关的知识被分为 6 章来介绍。分别为膜的结构与功能（7 Membrane Structure and Function）、代谢导论（8 An Introduction to Metabolism）、细胞呼吸与发酵（9 Cellular Respiration and Fermentation）、光合作用（10 Photosynthesis）、细胞通信（11 Cell Communication）和细胞周期（12 The Cell Cycle）。和国内主流教科书的情况类似，除了膜（第七章）中的内容我们在前面单独讨论过、细胞通信暂时没有提到之外，其他的内容中，代谢、呼吸、光合，都属于第一大类，细胞周期则属于第二大类。我们上面提到的第三大类的内容，在该书中被放在第三单元单独讨论。

对有关细胞方面的基本知识做上面三大类的重新划分有什么意义呢？这种划分是一种类似几何证明中的辅助线。完成证明过程之后，辅助线都是要被去除的。基于这种重新划分，目前主流教科书中有关细胞的主要知识中，除了膜和细胞通信之外，基本上都在被分解为三大类细胞生命活动的范畴之中。这三大类细胞生命活动之间的差别在于，第二大类的细胞行为是以质膜为边界而被定义的。没有质膜，也就谈不上细胞行为。因此，这一类活动先不在这部分讨论。第三大类的遗传调控机制本质上包括了两个方面，第一个方面是性状与基因之间的对应关系。这个方面其实还可以被进一步解析为两个层面，一是认知层面，即人类在研究过程中基于工具的发展程度而定义出来的性状和基因，并在二者之间所建立的概念之间的关系。二是实体层面，即决定性状的特定的生命大分子的互作模式。第二个层面其实已经被包括在生命大分子网络之中。第二个方面是以中心法则所描述的遗传信息被解读为执行生物学功能的蛋白质的产生过程。从这个角度看，如果不考虑以质膜为边界而被定义的第二大类细胞生命活动（即细胞行为），而且不考虑第三大类中性状与基因之间对应关系这个方面中的认知层面的内容，那么被划分为三大类的细胞生命活动的主要内容不都在之前讨论生命大分子网络时被描述过了吗（图 9-1）[①]？换句话说，被质膜所包被的组分集合，不就是我们之前提到的、从结构换能量循环迭代而来的生命大分子网络吗？如果大家接受这里的分析和论证，认同被质膜所包被的组分集合基本上实质等同于生命大分子网络，那么对细胞生命活动的三大类划分这套辅助线就完成了其使命。三大类的分类方式在之后的讨论中就不会再被提及。

如果作为细胞构成的第二个基本要素，即组分集合，就是我们之前提到的、从结构换能量循环迭代而来的生命大分子网络，那么我们已经回答了前文的第二个拆解问题——这个组分集合是以结构换能量循环为起点迭代而来，它们是可以自发形成的。而且，这个组分集合中组分的聚集与互作，如果将其对应为生命大分子网络的迭代过程，从前面几章的分析来

---

① 在这里有一点要说明，一般讲到光合作用和呼吸作用中都会讲到叶绿体和线粒体。但是光合作用和呼吸作用的本质都是能量和物质的转换关系。在真核生物中是在叶绿体和线粒体中完成的，这一点我们将在 11 章中讨论。但对于原核生物而言，光合作用和呼吸作用只要有膜的存在就可以发生。而在上一章有关"生命大分子网络"的讨论中，我们已经指出在这个网络中包括脂类所自发形成的膜结构所可能产生的催化功能、蛋白附着平台的功能、以及前面提到的细胞两大基本构成要素之一的具有包被功能的质膜。

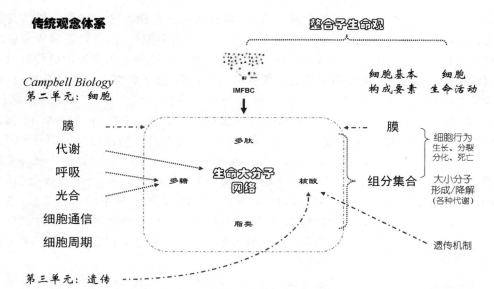

图 9-1   传统观念体系下的细胞内生命活动与整合子生命观下细胞构成要素和细胞生命活动之间关系的比较。
中间部分点线围起来的是源自结构换能量循环迭代而成的生命大分子网络。细胞的构成要素被分为两类：膜和组分集合，后者其实就是膜内所包被的各种组分。左侧是传统观念体系下的细胞内生命活动相关内容，主要根据 *Campbell Biology* 中第二、第三单元的章节划分。

看，其形成过程并不依赖于完整的质膜的包被！生命大分子网络的迭代形成不仅不依赖于质膜的包被，而且恰好相反，从我们前面所讨论的"三个特殊"的运行和迭代特点看，生命大分子网络的迭代形成过程，高度依赖于"三个特殊"相关组分的自由扩散，这样才能保证网络形成所必需的组分相互作用的随机性、多样性、异时性。

质膜与组分集合的整合：集零为整

在前面的讨论中我们看到，细胞构成的第一个基本要素，质膜的形成是自发的，不依赖于除水之外的被其包被的组分集合；第二个基本要素，即被质膜包被的组分集合的聚集与互作，或者说生命大分子网络的迭代，也不依赖于完整质膜的包被。可是现存生命系统中，细胞却是由这两个基本要素整合而成的。下面的问题是，这种整合过程是如何发生的。

从目前由两性分子在有水存在的情况下自发形成由双层膜形成的囊泡的实验结果看，细胞膜这个包被的形成并不需要特别苛刻的条件，可以在非常有限的时间和空间尺度上迅速形成。与之相反，从生命大分子网络的迭代过程看，这个网络的形成不是一蹴而就的；而是如补锅那样，在相对更大的时空尺度上，由不同类型的生命大分子在不同的机缘巧合之下，不断整合新产生的组分逐步而成。考虑到这一点，如果假设在组分集合完成聚集与互作，或者生命大分子网络完成功能完整的迭代之后，再遇到合适的条件而被磷脂双层膜包被从而形成细胞，这种可能性应该不大。其中的道理好像很简单，因为只要所在空间有水，有含两性分子的脂类分子，或者再具体一点，按照 D. Deamer 的观点，有干湿交替，那么在生命大分子网络迭代过程的不同阶段，都有可能自发形成由双层膜形成的囊泡。

将囊泡形成的便捷性和生命大分子网络形成的迭代性综合考虑，很可能会出现这样一种情况，即在生命大分子网络迭代过程的不同阶段，在可迭代整合子形成/运行空间的不同部分，都有可能随机地出现囊泡，而这些随机出现的囊泡中，都有可能随机地包被不同的生命大分子组分。这种情况，原则上非常类似 F. Dyson 提出的有关生命起源的"垃圾袋模型"所描述的生命起源的最初阶段。不同之处，就是在他的垃圾袋模型中，他把小囊泡的形成作为第一步，假设此时其中随机地包被了一些有机分子，然后在其中出现各种高能分子和可自我复制的遗传物质（比如他的 RNA world 版本）。再由此开始逐步形成现存生命系统中所看到的代谢和自我复制体系。可是，在他的模型中，并没有解释高能分子和可自我复制的遗传物质的形成机制。当然更不可能有结构换能量循环，也没有可迭代整合子的迭代。Dyson 老先生虽然聪明，但或许和很多数学、物理学术背景的大学者一样，对生命系统中的那些细节可能没有那么感兴趣，不愿意花时间去讨论无法定量化的细节。如同我们在之前的讨论中反复提到的，如果说作为生命系统的起点的"活"是以"三个特殊"为特征的结构换能量循环的话，那么这个"活"是建立在实体存在的基础之上，而不是一种以质点的移动、碰撞和排列来描述的符号关系。

借用 Dyson 本人在 *Origin of Life* 这本书所记录的访谈中的一句话，"We're all equally ignorant, as far as I can see. That's why somebody like me can pretend to be an expert."既然没有人知道世界上第一个细胞究竟是怎么形成的，所有的猜测无论是谁提出来的，在现阶段都只是猜测。如果上面所提到的在生命大分子网络迭代形成的不同阶段，都会随机出现自发形成的双层膜囊泡，而且随机包被不同的生命大分子或者其子网络，然后——关键的地方在这里——这些囊泡有机会相遇而且融合，甚至一些囊泡"吞食"了另外一些，那么最后就有可能出现一种情况，即在各种囊泡经过兼并重组、集零为整，会形成一些大囊泡，其中被包被的组分集合的聚集与互作，或者是生命大分子网络恰好同时具有了正反馈自组织、先协同后分工和复杂换稳健的属性，可以以大囊泡为单位而自我维持和自我迭代。这不就形成了世界上第一个细胞了吗？

在之前我们介绍生命大分子网络时，已经分析过，这个网络同时具有上面提到的正反馈自组织、先协同后分工和复杂换稳健这三个属性，是可以自我维持和自我迭代的生命系统在分子层面上最复杂的存在形式。加上质膜的包被之后，这个可以自我维持和自我迭代的生命大分子网络获得了一个物理边界。这个边界的出现，似乎为以生命大分子网络形式存在的可迭代整合子提供了一个全新的稳健性支撑要素（被包被所带来的利弊我们后面进一步讨论）。虽然这个全新系统——现在被我们称为细胞——的出现并不妨碍可迭代整合运行空间中未被包被的组分继续形成生命大分子网络，但如果被包被的可迭代整合子的确因包被而获得了更高的稳健性，那么它将获得更高的存在概率。大概因为这种原因，在之后的生命系统演化过程中，被包被的生命大分子网络或者细胞化生命系统就得益于其源自高稳健性的高存在概率，在与其他可迭代整合子的存在形式共生的过程中脱颖而出，成为现存生命系统的基本形式。由于通过这种伴随生命大分子网络迭代过程而出现的囊泡自发形成、随机包被、碰撞融合后兼并重组的集零为整的过程，形成同时具备上述三个属性的大囊泡的概率实在太小，而一旦形成，其生存概率提升的程度又实在太大，这很可能解释了为什么作为现存生命系统中不同生物类型的基本构成单位的细胞从组分到行为上有如此高度的相似性，并被认为它们有共同的演化源头。有关这个问题，我们将在下一章最后一节再进行讨论。

生物组分与环境因子
——一膜之隔的组分有没有实质性差别?

不知道读者们读到这里是不是还有读前言和引言时的轻松。我常常听到周围人对我的抱怨,说我讲话时逻辑链太长,听起来要高度集中精力,否则就跟不上,太费劲。我也一直努力反省自己的问题在哪里,怎么才能更有效地和对话者进行轻松的沟通。多年以后,我发现大家的抱怨背后可能有三个主要原因:第一,我和别人交流的内容,常常与自己正在思考的一些问题有关。对问题的思考过程对我而言有点儿像没有参照图的拼图过程,不仅包含有获得不期而至的碎片的随机性,还有把碎片拼成一幅有模有样的图画时的试错。对于我来说,和别人交流的内容是我一直在思考的事情。可是对听者而言,他们并不知道我所讨论话题背后思考的来龙去脉。当对话者听到我在对话中所提到的零片时,会下意识地往他们熟悉的图画中去找对应的位置。一旦找不到,就会感到云里雾里。对这个问题,我感到随着我对问题思考和梳理得越来越清楚,表达也可以越来越简单。这也是现在花时间写这本书的一个原因。

第二,很多人希望别人直截了当地给结论,最好是标准答案。而我则比较喜欢大家一起讨论过程,在这个过程中各人自己去得出结论。我对实验室学生的一个要求,就是让大家每日"三省"自己在做的工作:为什么要做(因为也可以不做),为什么要这样做(因为还可以有其他做法),这样做了期待出现什么结果(在实际动手之前,先做"沙盘推演",对要做的事情心中有数,并尽可能做好应变的预案)。希望从别人那里获得标准答案,是我们应试教育的结果。应试教育的利弊各有各的看法。在这个问题上,在我看来,只是大家对交流模式的偏好不同,无须强求。

第三,新颖性惩罚(novelty penalty)现象。这个说法最初是从果壳网的一篇文章中看到的。该文章介绍的研究论文所报道的现象是,虽然说者和听者在一开始都认为听者希望听到新故事,测试的结果却发现,听者更喜欢老故事。研究者认为,其中的原因是人类语言中总是有信息断层(informational gaps)。听众需要利用其既有的知识/信息把这些断层填补上,才能很好地理解说者的故事。这个现象让我意识到,无论是说者还是听者,无论是分享还是获取新想法,永远都是一个需要双方付出努力的过程。毕竟,复杂思想有时难免需要复杂的语言来表述。越是简单的概括,越容易留下不同解读的空间,反而容易带来混乱。这其实完全符合本书对生命系统描述中所提到的"适度者生存"的原理。意识到这三个原因之后,我比较释然了:尽可能把自己所思考的事情表达清楚,是我需要努力做的事。至于读者或者听众,他们如果不希望太费劲,我也要尊重他们不读或者不听的选择。

之所以在这里要插播一段看似和本章主体无关的议论,其实是因为在本章前面的介绍中,已经留下了一个无法回避的矛盾:质膜对组分集合或者生命大分子网络的包被究竟对生命大分子网络的迭代是有利还是不利。一方面,在讨论细胞两个最重要的构成要素之间是否存在彼此依赖的关系时,我们的结论是,不仅膜的形成不依赖于其中被包被组分集合(除了水之外),被包被的组分集合或者生命大分子网的迭代形成过程,原则上也不依赖于包被的质膜。前面一个结论有 A. Bangham 和 D. Deamer 的实验作为基础。后面一个结论的主要依据,是从前面所讨论的"三个特殊"的运行和迭代特点推论而来。生命大分子网络的迭代形成过程,高度依赖于"三个特殊",即特殊组分在特殊环境因子参与下的特殊相互作用相关要素的自由扩散，这样才能保证网络形成所必需的组分互作的随机性、多样性、异时性，从而保证不同的组分互作遵循结构换能量原理而适度者生存。从以生命大分子网络为形式的可迭代整合子的运行而言，对"三个特殊"相关要素的开放是必要条件。可是另一方面，前面的讨论中专门提到，正是因为质膜的包被为可迭代整合子提供了一个物理边界，使之可能获得更高的稳健性，从而获得更高的存在概率，现存生命系统才会以细胞为基本单位。可是，质膜所提供的物理边界不会成为"三个特殊"相关要素的自由扩散的物理屏障吗？显然，质膜的出现对于以生命大分子网络为存在形式的可迭代整合子而言，有利有弊。细胞最终成为现存生命系统的基本形式，如何在质膜所带来的利弊之间找到一个平衡点是一个关键。这里的"故事"或许有点儿新、有点儿绕，不那么容易被对应到既有的知识系统之中。

　　学过中学生物学的读者可能会觉得，上面提出来的质膜在为生命大分子网络提供物理边界而提高其稳健性的同时，为"三个特殊"相关要素的自由扩散带来物理屏障的问题好像并不是一个问题，不值得大惊小怪。生物教科书里已经明确地告诉大家，以磷脂双层膜为基础的细胞膜具有半透性，再加上膜上镶嵌有各种蛋白质，其中很多为不同组分的跨膜运输提供通道。膜的半透性和膜上的各种通道，不是在为被质膜包被的生命大分子网络运行所需要的相关要素的跨膜交流提供了渠道了吗？的确，如果就这么简单的话，不仅无须提出质膜作为物理边界所具有的物理屏障的问题，甚至前面为分析细胞生命活动中被质膜包被的组分集合与生命大分子网络等价性所作的论证都是多余的。之所以在这里兴师动众地花那么多笔墨来画"辅助线"，提出膜的出现对生命大分子网络所带来的影响，真正的原因在于，在当下主流生物学观念体系中作为一种核心观念的细胞学说，除了无法解释世界上第一个细胞的由来之外，还面临另一个问题的困扰，即生物和环境的关系。

环境是一个抽象的集合名词，环境因子指向具象的物质组分

　　我们在第五章中，专门讨论了什么叫环境的问题。在那一章中，我们提出，"生物—环境"的二元化分类模式，是由亚里士多德时代基于感官的低分辨力时代传承下来的观念。在那个时代，人们只能根据感官有限的分辨力来辨识周边的实体存在，并在此基础上想象它们之间的相互关系。因此，把有边界的生物或者被观察者作为对象的实体存在为一方，而生物或者对象的实体存在所在的空间或者条件为另一方。环境就是后面这一方所包含的各种要素的统称。细胞学说提出之后，细胞作为生物体结构与生命活动的基本单位，逻辑上也承袭了"生物—环境"的二元化分类模式，成为生物的这一方（当然，这也衍生出不同细胞之间谁是主体的新问题，读 Canguilhem 的 *Knowledge of Life* 一书时，我意识到这是一个老问题）。这种逻辑上的承袭，表现在主流生物学叙述方式中有关生物/细胞从环境中获取物质与能量、生物/细胞对环境刺激产生响应、生物与环境的相互影响等等表述上。

　　我曾经在课上问过同学，生物与环境的关系如果用比喻来描述的话，应该是"鱼和水"或者"鸟和林"的关系，还是"面粉、水、面团"或者"碳酸钙、水、钟乳石"的关系。之所以会提出这样的问题，是因为在第三章对什么叫"活"这个问题的分析中，我们已经论证过，特殊环境因子是"活"的过程发生与维持的不可或缺的构成要素。之后的分析中，我们逐步论证了，最终以生命大分子网络形式存在的可迭代整合子的形成，无论其中涉及的相互作用有多么复杂，都必须以"三个特殊"为核心，才可能保障系统的"活"这个基本属性。从这个意义上，可迭代整合子的各种存在形式，都已经包含了各种特殊环境因子及其各自迭代形式。我们在

第五章最后一节结构换能量循环的主体性辨识问题中已经提到，在没有质膜包被（物理边界）的情况下，这个循环仍然可以有自己的主体性。在有质膜包被的情况，要到本章来进行进一步的讨论。在前面的讨论中，我们已经把细胞解读为由质膜和被质膜包被的生命大分子网络这两个基本构成要素集零为整的整合产物。如果说被质膜包被的生命大分子网络中已经包括了特殊环境因子这个要素，那么质膜所形成的物理屏障会不会产生一个额外的环境？或者说目前主流生物学观念体系中的生物与环境的关系中的环境要素与作为可迭代整合子核心的"三个特殊"中的特殊环境因子之间究竟是一种什么关系？

这在很大程度上其实是一个集合名词的使用问题。环境一词是作为与一个要表达/代指的对象相对的，所有对象边界之外的所有环绕要素的统称，是一个抽象的集合名词。所有在被环绕的对象边界之外的因素都可以被划入环境这个概念的范畴之中。可是在以"三个特殊"为核心的整合子观念中，特殊环境因子是结构换能量循环发生与运行的不可或缺的构成要素，也是"活"的可迭代整合子不可或缺的构成要素。在这个框架观念体系中，特殊环境因子不是一种抽象的集合名词，而是有具体指向的实体存在，比如在最简单的结构换能量循环中，打破连接 IMFBC 的分子间力的外来能量扰动；比如作为特殊环境因子迭代形式的水；比如驱动电子传递的光等等。从前面几章的叙述中，我们可以发现，如果以包含特殊环境因子的"三个特殊"为特征的结构换能量循环作为"活"与"非活"的边界和生命系统演化的起点，借助非常有限的、可以用实验检验的假设，这个整合子系统就可以自发地迭代出与现存生命系统内被质膜包被的组分集合实质等同的生命大分子网络，完全不需要借助传统的"生物—环境"的二元化分类模式。从这个角度看，二元化分类模式中的环境与作为"三个特殊"构成要素的特殊环境因子中的"环境"一词的确没有可比之处。

可是，从两个不同概念框架中"环境"一词所涉及的具体实体存在的角度看，二元化分类模式中环境这个抽象概念范畴中所包含的相关要素，或者被称为环境因子，和整合子概念框架中特殊环境因子所代指的各种要素，却又都是同样的实体存在——比如不同形式的能量、水、各种离子等等。二元化分类模式中的"环境"概念中所包含的各种要素与作为"三个特殊"构成要素的特殊环境因子本质上不过是人们对同样实体存在的不同解释而已。如果只是不同的解释，那么两种解释之间的比较，本质上就变成了我们在第一章中所提到的，科学作为一种认知方式的评价标准——解释的合理性、客观性和开放性——哪种解释可以满足更高的标准。"三个特殊"中的特殊环境因子在整合子迭代过程中的作用，我们已经在之前的章节中有所涉及。这些解释的合理性、客观性和开放性可以由读者来进行评判，在此不再赘述。在这里，我们对二元化分类模式中的环境概念中所包含的要素，即环境因子作为实体存在的特点稍作分析。

具象的环境因子与生物组分之间的属性比较

第一，我们可以看一下，被作为环境因子的要素是不是二元化分类模式中环境特有，而生物中所没有，反之亦然。从目前生物学所能获得的信息看，虽然不是环境中所有的要素生物中都有，但是生物中所有的组分，从元素的层面上，无一不是环境中的已知元素。人们曾经认为以碳为骨架的链式分子（Berzelius 的纤维状分子）是生物所特有而环境/非生物中没有的，Berzelius 还为对这类分子的研究提出了有机化学的概念。但后来的研究表明，虽然大分子结构的确只在生物体中发现，但构成大分子的结构单元，如氨基酸、糖、核苷酸，包括简单的脂类分子，却在来自天外的碳质陨石、甚至地外天体中就有发现。如果说这些碳质陨石中的有机物不是地外生物的产物，那么环境中是可以形成原本认为只有在生物体内才能形成的化学分子的。从这个意义上，在组分的层面上，很难在二元化分类模式的生物和环境之间找到特有的类型。

第二，我们可以看一下，对于那些在生物和环境中共有的要素，它们的物理、化学性质会不会因为一膜之隔而出现实质性的不同。无论是以碳骨架组分还是以水、离子（如钙离子）等为对象来分析，好像没有看到有例子说，那些已知的生物和环境中共有要素的物理、化学性质会因一膜之隔而被改变。如果有读者觉得水的例子还不够有说服力，那么在过去几年给人类生活带来翻天覆地的冲击的新冠病毒的影响大家可能还记忆犹新。同样的病毒，感染到某个人的细胞中，经过一套感染路径被复制后散播到此人的体外，同样可以感染其他人的细胞。不要说一膜之隔了，"几膜之隔"也没有改变病毒的属性。更不要幻想膜内的病毒到了膜外之后就变成了其他什么。

第三，那些在生物和环境中的共有要素之间的关系，是不是会因为一膜之隔而被改变。如果从感官经验的层面来讲，恐怕绝大多数人都会说"会"。不仅生命大分子只能在细胞中高效地合成，酶的催化功能也只有在细胞中才能够实现。可是，从生物学家，尤其是生物化学家的角度来看，可能大多数人都会给出否定的回答。说来道理也很简单——迄今为止的对生命系统在分子层面的研究，基本上都只能依赖于把组分从细胞中提取出来之后加以分析。人类目前的技术还难以有效地分析在细胞内实际发生的过程（虽然这是研究者努力的方向）。虽然生物或细胞体内的组分集合所存在的微环境与其物理边界之外的环境，在组分的复杂度、浓度等等方面都可能有不同——否则质膜所提供的物理边界就失去意义了，但在研究者反复的拆解与拼搭的检验过程中，大家还是基本上建立了这种信心，即在体外——通常是在试管中——所模拟的体内所发生的过程基本上还是反映了实际发生的过程。既然在体外的实验可以反映体内所发生的相应过程，说明那些在生物和环境中共有要素之间的关系，原则上不会因它们位于质膜内还是位于质膜外而发生实质性的改变。

第四，除了以分子形式存在的组分集合之外，我们还可以考察一下对于生命活动不可或缺的能量在一膜之隔的生物/细胞与环境之间是不是存在什么实质性的差别？一般而言，大家谈到生物/细胞中的能量，都会提到 ATP。但是，如果从作为高能分子的 ATP 的形成过程来看（第六章中有简单介绍），ATP 只是能量的一种存在形式。作为化学能，其本质上是化学键改变时所释放或者需要的能量，这与其他的化学反应没有本质的差别。而且生物体/细胞维持生命活动所需要的能量，终极而言，不过是来源于质膜外环境中的光或者氧化还原过程所激发的电子。从这个意义上，能量在本质上，在一膜之隔的生物与环境之间除了其存在形式有所不同（其实和生命大分子基本上在细胞内形成道理一样）之外，并没有本质上的区别。

最后还有一个问题，即作为区分生物与环境的物理边界——质膜，究竟是属于生物还是属于环境？或者它既不属于生物也不属于环境？从 A. Bangham 和 D. Deamer 的脂类分子和碳质陨石两性组分自发成膜的实验结果看，膜可以是地外天体——显然应该属于二元化分类模式中环境的范畴——中已经存在的组分自发形成的结构，应该可以被归入环境中的组分或者因子。可是在现存生命系统中，质膜的组分显然是被质膜包被的组分集合的运行产物。从这个意义上，质膜好像又应该被归入生物的范畴。

另起炉灶？

基于上面的分析，大概可以得出一个推论，即对于作为抽象的集合名词环境中所包含的那些具象的实体存在的要素——环境因子而言，它们同时也是生物（以"三个特殊"为起点）的构成要素。把它们看作是生物的组分还是环境中的因子/要素很大程度上是依赖于研究者的方便。如果按我们之前提到的，目前主流生物学中有关生物与环境的划分传承自亚里士多德时代基于感官分辨力的二元化分类模式，那么试图将上面分析中所涉及的要素根据其所在空间在质膜内还是质膜外而归入生物组分还是环境因子的努力，更多的是因为习惯以及因此带来的研究工作中的方便——毕竟，对于具象的实验，研究者必须选择一个有限的实体存在作为观察、描述和分门别类的对象。一旦打破观念体系上的惯性，常常需要重新构建一套交流的语言。否则就会在同行之间产生沟通的困难。那么，如果落实到实体组分/要素的层面上，放弃生物组分与环境因子的传统表述习惯，我们该怎么表述组分/要素在质膜内外的存在状态以及两者之间的区别呢？

根据上述几点比较，概括起来，这些组分/要素之所以既被解读为生物组分又被解读为环境因子，主要是因为这些组分/要素绝大部分在没有生命系统存在的背景下，无非都是地球上的化学/物理要素或者因子。可是在有生命系统存在的背景下，就以生命系统存在为参照系，出现了两种存在状态：一种是作为独立分子的自由的存在状态（自由态），另一种是作为互作组分的复合体构成要素的存在状态（整合态）。在没有质膜包被这个物理边界的情况下，组分可以在这两种存在状态之间通过自由扩散随机转换。可是，出现质膜包被的物理边界之后，这种随机转换就被质膜这个物理边界所阻隔，自由扩散过程不得不通过跨膜的交流转换机制来实现。只有通过膜的介导进入被质膜包被的空间之后，组分才能实现两种存在状态之间的转换。从这个意义上，所谓的生物组分和环境因子之间的区别其实可以随着把质膜看作是物理边界而出现，也可以随着把质膜看作是交流转换媒介或者组分流动分布的介导者而消解。有关质膜的双重功能我们下一节再讨论。在这里，替代生物组分和环境因子的二元化分类模式表述的，最简单的表述可能就是组分/要素的胞外（extracellular）状态和组分/要素的胞内（intracellular）状态。或许图 9-2 有助于梳理这些看来复杂的描述。

前面提到的听者和说者之间有关故事内容的新颖性惩罚现象，在科学研究中也是随处可见。其实，如果把观念体系看作一口锅，观念体系的发展也是一种前面提到的补锅过程（对此我们在后面的章节还会专门讨论）。除非那口锅实在补不胜补，在通常情况下，人们宁愿在一个既存的概念框架下添砖加瓦而不愿意另起炉灶。T. Kuhn 把添砖加瓦的情况称为常规科学，而把另起炉灶的情况称为科学革命。就把生物组分和环境因子的二元化分类模式的表述换成组分/要素的胞外状态和胞内状态的表述而言，对实体存在本身的辨识与描述，其实没有那么了不起的转变。只不过是回归了一些基础物理、化学和生物化学的常识而已。不同之处只是在解释的层面。而这，如前面所说，更多的是一种习惯。

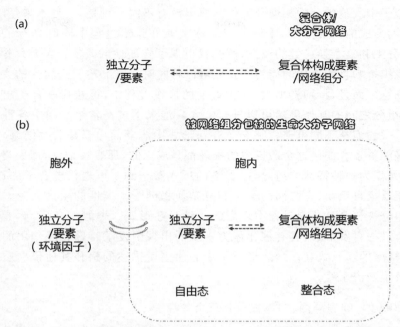

图 9-2　从"三个特殊"看生命大分子网络中组分/要素在自由态和整合态之间的动态变化关系。
（a）表示在生命大分子网络运行中的两种基本网络形式，即生命大分子合成与降解子网络，和生命大分子复合体聚合与解体子网络，它们具有共同的特点，即从组分/要素的独立存在状态，与这些组分/要素作为复合体构成要素或者网络节点之间的动态转换；（b）表示生命大分子网络在被网络组分（质膜）包被后，虽然形成一个有物理边界的动态单元，但作为生命大分子网络的基本属性没有改变。

质膜是生命大分子网络迭代形式中
同时具备双重功能的全新构成要素

如果上面对于"生物—环境"二元化分类模式的分析有可取之处，认为把相关要素因一膜之隔而被划分为生物/细胞组分或者是环境因子更多地缘于习惯和研究者的方便，那么客观存在的关系可能会是怎样的？跳出"生物—环境"二元化分类模式，我们该怎么处理细胞化生命系统中质膜这个实体存在呢？

质膜是生命大分子网络的产物和被整合的特殊组分

从前面有关世界上第一个细胞是如何形成的分析和猜测中，我们根据可迭代整合子形成的共同原理，提出了集零为整的假说。在这个假说中，我们认为，在生命大分子网络迭代形成的不同阶段，都会随机出现自发形成的双层膜囊泡，而且随机包被不同的生命大分子或者其子网络。此时，质膜与质膜对生命大分子或者其互作的子网络的包被所形成的囊泡，都是在假设的可迭代整合子得以出现和迭代的空间中自发出现的事件。膜只是因为恰好在这个迭代空间中自发形成，恰好与在迭代过程中的处于不同阶段的可迭代整合子的其他组分相遇而被整合或者裹挟到可迭代整合子的迭代过程中。而且，这个假说还假设，包被有不同生命大分子或者其子网络的囊泡可能有机会相遇并且融合。此时，囊泡之间的相遇与融合和可迭代整合子中其他组分的相遇与互作本质上没有不同。可是,一旦本来是随机相遇、融合、集零为整而形成的大囊泡中,不同的组分在被兼并重组过程中同时具有了正反馈自组织、先协同后分工和复杂换稳健的属性,情况就出现了实质性的改变:这个大囊泡获得了相对独立的自我维持和自我迭代的能力。我们可以将同时具有上述三个属性的大囊泡视为世界上第一个细胞。而且,特别提出过,在大囊泡的形成过程中,可迭代整合子出现和迭代的空间中,其他组分之间的互作仍然可以进行。大囊泡只不过是整个空间中各种组分互作形式中的一种。大囊泡从不同可迭代整合子存在形式中脱颖而出只是后续结果,与其起源机制并没有直接的关系。如果这个假说中的推理都是成立的,那么在细胞,即大囊泡的形成过程中,质膜只是作为一种特殊的组分,以特殊的形式参与到了可迭代整合子的迭代过程中。质膜对具有正反馈自组织、先协同后分工和复杂换稳健三个属性的生命大分子网络的包被只是其作为组分被整合到这个过程中之后的一种存在形式。类似 IMFBC 具有表面催化能力而帮助共价键的自发形成、具有催化能力多肽的出现引发了特殊相互作用的组分出现不对称、多肽与核酸的互惠式互作最终形成了中心法则所描述的酶和其他蛋白质形成的模板拷贝式的高效生产流水线。

质膜的功能 I:物理屏障、主体性及其三个效应

为什么整合了质膜这种特殊组分的生命大分子网络的大囊泡形式能从没有整合质膜的其他也具有正反馈自组织、先协同后分工和复杂换稳健三个属性的生命大分子网络的存在形式中脱颖而出,成为之后生命系统存在的基本形式呢?如果从"活"的生命系统的起点,即结构换能量循环的发生机制来看,大囊泡与无包被的生命大分子网络之间最大的不同,在于包被为生命大分子网络带来了一个物理边界,或者叫物理屏障。这个由质膜构成的物理屏障,使得生命大分子网络作为一个整合子衍生出一些前所未有的效应。这些效应实质性地增强了生命大分子网络的稳健性。

在本章开始的引言部分,我们提到了主体化现象。其中,特别提到了共价键自发形成所必需的催化功能从一开始依赖于 IMFBC 的状态或者 IMFBC 周边具有催化功能的组分[如 FeS_2 或者按照 Lipid World(脂世界)假说中的脂类分子],转而依赖于以共价键连接的特殊组分的迭代产物中那些具有催化功能的组分,比如被称为酶的多肽和具有催化功能的 RNA。如果我们前面所描述的成为世界上第一个细胞的大囊泡的形成过程是合理的,那么质膜的加入本质上只不过是一个组分整合过程,和其他组分被整合到生命大分子网络中,以先协同后分工的形式成为这个生命大分子网络一部分没有不同。我们不能因为质膜的整合过程的结果(或者其存在形式)是一个将原本整合它的生命大分子网络包被起来的包被,不是之前提到的复杂连接的形式,而否认质膜作为特殊组分整合到生命大分子网络之中成为其一部分的本质。从这个意义上看,这既不是什么智慧主体的设计,也不是质膜自身的"意愿"。尽管大囊泡的形成过程本身很复杂,恐怕很难用结构换能量原理给出直接的解释;但从可迭代整合子整个迭代过程来看,大囊泡的形成是一个"不得不"的自发过程。

尽管质膜作为包被是自发过程产物,它作为包被的存在形式所形成的物理屏障,却使得被包被在内的生命大分子网络获得一种全新的主体性特征。这种主体性在作为吸引子形式的不同组分间的复杂反应自发整合的、类似台风或居维叶漩涡那样依赖于动态过程的主体性基础上,增加了具有实体边界的、可以通过工具被辨识的相对静态(比如可以被做成标本而保存以供观察)的主体性。显然,这种具有边界的生命大分子网络的主体性,相比于没有边界的、依赖于动态过程的主体性更容易作为观察和描述的对象加以辨识。从这个角度，我们可以理解，为什么在早期基于人类感官的对周边实体存在的观察过程中，不可避免地会产生亚里士多德式的"生物—环境"的二元化分类模式。

作为网络组分的质膜对生命大分子网络的包被，不仅使得该网络的主体性在原来的动态主体性的基础上，增加了一个与周边实体存在之间出现物理边界的相对的静态主体性，而且为生命大分子网络的运行带来了至少以下三条特殊的效应。

第一，缓冲区的出现。在生命大分子网络中，作为网络构成单元的连接本质上都是"三个特殊"的过程。"三个特殊"的运行不可避免地需要特殊组分在自由态和整合态两种存在状态之间转换（图 9-2）。这是我们前面讨论的"活"的过程存在的前提。在之前分析的前细胞生命系统中，特殊组分在两种存在状态之间的转换都是在开放的状态下自由进行的。生命大分子网络被质膜包被之后，以自由态存在的独立分子/要素被膜分隔为胞外和胞内两种存在状态。这种分隔一方面为特殊组分/要素在两种存在状态之间的转换设置了障碍；但在另一方面，其实也为细胞提供了一个自由态存在的独立分子/要素的胞内存留空间。这使得生命大分子网络运行面临突然的胞外组分/要素变化情况下，可以利用胞内存留的组分/要素而保持相对正常的运行。换言之，质膜的包被，为"三个特殊"运行所必需的特殊组分/要素在两种存在状态之间的转换提供了一个缓冲区。

第二，对生命大分子网络中正反馈自组织属性的强化效应。我们前面一直在把同时具有正反馈自组织、先协同后分工和复杂换稳健三个属性作为后来生命系统基本形式的大囊泡的必要条件。之所以要强调这"三个属性"，是因为基于我们前面的分析，生命大分子网络形成过程中的迭代事件使得可迭代整合子可以自我维持和自我迭代。当具有这三个属性的生命大分子网络被包被之后，正反馈自组织属性会导致这个网络不断地生长（grow）（我们下面再讨论生长所需的组分交流的问题）。可是这个网络又遇到了质膜的包被。正反馈自组织属性所驱动的组分的增加因为包被的存在而不容易流失，形成在质膜内的聚集。这就提升了生命大分子网络中的组分在质膜包被内的浓度。在前面的讨论中，我们知道，所有的"三个特殊"的反应都是浓度依赖的。从这个意义上，我们认为，质膜的包被为生命大分子网络所具有的正反馈自组织的属性提供了强化或者浓缩效应。这大概就使得大囊泡这个全新形式的主体的自我维持和自我迭代的能力获得了跃迁式的提升。此外，在正反馈效应被强化的情况下，如果出现组分富余，再加上生命大分子复合体的自发形成，就可能造成结构的复杂化。有关这一点，我们在第十一章再讨论。

第三，整体性的负反馈效应的出现。在讨论以 IMFBC 为前体而自发产生共价键的可能性时，我们提到共价键自发产生所带来的特殊组分的迭代会衍生出一种神奇的副作用，即正反馈自组织。可迭代整合子中想象的迭代事件或者是演化创新会衍生出与事件发生的触发机制无关、但对后续迭代过程产生促进/有利效应的副作用的现象几乎是一种常态。比如光照激发电子恰好被一些电子传递蛋白质接受之后转变为高能分子，成为系统中共用的能量通货；具有催化活性的大分子出现互惠式互作之后，在多肽的氨基酸序列与核酸的碱基序列之间出现序列对应关系，从而衍生出遗传密码；本来随机产生的多糖和脂类恰巧因其具有储能的效应或者作为反应平台的效应而成为生命大分子网络形成过程中被"补"到"锅"中的"铁钉、牙膏皮"，然后又转而成为网络中不可或缺的组分。类似的，质膜的包被对正反馈自组织属性产生强化效应的同时，其实也衍生出了一种副作用——对生命大分子网络中各种不同的"三个特殊"的过程产生了负反馈！

在讨论以酶为节点的生命大分子合成与降解的双组分系统时,我们提到,产物对酶促反应可以产生负反馈效应。考虑到生命大分子网络是由无数"三个特殊"为连接关联而成的,产物对酶促反应的负反馈效应都是以具体的反应为单位而发生的。可是,当生命大分子网络被质膜包被之后,由于质膜这个边界的存在,由酶促反应这种正反馈效应所带来的对生命大分子网络的扩张效应在一定范围内得到强化(上面谈到的对正反馈自组织属性所产生的强化效应),可是一旦浓度过高,则对反应产生抑制/负反馈效应。这时的负反馈效应不是对某个特定"三个特殊"过程的,而是生命大分子网络中各个连接都无法幸免。这是在产物对酶促反应的以单个反应为单元的负反馈效应基础上,第一次从总体上出现的对生命大分子网络运行的负反馈效应。

从生命大分子网络的运行而言,正反馈显然是一种自我维持与迭代的动力。可是负反馈却反过来可以成为一种维持稳健性的机制。在生物学研究中,负反馈是一种经常被提到的维持生命系统稳态的调控机制。其源头从化学反应的角度很容易理解,但到了细胞化生命系统好像变得很神奇。人们常常把负反馈解读为生命/细胞"为了"维持自身的稳健性。其实,从整合子的角度看,负反馈的源头之一可能就是质膜包被生命大分子网络对该网络中正反馈自组织属性所带来的强化效应的副作用。至于负反馈这种副作用作为一种细胞稳态的调控机制在实现过程中的具体形式,我们后面在讨论有关衰老和疾病的问题时再进一步讨论。

质膜包被为生命大分子网络带来的主体性形式在动态基础上增加了一个新的维度,即相对的静态这一点本身很难解释其相对于未被包被的网络的存在概率优势。但上面提到的物理边界所产生的三种效应,却为解释被包被的生命大分子网络稳健性的提升提供了建立在"三个特殊"基础上,符合简单的物理和化学动力学原理的依据。这三种效应我们在后面的讨论中还会提到。

质膜的功能Ⅱ:生命大分子网络中互作组分的交流转换媒介

读到这里,可能有的读者会问,前面的讨论都是在讲质膜作为生命大分子网络的物理屏障所带来的优势。可是既然是屏障,不是会妨碍生命大分子网络中相关组分/要素的自由扩散,影响网络形成所必需的组分互作的随机性、多样性和异时性,从而无法保证不同的组分互作遵循结构换能量原理而适度者生存吗?

的确,质膜作为一个物理屏障,为被其包被的生命大分子网络中相关组分/要素的自由扩散带来了阻碍。但是,从另外一个角度讲,从我们现在所了解的质膜的结构及其功能来看,膜都是高度动态的,无论是作为包被的细胞膜或者质膜,还是在细胞内的内膜——包括原核细胞蓝藻中的光合膜,以及真核细胞中的内质网膜。它们不仅对于小分子比如水有一定的透过性,即所谓的半透性;而且在膜上镶嵌的蛋白质,还对不同的离子和比较大的分子,比如多肽、甚至核酸都有高效的转运功能。此外,膜的流动性,使得在很多细胞中,可以通过质膜的形变而产生胞吞和胞吐的过程,这又为更大的组分实现跨膜的交流提供了通道。从这个意义上,质膜的出现虽然阻碍了生命大分子网络中相关组分/要素的自由扩散,但同时又提供了一套全新的相关组分的交流机制。换句话说,与没有物理边界的、相关组分可以通过自由扩散而相互作用、依赖于动态过程而自我维系、自我迭代的生命大分子网络相比,质膜的包被在提供物理边界的同时,还提供了一个组分/要素流动的媒介。由于膜作为组分/要素流动的媒介功能是通过膜上的分子的种类、数量和互作/排列方式而实现的,因此,这种媒介的出现，使得被质膜包被的生命大分子网络的运行除了获得负反馈这种调控机制之外，还获得了对组分/要素流动进行调控的可能。这种对组分/要素流动的调控，不仅为生命大分子网络的运行带来了全新的影响要素，也成为细胞行为的重要环节而被人们特别关注。作为物理边界，质膜的双层磷脂成分可能发挥主要作用，而作为"三个特殊"相关要素的交流转换机制，则是质膜上的蛋白和磷脂成分互作而发挥主要作用。

其实，在前面讨论对磷脂类被整合到生命大分子网络中所能为可迭代整合子稳健性而做的贡献时，曾经提到磷脂的成膜功能可能有催化作用，为功能上关联的蛋白质提供附着平台（如光合电子传递链中的色素蛋白），为生命大分子网络迭代形成过程中不同阶段的组分产生包被。从这个角度看，质膜作为一种不同实体组分的交流转换机制并不需要完成大囊泡的兼并重组、集零为整之后才从头发生。完全可能是伴随膜的自发形成过程而出现的一种功能。只不过过去大家从对形成之后的细胞结构解析中来看质膜的功能，自然先看到质膜的包被功能（质膜由脂类物质构成的观点在19世纪末就提出，而到20世纪20年代获得实验证据的支持），直到S. J. Singer和G. L. Nicolson于1972年提出流动镶嵌模型后，人们才关注到质膜有高效的组分交流转换功能。可是，人类较晚意识到的现象或者功能，未必不是在演化过程中先发生或者同时发生的。从人类对周边实体存在的拆解式探索模式来看，这种伴随信息的增加而在原有概念框架下添砖加瓦或者修修补补的现象不仅无可厚非，而且无法替代。只是，当信息积累到一定程度之后，当传统的解释中出现的自相矛盾在原有的概念框架下无法解决的时候，人们可能还是只得在已经积累的信息的基础上，针对无法解释的自相矛盾，提出新的信息关联方式，或者叫新的概念框架。这种概念框架的改变，或者叫范式转换，或许会为当时的人们带来很多不方便，但有时也是一种不得不的事情。如果能为自相矛盾的问题提供更好的解释，或许也值得试一下。

动态网络的单元化：细胞
——被网络组分包被的生命大分子网络

综合上面的分析，一个基本的结论就是，膜，无论是作为包被，还是作为包被内的组分，它是生命大分子网络的一种全新的迭代产物。考虑到没有质膜包被的生命大分子网络本身已经具备了正反馈自组织、先协同后分工和复杂换稳健这三个属性，具有自我维持和自我迭代能力，由质膜包被的、同样具有三个属性的生命大分子网络或者可迭代整合子的迭代形式，从构成要素的角度讲可以被解析为两个：第一，具有上述三个属性的、被质膜包被在内的生命大分子网络；第二，在为这个被包被的网络提供物理屏障的同时提供了"三个特殊"相关要素交流转换机制（以下简称交流转换机制）的质膜。在这里，比较绕的一个现象是，整合了质膜这个组分的生命大分子网络是一个被网络组分包被的生命大分子网络。换言之，就是前面讨论过的，质膜作为生命大分子网络的组分，它的主要存在形式，是包被自身由之而来的生命大分子网络。

在前面有关世界上第一个细胞从哪里来的问题分析中，我们曾经提到细胞最重要的构成要素就是两个：第一，质膜；第二，质膜内包被的组分集合。我们论证了质膜内被包被的组分集合实质等同于具有三个属性的生命大分子网络。从这个意义上，细胞就是一个被网络组分包被的生命大分子网络。与没有被质膜包被的生命大分子网络相比较，最重要的不同，好像主要就是质膜的包被。可是，这个迭代事件却为生命大分子网络赋予了一个全新的属性——动态网络的单元化（unitization of the dynamic network）。单元化的表现主要是两个：第一，实体化。因为出现了质膜这个物理边界，不仅使得原本无边界的动态主体基础上衍生出有边界的、并因此可以在显微镜下被观察到的静态主体，而且因为在上一节对质膜功能分析中提到的主体性所产生的三个效应，实质性增强稳健性而获得更长存在时间。第二，整体化。因为被包被的生命大分子网络的运行被限制在质膜边界之内，很多"三个特殊"相关要素的整合需要通过质膜的介导才能实现。质膜包被这一看似简单的迭代事件或者演化创新实际上为生命大分子网络的运行方式带来了非常广泛而深刻的影响。其中最容易被观察到的表现，就是对于观察者而言，被包被的生命大分子网络的运行不是以其中各个节点和连接而被观察到的，而是从整体层面上被观察到的。实际上，质膜包被对生命大分子网络所带来的整体化影响，的确是之前没有质膜包被的生命大分子网络所不曾具备的。从这个意义上，质膜作为网络组分对生命大分子网络的包被应该是可迭代整合子或者生命系统演化过程中最重要的一次衍生事件，或者叫"演化创新"（衍生事件，an emergent event。Emergent 一词有很多翻译，比如涌现、突现、跃然性等等。虽然我感到"跃然纸上"这个成语最能表现 emergent event 的意思，我更喜欢跃然性，但为方便，本书中还是用衍生）。此次事件发生之后，细胞就成为现存生命系统的基本形式。

那么作为被单元化的被网络组分包被的动态生命大分子网络，即细胞，它还可以被看作是一个整合子吗？考虑到生命大分子网络运行与存在的前提是保持前面提到的三个属性，换言之，所有存在的生命大分子网络都必须具备三个属性。因此，被质膜包被的生命大分子网络也必须具备这三个属性。尽管质膜包被会为生命大分子网络的运行赋予一个全新的动态网络单元化属性，但这个新属性是在前面三个属性基础之上的。由于这个全新的动态网络单元化属性源自作为网络组分的质膜对网络的包被，我们很容易可以发现，细胞行为本质上源自被包被的生命大分子网络和作为包被的质膜之间的相互作用。从这个角度看，细胞这个被网络组分包被的生命大分子网络的运行，本质上就是被质膜包被的生命大分子网络这个特殊组分，和作为网络组分的质膜这另一个特殊组分之间的特殊相互作用。因此，细胞，就是一个由生命大分子网络和作为该网络组分而以网络包被形式存在的质膜，作为两个全新特殊组分的全新特殊相互作用的形式存在的可迭代整合子。

那么，把细胞放到可迭代整合子的概念框架下去解释有什么意义呢？

填平单组分行为与多组分复合体行为之间的鸿沟

传统的细胞学说的核心，一是细胞是生物体结构与生命活动的基本单位，二是细胞只能来自细胞。这两个结论都是基于归纳而得出的。虽然大家都倾向于同意现存生命系统最初来自非生命的组分，无论是达尔文所说的"温暖的小池塘"，还是海底热泉，或者火山热泉，甚至是天外来客，迄今，人们还无法对已知的生命系统组分是如何形成细胞这种生物体结构和生命活动的基本单位的问题给出一个令人信服的解释。换言之，就是在现在大家了解了很多的生命活动的分子基础（分子行为），和这些分子的整合方式，即细胞的结构、起源、生长、分裂、分化、死亡等（细胞行为）之间存在着一个必须填平但还未能填平的鸿沟。这个问题不解决，有关生命本质、生命起源和生命活动的基本规律是什么的问题，其实是无法真正得到解决的。这对于我们这些自诩为研究生命本质及其规律的人来说是一个无法回避的挑战。

本书所提供了另外一种探索思路或者思考模式，即以现存生命系统以碳骨架组分作为物质基础，从问什么是"活"开始——而不是以显微镜下观察到的细胞为起点、问什么是生命开始——基于现有的物理、化学和生物学知识，推理出一个以结构换能量循环为起点、生命大分子网络为分子层面上最复杂存在形式的可迭代整合子系统。根据这个逻辑，通过把细胞的基本结构和被大家总结为细胞生命活动的基本内容，与作为可迭代整合子迭代形式的被质膜包被的生命大分子网络进行比较，论证了一个结论，即细胞，就是一个被网络组分包被的生命大分子网络。与之前的生命大分子网络最重要的不同，是在这个全新的生命大分子网络的迭代形式中，出现了前所未有的独特运行形式，即由生命大分子网络作为一种特殊组分，由作为该网络组分、但以网络包被形式存在的质膜作为另一种特殊组分的全新特殊相互作用。这种前所未有的特殊相互作用标志着可迭代整合子出现了一种全新的形式。这种对细胞本质的另类描述，为填平作为生命活动基础的分子间相互作用，即分子行为，和作为生命活动的基本单位的细胞的各种表现，即细胞行为之间的鸿沟提供了一种新的思路。

其实，根据目前对细胞组分及其相互关系的了解，以细胞形式存在的生命系统中，分子行为与细胞行为之间的鸿沟与前面讨论过的生物与环境之间的关系的情况类似，主要源自研究者的解读。细胞这个最初在显微镜下被看到的结构由不同的分子以不同的方式聚合而成，这已经是一个被大量实验证据证明的结论。人们目前难以理解的是，分子如何被组装成为"活"的细胞。从整合子的角度，我们之前已经解释了世界上第一个细胞形成的可能过程。就现存的细胞而言，分子行为和细胞行为之间的鸿沟主要源自人们对作为细胞组分的分子行为的研究所涉及的时空量尺度，与对细胞这个基本单位特征的研究所涉及的时空量尺度上的差别。根据目前的物理和化学知识，我们知道，在空间尺度上，分子行为的组分，是在纳米（nm，10^{-9} m）级别的分子。而细胞行为，则是在微米（μm，10^{-6} m）级别的细胞（绝大部分的细胞大小在 $1\sim100$ μm 之间——光学显微镜的极限分辨力是 0.2 μm）。二者之间差了三个数量级。在时间尺度上，分子行为中组分的移动与相互作用的描述常常用秒以下的时间单位，光合作用中电子传递的速度可快到皮秒（ps，10^{-12} s）级别。而在细胞行为中，大肠杆菌细胞一般 20 分钟（min，1200 s）分裂一次，裂殖酵母一般 2 小时 15 分钟（8100 s）分裂一次，而人体细胞的寿命最短也是以天（86 400 s）为单位，而人体寿命通常都以年为时间单位。分子行为和细胞行为之间也差了好多个数量级。在数量尺度上，除了真核细胞中的 DNA 分子（每一条染色体中的 DNA 链是一个 DNA 分子）之外，细胞中其他大分子每一类的含量都是 $10^{2}\sim10^{4}$ 个，甚至更多，分子的类型更是难以计数。而作为这些分子存在基本单位的细胞的个数是 1。由此，数量尺度也差了好几个数量级。如何把原本是一个自组织系统不同层面的过程，因为研究对象和方法的不同而出现的时空量尺度上的几个数量级上的差距给整合起来，这是在研究过程中人们感觉分子行为和细胞行为之间出现鸿沟的一个可能原因。

在物理学和化学研究历史上，曾经也存在过怎么用处理宏观的物体运动规律的方法来处理微观分子层面的热运动或者化学反应的问题。学者们采用的办法是引入阿伏伽德罗常数，把分子的行为平均为宏观的指标，如温度、压强、浓度等。可是，生命系统的组分与物理中的热力学系统相比要复杂很多。虽然在单个组分的数量上可能远远达不到阿伏伽德罗常数所指出的 10^{23} 数量级，但组分的复杂程度要大很多。比如前面提到，水分子的大小是 0.4 nm，而 DNA 分子的大小，在人类细胞中长度平均在 4.3 cm 左右（按人类细胞 DNA 总长度约 2 m，除以 46 条染色体来算）。水分子和 DNA 分子的长度之间相差 8 个数量级。在生物学的研究中，主要因为技术手段的局限而缺乏相关的分子信息以及观念的局限而没有合适的逻辑，目前好像还没有合适的方法把原本是一个自组织系统的不同层面的过程给出一个统一的解释。

　　如果以物理学发展历史作为人类认知能力发展的参照系来看,我们可以发现,传统生物学观念体系中对细胞的解读,有点儿类似开普勒、伽利略时代对天体的观察——由于观察者分辨力的局限,可以把有限的天体作为质点来观察它们的运行轨道及其规律。甚至还出现了日心说与地心说之间不共戴天的争论。可是一旦分辨力提高,放到整个大爆炸宇宙的视野下,曾经被观察的天体运行轨道虽然还在,但学说之争只能成为历史长河中的轶闻趣事。换个角度看细胞,几十年之后,恐怕也会有类似的故事在坊间流传。

　　另外一个可能原因是,分子行为都是动态的,这一点大家基于物理和化学的知识很容易理解。可是细胞行为的讨论有一个由于显微镜的出现而产生的先入为主的前提,就是一个有边界的实体。虽然人们知道,这个实体本质上是一个动态过程中的一个阶段或状态,但是由于细胞是讨论的对象,没有细胞,也就失去了讨论的对象。从细胞学说的角度是先看到细胞,后知道细胞由分子构成,因此细胞内的分子首先就被赋予了细胞组分的定位,分子之间的相互作用,也就被赋予了生命活动的定位。从本书前面所讨论的过程来看,从整合子的角度,是先有分子,后有细胞。分子是因为各种机缘巧合,因不同形式的整合子迭代而从原来的独立分子的自由存在状态,通过与其他分子/组分的互作而转换为复合体构成要素的存在状态。大量这种组分的相互作用所形成的网络因机缘巧合而迭代出被网络组分包被的生命大分子网络。从这个角度看,细胞作为一个静态的实体存在被辨识,很大程度上是因为其质膜的边界(也包括最初细胞壁)所产生的光的折射以及其大小恰好落在光学显微镜的分辨率范围之内。显然,从整合子的角度看,细胞虽然因为质膜这个物理边界的存在,其高概率高稳健性的动态主体性被观察者作为静态主体来辨识,但不会被这种静态的表象所迷惑。而且,因为在整合子视角下,细胞就是一个分子层面上生命大分子网络的迭代产物,从逻辑上就不存在分子行为和细胞行为之间的鸿沟。

　　如果上面的分析是合理的,那么,把细胞放到整合子框架下解释,相比于传统的细胞学说在逻辑上显然更加自洽,也更加简单,这应该是一个更好的解释。

为细胞行为提供了无需目的论的合理解释

　　上一小结分析了把细胞放到整合子框架下解释的新视角,强调了整合子视角可以方便地解决分子行为和细胞行为之间的鸿沟问题。那么把细胞看成是生命大分子网络的迭代形式,相比于没有被质膜包被的生命大分子网络具有哪些优势,使得它最终成为现存生命系统的基本单位呢? 除了在上一节提到的质膜包被所出现的物理屏障所带来的主体性形式改变及其对生命大分子网络运行所产生的三种效应之外,从其作为一个动态网络单元,相比于之前的整合子形式的优势,还可以归纳出以下三点:

　　第一,更强的可调控性。质膜所具有的作为"三个特殊"相关要素交流转换机制的功能,为生命大分子网络的自我维持和自我迭代功能提供了两种全新的调控机制:物理屏障对网络运行所产生的总体性负反馈调控机制,以及质膜作为组分流动媒介所产生的调控机制。负反馈调控机制我们会在后面有关细胞行为的讨论中更多涉及。在这里先讨论一下质膜作为组分流动媒介所产生的调控机制。在之前讨论过的生命大分子网络的运行过程中,我们提到,中心法则所描述的以 DNA 为枢纽的、制约特殊组分(酶和其他蛋白质)形成的生产流水线,为以酶为节点的生命大分子网络提供了一个自上而下的调控机制。这使得原本以酶为节点的自下而上的生命大分子网络的运行受到源头调控。这种机制在被质膜包被的生命大分子网络中仍然沿袭下来而继续发挥作用。可是,包被的质膜,由于其具备的半透、通道和胞吞/胞吐功能，使得作为生命大分子网络运行基础的"三个特殊"的相关要素的移动受到了质膜所具有的这三种不同形式的交流转换机制的节制。有关细胞生命活动受到组分跨膜调控的案例不胜枚举，由这些案例归纳出来的细胞内外物质与能量交换、细胞信号转导、细胞通讯，本质上都是基于质膜的三大类交流转换机制的形式不同的调控事件。从这个意义上，相比于没有质膜包被的生命大分子网络，有质膜包被的网络多出来一个由外而内的调控机制。这个由外而内的调控机制和以 DNA 为枢纽的由内而外[①]的调控机制内外呼应。这或许是被质膜包被的生命大分子网络的自我维持和自我迭代能力得到跃迁式提升的一个重要原因。

第二，有物理边界的静态主体性带来生命大分子网络的可移动性。虽然质膜只是生命大分子网络迭代过程中伴生的迭代产物，但它为生命大分子网络所提供的物理屏障还是把这个网络从其原本所在的可迭代整合子迭代的空间中分离了出来。或许这种屏障会为"三个特殊"相关要素的自由扩散带来障碍，但质膜所带来的交流转换机制为生命大分子网络运行带来的由外而内的调控，或许在部分补偿这种障碍的同时，为该网络的自我维持和自我迭代能力提升带来前所未有的帮助。而质膜的包被所带来的静态主体性，使得迭代后的生命大分子网络可以在很大程度上脱离原有的运行空间，在原本无法实现生命大分子网络迭代的空间中自我维持和自我迭代！这种被包被的生命大分子网络的可移动性，使得我们现在看到的细胞常常可以生活在不具备可迭代整合子发生和迭代的空间中。这大概也是早期观察者形成生物和环境的二元化分类模式的一个可能原因。

第三，被质膜包被生命大分子网络的可复制性。当人们提到"复制"这个词时，第一反应可能是 DNA 复制。这没有错。但对于相信 Lipid World 的人来说，在 DNA 复制所需要的条件具备之前，很可能已经发生了由磷脂双层膜构成的囊泡的复制。的确，从对脂质体的研究和近年人们对用各种不同材料制备的模拟生命起源的 protocell 的研究来看（图 9-3），这些结构的确可以在不同的条件下出现保持原有结构基本属性的分裂，也就是结构层面的复制。这个问题已经有人讨论过很多了。如果我们把脂质体和 protocell 上有实验证据支持的行为应用于我们这里所说的被质膜包被的生命大分子网络上，那么质膜包被结构的分裂，其实就是我们在上一章中提到的 Barabasi 无标度网络中的第三个特点——可复制性在生命大分子网络上的特殊表现。可能有人会提出分裂产物中组分分配不均匀的问题。其实对很多原核生物的细胞分裂，其产物细胞中组分分配不均匀是常态。这一点我们下面再讨论。

传统上，大家都是就事论事地看待细胞分裂。可是如果从被质膜包被的生命大分子网络的可复制性来看细胞分裂，似乎很容易在生命大分子行为和细胞行为之间建立合理的内在联系。我自己在思考生命系统在结构换能量原理驱动下迭代的过程时，曾经很长时间受困于细胞分裂究竟是如何发生的、或者如何用无标度网络的理论来描述生命大分子网络的自发形成如何衍生出细胞分裂行为的问题。当后来意识到生命大分子网络的迭代过程中整合了磷脂双层膜成为自身的组分，并最终这种组分以包被作为存在形式之后，终于可以从膜所形成的囊泡所具备的分裂能力的角度，结合生命大分子网络本身具有的正反馈自组织属性，解释了具有正反馈自组织属性的生命大分子网络所具有的生长衍生的网络的可复制性

---

① 　相对于酶这个节点及其关联的自下而上的网络，我们将 DNA 为枢纽的中心法则对酶这个"三个特殊"的节点性组分产生的调控称为自上而下的调控。如果相应于质膜对"三个特殊"相关要素的交流转换机制，我们这里参照质膜所产生的物理屏障，将 DNA 为枢纽的调控称为"由内而外"。

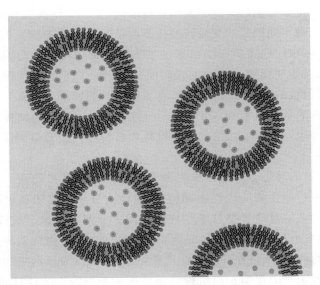

图 9-3　脂质囊泡(lipid vesicles)图示。磷脂双层膜自发形成的囊泡(灰色区域)将生命分子(圆点)包被在其中。人们常常根据自己研究的问题,将以此为基础的结构称为凝聚体(coacervate)或者前细胞(procell)。

图引自 https://commons. wikimedia. org/w/index. php? curid＝5945454.

诱导 DNA 复制;这些生命大分子网络扩张的正反馈结果,在质膜这个包被的表面张力和体表比的制约下,最终发生包被的分裂,使得网络的生长属性最终表现为细胞的分裂行为。这一点,我们在下一章再详细讨论。

概念框架的重构?

当然,把细胞看成是一种整合子的存在形式,对很多人来说是陌生的。可是,从第二章中对科学认知本质的讨论来看,科学认知作为一种认知方式,其功能无非就是为人们对实体存在及其彼此间相互关系的认知提供一个具有合理性、客观性和开放性的解释。一个解释体系或者说观念体系/概念框架的价值,在于能够把多少信息以自洽的逻辑(合理性)整合在一起,而且提出可供实验检验(客观性)的新问题(开放性)。在人类对自然的探索历程中,不可避免地会伴随新现象的发现、无法解释的现象积累而出现概念框架/观念体系的构建和重构。这个过程按照托马斯·库恩的说法叫做范式转换。如果一个概念框架在对实际发生过程的描述上具有连贯性,对这个过程的解释上具有逻辑上的统一性,不仅能解释之前概念框架所能解释的所有已知现象,还能解释之前概念框架所无法接受的所有已知现象,为拓展认知空间提出新的在之前概念框架中无法提出的问题,那么这种概念框架就有可能会替代之前的概念框架。当然,如同我们在讨论迭代概念时所提到的,人们只能检验已经存在的东西,无论是实体还是观念。只有当一种新的解释体系或者概念框架被提出来,其他人才有可能把它和之前的概念框架加以比较、评估和取舍。这也是为什么在经过多年考虑之后,我最终动手写这本《生命的逻辑》的原因。

第十章　细胞化生命系统Ⅱ：整合子视角下的细胞行为

关键概念

细胞生长：生命大分子网络的正反馈自组织属性的表现；细胞分裂：肥皂泡模型——维持体表比稳定的机制；细胞分化：组分数量/种类/互作方式变化对两种存在状态影响的表现（包括自养/异养——"三个特殊"相关要素的不同整合方式）；细胞死亡：整合子三个基本属性丧失之后的生命大分子的堆砌状态；LUCA："生命大分子网络"的运行空间

思考题

细胞行为是"细胞"的行为还是"生命大分子网络"属性在新的整合子状态下的表现？

为什么要把 Thompson 的肥皂泡模型找出来"老调重弹"？

从"三个特殊"的开放性和组分两种存在状态之间的转换的角度是否足以解释"细胞分化"？

为什么在开放条件下，细胞死亡是不可避免的？

LUCA 是一种有边界的"静态主体"还是一种无边界的"动态主体"？

在有关前细胞生命系统的讨论中，基本内容都是结构换能量循环为起点的、因为共价键自发形成而迭代而成的各种复杂程度不同的组分的相互作用、以及复杂相互作用所形成的可迭代的生命大分子网络。无论是结构换能量循环，还是生命大分子网络，在本书的概念框架中都是以"三个特殊"为核心、具有吸引子特征的可迭代整合子的不同存在形式。上一章讨论了生命系统、即可迭代整合子的一种全新的存在形式——被网络组分包被的生命大分子网络。我们认为，质膜的包被，带来了生命系统演化历程中的一次重大的迭代事件，使得细胞成为现存生命系统中各种生物的基本构成单位。质膜的包被这个迭代事件，为生命大分子网络赋予了一个全新的属性，即动态网络的单元化。这种属性使得生命大分子网络的运行状态获得了一种细胞行为的表现形式。这种属性也使得人类对生命现象的研究获得了细胞行为这个可以借助显微镜来进行观察、描述和解释的切入点。

在上一章的讨论中，我们基本上没有涉及细胞行为。之所以一直在回避这个问题，主要是因为，由于被组分包被这种形式的出现，生命大分子网络的行为就不再仅仅考虑单个分子层面的互作——无论是生命大分子的合成与降解，还是生命大分子复合体的聚合与解体，都跃迁到了一种更加复杂的状态，其中不仅仍然保持生命大分子网络原有的三种属性，还迭代出了动态网络的单元化属性。这种新属性衍生出两种全新的特殊组分的特殊相互作用。一是之前已经存在的生命大分子网络。在现存生命系统中，这个网络由于作为网络链接关键节点的酶的生产流水线被 DNA 在源头制约，而表现出一种以 DNA 为枢纽而被自上而下控制的状态。二是虽然自身是网络组分，但以网络包被形式存在的质膜。所有的细胞行为，追根溯源，都是这两种全新的特殊组分之间出现的特殊相互作用的新的整合子运行过程的单元化表现。对细胞行为的解释，需要有一个新的视角，用专门的篇幅来展开。

　　如果把细胞行为看作是被质膜包被的生命大分子网络运行的表现形式,对细胞行为的描述和解释,就不能停留在类似分子生物学发展早期"一个基因一个酶"的思维,去直接假设细胞行为由简单的基因有无或者表达水平高低来控制。或许,从新的整合子视角来观察、描述和解释细胞行为,可以利用目前所获得的各种有关细胞行为的信息,提出虽然不同于主流观念体系,但至少具有同样客观合理性,而且完全无须目的论、更少自相矛盾的解释。在本章讨论的细胞行为,主要是几种以单个细胞为单位、在宏观层面上出现的变化:细胞的生长、分裂、分化和死亡。

细胞生长

　　细胞行为中最广为人知的就是细胞生长,即体积的增加。是什么造成了细胞的生长呢?传统的解释是,细胞从环境中吸收了物质和能量。可是,为什么细胞要从环境中吸收物质和能量呢?对很多人而言,这个问题的答案是细胞要维持自己的生存。可是细胞为什么要维持自己的生存呢?这就回到了我们在本书前面章节所讨论的生物、生命、活分别该怎么定义的问题。从目前研究者的探索模式来看,基本上是以细胞体积为检测指标,寻找能影响这个指标的因子,无论是理化因子还是遗传因子。找到之后,设计实验来对这些因子的效应及其产生效应的机制加以检测。如果在因子反映体积变化的检测指标之间存在相关或者因果关系,那么就可以根据实验的结果,宣称某个因子影响或者决定细胞生长。

　　从整合子视角下看,细胞生长这个行为只是被包被的生命大分子网络的三个属性之一——正反馈自组织的不可避免的结果。所有影响生长的因子,无非是影响了生命大分子网络运行的速率和/或方向,从而改变了生命大分子网络与质膜所具有的交流转换机制之间的平衡,最终表现在生命大分子网络运行所产生的压力与包被这个网络的质膜的张力之间的平衡关系的改变。网络扩张的速率快,对包被的压力就大,细胞作为一个单元,其体积就会在一定程度上增加;网络扩张速率慢,对包被的压力就小,细胞体积增长就会慢,或者不增长。如果网络扩张速率小于之前的程度,此时可能会导致生命大分子网络作为一个单元所占据的空间小于原来曾经达到的规模。这在植物细胞中表现为质壁分离。或许有人会说,质壁分离不是细胞失水的结果吗?如果记得本书中所提到的生命大分子网络是一个组分集合,细胞内的水,无论是不是在液泡中,都属于生命大分子网络的构成要素。就质壁分离这个现象而言,从整合子角度的生命大分子网络与交流转换机制之间相互作用失衡的解释不仅包括了液泡失水这种情况,还可以包括更多,或许更复杂和微妙的、目前还没有被关注到的情况。整合子视角可以为我们拓展新的研究空间。

　　对于多细胞生物而言,细胞生长直接影响到多细胞结构的形态和功能。因此,有关细胞生长的研究一直都很活跃。在生物学进入分子生物学时代之后,大量的工作都集中在影响细胞行为的蛋白质及其编码基因的调控方面。同时,也有一些研究反向地,从细胞表面张力的角度探索细胞膜(质膜),或者在植物中细胞壁的刚性会如何影响细胞生长,并最终影响多细胞结构的形态与功能。对于这类研究,如果从整合子的角度看,其实就是前面提到的生命大分子网络所产生的压力与包被这个网络的质膜的张力之间的平衡关系。显然,如果不考虑产生压力的网络运行状况而只考虑质膜或者细胞壁的张力,其实是很难有效回答这些问题的。

细胞分裂

　　细胞分裂是生物学中一个经久不衰的研究对象。按照美国国家生物技术信息中心（NCBI）开发的文献搜索引擎 PubMed 的统计，以 cell division 做检索词，从这个引擎中能检索到的最古老的一篇文献可以追溯到 1893 年。到了 1974 年，当年发表文献数达到第一个小高峰，3 690 篇；2003 年，当年发表文献数出现第二个小高峰，20 462 篇；2018 年，是当年发表文献数的第三个小高峰，35 882 篇。到 2020 年 3 月 23 日写作这部分时，用这个检索词在 PubMed 上能检索到的文章总数是 604 276 篇。如果做一个比较，选择"种子（seed）"，做检索词（因为"民以食为天"），在 PubMed 中最早的文献可以追溯到 1794 年。到了 1976 年有一个当年发表文献数的小高峰，700 篇。之后倒是一直呈指数上升之势。2019 年，当年发表文献数达到 10 196 篇。迄今能检索到的文章总数是 133 552 篇。PubMed 上能检索到的文章总数，细胞分裂是种子的约 4.5 倍。

　　细胞分裂从细胞学说建立开始，其自我复制的能力就被人们认为是生物区别于非生物的最显著的特征。从这个意义上，虽然在当下生物学语境中提到"复制"，人们常常最先想到 DNA 复制，但细胞分裂所带来的自我复制，要比 DNA 复制早提出一百年。有趣的是，德国医生 R. Virchow 在 1855 年提出"细胞只能来自细胞"这个观点时，借用的比喻是动物只能来自动物，植物只能来自植物。

　　根据 *Campbell Biology* 一书中的介绍，细胞分裂对于生物而言主要有三方面的功能：第一，对于单细胞生物而言，细胞分裂就是这个生物体（细胞）的自我复制。第二，对于多细胞生物而言，细胞分裂是多细胞结构形成的基础，比如说从一个受精卵变成一个人，细胞数会从 1 变成约 3×10^{13}（30 万亿）。第三，还是对于多细胞生物而言，在多细胞生物发育完成后，体内的细胞还会更新。我们在第五章提到 Gaia 学说时提到，人体不同组织中细胞的寿命是不同的（图 5-2）。如果没有细胞适度的更新，人体不可能维持动态平衡（又是整合子，这一点我们在后面会进行讨论）。

　　那么细胞为什么会分裂呢？或者我们不去问这种"why"的问题，而是问"what""when""where"和"how"的问题，即细胞分裂发生的动力是什么，细胞在什么时间点、在什么位置、以什么方式发生分裂，以及细胞分裂受什么机制调控等问题。前面提到的六十多万篇文章，基本上都是在试图回答这几个方面的问题。

　　目前，对细胞分裂的基本过程、关键组分和调控的分子机制的研究成果汗牛充栋。这些信息的介绍在各种主流的普通生物学教科书或者细胞生物学教科书中都可以找到。在这里，我想换一个角度讨论一下上面提到的有关细胞分裂的几个问题。

D'Arcy Thompson 和他的细胞分裂肥皂泡模型

　　D'Arcy Thompson 是苏格兰动物学家。从 1884 年他 24 岁时起，先在 University College of Dundee，后在 University of St. Andrews 任教。他在 1917 年出版的一本书 *On Growth and Form*（《生长与形态》）中，提出了一个观点，即可以用数学和物理的方法来描述和解释生命现象，尤其是生物体的形态和生长过程。在我的求学生涯中，虽然知道数学家们常常用斐波那契螺旋线来描述向日葵花盘上花的排列和海螺壳上的纹路，但从未听说过 Thompson 这个名字。直到我在思考什么叫"活"的问题，意识到生命现象必须服从物理规律后,在一次查找文献时,发现 2013 年 *Nature* 杂志上有一篇 Philip Ball 撰写的回顾文章,介绍 D'Arcy Thompson 这个人和他出版于 1917 年的这本书。在这篇文章中,作者写道,Thompson 在 1894 年一次会议上,表达出了对当时达尔文主义者对形态发生机制热衷于假设性解释("Just So" explanations)的强烈不满。他认为生物的形态是由物理学层面的动力而不是遗传所决定的。在 1917 年出版(本来应该在 1914 年出版,因第一次世界大战而推迟了三年)的这本书中,他列举了大量的案例来阐述他的观点。可是,在 19 世纪达尔文《物种起源》出版之后,欧洲生物学界的关注热点除了围绕达尔文演化理论的争论之外,已经开始转向细胞学说的建立、生理学和生物化学的开拓和对基因本质的探索。形态学的问题很大程度上已经开始被边缘化。进入 20 世纪之后,Thompson 所反对的基因决定论越来越成为生物学观念体系的主流。这种大趋势决定了他的观点难逃被冷落的命运。可是,随着越来越多生物的基因组被测序完成,对基因表达调控机制的研究越来越深入,人们开始意识到,对于复杂的形态建成过程与调控机制,只从特定基因的有无和表达水平的高低,甚至表达产物与其他组分的互作来解释似乎是远远不够的。可是除了通过改变基因来观察对形态建成过程的影响——本质上还是 100 多年前 Thompson 反对的遗传决定论——之外,还有什么不同的策略来探索形态建成的调控机制,并给出具有客观合理性的解释呢?随着越来越多的物理学家选择生命现象作为他们的研究方向,D'Arcy Thompson 用数学和物理的方法来描述和解释生命现象的观点又被这批学者带回到了人们的视野中。

之所以在这里特别介绍一位曾经备受冷落的学者,很重要一个原因,是他在《生长与形态》中,从物理学的角度解释了细胞为什么会分裂。他的解释很浅显易懂:细胞分裂本质上类似于肥皂泡的分裂。吹过肥皂泡的人都知道,被不断吹气的肥皂泡会有三种命运:(1)不断增加体积,那会需要很高的技巧;(2)破裂;(3)一个变几个或者叫"分裂"。在这个模型中,完全不需要基因。从现代生物学观念来看,这种说法好像是无稽之谈。毕竟有这么多研究表明,的确有很多在基因出现变异时,细胞分裂会出现异常的情况。可是基因变异引起细胞分裂(或者任何其他人们希望定义的性状)异常,只能说明这个基因对细胞的正常分裂是必须的(必要条件)。不能说明只要有这个基因的存在,细胞就一定能正常分裂(充分条件)。在这个基因正常的情况下,其他基因的异常也可能引起细胞分裂的异常。如同一座楼房中有很多墙,各有各的功能。有的墙(区隔空间用的非承重墙)被拆除并不影响楼房的结构;可是有的墙(承重墙)被拆除后,就有可能会影响楼房的结构。但是楼房显然不是一扇墙可以单独支撑的。最终有多少基因会影响细胞分裂呢?这个问题的完整答案恐怕还要等很久。而且,对于细胞分裂这个现象而言,无论原核细胞还是真核细胞都有细胞分裂。可是就目前的研究结果,原核细胞和真核细胞分裂的过程有非常大的不同,涉及的基因也有很大差异。有没有共同的调控机制,或者说现有不同类型细胞的细胞分裂调控机制最初有没有共同的原型呢?这些问题从基因的角度其实是非常难以回答的,因为从基因表达到细胞行为之间,有太多的未知关联。

可是,如果换一个角度,即 Thompson 肥皂泡模型的角度,这个问题就变得很简单了:只要有细胞内容物的扩张压力,那么如同吹入肥皂泡的气量一样,包被细胞内容物的质膜就有可能像肥皂泡表面的膜那样,或者不断增加体积,或者破裂,或者——分裂!当然,还有一种可能,就是维持现状——体积不变。

在整合子视角下,细胞分裂显然是以细胞作为一个单元来加以观察、描述和解释的事件。从这个视角下,我们该怎么回答有关细胞分裂的动力、方式和调控机制呢?

细胞分裂的动力

前面，我们把细胞解释为被网络组分包被的生命大分子网络。这个全新的整合子中核心的互作组分是两个：被包被的生命大分子网络和作为包被者的具有双重功能的质膜。我们之前论证过，生命大分子网络本身具有正反馈自组织、先协同后分工和复杂换稳健属性。从整合子角度来解释细胞，作为其核心互作组分的生命大分子网络本身所具有的正反馈自组织属性中的正反馈的特点，已经解释了只要细胞维持在"活"的，即被包被的生命大分子网络运行的状态，那么正反馈这个特点就不可避免地导致被包被网络的扩张，从而为与其互作的另外一个核心组分质膜带来由内而外的压力。从这个角度，我们很容易就回答了细胞分裂的动力从哪里来的问题。换言之，细胞分裂的动力既不是细胞"要"复制自身，也不是哪个基因的表达或者不表达，而是被包被的具有三个属性的生命大分子网络遵循结构换能量规律运行的"不得不"的结果。对生命大分子网络的正反馈属性带来关键影响的组分一旦出现功能异常，造成网络无法正常生长，自然就会影响到细胞分裂的动力，因此被解读为对细胞分裂有决定作用。

细胞分裂的方式

虽然前面提到，把细胞视为动态网络单元，细胞分裂本质上是 Barabasi 所谓的无标度网络的复制。但回到具体过程上，细胞分裂的方式实际上是比较复杂的。目前人们知道，原核生物的细胞分裂基本上都是通过一些特殊的蛋白质在细胞中部排列成一个环状结构，然后通过蛋白质的互动把细胞一分为二[图 10-1(a)]。而真核细胞的细胞分裂则基本上都是通过复杂的染色体行为加微管排列的纺锤体来保障细胞的均等分裂[图 10-1(b)]。由于很容

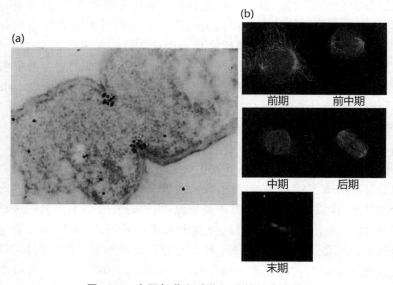

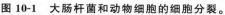

图 10-1　大肠杆菌和动物细胞的细胞分裂。
(a) 大肠杆菌细胞(原核细胞)分裂时聚集在分裂环形成区的 Fts 蛋白(来自 Filament-forming temperature-sensitive 突变体，意为细胞温度敏感型分裂异常，从而形成丝状体)。目前已知一些 Fts 蛋白就是微管蛋白。(b)典型的动物细胞(真核细胞)分裂过程。其中绿色丝状体是由微管蛋白组装而成的纺锤丝。图引自 https://en.wikipedia.org/wiki/Mitosis。

易在显微镜下观察到构成纺锤体的丝状微管,因此这种细胞分裂形式也被称为"有丝分裂"(mitosis,但 1882 年 W. Fleming 创造这个名词时,"丝"所指的是染色质)。人们最早观察到的细胞分裂都是以动植物为材料,而动植物都是真核生物,因此在目前的生物学教学体系中,讲到细胞分裂,首先使用的例子,就是高度复杂的真核细胞的细胞分裂。这容易让人先入为主,以为细胞分裂就是有丝分裂(当然学过中学生物学的人会补充:还有减数分裂。对这个问题,我们下一章专门讨论)。

其实,以什么样的方式实现细胞分裂并不重要,重要的是一个细胞能大致均匀地变成两个。从这个意义上,原核生物以环状结构来实现细胞分裂,和真核生物以染色体和纺锤体的构建来实现有丝分裂都只不过是一个细胞分为两个的不同的实现策略。至于蛋白质环状结构和染色体、纺锤体的组装,本质上不过是我们在第六章中提到的生命大分子复合体的聚合与解体的不同形式。虽然把每个细节搞清楚都非常有意义,但在了解了细节之后,我们是把这些细节放到更高分辨力的显微镜下,在人基于光镜观察而提出的概念框架中去做"完形填空",还是从更大的尺度上去重构演化过程? 这就要看每个研究者自己的选择了。

细胞分裂的调控

解释了细胞分裂的动力和方式之后,下面的问题就是细胞在什么时间、什么地点发生细胞分裂,以及细胞分裂过程是如何被调控的。

从现有的对细胞分裂研究所获得的信息来看,所谓细胞分裂的调控机制是一个非常复杂的过程。正如很多教科书中都正确指出的那样,细胞分裂只是细胞周期中的一个环节或者阶段。所谓的细胞周期大致来说,就是从一个细胞的出现,到由它分裂而来的另外两个细胞出现这两个点之间的全过程。一个细胞周期中一定包含一次细胞分裂。虽然一次细胞周期的完成必须以细胞分裂为前提,但一个细胞未必一定进入细胞分裂,或者说一个细胞出现之后,可能只停留在这个周期的某个阶段而不会进入下一阶段而完成整个细胞周期。了解了这一点后,我们可以发现,细胞周期的调控是一个覆盖范围非常广的概念。相对而言,细胞分裂的调控的覆盖范围要窄很多。目前教科书中介绍的以真核生物为对象的细胞周期调控机制本质上是以细胞分裂为中心的、相关组分之间的互作关系。虽然其中很多关键组分或者因子以及它们的复合体比如 Cyclin、CDK、APC 在真核生物中有高度的保守性,但说到底,它们只是真核生物中共有的、围绕细胞分裂必需的一些生命大分子复合体的组装和解体相关组分编码基因及其表达调控的相互作用子网络。从这个意义上,它们只是细胞演化到真核阶段所迭代出来的保障细胞分裂高效发生的生命大分子网络中的子网络。由于这些组分在维持细胞分裂中具有关键作用,组分的缺失会造成细胞分裂的异常,并因此导致类似癌症这样的疾病的发生,所以吸引了大量的研究资源,相关研究取得了快速的进展。虽然找到关键因子,控制好关键因子的水平,就可以使整个系统恢复正常,医学和农学等学科研究的应用目的就达到了。可是,如果从理解或解释细胞分裂或者细胞周期的调控机制的角度,已经取得的成就只是为解释细胞周期调控系统(cell cycle control system)的形成提供了一些具体信息,这个系统究竟是如何形成的,其中的关键组分如何被整合到生命大分子网络之中,对这些问题的回答仍然前路漫漫。

细胞周期调控系统的发现,基本上是通过遗传学、生物化学和分子生物学方法,逐步研究单个基因及其所编码蛋白的功能而实现的。在有了这些信息之后,怎么把这些组分或者子网络整合到更大的被作为网络组分的质膜包被的生命大分子网络之中,了解生命大分子网络的运行怎么产生扩张的动力,与质膜的两个功能互动,最终启动已知细胞周期调控系统的关键组分出现变化,这是摆在新一代研究者面前的挑战。从目前能够找到的信息来看,虽然在概念上已经很多人试图用系统生物学(systems biology)的策略来解析细胞内复杂组分的相互作用,但现有的对细胞内组分监测的手段分辨力太低。如果能对更多的细胞内组分进行定量监测,描述和解析生命大分子网络是可以实现的。近年,一些拥有强大物理和数学背景的生物学家发现,一种酵母细胞周期抑制因子 Whi5(哺乳类细胞中相应的蛋白质叫Rb)的蛋白质数量在酵母生长的过程中是一定的。随着细胞体积的增加,Whi5 在细胞内的浓度就会相应下降。当细胞感应的 Whi5 浓度降低到一定程度时,就会启动细胞分裂。这类研究,加上近年发展出来的利用超高分辨率成像技术进行单分子分析,为人们最终理解细胞分裂调控机制的由来带来了不仅可望,而且可即的希望。

　　回到 D'Arcy Thompson 的肥皂泡模型,我们可以发现,Thompson 所讲的是一个基本原理,是一个物理模型。但对于细胞这个动态网络单元而言,网络组分的复杂性决定了细胞分裂的实现不可避免地需要叠床架屋的调控机制。其中不仅有真核细胞的复杂的细胞周期中的细胞分裂,还有原核生物的以分裂环为机制之一的细胞分裂。在对各种不同的细胞分裂调控机制的探索中,最近在国际著名的生物学杂志 *Cell* 上报道了一个进展,即在人工制造的细胞中加入 7 个基因,就可以实现这个细胞的分裂和生长。北京大学化学与分子工程学院的梁德海教授则是用更简单的人工囊泡或者叫凝聚体(coacervate)为对象(这已经比Thompson 的肥皂泡要复杂多了,甚至比 Bangham 和 Deamer 研究的脂质体或者囊泡的组分还要复杂一些),在研究哪些物理、化学因子可以刺激这些凝聚体的分裂。这类工作在国际上被归为 protocell 的研究,属于生命起源实验研究的一部分。只是目前在国内很少有人涉足。

细胞分裂的功能

　　最后,我还想从细胞分裂对细胞生存的意义或者功能的角度,再讨论一下细胞为什么会分裂的问题。前面提到,在 *Campbell Biology* 一书中,作者提出细胞分裂对于生物而言主要有三方面功能:自我复制、多细胞结构形成和多细胞结构的维持。多细胞生物的问题我们将在后面的章节专门讨论。在这里先讨论一下细胞为什么要自我复制。

　　之所以还要花费时间来讨论这个问题,是因为当我们提出细胞分裂的功能是自我复制时,就已经暗含了细胞有"自我"的意思。如同细胞学说中"细胞只来自细胞"的判断留下了一个世界上第一个细胞从哪里来的问题,基因中心论中留下了基因从哪里来的问题一样,细胞分裂的功能是自我复制的说法在逻辑上也提出了一个细胞的"自我"是什么、它又是从何而来的问题。这种问题很容易被生物学者给推到哲学范畴。可是这明明是一个对自然现象解释过程中的逻辑推理和自洽的问题。哲学家不做实验,他们无法开展双向认知,怎么可能对这样的问题给出具有客观合理性的解释? 在这个世界上,只有生物学家才有能力,也因此而有义务和责任来回答这个问题。这不仅对解释生命现象至关重要,而且我们在后面章节的讨论中会提到,它对理解人类自身的生存与发展也是一个无法回避的前提性问题。其中的道理非常简单,如果不能对这个问题给出具有客观合理性的回答,人类将永远无法从亚里士多德自然观的目的论阴影中走出来。

　　其实,在对细胞体积的观察和描述中,人们很早就注意到一个现象,即不同物种的同类细胞通常有相对稳定的细胞体积。目前对细胞体积比较稳定的解释是,由于细胞作为一个生命活动的基本单位,需要和外界交换物质和能量,因此对于一定体积的生命物质而言,维持一定的表面积是维持细胞生命活动的必要条件。用物理的术语而言,就是细胞必须维持特定的体表比(surface-to-volume ratio, S-to-V。图 10-2)。我们在上一小节中提到,无论给出什么样的解释,只要总体上处于正反馈状态,细胞在生长过程中,就无法避免出现被膜包被的组分集合或者生命大分子网络的扩张(否则就不能被看作在总体上处于正反馈状态)。在有质膜包被的情况下,被包被系统扩张的表现,就是细胞体积的增加。对于特定的被包被主体(在这里是细胞)而言,体积的增加,尽管可以伴随表面积的同步增加以维持其结构的完整性,体表比却不可避免地会减小。从这个角度,人们解释了为什么细胞会维持体积的相对稳定。

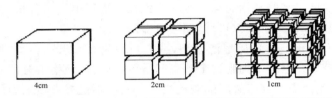

棱长(cm)	表面积(cm²)	体积(cm³)	表面积/体积比
1	384	64	6
2	192	64	3
4	96	64	1.5

图 10-2 细胞表面积与体积的关系

如果按照这个逻辑再向前推理一步,那就是伴随细胞体积增加而带来的体表比减小,最终会对细胞生命活动——无论表述为具有新陈代谢能力的组分集合还是表述为生命大分子网络运行——产生负面效应。这种负面效应随体表比的减少而增强的结果至少有两个:或者细胞生命活动逐渐减弱直到原本具有的正反馈效应消失,这将使得这个可迭代整合子系统因失去正反馈属性而失去可迭代性;或者是出现某种机制,使细胞这个动态网络单元的可复制性得以表现,原有的细胞一分为二,从而恢复合适的体表比。从我们之前对可迭代整合子讨论中反复提到的事件发生的随机性来看,这两种情况都可能出现。只是,两种情况出现后,各自后续迭代的命运不同。在前一种情况下,系统失去了可迭代性之后,虽然在既存的空间中可以维持自身的存在,但只能以单个细胞的状态维持。后一种情况则是在通过迭代出导致细胞一分为二的机制,解决体表比减小的问题之后,细胞不仅维持了原有的正反馈属性,保障了这个系统的可迭代性,而且还衍生出全新的副作用——如之前介绍过的,伴随IMFBC 表面的自催化能力造成共价键自发形成而出现正反馈自组织属性这种神奇的副作用、质膜包被生命大分子网络对正反馈自组织属性的强化效应衍生出负反馈这种对细胞稳态提供不可或缺的调控机制的副作用那样,原本是用来解决体表比而出现的细胞分裂机制,其作用的结果居然带来了细胞数量的增加!

当然,解决体表比减小所带来的负效应未必一定需要均等分裂,不均等分裂也可以解决。可是那可能将丧失被网络组分包被的生命大分子网络好不容易迭代出来的自组织的稳健性,丧失三个属性的细胞将无法自我维持和自我迭代。大家很容易想到,在两种情况初始发生概率相同的情况下,随着时间的推移,在相应的空间中,最终剩下的只能是具有细胞分裂(而且还是基本上均等分裂)机制的细胞。这个推理的结论就是,细胞分裂并不是"要"复制自身,而是如果它不能借助分裂这种机制来解决体表比减小对生命活动所产生的负面效应,细胞这种生命系统的存在形式将失去可迭代性,自然也不可能有我们这些现在研究细胞的人类。细胞分裂所表现出来的"自我复制",只不过是解决体表比伴随系统正反馈而减小问题而出现的基于生命大分子复合体聚合与解体机制的副产物。换言之,细胞分裂的功能并不是为了自我复制,而是一种维稳机制。这种机制决定了细胞这种特殊的生命大分子网络存在形式从网络的动态单元的层面上不断地出现分裂。

分裂既是被质膜包被的生命大分子网络可复制性的表现,也是细胞在解决正反馈所带来的体表比减小的负面效应而出现的迭代事件的副作用。这种副作用使得具备这种迭代事件的细胞类型得以在与同样随机发生的其他迭代事件(如丢失正反馈能力)的细胞共存的空间中脱颖而出,保存至今。至于细胞这个被质膜包被的组分集合或者生命大分子网络如何感知自身的体表比,前面所提到的 Whi5 蛋白浓度的感受系统显然是一种机制——尽管目前还不清楚谁在检测 Whi5 在细胞中的浓度变化。另外,考虑到细胞体积的增加过程中会涉及质膜的物理屏障所产生的表面张力的反馈,对于真核细胞而言,还会涉及细胞骨架结构的动态变化,这些都可能以不同形式形成感受或者传递体表比的信息。只不过一方面是技术的限制,另一方面是概念框架的限制。这方面的探索还有待更多研究资源的投入。

读到这里大家会看到,对曾经是作为生物区别于非生物的最显著特征的细胞分裂,我们给出了一个不同的解读方式。在整合子视角下,细胞分裂真正的生物学功能或者细胞分裂对于细胞生存的意义,并不是自我复制,而是维持两个核心组分——被包被的生命大分子网络和作为包被者的具有双重功能的质膜——互作稳健性的一种全新的调控机制。细胞一个变两个,只不过是生命大分子网络可复制性在细胞这种动态网络单元存在形式下,维持稳健性的全新调控机制的副作用——尽管这种副作用为细胞这种生命系统存在形式的迭代带来了前所未有的巨大优势。

细胞分化

分化一词,在英文中是 differentiation。这个词的词根是 differ。而 differ 的词源按照 www. dictionary. com 上的介绍,最早出现于 1325-75；Middle English differren to distinguish ＜Middle French differer to put off, distinguish, Latin *differre* to bear apart, put off, delay (see defer) be different, equivalent to dif-dif- ＋ ferre to bear。其中"dif"是 dis 的变形,其源头是 Latin (akin to bis, Greek dís twice)。从词源的分析来看,简单地讲,分化一词的含义,就是出现差别。谁和谁之间的差别呢? 对于细胞而言,如果从整合子的角度看,由于整合子以"三个特殊"为核心,而且具有正反馈自组织的属性,这种属性决定了作为一种全新整合子的细胞,其存在本身就不可避免地伴随着时间和空间两个尺度上表现出来的、在生命大分子网络组分的规模和互作方式上的变化。因此,细胞分化概念下"谁和谁"之间出现差别,应该大致可以分为两类:一类是单个细胞本身在不同的时间和空间坐标点之间,作为被包被的生命大分子网络在组分规模和互作方式上出现的差别。另一类是任何两个细胞之间——无论是由同一细胞分裂而来的细胞,还是由不同细胞分裂而来的细胞——在各自被包被的生命大分子网络组分规模和互作方式上出现的差别。但是从研究的角度,一般大家在讨论细胞分化时所指的都是由同一细胞作为前体的产物细胞之间的差别。

细胞分化的本质

无论讨论分化时所指的细胞是不同时空节点上的同一个细胞,还是两个由同一细胞分裂而来的产物细胞(resulting cells)[①],传统上细胞分化本身所指的,是基于各种检查技术所能分辨的细胞在形态、结构、功能方面的差异。进入分子生物学时代之后,目前更多的是从最终会影响细胞形态、结构、功能的基因表达的差异来讨论细胞分化。

如果从整合子视角来看,细胞在形态、结构、功能上的差异,本质上无非就是生命大分子网络中组分在种类、规模和互作方式,或者笼统地说是网络结构上的差别。由于生命大分子网络是一种动态存在,作为网络节点的组分在自由态和聚合态之间的变化,胞内或胞外的原因都可能造成网络结构的改变,最终表现为宏观层面上看到的细胞分化。

从这个意义上,我们可以很容易推理出,作为生命系统,不同类型细胞的基本构成要素从大类型上都是类似的,比如作为特殊组分的核酸、蛋白质;作为特殊环境因子的水、pH、O_2、各种离子;作为特殊相互作用的分子间力;但不同分化状态下的细胞类型,在维持生命大分子网络运行的过程中,对"三个特殊"运行所需的相关要素整合,显然存在要素偏好性。否则不可能出现网络结构的差别,或者传统观念中细胞分化所定义的形态、结构和功能之间的差别。从这个意义上,细胞分化的源头,其实是"三个特殊"相关要整合过程中的要素偏好性。如同乐高积木的拼搭过程中,不同的模型的差异,源自构建所用的零配件在种类、数量和拼搭顺序上的差异。不同之处在于,在生命系统中,在一个被包被的范围内,生命大分子网络中的零配件的种类、数量及其供给的时空节点受到以 DNA 为枢纽的自上而下网络的控制。这给人以细胞分化受基因差异表达调控的印象。

无论从"三个特殊"运行过程中要素偏好性还是从基因表达差异性都可以用来解读细胞分化。差别在于,前者将"三个特殊"运行相关的所有要素放到关注的范围,当然也包括了在生命大分子合成与降解网络中的以 DNA 为枢纽制约的多肽生产流水线的自上而下的子网络中的各种要素;而后者则聚焦到基因表达相关的要素,把各种其他的相关要素放到基因表达调控相关要素中来考虑。两种解读方式各有侧重。各自的长处和短处,大家在思考过程中或许可以得出自己的看法。有关要素偏好性在整合子生命观下讨论生命系统运行机制中的意义,我们后面还会提到。在这里先把概念提出来。

历史上人们所发展出来的研究细胞分化的技术,都只不过是检测了这种动态相互作用中某个时空节点的某些组分及其互作的状态。近年无论是细胞内单分子检测技术、单细胞转录组技术,还是对相分离的研究,都在更加全面高效地检测被包被的生命大分子网络中各种组分的规模与互作方式动态变化的努力中出现的令人鼓舞的发展。相信随着研究工具分辨力的不断提高,传统细胞分化中以显微影像为指标的变化,必将逐步具象化到生命大分子网络各种组分及其互作方式的实体检测与分析。这种视角,要求未来的研究者要能在对生命大分子网络的组分及其互作关系与细胞(包括其亚结构)作为具有静态主体性的整合子的高概率存在状态之间建立有效的内在联系。在这种概念框架下,围绕要回答的问题,来选择有限的、具象的实体存在开展实验研究。

---

①　在这里,我们特地不用传统表述母细胞(mother cell)和子细胞(daughter cell)。一方面是因为前面所提到的,细胞分裂本不是"为了"自我复制/繁衍,所以也无所谓"母子"关系;另一方面到了真核细胞之后,的确出现了"代"的现象。对此我们将在下一章详细讨论。

整合子视角下对胁迫条件下细胞分化的解释

在传统的有关细胞分化的表述中，会进行一些分门别类，比如发育过程中的细胞分化、胁迫条件下的细胞分化，等等。通常，发育过程中的细胞分化多指在多细胞生物中出现的情况。对此，我们将在后面进行讨论。所谓的胁迫条件下的细胞分化，一般是指在细胞质膜两边微环境改变的情况下，细胞在总体结构层面上的形态结构或者是在具体分子层面上的组分及其互作关系的改变。可是，从整合子的角度讲，所有的环境因子就其分子属性而言都是作为生命大分子网络核心的"三个特殊"的相关要素（图9-2）。传统观念体系中的"生物—环境"二元化分类模式中对生物组分和环境因子之间因一膜之隔而做的区分，很大程度上源自传统的思维定式。如果换到整合子视角下，所有以生命系统为参照系来看待的组分，无论其在分子层面上是简单还是复杂，它们首先都是独立的分子；其次都有至少两种存在状态：一种是作为独立分子的自由存在状态（自由态），另一种是作为互作组分的不同复合体构成要素存在的状态（整合态）。类似结构换能量循环中的碳骨架组分，在二者以分子间力互作的情况下，"红球"和"蓝球"分别处于作为IMFBC不可或缺的构成组分的状态。可是当外来能量打破连接它们的分子间力之后，它们又各自作为独立的分子，处于自由存在的状态。没有组分的不同存在状态，就不可能发生以IMFBC为节点耦联自发形成和扰动解体这两个独立过程的不可逆循环为特征的"活"。在这种视角下，"胁迫"所指的究竟是什么呢？

我们在第八章中介绍的以酶为节点的自下而上网络的基本特点中，就提到作为网络形成的基本要素"连接"的形成，一方面要有组分的群体性、通用性和异质性；另一方面要有互作的随机性、多样性和异时性。所谓的随机性，就是要保障互作组分能以独立分子和互作组分这两种形式存在。到了细胞这种被网络组分包被的生命大分子网络的整合子迭代形式，组分的这种以两种形式存在的属性是不能改变的。一旦组分无法在两种状态下发生转换，就无法维持以"三个特殊"为核心的"活"。在上一章中我们提到，在没有质膜包被这个物理边界的情况下，组分可以在这两种存在状态之间随机转换。可是，出现质膜包被的物理边界之后，组分作为独立分子的自由存在状态到作为组分的复合体构成要素的存在状态之间转换发生前，原本的自由扩散中，出现了质膜这个物理边界的阻隔，这种自由扩散过程不得不通过膜的交流转换机制来实现（图9-2）。只有通过膜的介导，进入被质膜包被的空间之后，组分才能实现两种存在状态之间的转换。上一章中我们还提到，膜的介导为组分的扩散和两种存在状态之间的转换提供了一个全新的调控机制。通过这种机制，组分的两种存在状态之间的转换及其平衡就成为一个可被调控的动态过程。从这个角度看，所谓胁迫完全可以被解读为细胞这个整合子的周边以独立分子自由存在状态存在的"三个特殊"相关要素的浓度/强度或者种类（胞外网络组分）发生了改变。而所谓的胁迫诱导下的细胞分化不过是上述改变发生后，不可避免地会造成这些要素在以独立分子的自由存在状态与其作为互作组分的复合体构成要素存在状态之间平衡的改变，从而导致整个网络结构及其运行状态发生改变。

同理，反向思考，在没有质膜包被下，生命大分子网络运行过程中出现的代谢产物中如果出现对网络运行产生扰动的组分，很容易因为浓度梯度的扩散而被稀释，从而不至于产生对网络运行的影响。在质膜包被下，这类对网络运行产生扰动的组分很可能因膜的存在而无法被稀释，从而对网络的运行产生扰动。美国University of Georgia的徐鹰教授通过长期的研究，提出了癌症的起因是胞内代谢副产物积累而诱发代谢途径的反馈调节所衍生出的网络运行异常的观点。如果说上面一节所描述的胞外网络组分改变对网络运行所造成的影响可以被称为外源胁迫的话,以徐鹰教授的研究所代表的胞内网络组分改变对网络运行所造成的影响可以被称为内源胁迫。

从这个角度看,质膜作为执行生命大分子网络包被者功能的组分,作为"三个特殊"相关要素交流转换的媒介,当然要第一个对各自不同组分的两种状态之间平衡的改变做出响应。这也解释了在质膜两侧组分发生改变,即"胁迫"出现时,质膜的功能会首先出现改变的现象。从整合子视角对胁迫条件下的细胞分化的解读,或许能为相关研究提供新的思路。

自养与异养的分化

在细胞分化中有一个问题非常值得讨论,那就是自养与异养的区别究竟在哪里。不搞清楚这个问题,后面多细胞生物生命活动基本规律的讨论就无法有效地展开。

首先,我们需要意识到,自养与异养这一对概念是建立在"生物—环境"二元化分类模式的框架之上的。在对生物体的观察过程中,人们发现,所有的生物(主要指多细胞生物)都有一个从小到大的成长过程。由于生物是以碳骨架组分构成的,生长过程中的物质积累总要有个来源吧?而且按照 Campbell Biology 的描述,生物的移动、生长、生殖和各自细胞活动都要做功。做功就需要能量吧?既然生物维持生命活动需要物质和能量,那么物质和能量从哪里来呢?如果不是无中生有地来自生物体自身,显然只能来自与生物相对而定义的另外一元,环境!这是目前主流生物学观念体系中"生物需要从环境中获取物质与能量以维持自身的生命活动"的观念的基本逻辑。基于更加广泛细致的观察,人们发现,不同的生物有不同的物质和能量的获取方式/策略。这些物质和能量的获取方式基本上分为两类,自养和异养。从物质来源的角度,自养是以大气中的 CO_2 为碳源,而异养是以来自其他生物的有机物为碳源。从能量来源的角度,自养是以光或者非有机分子为能源;而异养除了少数原核生物之外,绝大部分以有机物为能源(表 10-1)。

表 10-1　自养和异养生物的主要类型及其各自特点

类型	能源	碳源	生物类型
自养			
光和自养	光	CO_2,HCO_3^- 或其他相关化合物	光合原核生物,如蓝藻;植物;一些原生生物,如绿藻、红藻、褐藻等
化能自养	无机化学物(如 H_2S、NH_3、Fe^{2+} 等)	CO_2,HCO_3^- 或其他相关化合物	特殊的原核生物,如硫化叶菌(Sulfolobus)
异养			
光能异养	光	有机化合物	特殊的水生嗜盐原核生物,如红杆菌属(Rhodobacter),绿曲挠菌属(Chloroflexus)
化能异养	有机化合物	有机化合物	主要的原核生物,如梭状芽孢杆菌(Clostridium)和原生生物;真菌;动物和部分植物

注:本表修改自 Campbell Biology 11th,表 27.1

可是,在本书之前的讨论中,我们反复强调,环境因子是以"三个特殊"为核心的"活"的过程或者可迭代整合子不可或缺的构成要素;传统上因一膜之隔而被分别归为生物组分(也包括被转换后的体内的能量)和环境因子的各种组分/要素在分子层面上并没有实质性的区别。之所以被归为生物组分或者是环境因子，主要是因为在观察者观察时，它们恰好以动态的可迭代整合子运行过程中的某一种状态而位于不同时空节点。在这个视角下，并没有或者不需要获能的主体。那么，在这个没有"生物—环境"二元化区分的概念框架中，我们怎么解释"生物需要从环境中获取物质与能量以维持自身的生命活动"这个来源于经验的结论，又怎么来解释自养和异养这两种具有不同获能方式/策略的差别呢？

如果从整合子的角度看，传统生物学观念体系中的物质和能量只是作为整合子核心的"三个特殊"组分的独立分子/要素的自由存在状态（自由态分子/要素），它们因整合子的存在而被整合到生命大分子网络中，成为作为复合体构成要素的整合态。人们在经验中看到的生物对物质与能量的追逐，只不过是相关组分在两种不同的存在状态之间所出现的分布梯度驱动整合子静态主体空间位置改变的表现。如同人们寻找食物，并不是因为人"想"吃东西，完全是因为人"饿"。饿的感觉的生物学基础是什么？以酶为节点的生命大分子互作或者是各种生命大分子复合体的聚合与解体，以及这些互作所形成的子网络状态的改变，并不是人的意愿。从这个角度看，说动植物"要"获能，就变成了一个反果为因的表述。

如果从环境中获取物质和能量是一种反果为因的命题，那么自养和异养这两种不同获能方式/策略该如何解释呢？从整合子角度看，可以给出这样一种解释，即这两个概念所表达的，是整合子所整合的特定组分类型和整合方式。我们在第六章中提到了生命系统中的能量关系，对光合作用的起源做了一点讨论。在上一章中，我们提到了质膜的双重功能，即质膜作为生命大分子网络的组分，不仅为该网络提供了物理屏障，而且提供了"三个特殊"相关要素的交流转换机制。把这两个要素考虑进来，自养和异养的差别主要是两点：第一，在高能分子能量的最初来源上，自养细胞可以直接利用光所激发的电子来形成高能分子，而异养细胞不具备这种能力。第二，在碳骨架组分的最初来源的形式和整合方式上，自养细胞是以最简单的分子作为碳骨架组分的来源，如 CO_2（或者是气体形式或者是溶在水中的 HCO_3^- 形式），以气体扩散的方式跨膜而参与膜内的生命大分子互作。异养细胞则以携带能量的比较复杂的碳骨架分子及各种迭代产物作为碳源；在质膜的交流转换机制的作用下被转运到膜内而参与生命大分子互作。在具体形式上，异养的细胞通常需要质膜形变将周边包含所需要素（如碳源）的实体整合到细胞中，而自养细胞就不需要质膜形变。考虑到之前提到的矿物膜能分离出光电子，而在碳质陨石中就存在类似糖之类的携带能量的碳骨架分子，可以想象，自养和异养这两种对特定组分的特定整合方式，恐怕在细胞形成的过程中就已经出现。这也是为什么将自养和异养问题放在细胞分化小节，而不是在有关动植物差异的章节中进行讨论的原因。

细胞死亡

前面提到 D'Arcy Thompson 有关细胞分裂的肥皂泡模型时，提到肥皂泡的三个命运。类似的，在"活"的细胞所与生俱来的正反馈自组织属性的驱动下，细胞在出现之后，在不得不生长的情况下，大概也有三个命运：分裂、分化、死亡。前面讨论过了细胞的生长、分裂和分化。什么叫细胞死亡？这个问题无法回避对活和死的定义。幸好我们之前已经花了大量的篇幅讨论什么叫"活"的问题。在这里无须再就生命系统的活和死进行讨论了。基于之前的讨论，我们已经提出了这么一个基本逻辑，即只要具有活和迭代这两个属性的系统就有可能自发形成被网络组分包被的生命大分子网络，即作为目前生物学研究起点的生物体结构与生命活动的基本单位的细胞。基于整合子视角，"活"是细胞出现的前提，也是细胞一词所指代的被组分包被的生命大分子网络的基本属性。没有"活"就没有细胞的出现。从这个意义上，细胞死亡的本质，是细胞所指代的被组分包被的生命大分子网络运行核心的"三个特殊"无法运行，但相关组分如各种生命大分子尚未被解体时的状态。如果以细胞作为讨论的对象而言，细胞走向死亡的过程其实是细胞分化的一种特殊形式。

对于以细胞为基本单位的细胞化生命系统而言，整合子运行消失时，作为整合子组分的生命大分子及其复合体并不马上消失。这是为人们带来有关死亡问题困惑的关键——在整合子运行过程中出现的生命大分子（包括其复合体）只是特殊的物质，整合子运行才是特殊的物质存在形式。整合子运行停止了，系统进入"非活"的状态，但生命大分子（包括其复合体）并没有马上消失。从整合子生命观的角度，区分特殊的物质和特殊的物质存在形式没有任何困难。可是，在基于感官的对周围实体存在的辨识中，人们对生物的定义不是以"红球蓝球"为起点，而是由生物与非生物（矿物）的比较为起点的。在这种认知方式中，缺乏对特殊物质来源的解读，也看不到这些特殊物质的存在形式并不只限于一种（比如 DNA 可以在细胞中作为蛋白质这种零配件生产流水线的"图纸"而存在，也可以作为试剂瓶中的一种化学分子而存在）。在这种视角下，我们很难意识到特殊的物质和特殊的物质存在形式所指的是两种不同的自然现象。

在 2010 年我为研究生开设的"植物发育生物学"课程上，有一位来自物理学院的本科生史寒朵同学听课。她在课后问过我，什么叫植物的死亡。虽然很容易从教科书中找到回答，但这个问题我之前从来没有认真思考过。她的问题促使我认真检索了有关死亡问题的文献。结果发现人们对这个问题莫衷一是。在文献检索中，我发现有人引过 20 世纪著名的奥地利哲学家 L. Wittgenstein 有关死亡的一句话："Death is not an event in life."（死亡不是生命中的一个事件）。我不知道这话的出处和上下文。但从我们上面讨论的有关死亡和活的关系，以及我们之前提到的"生命＝活＋演化"的定义来看，Wittgenstein 对死亡的解读还真的非常有洞见。

如果上面对细胞死亡的分析是成立的，那么可以发现，对于生命系统而言，无论是细胞还是后面章节我们要讨论的多细胞结构，死亡是生命大分子网络组分尚未解体的堆砌状态。这就与整合子运行效率的变化，比如衰老存在着本质的不同。从这个意义上，目前研究过程中所发现的各种细胞凋亡、细胞坏死、细胞自噬，包括近年发现的细胞焦亡等等，如果从我们上面对死亡的定义考虑，都不应该被称为死亡，而只是整合子运行的特殊的分化状态。从这个角度，或许可以帮助人们更好地理解生命系统运行机制及其调控的问题。

讲到细胞死亡就不可避免会面对一个问题：细胞是不是一定会死亡？或者换个角度说，细胞有没有可能永生？从可迭代整合子的角度讲，答案是不可能。

这里首先要澄清一下"永生"的含义。根据《辞海》网络版的检索结果，这个词最早见于三国时代曹植的《七启》，意思是"长久存在"。相应于英文词是 immorality。该词的词根 mortal 的源头根据对 www. dictionary. com 的检索，是 1325-75；Middle English＜Latin *mortālis*，equivalent to mort-(stem of mors) death ＋ -ālis-al。由此可见，永生问题的源头，还是之前我们讨论过的活和死的问题。由于这个问题之前已经讨论过了，在这里我们想分析一下当人们讨论永生的话题时，永生的主体究竟是什么。

从基于感官的对周围实体存在的辨识的角度，永生的主体当然是生物体的个体，主要是人。于是"自古以来"——究竟多"古"算"古"常常没有人去追究，但大概很难超过 6000 年，因为在那之前，人类的行为和观念都没有可供考证的记载——人们就追求长生不老。可是这些努力迄今仍然只存在于人类的想象之中。

在细胞学说出现之后，大家知道人是由细胞构成的。近年干细胞研究兴起、动物细胞全能性被证实，又有人尝试从干细胞和细胞再生的角度希望找到通往永生的道路。再生的个体显然是个体之外的第二种主体。从这种思路的角度看，虽然目前因为伦理问题而没有在人类身上做实验，但动物克隆已经成功。问题在于，以细胞为单位，由细胞再生而形成的克隆能够等同于永生吗？

于是，又出现了第三种讨论永生的主体，那就是基因组。按照基因中心论的观点，一个人的所有生物学特征都被编码在基因中。保留了基因也就保留了个体的特征。因此如果保留了一个人的全部遗传信息，然后利用这种信息通过细胞克隆和再生的方式再造一个人，也就实现了人的永生。可是，从整合子的角度看，生命系统的核心是"三个特殊"。在这三个特殊中，特殊环境因子是一个不可或缺的要素。尽管DNA上记录的多肽的结构信息是相对稳定的，但无论是细胞还是多细胞所构成的生物体，它们都是以"三个特殊"为核心的生命大分子网络运行的高概率存在状态。只要这个整合子在运行，其运行空间中相关组分在变化，作为"三个特殊"不可或缺的构成要素的特殊环境因子就不可避免地会出现变化。既然作为主体的细胞或者多细胞生物体都是在不断变化中，永生所要维持的是今天的主体状态还是昨天的主体状态？或者说是维持3岁、13岁还是30岁时的状态？

从另一方面来看，我们前面反复提到，在整合子视角下，可迭代整合子的各种形式都是前一种形式迭代的产物，没有任何一种形式因为它们"想"要怎么样才怎么样。它们成为现在的状态，都是整个系统迭代过程中自然出现的结果。从这个意义上，细胞从来就没有自我。因此，就永生这个问题而言，由于作为永生主体的细胞或者生物体本身都是动态的，而且是没有自我的，因此永生的主体是无法有效定义的，讨论一个无法有效定义的主体的永生问题在逻辑上就成为一个伪命题。

为什么细胞成为现存生命系统存在的基本单元(LUCA)？

伴随15世纪开始的欧洲人对海上贸易航线的开辟，欧洲各国向航线所及的之前从未踏足的地区开展了全球性的大规模探索活动。这种探索活动直接引发了博物学的兴起。在对全球各地的生物类型进行了大规模的观察、描述、收集和分门别类之后，不可避免地引发了生物之间的关系及其由来、起源的问题。达尔文的《物种起源》在生物个体的层面上，第一次提出了把所有物种关联在一起构成"生命之树"的假设。这种假设所引出的所有生物来自共同祖先的推论不可避免地引发了生命起源的问题。达尔文也的确在给友人的信中提出生命可能最早出现在一个"温暖的小池塘"中的假设来回应这一无法回避的问题。细胞学说提出之后，既然所有生物体结构和生命活动的基本单位是细胞，那么对所有物种的共同祖先的回溯不可避免地指向了世界上第一个细胞。在发现DNA双螺旋结构并证明它是遗传物质之后，分子生物学发展的这60多年间，研究已经证明，中心法则在已经研究过的生物类型中具有普适性，这为达尔文有关所有生物来自共同祖先的假设提供了非常重要的实验证据支持。并因此而形成了物种分化之前最后一个共同祖先(the last universal common ancestor, LUCA)的概念以及有关LUCA特点的讨论。但是，真正有趣的问题其实并不在这里。因为无论是基于生物体的性状比较还是基于DNA中作为遗传物质的序列比较，这都是对现存生物体某一方面特征的比较。只是在达尔文"生命之树"推理的框架下增加了实验证据。真正有趣的问题在于，为什么要把细胞作为讨论 LUCA 的对象？LUCA 是一个/类还是多个/类？或者 LUCA 或许是如达尔文想象的"小池塘"或者类似台风、居维叶漩涡那种没有边界的吸引子，而不是获得静态主体性的有物理边界的实体存在？

　　之所以提出这个问题，是因为在我的教学过程中，同学们经常会提出"病毒算不算生命"的问题，并因此而引出计算机病毒算不算生命的问题。对这些问题，我们在前面几章的讨论之中都间接地有所回答。在上一章和本章有关细胞起源、细胞分裂和细胞分化的讨论中，提到很多整合子在运行过程中所出现的问题的解决或者迭代事件的发生都有很多可能性，比如在被包被的生命大分子网络和没有包被的生命大分子网络之间、解决细胞生长所产生的体表比减小问题的不同策略、自养和异养的差异等。不同应对策略或者迭代事件的发生都具有随机性，一旦发生，不同的策略或者迭代结果可能会有不同的生存概率。唯一不变的，是"三个特殊"。而"三个特殊"其实已经包括了特殊环境因子，即传统生物学观念体系中被划为环境范畴的那些要素，实际上是生命系统的构成要素。从这个角度看，考虑 LUCA 时，如果把环境因子排除在外，无疑漏掉了重要的信息。而如果把环境因子考虑进去，那 LUCA 的范围可能就会超越被膜包被的具有静态主体性的细胞。从整合子生命观的视角来看，LUCA 似乎也可以被视为一个特殊的空间而非被膜所包被的一个实体。

　　如果 LUCA 不是一个被膜所包被的实体，那么该怎么研究呢？这的确是一个现实的挑战。在实验室以结构换能量循环作为起点，可以模拟可迭代整合子的迭代过程吗？从上面的分析来看，虽然看上去不同阶段的整合子迭代过程都有自发形成的可能性，但无一不是随机发生的事件。在目前对现存生命系统运行复杂性，尤其是组分结构及其互作机制了解非常有限的情况下，要从实验层面上模拟迭代过程，其难度可想而知。这也解释了在现存生命系统中，细胞只能来自细胞，没有人看到和做到细胞的从头组装。但是，从现在蛋白质分析技术突飞猛进的发展势头来看，在不那么久的将来，人们从实验层面上来探讨以"三个特殊"为核心的可迭代整合子，或许不再是天方夜谭。

第十一章 细胞化生命系统Ⅲ：
真核细胞与有性生殖周期(SRC)

关键概念

原核细胞与真核细胞(部落与中央集权国家)；亚细胞结构；细胞骨架；染色体、细胞核、内共生与细胞器；网络的集约与优化；DNA在产物细胞中的均匀分配与有丝分裂；减数分裂；细胞集合与胞外自由态网络组分匮乏；集约化调控机制的副作用；不同细胞中DNA序列多样性；SRC；超细胞"居群"与真核细胞整合子的基本形式；性；代；

思考题

为什么会出现真核细胞？

有丝分裂的功能是什么？

在演化过程中二倍体有丝分裂和减数分裂哪一个先出现？

中央集权形式调控的真核细胞如何应对胞外自由态网络组分匮乏？

生命系统稳健性维持是如何从以单个细胞为单位转型为以细胞集合为单位的？

"细胞集合(cell aggregation)"与"居群(population)"之间有什么不同？

生命系统以细胞为单位和以"居群"为单位的两种存在形式之间有哪些异同？

细胞出现后，生命系统获得了一种全新的存在形式。有了作为网络组分的质膜的包被，生命大分子网络由于质膜包被这个物理边界的出现而获得了更高的稳健性，并在之前从结构换能量循环到生命大分子网络的各种整合子迭代形式中作为吸引子特点表现形式的动态主体性的基础上，衍生出相对更高的稳健性和物理边界，因此呈现出静态主体性，从而使人类这个观察者可以借助光学显微镜的分辨力将之作为一种实体存在而加以辨识。

不仅如此，以细胞出现为标志的动态网络的单元化这种生命系统的第四种属性(前三种是正反馈自组织、先协同后分工、复杂换稳健)使得生命系统可以脱离其自发形成的物理空间而获得可移动性，并且在分别以质膜和被包被生命大分子网络为两种特殊组分的特殊相互作用的整合子运行过程中，通过生长、分裂和分化来维持自身的稳健性的同时，作为细胞分裂的副产物，出现了以细胞这种动态网络单元为单位发生的生命大分子网络的复制。对于被包被的生命大分子网络而言，其中作为网络基本单元链接实体的各种"三个特殊"的动态关联，除了受到作为双组分系统节点的酶的调控和中心法则的源头调控之外，又增加了膜包被所产生的负反馈调控，以及膜作为"三个特殊"相关要素两种存在状态转换媒介对这些相关要素交流在时空量上的调控。这两种因质膜包被而出现的新的调控机制(虽然常常以细胞行为的形式被研究者所描述)，与之前已经存在的生命大分子网络(分子行为)的调控机制相互作用，为动态网络单元的稳健性维持，尤其是在该单元物理边界之外各种环境因子不可预测变化状况下的稳健性维持，提供了前所未有的优势。作为网络组分的质膜对生命大分子网络的包被所产生的这一系列迭代效应及其副作用，使细胞这种生命系统的全新存在形式得以从所有之前的存在形式中脱颖而出，在地球上一直存在至今。目前对原核生物的研究表明，它们不仅可能有三十多亿年的生存历史，而且在地球上各种人类无法生存的极端环境中都可以看到它们的身影(表11-1)。

表 11-1　极端环境下微生物的代表类型

环境因子	极端程度		代表类型举例（右列生长条件是大类的范围，未必精确匹配所列举物种）	已知生长条件			分裂周期（小时）
				营养物	pH	温度（℃）	
pH	嗜酸（acidophile）：pH$_{opt}$≤3.0	细菌	*Acidithiobacillus ferrivorans*, sp. nov	多种糖类、少数氨基酸	1.3—3.0	32—52	2.0—3.0
		古菌	*Picrophilus torridus*	多种糖类、少数氨基酸等	1.0—2.2	53—96	4.5—5.0
		真核	未知				3.0—4.0
	嗜碱（alkliphile）：pH$_{opt}$≥9	细菌	*Alkaliphilus transvaalensis* gen. nov.	多种糖类、某些氨基酸等	9.0—13.0	45—60	3.0—4.0
		古菌	未知				
		真核	未知				
温度	嗜冷（psychrophile）：T$_{opt}$≤15℃, T$_{max}$≤20℃	细菌	*Pedobacter cryoconitis* p. nov.	多种糖类、少数氨基酸	5.0—10.0	5.0—15.0	1.0—6.0
		古菌	*Methanogenium frigidum*	少数糖类、某些氨基酸	6.0—9.0	1.0—15.0	5.0—20.0
		真核	未知				
	嗜热（thermophiles）：T$_{opt}$≥45℃, T$_{max}$<80℃	细菌	*Thiobacillus caldus* p. nov	多种糖类、少数氨基酸等	4.0—9.8	45.0—78.0	1.7—5.0
		古菌	*Sulfolobus metallicus*, sp. nov.	某些糖类、某些蛋白	2.7—8.0	50.0—75.0	1.65—4.0
		真核	未知				
	超嗜热（hyperthermophiles）：T$_{opt}$≥80℃, T$_{max}$≥90℃	细菌	*Caldicellulosiruptor saccharolyticus* gen. nov., sp. nov	多种糖类、酵母提取物	6.5—7.5	80.0—85.0	1.5—2.0
		古菌	*Pyrococcus horikoshii* p. nov.	多种糖类、某些蛋白等	5.5—7.0	80.0—106.0	0.5—3.2
		真核	未知				
盐	嗜盐（halophiles）：≥0.3 mol·L^{-1} NaCl	细菌	*Halobacterium lacus profundi* sp. nov.	多种糖类、某些氨基酸	6.5—8.0	31.0—50.0	3.0—18.0
		古菌	*Natronorubrumbangense* gen. nov., sp. nov.	多种糖类、某些氨基酸等	6.5—9.5	30.0—45.0	1.5—3.0
		真核	未知				

续表

环境因子	极端程度	代表类型举例（右列生长条件是大类的范围，未必精确匹配配列举物物种）			已知生长条件			分裂周期（小时）
					营养物	pH	温度（℃）	
水	嗜高渗（osmophiles）：高浓度糖和有机盐	细菌	Saccharibacter floricola gen. nov., sp. nov.		少数糖类，个别氨基酸	5.0~7.0	25.0~30	2.0~3.0
		古菌	未知					
		真核	Saccharomyces rouxii		少数糖类	3.5~5.5	28.5~35.0	2.0~3.0
	喜旱（xerophiles）：水活性≤0.85	细菌	未知					
		古菌	未知					
		真核	Aspergillus niger GH1		少数糖类	5.5~6.8	20.0~41.0	2.0~4.0
压力	嗜高压（piezophile）：P_{opt}≥50MPa	细菌	Psychromonas kaikoae sp. nov.		少数糖类	6.5~8.0	10.0~98.0	0.3~6.2
		古菌	未知					
		真核	未知					
低养	贫养（oligotroph）：1~15 mg 有机碳/升	细菌	Modestobacter versicolor sp. nov.		多数糖类，个别氨基酸	6.8~8.5	20.0~37.0	20.0~40.0
		古菌	未知					
		真核	未知					
重金属	重金属耐受（metallotolerant）：>1 mmol·L^{-1}	细菌	Herminiimonas arsenicoxydans sp. nov.		某些糖类，少数氨基酸等	6.0~8.5	25.0~55.0	6.0
		古菌	未知					
		真核	未知					
辐射	耐辐射（radioresistant）：≥1kGy	细菌	Arthrobacter radiotolerans nov sp.		多数糖类，少数氨基酸	6.4~9.5	25.0~55.0	2.0~10.0
		古菌	Thermococcus radiotolerans sp. nov.		某些糖类，各种氨基酸等	6.0~7.5	75.0~88.0	4.0~5.0
		真核	未知					

注：详细信息参见 Tse, C., & Ma, K. Growth and Metabolism of Extremophilic Microorganisms. In Rampelotto Ed. *Biology and Biotechnology：Advances and Challenges*，1—46. Springer, Heidelberg. (2016).

　　现在新的问题来了：如果说原核细胞已经将细胞的优势发挥得淋漓尽致，使得生命系统的存在获得了强大的生命力，人类细胞所属的真核细胞有必要出现吗？"既生瑜，何生亮"。真核细胞是怎么出现的呢？它们出现后，又迭代出了哪些原核细胞所没有的特点，使得地球生物圈变得如现在这样的五彩缤纷，并为人类的出现准备了必要的条件呢？

原核细胞与真核细胞——事实与问题

　　我读本科的 20 世纪 70 年代，当时图书馆中能找到的 50 年代从苏联引进的植物学教科书中都包括了细菌和藻类。在学习生物之初，我们就被告知细胞是分为原核与真核两类的。因此在我的印象中，这种区分好像自古以来就是天经地义的。虽然在了解了一些关于细菌研究的常识之后，知道细菌（bacterium）这个词是 1828 年德国科学家 Christian G. Ehrenberg 基于转为拉丁文的希腊文（New Latin＜Greek baktérion, diminutive of baktéria staff; akin to báktron stick, Latin *baculum*, *bacillum*）而造出来，用来代指最初由 A. Leeuwenhoek 在显微镜下观察到的"小东西"。考虑到这个名词的出现和细胞学说的提出在差不多的时间段，而且细胞核早在 1802 年就被奥地利植物学家 Franz A. Bauer 所描述，我一直以为人们从一开始就知道细菌与真核细胞的区别。没有想到的是，在 2016 年为开设"生命的逻辑"课程而备课查阅资料时，我发现原核生物（prokaryotes）与真核生物（eukaryotes）这两个词直到 1925 年才由法国微生物学家 Edouard Chatton 根据经拉丁文而来的希腊文造出来的（prokaryote：new Latin Prokaryota, earlier Procaryotes; eukaryote; eukaryote: new Latin Eukaryota, earlier Eucaryotes "those having a true nucleus," equivalent to eu-eu-＋ Greek káry(on) nut, kernel (see karyo-) ＋ New Latin -ota, -otes）。到了 1938 年，原核生物才被美国生物学家 H. F. Copeland 从其他生物类群中划分出来，单列为一界。由此，人们对生物类型的划分才彻底跳出了亚里士多德基于感官辨识和属性猜测而提出的"植物、动物、人"的分类模式。

　　有关原核细胞和真核细胞的事实，可以讲的很多。一般的生物学教科书中都可以找到相关内容。我们这里要讨论的是，如果在生命系统中的确是先出现原核细胞而后出现真核细胞，那么需要了解，二者之间存在哪些差别，然后才能考虑两者之间可能的关系。

原核细胞与真核细胞的结构差异

　　虽然原核生物与真核生物的概念在 20 世纪 20 年代就被提出，而且影响到人们生物类型的划分。但原核细胞与真核细胞的差异只有到 20 世纪 50 年代电镜成为细胞结构观察的一种可靠方法之后，才由 Robinow、Stanier 和 van Niel 等人做出系统描述。分子生物学兴起之后，Carl Woose 等人对不同的生物类型进行核糖体 RNA 测序，不仅为原核生物和真核生物的区分提供了分子层面的证据，而且将原核生物区分为细菌（或者说真细菌，bacteria）与古菌（achaea）两大类。

　　目前一般认为，原核生物的基本结构相对简单。按照本书的描述，就是质膜包被具有四个属性（即正反馈自组织、先协同后分工、复杂换稳健、动态网络单元化）的生命大分子网络的各种组分。其大小在 1～10 μm 之间。以大肠杆菌这种原核细胞来说，可以在电镜下分辨出的结构主要有一条呈环状的主 DNA 分子（此外还有或多或少的小的被称为质粒的环状 DNA）、主 DNA 分子与一些蛋白质聚集在一起形成的拟核（nucleoid）；细菌核糖体；细胞壁

[在质膜外由肽聚糖为主要成分构成,图 11-1(a)]。此外,有些原核生物如大肠杆菌会在杆状细胞的一端形成鞭毛,而有些如蓝藻则会在胞内堆积一些膜状结构(图 8-4)。

　　真核细胞不仅体积比原核生物要大一个数量级,一般在 10~100 μm 之间,而且结构要复杂很多[图 11-1(b)]。各种普通生物学、特别是细胞生物学教科书中都有详细的介绍。我们在此想以原核细胞为参照系,把真核细胞特有的结构概括为如下三大类:第一,内膜系统;第二,亚细胞结构;第三,细胞器。内膜系统指除了原核细胞中也有的、作为细胞包被的质膜之外、被质膜包被空间之内的膜系统,主要是内质网膜、高尔基体等等。内膜系统不仅可以以片状存在,也可以以管状或者囊状存在。亚细胞结构可以被进一步分为三类:(1)细胞核。与原核细胞中 DNA 与蛋白质聚集在一起形成拟核不同,真核细胞中的 DNA 会和组蛋白形成高度有序的染色质结构,和其他一些核酸蛋白复合体,如核仁等一起,被核膜包被而形成被称为细胞核的复合结构。细胞核是真核细胞最有标志性的结构,eukaryote 一词即由此而来。(2)各种蛋白质复合体。比如种类繁多的包括原核细胞也有的核糖体在内的各种酶的复合体、细胞骨架和各种毛状结构。近年,也有人把核糖体这样的复杂的蛋白质复合体称为无膜细胞器。(3)各种储藏物及其相应结构,比如淀粉粒、脂滴等。有关细胞器(organelle)的定义,传统上是细胞内有膜包被并且执行特定功能的结构。最著名的当数线

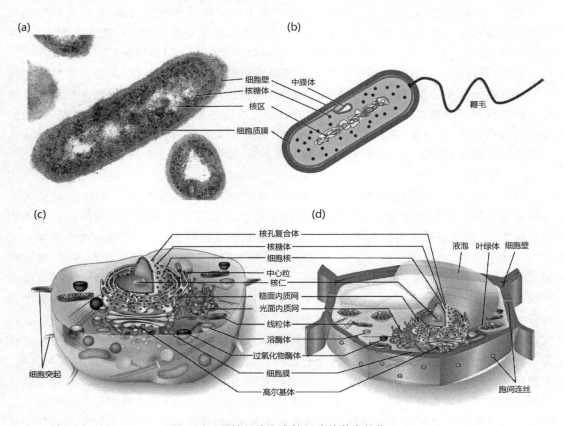

图 11-1　原核细胞和真核细胞的基本结构。

(a) 细菌(猪丹毒杆菌,*Erysipelothrix rhusiopathiae*,原核细胞的一种)的电镜照片(丁明孝提供);
(b) 细菌结构的模式图;(c) 动物细胞结构的模式图;(d) 植物细胞结构的模式图。图引自丁明孝,王喜忠,张传茂等主编的《细胞生物学(第 5 版)》,高等教育出版社,2020。

粒体和叶绿体。被划归细胞器的通常还有溶酶体、过氧化物酶体等。线粒体和叶绿体都有双层膜，而且有自己的 DNA，被认为是源自内共生。而溶酶体和过氧化物酶体都是单层膜，目前认为源自内膜系统的分化。除了上述基本结构之外，光合自养的真核细胞都有细胞壁。但与原核生物的细胞壁不同，光合自养生物的细胞壁主要由纤维素和其他多糖以特定模式沉积而成。

原核细胞和真核细胞某些共有生命活动的差异

从前面的章节所讨论的生命活动的内涵来看，在目前生物学的主流观念体系中，细胞生命活动可以大致分为三大类：一大类是细胞内大小分子的合成与降解，即所谓物质代谢。这个过程一般认为伴随着以光合作用与呼吸作用为核心的能量代谢。第二大类是细胞行为，主要表现为细胞的生长、分裂、分化和死亡。第三大类就是控制不同细胞类型的代谢和行为特征的遗传机制。这三大类生命活动对于细胞作为一个动态网络单元，或者是可迭代整合子都是必需的。真核细胞在结构上与原核细胞的差别，对生命活动的运行会产生什么影响呢？这些影响又会产生什么效应呢？要寻求这类问题的答案，生物学家的策略是先看二者之间存在哪些差异。

首先，从最宏观的层面上看，细胞分裂的速率不同。在第九章我们提到，作为原核细胞的大肠杆菌细胞一般 20 分钟（1 200 秒）分裂一次，而真核细胞裂殖酵母一般 2 小时 15 分钟（8 100 秒）分裂一次。显然，真核细胞的细胞分裂的间隔期要比原核细胞长。

其次，既然真核细胞的细胞分裂的间隔期比原核细胞长，相应的 DNA 复制等分子层面上的过程速率会不会也有差别呢？我专门请教了我们学院教授本科分子生物学的魏文胜教授。他告诉我一组数据：对于真核细胞而言，DNA 复制的速率是每秒约 50 个碱基，转录的速率是每秒约 40 个碱基，翻译的速率则是每秒 2～4 个氨基酸；对于原核细胞而言，DNA 的复制速率比真核细胞快约 10 倍，转录速率快约 1 倍（每秒 50～100 个碱基），翻译速率快 5～10 倍（每秒约 20 个氨基酸）[1]。

最后，生命大分子复合体的聚合与解体的复杂程度不同。在前细胞系统中，虽然提出了生命大分子复合体的聚合与解体的现象，但除了膜系统在原核细胞和真核细胞都是基于磷脂双层膜、多肽合成所必需的核糖体在原核细胞和真核细胞有类似（只是在由大小两类亚基组装层面上类似，大小亚基的分子结构还是有所差别）的结构之外，其他如细胞核、细胞骨架、线粒体和叶绿体都是原核细胞所没有的。膜系统中，内质网这种内膜系统也是原核生物所没有的。这些复杂的生命大分子复合体在真核细胞中的出现，衍生了两种原核细胞中没有的生命活动内容：一是生命大分子复合体因为种类增加而出现的聚合与解体过程在种类、数量和复杂程度上的增加，这使得原本以简单形式就可以完成的细胞行为，比如大肠杆菌中通过环状结构形成而实现的细胞分裂，变得需要通过更加复杂的过程，比如有丝分裂，才能完成。二是由于生命大分子复合体的出现对膜内空间产生了区隔效应，原来在原核细胞中被包被的生命大分子网络中互作组分流动会受到扰动或阻碍。虽然在原核细胞中不同的代谢途径可能也会因互作组分的相关性而出现集聚，但在真核生物中，不同类型的代谢反

---

[1]　有关细胞分裂速率和复制、转录、翻译数据，还要感谢我的同事孔道春教授和元培学院 2020 级同学吉祥瑞所提供的信息。有关转录翻译更多的数据，可以参见 Milo R，Phillips R，（2015）Cell Biology by the Numbers，Garland Science，New York.

应显然是被区隔化到不同的亚细胞结构或者空间中了。比如以单糖为起点的高能分子的合成过程被集中到线粒体中来完成；光合作用在叶绿体中完成；蛋白质合成主要在定位于内质网上的核糖体上完成等等。另外，由于出现了区隔化，在生命大分子网络中各自组分相互作用之间的关联平添出各种屏障。于是与质膜对生命大分子网络的包被类似，原本产生屏障效应的实体的存在，反而使得新的调控有了主体。这使得真核细胞的生命活动比原核细胞要复杂很多。

从上面对原核细胞和真核细胞在生命活动方面存在差异的简单比较来看，在原核细胞中维持动态网络单元运行的生命活动在真核细胞中依然存在，只是其中很多过程以更复杂的组分互作——即以更复杂的内膜系统、亚细胞结构、细胞器的形式被观察到的生命大分子复合体的聚合与解体过程——中完成。这种看上去复杂程度显然更高的协同与分工对作为动态网络单元的细胞中生命活动/生命大分子网络运行会产生什么样的影响呢？

真核细胞：从部落集合体到中央集权国家？

对真核细胞在结构与生命活动运行形式上与原核生物的差别该怎么解释，或者说真核细胞中出现的生命大分子复合体的种类、数量和互作方式，及其聚合与解体过程的复杂性增加，对生命活动会产生什么影响的问题，一般的解释，就是引用达尔文自然选择理论中的"适者生存"。可是，在真核生物出现之后，原核生物并没有消失。就人类而言，人体的细胞总数大约是 3×10^{13} 个。可是，在人体的皮肤、肠道等处寄生或者共生的细菌数量也可达 10^{13} 个。近年越来越多的研究表明，肠道微生物菌群对人体正常的生理功能具有不可或缺的影响。从这个角度讲，当我们讲到人体是由哪些细胞构成的时候，该不该讲寄生/共生在人体中的细菌其实是一个问题。不仅如此，原核生物还时不时地给真核生物的生存带来挑战。比如鼠疫这样的细菌性流行病不仅反复冲击环地中海地区的人类社会，改变相关社会的走向——鼠疫在 14 世纪的大流行曾经造成 1/3 欧洲人口死亡，为欧洲文艺复兴的发生带来了契机，而且，如表 11-1 所示，原核生物在地球上的分布范围比真核生物的分布范围要广阔得多。很多真核生物无法生存的区域，都可以见到原核生物的身影。从这个意义上讲，简单地说"适者生存"与其说是对问题给出了解释，不如说是对问题进行了回避。一方面，如我们前面提到的，作为"适者生存"前提的"生物—环境"二元化分类模式本身存在问题，使得"适者生存"的解释力非常有限。另一方面，如果无法定义什么是自然，或者什么叫环境，的确很难有效地对什么叫适应给出解释——谁在"适应"谁？

如果不从适者生存的角度，该怎么解释真核细胞与原核细胞之间的差别呢？还是要感谢北大多学科的环境。在过去的 20 多年中，我有幸结识从事微生物研究的王忆平教授。他以大肠杆菌为材料，一方面研究大肠杆菌碳代谢与氮代谢之间的协同机制，另一方面研究生物固氮的机制。在参加他实验室学生答辩的十多年时间中，我注意到，他们所研究的大肠杆菌的代谢网络调控虽然也从基因操作入手，但更多的要考虑酶反应底物和产物的反馈调控效应。比如碳代谢与氮代谢的两个不同的代谢途径之间通过某些共用的节点而关联起来。它们可以对这些节点加以调节来改变整个代谢网络的结构。著名的乳糖操纵子模型，所说的也是基因表达受到相关基因编码蛋白的底物浓度的控制（图 11-2）。相比较而言，在真核生物中，无论是作为代谢途径和网络节点的酶，还是作为生命大分子复合体的组分，甚至作为生命大分子网络组分流动媒介质膜上的通道、载体、受体组分，这些蛋白质的种类和数量，都是受到以中心法则所揭示的生产流水线的源头调控的。由于在蛋白质生产的流水线中，

"图纸"的存放地在细胞核中,从 DNA 转录出 mRNA 的过程也在细胞核中完成。然后 mRNA 被运送出核,在细胞质中指导核糖体合成蛋白质。蛋白质再被送到各种不同的部位来执行功能。由于各种代谢过程(以酶为节点的双组分系统)大部分都在细胞质中进行,各种代谢产物和底物的浓度变化除了基于反应动力学对酶活产生影响之外,很难直接反馈到以远在细胞核内的 DNA 为枢纽的源头制约。从目前大家对真核细胞生命活动的研究来看,整个系统的分工协同需要各种叠床架屋的信号系统来实现。考虑到之前我们在第八章讨论生命大分子网络形成与演化时提出复杂换稳健的属性,真核细胞这个动态网络单元从结构到运行过程的复杂程度相比于原核细胞有了显著的增加。是不是可以简单地用复杂换稳健,即真核细胞稳健性高于原核细胞来解释真核细胞出现后所产生的生存优势呢?

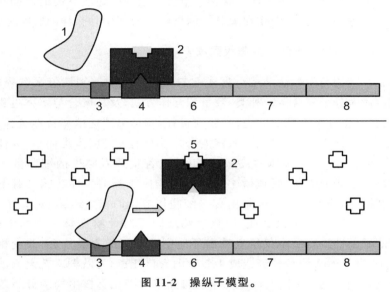

图 11-2　操纵子模型。

上图:基因基本上处于关闭状态,没有乳糖来抑制抑制因子,因此抑制因子与操纵子结合,阻碍 RNA 聚合酶与启动子结合,合成编码乳糖酶的 mRNA。

下图:基因转录开启。乳糖与抑制因子结合后,解除其与操纵子的结合,RNA 聚合酶得以与启动子结合,表达编码乳糖酶的基因。最终,乳糖酶消化所有乳糖。没有乳糖与抑制因子结合,抑制因子又将与操纵子结合,停止乳糖酶的制造。

1 RNA 聚合酶;2 抑制因子;3 启动子;4 操纵子;5 乳糖;6 *lacZ*;7 *lacY*;8 *lacA*. 图引自 https:// commons. wikimedia. org/w/index. php? curid＝19490479.

　　本章后面的介绍会支持这个基本判断。但问题是,复杂性增加有很多形式。这一点从"复杂性"一词的英文 complexity 的词根 complex 的词源就可以看出:from French complexe, from Latin *complexus*, past participle of complectī ("to entwine, encircle, compass, infold"), from com-("together") and plectere ("to weave, braid")。真核细胞的复杂性增加有什么特点呢? 2014 年开始思考生命的逻辑时,我正好在读我另外一个好朋友,生命科学学院的同事陶乐天教授送给我的 Jared Diamond 的一部有关人类社会结构演变的著作 *The World until Yesterday*。在该书中介绍了美国人类学家 Elman R. Service 有关人类社会类型从家族(band)、部落(tribe)、酋邦(chiefdom)再到国家(state)的类型分析。从这里我发现,如果以人类社会的组织形式做一个比喻,好像原核细胞中的生命大分子网络的组织形式类似人类社会中的部落形式,而真核细胞中生命大分子网络的组织形式则类似人类社会中的国家、而且是中央集权制国家的形式。部落形式中,人口不多,大家都彼此认识,每个人都可以和部落首领交流。可是到了中央集权制的国家形式,社会中出现了复杂的等级结构(hierar-chy)。社会成员很难再有机会与国家的统治者交流。所有的信息需要经过复杂的渠道上传下达。考虑到生命大分子网络中,作为网络基本单元的连接的双组分系统的节点酶的种类和数量受到以 DNA 为枢纽的生产流水线的源头制约,DNA 在整个网络系统中显然扮演人类社会中首领或者统治者的角色。从这个角度看,真核细胞复杂性最显著的特点,应该是整个生命大分子网络的不同组分从功能上出现了等级结构。这种具有等级结构模式的复杂性增加能为真核细胞的生存带来什么优势,等我们对这些复杂结构形成过程加以分析之后再来讨论。

真核细胞内复杂结构的由来：富余生命大分子的自组织？

在前面章节的讨论中,大家可能注意到我们总在问类似的问题:"活"的过程会自发形成吗？共价键会自发形成吗？酶促反应会自发形成吗？生命大分子复合体会自发形成吗？多肽中的氨基酸序列与核酸中的碱基序列之间的序列对应关系会自发形成吗？生命大分子网络会自发形成吗？膜会自发形成吗？细胞会自发形成吗？为什么总要问"自发形成"这一问题？其中的逻辑其实很简单:如果不是自发形成,那么就一定是"他发形成",于是就不得不面对这个"他"是谁的问题。在前面各个章节的讨论中,我们尝试着探讨了整合子不同迭代事件自发形成的可能性。虽然很多猜测并没有多少实验证据。但如我们前面所说,作为科学认知所特有的实验,其功能本来就是对假设的检验。在对未知的探索过程中,从来都是先有假设(或者叫猜测或想象),才有对假设的实验检验(当然也有发明了新技术之后,随便抓上什么东西做对象,把新技术用来分析一下,以发现前所未知的现象,这种研究模式现在被称为"数据驱动",data driven)。如果连猜测都没有,根本就谈不上实验。我们在本书中提出这些猜测,或许能作为其他人进行实验检验的假设。

由自发形成衍生出来的一个问题是,自发形成中"发"的动力从哪里来。在我们之前的讨论中,提到整合子迭代的动力源自正反馈自组织的属性。我们在上一章提到过,对于具备该属性的细胞这个动态网络单元而言,正反馈自组织属性驱动的结果,首先是细胞分裂。那么,还有没有可能出现其他结果呢？

相比于原核细胞,真核细胞具有更复杂的结构。我们之前提到过,所谓的细胞结构本质上无非是生命大分子复合体。而生命大分子复合体当然是由生命大分子聚合而成。如果真核细胞中复杂结构的构成单元在原核细胞中都能找到相应的存在,那么为什么类似的生命大分子到了真核细胞,会出现更为复杂的结构呢？

内膜系统

内膜系统是真核细胞中重要的结构。包括核膜、内质网、高尔基体、溶酶体的膜、液泡膜。这些复杂的基于膜的结构虽然形态、功能各异,但从基本构成方式上和质膜并没有实质性的不同,都是双层磷脂组装而成。如果大家认同我们在前面讨论过的膜的自发形成过程,那么内膜系统在逻辑上是可以自发形成的。因此,内膜系统能不能自发形成的问题,应该转变为另外两个问题:第一,在细胞这个动态网络单元中有没有可能产生足够的供膜系统组装的"原料/零配件"，即脂类和蛋白质分子；第二，如果有足够的"原料/零配件"，这些零配件如何组装成真核细胞中被看到的那些结构多样、功能相异的内膜系统。

　　有关第一个问题，我们可以猜测，如果在原核细胞阶段，被质膜包被的生命大分子网络中，正反馈的过程中出现脂类分子合成速率加快，造成膜的基本组分磷脂类分子数目显著增加，这种情况有没有可能发生？如果发生，会产生什么后果？在之前章节的讨论中，我们提到，生命大分子合成与降解网络的运行中，有以酶为节点的自下而上调控和以 DNA 为枢纽的自上而下调控之间的相互作用，以及 DNA 为枢纽的相对于质膜包被的由内而外调控机制与质膜包被所产生的由外而内负反馈机制之间的相互作用，从而维持整个网络运行的稳健性。但这些调控机制之间相互作用所产生的维稳效应无法排除 DNA 变异所带来的影响，比如序列加倍所带来的某些酶的数量增加，或者 DNA 序列变异所带来的某些酶的活性提高（当然也可能是数量减少或者活性降低）。因此，因为基因变异而造成膜的基本组分分子数目显著增加、从而为内膜系统的形成提供零配件的可能性是存在的。不知道有没有人在类似大肠杆菌中做过过表达磷脂类合成基因，看看是不是会出现组分增加。但起码在蓝藻细胞内存在的执行光合功能的膜系统，说明在原核细胞中是可以出现执行包被功能之外的膜系统的。当然，也可以反过来，降低真核细胞中磷脂类组分的合成，看看是否降低内膜系统的形成。

　　第二个问题相对而言就比较复杂。相比于类似脂质体的磷脂双层膜囊泡的简单结构而言，内膜系统中内质网、核膜等都有复杂的结构。这些结构是不是自发形成的？为什么会成为我们现在看到的样子？2013 年美国哈佛大学长期从事内质网结构研究的 Rapoport 实验室报道的一个工作提出，内质网膜系统之所以成为现在的样子，是因为这种膜结构的表面和边界具有最低的弹性能量。目前，人们一方面在寻找各种相关组分来理解内质网结构及其功能的调控，另一方面，也设法在控制条件下实现内质网的自发形成。从目前不多的信息可以做一个简单的判断，即在有充足零配件供给的前提下，可能还需要一些独特的蛋白质参与，内质网会根据类似多肽折叠的规律，形成特定的结构。从这个角度看，要揭示内膜系统起源的机制，任重而道远。

　　当然，在真核细胞分裂过程中，不可避免地会面临内质网和其他内膜系统特殊结构的解体与重建问题。从这个角度其实也可以为探索内膜系统起源问题提供可参照的模型。

　　有关内膜系统的功能，如果翻阅目前主流的普通生物学或者细胞生物学教科书，会发现一个非常有趣的现象，即如果用内质网或者其他的内膜系统结构的名称做检索词，可以找到很多的相关内容，但都是以这些内膜系统作为空间或者平台在讨论其他各种生化反应，包括代谢过程、信号转导、蛋白质修饰甚至基因表达调控，或者是囊泡的形成与运输。换言之，由于内膜系统的出现，生命大分子网络中无标度网络中的不同子网络，被聚集或者浓缩到不同的物理空间中。或许这种子网络分布的区隔化，如同作为网络组分的质膜对生命大分子网络包被所产生的效应那样，在为子网络中的各种"三个特殊"的运行进一步提高效率的同时，还增加了新的调控节点。从这个意义上，内膜系统的出现，不过是遵循质膜对生命大分子网络包被同样原理，但发生在胞内亚空间中的一种迭代形式。或许正是这种比较优势，使得内膜系统在由于基因变异而出现过量脂类及蛋白质（包括一些特殊功能的新蛋白质）分子的细胞内"不得不"形成并被保留下来。我们在第八章中讨论非酶非模板核酸的生命大分子如何被赋予功能的问题时提到，脂类的功能之一在于其成膜，而膜的功能之一，是为不同的反应提供平台。如果有读者当时对这个说法有所质疑，现在大概可以理解为什么要提出这种说法。

细胞骨架

在前面提到，真核细胞的体积要比原核细胞大很多。我在读书的时候就曾经想过这样的问题：细胞中那么多内容物，它们是怎么分布的呢？很多代谢反应过程中的底物和产物，如果混在一起，反应还怎么进行下去呢？后来知道人类基因组有 30 亿个碱基对，46 条染色体中的 DNA 拉直了连在一起可以达两米，我又开始思考，这么长的 DNA 怎么被塞到只有十几、几十微米的细胞中，复制的时候又怎么实现同步的呢？这些问题听起来都是小学生的问题。可是我周围的大学教授们也并没有能给出令人信服的答案。细胞骨架就是一个被人们研究了很多年，但仍然有很多未解之谜的亚细胞结构。

有关细胞骨架的认知历史可以追溯到 1880 年有丝分裂（我们后面再讨论）发现之时。目前，已知在显微镜下可以被观察到的纺锤体中的"丝"是微管蛋白的聚合体形式。而要证明显微镜下的"丝"由蛋白质组装而成，一直到 20 世纪 60 年代以后，才由 Edwin Taylor 等人经过各种分离纺锤丝的尝试和多次失败后而完成。他们起初基于纺锤丝在显微镜下的形状，认为相关的分子是纤维状分子，之后才知道这些丝状结构是一些球状蛋白组装而成的。目前人们知道，在真核细胞中有两种普遍存在的细胞骨架类型：微丝和微管。在动物细胞中还有一种中间纤维。细胞骨架不仅在细胞分裂时形成纺锤体，而且在细胞不进行分裂的状态下（间期）也在细胞中搭出各种复杂的框架。很多有关细胞内分子运输的视频中出现的 ATP 驱动的马达蛋白在上面快速移动搬运囊泡的管道，就是细胞骨架（图 11-3）。

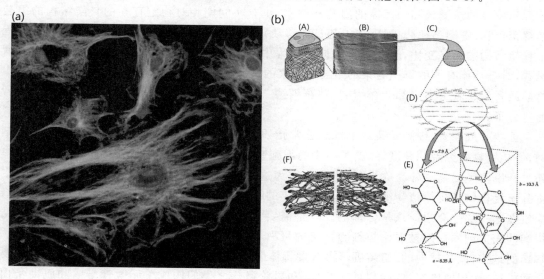

图 11-3　细胞骨架

（a）这张图来自分子探针的展示玻片，其中细胞是牛肺动脉内皮细胞；蓝色：DAPI 染色的细胞核；绿色：由抗体 Bodipy FL 山羊抗小鼠 IgG（间接荧光抗体染色法）染色的微管蛋白（微管）；红色：用德州红 X-花青素染色的 F-肌动蛋白

（b）植物细胞壁的基本结构。（A）细胞壁结构的模式图；（B）细胞壁结构的扫描电镜图；（C）构成细胞壁单元的纤维素束；（D）纤维素束的构成单元；（E）纤维素分子的基本结构；（F）纤维素束之间其他分子

了解了细胞骨架是什么之后，自然就会问球状的微管蛋白（tubulin）或者肌动蛋白（actin）是怎么组装成管状/丝状结构的。这个问题可以分为两个层面来回答：第一个层面，是在现

存真核细胞中，这些丝状或者管状结构在细胞分裂前后，以及在细胞间期的分化过程中是怎么在细胞中组装和解聚的。第二个层面，则是这些在原核细胞中没有的结构在演化过程中是如何出现的。前一个层面的问题是目前人们研究的主要对象。对第二个层面的问题，目前能看到的信息非常有限。但是从逻辑上，应该和上面提到的内膜系统起源的分析一样，也要被分解为两个问题：第一是零配件的种类和数量的来源问题，第二是零配件的组装机制问题。

有关细胞骨架的零配件相关蛋白质的来源问题很有意思。与内膜系统的基本组分可能是在细胞出现之前就存在于大爆炸宇宙中的脂类分子不同，作为细胞骨架零配件的微管蛋白等只来自目前已知的生命大分子网络的组分。有趣的是，虽然人们在原核生物中没有发现存在细胞骨架这类结构，但可以确定的是，原核生物中的确存在微管蛋白！最普遍存在的是 FtsZ 蛋白。这种蛋白质的功能是什么呢？是细胞分裂时形成"勒断"细胞的环状结构的组分！显然，如果真核细胞的前身的确是某些原核细胞，那么对于细胞骨架而言，真核细胞的迭代前体已经为骨架的组装准备了最初的零配件原型。之后在演化过程中出现的这类蛋白质在种类和数量上的变化，根据对现存生命系统的了解，应该很容易从 DNA 变异上寻找痕迹或者线索。

第二个组装机制的问题显然和内膜系统的组装机制问题一样，我们目前知道得太少。在原核细胞中，FtsZ 和其他相关蛋白质在细胞分裂时所形成的分裂环也存在组装和解聚问题，这个过程是伴随细胞分裂而发生的。在真核细胞中情况就要复杂很多。既有伴随细胞分裂而发生的纺锤丝和纺锤体的组装和解聚，也有在间期相对稳定存在的骨架结构的组装和解聚，还有细胞移动（比如阿米巴伪足的移动）和细胞功能执行，比如肌肉细胞的收缩过程中骨架结构的动态变化，或者花粉管伸长过程中细胞骨架的动态变化。从目前文献报道情况看，对与功能有关的细胞骨架的组装与解聚的机制研究内容比较丰富，比如在很多普通生物学或者生化教科书中都会介绍的"踏车模型"。而对其起源的研究，恐怕要等以后的学者的努力了。

虽然一般而言，细胞骨架这个概念通常指质膜包被空间内的蛋白质聚合形成的特殊结构，但从植物研究者的角度，绿藻和植物的细胞壁其实也是一种细胞骨架——如同人们把甲虫和甲壳类动物的外壳称为"外骨骼"，因为这种主要由多糖按照一定方式堆积而成的生物分子复合体是支撑植物细胞形态的最重要的结构。如果认同这个看法，把细胞壁这种结构放在这一部分介绍应该是合理的。只是需要特别强调两点：第一，这种特殊的大分子结构和前面提到的一般被看作是细胞骨架的蛋白质聚合体不同，细胞壁不是一种动态组装—解聚的结构，而是单向的、组装后不再自发解体的结构，尽管可以出现细胞壁结构松弛（主要是初生壁，次生壁则很难）的现象。第二，和微管微丝之类的构成单元微管蛋白和肌动蛋白在原核细胞中都已经存在一样，不仅细胞壁的构成单元（多糖），而且细胞壁结构本身在原核细胞中也都已经存在。不同之处在于，在包括蓝细菌的原核细胞中，细胞壁的构成单元多为肽聚糖，而植物细胞中变成了纤维素果胶之类比较"单纯"的多糖。目前还不知道在演化过程中细胞壁的组分在不同细胞中是如何发生转变的。但我的同事赵进东教授进行了一项"脑洞大开"的创造性的工作：在蓝细菌中表达纤维素酶，结果居然在细胞表面积累出明显的纤维素（图 11-4）！这个例子表明，只要有零配件，大分子聚合体的形成并不依赖于特别的基因。但为什么会形成特殊的结构？这类问题的回答对理解真核细胞的起源有着普适的意义。

(a)

(b)

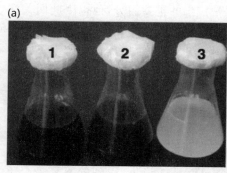

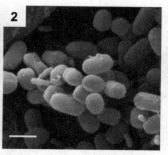

图 11-4　在蓝藻中表达纤维素酶后，细胞表面出现纤维素积累，使得蓝藻颜色从绿色变成白色。
（a）蓝藻培养物的外观：1. 野生型蓝藻培养物（绿色），2. 高盐条件下培养的用于转基因的蓝藻 CM12 株系（绿色），3. 转基因后低盐培养两周后的 CM12 株系（白色）；（b）转基因蓝藻胞外纤维素积累情况：1. CM12 转基因株系培养 12 天后扫描电镜下看到的纤维状物质，2. 用纤维素酶处理消化纤维素后扫描电镜下纤维状物质消失。图引自 Zhao C, Li Z K, Li T, et al. High-yield production of extracellular type-I cellulose by the cyanobacterium Synechococcus sp. PCC 7002. *Cell Discov*, 1：15004.

细胞核

　　细胞核是真核细胞最有标志性的结构。根据 *Campbell Biology* 等普通生物学教科书，细胞核主要由三部分组成：核膜、染色质、核仁。目前一般认为，核膜是与内质网相连接的内膜系统的一部分，与内膜系统其他部分在结构上的最大不同在于其双层膜上有结构非常复杂的、由各种蛋白质组装起来的核孔。了解了内膜系统的起源，核膜的起源问题就成了内膜系统的区域性特化或者分化问题。不再构成一个单独的起源问题。

　　染色质是一种独特的、由两大类生命大分子互作形成的相当有序的结构。这两类大分子一类是 DNA，一类是组蛋白。我们在第七章中提到了核酸是如何出现以及中心法则是如何形成的。DNA 作为记录多肽序列能态的载体，成为"三个特殊"中不对称双组分系统中的节点——酶——以模板拷贝形式高效形成的、由中心法则所揭示的生产流水线中不可替代的要素。而以 DNA 为枢纽的多肽的生产流水线对蛋白质分子种类和数量的源头制约，使得 DNA 自身虽然只是一种记录媒介，却成为生命大分子网络中一个无法回避的中心。但是原核细胞的存在表明，DNA 在细胞，即动态网络单元中的存在及其功能并不必须以染色体的形式为前提，或者说染色体并不是 DNA 发挥其功能的必要条件。那么为什么会出现染色体呢？考虑到染色体的基本组分除了 DNA 之外就是组蛋白，真核细胞中为什么会出现染色体的问题，就转变为组蛋白从哪里来的问题。这个问题的另外一种提法就是，在原核生物中有组蛋白吗？还是要感谢北京大学多学科的环境，赵进东教授早就关心这个问题。我从他的学生考试过程中得知，原核细胞中没有组蛋白！只有一个和组蛋白类似的蛋白质！从这个角度看，染色体的起源问题一下子变得没有那么神秘了——无非还是零配件的供给与零配件组装这两个在内膜系统和细胞骨架结构起源上已经讨论过的问题。当然，尽管组蛋白起源问题不再神秘，找出其起源机制的意义并不会因此而减少。

　　相比较而言，对核仁的起源探讨反而变得非常有意思。在 2019 年底的一次学院教授午餐会（教授介绍各自实验室研究进展）上，我听到我们学院做蛋白质结构的高宁教授的工作介绍。他实验室的一个研究领域是真核细胞核糖体 60S 大亚基的结构及其组装机制。在那次进展介绍中,他提到核糖体的重要组分 rRNA 同时也是核仁的重要组分,他也因此而关注核仁的组装。他在背景介绍中提到,在原核细胞中,编码 rRNA 的基因,即 rDNA 只有很少的拷贝数,而在真核细胞如酵母中,rDNA 的拷贝数可以上百! 这个信息激发我产生了一个让自己激动不已的猜想:细胞核可能源于 rDNA 拷贝数的剧增!

由于原定当天要去外地开会,为了赶火车,没有听完高宁的报告我就坐地铁去了北京南站,在地铁上先记下上面的灵感。在南站与我们学院教授细胞生物学的德高望重的丁明孝老师会合后,我就向他请教目前有关细胞核起源的理论。在得知没有特别明确的解释后,我马上去咨询我们学院做植物线粒体研究的苏都莫日根教授,请教线粒体中有没有 rDNA,得到肯定的回答;咨询王忆平教授,请教大肠杆菌中有几个 rDNA 的拷贝,得到的答复是个位数——和高宁提到的酵母中的上百个,差了两个数量级。核实这些数据意义在哪里呢? 确定了真核细胞和原核细胞之间的确存在 rDNA 拷贝数上的差异,就有下面的推理。

首先,蛋白质合成需要核糖体,而核糖体必需 rRNA,rRNA 要从 rDNA 上转录。一旦基因变异造成 rDNA 拷贝大量增加,多余的 rRNA 很可能会刺激更多的核糖体蛋白合成,否则多余的核糖体可能会扰乱体内网络(如果没有相应的调控机制调整的话),起码是浪费能量。怎么解决这个问题呢? 已经发生的 DNA 变异很难变回去。剩下化解问题的可能性只有两个:或者是抑制 rRNA 的转录合成,或者是将 rRNA 和核糖体蛋白组装成复合体而贮藏起来。后者似乎有一个可能的优势,即在周边组分突发变化需要大量合成蛋白质来应对时,只要通过向外释放贮藏起来的核糖体前体,就可以快速响应组分变化,维持网络的平衡。而 rRNA 和核糖体蛋白复合体聚集的区域,就成为人们在显微镜下看到的核仁。从这个角度看,核仁从源头上应该是蛋白质合成复合体核糖体相关组分编码基因突变之后产生的富余分子的副产物!

那么,核仁与核膜和染色体之间怎么就恰好整合在一起了呢? 考虑两个已知的相关信息:一是无论在原核细胞还是在线粒体中,DNA 都出现与一些蛋白质聚集的形式;二是在真核细胞中,核仁的存在总是和染色质行为发生关联。如果 rRNA 和核糖体蛋白的聚集恰好有利于增强由组蛋白和 DNA 相互作用形成的染色质的稳健性,加上前面提到的核糖体前体贮藏所形成的对周边组分变化而产生缓冲效应,双重的优势使得核仁与染色质的伴生脱颖而出。考虑到在细胞这个动态网络单元中,这么多生命大分子复合体的聚集是一种无法回避的实体存在,这种实体存在不被无所不在的内膜系统包被很难解释。更不要说膜的包被为中心法则所揭示的生产流水线提供一个 mRNA 出核、转录因子入核的调控节点,还为核外核糖体的蛋白质合成机制提供一个独立的调控机制。那么新的调控环节出现,显然增加了动态网络单元运行的复杂性,可是如果协调好了呢? 比较原核细胞和真核细胞在生命活动中的不同,真核细胞在结构上的复杂性伴生了很多在原核生物中不可能发生的全新的相互作用。这些相互作用为生命系统更复杂的存在形式的出现提供了可能。无论会产生什么后果(后面会进一步讨论),起码在生命系统演化的这个阶段,细胞核出现了。

细胞间的互动:细胞融合、吞噬、内共生与细胞器

可能有的读者在读到对真核细胞结构描述的部分会质疑:为什么没有如一般教科书那样把细胞核归为细胞器,而是称为亚细胞结构? 读过上面的介绍,可以理解,把内膜系统(包括内质网)单列,主要是因为其基本结构是磷脂双层膜;而把细胞骨架和细胞核(其实主要是染色质与核仁)另列为亚细胞结构,则更多的是因为它们都是以蛋白质与核酸为组分聚集/组装而成的生命大分子复合体。那么,细胞器是什么呢? 我们认为主要是两类:线粒体和

叶绿体。为什么只列这两类呢？

这要从前面有关细胞形成的集零为整的假说谈起。在前面有关世界上第一个细胞从哪里来的问题讨论中，我们基于整合子生命观提出，伴随生命大分子网络的迭代过程，会出现不同的自发形成的囊泡的对生命大分子网络组分或者子网络的包被。作为包被产物的囊泡如果恰好有机会形成大囊泡，而且包被的内容恰好是具有三个属性（正反馈自组织、先协同后分工、复杂换稳健）的生命大分子网络，细胞就出现了。于是有了上面所提到的具有动态网络单元化的全新的整合子存在形式。下面的问题出来了：如果世界上第一个细胞的确是如上述过程形成的，这个"大囊泡"就不再进一步融合了吗？这好像在逻辑上说不过去。

其实，在对单细胞真核生物的研究中，人们很早就知道有一些种类如黏菌（*Dictyostelium*，我们在后面的章节中还会提到）会在周边"三个特殊"相关要素存量不足时出现细胞聚集以及细胞融合或者吞噬的现象。我做植物研究，知道植物细胞在一般情况下由于细胞壁的存在而无法融合，但如果人为地把细胞壁用专门的酶溶解掉，的确可以实现细胞融合。在我知道原核细胞也有细胞壁时，我一直想不明白这种结构对于单细胞生物究竟有什么用？在参加我们学院从事微生物研究的同事实验室的研究生考试或者答辩时，我曾经请教过他们，原核生物是不是很容易发生细胞融合。我得到的回答是，不容易。为什么呢？现在，把这个现象和上面有关细胞形成的"集零为整"假说放在一起考虑，就出现了一种可能：即原核细胞的细胞壁最初的功能，很可能是防止细胞融合——这不也是维持生命大分子网络稳健性的一种策略吗？最近，在关注人们有关真核细胞起源于古菌融合的研究时，我发现人们已经知道，某些古菌尽管总体上具有原核细胞的特征，但细胞膜在组分上更像真核细胞。研究者认为类似真核细胞的细胞膜可以解释在古菌上发生的细胞融合，乃至解释真核细胞的起源。不知道有没有人研究过原核细胞的细胞壁在防止细胞融合上是不是也会发挥作用。

无论原核生物细胞壁是不是具有防止细胞融合的功能，或者古菌特殊的细胞膜在真核细胞起源中究竟发挥多大的作用，在 Lynn Margulis 等人的努力下，人们目前已经接受了她首先提出的观点，即真核细胞中的线粒体和叶绿体是"内共生"的结果。所谓内共生就是一个细胞吞噬了另外一个细胞，但被吞噬的细胞并没有解体，而是被整合为一个功能单元与吞噬它的细胞共同生存。有关线粒体和叶绿体的功能和它们内共生起源的故事在网上随便可以找到。我们在此就不加赘述。

读到这里，大家可以理解在前面的真核细胞结构分类中，为什么我们把细胞器这个概念专门留给线粒体和叶绿体——它们的来源不同！不是原有动态网络单元内部组分种类和数量改变并引发生命大分子复合体聚合和解体方式改变（或者叫"创新"）的产物，而是细胞之间相互作用的产物。

动态网络单元化基础上的正反馈：网络的集约与优化

如果将我们上面所介绍的内容和主流生物学教科书做比较，大家可能会发现和前面章节的内容有一个共同点，那就是所介绍的问题虽然都有一些实验，但更多的是想象和推理。如果大家愿意从主流教科书基于"拆玩具"思路所形成的既定概念框架中跳出来，考虑一下本书中所提供的"拼玩具"思路或整合思路，即现存生命系统源自大爆炸宇宙中既存的碳骨架组分随机相遇、相互作用，形成具有吸引子特点的整合子的迭代，那么可以看到，在已知的地球表面可以自发形成的结构换能量循环为起点，整合子可以迭代出具有"三个属性"的生命大分子网络。而且，这个网络的进一步迭代，还可以因自身被自己的组分包被而自发形成细胞这种全新形式的可迭代整合子,使得生命系统出现动态网络单元化这第四个属性。从这个角度来看,好像真核细胞这种看似复杂到神秘的生命系统存在形式的出现,背后的成因好像并没有什么特别之处——既不是无论什么形式的造物者设计,也不是如有人所说的"一阵风把一地的零配件吹成一架波音 747 飞机",不过是在既存结构基础上的迭代。而迭代的机制无非是两个方面:一方面是要在原有网络基础上出现过量的零配件,另一方面是这些过量的零配件自发组装而形成的新结构,且这些结构因能够为作为迭代前体的动态网络单元的稳健性提供正反馈效应而获得更高的存在概率而留存至今,并成为进一步迭代的前体。

　　根据对现存生命系统的研究我们已经知道,DNA 虽然是一种非常稳定的生命大分子,但只是相对于其他类型的生命大分子而言。经过过去七八十年的分子生物学研究,人们对 DNA 的变异及其影响有了相当深入的了解。由于 DNA 序列改变而增加基因拷贝数、产生新基因或者改变基因转录水平从而增加所编码蛋白质种类与数量已经有非常多的实验证据。因此,上述两个迭代机制中的第一个的出现是有现实可能性的。至于第二方面的机制,虽然蛋白质折叠的问题在 20 世纪 50 年代就已经开始讨论,但是目前有关大分子结构特别是相互作用的数据获取和处理似乎处于一个瓶颈期。从冷冻电镜所带来的视野的拓展来看,如果有帮助人们以更高的分辨力来观察生命大分子复合体及其组装过程的技术出现,在对第二个方面的迭代机制的理解一定会带来实质性的跃升。从这个角度看,在解释生命奥秘的尝试中,基因中心论从技术层面上讲也是过于乐观了——相对于蛋白质及其相互作用,DNA 的序列及其变化相对而言恐怕只是冰山的一角——毕竟,DNA 在生命大分子网络运行中的功能,不过是如很多人所比喻的,是一本书,或者更大,一个资料室甚至一个图书馆。可是这些信息或者资料放在那里,谁是"读书人"?考虑我们在前面介绍中心法则时的比喻,DNA 是图纸。但总要有读图纸的人和按照图纸进行产品加工的机器。更具有挑战性的是,生产流水线的产品是如何彼此相互作用而形成类似乐高积木中那些模型的,这显然超出了中心法则所能涵盖的范围,成为理解生命系统过程中在原理层面上的认知断层。需要有更多的猜想与假设验证。

　　基于上面的分析,我们的结论是,真核细胞中复杂结构的产生,应该是在原核细胞这个动态网络单元的基础上,在这种可迭代整合子所具有的三个属性的驱动下,经由零配件种类和数量因 DNA 变异而增加和零配件自组装成为全新的复合体这两个机制,由于增加动态网络单元的稳健性从而获得更高存在概率的产物。如果说在前面提到细胞起源时,作为生命大分子网络组分的质膜形成所需的零配件磷脂类分子还有可能源自网络所存在的特定物理空间中既存组分的话,在原核细胞基础上出现的复杂结构相关的零配件显然只能来自细胞自身。根据前面所说的酶和其他功能蛋白的形成机制,高效的形成方式只能来自中心法则这条生产流水线,而要改变这条生产流水线的产品种类和数量,DNA 变异成了不二之选。虽然我们目前对生命大分子复合体的聚合与解体的机制知之甚少,但如果上面的分析有合理之处,我们可以对上述真核细胞形成过程所表现出的特点做进一步的概括,那就是本节小标题所说的,网络的集约与优化。所谓集约(intensity,intensive)的意思是集中、浓缩、强化;而优化(optimization)的意思是改善、有效。这不是从结构换能量循环一直到原核细胞的迭代过程所遵循的结构换能量原理、和由于整合子的吸引子特点所导致的主体化的基本逻辑吗?从这个意义上,真核细胞的出现,只是在原核细胞基础上应对由于 DNA 变异导致过量零配件所带来的对网络稳健性冲击而出现一种维稳策略的结果。虽然所出现的复杂结构为细胞的运行带来新的可能性,但本质上还是一种不得不出现的迭代。

　　这种不得不出现的迭代所带来的真核细胞被质膜包被的生命大分子网络组分，在结构和调控机制上的集约与优化的优势何在？回应上一节在对原核细胞和真核细胞的基本特点进行比较时所提出的部落和中央集权制国家的比喻，大家或许可以从本节真核细胞起源的可能机制的分析上，进一步理解以复杂换稳健属性的迭代来解释真核细胞的出现及其作为动态网络单元所获得的稳健性跃迁，或者是存在概率提升。

　　目前，对真核细胞起源问题研究的主流，是在 Margulis 提出的内共生的思路下，借助全新的基因组分析方法，通过比较古菌、真细菌和真核细胞之间的异同，提出真核细胞源自古菌和真细菌之间的融合。在极端环境下发现的古菌，为这种观点提供了强大的支持。这些热点发现与上面提出的真核细胞中复杂结构源自富余生命大分子的自组织的观点没有任何矛盾，反而应该可以相互支持和印证。二者的结合或许可以在真核细胞起源问题上开辟一个全新的研究领域。

有丝分裂：细胞分裂时保障 DNA 平均分配的机制

　　如果上面有关真核细胞中各自复杂结构由来的解释姑且可以考虑，那么就出现了一个新的问题：在解决正反馈自组织属性驱动下伴随细胞体积增加而产生体表比劣化问题而不得不出现的细胞分裂中，DNA 如何均匀地分配到两个产物细胞中？

　　有的读者可能会感到奇怪，为什么原核细胞分裂过程中遗传物质在产物细胞中的平均分配问题没有被特别地强调？从上面的真核细胞复杂结构由来的可能机制分析来看，有两个因素使得 DNA 在产物细胞中的均匀分配成为一个不能出错的过程。第一，DNA 虽然只是合适能态的多肽序列的记忆载体，但在以中心法则所揭示的功能蛋白模板拷贝的生产流水线中，DNA 是调控枢纽。在真核细胞从结构到调控都表现出集权制的模式、DNA 成为细胞这个动态网络单元稳健性的绝对调控中心之后，一旦 DNA 出错，生产线因找不到图纸而无法加工，若出现网络运行必需组分的缺失，网络运行将难以为继。第二，DNA 与组蛋白形成染色质之后，的确强化了 DNA 分子的稳健性；与核仁一起被核膜包被为 DNA 分子的稳健性提供了保护，这种保护反过来也成为与细胞分裂中的关键角色——质膜之间的物理屏障。因此，真核细胞无法像原核细胞那样，简单地通过 FtsZ 蛋白分布来协同细胞分裂和 DNA 在产物细胞中的分配。这两个因素的存在，使得维持 DNA 均匀分配到两个产物细胞成为真核细胞无法回避的一个维稳的挑战。

怎么保障 DNA 在细胞分裂过程中均匀分配到两个产物细胞中？

　　早在 1880 年，德国植物学家 Eduar Strasburger 在植物中发现（后来在 1882 年由 W. Fleming 在动物中发现类似的过程并命名）有丝分裂（mitosis，From German *Mitose*，from Ancient Greek μίτος（*mitos*，"thread"）+ -*osis*，probably in reference to the thread-like chromatin seen during mitosis）。尽管有丝分裂中的"丝"所指的对象从最初的染色体转变为纺锤丝，从保障 DNA 在产物细胞中均匀分配的角度来讲，恐怕纺锤丝在其中扮演了关键的角色！没有合适的纺锤丝装配，细胞分裂中染色体在产物细胞中的分配就会出现混乱。我猜，如果 Fleming 当年的显微镜够好，能够让他看到纺锤体的"丝"，即微管聚合体，他恐怕也会将有丝分裂中的"丝"用来代指纺锤丝。

　　原核细胞的分裂中没有由纺锤丝构成的纺锤体，通过 FtsZ 等蛋白质构成的分裂环而完成细胞分裂。有趣的是,作为分裂环组分的 FtsZ 与作为纺锤丝组分的微管蛋白是同一类蛋白质! 这就留下了一种可能性,即从原核细胞以分裂环形式实现细胞分裂到真核细胞以纺锤体形式实现细胞分裂,其源头可能在于 FtsZ/微管蛋白这些零配件的数量和装配方式的变化! 如同乐高玩具中,同样的零配件,可以拼装出愤怒的小鸟,也可以拼装出城市街景。在 *Campbell Biology* 一书中有一个图示,提出了一种有丝分裂起源的可能途径(图 11-5)。有兴趣的读者可以进一步研究这种假设和我们这里所说的真核细胞与有丝分裂起源的猜测之间是否有什么内在的联系。

(a)细菌。在细菌二分裂的过程中,两条子链基因组 DNA向细胞两极移动。此过程需要与肌动蛋白相似的分子聚合,也有可能需要特定的蛋白质使子链结合细胞膜的特殊位点。

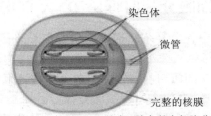

(b)甲藻。某些原生物如甲藻中,染色体在细胞分裂时结合在核膜上。微管穿过贯通细胞核的胞质管道使细胞核定向,与细菌分裂有一定相似之处。

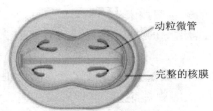

(c)硅藻与某些酵母。在这两类真核生物中,细胞分裂时核膜仍保持完整。微管在细胞核内形成纺锤体使染色体分开,细胞核分成两个。

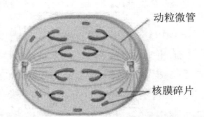

(d)多数真核生物。在多数真核生物,包括植物和动物中,纺锤体在核外形成,核膜在细胞分裂时破碎解体。微管将染色体拉开,两个新的核膜分别形成。

图 11-5　有丝分裂起源的一种假说。

图引自 *Campbell Biology* ed 11th. (2017).

至于 DNA/染色体的复制及与纺锤丝的装配问题，这在一般的生物学教科书中都有各种介绍，无须在此赘述。

细胞分裂和 DNA 复制之间是什么关系？

在讲到有丝分裂时，一般的生物学教科书都会从染色质的变化开始说起。2001 年，有关细胞周期调控机制的研究还被授予了诺贝尔生理学或医学奖。很多年来，我从来没有意识到如果没有 DNA 复制，还会不会有细胞分裂，或者说细胞分裂是不是由 DNA 复制所诱导或激活的。

从我们在上一章提到的 D'Arcy Thompson 有关细胞分裂的肥皂泡模型的角度看，似乎细胞分裂是具有正反馈属性的动态网络单元维持适度体表比的结果。在第七章中，我们还提到，生命大分子合成与降解网络中，以 DNA 为枢纽的自上而下的调控网络中，随着网络正反馈属性而衍生的对"零配件"需求量的增加，有可能反过来诱导中心法则所描述的"零配件"生产线扩容，从而诱导作为生产线图纸的 DNA 增加拷贝数，表现为激活 DNA 复制。如果上面的推测都是成立的，那么从细胞分裂和 DNA 复制两个事件的起源的角度看，它们本来可能是基于不同的机制而独立起源的。但在演化过程中，尤其在真核细胞演化过程中，两个事件因为目前还不清楚的原因被耦联（或者说整合）到一起。从对耦联/整合后的过程的观察来看，有丝分裂，或者说细胞周期的描述与解释都从染色质的变化开始，也成为情理之中的事情。

从第八、九章提到的有关囊泡的研究中我们可以发现，脂质体或者原生细胞的分裂，并不需要 DNA 复制。而有关 DNA 复制的研究主要是在试管中完成的事实，证明 DNA 复制过程本身的激活和完成，似乎也并不以细胞分裂为前提。从这些现象看，了解细胞分裂和 DNA 复制这两个发展的生命大分子网络的特殊事件是怎么起源和耦联的，应该是一个非常值得研究的有趣问题。

有丝分裂起源时，真核细胞是几倍体？

在中学生物学中，大家被告知，人体和很多动植物的细胞主要以二倍体，即一个细胞内有两套染色体的形式存在。精细胞和卵细胞只有一套染色体，所以是单倍体。原核生物因为没有染色体，因此也就无所谓倍性的问题。下面问题来了：对于最初/古老的真核细胞，伴随有丝分裂起源时的染色体是二倍的还是单倍的呢？我只是因为后面要讨论的问题，才意识到这应该是一个问题。我还请教过一些同事，好像没有人给过我确切的回答。或许在文献中有，但我也没有那么多时间去检索。在此姑且做一个简单的推理：最初的真核细胞可能是单倍体。原因非常简单：单倍体比较简单！而且，从现在人们对不同类群真核细胞的研究结果来看，很多单细胞或者多细胞的真核生物的主要存在形式都是单倍体，比如各种绿藻。在陆生植物中，苔藓和蕨类都有单倍体的、具有复杂形态建成过程的多细胞结构。这些现象说明，单倍体的真核细胞是生命系统一种有效的存在形式。那么，为什么人类和很多动植物又以二倍体为主要的存在形式呢？

对这个问题，其实也没有人能给出明确的回答。前面所提到的为什么保障 DNA 在产物细胞中的均匀分配对于真核细胞有着至关重要的意义，重要到只有具有保障机制（有丝分裂）的细胞才能继续存在下去，给出了两个原因作为解释。如果解释是成立的，那么用同样的逻辑可以解释为什么会出现二倍体真核细胞：保障 DNA 作为细胞这个动态网络单元枢组的完整性。在前面提到真核细胞中各种复杂结构的起源时,我们提到了两种机制:一种是零配件种类和数量的增加;另一种是零配件组装方式的多样化。根据对现存生命系统的研究,人们发现零配件种类和数量的增加主要源自 DNA 变异。而且,各种研究结果都证明,DNA 虽然是生命大分子中相对稳定的一种,但是这种分子仍然不可避免地处于各种变化之中(无论是所谓的中性突变还是龙漫远教授发现的新基因起源)。既然 DNA 的稳定性对于维持细胞的稳健性具有不可或缺的重要性,出现 DNA 保护机制自然可以提高这类细胞的稳健性。这解释了为什么真核细胞的 DNA 与组蛋白结合形成复合体。在这种保护机制之外,如果染色体有备份,是不是可以提供更好的应变或者缓冲效应呢? 这可能是对二倍体细胞出现的最简单的解释。

　　如果这种解释是可以接受的,那么无法回避地产生了下面一个问题:即如何保障二倍体细胞中的两套染色体能够同时被均匀地分配到两个产物细胞中。最简单的解释,还是迭代:既然已经在单倍体细胞中实现了染色体与纺锤丝的对接机制(着丝粒),那么把纺锤丝的组装从原本的与一条染色体的着丝粒的组装发展成同时与两条同源染色体的着丝粒的组装即可。从这个角度来理解有丝分裂过程中染色体的行为,恐怕会简单很多。

减数分裂:两次独立起源?

　　上面有关有丝分裂起源及其功能分析的侧重点在于将这个过程看作是保障 DNA 在产物细胞中均匀分配的机制,然后讨论到二倍体真核生物可能因其染色体加倍为保障 DNA 稳健性提供了更好的应变或者缓冲效应而被选择下来。但我们并没有分析二倍化是如何发生的。细胞倍性的改变是生物学家们研究的一个重要领域,自然会有各种不同的说法。回到起源的层面,无论是从目前研究的结果还是从本书基本逻辑推理,二倍化的出现无非两种可能:一是,染色体复制(以 DNA 复制为核心,并按之前提到的,DNA 复制是网络生长的正反馈结果)与以纺锤体形成为中心的细胞分裂未能有效关联,造成染色体复制(从单倍变成二倍)后,细胞没有分裂,于是出现二倍体细胞。二是两个单倍体细胞融合。本书中所假设的细胞起源的集零为整过程中的囊泡融合的情形,以及前面提到的黏菌类真核生物的细胞间融合与吞噬、被实验证明的线粒体和叶绿体的内共生、植物细胞原生质体融合,都说明细胞融合是可以发生的。如果二倍化是细胞融合的结果,那么就会产生新的问题:假如细胞融合不断发生,是不是会导致细胞倍性不断增加? 倍性的不断增加会产生什么影响? 有没有办法阻止倍性增加?

　　由内共生的例子可见,细胞融合也可能不出现倍性增加。但如果倍性增加的确出现了,从前面所分析的 DNA 作为动态网络单元的调控枢纽,如果所有的 DNA 同时启动生产流水线,显然酶与其他蛋白质的"下线"数量会增加。由于酶是生命大分子网络中双组分系统的节点,酶量的增加很可能会对生命大分子网络的运行产生正反馈效应,导致细胞体积增加,这又回到第十章中提到的细胞分裂驱动力的问题。总之,会出现各种不同的效应,需要生命大分子网络运行机制进行调整,以恢复运行的稳健性。在现存生命系统中,的确存在多倍体生物。各种相关的现象都在被研究者研究。那么,有没有办法阻止倍性增加呢?

　　如果二倍体出现的机制的确如前提到的,或者是染色体复制和纺锤体形成之间解联,或者是细胞融合,那么,阻止倍性增加的方式无非也就是两种:第一,阻止细胞融合;第二,另外一种染色体复制和纺锤体形成之间的解联,即在染色体不复制的情况下,出现细胞分裂。

有没有可能出现第二种情况呢？在有丝分裂被发现后不久，Van Beneden（1883）和 Strasburger（1886）分别在动物与植物细胞中发现，有一种细胞分裂之后出现了染色体数目减半。这种细胞分裂形式在 1905 年被两位英国生物学家 John B. Farmer 和 John E. S. Moore 命名为减数分裂（meiosis）。和有关有丝分裂的情况类似，各种主流生物学教科书中对减数分裂也有详细的描述，我们在此也不予赘述。在这里，我只想提两个我在自己研究工作中无法回避而不得不思考的问题。

最初的减数分裂是一种维稳机制？

第一个问题是，在真核细胞的演化历程中，二倍体细胞的有丝分裂和减数分裂谁先出现？不知道有没有其他人有和我类似的疑问。对我而言，之所以会出现这样的问题，主要是因为对绿藻生活周期的了解。为思考植物形态建成的基本规律问题，我曾经专门浏览了一本绿藻方面的专著[①]。从那本书对绿藻的介绍我了解到，大部分的绿藻（无论是单细胞还是多细胞）都是以单倍体为主要的生存状态。换言之，这些生物中所出现的细胞分裂绝大部分都是单倍体的有丝分裂。如果是这样的话，显然不可能出现减数分裂——因为已经是单倍体了，无"二倍"之数可减。可是，这些生物中的确都在发生减数分裂。什么时候发生呢？在单倍体细胞发生融合、形成二倍体细胞之后。这里面就有很有趣的问题：本来生活得好好的单倍体细胞为什么要发生融合呢？从书中介绍的信息看，基本上都是在环境因子/网络组分在数量和种类上出现改变的时候，即传统上的说法是环境胁迫的时候。更有趣的是，在出现细胞融合之后，产物细胞基本上都处于休眠或者静息状态。细胞不进行分裂。等到细胞所在空间中环境因子/网络组分的数量和种类恢复正常之后，休眠的细胞恢复分裂，而此时的分裂首先是减数分裂！由原本两个单倍体的细胞融合形成的二倍体细胞发生两次分裂，形成四个单倍体细胞，然后回复到原本正常的生存状态中。

我有关绿藻的学识仅限于此，不知道那些以单倍体作为主要生存状态的绿藻能不能进行二倍体细胞的正常的有丝分裂。如果能，就比较没有意思。如果不能，就会很有意思——假如我们上面的猜测是合理的，细胞融合所产生的二倍体是"不得不"的一种结果，而且原本以单倍体形式存在的细胞的动态网络单元处于一种适度的运行状态，那么假设在因为自由态网络组分种类与数量异常而不得不出现的二倍体中，DNA 在组分情况改善后开始启动生产流水线，是不是有可能对动态网络单元的运行产生冲击？如果是，怎么解决？或许，对于在这个演化阶段的生物而言，减数分裂的基本功能是一种纠错机制，即在因不得不发生的细胞融合所出现的二倍体中，DNA 在可以启动生产流水线、并因此而带来组分数量增加而产生的对动态网络单元原本正常的状态产生冲击之前，先使得细胞回归到单倍体的状态。这种机制很可能就是原本单倍体细胞中形成的染色体复制与纺锤体形成之间的匹配方式因 DNA 加倍而出现解联的产物。如果这种猜测是对的，那么起码在绿藻（其实还包括很多如前面提到的黏菌等异养的单细胞真核生物）这类以单细胞为基本生存形式的生物中，在目前主流教科书所描述的二倍体有丝分裂出现之前，就先出现了减数分裂。或许这种猜测也并不准确。希望这方面的专家能够给予纠错解惑。

[①]　斯坦福大学的 Gilbert M. Smith 出版于 1955 年的 *Cryptogamic Botany* Vol I *Algae and Fungi* 第二版，第一版出版于 1938 年。

二倍体细胞有丝分裂的一次"幸运的错误"？

第二个问题,如果在绿藻之类以单倍体细胞成为基本生存形式的生物中,减数分裂是解决细胞融合所产生的二倍体对动态网络单元运行所产生冲击的一种纠错机制,那么一旦二倍体细胞中的染色体复制和纺锤体形成之间实现了匹配,实现了二倍体有丝分裂,那么作为纠错机制的减数分裂是不是就因为不再有用武之地,而在演化过程中被淘汰了呢？没有!在目前所有对以二倍体细胞为基本生存形式的生物的研究中发现,这些生物中,都有减数分裂行为存在。不仅如此,这些生物中减数分裂的关键基因、这些基因所编码的蛋白质到减数分裂行为都高度相似(按照生物学上的术语叫"保守")。那么,对于包括人类在内的以二倍体细胞为基本生存形式的生物中,减数分裂的功能又是什么呢？

可能很多学过中学生物学的人已经按捺不住要说,减数分裂是生物为了繁衍后代而进行有性生殖呀？没有减数分裂就没有单倍体的配子,没有配子就没有二倍体合子。没有新的合子就没有下一代,物种就不能延续了呀？可是什么叫生殖,什么叫有性生殖,什么叫下一代？我们前面分析过,细胞并没有自我,因此细胞也不"要"自我复制,更不"要"繁衍后代。细胞分裂不过是维持合适的体表比、从而维持动态网络单元稳健性的一种全新调控机制。作为细胞分裂行为的结果,两个产物细胞只是动态网络单元维稳机制的副产物。从这个角度看,原核细胞没有染色体、没有有丝分裂,更不用说减数分裂了,然而不还是已经将细胞这种生命系统存在形式的优势发挥得淋漓尽致,在地球的各个角落生存了几十亿年了吗？按照本书之前所遵循的逻辑,该如何解释以二倍体细胞为基本生存形式的生物中减数分裂普遍存在的现象呢？

在我的研究工作经历中,有两次机会专门研究减数分裂相关的文献。一次是 1991 年在美国加州大学伯克利分校宋仁美(Zinmay Renee Sung)教授实验室做博士后研究期间。此次赴美受到美国洛克菲勒基金会的水稻生物技术项目的资助,研究项目是无融合生殖(不经父母本基因融合而产生种子的生物学过程)。宋教授的设想是利用基因操作的办法先阻止造成后代基因重组的减数分裂,然后再进一步尝试能否人工创制无融合生殖材料。为此,我梳理了当时有关减数分裂分子机理的研究。虽然后来因为我的实验技术实在太差,很难按原计划有效推进,从而转做别的课题,但此次文献检索给我留下一个印象,即在酵母中,减数分裂是被"饥饿"(生长环境中缺糖)诱导的。

第二次是 2010 年。当时,我在北大的实验室进行有关黄瓜单性花的研究,发现黄瓜单性花发育不应该如主流观念所认为的,是一种性别分化机制,而应该是一种促进异交机制。这就引发了一个问题,如果单性花发育不是性别分化机制,那什么是植物中的性别分化机制,什么是植物中的性别呢？我曾为此事请教过身边做相关工作的同事和朋友,没有从他们的反馈中得到明确的答案。于是准备将这个问题留给后人去回答。可是,机缘巧合,龙漫远教授有关合作研究植物性染色体起源的建议,让我无法回避这个问题。于是,我开始检索有关性别的文献,其中包括了减数分裂。在这个过程中,2011 年我参加美国宾夕法尼亚州立大学的马红教授组织的一次学术讨论会,听他讲他们实验室的减数分裂工作。他的报告和之后向他的请教,为我提供了一个了解减数分裂的全新窗口。回来之后,我又查了一批文献,如果用一句话来概括我从这些文献中所得到的印象,那就是"减数分裂是二倍体细胞中一次出了错的有丝分裂"。这个出了错误的细胞分裂过程,为 DNA 分子之间的交换重组提供了一个常态化的机会。对于能够发生减数分裂的细胞而言,作为一个动态网络单元运行关键要素的零配件供应链源头调控枢纽的 DNA 分子,除了具有可以发生随机的变异(包括单碱基的变异和大片段的变异,如龙漫远所发现的新基因产生)的机制之外,又多出来一个相对而言比较常态化的、以细胞分裂为基础的变异机制。

把两次比较系统的文献检索中所得到的两个印象放在一起考虑,即酵母(其实很多单细胞真核生物都是如此)中减数分裂是饥饿诱导的,而减数分裂是一种以细胞分裂为基础的增加 DNA 变异的机制,二倍体真核细胞中出现的这种减数分裂的效应,应该是在饥饿所代表的前面提到的生命大分子网络组分的两种存在状态(自由态和整合态,见图 9-2 及第十章中有关细胞分化的讨论)中,作为独立分子在膜外的自由存在状态的种类和数量出现不足,影响到生命大分子网络中相关组分在两种状态之间转换的平衡,从而诱导通过减数分裂这种形式而增加 DNA 变异。可是,这种效应对于动态网络单元的稳健性能带来什么好处呢?

此外,比较以单倍体细胞为主要存在形式的绿藻中的减数分裂和二倍体细胞中的减数分裂,好像二者从最终结果上看都是形成单倍的产物细胞,但可能的起源和功能侧重点显然不同。二者之间究竟是彼此独立发生,还是同一事件的不同迭代状态,恐怕还需要更多的信息,尤其是对绿藻类植物减数分裂研究的数据,才能了解。但有一个现象是确定的,即如果没有其他机制的介入,对于二倍体真核细胞而言,减数分裂只能发生一次。虽然减数分裂的产物细胞是单倍体细胞,可以继续以单倍体有丝分裂的形式维持其以细胞形式的存在(如绿藻),可是减数分裂就不能再次发生。如果是这样,那么减数分裂这种细胞行为怎么能在现存生命系统中保留下来,成为几乎所有真核细胞生命历程中不可或缺的一个事件呢?

真核细胞的集约、两种状态失衡,及其稳健性的超细胞层面调控

虽然在现存的原核生物中极少见到细胞融合,但从内共生所形成的细胞器,到在黏菌中观察到的细胞融合或吞噬,都可以想象,细胞融合是一种可以独立发生而且反复出现的事件——毕竟,只要细胞这个动态网络单元具有正反馈自组织等三个属性,作为维稳机制的细胞分裂的发生就是不可避免的。而只要有细胞分裂的存在,有多个细胞存在,细胞融合就有可能发生。可是,减数分裂虽然可以独立发生,但如果没有细胞融合或者染色体加倍,就无法反复出现。无论是以单倍体细胞为主要存在形式的绿藻,还是以二倍体细胞为主要存在形式的人类和其他大部分生活在人类感官世界中的生物,减数分裂的存在是以二倍体细胞的存在、或者说是以单倍体细胞融合为前提的。这一现象意味着,减数分裂的维持建立在细胞融合的前提之上。

在从第九章开始到这一小节之前的所有介绍中,无论是有关细胞起源还是细胞行为的讨论,我们都是以单个细胞为讨论对象的。对于由被质膜包被的生命大分子网络这个特殊组分,和另一个特殊组分——作为网络组分的质膜之间的特殊相互作用所构建的动态网络单元而言,细胞分裂所产生的一个细胞变成两个的现象,是动态网络单元特有的维稳机制的副产物。可是,毕竟在以细胞形式存在的生命系统处于可迭代状态下,基于可迭代整合子的四个属性[①],细胞分裂不可避免地会发生。只要细胞从出现到死亡之间的时间长于两次细胞分裂事件之间的时间,那么就算是以一个细胞为起点,经过一段时间之后,就不可避免地会出现

---

① 正反馈自组织、先协同后分工、复杂换稳健、动态网络单元化(细胞)。

多个细胞的集合。做过大肠杆菌实验的人,都会做所谓的划线培养,即拿针头沾一点大肠杆菌培养液,在培养基上划线。然后把盛有划过线的培养基的培养皿放在培养箱中。过一段时间,就可以看到培养皿中出现一团团白色的东西(图 11-6)——那就是大肠杆菌的菌落,单个细胞分裂所产生的多个细胞的集合。一旦一个特定的空间中,不仅出现多个细胞,而且在可迭代整合子所具有的正反馈自组织等四个属性的驱动下出现越来越多的细胞,将不可避免地出现两个全新的问题:第一,细胞存在的可持续性问题;第二,细胞之间相互关系问题。

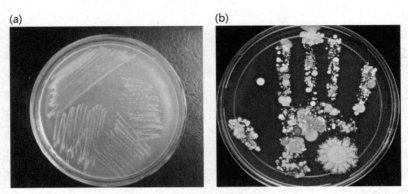

图 11-6　细菌的菌落。
(a) 通常实验室为挑单克隆菌株而做的划线培养后看到的菌落;(b) 手掌按到培养基并经过适度培养后看到的菌落。

细胞存在的可持续性问题:集约与优化的副作用

为什么会出现细胞存在的可持续性问题呢?道理很简单:在前面的章节中我们提到,生命大分子网络构成的基本单元,是以组分之间相互作用为实体形式的连接。组分之间相互作用的本质,是特殊组分在特殊环境因子参与下的特殊相互作用。这种特殊相互作用的基本特点,是需要有组分在自由态和整合态这两种状态之间的转换。当生命大分子网络被其组分磷脂以质膜形式包被之后,网络组分在两种状态之间的转换,就需要以质膜为媒介来实现。质膜对生命大分子网络的包被虽然为组分在两种状态之间的转变设置了障碍或者提供了调控节点,但没有也不可能改变组分在两种状态之间转换这个属性。否则作为"活"的实体基础的"三个特殊"就无以为继。上述所有这些推理中,都一直存在一个没有挑明的前提,即在生命大分子网络存在的空间中,有足够多的以各种形式出现的组分或者"三个特殊"的相关要素!在上一章讨论细胞分化时,我们曾经提出,一旦胞外以独立分子存在状态存在的"三个特殊"相关要素的浓度/强度或者种类发生了改变,细胞这个单元化的动态网络的运行不得不随之进行调整。这就是目前主流生物学观念体系中所谓的"胁迫"。如果胞外网络组分或者"三个特殊"相关要素的浓度/强度或者种类的匮乏达到一定程度,单元化的动态网络无法自我调节到自我维持状态,其结局只能是网络的崩溃。这就是细胞存在的可持续性问题。

什么情况下才会出现胞外网络组分匮乏呢?无非两种情况:一种是细胞这个动态网络单元存在的空间中出现了剧烈的变化,造成胞外相关网络组分/"三个特殊"相关要素在相应空间中的流失。另一种是虽然细胞这个动态网络单元存在的空间相对稳定,但在生命大分子网络三个属性的作用下,细胞不断分裂从而导致细胞数量不断增加,造成所在空间中组分两种状态向作为组分的复合体构成要素的存在状态（即整合态）倾斜，出现作为独立分子的自由存在状态（即胞外网络组分）在浓度/强度和种类上的减少乃至匮乏。显然，无论出现哪种情况，或者两种情况同时出现，只要匮乏发展到一定程度，不可避免地会对细胞的自我维持产生压力（即胁迫）。

胞外网络组分匮乏现象的起因是生命大分子网络被质膜包被所出现的物理屏障。这在原核细胞中就已经发生，为什么在前面两章讨论细胞起源与行为时不加以讨论，而是放在真核细胞部分来讨论呢？主要是基于一个考虑，即原核细胞对于胞外网络组分匮乏情况的响应相对比较简单，即降低生长速率或者细胞分裂速率。这本质上类似于酶促反应速率与底物的关系。真核细胞的情况比较复杂。相比于原核细胞，真核细胞的动态网络单元在结构和调控机制上的集约与优化，使得其所在空间中"三个特殊"的相关要素以更大的比例，被以各种大分子结构的形式整合在细胞之内——这可能是一个很好的原核与真核细胞构建机制的定量分析问题。真核细胞在结构与调控机制上的集约与优化，使其在获得更高稳健性的同时，也对网络构成单元的连接的"三个特殊"过程相关要素的两种状态，即自由态和整合态的平衡带来了远远超出原核细胞的冲击。从整合子存在空间的尺度上，使得胞外网络组分匮乏的现象成为影响到作为整合子自我维持基础或前提的两种状态平衡、可能依靠单个动态网络单元的自我调节所无法解决的问题。从对真核细胞行为的研究来看，这类动态网络单元好像迭代出了全新的形式来化解这一问题。这就是为什么在这里来讨论胞外网络组分匮乏问题的原因。

如果胞外网络组分匮乏主要是由于在特定空间中细胞数量增加而造成的，有什么办法可以恢复自由态组分状态，使得真核细胞这种动态网络单元可以重建两种状态的平衡、维持自身的运行与可迭代状态呢？考虑到细胞这种被包被的生命大分子网络因为包被而具有的可移动性，恢复自由态网络组分种类和数量的一种可能性是细胞移动到组分充足的空间；另一种可能性就是在原来的空间中让一部分细胞解体，使得原来以复合体构成要素状态存在的组分转换为作为独立分子的自由存在状态，从而使此空间中仍然存在的细胞所需的自由态网络组分的种类和数量得以恢复。

细胞解体：复杂换稳健属性的超细胞层面迭代形式

如果上面的分析成立，那么先不考虑细胞移动的第一种可能性（以后章节再讨论），而只考虑第二种可能性，问题就来了：在该空间存在的细胞集合（cell aggregation）中，哪些细胞会解体，哪些细胞可以维持作为动态网络单元的形式而存在？

这里就要回到本书讨论整合子迭代过程中一以贯之的逻辑：整合子的随机形成、扰动解体与适度者生存（即高概率存在）。从 IMFBC 到共价键自发形成的可迭代整合子，再到以酶为节点的双组分系统、生命大分子网络、动态网络单元，所有这些整合子运行中复杂程度不同的复合体的存在都是动态的，都有一定的概率。既然纵向的不同迭代层级的整合子中复合体的动态存在都有不同概率，那么同一层级的不同整合子系统之间，比如不同的细胞这种动态网络单元之间，各自的稳健性和存在概率应该也是有差异的。如果这种逻辑是成立的，那么在特定空间的不同细胞中，稳健性强的，应该有更高的存在概率。在该空间中自由态网络组分不足的情况下，稳健性差的细胞很难维持正反馈自组织、先协同后分工、复杂换稳健等整合子自我维持和自我迭代所必需的属性，最终无法维持各自组分在两种状态之间的平衡，动态网络单元难逃解体的命运。

还是以台风作为比喻：热带低气压受到扰动形成冷涡之后，在各种海洋和地球自转因素的影响下形成气旋。这种气旋成为一种吸引子，不断吸收周围空气（能量）进来强化自身，形成威力强大的气旋。可是一旦登陆，受到地面摩擦及没有周围足够水汽能量的补充，这种气旋无以为继，原来构成台风的水汽只能回归大气层，消散于无形。

需要特别强调的是，与台风的消长永远以"个体"——好像还没有看到两个台风比邻而生、共同发育的——为单位不同，在特定空间中只要出现细胞分裂，就会出现细胞数目的增加。随着该空间中互作组分的自由态独立分子匮乏，这个作为动态网络单元维稳机制副作用而产生的细胞集合面临三种可能：第一，所有细胞停止生长以维持平衡；第二，所有细胞全部崩溃；第三，部分细胞解体，释放被整合为复合体构成要素的相互作用组分，使得其他细胞运行得以维持动态网络单元的存在。考虑到细胞集合中不同细胞的运行状态不可能是同步的，总会有不同形式的差异，那么第一种可能性出现的概率会非常小。同样，由于不同细胞运行状态的不同步性，第二种可能性出现的概率也将非常小。最可能出现的是第三种可能性。考虑到细胞集合源自细胞分裂，数量的增加并不妨碍细胞集合被看作是一个超细胞的整合子存在形式。从这个角度看，特定空间中部分细胞解体，释放整合态组分，恢复所在空间中"三个特殊"相关要素在两种状态之间的平衡，本质上是真核细胞集约、优化的迭代效应所产生的强化胞外网络组分匮乏这一副作用的一种纠错或者补偿机制，是可迭代整合子复杂换稳健属性在超细胞层面的迭代形式。

动态网络单元稳健性调控等级溯源：零配件生产流水线及其源头调控枢纽

从整合子的角度，生命大分子网络是可迭代整合子在分子层面的最为复杂的形式。以酶为节点的生命大分子互作的双组分体系或者是生命大分子网络的两种存在形式中最关键的相互作用都少不了蛋白质（尤其是酶）。因此，网络稳健性本质上取决于其基本单元（连接）的实体形式中蛋白质的种类及其互作在时间、空间和数量上的稳定性。在前面的介绍中，我们提到，在以酶为节点的生命大分子互作的双组分体系迭代中出现了一种全新的模板拷贝的高效的酶与其他蛋白质的形成形式，即由中心法则所揭示的生产流水线。这个流水线的源头，是以碱基序列记录以合适能态存在多肽的氨基酸序列（当然更多的碱基并不具有记录功能）的 DNA。这就是为什么我们在讨论生命大分子合成和降解网络时，提出这个网络由两个子网络构成：一个是网络构建基本单元连接的实体形式（组分互作）及其运行意义上的，即以酶为节点的自下而上的子网络；另一个是调控意义上的，以 DNA 为枢纽制约特殊组分生产流水线的自上而下的子网络。正是由于酶和其他蛋白质的形成过程从之前的双组分体系随机形成、以能态和存在概率高低而被整合成为互作组分，转而成为生产流水线的模板拷贝的高效形成模式，DNA 及以此为起点的生产流水线，就因为其对网络构建基本单元的实体形式（尤其是以酶为核心的节点）组分在时空量上的源头制约，成为生命大分子网络稳健性的调控枢纽。

读到这里，可能有的读者会提出疑问：作者不是从一开始就质疑基因中心论吗？推理了半天，最后不还是承认了 DNA 对生命系统的枢纽性调控地位吗？更多的读者可能并不认同在本书逻辑下推理出来 DNA 在生命大分子网络的调控枢纽功能等同于基因中心论。毕竟，DNA 成为功能多肽的氨基酸序列载体是整合子迭代产物。如同质膜作为生命大分子网络的组分而对网络产生包被效应一样，DNA 作为生命大分子网络的组分，在迭代过程中被赋予了成为网络调控枢纽的功能。没有结构换能量循环，连核酸可能都没有，更何谈由中心法则所描述的酶的生产流水线，以及作为调控枢纽的 DNA 呢？

如果上面的分析合理，那么 DNA 分子上记录的多肽信息以及以 DNA 为起点的生产流水线运行对生命大分子网络关键组分这些零配件在种类和数量上的时空调控机制，显然成为在当下生物学研究技术能够实现的范围内，对生命大分子网络稳健性加以描述与分析的实体对象——尽管对 DNA 序列及以其为起点的零配件生产流水线运行过程的描述和分析只是对整个生命大分子网络调控枢纽运行过程的描述和分析，并不是对整个生命大分子网络运行状态的，但现阶段没有更好的选择。

在上面分析的基础上，我们再回过头来看特定空间中，哪些细胞会解体而哪些细胞可以维持作为动态网络单元的存在形式的问题。从目前技术手段可以描述和分析的角度看，DNA 序列以及以 DNA 为起点的生产流水线的运行模式虽然并不等同于以酶为节点的自下而上的生命大分子网络，但可以在一定程度上反映其所在细胞，即动态网络单元的稳健性。原因很简单：功能多肽的氨基酸序列信息记录在 DNA 序列中（虽然只占 DNA 序列的很小一部分），而且基于目前的分子生物学研究，把 DNA 中序列信息传递出来的转录过程很大程度上受到 DNA 序列的影响。不同细胞中的 DNA 序列，可以在一定程度上反映作为该细胞生命大分子网络关键组分的蛋白质这种零配件的种类和数量的供应链情况。通过将这种零配件生产流水线的运行状况与其他方法检测到的细胞稳健性加以比较，就可以在二者之间建立某种相关性，从而出现以 DNA 序列作为描述细胞稳健性的指标。从这个角度看，基于上述相关性及对不同细胞 DNA 序列和细胞稳健性的比较分析，我们可以知道，有的 DNA 序列代表较强的细胞稳健性，而有的 DNA 序列代表较弱的细胞稳健性。由此可以推测，具有代表较强细胞稳健性的 DNA 序列的细胞可能会在特定空间细胞数量持续增加的情况下，更有效地维持自身稳健性而持续存在；而具有代表较弱细胞稳健性的 DNA 序列的细胞则可能面临解体的命运。

上面所描述的情景很容易让读者联想到达尔文自然选择理论中的"生存竞争、适者生存"。从现象层面上，上面所描述的，在特定空间中，作为细胞这种动态网络单元维稳机制的细胞分裂的副作用导致细胞数量增加而带来胞外网络组分匮乏，不得不以部分细胞解体来恢复自由态网络组分的超细胞层面的复杂换稳健维稳机制，很像由于生殖而增加群体，产生生存资源不足，从而出现"适者生存"的自然选择。但内在机制的解释方式是不同的。在本书的逻辑体系中，我们不需要生物"要"生存的假设，因此也就无所谓生存竞争。不同细胞的不同命运，只是作为细胞分裂副产物的不同产物自身稳健性维持机制差异的结果。每个细胞的出现只是生命大分子网络迭代的结果，细胞的解体是其稳健性丧失的结果。因此如同细胞的出现没有什么值得庆幸一样，细胞的解体也没有什么需要怜悯的。恰好相反，解体的细胞实际上是以另外一种形式在为细胞集合的生存做出贡献，或者说解体的细胞是在超细胞层面上以另外一种形式继续成为整个生命系统运行不可或缺的一部分。

开放空间中生命系统在超细胞层面上稳健性维持的特点

前面的讨论中始终有一个前提条件，即特定空间中细胞集合如何如何。对于实际存在的生命系统而言，很少会有类似上面讨论所假设的孤立的特定空间。对于"三个特殊"相关要素在不断变化的开放空间（结构换能量循环的必要条件）中，处于自由态的独立分子（尤其是存在于胞外的网络组分）的种类和数量的变化常常是瞬息万变的。由于动态网络单元的稳健性是相应于相关组分在自由态和整合态两种状态之间的平衡，尤其是对处于自由态的独立分子的种类和数量而言，对于细胞这样的动态网络单元，哪一种 DNA 序列，或者说基因型能够反映更强的网络稳健性呢？显然选项不是唯一的。对于由细胞分裂副产物所构成的细胞集合而言，在开放的、自由态的独立分子（网络组分）的种类和数量处于不可预测变化中的空间中，这种超细胞层面上的生命系统的稳健性最可能的维持方式，就是在细胞集合中包含不同的 DNA 序列类型（基因型）。这样，无论胞外以自由状态存在的网络组分在种类和数量上如何变化，总有在此种组分状态下实现网络稳健性的基因型细胞存在。做一个比喻，就如同在一支军队中备下十八般兵器，无论周边出现什么样的变化，都可以兵来将挡，水来土掩，总有一种方式可以赢得战斗。从这个角度看，DNA 序列多样性成为在细胞集合这个超细胞层面上，生命系统稳健性维持的一个必要条件。

这个推理结果，与传统生物学观念体系中"基因多样性是物种生存与演化的基础"本质上是一样的。只不过在逻辑推理过程中，对现象的解释有所不同而已。

细胞之间相互关系问题

基于上面对真核细胞从结构到一些代表性的行为的分析，与原核细胞相比，可以发现，除了在动态网络单元物理边界之内（细胞之内）的结构更加复杂、基本的生命活动的形式更加复杂（包括更多的调控环节）、生命大分子网络的调控体系出现了更加复杂的等级结构之外，还出现了更加复杂的细胞之间的相互关系。虽然原核细胞中作为动态网络单元维稳机制的细胞分裂也会产生细胞数量增加的副作用，也会产生细胞集合、在特定空间中网络组分在两种状态之间的不平衡，以及胞外自由状态存在的网络组分匮乏的问题，但原核细胞没有被包被的 DNA 比较容易产生变异、代谢组分可以对基因表达产生直接调控（操纵子），使得其动态网络的应变有较高的灵活性——当然也可能是包括其细胞壁或者细胞膜的特点所决定的细胞之间难以融合的特点，迫使单个细胞不得不保持更大的应对胞内外网络组分变化的灵活性。这大概也是原核细胞可以在不同环境因子/网络组分空间中更广泛分布的原因。产物细胞之间的相互关系多表现为小分子（包括信号分子）的交流，有时也会有 DNA 分子的随机交流（基因水平转移）。

真核生物则不同。真核细胞的出现本身就建立在细胞之间的相互作用之上——线粒体、叶绿体的内共生是细胞融合的产物。不仅如此，减数分裂的出现与维持也与细胞融合脱不了干系——出现必须以二倍体为前提，而维持必须靠细胞融合回复到二倍体。由于真核细胞中生命大分子网络的调控体系出现了"中央集权国家"式的复杂的等级结构，作为网络节点的关键组分、蛋白质供应链的源头，调控枢纽的 DNA 被集中到染色体上保护起来。这在有利于动态网络单元调控的集约和优化、强化了 DNA 在动态网络单元的稳健性中发挥自上而下的调控功能的同时，也产生了在胞外网络组分匮乏情况下，应对效率高度依赖于染色体中 DNA 序列的特点。和我们前面提到的所有迭代事件一样，这种集权式的调控机制也有其不可避免的副作用。这种副作用表现为，不是每一种 DNA 序列类型都能在所有不同的胞外网络组分匮乏的情况下重建网络组分的平衡，维持网络运行的稳健性。如果从单个细胞的角度看，稳健性差异的最终结局，无非是有的细胞继续存在，有的细胞解体。可是如果从由细胞分裂所产生的细胞集合的角度看，在胞外网络组分匮乏的情况下，含有不同 DNA 序列（基因型）的不同细胞之间，因各自稳健性差异而导致的存在概率的差别，使得陷入解体命运的细胞最后释放出来的网络组分,有助于缓解组分匮乏的问题,可以让另外那些原本稳健性更高的细胞更好地生存。这些副作用的正效应的不断迭代的综合结果,就是出现了一个以细胞集合为单位的生命系统存在形式。在这个以细胞集合为单位的生命系统存在形式中,不同的细胞是这个系统的构成要素,不同细胞之间不同形式的互动,成为这种超细胞层面出现的全新系统的构成要素之间的关联。

可是,上面所描述的情景仍然存在两个问题:第一,作为超细胞层面出现的细胞集合不同构成要素的细胞中,不同的 DNA 序列(基因型)是如何产生的? 第二,如果不同的 DNA 序列在不同细胞之间不能交流,这种细胞集合的发展趋势是什么?

真核细胞细胞集合中衍生出的有性生殖周期:
新的整合与新的整合子

有性生殖周期(sexual reproduction cycle,SRC)是一个在目前各种生物学教科书中都没有提过的新概念。这个概念是我在北京大学加入黄瓜单性花发育调控机制研究 12 年之后,意识到植物单性花发育不是性别分化机制,而是促进异交机制,然后反思什么是植物性别分化问题的过程中,于 2011 年形成、2013 年第一次发表的。之后在表述和内涵上有一些修改。有关这个概念的来龙去脉,我曾经写过一些文章介绍[①],在这里就不再赘述。之所以在这里要专门用一小节来介绍这个概念,主要是因为这个概念对理解真核细胞的行为具有独特的意义。虽然这个概念形成于整合子概念之前,但它的形成受到结构换能量概念雏形(2006—2007 年)的影响,它在整个整合子生命观的逻辑体系中占有不可或缺的地位。

什么叫有性生殖周期? 最简单的答案是,一个经过修饰的细胞周期。具体地说,SRC 指一个二倍体细胞经由三个单细胞层面上发生的生物学事件——减数分裂、异型配子(heterogametes)形成、受精——形成两个新的二倍体细胞的过程(图 11-7)。

在上一章有关细胞分裂的讨论中,我们提到,细胞周期指的是以一个细胞的出现为起点,到由它分裂而来的另外两个细胞这两个点之间的全过程。一个细胞周期中一定包含一次细胞分裂。在前面的分析中我们提到,细胞分裂是细胞这种动态网络单元运行的稳健性调控机制,主要功能在于解决生命大分子网络的正反馈属性产生的体表比不适合对动态网络单元运行的不利影响。作为细胞分裂结果的细胞一个变两个,是这种稳健性调控机制的副产物。细胞分裂可以在原核细胞中以形成环状结构而实现,也可以在真核细胞中以形成纺锤体来实现。最终的结果,都是一个细胞变成两个细胞。如果以二倍体真核细胞通过一次有丝分裂形式完成细胞分裂的细胞周期作为参照系,SRC 与之相同之处在于结果上最终都是一个细胞变两个细胞。不同之处在于 SRC 过程上起始的二倍体细胞的一个变两个不是通过一次有丝分裂完成的,而是通过一次减数分裂使得一个二倍体细胞变成四个单倍体细胞,再加上四个单倍体细胞两两融合而完成的。这种过程上的不同,赋予了 SRC 相比于有丝分裂的细胞周期之间最本质的不同——在有丝分裂中,产物细胞的基因组结构与起始细胞是相同的,而 SRC 中,产物细胞的基因组结构与起始细胞是不同的!

---

① 面向大学生的中文读物:《有性生殖周期——一个新概念是如何产生的?》(高校生物学教学研究,2020 年 10 月);面向一般植物研究者的中文读物:《有性生殖周期》[植物学报,52 (3):255-256;2017]。

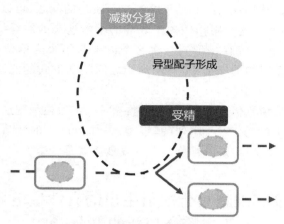

图 11-7 有性生殖周期图示。

下部由直线关联的 3 个带灰色椭圆的圆角长方形代表从 1 个细胞(左侧)经过有丝分裂形成 2 个细胞(右侧)。右侧虚线箭头表示类似的细胞分裂可以周而复始地不断进行,形成所谓的细胞周期。中间由虚线串起来的 3 个模块,表示在有丝分裂的起始(左侧)和产物(右侧)细胞之间,插入了减数分裂、异型配子形成和受精这 3 个事件,从而在原有的 1 个细胞变成 2 个细胞的一个细胞周期中加入了自主产生变异的功能。而且,因为只有在不断变化的周边要素情况下活下来的配子才能形成合子,所以这个过程的产物细胞在基因组构成上,相比起始细胞出现了可以更好地整合周边要素的可遗传的差别。这个经过修饰的细胞周期称为有性生殖周期。

为什么要提出 SRC 概念?

从上一节所讨论的情况看,由于真核细胞这个动态网络单元的调控机制出现了集权式的等级结构,细胞在面临无论什么原因造成的胞外网络组分匮乏时,其稳健性以及存在概率由作为生命大分子网络中关键组分供应链上游制约枢纽的 DNA 序列,即基因型所决定。作为细胞分裂副产物的细胞集合中,不同细胞在胞外网络组分匮乏情况下不得不面临不同的命运:或者是以动态网络单元形式继续存在,或者是解体为自由态组分而缓解细胞集合所面临的组分匮乏,以这种形式参与到其原本所在生命系统的运行过程中。换言之,在真核细胞这种生命系统存在形式中,稳健性的维持超越了单细胞这个动态网络单元的边界,发生在一个超细胞的细胞集合层面。

虽然上一节的讨论为真核细胞应对胞外网络组分匮乏机制提供了一个不仅逻辑上成立,而且也与现有生物研究的实验结果(尽管解释不同)吻合的解释,但在上一节的讨论中留下了两个问题,(1) 不同细胞中的不同 DNA 序列是如何产生的;(2) 如果不同的 DNA 序列在细胞间不能交流,细胞集合的发展趋势是什么。

在这两个问题中,不仅出现了不同细胞中 DNA 序列差异的由来问题,细胞集合中不同细胞间的关系问题,还出现了细胞集合作为一个总体其发展趋势的问题。这些不同的、或许是独立发生的、但又是彼此关联的事件(包括减数分裂与细胞融合等)是如何整合在一起的?能不能给出一个统一的解释? SRC 概念的提出,就是一种尝试。

减数分裂的创变效应

从上一节中所讨论的过程来看,胞外网络组分匮乏的出现并不因真核细胞对 DNA 序列的保护而改变。恰恰相反,对 DNA 序列的叠床架屋的保护和原本集约高效的"集权"调控机制,在单个细胞层面上,面对高度不确定的胞外网络组分匮乏,反而由于调控机制的严密而表现出缺乏应变的灵活性,不得不在超细胞层面上依赖于细胞集合中不同细胞的 DNA 序列多样性而加以应对。DNA 序列多样性从何而来呢？只有 DNA 序列变异。可是已知普遍存在的中性突变(即 DNA 分子中碱基的随机变异)和龙漫远研究的新基因起源等机制都是随机发生的低概率事件,无法与无所不在而且常常是瞬息万变的胞外网络组分匮乏的发生频率相匹配。在这种情形下,减数分裂,无论其起源机制如何,恰好就成为满足这种需求的"铁钉"和"牙膏皮"。减数分裂过程中出现的染色体重组为 DNA 变异提供了一个借助不可避免的细胞分裂而可以常态化发生的机制。换言之,在细胞集合中发生减数分裂,为上一节中提到的不同细胞中的不同 DNA 序列产生机制提供了一个现实可能性。

如果在细胞集合中引入了减数分裂作为增加 DNA 序列变异的机制,就不得不面对减数分裂如何维持的问题。我们在有关减数分裂起源的讨论中曾经留下了一个问题,即如果没有其他机制的介入,对于二倍体真核细胞而言,减数分裂只能发生一次。虽然作为减数分裂产物细胞的单倍体细胞可以继续以单倍体有丝分裂的形式维持其以细胞形式的存在(如绿藻),可是减数分裂就不能再次发生。这个问题的解决其实很容易,前面提到的"其他机制",其实就是重新利用真核细胞形成、起码是内共生的前提——细胞融合！通过细胞融合,作为减数分裂产物细胞的单倍体细胞就可以回复成为二倍体细胞,减数分裂就有可能再次发生。

这里需要特别指出的是,在细胞集合的语境下提到细胞融合,其意义已经不止于倍性回复！上一节留下的第二个问题是,如果不同 DNA 序列在细胞间不能交流,细胞集合的发展趋势是什么？答案显然是离散。可是有了减数分裂和单倍体细胞融合,情况就完全不同了：在单倍体细胞融合过程中,不仅回复了二倍性,而且出现了不同细胞之间的 DNA 序列的交流或者共享！如果在细胞集合中很多细胞可以进行减数分裂,所产生的单倍体细胞又能随机融合,那么就会出现丰富的 DNA 序列在细胞之间的交流共享,从而成为 DNA 序列多样性的重要来源。显然,一旦细胞集合中出现了稳定的减数分裂加单倍体细胞融合的过程,该集合的成员细胞之间,就出现了一个 DNA 序列交流共享的实体渠道。以这个渠道为纽带,细胞集合中的 DNA 序列成为一个可以在细胞间交流和共享的库(pool),而细胞集合就不再仅仅是一个物理意义上的动态网络单元/细胞的集合,而成为一个由实体纽带连接起来的基于可共享 DNA 序列库(gene pool)的超细胞的居群(population)。

配子融合是一种独特的"三个特殊"

单倍体细胞融合还有一个我在刚提出 SRC 概念时没有意识到的功能,那就是对可以维持两种状态平衡的细胞的选择。这里的选择是没有选择者的一种结果——道理很简单,只有在所在空间能自我维持的单倍体细胞才有可能相遇并且融合。这就保证了实现融合时所交流共享的 DNA 序列是可以在胞外网络组分匮乏状况下自我维持的类型。就我有限的学识,不知道之前是否有人从这个角度来讨论单倍体细胞融合(又叫"受精")过程的功能。当我意识到这一点之后,发现从这个角度可以解决很多传统生物学中难以解释的现象。对这些现象,我们在后面章节继续讨论。

由减数分裂＋细胞融合所构成的 DNA 序列交流共享的实体渠道,为细胞集合中不同的细胞提供了一个关联纽带,使得所有的细胞在理论上可以形成一个基于可共享 DNA 序列的超细胞居群。在这个居群中,每个细胞承载整个可共享 DNA 序列库中的一部分,或者叫

DNA 序列多样性的载体。前面提到的细胞集合面临胞外网络组分匮乏时出现的超细胞层面的稳健性维持机制,由于减数分裂+细胞融合这个实体渠道的出现,被迭代成为居群的一个基本属性。通过 DNA 序列的共享,总有细胞可以获得高稳健性动态网络单元中相应的 DNA 序列特征。在一个开放的系统中,建立在共享 DNA 序列库基础上的居群不仅可以在超细胞层面上更好地维持生命系统的稳健性,同时也表现为其成员细胞具有更好的稳健性。相比起没有 DNA 序列交流共享的细胞集合,这种居群显然具有更高的存在概率。

异型配子分化是一种变异制约机制

可是,我们知道,减数分裂过程中基因重组是随机的,如果单倍体细胞融合过程中两个单倍体细胞也是随机的话,那么一种可能的后果,就是随着减数分裂+细胞融合过程的持续,DNA 序列的变异范围会越来越大,最后影响到作为动态网络单元稳健性枢纽的完整性,那样也可能带来整个系统的崩溃。如果在减数分裂+细胞融合基础上,能够出现对变异范围加以限制的机制,或许可以阻止这种情况的发生。异型配子大概因此而被保留下来,成为维持 DNA 序列库稳健性的一种机制。

什么是异型配子?学过中学生物的读者可能不假思索地提出“精细胞和卵细胞”。其实,基于目前对单细胞真核生物,比如酵母、衣藻、黏菌异型配子形成机制的研究,我们发现异型配子的本质是单倍体细胞之间的一种识别机制。这种机制由基因控制,这些基因产物可以帮助细胞识别彼此。同型细胞之间不能融合或者融合之后致死,只有不同型细胞之间才能融合。带有这些不同识别特征基因/蛋白质的、可以进行异型细胞之间融合的单倍体细胞,无论在形态上是否出现差异,都被人们称为配子,而带有不同识别特征的配子彼此之间就成为异型配子。如果在一个二倍体细胞的两套 DNA 序列中各携带一种不同的识别特征基因,如二倍体酵母中的 α 和 a,那么减数分裂的四个产物细胞中就会出现两个单倍体细胞带 α,两个单倍体细胞带 a。由于同型配子不能融合,四个细胞的两两融合模式就从没有识别机制情况下的四种组合,减半成为两种。异型配子机制的出现,使得减数分裂+细胞融合的 DNA 序列变异机制在保持其增加变异效应的同时,可以限制变异范围的无限增加。对于更多配子类型的单细胞真核生物,比如黏菌有三种配子型、四膜虫有七种配子型,异型配子所产生的制约效应可能会更大。

从目前对真核生物生活史的研究来看,减数分裂所产生的单倍体细胞在单细胞真核生物中常常会以单倍体细胞形式持续生存一段时间,包括不断发生有丝分裂而出现细胞数量增加。只有在特殊的情况下,即胞外网络组分匮乏的情况下,才会诱导细胞进入识别机制的启动、转入可以进行细胞融合的配子状态,从自主维持的状态转入可以进行细胞融合的状态,这个过程被称为异型配子形成(heterogametogenesis)。这与前面介绍的减数分裂受胁迫(本质上是胞外网络组分匮乏)诱导的情况不约而同。

这种描述对很多不熟悉单细胞真核生物的读者而言可能觉得很陌生。的确,对于绝大多数可以被人类感官分辨力所辨识的多细胞真核生物而言,异型配子的大小的确不对称,异型配子间的细胞融合也因此而被称为受精(fertilization)。但这种不对称是多细胞真核生物演化的结果。在多细胞真核生物出现之前,绝大多数单细胞真核生物的异型配子之间的差异只表现在基因、蛋白质与细胞互作的方式层面,而不是表现在细胞大小层面。如果我们的生物学教学过程能为大家提供更为开阔的、超越我们人类自身感官分辨力范围的视角,这个先入为主的偏见就没有理由出现。

自变应变

上面提到的基于减数分裂＋细胞融合的 DNA 序列交流的实体渠道所带来的 DNA 序列变异及其多样性产生机制，减数分裂产物细胞独立生存期间稳健性差异及其对相遇概率的影响，再加上异型配子对上述变异机制所提供的制约，为解决真核细胞伴随其形成过程中所出现的生命大分子网络集约与优化所带来优势的副作用，即对胞外网络组分匮乏反应的灵活性不足提供了一个全新的机制。这种机制就是 SRC。这个机制提供了一个真核细胞 DNA 序列变异的常态化机制，成为 DNA 序列多样性的重要源头；减数分裂和异型配子形成过程受胞外网络组分匮乏/胁迫诱导而在 DNA 变异与胞外网络组分匮乏/胁迫诱导之间建立起内在关联；还为作为稳健性调控机制的细胞分裂副作用而形成的细胞集合的成员之间提供了一个常态化出现的关联纽带，使得不同成员之间可以共享 DNA 序列库。SRC 使原本只是以动态网络单元形式独立运行的生命系统，转型成为建立在 DNA 序列共享基础上的超细胞居群，以居群为单位在胞外网络组分匮乏情况下实现生命系统的自我维持与自我迭代。

从整合子视角来看，在真核细胞的细胞集合中，除承袭了在单细胞层面上各种细胞行为之外，还因 SRC 的出现而增加了一种全新的应对胞外网络组分匮乏情况的应对机制。虽然 SRC 中三个关键事件都是在单细胞层面上的行为（细胞分裂/减数分裂、细胞分化/异型配子形成、细胞融合），但它们只能以细胞集合的存在为前提条件。也就是说，SRC 的三个单细胞层面的事件只能在超细胞层面上才能整合为一个完整的有功能的过程。SRC 的出现使得生命系统的运行超越了以细胞为单位，进入以超细胞的细胞集合为单位。在以超细胞居群为单位的状态下，以 DNA 序列稳健性所决定的真核细胞的集约、优化稳健性维持机制为一种特殊组分，SRC 作为适度打破 DNA 序列稳健性，从而增加应对胞外网络组分匮乏情况的灵活性机制为另一种特殊组分，两种特殊组分因应对胞外网络组分匮乏这种特殊环境而出现特殊相互作用。这种以超细胞居群为单位的全新整合子形式的出现，使得真核细胞这种被集约与优化的动态网络单元的迭代形式，可以在由于其更强的稳健性（表现为更强的"三个属性"）和更高的存在概率而不得不面对更严重的胞外网络组分匮乏情况下，更好地自我维持与自我迭代。

由此可见，这种全新的以居群为单位的整合子形式最重要的属性，就是通过 SRC 而适度增加居群中 DNA 多样性（自变），有效应对不可预测的胞外网络组分匮乏所带来的对整个系统稳健性的冲击。我们把这种属性称为自变应变。这种属性是继前面所提到的生命系统不同迭代阶段所出现的正反馈自组织、先协同后分工、复杂换稳健、动态网络单元化等四个属性，在整合子迭代到真核细胞阶段之后出现的第五个属性。如同前细胞生命系统中没有动态网络单元化这个属性一样，在以原核细胞形式存在的生命系统中，自然也没有自变应变这个属性。

在本章开篇时提到，原核细胞已经将细胞的优势发挥得淋漓尽致，使得生命系统的存在获得了遍布地球各个角落的强大生命力，为什么还会出现真核细胞？上面的分析表明，真核细胞的出现和其他形式的整合子出现一样，并不是细胞"自我"的意愿，也不是设计的结果，而是在动态网络单元运行过程中四个属性作用下不得不出现的结果。而且，真核细胞结构和调控机制上的集约优化在使动态网络获得更高稳健性、更高存在概率的同时，也伴随了在单细胞层面上应对胞外网络组分匮乏、灵活性不足的副作用。可是在 SRC 出现、解决这种副作用之后，这个具有 SRC 的、以真核细胞居群为单位的全新整合子相比于以单细胞为单位的原核细胞,获得了更大的迭代空间。我曾经在课上做过这样一个比喻,原核细胞类似独轮车或者自行车,必须不断地维持高速运行才能保持其稳健性(不翻车),因此很难搭载很多物品。而真核细胞类似四轮车,复杂的结构使其不必总是处于高速运行状态下也可以保持稳健性,同时可以为搭载物品提供灵活的空间。这应该是地球上包括人类在内的,人类感官分辨力范围之内可以辨识的生物都是真核细胞构成的生物的基本原因。有关以真核细胞居群为单位的全新整合子进一步迭代的形式与结果问题,我们将在后面的章节加以讨论。

现象与对现象的描述、解释与演绎:
性、代、居群、两个主体性

熟悉主流生物学观念体系的读者可能会心里嘀咕:所谓的基于可共享 DNA 序列的超细胞居群,不就是遗传学中所说的遗传群体吗?的确,上一节中最后总结的以 SRC 为纽带、以真核细胞居群为单位的全新整合子,其实就是传统生物学观念体系中以酵母等单细胞真核生物为对象讨论的遗传群体。本书所介绍的整合子生命观与传统生物学观念体系遵循不同的认知逻辑——传统生物学观念体系的认知逻辑主要是"拆玩具"而整合子生命观则是在按照传统认知逻辑拆下来的零配件基础上的"拼玩具"。上一节中最后总结的全新整合子,和以酵母等单细胞真核生物为对象讨论的遗传群体,恰好是两个方向不同的认知逻辑最大的交集!或者说,两种对生命系统的解释恰好在这个点上不谋而合。从第七章对遗传因子发现历程的追溯可以发现,以观察性状的代际传递为起点,通过对各种不同的、想象/假设出来的可能性的推理和检验,或者是对实验结果的统计规律分析,最终建立起遗传群体概念,推测的基因行为可以从 DNA 分子的化学特征上得到实证的解释。本书提出的整合子生命观虽然起点和思路与主流生物学观念体系完全不同,但在遗传群体这个概念上却推理出了同样的结论。这是不是可以为整合子生命观所遵从的认知逻辑增加可信度呢?

既然两个认知逻辑出现了交集,从可迭代整合子的推理所得出的以 SRC 为纽带、以真核细胞居群为单位的全新整合子干脆就归并到传统生物学观念体系中,为什么要另搞一套,为大家带来那么多麻烦呢?对于这个问题,如果能有耐心看到这一部分的读者应该可以理解,之所以会有这本书,是因为我从传统生物学观念体系中发现了太多的逻辑困境。从什么是"活"到什么是环境、再到细胞的来源等等。前面的章节对这些问题进行了一些梳理。到了真核生物阶段,仍然存在一些具有逻辑困境的概念,比如什么是性,什么是代,什么是居群。这些问题在传统生物学观念体系中常常会出现各种歧义。可是,放到整合子生命观中,这些逻辑困境都可以很容易得到化解。

首先,什么叫性(sex)。这个问题实在是众说纷纭。我受益于参与黄瓜单性花发育机制研究,以及在北大这个环境得到了很多学识渊博的学者的指点,对这个问题进行过比较系统的思考,给出了与众不同的解释。简单地讲,"性"所指的是异型配子的区分。有关这个问题我也写过一些文章[1]。而且,在后面的章节也还有讨论。在这里就不再赘述。

---

① 面向大学生的中文读物:《性是什么》(《生命世界》,2020)。面向一般植物研究者的英文读物:白书农.(2020).《质疑、创新与合理性——纪念《植物学通报》创刊主编曹宗巽先生诞辰 100 周年》,植物学报,55(3):274-278; Bai S N.,(2020). Are unisexual flowers an appropriate model to study plant sex determination? *J. Exp. Bot.* 71(16):4625-4628; Bai S N. (2022). Updating our view of unisexual flowers in sex determination. *Science*, eLetter to Zhang et al.

其次，什么叫代（generation）。从人类的感官经验来看，"代"用在动物上本来是一个不会混淆的问题：父母亲和他们的子女当然是两代。可是用在植物上就会出现一些问题。比如从一棵树上剪一个枝条扦插之后所长成的植株，和原来枝条生长的植株之间是什么关系？同一代还是不同代？到了超越人类感官分辨力的细胞层面，这个问题就变得更加模糊。在传统生物学中，最常用的一个有关代的概念是在细胞分裂中，人们常常把起始细胞称为母细胞，而把产物细胞称为子细胞。可是这两类细胞果真是两代吗？在传统遗传学关于遗传群体的概念中，大家很清楚地认识到，只有经过有性生殖，即减数分裂＋配子融合而形成新的合子，才算出现新的一代。可是这种认知并没有让研究者和教育者放弃母细胞和子细胞的说法。而这种说法与有性生殖的并存，就很难避免人们在问题讨论时出现混乱。从这里提到的以 SRC 为纽带、以真核细胞居群为单位的全新整合子的角度来看，代的问题就变得很简单了：细胞分裂只是动态网络单元的稳健性机制，细胞分裂所导致的细胞的一个变两个只是维稳机制的副产物。真核细胞有丝分裂的起始细胞和产物细胞在其调控枢纽 DNA 序列上，原则上没有（不应该有）差别。只有经过修饰的细胞周期——SRC，起始细胞和两个产物细胞之间出现 DNA 序列上的差别，这才能被定义为两代。换言之，代这个概念所指的不是以细胞分裂作为划分标准，而是以产生细胞中 DNA 序列差异的 SRC 的完成作为划分标准的。从这个角度看，枝条扦插之后所长成的植株和枝条扦插前所生长的植株是同一代。

与代有关的还有一个概念，就是细胞周期中的周期。在传统的生物学教科书中，常常把细胞周期和生活周期画成一个闭环。可是从整合子生命观的角度，生命系统的本质是"三个特殊"，就算是结构换能量循环，也是以 IMFBC 为节点耦联的两个独立过程之间的重复发生，每一次独立过程的组分都和上一次不同。有丝分裂虽然可以保障 DNA 在两个产物细胞中的均匀分配，但作为动态网络单元，其中的网络组分在互作关系上可以是同样的（因为组分种类是同样的），但组分本身通常不可能是同样的。比如我们今天喝的水和昨天喝的水虽然都是水，但不可能是同一个（批）水分子。SRC 的起始二倍体细胞及两个产物二倍体细胞更是不可重复的。从这个意义上，在生命研究中被经常提到的周期性，本质上应该是人们在对实体的辨识过程中分辨力不够的结果。这和曾经的天文学对天体运行轨迹的描述有类似之处。在一直到目前都在使用的太阳系行星运行模型中，总是把行星做成围绕太阳做周而复始的运动的样子。但近年的天文学观察所给出的其实是一个螺旋进动轨迹。[①] 放到整合子生命观的视角下，生命系统的运行模式的确如达尔文所说，是一种树状结构。这也是我们为什么选择了迭代来描述生命系统的演化过程的另外一个原因。

另外，有关代的问题让我想到，之前提到的亚里士多德"生物—环境"二元化分类模式、基因中心论、细胞"要"延续后代、有关性别的误读、周期与生命之树之间的不自洽等这些当下生物学观念体系中的逻辑问题，除了源自基于感官经验的认知分辨力不足之外，恐怕还源自衍生的逻辑推理的 50％ 现象，即虽然很多人会意识到当下运用的概念中存在自相矛盾之处，但人们常常缺乏进一步对存在自相矛盾概念的质疑、辨析，以及推理下去的动力。

最后，什么叫居群（population）。其实，这个问题已经在上一节做过仔细的分析了。在这里再提这个概念，主要是希望能澄清一个问题，即在原核细胞中，作为维稳机制的细胞分裂的副产物，随着动态网络单元的运行，的确可以形成细胞集合。可是，这种集合只能算简单的细胞的集合（aggregation），没有稳定的 DNA 序列交流共享渠道，不能被看作是居群或

---

① 真实的地球围绕太阳运行轨迹图：https://k.sina.cn/article_7048438077_m1a4lea13d00100ifcf.html

者遗传群体。细胞集合中的各个单细胞,尽管是之前同一细胞的维稳副产物,但彼此之间将各自为政,"相忘于江湖"。从这个意义上,只有在真核生物中,以性状在后代分离为指标的孟德尔遗传规律才有意义。原核细胞中的所谓遗传学本质上只是在研究生命大分子网络中以中心法则揭示的蛋白质生产流水线的调控。在原核细胞中因为没有代,自然不可能有以后代表型为指标的对相关基因行为的分析。在传统的生物学观念体系中,由于没有 SRC 的概念,人们无法有效地意识到,虽然遗传的分子基础都是 DNA,虽然分子生物学最初是以噬菌体和大肠杆菌为实验对象发展起来的,经典的遗传学原理其实并不适用于原核细胞,当然更不适用于噬菌体。

澄清了性、代、居群的概念之后,我们可以发现,在以 SRC 为纽带,以真核细胞居群为单位的全新整合子中,实际上存在两个主体:一个主体是动态网络单元,即作为生命大分子网络运行主体的细胞,或者简单地称为运行主体(对于大多数动物而言,可以被称为行为主体,在后面章节讨论);另一个主体是以可共享 DNA 序列库为核心、以自变应变属性应对不可预测的胞外网络组分匮乏对整个系统稳健性冲击的居群,或者称为生存主体。如同性、代和居群的概念所描述的都是真核细胞特有的现象,两个主体性也是生命系统迭代到真核细胞之后才出现的特有现象。

当我意识到 SRC 以居群为存在前提的时候,我再一次被达尔文的洞见所折服:他在那个时代,就已经意识到物种要在有性生殖的前提下才有意义。而且我也更深刻地理解 E. Mayr 以居群作为定义物种的单位对于人们理解生命系统具有非凡的意义。

第十二章　超细胞生命系统Ⅰ：越界的整合

关键概念

整合子迭代的驱动力：正反馈与负反馈；整合子迭代过程的单向性；细胞间三种互作形式：不平等强互作、相对平等强互作、相对平等弱互作；细胞团形成的必要条件和充分条件：多个细胞、变异；动物多细胞起源；植物多细胞起源；多细胞结构的优越性：高效＋先协同后分工＋体积＝更强的迭代平台；多细胞真核生物作为整合子的三种关系与"三个特殊"

思考题

为什么古人把"火"作为一种构成世界的"元素"

你所理解的"生物"是一种有边界的实体存在还是一种动态的过程？

如果跳出生物与环境的二元化分类模式，该如何考虑生命系统的演化动力？

怎么理解生命系统运行与演化中的单向性？

整合子迭代的单向性意味着生命系统演化的方向性吗？

细胞间互作有哪些基本类型？

多细胞相比于多个细胞有哪些优越性？

多细胞真核生物作为整合子的基本特点是什么？

在前面的章节中，我们提到生命大分子网络被其组分质膜包被而成为一个动态网络单元。这个单元由于质膜这个物理屏障的出现而为生命大分子网络的自我维持与迭代带来了一系列全新的特点。尽管这些特点导致细胞这个动态网络单元出现了各种细胞行为，作为维持这种生命系统存在形式稳健性的机制，以"三个特殊"为核心的整合子的四个基本属性仍然是生命系统得以维持与迭代的前提。在具有这四个属性的动态网络单元的继续迭代过程中，由于富余生命大分子的自组织而产生了真核细胞，而真核细胞由于其结构与调控机制的集约与优化，大大强化了其正反馈自组织属性。这种强化效应在增强细胞稳健性、提高其存在概率的同时，也带来了一种无法避免的副作用，即打破特殊组分在自由态和整合态这两种状态（图 9-2）之间的平衡。这种副作用驱动真核细胞不得不跨越质膜这个物理边界，迭代出 SRC 这个全新的机制，通过整合不同动态网络单元中的不同的调控枢纽（DNA 序列）特征，以共享 DNA 序列库的超细胞居群为单位的全新的整合子存在形式，以自变应变这个全新的属性来应对胞外网络组分匮乏、维持作为网络连接实体形式的"三个特殊"的运行。可是在超细胞的层面上，居群这个单位的边界在哪里？如果没有边界，它能够被视为一个实体存在的主体而成为人们辨识与研究的对象吗？

对于人类社会而言，居群是一个可数的概念——从居群的个数，到居群内成员的个数。既然是可数的，那么居群就是有边界的、可以被视为一个实体存在的主体。可是，对于培养在三角瓶中或者在啤酒的发酵罐、白酒的窖池中的酵母细胞而言，它们所在的居群是可数的吗？对于森林中树下或者真菌工厂中培养基袋上长出的蘑菇及其地表之下/培养基之中的菌丝而言,它们所在居群中的成员是可数的吗?对于由数量不可数的成员构成的居群而言,这个/这些居群是有边界的吗?如果没有边界,人们怎么来界定一个居群呢?如果无法界定居群,前文提到的以居群为单位的整合子存在形式可以成为一种有助于解释生命现象内在规律的合理概念吗?

其实,回顾前文对以结构换能量循环为起点的整合子迭代的各种形式的讨论,我们可以发现,主体性问题始终是在讨论整合子特点和属性时无法回避的问题。这个问题的源头,其实在于人类作为生命系统的一种存在形式,对周边实体存在的辨识与想象最初都来源于感官认知。在感官认知的分辨力范围之内,出现了亚里士多德式的"生物—环境"的二元化分类模式。从对生物的认知过程来看,人们是先以感官可辨识的边界为范围,把生物作为一种实体存在而界定的。对生物的研究,也是按拆玩具的思路,从个体一直拆到器官、组织、细胞,再到亚细胞结构和生命大分子。可是,从本书所介绍的人类目前已经获得的有关生命系统的基本信息来看,生命系统是以结构换能量循环为起点而迭代形成的。所谓的生物体是由一些通用的零配件自发拼搭而成的。虽然人类对这个过程的了解只能来自拆玩具的策略,但把在自然界"拼搭好"的"愤怒的小鸟"或者"城市街景"拆成零配件并按原样搭回去是一回事,了解这些零配件当初是如何被拼搭成"愤怒的小鸟"而不是"城市街景"则是另外一回事。

从整合子生命观的拼玩具的思路来看,与基于"生物—环境"二元化分类模式的、以实体存在的边界作为主体性界定标准的传统思维不同,整合子的主体性是由"三个特殊",即特殊组分在特殊环境因子参与下的特殊相互作用来界定的。而且,"三个特殊"是、且必须是动态的——因为从逻辑上讲,"活"是以结构换能量循环来定义的。一旦这种非可逆循环无以为继,"活"这种物质的特殊存在形式就不再存在,生命系统就失去了其存在与迭代的原点。如果以"三个特殊"的运行作为生命系统主体性界定标准,那么"三个特殊"中特殊组分的具体数量(虽然必须具备群体性)和特殊环境因子的来源就不重要了。如同对一个台风或者居维叶漩涡而言,重要的问题是空气或者水流是如何运动的,而不是问一个台风或漩涡中需要含多少空气分子或者水分子,或者在有多少空气分子或者水分子存在的情况下才能形成台风,或者台风与周边大气的边界在哪里。数不清空气分子和水分子的数目,并不影响台风作为一个主体而被人们感知、辨识和研究。

有关生命系统主体性的问题听起来好像是一个哲学问题。我的朋友和学生常常会调侃,说我的课是在讲哲学。其实,我不过是常常会对一些研究工作中使用的概念加以推敲,对概念之间的关系加以抽象的分析。这些推敲与分析在我看来,只不过是保障研究工作合理性的一个不可或缺的环节而已。如果对研究工作中不可或缺的核心或者节点概念都不加质疑地照单全收,如果前人解释错了怎么办?自己跟着错?那么自己在研究工作中投入的时间和精力意义何在?在对生命本质问题的思考过程中,不可避免地会遇到一些需要在具象信息基础上加以抽象思考,从而建立合理概念框架的问题。以超细胞居群为单位的整合子的边界问题只是其中的一个例子。要理解整合子生命观对超细胞层面生命现象的发生及其演化机制的解释,就有必要对几个基本的概念加以讨论并给出清晰的界定。

整合子的无形与有形

从第二章中有关人类对生命现象的探索历程的回顾来看，人类对生命现象的探索始于对周边实体存在的感官辨识。尽管人类的感官有五类：视、听、嗅、味、触，但传统上对生物体的观察与描述，好像主要基于视觉的形态特征。甚至中英文中均有"眼见为实/seeing is believing"之类的谚语。现代意义上的生物学或者生命科学源自对不同生物类型的形态（shape，form）描述与分类应该是人类基于感官的认知表现。可是，什么叫"形"？

我在对生命现象的思考过程中，直到撰写本书的过程，才意识到一个现象，即古人，无论是古代中国人还是古希腊人，都不约而同地将火作为一种世界构成的元素[①]是有道理的。在现代社会的主流科学教育中，常常认为古人把火作为一种元素是幼稚甚至是愚昧的。可是如果我们了解人类视觉的辨识机制，我们就会发现，视觉之所以可以辨识周边的实体，关键是靠光的反差。没有反差就没有辨识。虽然到了拉瓦锡的时代，发现火是一种氧化过程，但它首先是因为与周边其他存在出现光的反差而被人们辨识的。从这个意义上，古人将火作为一种物质乃至一种元素，所用的逻辑和把水、土、木等作为元素的逻辑并没有差别。从这个例子我们可以看出，所谓的形，从视觉的层面上来讲，首先是有光的反差，人们是借光的反差而辨识形。从这个意义上讲，起码在生物学发展的早期，只有有形的实体存在才可能被纳入生物学的研究范畴。无形——无法为感官所辨识的东西，无论其实体层面上是否存在，比如我们在本书中提到的结构换能量循环，以及到细胞之前的迭代产物，都无法作为一个主体而成为生物学研究的对象。虽然进入19世纪之后，物理及化学方法和思维的引入，为生物学加入了很多超出感官分辨力范围的研究内容，但生物是一种有形的实体存在（比如细胞，基因/DNA）、因为其特定形状而成为可辨识主体并成为研究对象、生命活动是生物（包括生物体的组分）的某种属性的观念一直沿袭了下来，成为当下生物学观念体系默认的前提（图12-1）。

有形：碳骨架组分
无形：IMFBC（非可逆循环的动态节点）
有形：链式大分子
无形：网络
有形：被组分包被的网络（细胞）
无形：自由态"相关要素"的跨膜分布
有形：细胞分裂
无形：SRC与真核生物存在的两个主体
有形：多细胞结构
无形：个体与"环境因子"之间的动态交流（台风/居维叶漩涡）
有形：科学认知不可或缺的前提（具象/实在/有限）
无形：想象——符号系统构建的基本过程

图 12-1　生命系统研究中的"有形"与"无形"

[①]　中国有金木水火土之说，而古希腊则有土气水火之说。

在本书中,我们提出了一个不同的视角:不以感官可辨识的生物体为主体作为探索生命现象及其内在规律的起点,而是以"三个特殊"为核心的结构换能量循环为主体作为探索生命现象背后规律的起点。这个起点是在现代生物学一百多年"拆玩具"的努力中拆出来的零配件以及只鳞片爪的已知拼搭方式的基础上,通过追问什么是"活"而发现的。在此基础上提出了所谓生命的本质,并不是一种特殊的物质,而是一种特殊的物质存在形式,即以"三个特殊"为核心的可迭代的整合子。这种可迭代整合子的本质是动态的。虽然构成整合子的组分原本就是大爆炸宇宙中既存的碳骨架组分,但由于偶然出现了相遇以及基于分子间力的关联,就出现了以 IMFBC 为最初形式的、具有一定存在概率的特殊物质存在形式。整合子才是探索生命现象的对象。没有分子间力的关联,碳骨架组分就是自由存在的独立分子。可是一旦形成了 IMFBC,这些分子不但被赋予了复合体组分的角色,而且作为复合体组分还具有自发形成共价键的可能。虽然 IMFBC 和可以经自/异催化的链式大分子的存在都是推测的,但按照这个逻辑推测出来的具有催化功能的大分子,即酶和核酶,却的确是可以被实验证明的一种实体存在。被酶催化而出现变化的分子也是一种实体存在。这些生命大/小分子和结构换能量循环中以红球蓝球为代表的碳骨架组分一样,是有形的特殊组分。这些有形的特殊组分的存在及其可以用实验检验的相互作用,能作为一个动态过程的无形的整合子作为主体存在的证明吗?

细胞是有形、有边界的,对所有的研究者而言,此事恐怕是毋庸置疑的。可是有形的细胞就可以被认为是一个确定的主体吗?基于目前对生命系统研究的发现,无论从膜的流动镶嵌模型,还是从细胞内不断发生的各种生命大分子的合成与降解,有形细胞的各种构成组分都是在不断的动态变化过程中的,因此细胞这个有形的主体从组分的层面上看其实是不确定的。这岂不是陷入忒修斯之船的困境之中了吗?我们根据什么来判断 10 分钟之后的酵母细胞和 10 分钟之前的是同一个细胞呢?从这个意义上,"有形"能够成为我们判断一个生命系统作为主体的可靠依据吗?

当然,现代生物学家会说,的确,细胞是动态的,但 DNA 分子中的碱基序列在一个细胞中却是相对稳定的。这个判断毫无疑问是成立的,但仍然面临两个问题:第一,含有同样的 DNA 分子的细胞会分化成为完全不同的形态,我们是把这些形态不同的细胞看成是相同的还是不同的?第二,含有同样 DNA 分子的真核细胞之间会发生 DNA 序列的共享。DNA 分子中碱基序列所承载的只是蛋白质生产方面有关时空量的信息,并不是有形的实体存在。同样的 DNA 分子在不同的细胞中会成为不同特点的生命大分子网络的调控枢纽,而可共享 DNA 序列的超细胞居群中的不同细胞之间又可以通过共享 DNA 序列而获得原本自身不具备的网络特征。考虑到上面两种情况,我们是应该以有形的细胞作为判断主体性的依据,还是以无形的 DNA 分子中的碱基序列信息作为判断主体性的依据,或者可共享 DNA 序列的超细胞居群作为判断主体性的依据呢?

基于上面的分析我们认为,虽然整合子生命观形成所依赖的证据都来源于对有形的生物体及其构成要素的拆玩具思路下的探索,但拼玩具思路下的作为生命系统主体的整合子却并不以有形作为其存在的判断依据。从本书前面章节所介绍的整合子在不同迭代阶段的存在形式来看,活的生命系统虽然有时会以有形的细胞形式存在,但这些有形永远是忒修斯船式的,即相对的、暂时的。本质上,活的生命系统以整合的动态方式而存在。因此,对于生命系统是否作为一种主体存在的判断依据，不应该是有形还是无形，而是是否存在整合子的整合过程。对于这个判断依据，可以表达为"无整合，不存在"（no integrating, no existing）。

以整合子作为判断生命系统主体性的依据，不仅有别于传统的以有形的实体作为判断生命系统主体性的传统的默认观念，还衍生出对两个伴随传统观念而形成的观念——完美性和确定性——的质疑。在很多的生物学教学过程或者科普过程中，人们常常会赞叹生物（当然基于感官辨识的全部是多细胞生物）结构的完美性，比如契合斐波那契螺旋线的向日葵花盘上的小花排列，或者说从植株生长点上部看下去的叶序的排列（图12-2），以及与完美性相关的结构发生过程的确定性。其实，以叶序这个例子而言，从最终展现为叶序的叶原基发生过程来看，叶原基之间的排列虽然存在相对稳定的空间关系，但并不存在如有的教科书或者文章中所说的137.5°的间隔。相对稳定的叶序是形态建成过程最终的结果，而形态建成过程是按照具象的结构和能态的关系而非抽象的数学原则发生的（下一章植物部分再进行讨论）。我曾经在和美国加州理工学院做植物形态建成研究的著名教授 Eliot Meyerowitz 某次交流时谈到这个叶原基间隔角度的问题。他对很多教师喜欢137.5°这个数学的说法感到很无奈，认为这是在误导年轻人。从整合子角度看，生命系统无论是存在于有确定边界的状态，比如细胞；还是没有确定边界的状态，比如酶促反应，作为这个系统的核心，总是由不确定的种类和数目的分子互动而成的"三个特殊"。人们在研究中所发现的规律，本质上是这些具有随机性、多样性、异时性的组分互作这种不确定过程的统计结果。作为不确定过程的统计结果，显然是谈不上完美性的。

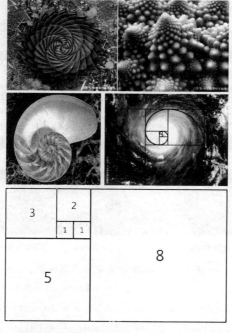

图 12-2　可以用斐波那契螺旋线描述的植物叶序、鹦鹉螺体上的花纹以及台风中气流的形状。很多科普文章中都赞叹植物形态建成过程的"精美"，比如用斐波那契数列来描述植物叶序。可是斐波那契数列不仅可以描述植物的叶序，也可以描述鹦鹉螺的螺纹和台风的漩涡。这背后的机制又是什么呢？如果说鹦鹉螺作为一种生物，还可以从基因上提出机制上与叶序的可比性，但台风显然与基因无关。

　　至于作为整合子核心过程的"三个特殊"的不确定性的来源,当然可以追溯到以碳骨架组分形成结构换能量循环时的 5 个条件,尤其是其中的异质性和群体性。到了更为复杂的迭代层面上,则还有作为生命大分子网络基础的互作组分的群体性、通用性和异质性以及组分互作的随机性、多样性和异时性,被质膜包被的动态网络单元的忒修斯船式的组分变化,以及超细胞层面的、细胞数量不定的居群。虽然整合子根据结构换能量原理可以自发形成,但具体由哪些组分形成哪些互作,其实有很大的随机性。那些因为互作而成为复合体组分的分子原本就是大爆炸宇宙中既存的分子及其迭代产物。哪些能互作形成复合体,哪些不能,除了受制于分子的化学属性(比如说主要是碳骨架分子)之外,还受制于"三个特殊"发生的空间中相关要素的种类和数量的分布情况,这些也不可能是预先确定好的。这大概是 F. Jacob 把生命演化过程描述为"补锅"的原因吧。的确,既然是补锅,无论是铁钉还是牙膏皮,遇到什么用什么,只要能把锅补到不漏水,即维持整合子的运行足矣。研究者从现存生命系统中看到的精确的匹配(从分子到各种肉眼可辨的多细胞结构),无非是基于结构换能量原理,在不同整合子的不同存在概率的选择中留存下来的更高效率的类型而已。把人类对现存生命系统研究这一百多年所观察到的现象放到 10^9 年的时间尺度(图 1-1)、地球表面沧海桑田的空间尺度(图 12-3),以及不同层级的分辨力尺度上来思考,很容易理解生命系统在结构和过程中所谓的精确,很大程度上都是人类在低分辨力感官辨识加上万能的上帝创世的想象,以及连放大镜也没有的古希腊人基于感官经验而想象出来的对世界秩序的各种解释中,毕达哥拉斯学派的一家之言的混合影响的产物吧。

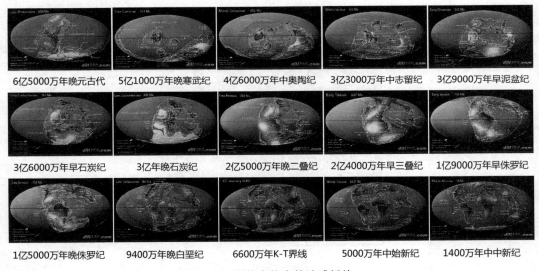

6亿5000万年晚元古代　　5亿1000万年晚寒武纪　　4亿6000万年中奥陶纪　　3亿3000万年中志留纪　　3亿9000万年早泥盆纪

3亿6000万年早石炭纪　　3亿年晚石炭纪　　2亿5000万年晚二叠纪　　2亿4000万年早三叠纪　　1亿9000万年早侏罗纪

1亿5000万年晚侏罗纪　　9400万年晚白垩纪　　6600万年K-T界线　　5000万年中始新纪　　1400万年中中新纪

图 12-3　不停变换中的地球板块。

图引自 https://image.baidu.com/search/index? tn = baiduimage&ps = 1&ct = 201326592&lm = -1&cl = 2&nc = 1&ie = utf-8&dyTabStr = MCwyLDMsNCw2LDEsNSw3LDgsOQ%3D%3D&word = %E5%9C%B0%E7%90%83%E6%9D%BF%E5%9D%97%E6%BC%82%E7%A7%BB%E5%8E%86%E5%8F%B2

　　当然,人类作为一种生物是生命系统的迭代产物,人类认知作为生命系统的一个性状也在演化过程中。以感官对周边实体存在进行辨识、以这种辨识为基础对实体之间关系加以想象，是人类无法逾越的认知起点。智人只有二三十万年（或许更长一点？）的历史。作为整个生命之树上的一个后来者，人类感官分辨力范围内所能辨识的只能是当下存在的实体。对于低于或者高于感官分辨力的实体存在原本是无法辨识、也无须辨识的（具体讨论见后两章）的。既然无法辨识，也就无法进行符合实际的想象。

与其他生物不同的是，人类在有文字记载的短短的 6000 多年时间中，在各自的栖息地创造了丰富多彩的文明。在哥白尼以来不到 500 年的时间中，人类对物质世界的解读方式出现了翻天覆地的改变。其中一方面要归功于实体工具的发展，无论是从微观还是宏观尺度上都远远地超越了人类感官分辨力的范围，极大地提升了人类对实体存在的辨识能力。同时也为人们对实体存在相互关系的想象，提供了不同文明繁荣的轴心时代的哲人们难以想象的素材。可是，对于生命现象的本质及内在规律的探索上，我们在多大程度上超越了轴心时代哲人基于感官认知对生命现象所做出的解释？多大程度上能够把前辈们呕心沥血所拆解下来的零配件利用好，找出对拼搭方式的合理解释？本节讨论的生命现象的主体究竟是有形的还是无形的问题，本质上是一个人类对生命系统的本质及其内在规律的辨识与想象的问题。这个问题挑战的显然不只是我们的拆玩具的能力，还有拼玩具的能力。我们在第一章中提到，盲人摸象的问题本质上说的不是盲人的问题，而是我们人类自身的结构特点与所观察对象之间的时空关系问题，即面对成年大象，人类个体的生理结构特点无法在同一时空同时满足"摸"和"看"这两个功能的问题。要解决这个问题，一方面要不断调整观察者与观察对象之间的时空关系，另一方面要靠我们的想象力来关联整合不同的信息。从拼玩具的探索策略而言，依赖的不也是想象力吗？当然，在轴心时代哲人们努力为原本漫无边际的想象力寻找约束依据、以期满足合理性不同，整合子生命观中的对生命系统本质及其迭代方式的描述中对合理性的追求，还要以客观性为前提，同时具备开放性这个要素。

整合子迭代中的合与分

作为生命系统主体的整合子的动态性不仅表现在其自身运行的"三个特殊"相关要素的独立存在状态（自由态）与互作所形成的复合体存在状态（整合态）的动态转换过程上，还表现在整合子的迭代过程上。本书前面所介绍过的整合子不同形式的迭代事件中，虽然每一次的迭代事件的核心都是有新组分或者组分的新形式、按照先协同后分工的属性加入，并以复杂换稳健的属性而被保留，表现为"合"，在形式上却在有的情况下会被视为"分"。如果以特殊相互作用的迭代事件为例，导致共价键自发产生的特殊组分的迭代、生命大分子网络的形成都是"合"的形式。可是以酶为节点的生命大分子互作的双组分系统的形成，和动态网络单元中质膜与被包被的生命大分子网络两种特殊组分之间的互作，则在形式上表现为"分"。前者的"分"表现为互作的两种特殊组分出现了不对称性（从结构到功能层面上），这使得酶与其互作组分的相互作用出现了偏好性或特异性；后者的"分"则表现为作为网络组分的包被（质膜）与被包被的生命大分子网络这种特殊的复合体形式的不同部分被分为互作的两部分。

到了超细胞层面，合与分的关系就变得更为复杂。在原核细胞中，每个细胞由于正反馈效应而不得不以细胞分裂的方式维持适度的体表比、并以此而维持整合子的存在。虽然细胞分裂会伴随细胞数量的增加,但每个产物细胞基本上都是一个独立的运行单元,细胞之间通常不会发生有规律的联系(除了在特殊情况下有 DNA 交流或者小分子之间的相互影响)。对于真核细胞而言,情况就变得复杂:其结构与调控机制的集约与优化(合)对正反馈自组织属性的增强效应,在增强细胞稳健性,提高其存在概率的同时,也带来了强化特殊组分在自由态和整合态这两种状态(图 9-2)之间失衡(分)的副作用。这种副作用可以通过作为细胞分裂副产物的细胞集合中部分细胞的解体而被缓解,而且还可以通过 SRC 这个纽带共享DNA 序列(合)、增加居群中 DNA 序列多样性(分),从而在超细胞层面上增加居群这个整合子形式对胞外网络组分匮乏的应对能力。从这个角度看,从原核细胞以单细胞为单位的整合子存在形式迭代到真核细胞以超细胞居群为单位的整合子存在形式,不是一个单独的事件,而是一系列分分合合的事件的整合才最终实现的。显然,在"合"与"分"的分析过程中,主角不是有边界的实体存在,而是构成"三个特殊"的相关要素或者是它们的存在状态。生命现象看似复杂,很大程度上是因为研究者将研究对象默认为有形、有界、静态的实体存在。如果从整合子生命观的角度,打破有形、静态的边界,尤其是观念层面上的边界,找出不同层级上"三个特殊"的相关要素,应该可以看到另外一幅全新的景象,进入更加广阔的探索空间。

在这里回顾整合子迭代过程,主要是希望通过梳理不同迭代事件的特点,帮助大家了解生命系统演化中,迭代的发生是无法避免的,但形式却可能是多样的。在以单细胞形式存在的生命系统中已经可以在特殊情况下(比如胞外网络组分匮乏)通过细胞间协同分工的方式整合出新的维持系统稳健性的方式(比如 SRC),到多细胞生物阶段出现形态与结构的多样性,那将是不足为奇的。"合"与"分"的问题在下一章的相关讨论中会经常遇到。

整合子视角下生命系统的"同"与"异"

基于人类目前对自身所处世界的了解,人类及其所在的地球源自一百三十多亿年前的一次大爆炸所产生的宇宙。虽然人们对大爆炸宇宙最初那个所谓的奇点是什么,以及大爆炸之前是什么仍然莫衷一是,人类所能探索到的宇宙是一个单数,即所有的天体同属于一个宇宙似乎是一个共识。相应的,对于生命系统而言,根据目前所能得到的、可以被实验检验的信息,人类所在的地球生物圈虽然千姿百态,但其本质与大爆炸宇宙一样,也是一个单数,即所有的生物类型同属一个生命系统(图 12-4)。虽然达尔文早在一百多年前提出生命起源于"温暖小池塘"的假设,对生命系统的本质、起源及其演化规律的了解相比于对大爆炸宇宙的了解而言,好像并没有实质性地超越就事论事的博物学范式,但地球生物圈和大爆炸宇宙一样都是一个单数的结论,迄今为止没有证据加以否认。

整合子生命观是一种跳出亚里士多德式的"生物—环境"二元化分类模式,换一个视角来探索生命系统的本质、起源及其演化规律的尝试。从前面的分析中,我们反复提到以"三个特殊"为核心的整合子是生命系统的存在形式。在这个视角下,生命系统的"同",最重要的是"三个特殊",而不是任何特定类型的生命大分子,比如作为基因载体的 DNA,或者是任何由特定边界勾勒出来的有形的实体存在,比如细胞。这些生命大分子和有形的实体存在形式都是整合子的组分或者是特定的存在形式。当然,与大爆炸宇宙起源的逻辑有一点不同:生命系统的起源不是一个奇点的爆炸,而是一些既存碳骨架组分的自发整合。以整合

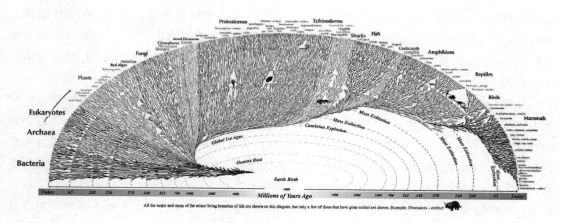

图 12-4　生命之树。

图引自 https://www.evogeneao.com.

子为核心可以发现，无论"三个特殊"的相关要素怎么迭代，只要能保障"三个特殊"的运行，活的生命系统就可以自我维持。这大概就是所谓的万变不离其宗。

从认知发展的层面上，亚里士多德式的"生物—环境"二元化分类模式是一种必须经历的认知发展阶段，如同在哥白尼、伽利略的时代对天体运行的探索无法逾越太阳系，而不得不讨论究竟是日心说还是地心说一样。但经历了这个阶段，我们对实体存在的辨识获得了更多更高分辨力的信息之后，对实体存在之间相互关系的想象也应该伴随相关信息在数量和分辨力上的提升而与时俱进，否则很可能陷入削足适履的困境。基于达尔文之后一百多年现代生物学的发展，我们所获得的信息无论从总量上还是从分辨力上都已经远远超出了达尔文时代所能想象的上限，更不要说亚里士多德时代。如果亚里士多德再世，以他的聪明才智，恐怕难免要对自己当年对世界上实体存在的四大类物体的分类方式产生怀疑和反思。在一次有关演化的会议上，同行们的报告和讨论让我忽然想到两个可能有点奇怪的问题：跳出达尔文的框架，生命世界的秩序会是什么？超越基因中心的思维，生命现象的本质会是什么？面对存在于当下的物种、个体、细胞乃至基因之间的差异，无论从结构复杂度还是从序列相关度的角度怎么分析，所发现的差异本质上都是我们作为生命演化历程的后来者，与生俱来所站在的整个生命之树当下的截面上（图 6-1）不同取样点之间的差异（各种化石中的古 DNA 除外）。怎么在这些差异的辨识基础上探索其产生的机制，进一步基于对差异产生机制的了解揭示背后共同的原理，从而重构出乐高积木的零配件是如何被拼搭成在当下截面上看似不同的千姿百态的模型（生物）的可能过程，并因此而更好地理解我们作为其中一员的生命系统的本质及其内在规律，这可能是摆在当下乃至今后很多年之内有志于生命本质及其规律的探索者面前无法回避的一个挑战。

整合子迭代的驱动力

回顾人类对生命现象的探索历程，可以发现不可避免地要面临下面这些问题：我们周围都有什么，这是人类基于感官对实体存在辨识过程中的第一个问题；然后就难免会追问它们之间的关系是什么，这时需要想象，需要选择一些指标对它们分门别类。对于早期人类而言,分辨周边实体的动机和其他动物没有什么区别,无非是确定哪些是食物、哪些是危及自身的捕食者、哪些是配偶和同类。这个层面的分辨足以维系动物世界的世代繁衍。与其他动物不同的是,人类进入农耕社会之后,因为不得不对动植物加以驯化,又衍生出对实体由来的追溯。

在和其他动物面对同样的地球生物圈状态下,人类对实体由来的追溯显然需要更多的想象力。从历史记载中,我们可以发现不同的社会有各自的神话传说。在基督教世界,先有创世的观念,后有对世界上实体存在的大规模探索,结果就很难避免出现我们在第二章中提到的现代生物学早期出现的物种变还是不变的争论。我们知道,从拉马克开始,就意识到物种是可变的。达尔文的伟大之处,是提出了自然选择来解释驱动物种变化的动力。这使得人们可以在自然选择的概念框架下去分析自然是什么、被自然选择的对象是什么,以及选择的机制是什么。Fisher 当年就是在分析自然选择概念的基础上,开展了对被选择因子在居群中的分布规律的研究,成为与 Sewall Wright 和 J. B. S. Haldane 齐名的群体遗传学奠基人。

按照 E. Mayr 对达尔文演化理论的"两组各三个事实和一个推论"的概括(第四章),有关演化的动力的两个推论是:生存竞争和适者生存。进入基因时代,人们发现生物的性状最终由基因决定,于是衍生出"遗传变异＋环境选择/适应"的解读。遗传变异的发生可以有从中性突变到新基因发生等不同的机制,而变化的基因因其适应所在环境而被选择。在上一章,我们曾经从整合子生命观推理出来,真核细胞由于自身集约与优化的优势所产生的"三个特殊"相关要素两种状态失衡的副作用,使得其不得不应对被强化的胞外网络组分匮乏问题,并在这种应对过程中迭代出来的以超细胞居群为单位的整合子形式。这与传统生物学观念体系中的基于达尔文演化论把单细胞真核生物的细胞集合看作一个遗传群体的解释高度一致。可是,这种从具有 SRC(或者在传统生物学观念体系中的有性生殖)、可共享DNA 序列库的超细胞居群的角度看的一致性之外,两种认知逻辑中存在一个重要的不同:传统生物学观念体系是以亚里士多德的"生物—环境"二元化分类模式为前提的。可是整合子生命观却跳出了亚里士多德式的二元化分类模式,把环境因子作为"三个特殊"的一个构成要素。在这种思路下,不再存在选择的主体——自然。在这种情况下,该怎么解释演化、或者说是整合子迭代的动力?

其实,如果回顾本书对整合子的"三个特殊"的特点以及其迭代过程的描述,我们很容易发现,以服从结构换能量原理而出现的 IMFBC 为基础的共价键自发形成,以及由此而出现的正反馈自组织属性,就是演化,或者说是整合子迭代的原动力。换句话说,演化或者整合子迭代的驱动力,就存在于可迭代整合子自身。

这个说法的逻辑很简单:"活"就是特殊组分在特殊环境下的特殊相互作用("三个特殊")。它可以存在,也可以不存在。只要满足几个简单的边界条件,"三个特殊"就有可能存在。而只要以 IMFBC 为节点耦联的两个独立过程的非可逆循环出现,就有可能出现以IMFBC 为基础的共价键自发形成,从而使得结构换能量循环这个具有吸引子特点的整合子获得正反馈自组织属性。生命系统也随之出现。这也是我们前面在面对生命是什么这样的问题时,提出 Life＝live＋evolve,即"生命＝活＋演化"的原因。当我们将生命看作一种特殊的物质存在形式之后,很多问题就很容易理解——生物并没有"要"生存的动机/欲望。只有满足"活"、即"三个特殊"的运行条件的系统才可能存在,不满足相关条件的相关组分并不消失(物质不灭)，只是不再以整合子形式存在，也就不可能迭代到人类肉眼可辨的生物的存在形式。换句话说，所有的被人类辨识为生物的实体存在，一定是具有本书前面所提到的整合子的五种属性的。不具备全部五种属性的物质存在形式可能存在，比如细胞形式出现之前的、具有三种属性的生命大分子网络，甚至是连三种属性都不具备的以 IMFBC 为节点的、单调乏味的结构换能量循环，但不可能被人类感官所辨识。这不是物理学家喜欢争论的"人择原理"，而是人类认知发展过程中，在基于感官分辨力而对周边实体存在进行辨识与想象时无法回避的局限。

如果认同整合子迭代的驱动力就源自整合子本身，而且源自正反馈自组织这个属性，那么这个属性是如何产生的，是不是所有的整合子迭代事件都可以从这个属性上找到解释？

回顾前面以结构换能量循环为起点的整合子迭代过程，我们可以发现，正反馈自组织这个属性最初可以被认为源自基于 IMFBC 的共价键自发形成(见第四章)。之后，具有催化功能的生命大分子，如以多肽为实体的酶和以 RNA 为实体的核酶使得生命大分子互作的正反馈表现为以酶为节点的双组分体系(见第六章)。该体系中相互作用双组分的群体性、通用性和异质性、互作的随机性、多样性和异时性强化了生命大分子数量和类型的变化，并由于具有催化功能生命大分子的产生而出现"三个特殊"相关要素之间的先协同后分工，以及由单个"三个特殊"过程为连接的实体形式而形成的网络及其复杂换稳健这两个新的属性(见第六、八章)。这些都为单个"三个特殊"过程的存在提供了更高的稳健性支撑，表现为正反馈效应。而作为双组分系统的节点的酶的形成从最初可能的混沌初开阶段的随机发生，到基于互惠式互作而形成的模板拷贝(见第七章)，这则是正反馈效应的另外一种形式。基于这些分析，我们认为，在分子层面上的整合子迭代的驱动力，的确可以从正反馈自组织这个属性上找到源头。虽然产生正反馈效应的具体机制不同，但效应是共同的。

那么到了细胞化生命系统，即在由网络组分质膜包被的生命大分子网络的整合子存在形式下，整合子迭代的源动力是不是仍然是正反馈自组织这个属性呢？在前面的章节中我们讨论过，在细胞这个动态网络单元的整合子中，"三个特殊"的形式转变为以作为网络组分的质膜为一种特殊组分，以被质膜包被的生命大分子网络为另一种特殊组分，两种组分在被包被的、具有正反馈自组织等三个属性的生命大分子网络运行的前提下，为维持适度的、即可以维持生命大分子网络运行的体表比而出现细胞的生长、分裂、分化和死亡等细胞行为。虽然从研究的角度，细胞行为是可观察、描述和分析的生物学现象，但这些行为的原动力，还是生命大分子网络的包括正反馈自组织的三个属性。对于真核生物而言，因为其富余生命大分子的自组织所导致的以 SRC 为纽带，在不同细胞集合成员之间共享 DNA 序列库的超细胞居群为单位的全新的整合子形式的出现，其源头还是产生富余生命大分子的正反馈自组织属性。

从对上面这些过程来看，每一次迭代都可以不发生。原有的整合子形式在当时的空间中原本有一定的存在概率。可是，在一个开放的空间中，总是难免有一些要素的变化。一旦某个不确定的、可能与"三个特殊"有关的相关因素的变化出现，为原有的整合子形式提供了如 F. Jacob 所说的"铁钉、牙膏皮"，并且恰好被补(整合)到原有整合子这个"锅"上而产生了新的特点，这些新的特点又恰好使相关整合子获得更高的稳健性，并为变化后的形式具有更高的存在概率,一次整合子迭代事件就发生,而且有可能被保留下来。完全不需要整合子自身为生存而竞争——不仅以"三个特殊"为特征的整合子本身不过是一个既存碳骨架组分之间偶然发生的相互作用,是一种物质的特殊存在形式,没有自我;就是细胞的出现,也不过是一些偶然事件的产物,也没有自我。没有自我,也就谈不上生存竞争。到了真核细胞阶段,的确会由于细胞分裂而产生的细胞集合中,因出现胞外网络组分匮乏(细胞数增加只是出现胞外网络组分匮乏的一种原因)而出现不同成员因稳健性效率的差异导致不同细胞命运。但高稳健性的细胞并不是因为作为该细胞调控枢纽的DNA"要"保留自己才获得更高的生存概率,而是因为该细胞的动态网络单元的特点恰好在这种胞外网络组分匮乏情况下具有更好的稳健性,对其他的组分匮乏情况未必有更好的稳健性。DNA并不知道,也不可能知道在什么时候会出现什么样的胞外网络组分匮乏的情况。这就是为什么在真核细胞这种以超细胞居群为单位的整合子形式中一定要以居群来维持DNA序列的多样性,以SRC的机制作为不同DNA多样性载体之间的序列共享渠道的同时,保障DNA序列的变异,而不是简单地维持特定DNA序列类型的稳定。从这个意义上,真核细胞也同样没有自我,没有为了保障基因传递的生存竞争。只要在整合子运行过程中保持正反馈自组织属性,就有可能出现更高稳健性或者更高存在概率的迭代。而无论正反馈自组织属性以什么机制发生,它都可以用来解释整合子迭代的源动力。

尽管正反馈自组织可以用来解释整合子迭代的源动力,单一的驱动力常常很难保障系统的稳健性。在不同碳骨架组分的相互作用中,如果只有顺着自由能梯度而形成复合体,其结果将是类似钟乳石堆砌或者结晶过程,这些过程可以有生长但是没有"活"。在我们的逻辑中,"活"是指以IMFBC为节点耦联的自发形成和扰动解体两个独立过程的非可逆循环。相应地,在出现在IMFBC为基础的共价键自发形成,从而形成"活"的过程的正反馈自组织属性之后,正反馈自组织作为原动力而启动的整合子迭代过程也要有制约机制才能维持"三个特殊"及其迭代过程运行的稳健性。在分子层面的负反馈的代表是酶促反应中的产物对酶反应过程的抑制效应。在细胞层面上,负反馈首先就是质膜包被对生命大分子网络所带来的物理边界。到了真核细胞,负反馈最独特的表现就是作为真核细胞形成机制的结构与调控上的集约和优化对正反馈自组织属性的强化所产生的两种状态失衡的强化,并由此而不得不以细胞集合为单位而迭代出SRC,对DNA序列产生常态化的改变,增加超细胞居群中的DNA序列多样性,从而在出现胞外网络组分匮乏情况下维持真核细胞的稳健性。考虑到整合子的存在与迭代的稳健性决定整合子的存在概率,虽然正反馈自组织是整合子迭代发生的原动力,但迭代发生之后,迭代后的整合子的稳健性常常要依赖于负反馈的参与。从这个意义上,当我们讨论整合子迭代的驱动力问题时,负反馈效应是一个不能忽视的存在。

在美国学习和访问期间,我注意到一个现象,即很多美国人在对一个现象做比喻时,常常会用汽车驾驶上的油门、刹车和方向盘。在从美国做完博士后回国工作这二十多年的观察中,我发现汽车驾驶相关的比喻的确很有道理。在整合子迭代的驱动力问题上,如果把正反馈自组织比喻为油门,负反馈就是刹车。那么方向盘在哪里呢?也就是说,整合子的迭代是不是会出现方向呢?

整合子迭代过程的单向性

前面提到整合子迭代的动力从源头上可以追溯到正反馈自组织。但只有正反馈自组织还不足以维持整合子的稳健性。要维持生命系统最本质的"活"的特征，如同在结构换能量循环中需要有外来扰动打破维系按照自由能下降方向自发形成的复合体的分子间力，出现正反馈自组织属性的整合子常常需要负反馈才能有效维持其稳健性。那么在正反馈和负反馈这看似相反的两个作用之间，最终发生的迭代事件是不是会有方向性呢？

在人类对周边事物的观察中，由于人类自身结构的两侧对称性，以及作为一种以地表为参照系的实体存在，不可避免地会与生俱来地在感官经验上形成方向感。这种方向感对于人类这种以取食为胞外网络组分整合模式的异养生物的生存而言，与其他动物一样是不可或缺的。人类在方向感的问题上与其他动物的不同，大概只是在于人类可以用语言来表达方向感。在对周边事物的认知在语言的帮助下发展到抽象概念的阶段之后，人们开始把方向感从满足取食（采集渔猎）的需求，发展到对周边实体存在及其相互关系的辨识与想象中的一个普适的特征。牛顿力学中对力这个抽象概念所赋予的大小、方向、作用点这三要素中，就有方向这个概念。

在第一章中曾经提到，现代科学源自天体观察。这意味着基于天体观察所取得成功的思维方法对探索未知的其他方面具有先入为主的影响。在人类对生命世界的探索中，在博物学时代对地球生物圈中的生物类型进行的观察、描述、收集和分门别类，就不可避免地面对彼此关系该怎么建立，以及根据什么建立的问题。无论从创世论和演化论的角度，大家都无法回避一个问题，即在结构和行为上相对简单的生物类型和相对复杂的生物类型之间是不是有关系，如果是，那么是不是有从简单到复杂的方向性关系。这也是目前国内在 evolution 一词究竟该被翻译为"演化"还是"进化"争论中的一个分歧点。

传统生物学观念体系中，人们在对不同的生物类型进行比较时，是在"生物—环境"二元化分类模式下，以生物体这种实体存在为对象，把生命活动作为生物体的属性来加以分析的。因此，就很容易根据生物体的复杂程度作为建立彼此关系的指标。从而出现了以现有生物为参照系来构建从简单到复杂的关系，并用这种关系来解释现存生物的来源。在本书的逻辑体系中，跳出了"生物—环境"的二元化分类模式，把生命现象看作是一种特殊的物质存在形式，即以"三个特殊"为核心的整合子及其各种不同的迭代形式。从这个角度看，整合子及其迭代有没有方向性？如果有，方向性形成机制究竟是什么？

整合子自发形成和扰动解体两个过程的单向性

如果梳理之前分析过的各种形式的整合子形成、运行与迭代过程，我们可以发现，在这些过程中，方向性大概可以分为两类：第一，整合子形成与运行过程中的方向性；第二，整合子迭代过程中的方向性。

第一个关于方向性的问题，即对于整合子形成与运行过程中的方向性问题，我们可以对最初的"活"，即结构换能量循环这个过程加以分析。在讨论最初的整合子形式时，我们提到，具有一定浓度的异质性碳骨架组分可以顺自由能下降方向自发地形成以分子间力关联的复合体，即 IMFBC。在外来能量输入的扰动下，维系复合体的分子间力被打破，组分回复到以自由态存在的碳骨架分子的形式。两种不同机制的独立过程以 IMFBC 为节点被耦联在一起,形成一种被我们称为结构换能量循环的非可逆循环。从两个过程的作用机制角度看,被 IMFBC 作为节点耦联的复合体自发形成和扰动解体不仅是彼此独立的,而且各自都是单向的。自发形成的过程只能是以自由态组分为起点,在可以相遇的前提下,形成低能态的复合体,组分的存在形式转换为整合态。而扰动解体只能是以复合体的存在为前提,由于维系复合体的分子间力被打破而使得组分从整合态回复到自由态。从这个角度看,"活"这种特殊的物质存在形式的发生和运行,是以两个单向过程的整合为前提的。

在我们的推理中,在 IMFBC 基础上,可以由于自催化或者异催化出现共价键自发形成,使得整合子获得正反馈自组织属性。在共价键自发形成的过程和共价键形成后所形成的特殊组分迭代形式基础上,共价键被打破的两个过程应该也是两个独立过程,各自也是单向的。之后,无论不同的整合子存在形式多复杂,一定要保障作为"活"的过程的基本特征的"三个特殊"的运行。而只要维持"三个特殊"的运行,自发形成和扰动解体这两个过程中的单向性就是必不可少的前提。

整合子迭代过程的单向性

第二个有关方向性的问题是,整合子迭代过程中是不是存在方向性？如果概括前面所分析过的整合子迭代过程,我们可以发现,无论形式如何复杂,在表现为复杂换稳健的属性中的复杂性增加有一个共同的特点,即原本不属于既存整合子"三个特殊"相关要素的自由态分子,也就是"补锅"过程中的那些"铁钉、牙膏皮",被整合进入既存整合子而带来整合子的迭代,本质上是不分种类、不分来源、不分先后的,只有互作效率更高,而且提升整合子稳健性的迭代才可能被保留下来。从这个角度看,整合子迭代过程存在互作效率提高和整合子稳健性提高这个方向。这并不一定说实体的生物一定会从简单到复杂,因为不同的实体生物所在的周边实体种类和数量对呈现为生物的整合子的运行模式具有决定性的影响。从这个角度看,无论生物体的形式如何,整合子的迭代过程具有单向性。

既然有效率更高的互作和稳健性更高的迭代形式的出现,并由此作为之后迭代事件的前体,作为互作随机性的结果,一定会有效率更低的互作和稳健性更低的迭代形式出现,但那些因没有机会作为之后迭代事件的前体,无法为人类的观察和分享留下痕迹。在生命大分子网络形成之后,作为网络构成单元连接的实体的"三个特殊"会发生复杂的相互关联,并基于生长(growth)、偏好性接触(preferential attachment)和网络可复制性(reproducibility)而获得更高的自我维持能力。但生命大分子网络的形成并不能保证这个网络不崩溃。值得注意的是,导致网络崩溃的机制和上一节中所讨论的在正反馈自组织属性驱动的网络扩张/生长完全不同,造成网络运行不稳定并最终导致网络崩溃的关键不是当初被整合进去的组分的种类、来源和先后,也不是被整合之后被赋予的功能,而是网络中那些对"三个特殊"相关要素变动敏感的连接(图 12-5)。从这个意义上看,造成网络运行不稳定甚至崩溃的机制与造成网络因正反馈自组织属性而扩张/生长的机制完全不同。这种效应显然是单向性的,即网络崩溃不是网络迭代形成过程的逆过程。

在我们前面的分析中论证过,所有迭代后的整合子形式只有在其稳健性高于前体的情况下才会获得更高的存在概率。而较高的稳健性除了基于正反馈自组织和先协同后分工所引发的复杂换稳健之外,还常常需要负反馈效应。从前面介绍过的例子来看,负反馈效应可以发生在特定的"三个特殊"(即网络的连接)这个层面上,也可以发生在生命大分子网络这

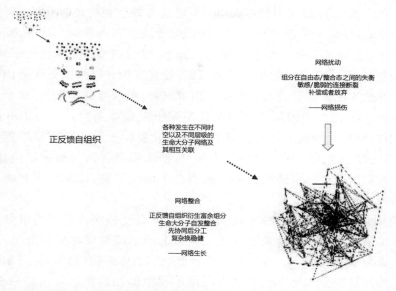

正反馈自组织

各种发生在不同时空以及不同层级的生命大子网络及其相互关联

网络扰动

组分在自由态/整合态之间的失衡
敏感/脆弱的连接断裂
补偿或者放弃

——网络损伤

网络整合

正反馈自组织衍生富余组分
生命大分子自发整合
先协同后分工
复杂换稳健

——网络生长

图 12-5　网络的形成和扰动是两个机制完全不同的过程。和结构换能量循环是两个机制不同的自发过程以 IMFBC 为节点形成的非可逆循环一样，网络形成过程和扰动过程也是两个机制完全不同的过程。了解一个并不意味着可以解释另一个。这是在理解网络稳健性时特别需要注意的。

右下角网络图引自 https：//commons. wikimedia. org/w/index. php？curid＝2319237，表示拟南芥三羧酸循环中酶和代谢物之间的网络关系。其中点表示酶和代谢物，虚线表示彼此间关系。

个层面上。对于后者，最显著的就是作为网络组分而包被生命大分子网络的质膜对网络运行所产生的负反馈（见第九、十章）。在真核生物出现之后，其强大的正反馈自组织能力所带来的"三个特殊"相关要素两种状态的失衡所产生的影响，也是一种发生在整个动态网络单元层面上的负反馈效应。应对这种影响的超细胞居群中出现的在传统生物学观念体系中被称为受精的细胞融合过程，从数量上看是和细胞分裂相对的可逆过程：一个细胞变两个和两个细胞变一个。但这两个过程无论从发生机制还是从具体过程上看，细胞融合当然不是细胞分裂的逆过程。

以超细胞居群形式存在的整合子的自变应变属性中的单向性

在前面章节中曾经提到，在我读博士期间就产生了这样一个疑问，即生活周期的起点和终点分别在哪里？如果不能确定起点和终点，我们该怎么定义"代"呢？后来在美国加州大学伯克利分校宋仁美教授实验室做博士后期间，因为参加拟南芥 emf 突变体的研究，我思考了一个相关的问题，即为什么多细胞生物的发育一定是一个从合子开始的单向过程，不能反过来进行？在参加 emf 突变体研究过程中，我意识到生活周期的起点是合子，而终点是配子融合而形成的下一代合子。因此我还提出了植物发育单位的概念（下一章进一步讨论）。但当时一直没有想清楚从合子到配子的单向性的产生机制是什么。直到因研究黄瓜单性花发育而发现有性生殖周期现象（见上一章），我才终于发现，作为生活周期的核心的 SRC 的单向性发生的机制非常简单：胁迫响应。

　　在上一章介绍 SRC 过程时曾经提到,在单细胞真核生物阶段,减数分裂是胞外网络组分匮乏所诱导的,异型配子形成也是胞外网络组分匮乏所诱导的。另外,减数分裂所形成单倍体细胞在合适的胞外网络组分存在的情况下,可以以单倍体细胞的形式自我维持。综合考虑这几个要素,一个合理的推论就是,只有能够在胞外网络组分变动的情况下生存下来的单倍体细胞才能被诱导进入异型配子形成过程,形成异型配子,并融合成为下一代的合子。考虑到 SRC 过程中的减数分裂和异型配子形成都是胞外网络组分匮乏所诱导的,这个过程不可避免只能是单向的! 减数分裂和异型配子形成的诱导过程都是有实验证据支持的,因此没有也无须任何神秘的力量/机制来解释生活周期的单向性。当然,细胞分裂本身作为正反馈自组织属性驱动下的整合子维稳机制,是从合子到配子单向性更为底层的机制。

　　与 SRC 单向性有关的一个非常有趣的现象是,只有能够在胞外网络组分变动的情况下存活下来的单倍体细胞才可能被诱导进入异型配子形成而成为异型配子,并有机会通过细胞融合而成为下一代合子。由于所形成的新的二倍体细胞(合子)通过细胞融合整合了在变化的胞外网络组分情况下维持动态网络单元稳健性的单倍体细胞中相应的 DNA 序列,SRC 过程完成之后的实际效果,在单细胞真核生物的范围内,不就是从达尔文以来一直众说纷纭的自然选择吗? 只不过所表述的形式不是 Mayr 所总结的两组三个事实加一个推论(见第四章),而是从作为以超细胞居群这种全新的整合子形式中作为特殊相互作用的特殊组分之一的 SRC 这个过程的单向性,以及以这种形式应对因真核细胞强大的集约、优化效应所带来的两种状态失衡所造成的胞外网络组分匮乏、维持整合子的自我维持。从这个角度看,作为整合子生命观这种跳出“生物—环境”二元化分类模式的逻辑下超细胞居群这种整合子形式,不仅实质等同于主流生物学观念体系中的遗传群体,而且作为构成这种整合子形式的一种特殊组分的 SRC 完成过程本身,已经和这种整合子形式的另一种特殊组分,即真核细胞正反馈自组织所产生的动态网络单元化在结构和调控机制上的集约与优化的副作用一起,解释了自然选择理论所希望解释的演化事件的基本过程[①]。这也是为什么我们在第四章中提出引入迭代的概念时,把整合子的迭代称为达尔文迭代的一个重要原因。

　　综合以上的分析我们可以发现,整合子迭代过程中的各种不同迭代事件,无论从作为生命大分子网络构成单元的连接的实体“三个特殊”的层面上,还是从网络层面上,甚至是居群层面上;无论是在正反馈自组织属性的各种形式上,还是扰动机制和负反馈机制上,都是单向的过程。正反馈自组织属性驱动的迭代事件都具有棘轮(ratchet)的特点。从这个意义上,Peter Hoffmann 以 *Life's Ratchet* 为书名来总结他对生命系统如何从无序到有序的分子机制的理解,显然在某种程度上抓住了生命系统迭代的单向性这个特点。

---

　　① 在 Mayr 有关达尔文演化理论解释的几个关键词都可以在以超细胞居群为单位的整合子中找到相应的内容。但在整合子生命观中给出了不同的解释,即可以不需要那两个推论。在第一组 3 个事实中的 5 个关键词中,生殖的内涵相当于本书讨论的细胞分裂和 SRC;居群的内涵相当于这里的超细胞居群;资源的内涵相当于这里的胞外网络组分。物种按照 Mayr 后来的解释就相当于这里的居群。时间这个概念我们之后讨论。在第二组 3 个事实的 6 个关键词中,“代”在这里以 SRC 给出了更加实质性的解释;个体在单细胞真核生物中就是单个细胞;变异和可遗传都在 SRC 的对 DNA 序列的变异和整合中得到了解释;而适应和自然选择,则在这里以细胞集合的形式应对胞外网络组分匮乏的机制的形式,尤其是 SRC 中被称为受精的细胞融合事件完成中的选择功能给出了解释。从这个角度看,的确不再需要生存竞争和适者生存这两个推论。

那么,这些迭代过程中的单向性是不是能够用来支持生命系统的演化过程存在一个从低等到高等、从简单到复杂、从落后到先进的必然趋势呢? 答案是不能。道理很简单,每一种整合子形式的存在并不是因为它"想要"存在,而是因为只有它存在,才能被人类作为观察对象或者是观察对象中的构成要素。对于整合子的存在而言,标准只有一个,即其存在概率。而决定其存在概率的,最终是作为网络连接的三个特殊的效率和以网络为主体的整合子的稳健性。根据决定整合子运行的结构换能量原理,其稳健性最终取决于整合子运行过程中自发形成和扰动解体这两个独立过程之间关联的适度。只要整合子中"三个特殊"运行的相关要素可以得到满足,整合子就可以自我维持,它们并不一定要发生迭代。只有在整合子中的"三个特殊"运行的相关要素(胞内外组分)出现改变,生命大分子网络如果不进行调整就无法维持其稳健性的情况下才会出现迭代。因此,整合子出现迭代并不是它"想要"迭代,而是它不得不发生迭代。更重要的是,人类对周围的实体存在所作的低等/高等、简单/复杂和落后/先进的评估或比较,都是以人类自身及其认知能力为标准。从这个意义上,虽然整合子迭代具有方向性,但是生物体这种已经获得高度稳健性和存在概率的、人类肉眼可辨的实体存在,只是整合子运行的一部分,胞外存在的"三个特殊"运行不可或缺的相关要素并没有被考虑在内。因此,局限在生物体这个层面上来讨论不同生物类型的低等/高等、简单/复杂和落后/先进是没有意义的——如图 6-1 所示,在人类所观察到的地球生物圈这个截面上,所有的既存生物本质上都具有相似的存在概率,否则它们不会存在于人类的周边。怎么追踪现存生命系统中不同存在形式的来源,以及它们在演化过程中所发生的关系,我们将在讨论过多细胞真核生物的多样性及其演化过程之后再进行讨论。

整合子视角下细胞间互作的多样性

在本书前面的章节中反复提到,人类对生命系统的认知始于感官分辨力范围之内的对周围实体存在的辨识及其关系的想象。之所以反复提及这一点,是希望帮助大家从更大的时空尺度上来关注当下生物学观念体系的由来及其内在逻辑。如同我们前面提到的整合子的形成、运行与迭代过程中自发形成、扰动解体和适度者存在的基本特点,人类作为动物的一种,感官分辨力足以让我们完成作为一种整合子存在形式的自我维持。和其他动物一样,人类在自身出现的几十万年或者继续向前追溯的几百万年时间中,好像并没有保存下更高感官分辨力的类型。从目前对人类自身演化历程的追溯可以发现,人类这种特殊生命形式的出现,源自神经系统对信息的符号化处理能力和符号交流能力。在这个大框架下,我们很容易理解在生物学的发展历史中,人们不可避免地先"看"到有可辨识边界的生物体这种实体存在,然后在此基础上通过拆解的方式了解这种实体存在的构成方式,以及通过想象的方式探讨不同实体存在之间的相互关系。亚里士多德式的"生物—环境"的二元化分类模式的出现是人类认知发展过程中不可避免的一个阶段。

基于感官分辨力所能辨识的生物体只能是多细胞生物。可是,细胞是人类以图形的形式记录对生物体的辨识几万年、以文字的形式记录对生物体分门别类几千年之后,借助显微镜的发明才发现的生物体的构成单元。对于已经习惯于在"生物—环境"二元化分类模式中以拆玩具策略探索生命现象的人们而言,细胞的发现所带来的一个无法抗拒的诱惑,就是寻找一个细胞为什么会变成一团细胞、乃至一个多细胞生物体的答案。而且,希望在细胞的层面上探索包括人类在内的多细胞生物生命活动中所出现的各种问题——概括而言,就是

"医"的问题和"农"的问题。从 19 世纪中期细胞学说形成以来,人们就开始探索多细胞生物中作为构成单元的细胞如何衍生出多细胞结构。著名的德国生物学家 N. Haeckel 就基于他渊博的动物学知识,对多细胞结构形成的可能机制归纳出了三种可能:不同细胞之间的融合、细胞分裂之后不分离、多细胞的本质是一个细胞的区隔化的表象。第三种可能性,尽管受到美国加州大学伯克利分校植物系 D. Kaplan 教授(已故)等人的推崇(我最初是从他那里了解到这种观点的),但目前处于被边缘化的状态。

如果不考虑讨论起来比较复杂的有机体理论所代表的上述第三种可能,而是从目前主流的细胞理论的角度来考虑多细胞结构的起源,同时,把 Haeckel 时代尚未发现的内共生的情况考虑进来,细胞间相互作用应该可以根据相互作用细胞之间的关系,大致地分为三类:第一类,不平等的强相互作用,即一类细胞对另一类细胞的吞噬,包括被吞噬细胞的完全解体和部分结构在吞噬者体内存在(即内共生)两种情况;第二类,相对平等的强相互作用,即细胞融合,包括细胞核融合(比如两个单倍体细胞融合形成二倍体细胞)和细胞核不融合(比如肌肉细胞在机械刺激下形成多核细胞)两种情况;第三类,相对平等的弱相互作用,即细胞间的黏附,包括完成分裂的细胞之间不分离和原本独立存在的细胞彼此聚集后黏附两种情况[①]。从这种角度看,多细胞结构的出现,应该主要是源自第三种细胞间相互作用。

多细胞生物的起源问题自 Haeckel 以来,一直是一个颇受关注的研究领域。比较经典的研究系统是海绵、团藻和黏菌。近年,酵母也成为研究多细胞生物起源的一种实验系统。有人希望通过改变各种物理、化学环境条件,尝试在原本以单细胞状态生存的酵母种类中诱导出多细胞结构(Tong et al,2022)。在多细胞生物起源的研究领域中,特别值得一提的是,现在美国加州大学伯克利分校的 Nicole King 教授几乎是以一己之力,在早期动物分类基础上把她所选择的 Choanoflagellate(领鞭毛虫 *Salpingoeca rosetta*)发展成为从基因组和功能基因分析都可以开展多细胞动物起源研究的实验系统。她认为领鞭毛虫和最早的动物(异养的多细胞真核生物,如海绵)之间在细胞黏附和细胞通信之间共有的基因很可能是揭示多细胞真核生物起源机制的切入点。但是,多细胞生物起源的机制问题迄今仍在探讨之中。

整合子视角下多细胞结构起源的可能机制及其优越性

那么,从整合子生命观的角度怎么解释多细胞生物起源呢?

首先,多细胞生物发生的必要条件,当然是有相当数量的细胞。从我们前面对细胞化生命系统的分析来看,细胞作为一个动态网络单元,只要被作为网络组分质膜包被的生命大分子网络处于自我维持的运行过程之中,那么伴随该网络运行的正反馈自组织属性所驱动的网络的生长、以及维持动态网络单元稳健性(适度的体表比)机制的细胞分裂,就不得不产生细胞数量增加这样的副产物。换言之,只要有动态网络单元的正常运行,就会有细胞集合的出现。

但是,满足这个必要条件并不能保证多细胞生物的出现,因为现存生命系统中单细胞生物——无论原核还是真核——的存在,说明细胞集合的出现未必导致多细胞生物的出现。多细胞生物中多细胞结构的出现,除了需要满足有相当数量的细胞这个必要条件之外,还有没有充分条件呢?从生命系统迭代发生的随机性而言,逻辑上没有充分条件,只有从事后合

---

① 如果从逻辑完整性而言,应该还有不平等的弱相互作用。但具体形式是什么还有待讨论。或许可以认为是不同细胞共用相关要素,从而出现不同整合子对"三个特殊"相关要素的分享与竞争。

理性角度分析所发现的除了细胞数量之外,其他不可或缺的必要条件。那么,导致多细胞结构出现其他不可或缺的必要条件是什么呢?

从真核细胞起源现象为例来看,在第九章和第十章,我们讨论了生命大分子网络迭代出的动态网络单元化,即因生命大分子网络被网络组分(质膜)包被而衍生出的全新属性,以及受制于这个属性的细胞行为。在第十一章,我们提出,在正反馈自组织属性的驱动下出现的富余生命大分子的自组织现象导致了真核细胞的出现,而伴随真核细胞出现所产生的动态网络单元从结构到调控机制的集约与优化对稳健性的强化,导致了"三个特殊"相关要素在自由态和整合态这两种状态之间转换的失衡。在由于细胞分裂所造成的细胞数目不断增加的情况下,再加上两种状态转换失衡,导致真核细胞不得不面对胞外网络组分匮乏的情况。从"三个特殊"的基本特点来看,胞外网络组分匮乏的情况显然不利于作为动态网络单元构成单元的网络连接实体即"三个特殊"的运行,并因此而影响整合子自我维持的稳健性。因此我们认为,真核细胞这一具有明显强化整合子稳健性的正效果的迭代,和维持细胞存在的维稳机制细胞分裂一起,在特定的空间所形成的细胞集合中产生了胞外网络组分匮乏这种反过来威胁细胞自身稳健性的副作用。在这种副作用的胁迫下,细胞集合迭代出了以 SRC 为纽带的、在细胞之间共享 DNA 序列库的超细胞居群,并因这种全新的整合子形式可以缓解胞外网络组分匮乏对真核细胞整合子稳健性的不利影响而获得更高的存在概率。从这种分析来看,真核细胞出现的集约、优化,以及这种正效应所引发的胞外网络组分匮乏,是以 SRC 为纽带的、在细胞之间共享 DNA 序列库的超细胞居群出现的不可或缺的必要条件。

如果在原核细胞已经可以将细胞的优势发挥得淋漓尽致的情况下,还是出现了真核细胞这种全新的生命系统存在形式,那么在单细胞真核细胞形式存在的超细胞居群可以有效解决伴随真核细胞出现而产生的副作用、保障真核细胞的超细胞居群自我维持的情况下,还出现多细胞真核生物(原核生物的细胞集合情况比较复杂,在此不予讨论),虽然在逻辑上并不构成一个挑战,但具体到实际的演化过程中,多细胞真核生物的发生会在相当数量的细胞之外,还需要什么不可或缺的必要条件呢?

异养多细胞真核生物(动物)起源的可能机制

前面提到,N. King 在领鞭毛虫上的研究表明,多细胞真核生物中动物的起源,与细胞黏附和胞间通信直接相关。如果她的发现具有普适性,那么下一步的问题,就是为什么细胞黏附如此重要,这种细胞黏附是如何发生的。有人可能会说,对于动物细胞而言,不黏附怎么可能形成细胞团? 如果以多细胞真核生物由单细胞真核生物迭代而来的推测作为前提,那么就可能出现两种假设:一种是领鞭毛虫中先有细胞黏附相关基因的出现,因其引发细胞聚集并衍生出更高的相互作用效率和稳健性而被保留下来;另一种是细胞先因为胁迫响应而衍生出黏附形成细胞团,细胞团的更高的生存概率引发内在生命大分子网络重构,强化引发黏附的生命大分子子网络,其中的关键基因被研究者命名为黏附基因。如果考虑异养的单细胞真核生物通过质膜的交流转换机制,尤其是质膜的形变(胞吞)的形式来实现自由态组分,即相对复杂的碳骨架分子的跨膜流动(见图 9-2)来实现维持"三个特殊"相关要素的整合(或者将这个过程简称为取食)的类型,那么我们可以想象一种情况,即在水生的环境下(根据目前的证据,最早的动物如海绵都是水生的),在胞外网络组分出现匮乏,但还没有严重到需要启动 SRC 的程度时,如果细胞这个动态网络单元在网络运行中出现某些变化,增加质膜外表面的粘性,是不是可以增加其摄取作为食物的碳骨架分子的概率呢？如果是，那么原本有利于取食的质膜表面粘性增加是不是会产生黏附其他细胞的副作用呢？如果的确如此，这种副作用是如何被保存下来，引发了根本性改变地球面貌的多细胞生物出现这种跃迁性迭代的呢？此时问题就从细胞团如何发生，变成了细胞团出现后为何能持续存在。

对于细胞团出现后为何能持续存在的问题，首先需要面对因细胞黏附而成的细胞团会以什么样的形态存在的问题。从几何学对周围实体存在所做的分析可知，一个点，就是一个点，不存在排列方式问题。但多个点聚在一起，就出现了排列问题。多个点在一个方向上排列，是一条线；在两个方向上排列，就是一个面；在三个方向上排列，就是一个三维的立体结构。如果将细胞作为一个点，那么多个细胞聚集而构成的细胞团，即多细胞结构是线，面，还是立体结构的形式存在呢？

我曾经问过做动物发育研究的老师，动物的早期发育过程中，为什么会形成胚层？得到的回答是，大家知道动物有双胚层和三胚层之分，知道哪些基因参与胚层的分化，但为什么会出现胚层，好像并没有公认的解释。如果回到细胞体表比的原理上，即适度的体表比是维持作为动态网络单元的构成单元的连接实体的"三个特殊"运行的必要条件，再加上前面的有关因为增加取食效率所发生的质膜表面粘性增加所导致细胞黏附的假设，那么很容易做出一个推理，即"面"应该是多细胞结构的基本模式。道理很简单：二维的面可以以最少的细胞数获得最大的表面积，而且表面积越大，对于超细胞居群而言，从周边遇到作为食物的碳骨架分子并加以摄取的概率也越大。这种推理不仅解释了为什么所有动物都有胚层，而且也与早期动物如海绵和水螅的成体的形态是以面性的扁平结构为主的特点相吻合（图 12-6）。

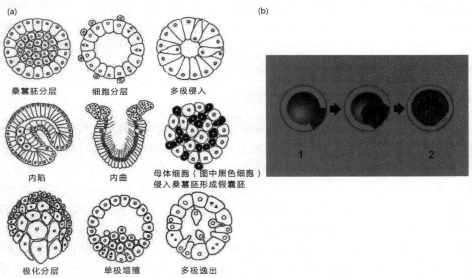

图 12-6　海绵细胞个体中的扁平结构和原肠胚中的胚层。

（a）海绵胚胎形态建成的不同类型；（b）原肠胚示意图。从囊胚（1）到原肠胚（2）的过渡过程。图引自 Ereskovsky A V, Renard E, Borchiellini C. (2013). Cellular and molecular processes leading to embryo formation in sponges: evidences for high conservation of processes throughout animal evolution. *Dev. Genes. Evol.*, 223(1-2): 5-22.; https://commons. wikimedia. org/w/index. php? curid=123501.

可是在我们的感官经验中,动物的基本结构不是柱状的就是球状的。换言之,都是表面积尽可能小的三维的立体结构。这不是和上面表面积尽可能大的胚层说法相矛盾了吗？对这种看似矛盾的现象有一个很简单但具有逻辑合理性的解释:由于异养细胞依赖于质膜形变而取食的特点决定了细胞表面必须是柔性的,由柔性表面所形成的细胞团在总体上也将是柔性的。对于柔性的结构而言,如果从表面张力的角度讲,最低能态的形状应该是球形。这的确与前面讲到的有利于取食的最大表面积的特点相矛盾。可是,如果考虑两种作用同时存在,那么两者互动的一种可能结果,就是借助异养细胞柔性边界的特点,通过折叠以面为本质的多细胞结构,在最小的外表面(球状或者柱状的外在结构)的情况下,保障最大的内表面(如动物体内的各种管道、空腔都由各自开放或者封闭的面状的结构来支撑的)。这就解释了为什么作为异养多细胞真核生物一类的动物,在胚胎发育过程中会出现胚层,而且还不可避免会出现原肠化(gastrulation)现象。

如果上面的推理是成立的,那么自然会出现下面的问题,即细胞团怎么实现可折叠的面性的扁平结构？考虑到细胞的基本结构是球形的特点,不同细胞之间黏附的大概率结果应该是球状细胞团。形成面性的扁平结构需要额外的调控机制。就我目前的知识,虽然有人就动物胚胎发育过程中原肠化过程结合突变体表型做过模型,维持从海绵到人类大脑皮层细胞按扁平结构排列的具体机制目前知之甚少,但从 N. King 所发现的领鞭毛虫与最早的动物之间在细胞通信上共享基因的特点,可以猜测这些共享的细胞通讯基因或许是维持细胞按扁平结构排列的分子基础。

就算上述推理为动物的起源提供了一个看似合理的解释,多细胞结构的出现相对于以多个细胞为单元构成的细胞集合这种存在形式而言,能够带来什么提高稳健性或者存在概率的优越性呢？对此,我们留到下一小节,在讨论自养多细胞真核生物的可能起源机制之后一并讨论。

自养多细胞真核生物(植物)起源的可能机制

有关自养多细胞真核生物,即植物的起源问题,早期的研究系统是团藻(*Volvox*)。其中的原因很简单,那就是团藻可以在单细胞到细胞团之间发生转换。可是,如果从目前对植物的形态建成过程,以及已知与植物有共同起源的大部分多细胞绿藻的形态建成过程的特点来看,作为自养多细胞真核生物的植物,其起源机制更可能是波兰学者 A. Lindenmayer 提出,由他的学生、波兰裔加拿大计算生物学家 P. Prusinkiewicz 发展的 L-系统(L-system)所描述的模式。在 Prusinkiewicz 师徒二人所著的 *The Algorithmic Beauty of Plants* 一书中,他们提出了一种 Axial Tree 的模型来描述植物生长的一般模式(图 12-7)。在这个模式中,多细胞结构发生的基本过程是细胞分裂后不分离,细胞团先形成一维的线性排列,然后可能因细胞分裂面的不对称而出现分枝。特殊的分枝方式的修饰可能导致扁平结构(叶,叶有两种英文 leaf 和 foliage,后者源自拉丁文 *folium*,就是扁平像叶片的意思)的出现。如果认同基于 L-系统的 An Axial Tree(在此可以根据其实际含义翻译为"轴叶结构",该结构的形成模式称为"轴向生长"模式)可以反映大多数多细胞绿藻和几乎全部植物的形态建成模式(近年越来越多的证据表明这个模式的合理性),那么自养多细胞真核生物多细胞结构的起源机制,或者在相当数量的细胞之外不可或缺的必要条件,很可能不是如团藻,或者是类似动物多细胞结构形成那样的通过细胞黏附,而更可能是如 Haeckel 当年所提出的细胞相互作用的第二种情况,即细胞分裂后不分离。

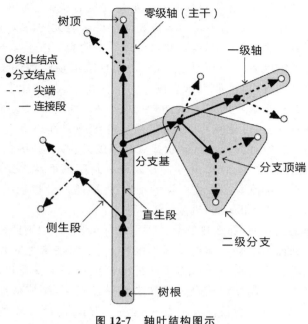

图 12-7　轴叶结构图示

　　就算是基于 L-系统的轴向生长模式的确有效地反映了包括植物的自养多细胞真核生物中多细胞结构的形态建成模式,同时也认同自养多细胞真核生物中多细胞结构的起源来自细胞分裂后不分离,我们还是无法避免一个问题,即为什么细胞分裂后不分离的细胞团没有形成三维的球形结构,而是形成了一个轴叶结构呢?

　　与动物类异养多细胞真核生物因质膜外表面黏性增加导致多细胞结构形成不同,自养细胞"三个特殊"相关要素的整合不依赖于质膜的形变,而且质膜外出现了纤维素化的细胞壁,使得植物多细胞结构的形成更可能源自分裂后不分离。至于为什么细胞分裂后不分离而产生的细胞团没有形成三维的球形结构,从 20 世纪 50 年代成功的植物组织培养的过程来看,植物细胞分裂之后是可以形成三维的球形结构的,如愈伤组织。为什么可以形成球形结构而实际上却是轴叶结构,一个可能的解释,就是轴叶结构可以以最少的细胞数获得最大的表面积。最大表面积的优势何在? 对于自养生物而言,维持"三个特殊"运行相关要素中的能源和碳源一个来自光,一个来自空气中的 CO_2。对于多细胞结构而言,表面积越大,同样细胞数接受光和 CO_2 的概率就越高。相对于单个细胞的存在形式而言,在水中(最早的自养多细胞真核生物也是起源于水中)主要由一个方向受光,因此多个细胞聚合形成二维的扁平结构对作为结构单元的细胞而言,并不会因侧面有关联其他细胞而实质性减少自身受光效率。至于 CO_2 的吸收,由于 CO_2 在水中的溶解度是相对稳定的,越多的细胞位于可以接触 CO_2 的表面,自然对整合 CO_2 越有利。

　　如果对于多细胞结构为什么形成轴叶结构的上述解释是合理的,那么我们将面临一个问题,即按照前面影响动物多细胞形成扁平结构的讨论中所提到的表面张力的影响,自养多细胞真核生物为什么能克服表面张力而维持轴叶结构,而不是如动物那样,出现多细胞结构在以扁平结构的折叠来维持最大内表面的同时,以总体上的球状结构来兼顾最小外表面。对这个问题要给出一个解释并不难——细胞壁。前面提到,自养多细胞真核生物维持"三个特殊"运行的相关要素中的光和 CO_2 的交流转换均不需要质膜的形变,因此细胞壁的刚性支撑完全不影响细胞这个动态网络单元的运行，从而使得自养的多细胞真核生物无须像异养的多细胞真核生物那样兼顾多细胞结构的最大内表面和最小外表面。而且，从光合自养的角度，折叠而成内表面无法有效地接受光照，自然不是一个有利的选项。

如果说自养多细胞真核生物的形成机制有两个要素，即细胞分裂后不分离和多细胞结构形成轴叶结构，那么这两个要素之间是不是存在什么内在联系？之所以把绿藻视为与植物这种自养多细胞真核生物具有共同祖先，非常重要的一个依据是它们都具有以纤维素为主的细胞壁。刚性的细胞壁为细胞团形成轴叶结构提供了支撑。考虑到单细胞绿藻（如衣藻，*Chlamydomonas*）就已经具有以纤维素为主的细胞壁，一个有趣的问题是，是不是因为细胞壁的存在而使单细胞绿藻在分裂时容易出现分裂后不分离？如果是的话，因细胞壁分化异常所导致的分裂后细胞不分离和轴叶结构的形成，尤其是丝状体的形成，会不会是同一事件的两个后果？这好像是一个可以通过实验检验的有趣问题。当然，这种问题只能通过以不同形式的绿藻为材料的研究，无法通过被子植物为材料的研究才能找到线索。毕竟，被子植物实在太复杂了。

从上面的推理和分析过程看，作为自养多细胞真核生物的植物起源与动物起源的机制好像有很大的不同：前者可能是细胞分裂之后分离机制上出现变异的结果，而后者则是应对胞外网络组分匮乏所出现细胞表面黏性变异的副产物。因此，研究自养和异养的多细胞真核生物起源恐怕需要不同的思路。可是，如果说动物的出现还有应对胞外网络组分匮乏、增强整合子运行稳健性的效应的话，自养多细胞真核生物的出现优势何在？如何使得它从超细胞居群的整合子形式上脱颖而出，成为地球生物圈的一种无法忽视的存在的呢？

相对于多个细胞为单元构成的细胞集合，多细胞结构的优越性

基于上述对动植物起源机制的推理，我们发现，相比于以多个细胞各自作为动态网络单元而自主运行，通过 SRC 这个纽带形成超细胞居群，在共享 DNA 序列库基础上以自变应变的属性应对胞外网络组分匮乏的细胞集合，在此系统基础上迭代出来的多细胞结构的本质，无非是因为不同的原因（人类迄今为止尚不清楚的原因）使得原本作为动态网络单元自主运行的多个细胞被聚合在一起，形成了无法分离的细胞团。前面两小节的最后，分别提出了多细胞结构的出现相对于基于多个细胞的细胞集合，对于真核细胞形式的整合子的优越性或者优势问题。

有关多细胞真核生物相对单细胞真核生物的优势问题，恐怕首先要确定一个前提，即多细胞真核生物是在单细胞真核生物基础上的迭代形式。多细胞真核生物和单细胞真核生物相比较，有两个共同点：第一，都是真核生物；第二，都由 SRC 为纽带而形成超细胞居群。同时，有两个不同点：第一，细胞集合中的细胞在单细胞真核生物中是以单细胞为运行单元，而在多细胞真核生物中是以细胞团为运行单元；第二，SRC 中的三类核心细胞（即减数分裂细胞，也可以称为二倍体生殖细胞；单倍体生殖细胞，即进入异型配子分化的细胞；合子）在单细胞真核生物中是在细胞集合的各个细胞中随机发生，而在多细胞真核生物中是在细胞团的特定细胞中特化发生。我们可以对两个不同点分别加以讨论。

对于作为细胞集合单元的细胞从以单个细胞为单元自主运行转为以多个细胞聚合而成的细胞团为单元运行的优越性，恐怕需要以"三个特殊"相关要素整合机制的不同（自养和异养），以及多细胞结构可能的形成机制不同，对动植物分别讨论。

对于动物而言，如果我们前面提到的动物多细胞结构的出现是应对胞外网络组分匮乏的副产物，那么首先，多细胞结构应该在应对胞外网络组分匮乏方面具有优势。在上一章对真核细胞超细胞居群的起源机制的讨论中,我们提到,不同的细胞在应对胞外网络组分匮乏时会因为各自细胞的 DNA 序列差异而导致稳健性的差异,最终出现部分细胞降解,把组分从整合态释放出来,缓解其他细胞所面对的因胞外网络组分匮乏而产生的自身运行所必需的网络组分在自由态和整合态这两种状态转换中面临的不平衡。当细胞黏附而形成细胞团之后,细胞团的不同单元细胞之间的差异或许在 DNA 序列层面上消失(后面再讨论),但在作为动态网络单元运行状态上仍然不可能完全一致,因此还有可能出现差异。图 5-2 显示的人体不同组织细胞寿命表,可能就是这里所讨论情况的表现。如果考虑到前面提到的人体细胞总是处于自我更替的过程中,那么因胞外网络组分匮乏所诱导的多细胞结构的出现,相对于以单个细胞为单元的运行方式而言,明显的一个优势,就是被更替细胞解体后所释放的组分可以最大限度地被细胞团中其他细胞所利用。用一句俗语来表述,就是"肥水不流外人田"。

对于自养多细胞真核生物而言,其细胞团的形成机制可能与动物起源的形成机制不同。但是形成多细胞结构之后,同样出现了一种物尽其用的效应,那就是在细胞团中所有细胞,一旦出现,无论细胞自身是否可以维持自身动态网络中"三个特殊"的运行,所形成的刚性细胞壁结构对基于这个细胞团继续发生的新细胞的运行总会带来正反馈效应(下一章再进一步讨论)。因此,从超细胞居群的角度而言,细胞团的出现,相比于以单细胞为单元的运行,总体上会有更高的"三个特殊"运行效率。

除了"肥水不流外人田"和物尽其用之外,细胞团出现之后,细胞团内不同细胞之间的相互作用使得相比于以单细胞的存在形式,单个细胞的自由度显然是降低的,而且在细胞团不同空间的细胞,其自身运行所必需的"三个特殊"相关要素的分布状态也不可避免地出现差异。这些差异迫使细胞团中的不同细胞不得不出现先协同后分工属性的迭代,最终表现为细胞团的不同细胞之间的分工协同。用当下生物学观念体系的术语来表述,就是分化。如果从我们在第十章讨论过的,单细胞层面上的分化可以从生命大分子网络运行的要素偏好性的角度来解读,多细胞结构中的细胞分化,对于胞外网络组分的利用而言,是一种更高效的形式——具有不同要素偏好性的分化了的细胞可以各取所需地将不同类型的胞外网络组分利用起来。

有关细胞团内不同细胞的分化和单个细胞为单位所讨论的分化之间的异同可以进一步做下面的分析:相同之处是,从细胞作为一个动态网络单元的角度来看,所谓的分化,无非是细胞作为一个被其组分质膜包被的生命大分子网络,网络结构出现了差异。不同之处是,在单细胞为单位的情况下,这种差异本质上是对作为网络构成单元连接实体的"三个特殊"对相关要素变化的反应。而在细胞团为单位的情况下,虽然对于细胞团构成单元的细胞而言,分化本质上也是"三个特殊"应对相关要素变化的表现,但这种变化其实是每个细胞团的构成细胞这个动态网络单元作为一个组分,和其他构成细胞的动态网络单元一起,构成了一个更高层级上的动态网络单元,或许我们可以按照 IMFBC$^+$ 的模式,将其称为"动态网络单元$^+$"。如同生命大分子网络运行和迭代过程中,不断加入"铁钉、牙膏皮",形成不同的或者更大的网络,或者是在原核细胞基础上由于富余生命大分子的自组织而形成真核细胞,细胞团的形成所发生的构成单元细胞的分化,在细胞团这个全新的结构中,只是类似"铁钉""牙膏皮"的组分。从这个意义上,构成单元细胞中的生命大分子网络就如同细胞这个动态网络单元中的某个代谢途径或者某个亚细胞结构之于整个动态网络那样,被整合成为更高层级的动态网络单元$^+$中的一个子网络。遵循先协同后分工的原理,以降低单个细胞自由度为代价,获得了单个细胞无法企及的更大规模的生命大分子网络。这种更大规模的生命大分子网络为"三个特殊"的运行在更大的时空尺度上提供了更多的可能性,或者说为整合子的迭代提供了一个具有几乎无限迭代潜力的实体平台（见下一章）。这是多细胞结构出现所带来的第二种优越性。

考虑到作为动物起点的基于质膜形变而取食的异养细胞的"三个特殊"相关要素的整合模式，多细胞结构出现之后，很容易在不同类型的多细胞真核生物中出现"大鱼吃小鱼"的现象。而这种现象本身，又成为多细胞结构不断迭代的驱动力——对于动物而言，越大的结构也越不容易被作为食物；对于植物而言，越大的结构，越容易在被取食后保留继续生长的基础。近年有人利用酵母为实验材料，为这种多细胞结构的优势提供了实验证据。因此，我们认为因体积增加而不易被吞噬为多细胞结构生存效率提供了第三种优越性。

那么，这种以动态网络单元$^+$为内涵的细胞团运行的解读，与目前主流的生物学研究的描述之间该怎么联系起来呢？

考虑到"活"的本质是"三个特殊"，而被包被的动态网络单元运行中，为维持"三个特殊"中相关要素在两种状态之间转换的平衡需要解决跨膜交流转换问题，而单个细胞聚合成为细胞团之后，由于细胞团只有一个外表面，这个问题，就转变为细胞团的表面如何实现细胞团内"三个特殊"所需相关要素的跨表面交流转换，以及细胞团内不同细胞间跨膜交流转换这样两个问题。如果我们将跨膜交流转换问题看作是细胞团内的细胞分化和细胞间交流的问题，那么上述的跨表面交流转换，就成为细胞团这种全新的生命系统存在形式自我维持和自我迭代的独特问题。如果从细胞分化中自养和异养这两种不同的"三个特殊"相关要素的交流转换机制的角度看（第九章），跨表面交流转换的问题，其实就是当下主流生物学观念体系中的高能分子能量和碳源的获取问题——尽管无论植物还是动物，逻辑上和单个细胞一样，都没有自我，细胞团只不过是不得不出现的一种细胞集合的迭代形式，但对于人类肉眼可辨的多细胞生物自我维持的过程中出现的与周边"三个特殊"相关要素之间的关系，将跨表面交流转换的过程称为获能（如果根据爱因斯坦质能转换公式，将碳组分这种物质也看作是一种能量的存在形式），也是一种无可厚非的方式。只是我们在使用这个词时需要有意识地"过滤"掉其字面所蕴含的自主、欲望的目的论含义。而且，对于之后章节中对多细胞真核生物形态建成的描述而言，以获能作为维持细胞团内各细胞"三个特殊"运行所需相关要素的跨表面交流转换的概括，的确会带来一些表述上的方便。

上面用那么长的篇幅讨论的都是多细胞真核生物相对于单细胞真核生物出现的两个不同点中的第一个不同点。那么，怎么看第二个不同点，即作为真核细胞超细胞居群形成的纽带 SRC 中的三类核心细胞的发生形式的差别，以及这个差别对于多细胞真核生物而言是否存在优越性的问题呢？

我们在前面提到，SRC 中的三类核心细胞在单细胞真核生物中是在细胞集合的各个细胞中随机发生。换言之，在细胞集合中的每一个成员细胞都可能在胁迫诱导下分化为核心细胞，而在多细胞真核生物中是在细胞团的特定细胞中特化发生。换言之，不是细胞团中所有的细胞都有机会被诱导成为 SRC 的核心细胞。前者的优越性在于由于每个单细胞所在的空间中胞外网络组分都是不同的，因此在细胞集合中随机出现 SRC 中的三类核心细胞可以产生更大的 DNA 序列的多样性。对多细胞真核生物而言，无论其起源是不同细胞的黏附还是细胞分裂后的不分离，就目前现存生命系统中不同类型的多细胞真核生物的情况而言，这些生物都是同一二倍体细胞（合子）的分裂产物。从这个意义上，多细胞生物细胞团中特定细胞特化而成的 SRC 核心细胞，其发生受制于细胞团的状况。而且，这种受制看似有降低细胞自由度以及降低细胞团中细胞集合构成单元细胞 DNA 序列多样性的副作用。可是，考虑到多细胞结构的分化需要不同构成细胞之间的协同,作为子系统的组成细胞动态网络单元中调控枢纽的 DNA 就需要承载相应的调控信息,才可能有效地发挥其枢纽功能。系统越复杂,DNA 这个调控枢纽出错的成本/代价就越大。因此,由细胞团中特定细胞作为 SRC 核心细胞,相对于不同细胞随机成为 SRC 核心细胞,应该更有利于保持记录在 DNA 序列上的扩大的生命大分子网络的调控信息,使那些可以高概率存在的动态网络单元$^+$的调控枢纽的 DNA 序列通过 SRC 传递到下一代。在多细胞真核生物中,SRC 核心细胞的这种发生方式是地球生物圈上多细胞真核生物多样性的重要基础。

多细胞真核生物作为可迭代整合子的组分与互作形式

在前面章节的分析中,我们看到生命大分子网络的出现,使得由最初以 IMFBC 为节点的结构换能量循环迭代而来的各种形式的整合子整合成为以"三个特殊"为网络构成单元的连接彼此关联的无标度网络。这种网络的进一步迭代出现了被网络组分质膜包被的生命大分子网络。在这种整合子形式中,质膜是特殊相互作用的特殊组分的一方,而被包被的生命大分子网络是特殊组分的另一方。在此基础上,在生命大分子网络所具有的"三个属性",再加上动态网络单元化驱动下,富余生命大分子的自组织的出现导致真核细胞的出现。伴随真核细胞在结构和调控机制上的集约与优化所产生的组分自由态和整合态之间转换的失衡,迫使生存下来的真核细胞不得不以超细胞居群为单位,以 DNA 序列稳健性为基础的细胞集约/优化的稳健性维持机制为一方,以适度打破 DNA 稳健性的 SRC 为另一方的全新的整合子形式存在。那么,在以细胞集合中的多个细胞形成细胞团为转折点,在以超细胞居群为单位的真核细胞整合子基础上迭代出的多细胞真核生物中,有哪些特殊相互作用使得多细胞真核生物表现出整合子的特点呢?

如果上面有关多细胞结构起源的推理可以作为分析的前提,那么我们可以看到,在以超细胞居群为单位的真核细胞整合子基础上迭代出的多细胞真核生物具有三种以前所有讨论过的整合子形式所没有的特点。

第一,多细胞结构,存在以细胞团为单位的动态网络单元$^+$与以作为细胞团构成单元的细胞自身动态网络单元之间的关系。在这种关系中,动态网络单元虽然是动态网络单元$^+$中的子系统,但其自身仍然有相对的自主性。在多细胞生物中,细胞团这个整体与细胞这个局部之间永远存在有效协调的需求。

第二,以细胞团为单位的动态网络单元$^+$在获能和应变这两种功能之间的协同。此处的获能与应变,其实指的是"三个特殊"相关要素整合,以及网络结构应对相关要素改变所做出的改变,或者叫胁迫响应。用获能和应变这两个词主要是术语使用上的方便,在后面章节中也会经常使用。但如前面所提到的,使用时需要剔除这两个术语很容易衍生的目的论含义。这种关系的产生原因,我们在上一节中已经有所讨论。这种关系对多细胞真核生物迭代的影响,我们将在下一章再做进一步讨论。

第三,多细胞结构中 SRC 的三种核心细胞与细胞团中其他细胞之间的关系。在单细胞真核生物中,SRC 的核心细胞都是从自我维持的单个细胞中诱导分化而来。可是在多细胞真核生物中,SRC 的核心细胞都是从源自合子的细胞团中特定细胞特化而来。这就产生了多细胞真核生物中的一对特殊概念:体细胞(somatic cell)和生殖细胞(germ cell)。追溯somatic cell 和 germ cell 的词源并不难。但我们在这里对这两个词赋予的内涵主要基于

SRC 这个概念。由于动物和植物形态建成策略不同（见下一章），完成 SRC 的策略也不同。从 SRC 概念出发对生殖细胞的定义也可以分为两种。在动物中，生殖细胞指可以分化为减数分裂细胞并完成减数分裂、而且可以进入异型配子形成过程并形成异型配子的细胞。在所有具有 germline（生殖细胞系）的动物中，生殖细胞所指的就是当下主流发育生物学概念中的 germline 细胞。在植物中存在两个多细胞结构的形成过程。一个以合子为起点，一个以减数分裂产物细胞（孢子）为起点。因此，植物中 SRC 的生殖细胞就存在两种类型：一类是二倍体生殖细胞，即从二倍体多细胞结构中可以分化为减数分裂细胞并完成减数分裂，最终形成孢子的细胞；另一类是单倍体生殖细胞，即从单倍体多细胞结构中可以分化为进入异型配子形成过程并形成异型配子的细胞。在细胞团中，无论是动物还是植物，除了上述提到的生殖细胞之外的所有其他的细胞都属于体细胞（图 12-8）。

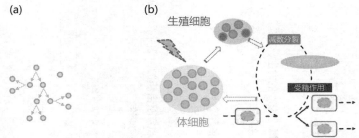

图 12-8　单细胞真核生物在有性生殖周期第一间隔期中出现的生殖细胞与体细胞分化。
（a）原核细胞在正反馈自组织属性驱动下的细胞分裂。因为没有有性生殖周期，因此没有生殖细胞，也没有生殖细胞和体细胞的分化。（b）真核细胞虽然同样在正反馈自组织属性驱动下发生细胞分裂，但因为出现了有性生殖周期，有的细胞会在胁迫诱导下进入生殖细胞（即减数分裂细胞和配子形成细胞）的分化，进入有性生殖周期。而在没有胁迫诱导时，细胞在正反馈自组织属性驱动下持续进行细胞分裂的细胞就可以被视为体细胞。在单细胞真核生物中，体细胞和生殖细胞是单个细胞的两种分化状态。但到了多细胞真核生物中，同一个细胞团中两种不同分化状态的细胞可以同时存在。

　　如果将上述三种关系整合在一起考虑，多细胞真核生物的基本单位、或者说作为整合子形式存在的多细胞真核生物的互作的双方的形式是什么？考虑到以细胞团为单位的动态网络单元+的调控枢纽仍然是 DNA 序列，具有高存在概率的 DNA 序列只能通过 SRC 传递到下一代，因此，尽管从发生过程来看，作为 SRC 核心细胞的生殖细胞都要从细胞团特定细胞中特化而来，从 DNA 序列库共享的角度讲，细胞团其实是生殖细胞的载体。从这个角度看，多细胞真核生物作为整合子形式与单细胞真核生物实质上类似，即基本单位或者说是生存主体仍然是一个居群，只不过此时居群的构成单元，即运行主体不再是单个细胞，而是细胞团（如动物中的个体）。对于多细胞真核生物而言，其存在形式仍然是两个主体一个纽带。但在作为生命大分子网络的运行主体层面上，出现了细胞团与细胞团构成单元，即细胞之间的关系，而在生存主体不同成员之间，则出现了 SRC 核心细胞之间的互动不得不通过体细胞作为媒介的全新的过程。

　　另外还有一点值得关注的，即在我们所讨论的整合子迭代的演化创新出现之后，之前整合子一些基本的属性并没有消失，如有细胞之后，生命大分子网络并没有消失，只是变换了一种存在形式。从这个角度看，演化创新与演化过程之间的确存在相关性（图 12-9）。理解这种相关性，是理解多细胞真核生物的起源、运行及其演化创新的前提。

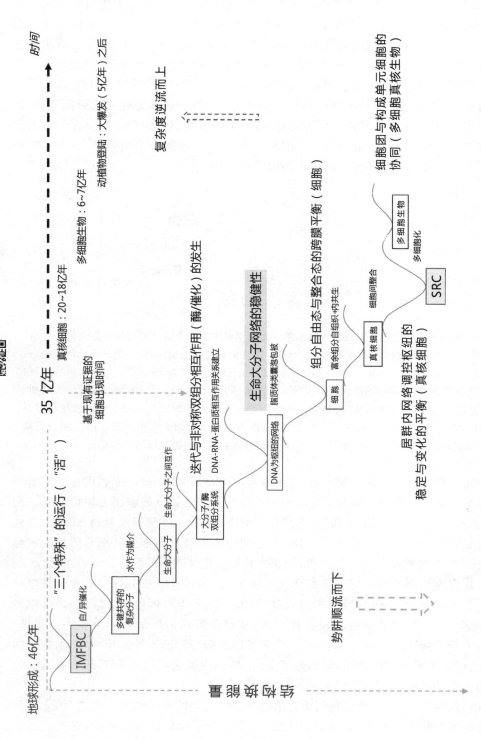

图 12-9 地球生命系统形成过程中出现的不同形式及其迭代关系示意图。不同的下陷曲线表示一个过程的势阱;方程式表示本书前面各章节中提到的一些关键节点;方框右侧说明表示引发迭代的关键要素/事件。绿色的标注表示生命系统演化过程中的关键特征;绛红色表示生命系统的出现对象的可辨识对象与迭代的发生与后机制。时间(可参照图 12-3)。"顺流而下"的"流"表示生命系统发生与迭代的发生与后机制。

第十三章　超细胞生命系统Ⅱ：多细胞结构的实体构建——同样的对象、不同的解读

关键概念

多细胞结构迭代优势："三个特殊"相关要素整合上"趋"与"避"的可视化；轴叶结构、植物发育单位、聚合体、双环模式、植物形态建成123、生命在于生长；以"取食"为起点的多细胞结构分化；胚胎发生是一种不同系统分化同步化机制、生殖细胞系、二岔模式、动物行为的三大类型、动物生存123、生命在于移动；物种、食物网络、地球生物圈

思考题

多细胞结构作为可迭代平台的最大优势是什么？

植物的空间拓展策略是什么？一棵植株是一个"个体"吗？

动物的空间拓展策略是什么？

真菌的空间拓展策略是什么？

从"食物链"到"食物网络"概念转换背后的内涵拓展是什么？

从"生态"问题怎么回归"结构换能量循环"？

上一章，我们在回顾梳理了整合子迭代的一些基本问题之后，讨论了多细胞结构（细胞团）是如何形成的。我们提出，对于动物和植物而言，可能因为各自的"三个特殊"相关要素的整合方式不同（即异养还是自养）而存在两种不同的多细胞结构起源机制。多细胞结构的出现使得细胞这种动态网络单元的运行不得不产生的副产物——细胞数量不断增加的细胞集合的存在状态，从之前以多个细胞状态，转变为多细胞即细胞团状态。细胞团的出现，使得可迭代整合子出现了全新的存在形式。在上一章，我们比较了单细胞真核生物和多细胞真核生物之间的异同。我们认为，这两大类真核生物之间有两个共同点：第一，都是真核生物；第二，都是由 SRC 为纽带连接而成的超细胞居群。两大类真核生物之间有两个不同点：第一，生命系统的运行在单细胞真核生物中是以单个细胞为单元，而在多细胞真核生物中则是以细胞团为单元；第二，作为超细胞居群的维系纽带的 SRC 中的三类核心细胞，在单细胞真核生物中是在细胞集合的各个细胞中随机发生，而在多细胞真核生物中则是在细胞团的特定细胞中特化发生。

在上一章中，我们还提到，如同之前讨论过的生命系统的各种迭代形式一样，多细胞真核细胞并非必然出现——多细胞真核生物出现之前，地球上细胞化生命系统已经存在几十亿年了。而且在多细胞真核生物出现之后至今的几亿年间，单细胞生物（包括真核和原核）仍然在地球上生活得很好。但是，多细胞真核生物既然在单细胞真核生物的基础上阴差阳错地出现了，它们也得有一些优越性，否则无法从众多可能的迭代形式中脱颖而出，以至于在它们的演化历程中最终出现了我们人类这种可以反观这个过程的特殊生物类型。

在相对于单细胞真核生物的可能优势中，我们认为有三个特点可能是解释动物和植物这两种现存地球生物圈中两大类多细胞真核生物可以脱颖而出的优越性时必不可少的。一

是"三个特殊"在单个细胞层面的网络组分在超细胞范围内的循环利用,即动物细胞团的"肥水不流外人田"和植物细胞团的物尽其用;二是细胞团内细胞间先协同后分工的迭代,形成了在单个细胞层面上所无法企及的更大规模的生命大分子网络,为"三个特殊"的运行在更大时空尺度上的拓展提供了更多的可能性,成为整合子迭代的一个具有几乎无限潜力的实体平台;三是因为动物的出现,越大的细胞团越不容易被别的动物作为食物吃掉。这三个特点,为多细胞真核生物这种全新的可迭代整合子的存在形式的发展提供了全新的正反馈驱动力。

以细胞团为生命系统运行单元的可迭代整合子的全新形式究竟是一些什么形式呢?显然,生命系统运行的基本单元从单个细胞迭代到细胞团,整个系统的复杂性增加了。从复杂换稳健属性的角度看,复杂性的增加应该是多细胞真核生物从单细胞真核生物迭代出来并得以维持自身存在的稳健性的基础。这种复杂性表现为多细胞真核生物的全新的可迭代整合子形式,出现了之前所有整合子形式所从来没有过的三类关系:第一,细胞团(多细胞结构)与构成细胞之间的关系;第二,以细胞团为单位的动态网络单元$^+$在获能和应变这两种功能之间的关系;第三,体细胞与生殖细胞之间的关系。这些抽象的分析对我们解释肉眼可见的千姿百态的多细胞真核生物的"是什么""如何是""为什么"等问题有何关系呢?或者说对于作为传统生物学主体的多细胞真核生物的汗牛充栋的知识,整合子生命观又能给出什么不同的解释呢?

多细胞结构:描述与解释方式的视角转换

我们简单地回顾一下传统生物学观念体系中对多细胞真核生物的描述和解释。从第二章对当下生物学观念体系的形成过程的简略分析,我们可以看到,这个观念体系源自对人类感官辨识范围内实体存在,即多细胞生物的观察、描述、收集和分类。这些实体存在是人类生物学观念体系的前提,或者说是起点,是一种先验的存在。在这个基础上,对生物的研究向两个方向推进:一个是探索这些千姿百态的生物之间存在什么关系。在这个方向上最初有分类学、形态学,后来发展出了以"生命之树"为核心的达尔文演化论;另一个则是探索生物的本质或者说生物与非生物之间的区别究竟是什么。在这个方向上,不仅引入了物理学的思维和技术,检测了生命活动中的力热声光电等物质和能量的转换,而且引入了化学的思维和技术,确认生命系统的化学物质属性。在这个方向上有两个影响深刻的发现:一个是细胞,一个是确认 DNA 是遗传物质。基于这两个发现所形成的细胞学说和基因学说与达尔文的演化学说一起,构成了当下生物学观念体系的三块基石。

在这个观念体系下,对多细胞真核生物的描述和解释基本上也大概可以被归纳为几个问题:第一,多细胞真核生物是什么,即实体辨识问题。这个问题在历史上总是从两个方面在寻求答案:一方面是外在的,比如我们为什么将猫叫做猫而不是兔子。这基本上就是博物学时代回答了的问题。另一方面是内在的,比如我们为什么说树是活的而木头是死的。这是当下主流生物学观念体系迄今仍然没有给出令人信服的回答的问题。第二,多细胞真核生物是从哪里来的(包括 what、where、when、how 等不同层次),即实体之间的关系和实体由来追溯问题。这个问题又可以被分解为三个不同层级:即"个体从哪里来",这是一个发育的问题;"后代从哪里来",这是一个遗传的问题;"物种从哪里来",这是一个演化的问题。第三,为什么不同的多细胞真核生物之间会出现差别(why)。比如为什么人会提出各种各样的 5W+1H 的问题,可是却很难摆脱生活中的各种烦恼,而不提这些问题的其他生物在人类出现之前原本也可以在地球上活得很好。

在上面所概括的观念体系下，目前对多细胞真核生物的描述和解释的基本模式是：首先，形态学描述，即人类肉眼所见的、某种具有相对稳定形态特征的成体生物的外形及其构成要素。其次，形态建成过程或者叫发育过程，即该生物如何从一个单细胞，即合子，通过各种细胞的增殖和分化，形成形态学所描述的相对稳定的式样，当然也包括新的合子的产生过程。最后，这种生物的生存模式，即如何活下来，包括如何实现物质和能量的交换，谋生和避死等。在第三方面的描述和解释内容中，最被人们关注的就是对于人类，怎么维持自身存在的正常（健康）状态；而对于人类之外的生物，就是怎么改变它们的正常状态，使之更好地服务于人类的需求。由于生物体的类型千姿百态（图 12-4），在博物学时代结束之后，但凡需要通过实验来检验的假设，都只能以生命系统中某种具象的实体存在为对象。这一特点使得在实际的研究工作中，人们只能在现阶段生命科学观念体系构成框架（图 13-1）的不同节点或横或纵的方向上推进，很难同时兼顾不同的方向。

结构层面（静态）

	原核生物		原生生物		植物		真菌		动物		关系层面（动态）
	代表	其他	代表	其他	代表	其他	代表	其他	代表	其他	
生态系统											物质流
群落											能量流
种群											信息流
聚合体					水稻	……	酵母	……	珊瑚		
个体									果蝇	……	从哪里来？到哪里去？如何关联？
系统											
器官											
组织											关联三要素
细胞	蓝藻	……	裸藻	……							时 空 量
亚细胞											
蛋白复合体											
蛋白											
转录复合体											
核酸　RNA											
核酸　DNA											

图 13-1　现阶段生命科学基本内容的构成及认知层次。

主流生物学观念体系中有关多细胞真核生物描述和解释的两个问题

上述传统的生物学观念中有关多细胞真核生物的描述和解释存在一个共同的特点，即对不同类型生物的描述和解释，都是以合子这样的单细胞作为起点（图 13-2）。可是，从上一章对多细胞生物起源研究的简单介绍来看，多细胞真核生物应该是起源于单细胞真核生物细胞之间的相互作用。虽然自养多细胞真核生物，比如植物，可能源自细胞分裂之后不分离，但对于异养多细胞真核生物，比如动物，则似乎更可能是源自多个细胞之间的黏附。起码对于动物而言，就存在一个问题，即多细胞结构（细胞团）如何从多个细胞之间的黏附，转型为以单个细胞为起点、分裂后不分离，在所形成细胞团的基础上变换出千姿百态的形状。

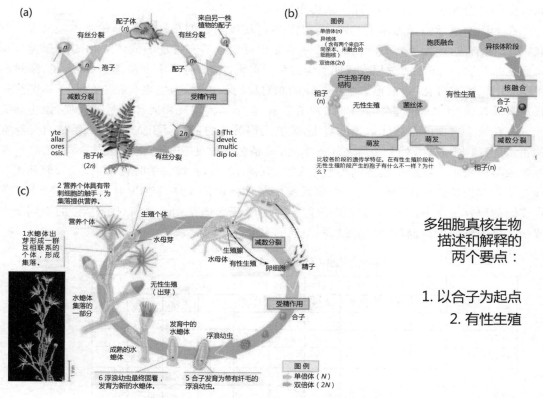

图 13-2 三大类多细胞真核生物的生活周期。
（a）植物的生活周期；（b）真菌的生活周期；（c）动物的生活周期。图修改自
Campbell Biology

除了多细胞真核生物的个体都以合子这个单细胞为起点之外，目前主流的生物学观念
体系中，每个个体发育到某个阶段，都会进入有性生殖，即通过异性交配而产生后代，即新的
个体。细胞学说出现之后，到了 1875 年，德国生物学家 O. Hertwig 在海胆上发现了精卵细
胞融合后的核融合。这一发现在解释了合子来源的同时也表明，由合子而来的多细胞结构
中，一定会有部分细胞从体细胞转变成生殖细胞，并最终形成配子（即精细胞和卵细胞）。从
这个角度看，多细胞真核生物应该都具有单细胞真核生物中为解决胞外网络组分匮乏问题
所出现的 SRC 的三类核心细胞，即合子、减数分裂细胞和配子，并具有由这三类细胞所形成
的 SRC。

我们在上一章中提到，SRC 是细胞集合形成超细胞居群的纽带。可是，在传统的生物学
观念体系中，SRC 的核心细胞是个体发育过程中，多细胞结构或者细胞团分化的类型之一。
这就产生了另一个问题，即由 SRC 三类核心细胞之一的合子所衍生出来的多细胞结构/细
胞团，和由多细胞结构/细胞团分化出来的其他两类核心细胞，即减数分裂细胞和配子发生
细胞之间（二倍体生殖细胞和单倍体生殖细胞）是不是存在简单和统一的"主从关系"：从合
子与细胞团的关系来看，合子是源头，细胞团由合子而来，因此可以认为合子这种单细胞状
态是"主"，而细胞团这种多细胞状态是"从"。不过对于在 SRC 中和合子同等重要的两类生
殖细胞而言，它们好像都是从细胞团中分化而来，因此似乎可以认为细胞团是"主"，而生殖
细胞是"从"。此外，在目前主流的生物学观念体系中，对于动物的发育而言，以体细胞为主

的个体形成过程,即胚胎发生是主体,生殖细胞系是胚胎发生过程中各自不同类型细胞中的一种。可是,植物却没有这样一种与动物生殖细胞系功能类似的特化的细胞团。历史上曾经有人希望从发育过程的角度把动植物统一起来,试图将种子植物的种子形成过程比照动物的胚胎形成过程。问题是,植物的种子中并没有完成生活周期所不可或缺的生殖细胞系。而且另外两大类植物,即苔藓和蕨类,并没有种子。但这两大类植物同样可以出现生殖细胞,完成有性生殖。

多细胞真核生物的不同类型之间是不是存在共同的内在逻辑,可以帮助我们提纲挈领,抓住千姿百态的多细胞真核生物之间的同一性以及在同一性基础上的多样性?

视角转换 I:植物发育单位概念的提出

在生物学发展历史上,人们最先面对的是生命世界的多样性。在博物学阶段,人们根据不同生物在形态及生存习性上的异同将它们分门别类,建立起分类系统。在这些不同的分类系统中,不同生物异同的判断标准,是人们对形态特征的辨识以及对这些特征重要性的猜想。显然,这种判断生物异同的指标不可避免地引入了观察者的主观性。于是,当基因理论被提出,DNA是基因的载体被证明之后,人们开始希望以DNA序列作为指标来对不同的生物进行分门别类,以期摆脱之前形态学指标中所包含的主观性。可是,从碱基序列到多细胞结构之间是如何关联的,这是目前生物学家一直在试图回答但尚无定论的问题。自摩尔根以果蝇为材料开创突变体遗传学之后100多年生物学的发展历程来看,突变体遗传学在当时为人们提供了一条可以用实验探索基因与表型之间关系的不二之选。而且,无论是以远离还是回归生物体正常状态,以单基因操作来改造生物体的性状,在目前还是一个主要手段。耐人寻味的是,正如我们在第七章中曾经提到的,在分子生物学发展的过程中,伴随基因这个概念从孟德尔时代的一个猜测的决定性状的因子的符号,到被确定为特定的DNA分子中碱基的排列顺序,确定性增加了,但性状这个概念所代指的内容,尤其是其与基因之间的关系,反而变得不确定了。我们知道,在DNA测序技术出现之前,人们对基因的命名都是来自对突变体表型(或者其编号)的命名。随着对基因序列和功能了解的增加,基因序列(即相关的DNA碱基排列方式)、基因功能(有不同层级的描述,从转录过程到翻译产物再到最终的突变体表型)和基因名称(常常基于突变体表型)之间常常无法对应。显然,在从特定的DNA序列到依赖于研究者的目的和检测方法而被定义的性状之间,其实存在一个巨大的原理层面的认知断层!试图通过单基因的有无来解释形态特征的形成,应该是过于简单了。

从第十一章有关真核细胞生存模式和上一章有关多细胞真核生物起源与特点的分析来看,我们曾得出一个结论,即对于真核细胞生存的稳健性而言,以SRC为纽带的DNA序列库共享,并以此而衍生出来的自变应变属性,是应对由真核细胞在结构与调控上集约和优化所伴生的胞外网络组分匮乏问题的终极策略。在这个策略中,单个细胞为单位的动态网络单元中,对生命大分子合成与降解网络产生自上而下调控的枢纽DNA及其相关基因的表达调控系统,对细胞行为具有关键的影响。对于多细胞真核生物而言,由于多细胞结构/细胞团的形态与功能都是多个细胞相互作用的结果,要了解基因对多细胞结构/细胞团形态和功能的影响,就无法越过具有一定功能自主性的细胞团构成单元的细胞这个动态网络单元的状态。从这个意义上,要了解多细胞结构/细胞团的形态与功能的内在规律,单靠分析基因组是不够的,还要对多细胞结构/细胞团与作为其构成单元的细胞,以及真核生物特有的

SRC 中三类核心细胞和其他细胞之间的关系给出有效的分析。

在前面的章节中,我曾经在几个地方提到,当年在加州大学伯克利分校做博士后期间,在 emf 突变体的研究中,提出了为什么 EMF 基因的单基因突变,会使得突变体不再出现所谓的营养生长(只长叶不开花),而在种子形成过程中就出现了生殖生长(与开花有关的生长)的问题。在寻求答案的过程中,我提出了"植物发育单位"的概念。这个概念的形成有这样一个背景:在我读书时的植物生理学教科书中,总说植物是无限生长。有一位非常有名的植物学家曾在 Science 杂志上撰文总结植物发育的基本特点。其中一条是"植物具有无限发育程序(Plants have indeterminate developmental program)"。这就产生了一个问题,即如果植物的发育是一个无限的程序,那么有没有起点和终点? 经验上,大家都认同一棵植株生长/发育的起点是合子。如果确定合子是起点,那么终点在哪里? 如果没有终点,植物发育就成为一条"射线",那么这棵植株的下一代从哪里来? 同样在经验上,人们知道作为植物发育起点的合子是由上一代的配子融合而来。配子从哪里来? 对种子植物而言,是从雄蕊和胚珠中来,而非种子植物则是从颈卵器和精子器中来。从这个角度看,种子植物的雄蕊和胚珠,以及非种子植物的颈卵器和精子器所产生的配子,再加上配子融合形成下一代合子(SRC 作为一个特殊的细胞周期,一个变两个细胞),不就是发育程序的终点吗? 既然有起点又有终点,怎么可以说植物具有无限发育程序,或者说植物是无限生长呢?

在 20 世纪 90 年代初,植物科学领域最令人耳目一新的突破是,人们发现植物花的四轮器官,即萼片、花瓣、雄蕊和芯片的特点由三组基因及其相互作用所决定。这个发现被称为"花器官特征决定的 ABC 模型"。根据这个模型,植物的营养生长是默认的过程,即种子萌发后,一定要先经过营养生长才可能开花,并且花器官发育是因为 ABC 基因的表达改变叶片发育方向的结果。可是我们对 emf 突变体表型的分析发现,在该突变体中没有典型的营养生长过程,而是从种子发育过程开始就直接进入了花序分化。对这种现象,宋仁美教授基于一位英国植物学家 F. Bower 在 20 世纪初的观点上提出了解释,即植物发育的默认状态是以减数分裂为代表的生殖生长;而营养生长则是插在合子和减数分裂细胞之间、延迟减数分裂发生的生长过程。这个观点在逻辑上和 ABC 模型具有完全不同的前提。从这种观点来看,EMF 显然是一个控制营养生长的关键基因。当该基因功能丧失,emf 突变体就表现为不经过营养生长,而从种子形成过程开始就直接进入生殖生长。如果这种解释是合理的,那么合子、减数分裂细胞、配子这三个生殖生长不可或缺的单细胞节点之间(注意,当时还没有有性生殖周期这个概念),不同类群植物的多细胞结构应该出现有规律的变化。

其实,不同类群植物的多细胞结构之间存在有规律的变化早在 19 世纪 50 年代就被德国植物学家 Hofmeister 发现,并称之为"世代交替(alternation of generation)"(图 13-3)。如果对动植物有关发育核心过程的描述进行比较,可以发现一个耐人寻味的现象:在 19 世纪后期,人们已经以动物胚胎发生过程为中心,把不同动物类群的胚胎发生过程放在一张图中加以比较(图 13-4),展示不同动物类群胚胎发生过程——其实是多细胞结构的形成过程——的同一性和多样性;可是一直到 20 世纪 90 年代初我在 Berkeley 查阅各种植物学教科书时却失望地发现,在植物中从来没有类似 Haeckel 一百多年前做过的、把不同植物多细胞结构放在一张图上的比较。从教科书中能够查到的,只有在不同章节对不同植物类群生活周期所做的分别的展示,如图 13-3。

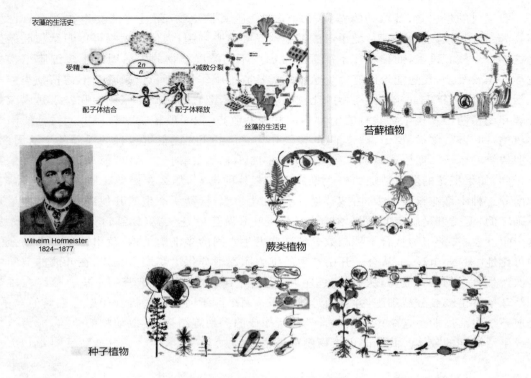

图 13-3　植物世代交替示意图。

左上两个图分别显示单细胞和多细胞绿藻的生活周期及世代交替，即单倍体和二倍体多细胞的交替出现；右上图代表苔藓类植物的生活周期及世代交替；左中图为 Wilhehm Hofmeister；右中代表广义蕨类（包括石松卷柏类和真蕨类）生活周期及世代交替；下图分别代表种子植物中的裸子植物（左）和被子植物（右）的生活周期及世代交替。图修改自 Revan 等著 *Plant Biology* 第 5 版。

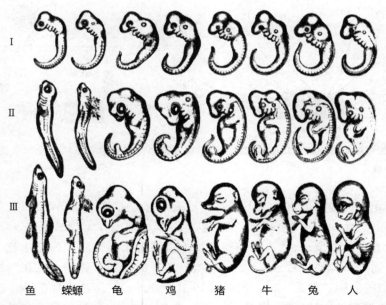

图 13-4　1874 年版的脊椎动物胚胎发育过程比较。 最上层一排显示不同物种早期胚胎发育过程的共同性；第二排显示不同物种中期胚胎发育过程；第三排显示不同物种晚期胚胎发育过程。图修改自 Gilbert 编著的 *Developmental Biology* 第 5 版。

我当时的想法是,既然动物植物都属于多细胞真核生物,而且这两类生物都有有性生殖,都有合子、减数分裂细胞、配子形成细胞这三类核心细胞,为什么动物可以归纳出胚胎发生这样一个核心过程,而植物却不能呢?考虑到不同类群植物的生活周期中多细胞结构变化形式比较复杂,我想能否以有性生殖中三类核心细胞作为参照点,来整合不同植物类群的生活周期,像当年 Haeckel 做动物的比较胚胎学那样,把它们放到一张图上呢?于是以减数分裂和受精两个真核生物共有的生物学过程为参照点,把一般植物学教科书上讨论的四大类植物,即苔藓、蕨类、裸子、被子植物,以及作为它们的祖先类群近缘种的绿藻的生活周期,按照传统的生活周期模式画到了一张图上[图 13-5(a)]。同时,在 ABC 模型流行的当时,我意识到,如果把花的器官特征的概念推广到花之外的器官,那么在四类花器官出现之前,在拟南芥这种十字花科植物中,由茎端生长点(分生组织)活动所产生的其他器官,虽然数量是不确定的,但类型是确定的,即只有子叶、莲座叶和茎生叶这三类(详细讨论见下一节)。从这个角度看,被子植物从合子到减数分裂细胞发生之间的多细胞结构,就出现了与动物个体的可比性[图 13-5(b)]:从合子开始产生的细胞团逐渐分化出茎端生长点,在开放的空间中渐次产生有限的器官类型,从子叶、莲座叶、茎生叶到萼片、花瓣、雄蕊和心皮。最终在雄蕊和胚珠中发生减数分裂细胞,并进而形成配子。两个配子通过某些机制相遇形成新的合子,完成整个生活周期。这个由有限器官类型所构成的多细胞结构,类似动物的个体,成为植物完成生活周期的载体。我称之为植物发育单位。

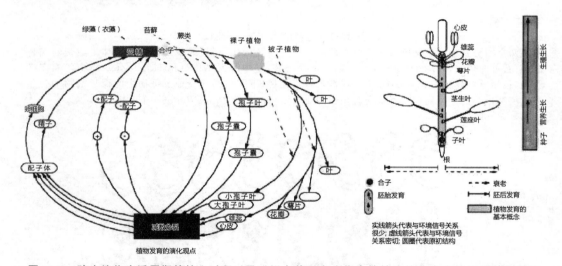

图 13-5 陆生植物生活周期的核心过程以及以拟南芥形态为代表的被子植物发育单位的基本结构（植物发育单位图示 1.0）。

植物发育单位的提出不仅解决了植物生活周期起点和终点的问题,而且还确定了植物生活周期完成的载体。但这却产生一个问题,即一棵植株上有无数的分支以及无数的花,如果按照植物发育单位的概念,岂不是一棵植株上应该有无数个植物发育单位了吗?那一棵植物还是大家通常认为的相对于一个小鼠、熊猫那样的动物个体吗?我在当初思考这个问题时,也有类似的问题。但是一次美国朋友 Paul Harrow 带我观赏伯克利附近的 Monterey 水族馆时,偶然看到的一种珊瑚,海笔(sea pen,也有译为海鳃的)给了我很大的触动:一棵植株从发育的角度,不就是相当于一丛珊瑚吗?如果是,那就不应该将一棵植株看作是相应于一个小鼠、熊猫那样的动物个体，而应该看作是相应于一丛珊瑚那样的聚合体（colony）。显然，把一棵植株看作是一个聚合体的描述方法对很多人而言是反直觉的。尽管反直觉，但我觉得从逻辑上，把一棵植株看作是聚合体而不是个体，应该是一种合逻辑的解释。

在之后很多年伴随思考的文献检索中，我发现把植株看作聚合体的解读其实是现代植物学奠基人早在 17 世纪就提出的看法。可惜在之后的研究过程中，研究者为了自己的方便，放弃了前辈对植物更加符合实际的描述和解释方式，使得目前主流生物学观念体系中对植物形态特点的解释远离了实际情况，反而给研究带来了各种无法解决的自相矛盾（比如前面提到的由当代著名学者发表在 *Science* 杂志上的"植物具有无限发育程序"这种无法逻辑自洽的表述）。从这个意义上，植物发育单位概念重新提出了早已提出的有关植物构成方式的看法，看似不过是"重新发明轮子（reinvent a wheel）"，但其实也有新的功能，即复兴以芽为中心的观念，使对植物这种多细胞真核生物的实体存在的辨识与描述更加符合植物本身的特点，而不是人与亦云地将就既存观念体系，无视甚至刻意回避源自既存观念体系中的内在逻辑冲突。有关植物形态建成中比较专业的问题，我们会在后面做进一步的讨论。

画于 1993 年的图 13-5 虽然第一次将不同类群的植物放到一个图中进行比较，并且解释了植物发育单位这个概念，但是无法有效地反映不同植物类群在单倍体多细胞结构方面的变化趋势。1998 年我来北大之后，在当时植物与生物技术系吴光耀主任的建议下开设植物发育的分子生物学（后改为"植物发育生物学"）课程时，我将按照传统所做的环形生活周期的画法修改为正弦波形，并最后形成了对不同植物类群生活周期进行比较以及植物发育单位的示意图，如图 13-6 所示。现在回想起来很神奇，我在 1993 年画最初的示意图时，只是为了理解 *emf* 基因功能，希望通过更好地比较动植物生活周期完成与发育核心过程来理解植物发育程序是不是有起点和终点的问题。1998 年提出正弦波版也只是为了更好地表示形态变化而做的技术上的修正。没有想到，以有性生殖核心事件为参照点把不同植物类群加以比较，以及提出植物发育单位概念，会成为后来提出 SRC 概念以及提出描述和解释植物形态建成新视角的先声。而且，图 13-6 所整合的不同植物类群的正弦波式的生活周期，恰好显示了后来提出的 SRC 的三类核心细胞为节点、在两类核心细胞之间插入多细胞

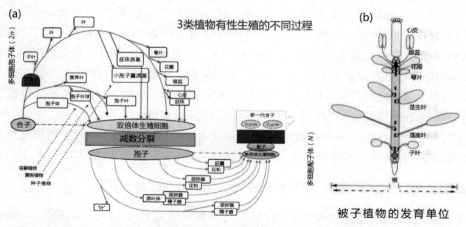

图 13-6　陆生植物生活周期的核心过程以及以拟南芥形态为代表的被子植物发育单位的基本结构（植物发育单位图示 2.0）。

（a）陆生植物生活周期的核心过程及世代交替中多细胞结构的变化趋势；（b）以拟南芥形态为代表的被子植物发育单位的基本结构。

结构而构成的这种所有植物形态建成的规律同一性,以及不同类群植物之间的差别,只是以器官类型为代表的多细胞结构复杂性的差别——这是在原理同一性基础之上的现象多样性!

视角转换Ⅱ:动物生殖细胞系地位的主次颠倒

在传统的生物学观念体系中,绝大多数动物的个体是一种具有清晰的感官可辨边界的实体存在。个体的发育从单细胞合子开始,每一种动物的个体都有其特有的器官类型和分布方式。各种动物的形态在胚胎发生早期基本上确定下来。由合子分裂衍生出来的细胞团所分化出的各种细胞类型中,有一群特化为生殖细胞系。这些细胞的功能就是进入减数分裂并形成配子。从这个角度看,生殖细胞系是胚胎发生过程中众多特化细胞中的一种。如前面所说,进行胚胎发生的细胞团是"主",而生殖细胞系是"从"。可是,如果从先有单细胞真核生物以及 SRC,然后在此基础上由合子而来的细胞集合黏附形成细胞团的角度看,合子是源头,细胞团由合子而来,因此可以认为合子这种单细胞状态是"主",而细胞团这种多细胞状态是"从"。如何理解 SRC 和细胞团之间的关系才更好地反映动物生存的实际情况呢?

如果我们上一章中所提到的作为增加取食概率而质膜外表面黏性增加的副产物——细胞黏附的确是动物多细胞结构出现的基础,SRC 细胞由细胞团中特定细胞特化而来,并且和单细胞真核生物一样,多细胞真核生物也以两个主体一个纽带为存在形式,那么,多细胞结构中的体细胞即使是人类感官的天然辨识对象的主体,最终也并不能参与作为维持系统运行调控枢纽的 DNA 序列库的共享。它们只能在有限的(个体寿限)的时空尺度上(以人类为例,一般不超过 10^1 年)、无法在更大时空尺度上,为所在居群的生存作出贡献——目前计算一个物种的存在时间一般都以百万年(10^6 年)为单位,比如熊猫有八百万年生存历史。人类作为一个新出现的物种,也有二三十万年(10^5 年)历史。从物种可持续存在的意义上,作为维系居群纽带的 SRC 核心细胞才是该生命系统运行的"主",而在进行胚胎发生的细胞团中占主体的体细胞则是"从"。

如果放到居群的时空尺度上,把作为 SRC 载体的生殖细胞系作为主线,而把人类感官天然辨识对象的个体的雏形胚胎发生过程的载体细胞团作为从属,这乍一看又是反直觉的。可是,如同前面章节中对其他感官经验的分析一样,人类感官分辨力的局限,常常会在对实体存在的辨识及其相互关系的想象上产生误导。本书中反复提到的亚里士多德式的生物—环境的二元化分类模式就是一个典型的案例。相比较而言,动物生殖细胞系地位的主次颠倒,作为一种视角转换,其实可以得到更多的实验证据的支持。

为了方便后面的讨论,我们在这里先给出一个在上述基于 SRC 而衍生出细胞团的视角下,以作为 SRC 主体的生殖细胞系为主线而做出动物胚胎发生基本过程的图示(图 13-7)。

多细胞结构:在"三个特殊"相关要素整合上"趋"与"避"的可视化

如果把描述动物胚胎发生基本过程的图 13-7 和描述植物生活周期的图 13-6 做一个比较,可以发现,原本两种不同的分析过程所得出的动植物多细胞结构与 SRC 的关系,居然有异曲同工之妙:都是以 SRC 为主线,在 SRC 的三类核心细胞之间以不同的方式插入了多细胞结构[图 13-8(c)(d)]。不同之处在于,在动物中,多细胞结构只是插入在合子分裂所衍生出来的二倍体细胞阶段[图 13-8(c)中分别从合子到减数分裂细胞之间分叉出来的虚线代表

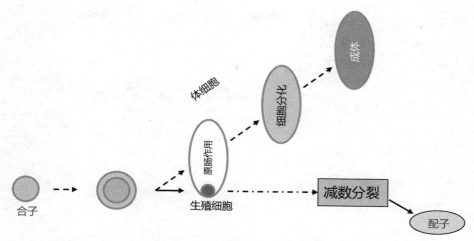

图 13-7　居群视角下的动物发育

的多细胞结构]，同样源自合子分裂产物的生殖细胞系成为 SRC 的主体。生殖细胞系在多细胞结构内的特殊器官中进行减数分裂并分化为配子。我们将动物的这种形态建成和生活周期完成过程的模式称为"二岔式"。在植物中，在合子与减数分裂细胞之间会插入合子分裂所衍生出的二倍体多细胞结构，而减数分裂产物细胞（最终分化出孢子）和配子形成细胞之间则会插入孢子分裂所衍生出的单倍体多细胞结构。合子和孢子分裂后所产生的全部产物细胞都作为体细胞而形成多细胞结构，作为生殖细胞的减数分裂细胞和配子形成细胞分别在由合子分裂衍生而来的二倍体多细胞结构和由孢子分裂衍生而来的单倍体多细胞结构中的特定细胞中诱导而来[图 13-8(d)]。我们将植物的这种形态建成和生活周期完成过程的模式称为"双环式"。此外，多细胞生物中还有一种类型，真菌（酿酒酵母是真菌中不太多见的以单细胞形式存在的真菌）——其最常见的形式是大家日常生活中吃的蘑菇。可能很多人都不知道，蘑菇是由单倍体的菌丝聚生而成的多细胞结构。我对真菌的形态建成和生活周期过程了解得非常有限，在此不妄加解读。

　　把多细胞结构解读为 SRC 核心细胞之间的插入结构的意义何在？回答这个问题之前，需要带大家回顾一下本书第十一章中的有关内容。在分析真核细胞结构的由来时，我提出富余生命大分子自组织的假设，并提出了真核细胞相对于原核细胞具有生命大分子网络从组分到调控的集约与优化的优越性。但是，伴随这种优越性的一个副作用，就是对"三个特殊"运行相关要素在自由态和整合态两种状态转换上的失衡。在该章中，我们提到有两种状态下可能出现胞外网络组分匮乏。一种情况是细胞这种动态网络单元的存在空间中出现了剧烈的变化，造成胞外网络组分的流失所致匮乏；另一种情况是细胞这种动态网络单元在"三个属性"的作用下，细胞不断分裂而导致细胞数量不断增加，造成胞外网络组分在浓度/强度和种类上的减少乃至匮乏。在第十一章中，我们主要讨论了生命系统对在特定空间中细胞数量增加所引发的胞外网络组分匮乏的应对形式，即以 SRC 为纽带，通过共享 DNA 序列库的超细胞居群为单位，在不可避免的胞外网络组分匮乏的情况下，实现生命系统的自我维持与自我迭代。在该章中，我们特意没有讨论细胞这种动态网络单元在存在空间中出现变化而引发的胞外网络组分匮乏情况的应对办法。

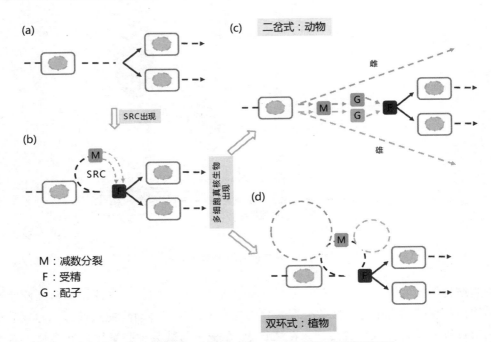

图 13-8 动植物多细胞结构与 SRC 整合的不同策略图示。

（a）细胞周期：一个细胞变两个细胞；（b）有性生殖周期（SRC）；（c）在有性生殖周期的框架下动物的生长模式，橙色和灰色箭头分别表示雌性和雄性个体的躯体和生殖细胞系；（d）在有性生殖周期的框架下植物的生长模式，绿色和浅绿色的环形分别表示减数分裂前后二倍体和单倍体的多细胞结构。图注：M，减数分裂；F，受精；G，配子。

在上一章中，我们讨论了细胞间相互作用的可能方式以及多细胞真核生物起源的可能机制，提出多细胞结构是一种细胞间相对平等的弱相互作用的产物。基于这些分析，我们提出了相对于单细胞真核生物，多细胞真核生物具有三个优势。这三个优势，使得由具有自我维持能力的细胞作为构成单元所构成的细胞团，为多细胞真核生物的自我维持和迭代提供了具有几乎无限潜力的实体平台。现在问题来了，如果说以 SRC 为纽带的超细胞居群以部分细胞死亡为代价，为化解真核细胞在运行过程中伴随网络集约与优化优越性、在不可阻止的细胞数量增加的过程中所产生的两种状态失衡的副作用提供了一个有效的策略，多细胞结构作为实体平台，对生命系统的自我维持与迭代能提供什么帮助呢？把这个问题放到前面提到的在细胞这种动态网络单元的存在空间中出现组分变化而引发胞外网络组分匮乏的情况下，一个看似幼稚，但实际推敲起来却不无道理的解释就是，通过多细胞结构中细胞排列方式的改变，改变自身在存在空间中的位置，把自身移动到具有适合自身"三个特殊"相关要素的浓度/强度和种类的空间中！

其实，向性（tropism，多用于植物等固着生长生物；tropotaxis 或-taxis，多用于可移动生物）现象并不限于多细胞真核生物。在很多单细胞生物如原核细胞的大肠杆菌和真核细胞的黏菌中都有向性现象，比如大肠杆菌中有深入系统研究的向化性（chemotaxis）和黏菌在养分缺乏的情况下按照 cAMP 梯度的聚集等。相比于单细胞生物的向性，多细胞真核生物由于其以多细胞结构作为基本单位，从空间关系改变程度上，显然比单个细胞具有更大的优势。从这个角度看，整合子生命观又一次和传统生物学观念和人类感官经验出现了交集——动物通过自身移动以进入维持"三个特殊"运行相关要素丰富的空间（取食，当然也包括避死），植物则通过生长来实现对光合自养必需的光、水、CO_2 等三大要素的最大程度的整合。我曾经在上课时，把动植物生命活动的特点归结为两句话：动物的特点是"生命在于移动"，而植物的特点是"生命在于生长"。与传统生物学观念和人类感官经验的不同之处在于，我们这里的解释中，看似千姿百态、千差万别的多细胞真核生物的多细胞结构及其功能说到底，不过是另外一种化解真核细胞优越性的副作用的策略——借助自身细胞团的形变而移动到"三个特殊"相关要素丰富的空间，化解因为所在空间中相关要素变化所产生的胞外网络组分匮乏对系统稳健性及其存在概率的胁迫。换言之，多细胞结构的终极功能，应该是在"三个特殊"相关要素的整合方式上，从之前的主要依赖于所在空间的自由态组分的状态，转变为借助多细胞结构中细胞数量、排列方式乃至互动方式的变化，移动自身或者拓展自身，占据或进入相关要素丰富的空间的状态。从多细胞真核生物本身，这些形变只是在更大的时空尺度上整合"三个特殊"相关要素的一种新的机制。但对作为观察者的人类而言，当我们"看"到动物移动和植物生长时，我们会根据自身的感官经验及相应的话语系统，把它们解读为趋和避，并进一步赋予动植物的这些可视的形变以"要"求生/避死的动机，甚至进一步演绎出对生物行为的目的论解释。

如我们上一章提到的，多细胞真核生物由于其复杂性的增加，会出现至少三种关系。异养与自养这两种"三个特殊"相关要素整合方式的不同，使得动植物多细胞结构的形态建成过程在实现层面上不可避免地形成各自的特点。要了解这些不同的特点背后的机制，我们只能先对它们加以分类讨论。

植　　物

谈到植物，绝大多数读者的脑子里大概都会出现下面这些关键词：光合自养、叶绿体、细胞壁、食物、美丽的花、一望无际的草原与森林。谈到植物的基本结构，都会想到根、茎、叶、花、果实、种子等六大类。可是大概很少有人会意识到，当我们将上述六类结构都称为器官的时候，我们已经违背了形式逻辑中的同一律——如果我们把叶作为器官，那就意味这器官是一种由被称为原基的细胞团扩展而来的具有确定形态边界和结构特征的实体存在。如果在这个意义上使用器官这个概念，那么花就不符合器官这个概念的内涵。因为花是一种复合的结构，是由数目不确定的、不同类型的类似叶的结构聚生在一起而形成的。对于双子叶植物而言，典型的花有萼片、花瓣、雄蕊和心皮等四类类似叶的结构。器官这个概念怎么可以同时既代指一个有确定形态边界和结构特征的单一结构，又代指一个具有不同形态边界和结构特征的结构复合体呢？这只是在空间层面上违背同一律的例子。另外一个例子就是当我们提到花的时候，在这个概念中已经包括心皮这个结构了。可是在上述六类器官的排列中，还有果实这个器官。果实是什么呢？在中学的生物学中，同学们一定会被告知，果实是由心皮发育而来。我们怎么会把同一个器官所处的两个不同发育阶段认定为是两种并列的器官呢？（此时且不说花和心皮究竟谁该被认定为器官）在我们日常经验中，我们会将一个三岁的孩子看作是一个人，而到了13岁就看作另外一个人吗？这是在时间层面上违背同一律的例子。

我是在大学植物学课上第一次意识到有关花能不能以及该不该被视为与叶在同一个层级上的器官的问题的。随着自己在植物科学领域的职业阅历的增长，对这个学科中违背形式逻辑规则的陈述越来越如芒在背。或许正是这种对陈述或者判断的逻辑合理性的"洁癖",在不断鞭策我寻找对生命现象具有客观合理性的解释吧。

如果说传统的生物学观念体系中有关植物的描述和解释中存在很多难以在逻辑上自洽的表述,有什么办法能够给出既满足逻辑合理性,又经得起实验检验的新的描述和解释呢?从1978年读本科上植物学时意识到上述违背同一律的问题,到读博士时意识到对植物生活周期起点和终点判断上的逻辑困境,到1993年提出植物发育单位概念,再到2010年因为对龙漫远的承诺,为探索什么是性别而发现有性生殖周期,再到2013年在实验室对水稻雄蕊早期发育全基因组表达谱的分析中,发现一个与花器官特征决定基因类似的基因所编码的蛋白质居然会在雄蕊中结合光合基因并抑制它们的表达,经过四十多年的困惑以及对相关信息的收集、梳理和反思,到2016年,我终于提出一个表述方式——"植物形态建成123",为植物多细胞结构的形成过程及其内在动力提出了一个统一的描述和解释。经过之后几年不断地修改完善,目前已经可以作为本人即将动手撰写的《植物发育生物学》第二版的逻辑主线。这个新的概念框架的具体内容对于受过传统植物学训练的人来说可能过于复杂,但作为其核心的节点概念及其相互关系其实非常简单。只要没有或者可以排除先入之见的干扰,对于具有中学生物知识的读者而言都不难理解。

植物这个概念的范畴

首先,要确定植物这个概念所代指对象的范畴是什么。很简单:通过光合作用而整合"三个特殊"相关要素的多细胞真核生物。从中学生物学教科书中,大家了解到光合作用本质上是一种在细胞(既可以是原核细胞也可以是真核细胞)中发生的、以水和CO_2为原料、在光能的参与下形成碳水化合物的化学反应。这个过程的具体细节虽然非常复杂,并且越研究越复杂,但上面关于光合作用基本特点的表述在18世纪末被发现以来,是经受住了实验检验的。虽然目前对光合作用的起源仍在探索过程中,我们在第六章讨论生命系统运行中的能量关系时所介绍的新发现,与我们这里所讨论的整合子生命观相互呼应。在第十章介绍细胞分化、讨论自养和异养的异同时,对光合作用相关信息也有所介绍。具体地讨论光合作用的过程与原理,不可避免地要涉及非常复杂的专业问题。对于理解此处所要讨论的植物作为多细胞真核生物形态建成机制而言,记住光合作用需要水、CO_2和光就够了。

与动物世界千姿百态一样,作为光合自养的多细胞真核生物,植物的种类也是多种多样。按照目前国际上权威的英国皇家植物园(Kew Botanic Garden)的数据,目前世界上植物基本上被分为苔藓类(包括苔,藓,角苔)、蕨类(包括石松和真蕨)、种子植物(包括裸子植物和被子植物)等三大类或者五大类,如图13-9。图中的藻类,Algae被认为与陆生植物,即Land plants具有共同祖先的类群。从图13-9可以看出,世界上种类最多的植物类群是被子植物。从这个意义上,我们可以理解植物学的前辈们从感官辨识经验的角度,把被子植物作为植物的"模式"类型而建立起来的传统观念,情有可原。

尽管如此,在过去几百年对不同植物类群的各种研究所得出的结论是,在地球上,最早出现的陆生植物是苔藓类植物。之后,现生苔藓类植物的祖先在某些机缘巧合之下出现了新的变异类型,成为现生维管植物(包括蕨类和种子植物)的祖先。再之后,在目前还不清楚的祖先类型和机缘巧合之下,出现了种子植物的祖先。目前,人们主要根据相关基因相似性所构建的不同植物类群之间的演化关系多表示为图13-10的样式。

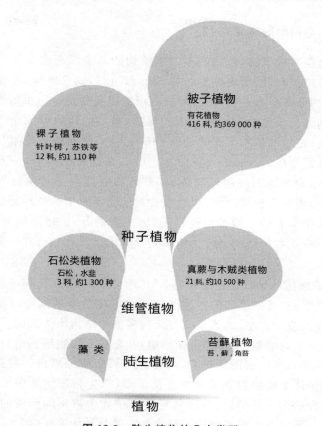

图 13-9　陆生植物的几大类群。

图引自 The State of the World's Plants Report 2017.

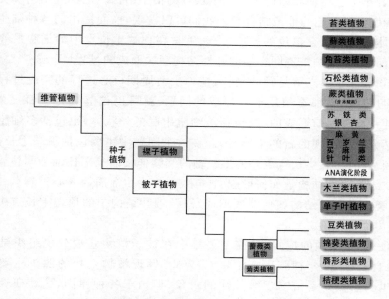

图 13-10　现存陆生植物的大类群及其演化关系。

图引自 Cole T C H，Hilger H H，Jiang C-K.（2022）有胚植物 陆生植物：演化关系与特征. Chinese version of：Cole，Hilger（2021）EMBRYOPHYTES-Land Plants.

植物的基本形态与植物形态建成 123

作为自养的多细胞真核生物，植物的多细胞结构的基本形态会是什么？在上一章讨论多细胞结构形态时曾经提到，所谓多细胞结构的形态问题，抽象地看，无非是以细胞作为点（姑且忽略细胞本身的形态会有差别）聚合而成的细胞团究竟是以一维的线、二维的面，还是三维的块而存在的问题。大家放眼观察周围的植物，直观的印象可能是千姿百态。可是如果仔细分析可以发现，植物的基本形态就是如 Prusinkiewicz 和他的导师 Lindenmayer 以 L-系统模拟出来的轴叶结构（an axial tree）（图 12-10）。在这种结构中，一方面可以包含一维的线性结构，即从单细胞串联而成的丝状体（如苔藓和蕨类孢子萌发后所产生的多细胞结构）以及多细胞团聚而成的生长轴（如由顶端生长点活动而产生的各种形状的茎）；另一方面可以包含由一维结构衍生来的二维的面性结构（如扁平的叶）。伴随轴向结构的生长，以分支为主要形式还可以形成各种新的轴叶结构单元及其衍生形式整合在一起的三维聚合体结构（图 13-3）。

虽然在 L-系统所模拟的轴叶结构中没有 SRC 的地位。但从图 13-6 对不同类群植物生活周期的比较中可以看到，目前已知的各种陆生植物的生活周期核心过程都是在三类 SRC 核心细胞两两之间插入或大或小、或简单或复杂的多细胞结构所构成的。减数分裂细胞（二倍体生殖细胞）和配子形成细胞（单倍体生殖细胞）都是在多细胞结构的特定区域诱导产生。从目前对生殖细胞诱导发生区域的了解看，二倍体生殖细胞都来自一种被称为孢子囊的特化多细胞结构，而单倍体生殖细胞则分别来自精子器（产生精细胞的多细胞结构）和颈卵器（产生卵细胞的多细胞结构。精子器、颈卵器在种子植物中被不同程度的简化）。不同类群植物的孢子囊和精子/颈卵器在形态结构上会出现非常复杂的变化（图 13-3），但万变不离其宗，按照德国植物学家 Zimmermann 最早在 1930 年提出的"顶枝学说"的说法，这些结构本质上都可以被看作是上述轴叶结构中顶端生长点的衍生结构。把轴叶结构和在顶端生长点中诱导产生 SRC 生殖细胞的推论结合起来我们可以发现，前面提出的各种陆生植物生活周期核心过程载体的植物发育单位的形成过程，就是在顶端生长点中的细胞最终被诱导转变为生殖细胞之前，轴叶结构中不同类型的叶性结构渐次形成的过程（图 13-6）。

如果说植物的基本形态就是轴叶结构，植物生活周期核心过程的完成过程就是植物发育单位的构建过程的话，那么植物形态建成的问题，就可以被解析为下面三个子问题：第一，一维的线性结构是如何形成的（既包括单细胞串联的丝状体，也包括多细胞团聚的生长轴，当然还包括分枝所出现的新的生长轴）。在这个问题中主要包括顶端生长点（单个细胞或者细胞团）的活动特点、生长点之外的生长轴的继续伸长以及生长轴不同位置上分枝如何形成。第二，二维的面性结构是如何形成的。第三，作为生活周期核心过程载体的植物发育单位中的不同类型的叶性结构如何渐次形成，以及轴叶结构中的顶端生长点中的体细胞如何被诱导转变为生殖细胞。

对上述第一个子问题的探索，目前主要集中在被子植物茎端分生组织结构与功能的研究上。虽然自从 1759 年德国形态学家 C. Wolff 发现植物生长的源头主要是茎端生长点以来，茎端生长点始终是植物学家关注的对象，但由于各种原因，这些研究基本上还停留在就事论事的阶段。有从基因的时空差异性表达和激素分子的空间分布的角度来讨论的，也有从细胞壁的刚性和前面讲细胞分裂时提到的微管分布方向的角度来讨论的。虽然这些研究结果都提供了很有趣的信息，但仍有待从更开阔的视野寻找实现生长点功能的动态网络单元和相应细胞团在生命大分子网络结构与调控上的基础，或者说努力从分子层面的网络行为来解释细胞/细胞团层面几何形状的改变以及细胞/细胞团作为生长点功能的基础。

对于上述第二个子问题，从经验上大家都知道叶片是扁平结构，且从逻辑上可以理解，以细胞壁做刚性骨架，可以使得多细胞结构克服表面张力所驱动的形成最小表面积的趋势，以最少的细胞数形成有利于细胞团光合自养的最大表面积。可是叶片的扁平结构是如何形成的，在人类认知历史上曾经基本上一无所知。正是因为这个问题的探索长期没有取得实质性的进展，最近发表的一个由两个实验室合作的发现就变得特别有意思。其中一个实验室，即中国科学院遗传发育所焦雨铃实验室经过十多年潜心钻研，发现生长素的不对称分布及其对某些基因表达的空间特异性调控可以导致从生长点边缘产生的基本上各向同性的细胞团（植物学术语叫叶原基）出现横切面两侧对称的形状。另外一个实验室，即法国里昂高师的 Jan Traas 实验室则在十多年基于对拟南芥茎端生长点细胞细胞壁刚性及微管分布的研究，发现细胞在内源压力（即前面所提到的 D'Arcy Thompson 有关细胞行为的肥皂泡模型中的"气"）的作用下，微管有可能按照压力最大的方向排列，这种排列会引发细胞壁沿微管方向沉积，导致细胞向与压力最大方向垂直的方向生长。这种压力与生长方向之间的反馈相互作用，导致细胞向特定方向生长。在这两个实验室合作的工作中，他们证明，在已经出现两侧对称的叶片原基上，生长压力本身就足以驱动原基细胞团形成扁平结构。这个工作所提出的叶片扁平结构的两步形成机制是目前植物学文献中对叶片的扁平结构形成机制迄今为止最有说服力的解释（图 13-11）。这个工作不仅为植物科学研究者提供了一个综合运用不同学科技术手段来探索植物科学基本问题的杰出案例，而且为探索植物形态建成的调控机制开辟了一个全新的领域。

上述第三个子问题在整个 20 世纪植物学发展历程中，始终都是研究者最为关注的问题。最主要的原因是自从博物学时代结束以来，人们研究植物的主要动机就是两个：一是保障生存资源，即把植物作为食物；二是改善生存环境，即把植物作为玩物。人类作为灵长类动物中的一种，植物性食物（有关食物网络我们将在本章最后一节讨论）的来源主要是在植物界中种类最为丰富的被子植物的果实和种子。而果实和种子都是花发育的结果。在对各种种子植物生长过程的观察中发现，种子萌发后最先出现的是叶，然后才是花。因此，花器官如何出现，就成为保障果实和种子生产所无法回避的一个问题。然而，大概人们太关注于"开花"这一事件，逐步把原本是植物发育单位不同器官类型转换过程一连串事件中的一个转换事件与其他转换事件割裂开来，或是将开花诱导视为整个不同器官类型转换过程的代表，总想找到改变一个因素就可以使植株开花或者不开花的"开关"。如果说对于叶子为什么是扁平结构这个问题，在上述两步形成机制提出之前，基本上是不得其门而入的话，有关开花问题的"寻找开关"式的研究现在回过头来看，可能是有点儿误入歧途了。这类问题太专业，超过了本书的讨论范围。对这类问题有兴趣的，可以读本人发表的另外一些综述文章。

在本章第一部分中我们得出一个结论，即多细胞结构的优势，是使可迭代整合子在"三个特殊"相关要素整合过程中获得更大的时空范围。对于植物而言，光合作用的三个要素相对于多细胞结构分布在不同的方向上：光在天上，水在地下，而 CO_2 在周围。植物作为整合子的运行，不得不将来自三个不同方向的光合作用要素整合在一起。在植物细胞团特有的构成方式下，整合子运行的正反馈自组织属性驱动的细胞生长、分裂迫使多细胞结构不断向

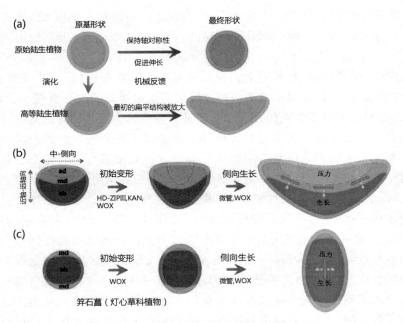

图 13-11　叶扁平结构形成的机械力反馈模型。

（a）对称性破缺的概念模型，一旦对称性破缺发生，机械力反馈即可衍生出扁平的叶片；（b）在模式被子植物中，基因表达的差异引发细胞生长速率的差异，并因此而形成最初的两侧对称，这种两侧对称性引发的机械力反馈又强化了相关基因表达的时空差异，形成二者之间的正反馈；（c）在灯心草属的笄石菖（*Juncus prismatocarpus*）的叶片发育过程中，叶原基没有出现腹背对称性，但出现空间特异性表达基因位置的变化，机械力反馈机制可以在差异基因表达的情况下沿腹背轴诱导出叶片的扁平。图修改自 Jiao Y L，Du F，Traas J．The mechanical feedback theory of leaf lamina formation．*Trends Plant Sci.*，26（2）：107-110.

不同的方向拓展。其结果，就是我们感官经验上看到的"生长"——轴叶结构以轴向生长作为基本形式，不断在空间中扩张。这种"不得不"发生的生长以及作为其结果的多细胞结构的空间扩张，则恰好为维持"三个特殊"相关要素在两种状态（自由态和整合态）之间的平衡不断提供新的空间，与生长形成一个正反馈过程！这就是为什么我们前面提到植物生命活动特点是生命在于生长。在这种基本模式下，轴叶结构的不同分枝，各自作为生活周期核心过程的载体，完成自己的发育单位构建过程。从这个角度看，上面提到的植物形态建成的三个子问题整合到一起，其实是作为生活周期核心过程载体的植物发育单位构建过程的三个不同方面。这个植物发育单位构建过程的基本逻辑可以概括表述为"植物形态建成123"。具体来说有以下三个要素：

一个起点（"1"），即 SRC。前面已经在不同的地方给出了多方面的阐述。

两条主线（"2"）：一条主线是多细胞结构构建。这一条主线中包括两个方面：一是轴叶结构的轴向生长。这也在前面有所介绍。二是轴向生长要素的异时性组合。所谓轴向生长要素指的是前面提到的轴、叶、分支等三个要素，而异时性组合所指的是这三个要素在不同时间中出现的整合关系的变化。举例而言，由茎端生长点发生的不同类型的侧生器官在数量上会出现多少重复、在渐次转换上发生在什么时间、不同侧生器官之间存在什么样的空间关系，这些都决定植株这个聚合体的外部形态（图 12-7）。另外一条主线是侧生器官类型渐次改变。这种渐次改变就是前面以拟南芥为例提到的植物发育单位中不同类型侧生器官的渐次出现。这个过程有两个驱动力：一个动力就是光合自养。这是植物这种多细胞真核生物正反馈自组织属性的动力源头，或者说是 Thompson 肥皂泡模型中用来吹泡泡的气。另外一个动力就是胁迫响应。这里的胁迫包含各种制约生命大分子网络扩张的物理、化学机制——从细胞膜到细胞壁，从以酶为节点的双组分系统到以 DNA 为枢纽的自上而下的调控网络，从自由态与整合态之间的失衡到细胞死亡。如果还是借用上一章中提到的油门、刹车、方向盘的比喻，对于植物形态建成过程而言，光合作用可以比做油门，胁迫响应可以比做刹车。那么方向盘是什么？或者说多细胞结构的形态建成从哪里来到哪里去，为什么是先出现执行光合功能的营养性叶，而后出现生殖器官呢？那就是"123"中的"3"。

　　三个步骤（"3"）：第一步，光合自养驱动光合面积增加——这只是正反馈自组织的效应而已。其结果是使得多细胞结构远离在单细胞状态发生的 SRC。第二步，光合面积增加伴随内外胁迫增加。由于扁平结构违背表面积最小的物理规律，其形成要依赖细胞壁的支撑。可是伴随光合面积增加，细胞壁不得不加厚以增加刚性，从而获得所需的支撑力。从单个细胞层面上看，加厚的细胞壁对细胞的正反馈自组织属性所导致的细胞体积增加不可避免地产生抑制；从细胞团的层面上看，多细胞结构扩张得越大，比如在向光性生长下越远离地面，其与水源的距离也就越远，这不可避免地为多细胞结构维持光合作用三要素的整合增加了越来越大的额外压力。第三步，内外胁迫增加迫使生殖细胞诱导发生（详见第十一章的 SRC 形成机制），多细胞结构回归单细胞状态的生殖细胞。生殖细胞通过我们后面要讨论的机制相遇，形成新一代的合子，从而开始新一代的植物形态建成 123。

　　通过植物形态建成 123，植物生活周期的核心过程得以完成，作为核心过程载体的植物发育单位得以构建，在轴向生长过程中由分支产生的数量不定的植物发育单位聚生在一起形成聚合体，这种聚合体被我们感官辨识并被称为"一棵植株"。从这个角度看，千姿百态的植物形态，其各自的建成过程，不过是在这个"123"主线下的各个节点上不同修饰或者参数改变而已。这可能是 L-系统得以成功的基本原因。

固着生长的植物如何实现配子相遇？为何会在 SRC 中出现两个多细胞结构？

　　插在 SRC 三类核心细胞之间的两个间隔期的多细胞结构所形成的植物发育单位构建完成、形成配子之后，配子如何相遇以形成新一代的合子呢？由于植物没有生殖细胞系作为 SRC 的主体，植物配子的形成、传播与相遇的过程相对于动物要复杂很多。如图 13-6 所示，减数分裂细胞（二倍体生殖细胞）和配子形成细胞（单倍体生殖细胞）分别在源自合子的二倍体多细胞结构中的特定区域和源自孢子的单倍体多细胞结构中的特定区域，由体细胞分化而来。苔藓类植物的多细胞结构以单倍体为主，即人类肉眼看到的苔藓植株主体都是单倍体。二倍体结构主要就是来自合子分裂的孢蒴（图 13-3）。种子植物则以二倍体为主，即人类肉眼看到的种子植物植株都是二倍体。单倍体结构都被包被在二倍体细胞构成的雄蕊和胚珠中（图 13-3）。蕨类植物的多细胞结构虽然以二倍体为主，即人类肉眼所见的蕨类植株，但单倍体多细胞结构也可以独立生长到肉眼可见的直径毫米到厘米大小（图 13-3）。

　　单倍体或者二倍体多细胞结构的大小对配子形成、传播与相遇方式有非常重要的影响。

　　在苔藓植物中，由于源自合子的二倍体多细胞结构的大小有限，目前所知的苔藓植物无一例外地都只产生单一类型的二倍体生殖细胞，并在减数分裂之后只分化出一种类型的孢子(同型孢子)。孢子萌发后的单倍体多细胞结构的情况就比较复杂,有的苔藓植物会在同一个植株,即聚合体上既分化出精子器,产生精细胞;又分化出颈卵器,产生卵细胞。有的植株则在同一个植株,即聚合体上只分化出精子器,只产生精细胞;或者只分化出颈卵器,只产生卵细胞。在精子器分化完成之后,如果遇到雨水的冲击,精细胞会从精子器中被冲出来,在水中游到附近的颈卵器中(苔藓和蕨类植物的精细胞都有鞭毛,可以像动物精细胞那样游动),实现配子相遇。

　　在蕨类植物中,二倍体多细胞结构无论从体积大小还是结构的复杂性上都远远超过苔藓植物。如果上面所介绍的植物形态建成123的基本逻辑是对的,那么很容易解释为什么在蕨类植物中会出现大量的孢子囊。与苔藓植物中只产生同型孢子不同,在蕨类植物中既有产生同型孢子的种类,比如各种真蕨;又有产生异型孢子的种类,比如卷柏(图13-9)。所谓异型孢子,是指同一个植物聚合体或者同一种植物的不同聚合体中,出现大小不同的孢子。通常产生异型孢子的孢子囊,大小也有不同,因孢子大小而分别被称为大孢子囊和小孢子囊。大小孢子囊中的生殖细胞常常也会有体积大小的区别。大小不同的二倍体生殖细胞各自进行减数分裂,分化出体积不同的大小孢子。异型孢子/异型孢子囊的形成机制,目前所知甚少,是一个非常值得探索的未知领域。同型孢子的蕨类植物中,孢子分裂所产生的单倍体多细胞结构中会以不同形式形成颈卵器和精子器。异型孢子的蕨类植物则出现不同的形式:大孢子分裂所产生的单倍体多细胞结构中最终只产生卵细胞;而小孢子分裂所产生的单倍体多细胞结构中最终只产生精细胞。蕨类植物配子传播与相遇的过程与苔藓植物没有实质性的差别。

　　种子植物配子相遇的过程要复杂很多。这还得从二倍体多细胞结构和二倍体生殖细胞的形成说起。种子植物所产生的孢子全部是异型孢子。不仅如此,大孢子在分化完成之后,不会从由顶端生长点特化而来的大孢子囊中被释放出来,而是在被作为大孢子囊附件的衍生结构(胚珠的珠被)包被的情况下分裂形成单倍体多细胞结构(虽然这种结构随植物类群不同只有几个到几百个细胞),分化出卵细胞。这个过程有一个专业术语叫,配子体的留囊发育。小孢子囊和小孢子的分化过程则与蕨类植物类似:小孢子分化完成之后会如苔藓和蕨类植物那样从小孢子囊被释放出来。可是释放出来的小孢子怎么进一步分化并形成精细胞,之后又怎么才能与被包被在大孢子囊中的卵细胞相遇呢?现存种子植物中保留下来的策略很有趣:在苔藓和蕨类植物孢子分裂后形成单倍体多细胞结构的最初形态——丝状体这种机制的基础上略加修改。一方面是孢子萌发之前出现有限的细胞分裂,形成单倍体生殖细胞;另一方面是丝状体细胞不分裂(被子植物)或者少分裂(裸子植物)。其结果就是以丝状体作为载体,把由单倍体生殖细胞分化而来的精细胞送到被包被在大孢子囊中的卵细胞旁边。这种运输精细胞的丝状体就是学过植物学的人所熟悉的花粉管。有了花粉管这种运载工具,配子传播就可以不再依赖于水,而是可以在小孢子(花粉)被释放出来之后,通过各种媒介,无论是风、水还是虫/兽,在非常大的空间中传播。花粉在落到卵细胞所在结构附近之后,再通过花粉管,把作为搭载物的精细胞送到卵细胞身边。大概由于有了花粉管这种运载工具,绝大部分种子植物的精细胞都不再具有驱动精细胞运动的鞭毛。

　　从这个角度描述和解读种子植物配子相遇的过程,可以发现,配子相遇的实现有一个前提,即小孢子或者花粉需要有机会落在大孢子囊附近。在裸子植物中,作为大孢子囊衍生结构的胚珠被包被在种鳞(如松树上的松塔上的片状结构)中,在种鳞打开时,花粉有机会落到胚珠开口处的花粉滴(胚珠开口处保留的液滴)上,在合适的时机萌发,以花粉管为载体把精细胞送到卵细胞旁边。显然，这种配子相遇的概率之低可想而知。在被子植物中，情况有很大的不同。被子植物有一个被称为心皮的结构。心皮所构成的雌蕊由三个部分构成：子房（胚珠被包被在其中）、柱头和花柱（链接柱头和子房的结构）。传统的解释是心皮为胚珠提供保护。可是如果从配子相遇的角度来看，被子植物真正的优势，其实是出现了柱头作为接受花粉的平台！从这个意义上，被子植物真正的优势不是保护，而是开放，因为有柱头作为接受花粉的平台而大大提高了配子相遇的概率！当然，被子植物的花瓣和蜜腺分泌出的花蜜都可以吸引昆虫传粉，进一步增加配子相遇概率，但从最初的差别来看，被子植物相比于裸子植物的优势应该不是对胚珠的保护（裸子植物的种鳞本身已经有保护功能），而是以柱头为平台的对配子相遇概率的提升！从这个角度看，著名的达尔文"恼人之谜（abominable mystery）"，即花的起源问题就变得没有那么不可思议了——无非是在植物发育单位的轴叶结构中多出了一个可以提供接受花粉的平台的、新的侧生器官类型而已。

至于植物为什么会在 SRC 的三类细胞之间的两个间隔期中都出现多细胞结构，其原因可能与配子相遇的问题类似。前面我们提到，多细胞真核生物由单细胞真核生物迭代而来，而单细胞真核生物超细胞居群存在的前提，是以 SRC 为纽带的共享 DNA 序列库。就目前所知的单细胞真核生物中，SRC 的减数分裂细胞和配子形成细胞都是由体细胞胁迫诱导产生的。如果如我们前面所说，植物多细胞结构源自细胞分裂之后不分离，那么无论二倍的合子还是单倍的减数分裂产物细胞，它们在正反馈自组织属性驱动下开始细胞分裂之后，自然都可以形成多细胞结构。可是问题来了，根据前面所说的植物形态建成 123，源自减数分裂产物细胞的单倍体多细胞结构以轴叶结构的模式构建，在胁迫条件下，生长点的细胞将被诱导回归 SRC，形成配子细胞，然后根据前面所述的不同情况实现配子相遇。可是源自合子二倍体多细胞结构所形成的轴叶结构在胁迫条件下回归 SRC、形成的减数分裂细胞在完成减数分裂之后，去向如何？从目前对不同类群植物演化关系来看，在地球上出现最早的陆生植物是苔藓类植物。这些植物在二倍体多细胞结构（孢蒴）上诱导产生的减数分裂细胞完成减数分裂之后，其产物细胞要从二倍体多细胞结构上散播出去。苔藓类植物的二倍体多细胞结构似乎不足以支撑减数分裂产物细胞在其上形成单倍体多细胞结构。从这个意义上，植物在 SRC 的三类细胞之间的两个间隔期中都出现多细胞结构，形成所谓的世代交替，其实是植物这种自养多细胞真核生物各种不可或缺的基本属性作为边界条件限定的结果。如果不遵循这些基本属性，要么是 SRC 无法完成，要么是多细胞结构无法发生，其结果是无法以植物的形式被人类观察到。

从这个意义上，减数分裂产物细胞的释放，原本是一种不得不的结果，却产生了有助于多细胞结构的相关组分在空间的拓展——其实就是被移动到不同的地方。前面讲过，多细胞结构所形成的平台拓展了"三个特殊"相关要素整合的时空范围。植物减数分裂产物细胞的移动恰好成为拓展"三个特殊"相关要素整合空间的另一种途径。我们在前面章节的讨论中常常提到迭代事件发生所产生的正效应及其副作用，这里，减数分裂产物细胞的释放，其实是一种不得不发生的事件所产生的具有正效应的副作用。而有助于多细胞结构空间拓展的减数分裂产物细胞释放的正效应所衍生出的对这种细胞的保护，就出现了耐受极端环境因子变化的孢子。当人类出现时，植物的这种生存模式已经存在了几亿年。我们人类只能看见其结果而揣测它们为什么会出现。过去的揣测结果，是说植物产生孢子是"为了"自身的繁衍。从现在的角度看，这种解释可能误读了孢子这一迭代事件产生与维持的原因。

　　前面介绍过,在异型孢子类群发展出来的种子植物中,大孢子留囊发育。其结果是前面介绍过的,存在下来的类型只能借助花粉管把精细胞送到被胚珠包被的单倍体多细胞结构,即配子体——胚囊内的卵细胞周围,实现配子相遇。配子融合后形成的合子仍然在胚珠的保护之下。此时,合子可以即时启动分裂,在胚珠的包被下,形成具有一定形态分化的二倍体多细胞结构。这种结构通常会脱离其曾经着生的轴叶结构末端而被释放出来,并在其他的空间继续生长。这种结构被人们称为“种子”。写到这里时,我忽然意识到做了这么多年的植物研究,我从来没有想过“种子(seed)”一词最初是怎么来的。马上去查词典。从《说文解字》中发现“种”的解释是这样的:先穜后埶也。从禾重声。从这个解释看,“埶”字何解是关键。可是在《说文解字》网站中没有查到该字的解释。于是去百度上查,其第一条解释是这样的:根据“隶定”字形解释,会意,字从享,从丸。“丸”指圆形的瓜果。“享”指享用、尝鲜。“享”与“丸”联合起来表示“品尝新熟的瓜果”。把两方面信息整合起来看,起码“种”字是与农耕有关。这个推理从英文的 seed 词源中得到了呼应。dictionary.com 中对 seed 词源的解释是这样的:before 900;(noun) Middle English sede, side, seed(e), Old English sēd, sǣd; cognate with German Saat, Old Norse sāth, Gothic-seths;(v.) Middle English seden to produce seeds, derivative of the noun; akin to sow。Sow 是“播种”的意思。两相比较,中英文中“种子”这个字/词虽然描述的是一种自然存在,但在词义中已经被赋予了人类农耕的经验。写到这里,不免浮现出一个遐想:如果猴子或者黑猩猩有描述“种子”这种自然存在的词,在它们的词义中会蕴含播种与收获,乃至衍生出“繁衍”的意思吗?很可能不会。因为“种子”这种自然存在对于它们,无非和果实、嫩芽、白蚁一样,只是一种食物。看来,“望文生义”都与个人的经验有关。怎么在认知过程中把个人甚至人类的经验剥离出来,还自然现象以本来的含义,其实不是一件那么容易的事情。

　　根据上面的分析,“种子”本质上是留囊发育的减数分裂产物细胞在受精形成新一代合子后发育到一定程度的多细胞结构、叠加部分孢子囊所在的那一代的体细胞结构所形成的复合结构①。从源头上讲,种子与孢子有两个相同点和两个不同点。两个相同点在于,其一,二者从源头上都来自减数分裂产物细胞;其二,都被从其着生的轴叶结构的末端被释放出来。不同点在于,其一,孢子是在减数分裂产物细胞被简单包装(即在单个细胞壁外附加上孢粉素之类的组分)之后就被释放,而种子是在减数分裂产物细胞在其着生的部位(胚珠、即孢子囊的衍生形式内)开始分裂,形成单倍体多细胞结构(即所谓的配子体,在被子植物中的配子体被称为胚囊),在其中诱导产生出单倍体生殖细胞进而分化出卵细胞,接着在卵细胞受精形成合子之后启动二倍体多细胞结构的形成,然后,这个已经具有轴叶结构的多细胞结构(即种子中所包含的幼胚)在包被它的胚珠外层结构(又被称为种皮)的保护下,从轴叶结构的末端释放出来;其二,种子在被释放时,被包被的是一个已经具有轴叶结构的多细胞结构(幼胚),并且这个结构中有不同形式的储藏物,可为这种多细胞结构在尚未形成光合自养能力前的生长中的“三个特殊”提供所需的相关要素。相比于上述的孢子在被释放后,要靠长出丝状体而形成光合自养能力再最终成为二倍体多细胞结构,种子在不可预测环境下的存在的概率,可能比孢子要高一些。这个特点和种子植物,尤其是其中被子植物整合更多的资源来优化配子相遇过程的特点一起,或许可以解释为什么种子植物,尤其是被子植物无论

---

　　① 有关种子起源,有兴趣的读者可以参考我们提出的“金三角”假说:Bai S N, Rao G Y, Yang J. Origins of the seed:The "golden-trio hypothesis". *Front Plant Sci*.,(2022). 13:965000.

从种类上（裸子植物种类较少的情况需要专门讨论，超出了本书的范围）还是从分布区域上，都比非种子植物要更加丰富。

之所以在这个章节花那么大的篇幅来讨论种子，一个很重要的原因是这种特殊的结构与人类生活的关系太密切了（如其词源所示），并且这种关系使得对其起源和功能的研究和解读常常很难摆脱人类的影响。希望这里的梳理，会为大家准确理解"种子"这一概念及其在植物生存模式中的作用提供一些有益的帮助。

应对光合作用三要素在空间上的异位分布所衍生的结构Ⅰ：根

很多读者这个时候可能会质疑，说了半天植物，怎么一直没有提到根呢？植物怎么能没有根呢？汉语中的"根"字按照《说文解字》的解释是："木株也，从艮声"。英语中的 root 可以追溯到 12 世纪前的古英语，代指植物的地下部分。显然，在现代植物学出现之前，人们就知道植物这种实体存在中有一部分是"根"。最近还有报道，发现黑猩猩可以用木棍挖掘地下的块根块茎。说明它们已经知道植株的地下部分也是有东西可食用的。

的确，对于种子植物而言，根是植株总体结构中不可或缺的一部分。可是，对于苔藓植物而言，它们的总体结构中都是没有根的。如果我们认同图 13-10 所展示的植物类群的演化关系，认同苔藓植物是最初的陆生植物，而种子植物在地球上的出现时间比苔藓植物晚了1 亿年，那么一个无法回避的推论就是，根这种结构不是陆生植物自古以来就有的一种结构——因为苔藓植物没有这种结构仍然在地球上存活至今，而是在陆生植物演化过程中后来出现的一种结构。从这个角度看，就出现了一个问题：根这种结构是如何出现的？

对于根这种结构如何出现的问题，说来也简单。我们前面提到，多细胞结构的出现，其相对于单细胞真核生物的优势，在于为细胞集合整合"三个特殊"相关要素提供了改变自身存在空间位置，从而缓解胞外网络组分匮乏的全新机制。对于自养多细胞真核生物而言，改变自身存在空间的基本形式就是通过生长而增加自身结构，扩大接触光合作用三种原料的概率。前面提到，光合作用的三种原料在物理空间上是异位分布的：光在天上，CO_2 在周围，而水在地下。多细胞结构的向光生长将不可避免地远离水源，而且向光生长所形成的轴叶结构会出现如何稳定存在的问题。苔藓植物多细胞结构多生长于阴湿处而且无法形成高大的结构，可能就是与在该类植物中缺乏全新次生壁[①]加厚，并因此而缺乏维管组织实现水分长距离运输，缺乏对不断增长的多细胞结构的物理支撑以克服重力的影响的结果。从这个意义上，只有那些出现将多细胞结构固着在能够获得水的介质结构的植物类群，才有可能形成高大的结构。这种具有固着和吸水功能的结构，在现存的陆生植物中，就是被我们称为根的结构。

从这个角度看根，我们就很容易理解为什么没有把根作为植物基本结构的轴叶结构的要素；为什么尽管在大部分植物中根都生长在土壤中，被称为地下部分，也有的根可以生长在空气中；为什么根很容易从植株体的不同部位长出来。在传统的观念体系中，人们常常根据种子植物的情况，把根和茎作为植物体在幼苗阶段生长轴的两极。但如果把三大类群陆生植物放在一起看，可以发现在一些蕨类植物二倍体多细胞结构形成初期，根并不是生长轴的一端（图 13-12）。种子植物中根作为生长轴的一端应该是一种特化的结果。

[①]　植物的细胞壁分为初生壁和次生壁。所有的植物类群都有初生壁，而只有维管植物，即蕨类和种子植物才有次生壁。

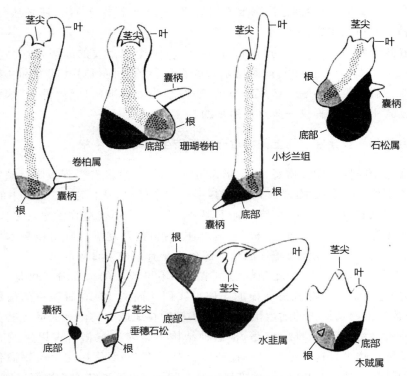

图 13-12　广义蕨类植物幼胚中器官形态与着生部位的变化。
图引自 Kaplan's Principle of Plant Morphology，2022 年版。

　　既然根是在植物演化过程中后出现的一种特化的结构，那么很自然就出现下面需要研究的具体问题：第一，最初的根是因为什么机制从无到有而形成的，或是从既存结构分化而来？第二，对于有根植物，即蕨类和种子植物而言，在合子开始分裂之后，细胞团发展到什么程度才在什么区域、因什么机制而出现根的分化？第三，根是如何吸水、输水以及实现对地上轴叶结构的支撑？早期的植物解剖学和生理学的研究，对上述第三类问题已经有了比较多的了解，可以帮助人们更加有效地利用植物。很多相关信息很容易从植物学和农学教科书中查到。上述第二类问题，过去二三十年利用拟南芥突变体，获得了一批重要的信息。但因为研究对象仅限于被子植物，非常缺乏有关蕨类植物的信息。很多的信息基本上还停留在就事论事的描述层面，相关研究者各执一词，尚未形成有说服力的共识。至于上述第一类问题，目前有一种说法，即根和茎同源，最初都是轴性结构。但生长方向或者向性不同，逐步出现了结构与功能上的分化。如果大家了解蕨类的茎的生长点特点，可以发现这种说法不无道理。但目前有关根在演化过程中的起源研究非常有限，越是了解得少的东西，越有研究空间。

应对光合作用三要素在空间上的异位分布所衍生的结构Ⅱ：维管束

　　在前面的分析中，我们将轴叶结构作为植物的基本结构。虽然植物多细胞结构的正反馈可以把自身移动到"三个特殊"相关要素丰富的空间，化解因为所在空间中相关要素变化所产生的胞外网络组分匮乏对系统稳健性及其存在概率的胁迫，但作为光合自养生物，植物维持自身"三个特殊"运行的相关要素中最重要的三类，即光、水、CO_2 在空间上的异位分布，决定了多细胞结构如果无法将这来自不同空间的光合作用三要素整合到光合细胞中，就无法持续生长（扩张）。我们前面提到，现在看到的苔藓植物多数只能生长在阴湿处而且无法形成高大的结构，为这种推论提供了一个论据。

从目前对植物解剖结构的研究发现，除了苔藓植物之外，所有的陆生植物的多细胞结构中都存在一种具有特殊分布模式的组织，专业术语叫做维管束（vascular bundle）。这种组织的特点要精确地描述起来会非常复杂，但简单地描述则非常简单：肉眼可见的叶片中的叶脉，就是维管束，各种植物的茎中最重要的构成单元，也是维管束以及"死去"的维管束。顾名思义，维管束中有管状的结构，执行长距离输送水和营养物质的功能。

和前面提到的"根"这种结构的起源问题一样，既然苔藓植物中没有维管束，那么维管束就一定有一个从无到有的起源问题。顺便提一下，由于根中包含维管束组织，根的起源一定是在维管束起源之后。另外，从目前对植物形态建成过程的研究发现，在合子开始分裂所形成的细胞团早期，完全没有维管束组织的出现。根据目前的研究，在三大类陆生植物中，绝大多数种类的单倍体多细胞结构中都未发现存在维管束结构，因此我们在这里就不提孢子开始分裂后所形成的细胞团。因此，无论从大尺度的系统演化层面上，还是从小尺度的单个生活周期完成的层面上，维管束都有一个诱导发生的问题。目前的研究表明，构成维管束的特殊细胞都是由被称为激素的小分子在特殊区域细胞中形成特定梯度诱导而渐次发生的。这方面的研究有一些很有趣的故事，在这里因篇幅关系不再展开介绍了。

应对光合作用三要素在空间上的异位分布所衍生的结构Ⅲ：茎

在人们的感官认知范畴中，茎是植物最重要的结构。目前已知最早的古希腊的植物学教科书的作者、亚里士多德的学生 Theophrastus（前 370—前 285 年）在描述植物的基本构成方式时，并不是如我们现在中学生物学教科书中所介绍的，分为"根、茎、叶、花、果实、种子"这六大类，而是分为主要构件（main parts）和年度构件（annual parts）[①]两大类。考虑到古希腊所在的地中海式气候以及当地植物的生长方式，他的这种归纳不无道理。在被他归为 main parts 的结构中，有根（root）、茎（stem）、大枝（bough）、小枝（twig）。我们现在知道，他这四大类结构其实就是两类：根和茎（枝本质上也是茎）。

作为栖生于森林中的灵长类的后裔，茎对于人类而言应该是在果实和种子之后最重要的植物结构了。无论是木本还是草本，人类会根据它们的茎的大小和材质，分别"物尽其用"地用来盖房子、做工具和做燃料。可是，从研究者的角度来看，纵有万般变化，茎的本质无非是轴叶结构中的轴。尽管苔藓植物中已经有了轴叶结构，但一般而言谈到茎的结构与发育时，主要指有维管束的轴。有关茎的形态建成研究，可以分解为三类问题：第一，轴向生长是如何发生的——这个问题其实就是前面提到的轴叶结构三个问题中的第一个问题中的生长轴的形成问题。第二，在生长轴中如何分化维管束。第三，维管束如何进行次生生长，即在很多木本植物中都会出现的加粗生长。第三类问题加上加粗生长中形成的各种细胞的衍生物积累，就成为木材生产这种应用问题的核心。

目前主流生物学研究的关注焦点，是有哪些基因会影响茎的生长。基于上面的分析，如果把茎的生长作为一个可以被基因控制的性状，很可能会使自己的研究误入歧途。原因很

---

① 年度构件包括花（flower）、叶（leaf）、果实（fruit）、新枝（new shoot）。这些结构基本上都属于轴叶结构。就不在此赘述。

简单：茎的生长最起码是上述三个问题所涉及的形态建成事件的综合结果。我们人类感官分辨力常常不足以辨识我们观察的实体存在究竟是一个过程的结果，还是若干个不同过程的叠加结果。如果要对实体存在的形成过程进行有效的区分，就需要在合适的概念框架下，选择合适的材料进行合乎逻辑的比较和分析。因为篇幅关系，有关茎的形态建成过程的研究在这里也不展开介绍了。

植物的发育单位、聚合体与居群

从上面的描述与解读来看，植物这种多细胞真核生物的多细胞结构形成的核心过程，就是以轴叶结构为核心的植物形态建成123。人们在感官上所感受到的植物的千姿百态，不过是在植物形态建成123这个"宗"上的各种衍生与修饰所表现的"变"而已。除了上面提到的根、维管束和茎这些在维管植物中出现的衍生结构，对于种子植物而言，还会有种子这种特殊的结构，而对被子植物而言，还有双受精现象。这些现象因为它们对于保障人类粮食安全具有重要意义（农作物的稳产高产），因此在过去一百年时间中成为研究者关注的重要领域。但和对开花问题的研究类似，过于关注自然现象与人类的关系而忽视其与自身所在类群其他种类中相关现象之间的关系，很可能会因为参照系设置缺乏合理性而使得对现象的解释失去合理性。

在文化传统悠久的中国，纲举目张、提纲挈领、万变不离其宗、举一反三这样的成语俯拾皆是，大家都知道厘清"纲"和"目"的关系非常重要。可是在植物研究中，对于植物形态建成而言，究竟"纲"在哪里、"宗"在何处，一直处于语焉不详的状态。显然，从人类认知的角度，这种情况迟早会解决。和对自然现象的所有解释一样，合理的解释不可能一蹴而就，总是和迭代的整合子从不同的相互作用中按效率和稳健性高低而存在概率高低被保留下来一样，要从不同的解释的比较和检验中脱颖而出。我们在这里所提出的植物形态建成123，就是为梳理出解读植物形态建成的"纲"或"宗"所作的一种尝试。

在结束对植物这种自养多细胞真核生物形态建成特点的讨论之前，特别需要强调一点，即对于植物而言，在SRC两个间隔期中都有多细胞结构的插入。作为完成生活周期核心过程（即多细胞真核生物SRC）载体的多细胞结构的基本单元是以轴叶结构为基础的植物发育单位。我们肉眼看到的植株，是由数目不确定的很多植物发育单位聚合而成的聚合体。所有的分枝之间的关系是"克隆"的关系。这使得聚合体这个概念只有在与珊瑚类动物比较时才具有可比性，与线虫、果蝇、小鼠这些单体动物本质上没有可比性。当我们讨论居群时，还是要以SRC为参照系来进行判断，即以合子而不能以植株为单位来辨识和分析。因为很多植物的群体，比如草和竹林，看上去有很多的植株，但它们都是源自同一个合子的不同分支。这一点和一棵高大的乔木中各个分枝之间的关系是一样的。不同之处在于竹林的主茎（竹鞭）在地下，而乔木的主茎在空中。

动　　物

相比于植物，就我的知识范围而言，好像目前生物学观念体系中有关动物形态建成的描述与解读没有什么特别的逻辑上的不自洽。我曾经很好奇为什么对动物的形态建成的描述与解读没有像对植物的一样有那么多自相矛盾的表述。我现在能给出的解释是，人们对动物的研究除了有利用动物（即将动物作为食物或玩物）这个动机之外，还有了解人类自身这个动机。由于伦理观念的约束，人类不能以同类作为实验材料，因此只能以和人类相似的其他动物为实验材料。这就决定了人们在对其他动物的研究中，除了会关注怎么让家禽家畜长得快、不生病之外，还会关注不同的动物有哪些共同的特点，从而为了解人类自身提供参照系。这种动机，使得在对动物的研究中，总有一些人会关注形态建成的基本规律。Haeckel当年的比较胚胎学就是一个典型的例子（图 13-4）。而在对植物的研究中，在细胞学说提出之前，人们基于感官认知，很难在植物与人类之间找到任何共同之处。这也就决定了在博物学时代结束之后，人们对植物的研究焦点很快集中到如何更有效地从植物中获得对人类有用的部分。尽管在后来的细胞学、遗传学和分子生物学研究中，植物作为材料都对揭示生命系统的基本规律做出过贡献，比如孟德尔的遗传学；有关植物形态建成的研究，人们基本上还是出于功利的目的，以与人类生存所需资源密切相关的被子植物为主要研究对象。这就产生了我们在前面提到的关注自然现象与人类的关系而忽视其与自身所在类群其他种类中相关现象之间的关系。这或许只是对动植物在形态建成研究上发展状态不同的一种解释。

"动物"这个概念的范畴

和植物这个概念类似，动物指的是异养多细胞真核生物中那些以取食为异养方式的类型。按照 *Campbell Biology* 的定义，动物这个概念中还要增加一个所有的组织来自胚层的含义。图 13-13 是目前比较有共识的动物类群及其演化关系。相比于植物（图 13-9 显示陆生植物的种类总量在十万的数量级），已知的动物种类要高出一个数量级，达到百万这个数量级。还有人估计动物种类的总量可能达到 1000 万～2000 万。

为什么在对动物这个概念中要强调取食？我们在第十章中讨论细胞分化时，花了不少篇幅讨论在胁迫，即胞外网络组分匮乏条件下，细胞这个动态网络单元中生命大分子网络的变化。在那里，我们讨论了自养和异养的本质，无非是"三个特殊"相关要素的整合方式上的差别。对于光合自养细胞而言，高能分子能量的最初来源是光所激发的电子，碳骨架组分的最初来源是 CO_2。而对异养细胞而言，高能分子能量和碳骨架组分的最初来源都只能是携带能量的比较复杂的碳骨架分子及其各种迭代产物。到了真核细胞，异养这种组分整合出现了两种类型，一种是我们后面要讨论的真菌的形式，吸收，即将细胞自身的酶分泌到胞外，将周边复杂的碳骨架分子降解为比较容易跨膜的小分子，再吸收进细胞。另一种就是被动物承袭下来的取食，即通过质膜的形变，到了多细胞阶段则通过细胞团的形变，将周边的碳骨架分子"包"或者"摄"入细胞或者细胞团中，再行降解利用（如变形虫）。同为依赖于周边既存复杂的碳骨架分子及其迭代产物作为"三个特殊"相关要素整合方式的异养，吸收还是取食的区别，对真菌和动物多细胞结构的形成具有非常深刻的影响。

取食对动物形态建成的影响

在上一章介绍多细胞结构起源时，我们提到加州大学伯克利分校的 Nicole King 有关领鞭毛虫是与动物关系最近的原生生物（又叫"姊妹群"），可以用领鞭毛虫作为动物起源研究的实验系统。从领鞭毛虫与海绵等目前已知最早出现的动物的比较来看，由单个细胞黏附而成的细胞团呈扁平结构，应该是有利于细胞团增加取食机会的空间结构。在上一章还提到，因取食而需要保持细胞膜的形变能力，细胞团不得不在维持扁平结构而增加表面积的同

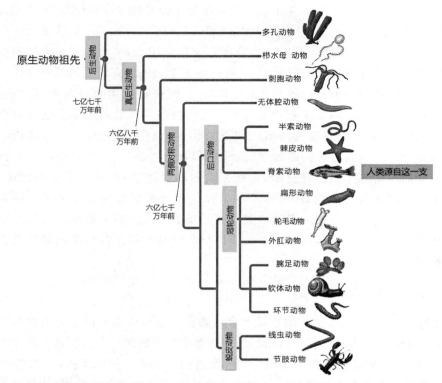

图 13-13　现存动物的大类群及其演化关系。本演化树表示现存动物大类群演化关系的一种主流观点。两侧对称动物被分为三支：后口动物、冠轮动物和蜕皮动物。时间的断代基于近年的分子钟研究。图修改自 *Campbell Biology* 11th。

时，通过不同形式的折叠来形成尽可能小的外表面。如果把这种特点作为多细胞结构演化的基本原理，那么就很容易解释在固着生长的海绵中出现多孔的形态特点——在固着的状态下，只有那些能形成最大表面积的类群才有更大的存在概率。然后，腔肠动物，如水螅之类的出现，可以从细胞团总体几何形状上的最小表面积角度来解释。

在细胞团分化过程中，可以想象如果在表面以下的细胞中出现细胞形变的协同，就可能导致细胞团的位移。我们前面提到过，位移的优势在于可以改变细胞团与周边"三个特殊"相关要素的关系，使得细胞团有机会移动到自由态组分丰富的空间，实现"三个特殊"相关要素在自由态和整合态之间的平衡。这些可形变细胞应该就是之后肌肉细胞的原型。很多年前，无意间从央视记录频道节目看到从 PBS（美国公共广播公司）拍摄的纪录片《生命的形状》（The Shape of Life），对动物形态发生的演化有非常精彩的介绍。其中一段海葵通过肌肉收缩而移动的镜头给我留下深刻的印象。从固着到可移动的细胞团，这显然是动物多细胞结构形态建成演化历程中第一次重要的转型。

下面的问题就来了：如果一个细胞团中不同的细胞都可以形变/收缩，整个细胞团该向什么方向移动呢？显然，只有那些有协调者的细胞团才有更大的存在概率。这大概可以用来解释为什么所有可以移动的动物都有神经细胞。虽然在水螅类的腔肠动物中神经细胞非常简单，但毕竟有了协调细胞团/多细胞结构不同部位功能的主体。神经系统的出现，应该是动物多细胞结构形态建成演化历程中的第二次重要转型。一旦出现这种发挥协调功能的特化细胞,它们进一步从水螅中简单的神经网复杂化到神经索,再到出现中枢神经系统——脑(图 13-14)。显然,大脑不是人类特有的一种结构。

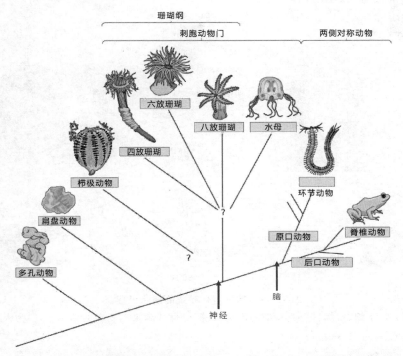

图 13-14　动物神经系统与脑的演化进程。简化的动物系统树,线段的长度是为展示方便而设,问号表明系统关系尚未确定。主要显示神经细胞和脑出现的大致时间。
图修改自 Arendt, et al. From nerve net to nerve ring, nerve cord and brain—evolution of the nervous system. *Nat. Rev. Neuroscience*, 17: 61-72.

之后,纤毛、足等运动器官的出现强化了多细胞结构的移动能力,脊椎的出现为多细胞结构提供了一个支撑骨架并因此可以形成体积更大的多细胞结构。这两种演化创新为提升动物这种多细胞真核生物的存在概率提供了全新的机会,奠定了当今地球不同类型动物多细胞结构的基本模式。

除了上述以移动自身为核心的改变之外,伴随细胞团或者多细胞结构体积与复杂性的增加,取食的形式也在发生改变。前面提到,在单细胞异养生物中,整合胞外网络组分主要依赖于质膜的形变。多细胞结构出现之后,在海绵之类的生物中,胞外网络组分整合基本上也是不同区域的细胞团表面各自为政地进行。伴随多细胞结构的复杂化,出现专门的区域,用来集中处理被整合的胞外网络组分。这种区域就是所谓的消化系统(图 13-15)。过去很长时间中,我一直以为只有植物的多细胞结构对其存在空间是从内到外都开放的——外有多细胞结构的表面,内有从根毛/假根(苔藓植物吸水的毛状表皮细胞)到气孔参加整个土壤大气的水分/气体环流。在一次生理课上和同学的讨论中,他们提出动物消化系统其实也是对其存在空间开放的。这才让我意识到,果然如此! 在后口动物中这种开放性特别明显! 从这个意义上,更可以理解,为什么前面提到最小外表面和最大内表面之间的关系,并可以理解动物的基本结构追根溯源还是扁平结构的逻辑一致性。

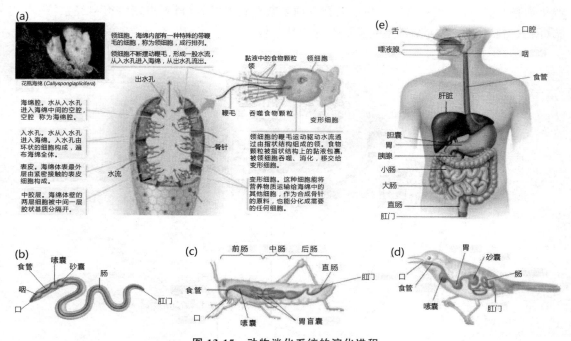

图 13-15　动物消化系统的演化进程。

（a）～（d）分别表示水螅、蚯蚓、昆虫、鸟类的消化系统，可见其越来越复杂的结构。（e）为人类的消化系统。图修改自 *Campbell Biology* 11th。

　　消化系统的出现提高了胞外网络组分的整合效率，可是多细胞真核生物中"三个特殊"是以细胞为单位的，消化系统的出现，意味着源自合子分裂所产生的细胞团中应该有一些细胞不再直接执行整合胞外网络组分的功能。那么，这些细胞中"三个特殊"的相关要素从哪里来呢？消化系统中细胞降解被摄入的复杂的碳骨架分子、从中释放所含能量所必需的化学反应所需要的氧气从哪里来呢？被摄入的碳骨架分子或者细胞团中生命大分子网络运行中所形成的有害物质怎么排出体外呢？于是，和消化系统出现的过程类似，在细胞团中逐渐出现循环系统，将"三个特殊"的相关因素以其他细胞容易整合的形式输送到细胞团其他细胞中；呼吸系统，保障细胞团内"三个特殊"的运行有足够的氧气供应；泌尿系统，把细胞团"三个特殊"运行中所出现的无法循环利用的组分排出体外。

　　经常听到同学抱怨，说生物学是"理科中的文科"，因为太多需要死记硬背的东西。其中以生物体的形态结构为甚。大家向往的"理科"是可以通过公式进行逻辑推导的认知系统。其实，从我们这里的整合子生命观的视角来看，对生命系统的描述和解读，也是可以有简单的逻辑的——尽管这种逻辑的形式未必是数学的形式。毕竟数学只是符号之间关系的一种表达形式。如同我回国后曾经合作过的老师、中国科学院植物研究所的陆文樑研究员经常和我说的，做生物学研究要找其中的逻辑。找到了逻辑，就如同抓住了一串葡萄的柄，一下可以拎起一串。他说的意思，就是生物学中也是有纲可提、有领可挈的。

取食/移动两大功能协同的需求及其实现机制

　　从前面有关生命系统起源与演化的分析来看，如果我们把结构换能量循环定义为"活"，那么作为偶联构成这种非可逆循环两个自发过程的节点 IMFBC 上自发形成共价键，使得

"三个特殊"的构成要素可以发生迭代，"活"的系统获得可迭代/演化属性，即正反馈自组织。我们将以"三个特殊"为起点、具有可迭代属性的整合子称为可迭代整合子。在可迭代整合子运行过程中，可以在各种偶然出现的情境下，将其存在空间周边的组分，像补锅时所用的铁钉牙膏皮那样，根据结构换能量原理整合到合适位置。在这种整合过程中所出现的迭代能否稳定存在，完全依赖于经迭代而出现的新的整合子结构的稳健性或者存在概率相比于之前的整合子结构是否有所提高。在如此被定义的生命系统中，可迭代整合子渐次获得先协同后分工和复杂换稳健等基本属性。

上述属性对于理解动物这种多细胞真核生物细胞团结构的复杂化过程也同样适用。上面描述的细胞团中移动自身的系统（运动系统）的出现、取食系统（消化系统）的出现，以及后面循环系统、呼吸系统、泌尿系统的出现，本质上都是在正反馈自组织属性的驱动下，先协同后分工和复杂换稳健属性效应的结果。我们在前面提到，真核细胞在结构和调控上的集约与优化的优势会产生导致"三个特殊"相关要素在自由态与整合态的失衡的副作用，并由此而产生胞外网络组分匮乏的胁迫。无论是通过生长还是通过移动的策略，扩大或者改变细胞团占据的空间是缓解胞外网络组分匮乏的策略。从这个角度，相比于单个细胞通过质膜的形变而整合周边胞外网络组分，具有上述系统分化的细胞团或者多细胞结构无论从扩大细胞团占据空间规模上还是从移动效率上，显然具有无可比拟的优势。这大概是动物这种多细胞真核生物各种演化/迭代事件得以发生并被保留下来被人类观察到的一种合理解释。

当然，单有上面提到的几大系统还不足以让动物"动"起来——原因很简单，如同生命大分子网络中的各个"三个特殊"过程需要调控才能有效运行一样，由单个合子细胞分裂而来的细胞团在演化过程中特化产生的各个系统的运行速率、强度和方向也需要调控，才能实现分工所应有的提高效率的优势。在动物中，伴随上述各种执行不同功能的系统的出现，细胞团中的一些细胞不得不被特化成为执行对不同系统运行的调控和整合功能。基于对各种动物的解剖研究，我们知道，在动物中，执行对其他系统运行的调控和整合功能的有两大类特化的系统：一类是神经系统，另一类是内分泌系统。内分泌系统主要功能是协调身体不同部分的细胞状态。神经系统更加复杂一些。它不仅协调身体内不同部分的细胞状态，还感知身体所在空间中各种环境因子（即"三个特殊"的相关要素）。动物各种感官对周边环境因子的感知都是通过外周神经系统来实现。进一步，既然神经系统的协同感知功能有内外之分，负责不同功能的神经系统自身就需要进一步的协同，于是出现所谓的中枢神经系统，也就是前面提到的"脑"。在这里特别希望提醒一点：在第十一章中讨论真核细胞特点时我们曾经提到，真核细胞复杂性一个最为显著的特征，是在细胞这个动态网络单元中出现了等级结构（hierarchy）。这里所谓的等级结构的本质，是"生命大分子网中某些分子/组分的功能并不是通过自身的运行而整合周边的组分，而是协调网络内其他组分乃至整个网络的运行。同样的现象出现在动物这种多细胞真核生物的细胞团中，有一些系统执行维持"三个特殊"运行的功能，而神经系统和内分泌系统则负责协调这些系统的运行。

上面对动物基本的多细胞结构、它们的起源与功能的描述，好像已经可以很好地解释动物作为一个生命系统存在所必须具备的各种要素了。可是需要特别注意的是，上面所提到的各种系统对于动物的生存而言其实并不都是必要条件！从图13-13我们可以看到，在目前已知的一百多万种动物中，大部分并没有以脊椎为中心的运动系统（如节肢动物中数量众多的昆虫），相当大一部分并没有中枢神经系统（如多孔动物、栉水母、刺胞动物等）。那些动物都可以在当下地球生境中生活得很好。在演化过程中生命系统的迭代是常常发生的。无法形成稳健性的系统就无法继续存在,只能在地层的化石中找到它们曾经存在的记录,那些无法形成化石的甚至无从了解它们曾经存在(图 12-4)。在这里提演化的问题,主要是希望指出一点,上面描述的各个系统是动物作为一个庞大的生命系统存在形式在漫长的演化历程中渐次迭代而成的。可是,在当下的世界中,每一种特定的动物类型,其多细胞结构在从合子分裂所形成的细胞团分化产生的过程中,怎么实现不同系统的有效分化,使得它们各自获得执行不同功能的特征呢? 显然,这就需要另外一种协同机制。

有关这个问题,我不得不再次提到樊启昶老师。我在本书前言中提到,我在受邀参加他主持的"发育生物学"课程时,和他讨论动植物形态建成策略的区别,他提到二者的区别在于动物是异养而植物是自养。除了被他这个"简单粗暴"的解释震撼之外,他有关动物发育为什么都有胚胎发生的解释也让我感到醍醐灌顶:他的解释是,动物移动有助于取食。从结构上,不能只有运动系统而没有消化系统,各个系统必须同步形成才能协同工作,而伴随细胞分裂的细胞迁移(更专业的表述是"原肠化",gastrulation)是保障不同系统分化同步的重要机制。他的解释让我理解了英国著名发育生物学家 Lewis Wolpert 为什么会说出下面的话: It is not birth, marriage, or death, but gastrulation which is truly the most important time in your life.

回顾 17 世纪以来的生物学发展历史,我们可以发现,动物胚胎学一直是有关动物研究的中心。现代遗传学奠基人 T. Morgan 原本是一位胚胎学家,而且他职业生涯的最后一部著作仍然是有关胚胎学的。胚胎发生作为世界上几乎所有动物的形态建成都必须经历的过程,为揭示动物形态建成的基本规律提供了一个共同的参照系或者具有可比性的平台。如果从传统的"生物—环境"二元化分类系统的视角来看,把动物作为一种实体存在而加以辨识和关系想象,所有动物都有胚胎发生是一种归纳的结论。可是从上述不同系统分化必须有特定的机制来加以协同或者保障的视角来看,动物之所以有胚胎发生,是因为"不得不"——基于细胞迁移的机制大概是维持不同系统实现同步分化的最优机制。被包被和保护只是衍生出来的属性。比如,鱼类和两栖类的胚胎发生就没有或者无须亲本个体的保护。与之形成对照,对于自养多细胞真核生物植物而言,由于其多细胞结构应对胞外网络组分匮乏的机制不同,多细胞结构的分化并不需要同步化,因此根本不需要类似动物胚胎发生这样的过程。虽然陆生植物合子早期发育也处在被包被/保护之中,从这一点上类似动物的胚胎,可是如果我们把动物胚胎发生过程的本质看作是一种协同机制而不是保护机制的话,那么把陆生植物中被保护的源自合子分裂的细胞团称为胚,并希望以此与动物胚胎发生过程进行比较,就不得不说是一种对动物胚胎发生本质解读上侧重实体存在特征的比较而引发的舍本求末带来的误读。

在我的个人经历中,我发现无论是在农村耕作的农民,还是在高校教书的教授,大家常常不约而同地以动物(常常是人)的行为做比喻来解释植物的生命活动。比如我在下乡时,我所在生产队的队长告诉我们为什么要给庄稼施肥,讲的道理是,和人一样,庄稼也要"吃东西"。上大学之后,教授我们植物生理学的焦德茂教授告诉我们,1648 年荷兰科学家 van Helmont 做了著名的盆栽柳树称重实验证明土壤不是植物生长的物质来源。在此之前,西方社会也都相信亚里士多德提出来的,和我的生产队队长类似的观点,即植物生长所需物质都来自土壤。另外一个例子,就是有植物学家撰文宣称植物也可以"看"可以"听"。虽然初衷是以拟人的手法吸引人们对植物的兴趣,但这种对概念内涵的人为混淆,常常会对人类认知能力的发展带来不必要的干扰。和同事就有关植物研究中是不是应该用拟人化方式的讨论，让我注意到一个问题：为什么大部分动物都会出现高度保守的视觉、听觉？

　　前面提到，很多动物都有感官来感知周边的环境因子变化。比如，人类就有负责视觉、听觉、嗅觉、味觉、触觉的五官。但并不是所有的动物都有五官。比如，水螅类动物就没有这些感官。另外，对于具有某类感官，如感知光线的眼睛（或同类感官）的动物而言，这类感官的感知机制，在不同动物之间又有很大的相似性。把这些现象放在一起考虑时，很容易得到两个推论：第一，这些感官应该是在演化过程中渐次发生的（如果以海绵、水螅作为动物的古老类群来看的话，图13-14）；第二，某种感官一旦发生而且有效，其机制可能在不同物种中被保留。对这两个推论，演化生物学家有具体的研究。让我感到有意思的是，如果海绵、水螅这些古老类群没有复杂的感官也可以生存至今，其他动物的感官为什么会发生？或者这类迭代的优越性是什么？

　　从"三个特殊"相关要素的整合角度我们可以发现，所有以取食方式实现"三个特殊"相关要素（一般所谓的营养）整合的动物，都不得不面临一个生物体（细胞团）与相关要素的物理接触问题。海绵、水螅类固着生长的动物之所以能生存至今，是因为有水流可以将它们所需的相关要素带到它们的表面而被截留。一旦水域中它们所需的相关要素的种类和数量出现大幅度的变动，这些动物将难以生存。近年媒体上议论过的澳大利亚东北部大堡礁面临生存危机，其根本原因就是水域中珊瑚生存所需相关要素出现变化。无论海绵、水螅之类固着生长的动物最初形成机制是什么，它们作为异养生物，这种守株待兔式的生存模式决定其生存空间不可避免地会受到很大的制约。

　　其他动物出现感官能衍生哪些优越性呢？首先，我们看所谓感官感受的是什么。视觉所感受的是光，听觉感受的是声波，嗅觉和味觉感受的主要是化学分子，而触觉感受的是温度和压力。如果说嗅觉和味觉所感受的化学分子、触觉感受温度还可能属于"三个特殊"运行所需的相关要素的话，视觉所感受的光和听觉所感受的声波，与"三个特殊"的运行有什么关系呢？如果我们观察动物视觉和听觉所感知的对象，我们可以发现，所谓的感知，本质上是获取"三个特殊"相关要素的某些特征信号，以此作为相关要素的表征，借助光或者声这些可以远距离传播的媒介，在实体接触到这些要素之前，就可以对这些要素的存在做出响应，然后借移动自身实现与要素的物理接触。

　　显然，与海绵、水螅这些需要相关要素与细胞团发生物理接触时加以截留的机制相比，具有感官的动物极大地拓展了"三个特殊"所需相关要素的整合空间！从这个意义上，嗅觉所感知的化学分子，在绝大多数情况下也并非参与生命大分子网络运行的组分，而是相关要素的特征信号。从这个意义上，感官的本质，就是借助物理（光、声、电）或者化学（分子）特征作为媒介，把自身"三个特殊"运行所需的相关要素信号化（signalization），从而进一步拓展"三个特殊"相关要素的整合空间。当一个特定空间中存在多个动物个体时，能够远距离感知相关要素的类型，再加上与运动等其他功能的协同，应该有更大的机会实现要素整合，维持整合子运行的稳健性。这大概可以解释为什么动物演化过程中，感官这种全新的多细胞结构会发生，而且会在很多物种中被保留下来。

因多细胞结构形成的同步化和单向性而不得不出现的二岔模式

　　上面两小节简单介绍了动物这种多细胞真核生物从海绵开始到人类所在的哺乳类动物的形态结构的起源、功能与协同的大致特点。考虑到动物不同系统在功能上的分化，一个简单的推理是,处于不同系统的细胞应该从形态到内在的生命大分子网络上都有稳定的分化,否则在多细胞结构的运行过程中无法有效地协同。这就带来一个问题,即如果在胚胎发生过程中,由合子分裂产生的细胞团中所有细胞都向不同方向分化为具有不同功能的组织和器官,那么哪些细胞能够被诱导产生生殖细胞,使得多细胞结构最终能够回归 SRC,实现自变应变呢?对这个问题,我们在本章的第一节中已经提到,那就是在胚胎发生早期的细胞团中,先预置若干细胞专门用作分化生殖细胞,即所谓生殖细胞系。

在目前主流的生物学教科书中,胚胎发生过程中出现生殖细胞系被认为是动物发育中的代表性过程。可是,如果从前面提到的体细胞和生殖细胞的关系上看,对于以 SRC 为核心的多细胞真核生物的生活周期完成过程来看,胚胎发生过程中出现生殖细胞系完全是结构复杂到一定程度的动物不得不出现的情况。在动物世界中还有些种类的生殖细胞是在体细胞分化完成之后,从已分化的体细胞中诱导产生出生殖细胞(图 13-16)。但是对大多数动物而言,生殖细胞系是在胚胎发生早期就与其他细胞的分化平行出现。它们通过原肠化(就是细胞迁移)过程中的细胞移动,迁移到被特化为生殖腺(gonad)的体细胞腔体中,在那里完成减数分裂和配子形成过程。如果把图 13-8(c)所显示的在 SRC 主干上多细胞结构插入的情况分解出来,就出现图 13-7 所表示的动物发育的基本模式。我们在本章第一节中就提到,这种模式称为多细胞真核生物形态建成的二岔模式。与之相对应的,则是植物形态建成过程中因为有在 SRC 主干上的两次多细胞结构的插入过程而形成的双环模式[图 13-8(d)]。两相比较我们可以发现,同为真核生物,都是在应对胞外网络组分匮乏情况下不得不出现多细胞结构,对周边组分的整合方式(自养/异养)的差异,导致整个多细胞结构的形态建成过程形成了两个策略。我们认为,这种视角为理解多细胞真核生物生命活动中哪些规律具有同一性、哪些特点是多样性提供了一个具有客观合理性的逻辑基础。

对于大多数动物而言,目前对动物胚胎发生的一般解读是,在被保护的情况下合子形成的细胞团完成各种组织器官形态建成的过程。无论胚胎发生过程所需时间的长短,从合子开始到一个个体的形成,总是需要时间。前面提到,动物这种生命系统的存在需要其多细胞结构中各种系统的分工协同才能完成。这种分工协同建立在各种细胞稳定分化的基础上。从这个角度看,从合子开始到不同类型的细胞完成稳定的分化,一定存在中间过程。处于这中间过程的细胞算是什么细胞呢?在发育生物学研究过程中,对这些细胞有过一些术语来描述,即所谓的全能细胞、多能细胞和单能细胞。在过去很长时间内,人们一直认为从合子开始的各种细胞分化(包括体细胞和生殖细胞)都是单向的、不可逆转的。可是总有人相信,动物体内会有一些细胞是可以保持或恢复分裂能力,产生出新的细胞来修复损伤的细胞。Haeckel 早在 1868 年就提出 stemzelle 一词来代指这类细胞。到第二次世界大战之后,人们发现受到原子弹爆炸辐射的人群中出现大规模白血病,才知道人体血液中存在造血干细胞。目前知道,在很多研究过的人体组织中,绝大部分都存在分化程度不同的干细胞(stem cell)。在进入分子生物学时代之后,人们发现细胞分化是基因表达改变(其实就是被包被的生命大分子网络结构的改变)的结果,于是希望通过改变基因表达模式来调整/控制细胞分化方向,不仅用来更好地理解形态建成过程中细胞分化的调控机制,更重要的是可以获得具有疾病治疗功效的干细胞。这种改变细胞分化方向的努力从 20 世纪 50 年代就开始,到现在已经取得了巨大的成功。

在这里需要特别强调的一点是,改变细胞分化方向是一回事,多细胞结构中是不是存在干细胞是另外一回事。之所以要强调这一点,是因为从 20 世纪 90 年代以来,很多植物研究

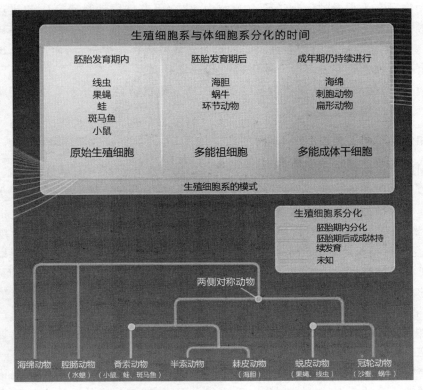

图 13-16　动物生殖细胞系的类型及其演化关系。
上图为生殖细胞系从体细胞中分化出来的时间，从早期胚胎发生阶段到晚期成体阶段。生殖细胞在胚胎发生阶段和体细胞分离的类型中，生殖细胞前体迁移到体细胞分化出来的生殖腺，并在那里进一步分化为生殖细胞。生殖细胞在胚后发育阶段才和体细胞分离的类型中，部分体细胞维持长时间的多能态，并成为生殖细胞的前体。下图中，如果生殖细胞在胚后发育过程中才和体细胞分离的类型是祖先类型，那么脊椎动物和蜕皮动物的胚胎发生过程中，生殖细胞从体细胞分离的机制应该是独立起源的。图引自 Juliano C，Wessel G. Versatile germline genes. *Science*，329：640-641.

者开始号称植物体内存在干细胞。其实，从植物形态建成基于轴叶结构的持续生长的角度来讲，多细胞结构从来没有停止过生长，无论是顶端生长点的生长、居间生长、生长点重构发生分枝的生长，还是木本植物茎中形成层的生长。从目前的研究结果看，所有的分生细胞都可以从已分化细胞中诱导。另外，从植物整合胞外网络组分的自养特点来看，植物细胞没有，也不需要达到类似动物那种程度的复杂而稳定的分化，因此在逻辑上除了在轴向生长的顶端之外，根本不需要类似动物那样的干细胞。处于低分化（相对于动物体细胞）状态下的植物细胞很容易被诱导向不同方向分化，不仅是向生殖细胞方向，也包括向分生细胞从而重构生长点的方向。处于低分化状态下的体细胞能否恢复分裂能力以及向什么方向分化，很大程度上取决于周边小分子所形成的微环境特点。1958 年美国威斯康星大学的 F. Steward 教授的实验室率先以胡萝卜肉质根中的韧皮部细胞为材料，通过组织培养不经过合子而获得完整的植株。之后几十年的植物组织培养研究一再证明，在不同的植株中可以采取不同的材料通过培养而形成完整的植株。

　　在以动物研究为主导的生物学研究领域中,植物研究借用动物研究中的热点概念常常会引起更多人关注。可是如果在揭示多细胞真核生物形态建成策略的同一性基础上解读多样性,恐怕更多地需要从动植物多细胞结构形态建成的内在规律进行,而不是简单地在名词上套用。有的植物学研究者因源自德语词汇 Stemzelle 的"stem"在英文中有"茎"的意思(其实 stem 也可以指船的主干),就认为动物干细胞研究源自植物,这是对动物干细胞研究的发展历史缺乏了解而望文生义。

动物如何实现配子相遇

　　在单细胞真核生物中,配子都是在特定的环境因子变化情况下由单倍体细胞诱导而来。配子相遇原则上以随机碰撞为主(有些单细胞生物也有化学分子吸引的机制)。水环境显然是单细胞真核生物配子相遇不可或缺的必要条件。前面对植物如何实现配子相遇的介绍中,我们提到,在苔藓和蕨类植物中,单倍体多细胞结构分化形成的精子器在精细胞分化完成之后,也需要将精细胞释放到水环境中,由带鞭毛的精细胞自行游动到颈卵器以实现配子相遇。到了种子植物,由于卵细胞由被包被在胚珠中的减数分裂产物细胞分化而来,精细胞与卵细胞的相遇不得不借助配子体发育的最初形式——丝状体,即花粉管作为精细胞的运载工具,而被极度压缩的配子体,即源自小孢子囊的减数分裂产物细胞的分化产物——花粉,还需要借助不同的媒介,如风、水、虫等被传播到胚珠所在空间以便花粉管实现对精细胞的传送功能。动物如何实现配子相遇呢?

　　和植物中的情况类似,动物作为一个巨大的多细胞真核生物类群,其实现配子相遇的方式也是多样的。有的是把精卵细胞分别释放到水中(如珊瑚和水母),让它们随机相遇形成合子;有的则是雌雄个体在雌体排卵时完成受精(如青蛙等两栖类);还有的则是雄性个体借助特殊器官将精细胞送入雌性个体体内。从与配子相遇相关的多细胞结构分化的角度看,动物实现配子相遇的方式与植物并没有特别的不同——本质上都是有助于配子相遇、有助于合子成功形成下一代多细胞结构以及与由此而衍生出来的体细胞分化。换言之,动物实现配子相遇方式的多样性,既包括单细胞真核生物阶段的体积相似的同配(isogamy)到多细胞真核生物中普遍存在的异配(anisogamy),还包括两类配子相遇所不得不面对的开放和为合子分化提供保护这两种看似不兼容属性的协同。但是,从雌雄配子载体相遇、使得配子相遇有可能发生的方式上,动植物却存在重要的差别。

　　植物是固着生长的,雌雄配子载体无论其多细胞结构的体积和复杂程度有多么不同,精子器和颈卵器或者相应功能的结构(其实就是种子植物的大小孢子囊)分别着生在不同的空间,它们都无法自主移动。唯一的办法就是将体积小的精细胞或者花粉释放出来,借助所在空间流动的环境因子为媒介,传递到雌配子所在位置附近。对于绝大多数动物而言,其基本的特点是多细胞结构(个体)可移动。虽然从前面对动物多细胞结构起源及其形态建成的分析来看,动物个体的可移动性最初是作为取食,即胞外网络组分整合机制而发生的。但是,既然个体可以移动,那么为什么不借用这种既存的移动机制来实现雌雄配子载体的空间相遇问题呢? 可是,这种视角就引出了另外一个问题,既然个体的移动功能最初因取食而被选迭出来,为什么会被用于雌雄配子载体相遇呢? 这就引发了下面的问题,即动物的行为与居群的现象的描述与解读。

动物的行为与居群

首先，我们需要考查一下"行为"一词的含义究竟是什么。在汉词网的《汉语词典》中"行为"一词的解释是"举止行动，受思想支配而表现出来的外表行动"。《说文解字》中"行"字的解释是"人之步趋也"，而"为"字的解释"母猴也"。清代段玉裁《说文解字注》解释了原本描写母猴的"为"字怎么与行动关联起来："左传鲁昭公子公为亦称公叔务人。檀弓作公叔禺人。由部曰。禺、母猴属也。然则名为字禺、所谓名字相应也。假借为作为之字。凡有所变化曰为。"《辞海》对"行为"一词的解释也是针对人而言的。相对而言，英文 behavior 一词的解释就比较宽泛。主要有三条：(1) observable activity in a human or animal；(2) the aggregate of responses to internal and external stimuli；(3) a stereotyped, species-specific activity, as a courtship dance or startle reflex。更有趣的是，behavior 一词的动词形 behave 的词根是 have，看似特别简单的一个词，但实际上该词的词源却不简单：在公元 900 年前由 heave 一词转型而来，而 heave 一词的含义居然是 to raise or lift with effort or force；hoist ——还是"移动"！

回到上面一节提到的问题，原本作为整合胞外网络组分而迭代出来的细胞团移动机制，怎么就用来运送配子了呢？对于细胞团/多细胞结构移动而言，其机制无非都是神经系统和运动系统的协同。问题是驱动力从哪里来。就取食相关的行为而言，从前面的分析可以发现，其驱动力本质上是以"三个特殊"为构成单元的生命大分子网络的正反馈自组织属性。那么与配子运送相关行为的驱动力是什么呢？传统的生物学观念体系的回答基本上就是"传宗接代"。可是我们前面反复强调，生命系统本身没有自我，因此也不可能有传宗接代的人类意识。从上一节所介绍的动物配子相遇的机制来看，最初的动物都是将配子释放到水里，让它们随机相遇去形成合子，多细胞结构不承担配子运送的功能。只有到多细胞结构发展到可以高效移动之后，才有移动个体帮助配子相遇的现象出现。这种现象说明，移动个体而帮助配子相遇的现象是演化过程中的衍生性状。从个体发育过程而言，我曾经在上课时问过同学一个问题：一个人为什么 5 岁不找对象，10 岁不找对象，到了 15 岁才开始找对象？大家都知道一个很简单的道理：性成熟。可是什么叫性成熟呢？最直接的要素就是性激素。从这个意义上讲，人类和其他动物的求偶，即运送配子的行为，无论从演化（或者叫系统演化）的角度，还是从发育（或者叫个体发育）的角度，都是被逼出来的不得不的行为！

谁是"逼"的主体？从个体发育的角度看，性激素自然是大家最熟悉的要素之一。可是为什么在演化上会出现这么一种驱动个体作为配子运送者的机制呢？比较一下腔肠动物释放精细胞和卵细胞的壮观景象与动物求偶和交配行为，很容易得出哪种机制配子相遇概率更高的结论。而求偶和交配这种提高配子相遇概率的行为的出现和保留，所遵循的不就是前面有关各种整合子迭代时一再提到的结构换能量原理吗？反正多细胞结构可以移动，如果阴差阳错地在此基础上叠加上性激素等机制驱动的求偶和交配行为，从而借用多细胞结构移动的机制来运送配子的动物获得了更高的存在概率，这些类群自然被保留下来。

除了取食、配子运送（及其衍生出来的求偶）这两类行为之外，还有一种行为就是逃避捕食者。动物既然以取食为"三个特殊"相关要素的整合方式，就不可避免地有以谁为食的问题，从而在不同的动物之间，就有捕食者和被捕食者的关系。如果一个动物不具备逃避捕食者的能力，显然无法在地球生物圈中生存。在人类所能观察到的地球生物圈中，生存下来的动物无一不具备各种各样逃避捕食者的行为。于是，逃避捕食者和取食、配子运送一起，成为动物的三类基本的行为类型。

　　在这三种动物生存不可或缺的行为类型之外，对有些动物而言，还有另一类动物行为，即育幼。如果说取食是可以由个体单独完成的行为、求偶和交配是必须由同种两性个体相互作用的行为、逃避捕食者是通常在异种不同个体之间相互作用的行为，那么育幼就是同种亲子代际间个体互动的行为。尽管《动物世界》等科教纪录片中特别热衷于育幼之类的主题，从演化角度看，一般而言，育幼只在演化到特定阶段的动物中才出现，演化进程早期的动物并没有或者不需要育幼行为。比如腔肠动物连交配都交给运气，哪里顾得上管合子怎么发育。无脊椎动物甚至鱼类，亲本帮忙完成受精之后，最多在卵细胞中为合子发育多留一些营养。亲子个体之间没有实质性的互动。我曾经通过 CCTV-9 看过一部 PBS 制作的纪录片《我的火鸡生活》。在这部纪录片中，主人公偶然收获一盆火鸡蛋。突发奇想想亲身感受由他"孵化"出来的小火鸡的印随（imprinting）行为（鸟类动物会将其孵化出来最初看到的个体视作母亲而跟随的一种行为）的细节。一开始是非常温馨的场景。可是，等火鸡长到性成熟之后，就各奔东西。对曾经朝夕相处的主人公，雄火鸡会将其视为竞争对手而无情地攻击。当然，鱼类、爬行类、鸟类的孵育行为都属于育幼行为。到哺乳类动物出现之后，则出现更复杂的亲子关系。

　　在我们前面对居群内涵的分析中，曾经提到单细胞真核生物的存在单位从单个细胞转变为特殊的细胞集合，即以 SRC 为纽带的超细胞居群。顺理成章地，多细胞真核生物的存在单位自然也不得不是以 SRC 为纽带的超细胞居群。只不过对于多细胞真核生物而言，由于其基本的存在形式是细胞团而不再是单个细胞，此时的细胞集合或者超细胞就出现了两种含义：以 SRC 为纽带关联起来的细胞集合是以单个细胞为单位，还是以作为 SRC 载体的多细胞结构为单位？换言之，对于多细胞真核生物而言，居群的构成单位究竟是什么？我们在前面讨论植物时提到，以 SRC 为参照系，完成 SRC 的载体是在 SRC 三类核心细胞之间所插入的两个多细胞结构所构成的双环，在种子植物中表现为典型的、被称为植物发育单位的轴叶结构。一棵植株则是源自同一合子的、通过轴叶结构的分枝所形成的不定数量的植物发育单位聚集而成的聚合体。不同合子来源的聚合体/植株构成了相当于单细胞真核生物细胞集合的超细胞居群（来自不同形式分枝，包括自然或者人为扦插而形成的植株不算居群中不同的构成单元）。由此可见，对于植物而言，要准确地界定居群其实是一个不那么容易的事情。那么对动物而言呢？

　　如果以 SRC 为参照系，对大多数动物而言，一个合子分裂所形成的多细胞结构通常构成一个独立的个体（individual）。珊瑚等以聚合体为存在形式的动物以及蜜蜂蚂蚁这类特殊的超级有机体（superorganism）暂不讨论。这是人类感官辨识范围内特别容易分辨的实体存在。从前面的讨论我们可以知道，动物多细胞结构的形态建成策略是二岔模式，肉眼可辨的多细胞结构只是完成 SRC 主体的生殖细胞系的载体。从这个意义上，人们基于感官辨识而形成的个体是居群构成单元的习惯性表述好像是没有错的。可是，从 SRC 的角度讲，这种表述是不严格的。因为 SRC 的完成需要不同类型的配子。目前地球上存在的多细胞真核生物完成 SRC 的异型配子都属于形态上具有显著差异的精卵型异型配子。在此基础上迭代而成的动物，在体细胞与生殖细胞的关系上，相当大的部分都表现为一个个体只承载一种配子类型，即所谓雌雄异体的模式。从这个意义上，对于任一由多个个体所构成的居群而言，每个个体其实只是完成 SRC 的半个载体。这就是与单细胞真核生物存在显著不同的地方！在单细胞真核生物中，虽然配子也分两类甚至多类，但从实体存在层面，都是单个细胞。减数分裂之前是二倍体单个细胞，而减数分裂之后是单倍体单个细胞,在被诱导进入异型配子形成之后,才出现不同类型配子的分化。可是雌雄异体的动物在二倍体多细胞结构上就被分为两种配子载体类型。当我们统计一个动物居群中构成单元时,我们应该是以作为特定配子(即或雄或雌)载体的个体为一个单位呢？还是把这种特定配子载体算做半个单位,以雌雄两个个体算成一个完整的单位呢？对这个问题,我目前也没有让自己满意的答案。

虽然没有答案,但寻求对居群构成单元的界定标准,尤其是之前 SRC 的发现,让我意识到一个问题,即 Mayr 当年提出以居群作为定义物种的单位的观点的确具有非凡的意义。当然,这个观点也反过来凸显了给出居群的边界以及居群构成单元的界定标准的重要性。放到上面讨论的概念框架下,我们发现对于真核生物而言,任何特定类型(物种)的存在主体就不再是原核生物中的单个细胞,而是出现了两个存在主体：维持"三个特殊"运行的主体和应对胞外网络组分匮乏的主体。在单细胞真核生物中,前面的主体就是单个细胞,而后面主体就是出现 SRC 纽带的超细胞居群/细胞集合；而在动物中,前面的主体在绝大多数动物种类中就是个体,而后面的主体就是包括雌雄异体的个体集合。从这个意义上,对于大多数动物种类而言,一定是一个双主体的系统：行为主体是个体,生存主体是居群(在人类一般叫"社会")。两个主体之间的连接纽带,是以 SRC 为核心的有性生殖。

动物生存 123

由于之前有植物形态建成 123 来概括自养多细胞真核生物的形态建成及其与 SRC 的关系,我就想,能否对动物的形态建成以及它与 SRC 的关系也给出一个简单的概括,以起提纲挈领、纲举目张之效。于是有了"动物生存 123"：

"1",也是一个起点,即 SRC；

"2",是两个主体性：第一,行为主体是个体。这种主体性源自动物多细胞结构方式。具体表现在个体构建(胚胎发生)与个体行为(生理/行为)的明显的分段实现。第二,生存主体是居群。这由两个要素决定,一是单细胞真核细胞阶段迭代产生的 SRC 和多细胞结构形成过程中出现的雌雄异体。具体表现为"两个分岔"和"一个整合"：两个分岔是指在细胞层面上生殖细胞与体细胞的分岔,以及在个体层面上雌雄异体所出现的分岔；一个整合即完成 SRC。

"3",是三个关键环节：第一个环节是个体行为以取食为起点。这是可以由个体单独完成的行为。动物个体的各种集群活动包括分工协同都是取食的衍生形式。此外,还有由取食特点而衍生的逃避捕食者行为。第二个环节是性行为作为完成 SRC 的形式。这就是前面讨论的动物三大类行为中的求偶与交配,在一些动物中还包括育幼等。性行为需要居群中两种类型(雌雄)的个体协同完成的行为。这里当然包括被各种动物纪录片或者人类文学津津乐道的交配权争夺。第三个环节就是居群组织机制。既然居群是由作为行为主体的个体为单位(或者半个单位?)来构成的,这些个体的行为有没有自由度的限制？这个问题要讨论起来会非常有意思。在此篇幅所限,我想先给出一个结论,即既然所有的真核生物都以居群为生存主体,那么任何的居群,无论单细胞还是多细胞,无论动物还是植物,都会有居群的组织机制。对于动物而言,不同类群中五花八门的居群组织机制最终可以归纳出三个要素,即秩序、权力、食物网络制约(即"三个特殊"相关要素可用性)。这三个要素构成了一个三组分系统来维持居群的可持续存在(图 13-17)。这个三组分系统中各个组分/要素的功能是：秩序作为行为主体的个体的行为模式,权力维持秩序,食物网络制约界定秩序、制约权力。

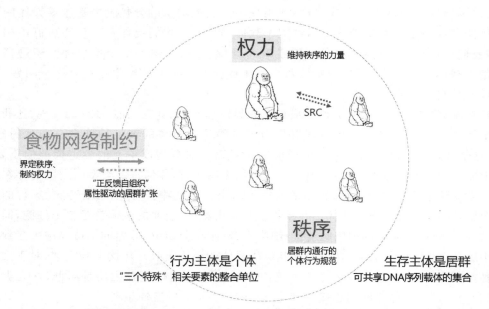

图 13-17　动物居群组织的"三组分系统"。作为多细胞真核生物，动物物种在地球生物圈的存在表现为两个主体性，即居群和个体。两个主体之间以有性生殖周期为纽带而关联，这种属性衍生出居群组织机制的三组分系统，即秩序、权力、食物网络制约。

　　谈到三组分系统，人类历史上一个有关动物的观念特别值得一提，那就是强者为王的"丛林法则"。在目前有文字记录的人类历史上，无论是哪一种文明形式，都将人类看作有别于其他动物的类群。在亚里士多德的分类系统中，世界上的实体存在被分为矿物、植物、动物和人。在中国文明中，我们一直将人类的野蛮行为斥为"兽性"，将自己厌恶的人或者行为称为"禽兽不如"。可是，从目前人类对生命世界的了解来看，那些被人们鄙夷的禽兽在这个地球上存在的时间都要长于人类，比如我们前面提到的，大熊猫在 800 万年前就出现了，一直延续至今。如果动物都是为所欲为，它们怎么可能延续那么多年呢？被我们所鄙夷的"野蛮"的动物，一个种类或者同一个居群能延续至今，维系种群延续的不同个体之间强者为王的规则就那么不堪吗？

　　从上面动物生存 123 中第三个关键环节中的居群组织机制的三组分系统来看，其实是人类自以为是地误读了动物居群的行为。试想，如果说居群是一个动物种类的生存主体，如果没有秩序（先不说秩序是怎么来的），所有个体为所欲为，这个居群能够维持吗？不可能。如果无法维持居群及其成员之间的有效互动（哪怕是非群居动物也需要个体之间的互动以实现有性生殖），生存主体也就无以为继，这个物种也就无法留存在地球生物圈中成为人类的观察对象。如果秩序需要维持，在一个居群的不同成员中，谁有能力来成为维持者？当然是身强力壮的个体。否则怎么可能管束得了扰乱秩序的个体呢？从这个意义上，强者为王的现象中，"王"的本质是权力，而权力的本质，实际上是维持居群的秩序！这就是为什么权力是动物居群组织的三要素之一。

　　可是，从行为主体是个体的角度，身强力壮的个体去维持秩序了，它自己的取食时间和机会怎么得到补偿呢？显然，它的身强力壮既然足以管束捣乱分子，当然也可以有能力优先获得食物乃至配偶。那么强者的这种优先对于居群其他成员而言为什么是能够接受的呢？

这就需要回到 SRC 的本质来考虑了：强者在食物与配偶上的优先权其实是一种借助 SRC 这个固定的基因流渠道的 DNA 序列库（或者按照目前主流术语叫"基因库"）优化的加速机制。强者作为一个个体，它在所在空间中整合"三个特殊"相关要素的效率或能力再高，却无法阻止周围空间中相关要素的改变。如同第十一章中提到的应对不可预测的周边胞外网络组分变化的策略是保持细胞集合中 DNA 序列多样性那样，要在不断变化的情境下维持整个系统的存在，最简单的办法就是提高在要素变化后的空间中有更高整合能力的 DNA 序列类型（即基因型）在居群中的比例。强者之为强，在于其整合效率高。因此，强者在配偶上的优先权，最终可以在维持居群 DNA 序列库多样性的前提下，提高整个居群"三个特殊"相关要素的整合效率。

那么老的强者怎么办？和单细胞真核生物细胞集合中那些稳健性较差的细胞最终走向解体，以缓解胞外网络组分匮乏的形式为居群的存在做贡献那样，老的强者必须向新的强者交出"王位"即权力。可是新的强者怎么能证明它比老的强者更强壮呢？当然就是各种形式的争斗。为什么新的强者常常会胜过老的强者呢？很简单，两方面原因，一是新的强者源自 SRC 所增加的变异；二是老的强者的衰老。这就是在动物居群组织机制的三组分系统中第三个要素对权力的制约。考虑到由一个合子分裂发展而来的动物个体只能携带两套 DNA 序列，增加居群变异以实现不断变化的"三个特殊"相关要素有效整合的自变应变属性，决定了携带固定 DNA 序列的个体必须在一定的阶段要被替换。否则居群无法实现自变应变。这就是在动物界生老病死不可避免而且也不该避免的根本原因（有关细胞死亡我们在第十章有所讨论，而对于多细胞生物的衰老我们将在下一章讨论）。人类常常感慨动物界丛林法则的残酷无情。其实这是苏东坡早就咏叹过的"不识庐山真面目，只缘身在此山中"的误读！人类感官认知容易看到个体而很难看到居群，不知道动物的存在和其他真核生物一样，与生俱来地就有两个主体性。人类感官认知的局限，使得人们难以看到正是三组分系统保障了动物居群在不可预测的环境因子变化中自我维系与自我迭代。具有讽刺意味的一个事实是，没有动物三组分系统的居群组织机制，怎么可能会出现鄙夷"丛林法则"的人类？

需要声明的是，我在此为动物居群组织机制的申辩并不意味着我认同和支持社会达尔文主义。恰恰相反，我认为 19 世纪的社会达尔文主义是人类探索未知过程中，在对生命系统一知半解的情况下就自以为真理在握，匆匆忙忙地运用尚未经过检验的理论来解决人类自身问题的典型的失败案例。

真　菌

多细胞真核生物中还有一大类，真菌。真菌是现代人类生活中无处不在的一种多细胞真核生物（当然也有些特殊物种以单细胞为存在形式，如酿酒酵母。这很像动物中也有珊瑚之类的固着生长类型）。说"无处不在"首先不是可食用的蘑菇，而是与发酵相关的各种真菌、致病真菌，以及可以抑制细菌生长的真菌。尽管如此，对大部分受过教育的人来说，对真菌的了解恐怕都是少得可怜。我也属于此列。因为了解得少，思考得也少。这与对植物的了解和思考形成了鲜明的对照。毕竟，我的专业是植物研究，因为对人类社会有兴趣，爱屋及乌地会去多关注动物方面的问题（其实更多的是在和研究生共事过程中面临各种挑战而不得不思考人性）。对真菌的了解，基本上是因为思考 SRC 的问题而恶补了一点。

　　当然，从 *Campbell Biology* 的内容安排看，我对真菌的无知好像情有可原——在该书第 11 版的 56 章 1284 页正文中，真菌只有一章 19 页，占全书篇幅不到 1.5%。结合该书的介绍以及我过去所收集的信息，有关真菌大概有以下几点值得关注：

　　首先，真菌是以吸收（absorption）为"三个特殊"相关要素整合方式的多细胞真核生物。所谓吸收，其实就是将自身产生的酶分泌到胞外，降解周边其他生物细胞，将被降解生物中整合态组分转变为低复杂程度的自由态组分，再实现跨膜转运。还有的类型是寄生在寄主细胞中通过吸收的方式整合原本存在于寄主细胞内的"三个特殊"相关要素。这显然是与同为异养多细胞真核生物的动物不同的要素整合方式。

　　其次，大概受制于吸收这种"三个特殊"相关要素整合方式，真菌的多细胞结构的基本形式是丝状体（又被称为菌丝）（图 13-18）。从之前分析过的多细胞结构几何形状来讲，线性的丝状体对于分泌和吸收这种特点而言，应该是最高效的结构。从目前的研究情况看，真菌的丝状体的生长方式和植物的花粉管、根毛、苔藓的丝状体的生长方式非常相似。

　　最后，既然真菌多细胞结构的基本形式是丝状体，那么蘑菇这种专业上被称为子实体的结构又是如何形成的呢？在 20 世纪后期到 21 世纪初，英国曼切斯特大学的教授 David Moore 曾经用数学方式非常逼真地模拟了真菌子实体的形成过程（图 13-18）。如果与黏菌的子实体形成相比较，蘑菇的形成应该也是在胞外网络组分匮乏的情境下，以孢子形式实现空间移动的一种机制。

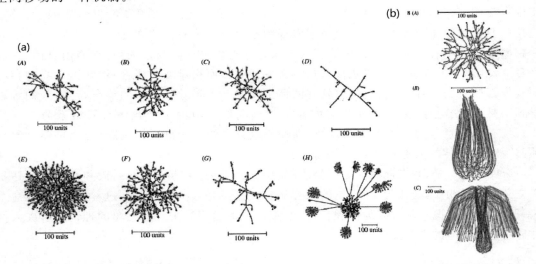

图 13-18　真菌菌丝和子实体形成数学模型的可视化，子实体结构的形成是各个菌丝顶端生长的协同调控的结果。
（a）菌丝生长模式模拟的可视化：不同参数可以形成不同的菌丝生长模式（A）—（H）；（b）从菌丝到子实体形态建成过程模拟的可视化（A）—（C）。详细信息请参阅下列参考文献：Meskauskas A, McNulty L J, Moore D. Concerted regulation of all hyphal tips generates fungal fruit body structures: experiments with computer visualizations produced by a new mathematical model of hyphal growth. *Mycol Res*., 108(Pt 4): 341-353.

　　此外，按照 *Campbell Biology* 书中的资料，目前已知的真菌种类大约 10 万种（少于植物的三十多万种）。它们和异养的多细胞真核生物在演化关系中被聚在一起，分为四大类（图 13-19）。与这四大类作为姊妹群的，还有一种被称为壶菌（chytrid）的类群。

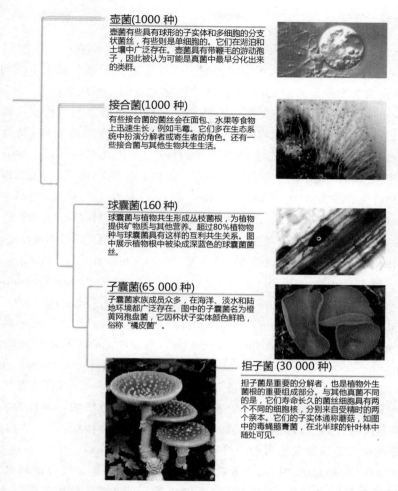

壶菌(1000 种)

壶菌有些具有球形的子实体和多细胞的分支状菌丝，有些则是单细胞的。它们在湖泊和土壤中广泛存在。壶菌具有带鞭毛的游动孢子，因此被认为可能是真菌中最早分化出来的类群。

接合菌(1000 种)

有些接合菌的菌丝会在面包、水果等食物上迅速生长，例如毛霉。它们多在生态系统中扮演分解者或寄生者的角色。还有一些接合菌与其他生物共生生活。

球囊菌(160 种)

球囊菌与植物共生形成丛枝菌根，为植物提供矿物质与其他营养。超过80%植物种与球囊菌具有这样的互利共生关系。图中展示植物根中被染成深蓝色的球囊菌菌丝。

子囊菌(65 000 种)

子囊菌家族成员众多，在海洋、淡水和陆地环境都广泛存在。图中的子囊菌名为橙黄网孢盘菌，它因杯状子实体颜色鲜艳，俗称"橘皮菌"。

担子菌 (30 000 种)

担子菌是重要的分解者，也是植物外生菌根的重要组成部分。与其他真菌不同的是，它们寿命长久的菌丝细胞具有两个不同的细胞核，分别来自受精时的两个亲本。它们的子实体通称蘑菇，如图中的毒蝇鹅膏菌，在北半球的针叶林中随处可见。

图 13-19　现存真菌的大类群及其演化关系。图修改自 *Campbell Biology* 11th。

物种、食物网络、地球生物圈

前面对植物、动物和真菌三大类多细胞真核生物作为可迭代整合子的自我维持与自我迭代的基本特点做了概要的介绍。对于植物和动物而言，我们归纳出了植物形态建成 123 和动物生存 123 来概括这两类多细胞真核生物运行的基本要素。从第十一章讨论真核细胞到这里，我们从整合子迭代的角度，得出了真核生物的存在以居群为基本单位的结论。这与 Mayr 当年基于他的鸟类研究所得出的物种以居群为单位的结论殊途同归！可是，不知道大家注意到了没有，我们讨论到现在，一直没有对什么是物种做过定义。原因其实很简单，如同什么叫"活"、什么叫"环境"、什么叫"生命"一样，"物种"是一个讨论生命现象时无法回避、同时又众说纷纭的概念。达尔文的演化思想是在《物种起源》这部里程碑著作中阐述的。如果说在单独介绍不同类型的多细胞真核生物运行的基本要素时还可以回避对物种这个概念的讨论，那么要讨论不同类型多细胞真核生物之间的关系，物种这个概念就成为无法回避的一种存在。尽管这个概念的内涵众说纷纭，我们还是不得不尽可能给出言之成理的解释。

什么叫物种？

要回答这个问题，还是要从词源考据开始。中文"物种"一词在《现代汉语词典》中给出的解释是："生物分类的基本单位，不同物种的生物在生态和形态上具有不同的特点。物种是由共同的祖先演变发展而来的，也是生物继续进化的基础。一般条件下，一个物种的个体不和其他物种中的个体交配，即使交配也不易产生出有生殖能力的后代。简称种。"《辞海》给出的解释类似："生物分类的基本单位。由共同的祖先演变发展而来，是生物进化的基础。不同物种的生物在生态和形态上具有不同的特点，即使交配也不易产生有生殖能力的后代"。由于中文"物种"是由两个字组合而成的，如果分别考据，则根据《说文解字》，"物"字的解释是："万物也。牛为大物；天地之数，起于牵牛，故从牛。勿声"。"种"字的解释前面已经有介绍。中文"物种"一词是 1898 年严复翻译英国 T. H. Huxley 的 *Evolution and Ethics*，即著名的《天演论》时对应英文 species 一词所创[①]。按照 dictionary. com 中的解释，species 排列在前两位的解释是这样的：1. A class of individuals having some common characteristics or qualities; distinct sort or kind; 2. Biology. the major subdivision of a genus or subgenus, regarded as the basic category of biological classification, composed of related individuals that resemble one another, are able to breed among themselves, but are not able to breed with members of another species. 该词的词源相对比较简单：1545-55；< Latin *speciēs* appearance, form, sort, kind, equivalent to spec(ere) to look, regard + -iēs abstract noun suffix. 如果上面的词源考证无误，则现代汉语物种一词应源自英文 species，而从 species 的词源可见，物种的概念最初应源自在感官辨识能力范围内对实体存在分门别类的需要。从这个角度看，林奈时代的分类学以生物的外形参数为指标，以个体模式标本（即个体）为参照，显然是人类认知发展历程中必须经历的阶段。

到达尔文写作《物种起源》时，虽然他没有明确物种这个概念需要以居群来定义，但他引入了有性生殖和后代形成过程（见第四章）来解释物种起源，其实就已经引入了居群的概念——因为起码从动物的角度讲，有性生殖的完成，起码需要有雌雄两个个体和一个后代个体（如果后代要持续完成有性生殖，那么起码需要两个不同性别的个体）。或许研究者都约定俗成地认为，讲到物种就指一个群体（20 世纪初的群体遗传学兴起时，所有的基因行为分析都是以群体为默认前提的），一直到 20 世纪中期，Mayr 特别强调物种是以居群为单位而非以个体为单位时，很多人才意识到林奈时代以模式标本所代表的个体为单位来定义物种是存在逻辑缺陷的。

作为后知后觉的晚辈，反观前人对物种概念的争论，我发现基于感官辨识而形成的物种概念无论怎么选择形态学指标，从逻辑上都无法解决不同物种之间是不是存在可区分的边界问题。而这个问题在 Mayr 提出以生殖隔离为指标而定义的"生物学种"的概念时，终于给出了一个超越人类对指标选择的主观性的客观指标。既然物种的概念建立在有性生殖的前提下，而有性生殖在多细胞真核生物中是建立在两种配子载体的基础之上，物种的单位当

---

① 此说源自中国科学院华南植物园的杨亲二教授《也谈"物种"一词的用法——与王文采先生商榷》，载于植物生态学报，2006，30(2)：359-360。该文指出："严复将'species'译为'物种'，据云可能是从《庄子》得出的灵感。《庄子·寓言》：'万物皆种也，以不同形相禅'"。

然就不得不以居群为单位。而这一点，恰恰又和我们在讨论真核细胞时所提出的细胞集合概念、以 SRC 为纽带的 DNA 序列库的概念殊途同归！

基于上面的分析，我们可以看到，目前词典中对物种的定义还是比较准确地反映了这个概念发展的历史。如果从本书的逻辑来看，物种其实就是一个以 SRC 为纽带共享 DNA 序列库的超细胞居群。这个居群的构成单元/成员可以是单个细胞，那就是单细胞真核生物的物种；也可以是以多细胞结构，那就是多细胞真核生物的物种。同一个居群中的不同成员之间由于其动态网络单元的调控枢纽（DNA 序列库/基因库）的共享性，自然表现出细胞及其行为或者细胞团的形态建成模式的共同特点，这就是当年分类学家作为分门别类标准的表型。

如此定义物种难免产生两个问题：第一，在现存分类系统中高于物种的分类单位是不是具有客观性；第二，原核生物是不是存在物种的问题。

第一个问题，达尔文当年其实已经回答了。只不过在他给出的解释中，还有很多博物学和分类学的痕迹。从我们这里的整合子生命观的角度看，不同空间中存在的真核细胞，虽然有类似的"三个特殊"相关要素的整合方式，但所在空间中胞外网络组分的种类、数量和变化方式是有差异的，这使得具有稳健性的动态网络单元的运行及其调控枢纽也会出现相应的差异。当不同的居群无法实现 DNA 序列库共享时，自然产生两个出现生殖隔离的居群，即两个物种。大家过去根据形态特征的异同程度、现在根据 DNA 序列的异同程度分级，毫无疑问都是有客观性基础的。这也解释了为什么传统的基于形态特征的分类学系统和根据近年基于 DNA 序列的分类系统之间存在相对不错的对应关系。基于这种分析，我们可以认为把物种作为分类单位是有客观合理性的。但高于物种的单位，恐怕更多的是研究者为了方便，基于当下知识的逻辑延伸。

与这个问题有关的还有另一方面，即类似肠道微生物算不算其栖息的人体的一部分。在以表型为指标而区分生物类型的时代，人们并不知道个体内还存在其他生物类型。即使在当下基因组测序技术范围内，人们可以将人类基因组和肠道微生物基因组区分开来，可是没有肠道微生物的人体是一个"正常"的人体吗？

第二个问题可能会遇到一些麻烦。虽然原核生物不进行有性生殖，但也是物以类聚的。不同的类群之间，不仅存在 DNA 序列上的差别，也存在表型上的差别。但是，我们前面谈到，原核细胞很少进行细胞融合。虽然存在随机的 DNA 交流（被称为基因水平转移），但没有固定的 DNA 交流与共享渠道/纽带。更重要的是，原核细胞没有 SRC，尽管它们有细胞分裂，但没有遗传学意义上的"代"。在林奈的时代不存在原核生物这个概念，他显然也看不到原核细胞。在后来看到原核细胞了，当然第一件事情是要命名。最简单的命名方法，就是套用现成的、以多细胞真核生物为对象而建立的林奈的双名法。在知道原核生物没有有性生殖的时候，套用多细胞真核生物的话语体系已经建立起来了。后来在分子生物学发展之初，以大肠杆菌为代表的原核生物在中心法则的建立和基因表达调控机制的解析上还立下过汗马功劳。虽然这两方面研究都不涉及经典遗传学概念上通过后代表型的分离来定义和定位基因，但有关研究都因为其对 DNA 作为遗传物质证明的贡献而被载入遗传学教科书。究竟是迁就原核细胞在中心法则建立中的贡献而容忍其存在对代、遗传学、物种概念内涵逻辑严谨性的破坏，还是迁就观念体系中的逻辑严谨性而为原核生物构建另外一套话语体系，这可能是摆在后代生物学家面前的一个挑战。

什么叫食物网络？

大家可能注意到了，在本书的讨论中，先是从以红球蓝球为代表的碳骨架组分复合体 IMFBC 的自发形成和扰动解体为对象，后来以在 IMFBC 基础上自发形成共价键、从而出现"三个特殊"的迭代为对象，再后来是可迭代整合子在不同层级上的迭代为对象。虽然到了真核细胞阶段我们强调了细胞集合为可迭代整合子的存在单元，但直到讨论物种这个概念，我们的讨论一直限定在有特定可定义（未必感官辨识）边界的整合子范畴内。可是，在人类的感官经验中，不同的生物之间是存在相互关系的。比如，大家从小就听过不同版本的诸如"大鱼吃小鱼、小鱼吃虾米、虾米吃烂泥"，兔子爱吃胡萝卜，大灰狼要吃小山羊等故事。这些感官经验放到生物学的框架下就变成了一个学术性的概念，叫食物网络（food web）。其中的道理并不复杂：作为以取食为方式的异养多细胞真核生物，动物整合"三个特殊"相关要素的取食方式从单细胞真核生物的借助质膜形变，到出现消化系统，即在细胞团特定区域细胞质膜形变的整合（如海绵和腔肠动物），再到通过运动系统移动自身，进入胞外网络组分丰富的空间，同时借助细胞团不同区域细胞的分工协同，从守株待兔式地等待食物进入消化系统区域，转而主动捕捉可消化实体送入消化系统。在这个过程中，不同类型的生物体从动物的角度看就都成了食物——植物是动物的食物、小动物是大动物的食物、土壤中的原生生物是小动物的食物。这种现象最初被称为食物链（food chain）。

自从动物发展出了可移动的能力，世界上任何的生物体，尤其是动物，不仅面临怎么从周边空间中整合"三个特殊"运行所必需的相关要素的问题，还面临怎么不被别的动物甚至其他生物作为食物的问题。这就是为什么我们在第十二章中概述多细胞真核生物所面临的三种关系时，要提出第二种关系，即以细胞团为单位的动态网络单元$^+$在获能应变这两种功能之间的协同。所谓的应变，到了多细胞真核生物的阶段，表现为除了要应对胞外网络组分的变化之外，还要应对捕食者的变化。在这个意义上，大家很容易发现不同物种在捕食者与被捕食者之间存在的军备竞赛式的共演化现象。

从捕食者所涉及的生物类型来看，除了极少数的食虫植物之外，基本上应该都属于动物的范围。植物作为自养多细胞真核生物，其自养的属性决定了它们不会也不需要去"捕捉"动物或者其他生物，但它们固着生长的特点，决定了可移动生物的介入可以提高它们完成 SRC 所必需的配子相遇的概率（动物传递花粉）、拓展其合子分布的空间（动物传播果实和种子）。于是在与不同生物类型的关系中，植物远远不止于作为一种被动的食物。它们也是整个不同类群生物之间相互关系的积极构建者。

另外一种多细胞真核生物真菌的情况也是这样。它们是降解多细胞真核生物的重要角色。在真菌的参与下，被整合到各种多细胞结构中的网络组分被游离出来，回归自由态，为整个生命系统的"三个特殊"相关要素在两种状态下的平衡发挥着所有动植物都无法替代的作用。除了真菌之外，单细胞真核生物和各种肉眼看不到的原核生物，包括人体内的肠道微生物，也在维持它们各自自我维持和自我迭代的过程中，成为整个生命系统的运行的参与者。从这个意义上，传统基于可见的动植物之间关系而形成的食物链概念的内涵就显得过于狭隘。于是有了食物网络这个概念。

从三大类多细胞真核生物的彼此关系来看，食物网络的出现，关键在于动物基于取食的异养。正是这种属性或者能力，使得原本以不同的相关要素（如植物以光、CO_2、水；动物和真菌以细胞化生物体）为整合对象、不同的理化过程为整合机制的、井水不犯河水的"三个特殊"运行过程被关联到一起。从我在植物科学领域学习工作的体验来看,植物研究者常常会自豪地说,植物是地球生物圈的第一生产力。这大概是没有错的。但从食物网络的形成的角度,动物才是最初的驱动者。取食这种行为为整个地球生物圈不同物种之间的迭代带来了前面提到的军备竞赛式的全新的驱动力。有人一直好奇这个世界上为什么动物的物种种类比植物要多出一个数量级(植物是几十万种,而动物是几百万种。按照 E. O. Wilson 的观点,动物的种类远远超过这个数量)。动物作为食物网络中军备竞赛的最初的驱动者,可能是导致其分化程度更高,从而物种数量更多的原因之一。

　　有关食物链或者食物网络的概念,最初都是从对具象的不同物种之间取食关系的观察中形成的。如果从目前所知道的生命系统不同子系统的复杂程度及其"三个特殊"相关要素整合类型的角度,我们可以发现,不同物种之间的关系大致可以做如下的梳理:

　　(1) 多细胞真核生物的不同大类之间,即动物与植物、动物与真菌、真菌与植物;

　　(2) 多细胞真核生物的相同大类之内,即植物各种之间、动物各种之间、真菌各种之间;

　　(3) 真核生物与原核生物之间,细菌与单细胞真核生物、细菌与多细胞真核生物;

　　(4) 病毒与细胞化生命系统之间,病毒与原核生物、病毒与真核生物。

　　从整合子生命观的角度,当我们跳出基于感官经验,或者是借助工具而拓展的感官经验所形成的对有物理边界的生物之间关系的解释,以"三个特殊"为核心/连接的生命大分子网络为主体的整合子之间的关系来分析时,我们可以看到,不同整合子运行所必需的各种相关要素在总体上无非都是地球表面存在的以碳骨架组分为核心的各种物理、化学因子。从这个角度看,我们或许真的可以如在第七章中所提到的那样,把病毒这种生命大分子复合体看作是生命系统演化过程中或者是在混沌初开阶段就存在的化石分子——当然也可能是在之后的演化过程中出现。这类生命大分子复合体的共同的特点,是难以成为生命大分子网络运行的组分,甚至难以担当"补锅"所用的"铁钉、牙膏皮"所发挥的作用,是一种难以用来补天的顽石般的存在。这些大分子在结构上与其他生命大分子或复合体非常相似,可以进入既存的生命大分子网络,但它们的进入会给网络运行带来额外的扰动。在这种动态的若即若离的互动中,病毒如漩涡边上水体中的独特组分那样,作为类似自由态组分,始终存在于地球生物圈动态的生命系统网络中各个子网络的整合子之间。不知道病毒是不是曾经在不同整合子/物种的基因流之间发挥过独特的穿针引线的作用。

　　从上面的"水体与漩涡"的视角来看,不同整合子的差异,不过是对这些"三个特殊"运行所整合的相关要素的偏好性利用。在整合子之间各自运行所需的相关要素偏好性不同,或者相关要素的可用性远大于整合子运行所需时,它们的运行不会出现冲突。一旦出现"三个特殊"运行对相关要素的需求面临供给不足时,不同整合子运行的稳健性就会对各自的存在概率发生影响。从这个视角,我们可以用简单的同一性原理来解释不同层级上发生的迭代/演化现象。比如没有包被的生命大分子网络在与被网络组分包被的生命大分子网络共处时,大家共用同样的相关要素,被包被的网络稳健性显然会高于没有包被的。在正反馈自组织属性的驱动下,最终被包被的网络将脱颖而出。到了多细胞结构的层面,不同物种之间的关系所服从的也是同样的原理,只不过在这个层面上不同物种对相关要素偏好性的差异,最终表现为各自在更大的生命系统网络的不同层级上有自己的生态位,各自成为节点,以形式上多样性的更加复杂的关联机制,连接成为更大规模的、彼此依赖的网络结构。这也是为什么我们在前面提到,地球生命系统如同大爆炸宇宙一样,是个单数的存在。

地球生物圈：物质与能量循环中的结构换能量循环

在我的理解中，食物网络的概念偏重于不同生物类型之间的关系。从上面一节最后一段的解读来看，细胞化生命系统运行无非是碳骨架分子相互作用的特定形式。从植物通过光合作用把光的能量通过 CO_2 和水（在其他一些物理、化学因子的参与下）的相互作用固定在碳骨架分子上，植物被动物食用、动植物被真菌分解，这些复杂的碳骨架分子又回归 CO_2 和水的状态。从目前对地球起源的研究来看，在生命系统出现之前，地球表面已经有了光、CO_2 和水（以及 O_2 及其他一些的物理、化学因子），而且它们始终在不同形式的变换中。生命系统的出现，只不过是在 CO_2 和水原本的气态或者液体自由态分子的形式中，以碳骨架组分为平台，转换成为一些新的存在形式。这种形式转换的最大特点，在于它们不是质点化的转换，而是可迭代的整合子式的转换。因此，虽然本质上不过是 CO_2 和水的存在形式的转换，却由于以碳骨架分子为特殊组分，在地球表面温度与压力的特殊环境因子参与下，出现了以分子间力为纽带的特殊相互作用，地球表面逐步出现了欣欣向荣、生生不息的、被人类称为生命的特殊的物质存在形式。

对于我们这个年龄的人来说，我们有幸可以看到人类从太空拍摄到的地球的地貌和生境。因此，理解地球生物圈的概念没有任何困难。可是想想在 19 世纪，虽然人类的足迹已经遍布世界各地，可是人类始终处于"身在此山"的状况。在这种情况下，能够从不同生物类群之间互动的角度来思考和探讨生命的属性，其实是需要非常强大的洞察力和想象力的。我们在这里不得不再提 E. Haeckel。正是他在 1866 年首提 ecology 这个概念（earlier oecology＜German Ökologie＜Greek oîk(os) "house, dwelling" + -o- + German-logie-logy），用来解释不同物种之间以及它们各自与环境之间的相互关系（the branch of biology dealing with the relations and interactions between organisms and their environment, including other organisms）。虽然从本书的逻辑来看，讨论生物与环境的关系所承袭的亚里士多德式的二元化分类系统存在需要反思的问题，但在生态学范畴内所提出的不同生物类群之间的关系及其解析这些关系的探索，还是为整合子生命观的形成提供了丰富的信息资源。如果说一个物种或者共享 DNA 序列库的居群的成员之间是以 SRC 为纽带被关联在一起的话，那么不同物种或者居群则以胞外网络组分的共享或者分享（用生态学术语来说，就是物质流和能量流）为纽带被关联在一起，成为以地球生物圈来表示的人类目前已知的、单一起源的、呈网络状存在的整个生命系统。

不知道大家有没有发现讨论到这里，随着对可迭代整合子的描述发展到地球生物圈的层面的时候，我们其实在某种意义上又回归了以红球蓝球为代表的碳骨架分子/组分——物质流的重要组分！千姿百态的生物，不过是地球原本构成要素动态循环中的一种独特的形式而已。早在细胞化生命系统出现之前，地球上的水就一直在气、液、固态之间循环。碳元素也会在碳酸钙的溶解和大气中 CO_2 之间出现缓慢的循环。只是在特定的机缘巧合之下，碳骨架组分相互作用所形成的结构换能量循环，以及建立在这种循环节点的 IMFBC 基础之上的共价键自发形成所产生的正反馈自组织属性，使得生命系统作为一种特殊的物质存在形式，在自身不断迭代的过程中，伴随整合子运行效率的提高而不断加速原本地球上就已经存在的物质与能量的流动。如果用居维叶漩涡来比喻动态的整合子，那么地球上早已存在的相关要素应该就是漩涡之所以能形成的水体或者水流。漩涡再大、再多，也不可能转到水体的外面去（台风之于气层也是一样）！不知道大家读到这里，内心会有什么样的感受。

第十四章　超细胞生命系统Ⅲ：
形态建成中策略的多样性与原理的同一性

关键概念

发育：超细胞网络的程序性构建？多细胞结构稳健性维持的相关现象Ⅰ：疾病、衰老、死亡；多细胞结构稳健性维持的相关现象Ⅱ：从"三个特殊"相关要素整合策略看动植物的行为；多细胞结构稳健性维持的相关现象Ⅲ：居群维持的纽带——性、性别分化、性行为；蚂蚁和微萍

思考题

发育机制的核心问题究竟是什么：细胞行为？遗传程序？网络结构？

疾病的本质究竟是什么？

网络稳健性调控有多少途径？

动植物的"年龄"各自指什么？

对"性"现象解读的分析可以让我们反思什么？

对"病毒"本质的另类解释给我们什么启示？

超级有机体现象和微萍给我们什么启示？

在前面两章中，我们先讨论了在单细胞真核生物基础上出现多细胞真核生物可能的原因、机制和优越性；然后讨论了植物、动物和真菌这三大类多细胞真核生物多细胞结构形态建成的特点、多细胞结构中体细胞与生殖细胞的关系、动植物完成 SRC 的载体如何实现各自的配子相遇；最后，我们还讨论了在探索不同类群多细胞真核生物之间关系时无法回避的物种、食物网络和地球生物圈概念。

我们在前面提到，在目前的主流生物学观念体系中，对于生命系统的不同成员，大家比较认同的共性在于基因、细胞、演化，即所谓"三块基石"。但是无论对于研究者还是社会公众，谈到生物，大家的第一反应除了本书开篇提出的"活"之外，可能就是千姿百态的生物类型，也就是生物的多样性。"多样"可能是除了"鲜活"之外生命的另一个标签。可是从人们语焉不详的"活"到千姿百态的芸芸众生，这之间是如何关联起来的？从林奈的分类系统到达尔文的生命之树，再到细胞学说和中心法则，在现有的生物学观念体系中，我们真的找到了什么是"活"的解释、建立了"活"与多样性之间的内在联系了吗？平心而论，我们很难把一瓶 DNA 或者一堆碱基序列与"活"之间画上等号。虽然不同物种 DNA序列上的差异可以为我们解释多样性提供依据，前面讲到的基于形态特征的分类系统和根据 DNA 序列相似性所构建的系统树之间也存在不错的对应关系，但只要解释不了什么是"活"，找不到生命概念背后原理的同一性，生物的多样性其实无从谈起——毕竟，没有"一"哪来"多"？

在本书的讨论中，我们对什么是"活"这个问题提出了一个新的解释，即早在基因和细胞出现之前就已经自发形成的结构换能量循环，即特殊组分在特殊环境因子参与下的特殊相

互作用(三个特殊)。在不同的章节,我们以结构换能量循环/"三个特殊"这个最初的整合子为起点,论证了在 IMFBC 基础上自发形成共价键,出现可迭代整合子,在各种机缘巧合(其实就是随机性)下,根据 F.Jacob 所说的"补锅"的原则,具有正反馈自组织属性的整合子不断把遇到的"铁钉""牙膏皮"整合到一起,先后出现了以酶为节点的生命大分子相互作用的双组分系统、生命大分子网络、被网络组分包被的生命大分子网络(即细胞)、以居群为生存主体的单细胞真核生物以及人类肉眼可见的多细胞真核生物。在这个概念框架中,DNA 是生命大分子网络的组成部分,它作为调控枢纽,核心功能是生命大分子网络的关键要素/特殊组分,即酶及其他蛋白质生产流水线的图纸;由中心法则所描述的这条生产流水线要素及其运行方式,即基因表达调控过程,只负责拼装所需的零配件的种类、数量和生产时间,这些零配件在时空量上的组装,超出了中心法则和 DNA 序列相关实验本身所能解释的范围。这也是本书在一开始就提出对基因中心论的质疑的根本原因。

在整合子生命观的概念框架下,生命系统的主体是以"三个特殊"为基本构成单元(连接,link)的生命大分子网络。这个网络有两个基本形式,一是生命大分子合成与降解的网络(即以酶为核心自下而上形成、以 DNA 为枢纽自上而下调控的两个层级所构成的网络),二是以生命大分子复合体聚合与解体的网络(即在细胞化生命系统中的各种细胞结构)。从我们前面的分析可以看出,这两种形式的网络都具有可迭代性。虽然在这两种形式网络关键组分(多肽)的高效形成方式都可以追溯到中心法则描述的生产流水线,但在当下生命系统中真正表现为"活"的特点的,其实还是从生产流水线"下线"之后的"零配件",即这些特殊组分,在特殊环境因子参与下的特殊相互作用,以及以这些"三个特殊"为构成单元的网络的组装与运行。只是长期以来,人们还没有发展出有效的研究工具来系统地分析"三个特殊"相关要素的互动。从这个角度看,近年出现的单细胞、单分子分析技术(包括各种组学,显微和质谱技术)、冷冻电镜技术,以及近年成为热点的相分离研究、正在显示广阔的发展前景的机械力信号对生命活动调控的研究,都将为探索生命大分子网络运行及其调控机制的全新领域,并因此将对生命系统本质及其规律的探索引入一个全新境界!

可是,新技术从让人眼前一亮到成为常规的实验室操作还有很长的路要走。在现有的信息量范围内,我们该怎么看待多细胞真核生物形态建成策略多样性背后的原理同一性呢?考虑到多细胞真核生物生命活动的复杂性,可以把这个问题分解为三个子问题:第一,合子从哪里来;第二,合子如何形成一个多细胞结构;第三,多细胞结构形成之后如何自我维持与迭代。有关第一个子问题,我们在第九到十一章中已经有了比较概要的讨论,核心就是有性生殖周期(SRC),在此就不再赘述。下面主要讨论第二、第三两个子问题,以及因此而衍生的一些相关问题。

发育:多细胞结构的程序性构建

前面两章讨论的是多细胞真核生物如何从单细胞真核生物迭代而来,不同的"三个特殊"相关要素整合方式(自养或异养)对多细胞结构的形成以及居群的形成与运行会产生什么样的影响。大家可能注意到,从多细胞真核生物在地球上出现至今,有几亿年的时间。换言之,当下存在于只有几十万年历史的人类身边的芸芸众生,是在几亿年的时间中演化而来的。从亚里士多德开始有记录的两千多年以来人类对这些多细胞真核生物形成过程的了解来看,如果不考虑人为或自然发生的体细胞克隆[①],目前所有的多细胞真核生物最初都来自被称为合子的单细胞。这大概是千姿百态的多细胞真核生物的芸芸众生中最令人印象深刻的现象同一性了! 这个由单个细胞(合子)变成人类可辨识的多细胞生物的过程,或者说多细胞结构的程序性构建过程,在目前的生物学研究中被定义为发育过程。

发育概念的由来

从亚里士多德时代开始,人们就意识到动物的个体由母体产出,并在出生后逐渐长大。出生之后的过程是人类肉眼可见的。由于在个体出生后的生长过程中,基本结构的类型没有改变,只是体积增加,因此稍作反向推理,就可以想象,个体的类型应该是在出生之前被决定的。出生之前的个体形成过程是什么样的呢? 这显然就成为不得不借助不同于传统的肉眼观察的方法来探索的问题。对于在母体中的个体在 16 世纪的英文中出现了一个词,叫embryo。Dictionary.com 对该词词源的解释是这样的：1580-90;＜Medieval Latin *embryon-*,embryo＜Greek émbryon, noun use of neuter of émbryos ingrowing, equivalent to em-em-[2]＋ bry-(stem of brýein to swell) ＋ -os adj. suffix。进一步检索,em 词源的一个意思是“in”。用简单的非学术语言来说,就是“在体内长大的结构”。从 17 世纪开始一直到 19 世纪后期,人们完成了对一个单细胞(合子)到一个五脏俱全的 embryo(胚胎)在细胞、组织和器官层面上的变化过程的清楚描述。这个研究领域被大家冠以“胚胎学(embryology)”的名称。在这个研究过程中,人们了解到,不同种类的动物从单细胞到一个多细胞个体的变化,基本上都有一个相似的过程：从合子分裂所形成的少数细胞构成的细胞团,到细胞团分化为扁平结构(胚层)围成的空腔(囊胚),然后胚层移动、折叠形成相对复杂的结构(原肠胚),在这个结构基础上不同部分细胞分别分化成为不同组织和器官。

这种现象相似性当然逃不过前辈生物学大师的法眼。E. Haeckel 在 1866 年对这个现象给出了一个“生物重演律(recapitulation law,或者 biogenetic law)”的解释。现在,很多人批判 Haeckel 的生物重演律不符合实际。可是从逻辑上看,他把个体从单细胞到多细胞的过程和多细胞真核生物从单细胞状态到多细胞结构的演化过程加以比较,借用当时有一定证据支持的演化观念(原理的同一性)和他的比较胚胎学数据来解释多细胞真核生物都源自合子的现象相似性(当然他也可以反过来,以比较胚胎学的观察来支持演化论),其实也不无道理。能提出这种推理不仅需要渊博的学识,还需要丰富的想象力和足够的勇气。

在动物胚胎发生的基本过程搞清楚之后,19 世纪后期,人们开始追问下面的问题：为什么同样是单个细胞,不同物种的合子总是形成该物种特有的多细胞结构而不会变成其他物种的多细胞结构呢? 当时虽然早已有“自肖其父”的遗传概念,而且很多人包括达尔文都提出了不同的遗传机制假说,但孟德尔遗传学还在等待被重新发现,现代意义上的遗传学还没有出现。人们所能操作的,就是去寻找可能改变胚胎发生过程的因子。两位德国生物学家 Wilhehn Roux 和 Hans Driesch 在这方面扮演了重要的角色。W. Roux 还创造了一个名词来表示他们所做的研究与传统胚胎学的不同。他创造的名词德语是 Entwicklungsmechanik。该词的中文翻译有不同的形式。有的翻译为发育机制学,有的翻译为发育力学,还有的翻译

---

① 体细胞克隆指不经过 SRC,由体细胞直接分化形成一个具有完整形态和功能的多细胞结构。比如前面提到的通过核移植而形成的青蛙、多莉羊,以及用胡萝卜肉质根细胞培养形成的可以完成正常生活周期的胡萝卜植株。各种动植物的无性繁殖本质上都可以被视为体细胞克隆。

为实验胚胎学。英文翻译为 development-mechanics。这个词后来衍生为 developmental biology，成为多细胞结构形态建成调控机制研究领域的新的学科名称。

为什么这个领域中的学者会偏好 developmental biology 而不是坚守传统使用 embryology？从我自己在植物发育生物学领域的研究体会来看，我认为"发育生物学"这个概念除了研究范围覆盖了胚胎形成之后的过程，即范围更广之外，还有一个重要的理念上的转变。传统的胚胎学的侧重点在于对过程的描述。W. Roux 的 Entwicklungsmechanik 侧重点转变到对形态建成过程调控因子及其作用机制的寻找。这些调控因子包括哪些呢？我到北大开设"植物发育学"课程的备课过程中，曾经检索过 development 一词的词源。结果非常有意思。该词的词源在 dictionary. com 中是这么解释的：1585-95；＜Middle French développer，Old French desveloper，equivalent to des-dis-^{1} ＋ voloper to wrap up；see envelop（我请教过德文专家有关 entwicklung 一词的构成方式：Ent 作为前缀的一个意思是表示与后面被修饰词的词义相反，而 wicklung 的词义是"卷起"。两部分加在一起，就是打开被卷起的东西，与英文严格对应）。大家可能都知道 envelop 一词：信封。这两个词从词根上比较能带来什么启示呢？信封其实不仅是一个包装物，还蕴含有东西在里面。从这个意义上看，develop 的意思其实也是两层：第一，打开过程；第二，所打开的对象中应该有被包被的东西。打开过程，应该就是胚胎学中所描述的过程。而被包被的东西，目前一般认为就是由胚胎学家 T. H. Morgan 带领他的弟子所创立的突变体遗传学所揭示的，被记录在 DNA 序列上的基因及其程序性的表达过程。

从 17 世纪开始的胚胎学，到 19 世纪后期开始的发育生物学，再到 1910 年 Morgan 发现第一个果蝇白眼突变体为起点的、以遗传学以及后来引入分子生物学为手段寻找决定胚胎发生的关键基因所取得的巨大成功，人们好像已经成功地解释了一个合子如何发展成一个具有特定形态和功能的多细胞结构。甚至，人们开始试图通过比较不同物种中参与胚胎发生调控基因的差异来解释演化过程中物种的分化，开辟了一个被称为 evolutionary developmental biology（Evo-Devo），即"演化发育生物学"的新的研究领域，试图把达尔文生命之树的实证基础从无法避免的带有人类主观性的生物体形态特征比较，转换到更少人类主观性介入的 DNA 序列比较之上。从这个角度看，物种演化与个体发育以遗传程序为中介而被关联在一起：演化过程中出现的遗传变异被整合到遗传程序中，这种遗传程序在通过生殖细胞传递到下一代合子后，随合子细胞分裂被渐次解读出来，指导细胞分化。当年 Haeckel 以比较胚胎学为基础提出的生物重演律所希望回答的物种演化与个体形态建成之间的关系问题，在一百多年后变成以比较基因组学为基础的发育程序在不同物种间的变化，以及同一物种合子所携带的发育程序渐次解读的过程。这似乎可以被看作是形态建成过程策略多样性背后的原理同一性。

发育过程只是编码在 DNA 序列上的遗传程序的解读吗？

可是，如同本章开头提到的，作为 DNA 片段的基因本身只是一种化学分子。单从 DNA 序列甚至基因序列的表达很难解释合子为什么会分裂。虽然从 20 世纪 50 年代以果蝇为材料开始的、以不同物种的形态学特征为表型的大规模突变体筛选，为寻找决定特定表型的基因、打开从单个细胞到多细胞结构这个黑箱提供了一条卓有成效的研究策略，但随着越来越多的物种基因组测序的完成，在基因与表型之间关系的理解上，出现了新的问题——究竟是先有基因还是先有表型？

之所以会提出这个问题，是因为我在职业生涯中的经历。我曾经和北大生命科学学院的同事杨继、饶广远探索过种子起源的问题。我们根据当时的主流观念和拟南芥突变体 *leafy cotyledon1*（*lec1*）的研究结果提出过一个假设，即种子这个表型是因为 *LEC1* 基因的出现而出现。结果发现，有功能的 *LEC1* 基因在蕨类植物中就已经出现，而蕨类植物并没有种子（Bai et al，2022）。

另外一个例子是基于本章后面会专门讨论的微萍研究。在这个研究中，我们选择了只有叶片和生长点的微萍小植株进行了单细胞转录组分析。在按照标准程序对单细胞转录组数据进行聚类分析之后，发现了各种在实验材料中并不存在的组织、器官特异性基因的表达（Li et al，2023）。类似的现象在海绵的研究中也有发现——研究者在对没有神经细胞的海绵所做的单细胞转录组分析中，居然发现了神经细胞特异表达基因的表达（Musser et al，2021）。

这些经历让我意识到，虽然突变体遗传学的方法为寻找决定表型的遗传因子提供了卓有成效的策略，表型与基因之间的关系，显然没有那些研究论文中所讲述的故事那么简单。基因的出现有它自己的随机性，而表型应该是基因出现及其所衍生的生命大分子网络改变的结果。从这个意义上，应该是先有基因而后有表型。可是，人们对基因的认知，在历史上是从以可分辨的表型为对象开始的，研究者是以作为演化过程当下结果的模式生物的表型为指标来追踪和定义基因的，没有表型也就无所谓基因。在这个意义上，则是先有表型而后有基因。生命系统演化过程中那些不依赖于人类存在的基因与表型之间的先后关系，和人类作为研究者而定义的形态建成过程中基因与表型之间的先后关系出现了方向上的不同。这大概可以解释一些研究结果与预期的不同。这也是我在第十二章中提到有关基因序列、基因功能和基因名称三者之间对应性问题的一个原因。

回顾人类对发育现象的探索历史，我们可以清楚地看到，没有突变体遗传学这种研究策略的引入，很难找到打开从单个细胞到多细胞结构这个复杂过程内在调控机制的切入点。可是，在当今已经可以把一个物种的全部 DNA 序列摆在眼前，同时了解到从 DNA 序列到多细胞结构之间存在复杂度不断增加或不同网络层级依次迭代的情况下，如果仍然以为仅从突变体表型与基因之间的关系就可以解读多细胞结构的形态建成过程的调控机制，那显然是作茧自缚了。以乐高积木模型的拼搭为比喻，突变体遗传学研究可以帮助我们了解一个模型的拼搭需要哪些零配件，还有这些零配件是怎么被生产出来的，然而并不能帮助我们了解这些零配件是如何拼搭成模型的。我们不能因为了解了零配件是如何生产的，就以为了解了模型是如何拼搭的。我相信我的同行中很多人都认同这个看法。可问题是，到了操作层面上，我们该怎么看待基因和表型的关系，怎么去解析模型拼搭的机制呢？

整合子生命观视角下的多细胞真核生物形态建成的基本逻辑

从整合子生命观的角度看，生命系统的主体，是以"三个特殊"为基本构成单元的、具有可迭代性的生命大分子网络；多细胞真核生物无非是各个动态网络单元（细胞）作为子网络被整合在一起的、生命大分子网络的超细胞拓展形式。从这个角度看，虽然 DNA 作为调控枢纽决定生命大分子网络中节点组分，即酶和其他蛋白质的种类、数量和生产时间，但这些零配件的组装才是决定形态建成的关键所在。如果只是从看上去纷繁复杂的基因表达、信号转导、细胞分裂分化的角度，似乎难以找到从一维的遗传信息到四维的形态建成过程的关联方式。可是，如果我们把多细胞结构的基础——细胞看作是被网络组分包被的生命大分子网络,那么很容易看到一个清晰的、由三个环节构成的多细胞真核生物形态建成的基本逻辑:从生命大分子网络的改变,到因网络改变而衍生出细胞形变,再到细胞形变引发周边细胞改变而表现出细胞团形变,即研究者观察到的形态建成。图 14-1 对整合子生命观视角下多细胞真核生物形态建成的基本逻辑做了一个框架性的概括。

从这个框架我们可以发现,按照我们之前章节中有关细胞是被网络组分包被的生命大分子网络的动态单元的解读,细胞这个生命大分子网络的动态单元由两个层级的网络构成:一个是生命大分子合成与降解的网络。这个网络又可以被解析为由酶为节点的自下而上的网络,和由 DNA 为枢纽从特殊组分供应链角度调控的自上而下的网络;另一个是生命大分子复合体聚合与解体网络。所谓的细胞结构,其实就是这个网络的表现。从这个角度,我们很容易发现,不同组分的变化,无论是 DNA、RNA、蛋白质、其他大分子(如多糖和脂类),还是其他小分子,都会影响到细胞这个生命大分子网络的动态单元的状态。而这种网络动态单元状态的改变,常常会衍生出细胞形变,最终表现为多细胞结构层面上的形态建成。换言之,图 14-1 概括了不同物种千姿百态的形态建成过程共同具有的核心过程,通过这个核心过程,人们有可能发现多细胞真核生物形态建成过程的原理同一性。

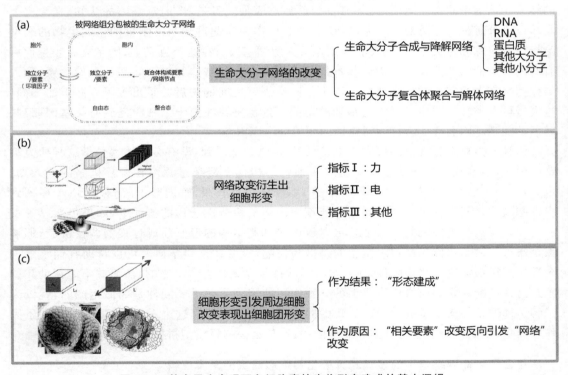

图 14-1　整合子生命观下多细胞真核生物形态建成的基本逻辑。
(a) 生命大分子网络改变是形态建成的第一个环节。就形态建成过程本身而言,尽管 DNA 序列是生命大分子网络中发挥枢纽作用的重要组分,真正发挥作用的是生命大分子网络结构的变化。左图改编自图 9-2。(b) 生命大分子网络的改变,尤其是生命大分子复合体聚合与解体子网络的改变,不可避免地表现为细胞形变。而这些形变是可以通过细胞表面张力或者电势、电流的变化而加以检测的。左图引自 Hamant and Traas 2010,表示植物细胞体积增加可以引发细胞壁结构的改变。(c) 单个细胞的形变可以引发周边细胞改变,并继而引发可检测的细胞团形变。左图引自 Hamant and Traas 2010,表示对植物原基生长过程中所出现形变的动态观察。

从上面章节中提到的从不同角度对动植物形态建成过程的研究,我们可以发现这些研究都可以在图 14-1 所概括的多细胞真核生物形态建成三环节基本逻辑的框架上找到各自的位置。反过来看,从这个框架上我们可以发现,伴随着分析手段的发展,有大量未知领域值得人们去探索。看到很多年轻人以为突变体遗传学是研究发育现象的不二法门时,我常常会想,孟德尔时代"基因"只是一个符号,摩尔根时代"基因"变成了一段染色体,DNA 双螺旋结构被发现之后"基因"变成了一段碱基序列。当时大家把基因组测序作为破译生命过程的天书。可是生命过程的奥秘真的只被写在 DNA 序列之中吗? 在一个物种的全部 DNA 分子中的每个碱基排列都被解析清楚的情况下,我们了解生命过程的奥秘了吗? 有了基因组信息作为工具,后基因组、甚至后基因时代,我们该怎么来了解多细胞真核生物的形态建成过程? 这么多未知的领域,难道不值得跳出基因中心的思维定式来做新的探索吗?

多细胞结构形成之后的稳健性维持 Ⅰ：
细胞团内不同构成单元相互作用与疾病、衰老、死亡

在第十二章中,我们就多细胞真核生物作为可迭代整合子的一种存在形式,提出了之前各种整合子存在形式所不具有的自我维持与自我迭代必需的三种关系: (1)以细胞团为单位的动态网络单元⁺与以作为细胞团构成单元的细胞自身动态网络单元之间的关系;(2)以细胞团为单位的动态网络单元⁺在获能和应变这两种功能之间的协同;(3)多细胞结构中 SRC 的三种核心细胞产生与细胞团中其他细胞之间的关系。三大类多细胞真核生物虽然形态上千姿百态,从合子开始成为一个具有主体性的生命系统之后,其自我维持与自我迭代过程中,无不需要解决好这三种关系。

就第一种关系而言,传统的表述是"细胞间相互作用"或者是"胞间通信（*Campbell Biology* 中提到的 cell communication）"。可是如果从生命大分子网络的角度看,多细胞结构中的作为构成单元的细胞与其所在细胞团的关系,无非是该细胞自身的被包被的生命大分子网络作为子网络与其被整合进的细胞团这个超细胞生命大分子网络之间的关系。我们在第十二章讨论整合子迭代过程的单向性时,曾经讨论过,网络的形成过程与网络运行的扰动过程是两种本质不同且不可逆的过程(图 12-5)。在多细胞结构形成之后的自我维持取决于各子网络(动态网络单元)自身运行的稳健性以及各子网络之间动态关联的稳健性。对于动物而言,我们已经知道,多细胞结构的构成单元细胞因为其功能的分化,其各自的动态网络单元的运行模式不可能相同(否则分化就无从谈起)。因此,同一个体中不同器官或者组织中的细胞寿命出现差异也在所难免(图 5-2)。这种多细胞结构中构成单元更新的不同步,不可避免地迫使整个超细胞网络处于不断自我调整之中。如果我们认同作为生命大分子网络各个构成单元(细胞)的"三个特殊"运行过程中存在要素偏好性,被包被的生命大分子网络运行中的网络组分存在两种状态(自由态和整合态)的转换,作为多细胞结构构成单元的子网络的细胞自我更新和迭代,以及整个超细胞网络不得不随之发生的自我调整都存在无法避免的随机性、多样性和异时性,那么在多细胞结构自我维持中出错,即超细胞网络受到扰动,在敏感位点出现网络连接(link)的断裂,进而影响网络的整体运行效率或者网络结构的局部甚至全部垮塌,显然都是无法避免的大概率事件。这种超细胞生命大分子网络运行效率降低以及网络结构的局部垮塌表现到多细胞结构可观察和描述的层面上,其实就是我们所谓的疾病与衰老。而网络结构的全部垮塌,"三个特殊"无法运行,但生命大分子及其复合体包

括由其形成的细胞或者多细胞结构仍然暂时存在的状态,即以"活"加演化作为核心要素的生命这种特殊的物质存在形式已经不复存在,但那些生命大分子及其复合体包括由其形成的细胞或者多细胞结构尚未被解体的状态,就是人类感官经验上的死亡。这大概就是为什么 L. Wittgenstein 会说"Death is not an event of life."

对于多细胞真核生物自我维持与迭代的第一种关系,即以细胞团为单位的动态网络单元[+]与以作为细胞团构成单元的细胞自身动态网络单元之间的关系而言,"异常"常常是人们定义"正常"的参照系。这一点和历史上古人会参照"生"来定义"死",参照"死"来定义"生"异曲同工。疾病、衰老、死亡,大概是在动物个体层面上整合子稳健性维持的三种代表性的异常。下面尝试从整合子稳健性的角度对它们背后的原理加以初步解释。

疾病:网络结构所受到的可恢复/重构的扰动

从整合子的角度看,疾病的本质是生命大分子网络运行因相关的组分(或者叫相关要素)在种类、数量、分布时空上的异常变化而受到扰动。因此,病症是网络整体结构偏离适度状态时的表现。一般而言,大多数的相关要素异常变化所引发的网络结构偏离适度状态的情况可以因网络的稳健性自发地或在人为干预下而恢复,表现为疾病的痊愈。

"疾病"一词的两个字在《说文解字》上的解释非常有意思:"疾",病也;"病",疾加也。显然"病"是比较重的"疾"。那"疾"究竟指什么呢?清代段玉裁的《说文解字注》的解读是:矢能伤人,矢之去甚速,故从矢会意。英文"疾病"是 disease。从该词的词源来看,意思比较直接,就是身体的"不舒服":1300-50;Middle English disese＜Anglo-French dese(a)se,disaise;see dis-,ease。造成人身体不舒服的原因有很多。试图解决身体不舒服的努力贯穿人类历史。有关疾病的原因与治理方法的记载自然也是汗牛充栋。

在现代社会中,医学是大学教育体系中学制最长的专业。在不同的汉语词典中,百度对"医学"一词的注释如果把"生命"改为"生物"可能是比较贴切的:医学(Medicine)是处理生命的各种疾病或病变的一种学科,促进病患恢复健康的一种专业。英文的 medicine 一词在 Dictionary.com 中的解释也包含了治疗疾病和康复保健的含义:the art or science of restoring or preserving health,以及 the art or science of treating disease。如果说医学的核心是治疗疾病或者康复保健的一种专业、技艺,那么上述从整合子角度对疾病的定义来看,疾病治疗或者康复保健,本质上无非是理解网络运行的稳健性,了解对网络运行产生扰动的相关要素异常变化的类型、程度,以及寻找合适的干预方法。

如果上面的判断是合理的,那么从前面对整合子的描述来看,引发疾病的相关要素绝大部分无非是生物体(在这类主要以动物为例)作为生命系统存在单元运行所在空间中那些周边可见和不可见的实体。由于当今地球生物圈的生物体都以被网络组分包被的生命大分子网络为主体、以细胞为基本构成单元,动态网络单元运行所涉及的自由态组分都需要跨膜才能和整合态出现动态的转换,因此,为了方便起见,我们可以把相关要素出现的异常变化分为内源——在细胞或者细胞团物理边界(细胞膜或者个体的表皮)内因网络的运行异常而出现变化,和外源——在细胞或者细胞团物理边界外自由态组分在种类、数量上的异常变化。

在上一章的讨论中我们提到,各种多细胞真核生物都是一个小的生态系统,比如人体内存在有与人类细胞同一数量级的大量其他原核细胞,比如以著名的大肠杆菌为例的肠道微生物。这些肠道微生物的变化究竟该算内源还是外源,恐怕不同的学者见仁见智,但因表皮损伤而引发的周边微生物的入侵，显然应该算作原本在生物体这个整合子运行的要素偏好性之外的外源组分对系统运行的扰动。

如此看来，我们可以发现，从疾病和治疗的角度，在中国现代化过程中曾经出现过激烈争论、在当今社会也被列为"社交话题火药桶"之一的中西医的不同，恐怕并没有大家想象的那么大——从网络的角度看，西医对病原的追踪，对病原所引发的免疫、生化反应的解析、对发病过程的追踪，以及针对病变而采取的各种干预措施，不过是对引发网络结构改变的细胞团不同层级子网络及其相关连接的定位与机制解析；通过修补或者替换受损的连接而恢复网络运行的适度状态。随着微生物学发展，发现细菌为很多疾病的感染源，从而借助抗生素治疗疾病是这种思路的成功典范。从历史的角度看（见第二章），在西方对生命系统的探索过程中，人们对所分辨的实体、实体之间的关系乃至对实体来源的追溯形成了一套概念体系，人们以这套概念体系作为工具不断发展认知能力，形成了今天人们所看到的"西医"——对西方而言，这就是他们认知空间中的"医学"。

中医同样是以个体为单位的整合子运行异常为疾病，也是以对病人施以各种干预作为治疗。只不过中医的干预手段现在看来是借助周边实体中所含各种组分，通过改变自由态组分的种类和数量，帮助网络恢复其原有的运行状态。在众多的周边实体中，如李时珍《本草纲目》中的各种动植物乃至矿物，古代的医家通过试错的方式找出不同疾病的表现与不同药物干预效应的经验性关系，并借助中国传统文化中对世界的描述方式，构建了一套完全不同于西方的概念体系。毕竟，在相对稳定的农耕生存模式下，人类个体在特定生存空间中整合子运行模式有其保守性，周边的动植物的分布也有一定的稳定性，这就为医家在病症与药效间建立经验性关联提供了可能。虽然中医的治疗长期以来并不依赖于对现代生物学意义上个体、器官、组织、细胞、分子的描述，但从保障一个网络不垮塌或者不崩溃的角度，如西医那样找出受损的连接去修补或者替换，或者如中医那样，在不知网络及其连接的实体性的情况下，借助各种药物为工具支撑出现不稳定的网络，从原理上也可以实现干预的初衷。因此，如果从整合子的角度，在对生命系统的认知和解读进入可用实验检验的网络层面上之后，中西医之间或许能够找到具有客观合理性的交集。

当然，在这里讨论对疾病的理解完全没有对当下中西医争执加以评判的意思。只是发现从网络的视角，如果一个生物个体的主体的确是一个生命大分子网络的话，那么很容易理解，人们目前对这个网络的了解基本上是处在管中窥豹的阶段。尽管如此，目前学界还是有人对类似癌症这样复杂的疾病提出了非常有说服力的观点，比如徐鹰教授就曾经提出，炎症引发的氧化还原状态改变会对网络产生扰动，网络自身的反馈机制对扰动产生响应，响应本身的副作用衍生出异常细胞分裂，最终表现为所谓的癌症（Tan et al，2022）。这种观点为从整合子的角度来解释疾病提供了一个绝妙的案例。

对动物疾病的整合子视角，原则上也适用于植物。不同之处在于，如上一章所提到的，传统上基于人类感官经验而定义的植株，从形态建成过程的角度讲是一个聚合体。而且，植物整合子运行与细胞团堆砌生长的策略，决定了植株不同结构的生长过程有与动物完全不同的独立性。从这个意义上，植物疾病的本质虽然也是网络运行受到了扰动，但表现形式、对植物生长的影响以及治疗的干预方式，显然有非常大的不同。这些不同在植物病虫害防治研究中有很好的体现。

衰老：正反馈自组织属性一种挥之不去的副作用

在学界，衰老算不算一种疾病有不同的观点。但衰老（senescence）一词所代指的个体随年龄增长而出现的生理机能下降，如果从整合子的视角看，应该可以被解读为多细胞结构稳健性包括其运行效率下降的一种表现。这是我们在此对衰老现象加以讨论的主要原因。

无论现代科学如何解释衰老，有一点可能不会有人提出异议，即衰老是早在现代科学出现之前，人们基于感官经验所观察到并命名的一种生物现象（有关衰老的词源追溯比较复杂。有兴趣的读者可以自己到网上去检索）。不同的人群乃至文明类型对衰老都有各自的猜测，而且都有长生不老乃至永葆青春的期望。大概正是有这样的背景，现代生物学出现之后，如何对衰老现象给出科学的解释，甚至能对衰老过程施加干预，实现古人的期望，不可避免地对一些研究者有着巨大的诱惑。

从研究文献来看，在目前对生命系统的各个描述层级上都有对衰老诱因的解释：DNA损伤、特定衰老基因的存在、基因组稳定性改变、端粒变短、染色质结构改变、蛋白质平衡丧失、养分感应失调、线粒体损伤、细胞衰老、干细胞更新能力耗竭、胞间通信异常，甚至慢性炎症、肠道微生物失调等等。有人试图通过找到衰老关键基因来控制衰老，甚至通过换血来逆转衰老。至于生物为什么会出现衰老这种现象，从演化的角度目前一种常见的解释，是把衰老视为一种维持居群生存的适应机制——如果个体永生，那么居群生存所需的资源将无以为继。这看上去似乎有理。但按照这种逻辑，衰老过程最终应该是由在演化过程中被选择出来的、控制机体最终停止运行的基因控制。如果是那样的话，人类最终应该可以找到控制衰老的基因，并由此而控制衰老过程。现在很多从事衰老机制研究的学者，常常会倾向于这种解释。

可是，如果从整合子的角度看，我们可以发现对衰老现象的另一种解释。

在第十、十一章中有关细胞分裂和真核细胞特征的分析中曾经提到，细胞分裂是在生命大分子网络正反馈自组织属性驱动下不断膨胀（生长）的过程中，解决体表比变小对维持网络运行所必需的自由态组分跨膜流动所产生的负面效应的一种维稳机制。由于正反馈自组织是生命系统的基本属性，在被网络组分包被的生命大分子网络，即细胞的运行过程中，正反馈自组织属性所驱动的网络扩张不可避免地会对细胞膜这个物理边界产生机械压力。反过来，细胞膜的张力也不可避免地会对网络的运行产生胁迫。细胞体积越大，细胞膜对网络运行产生的胁迫也越大。值得注意的一点是，网络正反馈自组织对细胞膜的机械压力所引发的反作用，即对网络运行的胁迫是非特异性的。但是，在复杂的生命大分子网络中，各种连接，即各种生化反应和大分子复合体的动态平衡，它们的反应常数是不同的，对胁迫的响应也不可能是同样的。由此可以做一个推论，即非特异性的胁迫会对生命大分子网络中的不同连接产生差异性的效应！

不同连接对非特异性胁迫产生差异性的响应作用于整个网络上，就可能引发网络拓扑结构或者运行稳健性的改变。从单细胞的层面上讲，随着细胞的分裂，由正反馈自组织属性驱动的体表比变小所衍生的对网络运行的非特异性胁迫被解除，网络的运行可以回到正常的范围，这大概可以解释为什么原核生物如大肠杆菌一般而言没有明显的衰老的现象。但对于多细胞真核生物而言，单个细胞在间期存在的时间更长，而且作为细胞团成员的单个细胞的运行要受到周边细胞的制约，细胞可能会衍生出反馈机制来协调不同连接对非特异性胁迫的差异性响应。但考虑到我们在第十二章中提到的多细胞真核生物的个体生存过程中，其多细胞结构中的成员细胞始终在以不同的速率而更新，个体中不同细胞自身应对不同连接对非特异性胁迫的差异性响应机制在细胞团内不同细胞的相互影响下，很难保证不出错。而一旦出现连接的不可逆损伤，从细胞这个动态网络单元到组织、器官乃至个体，整个超细胞生命大分子网络的运行效率及其稳健性都会出现降低。前面提到的徐鹰教授有关癌症起因研究所揭示的细胞对扰动的响应在维稳过程中被放大，并最终造成细胞死亡的机制，也可以用来作为衰老现象发生机制的一种解释。

目前有关衰老研究的各种指标，其实都可以被视为超细胞生命大分子网络运行效率及其稳健性的降低在不同层级上的表现。如果按照上述对衰老的整合子解释，把衰老看作是正反馈自组织对细胞产生的非特异性胁迫诱导的网络连接的差异性响应，以及网络维稳过程中所出现的难以避免的紊乱的结果，那么就可以认为衰老是一种生命系统运行过程中无法避免的胁迫响应的一种特殊类型。如果把我们前面提到的，SRC 是一种胁迫响应机制和衰老过程放到一起考虑，那么就很容易理解在过去研究过程中所发现的衰老与有性生殖之间的不解之缘。从这个角度看，衰老这个现象终极而言，是多细胞真生物正反馈自组织属性一种挥之不去的副作用。

如果上述对衰老的整合子解释是成立的，那么衰老只不过是生命系统正反馈自组织属性驱动的细胞生长衍生的非特异性胁迫的结果。从由表及里的分析方法来看，不同层级子网络乃至连接的改变可以被解释为是诱发衰老这个结果的原因，但对于生命系统而言，多细胞真核生物的衰老恐怕并不需要一套专门的基因系统来调控。

而且，如果衰老的整合子解释是成立的，那么，要从源头上阻止衰老，意味着要阻止正反馈自组织属性，而这意味着阻止生命系统的基本属性。从这个角度看，要从源头上阻止衰老是不可能的。但减缓衰老则是可能的——道理很简单：在一定程度上减弱正反馈自组织过程的运行强度。从这个角度看，目前学界有人发现热量限制（Caloric restriction）可以延缓多细胞真核生物甚至单细胞真核生物的衰老，其真正的内在机制，应该就是减弱系统运行中的正反馈效应。

人们追求长寿的愿望是可以理解的，这是有自我意识的人类试图借助调整自己的行为维持自身存在稳健性的一种努力。但回顾历史，我们可以发现，基于分辨力极其有限的感官经验而构建的世界图景而衍生的想象，以及基于这些想象的期望，很多最终被证明是不可能的，比如希望长出翅膀而飞行，比如天堂和地狱。哪些想象是反映周边实体的真实情况，从而是可以实现的；哪些期望仅仅是基于解释的演绎，是无法实现的，判断依据是什么呢？恐怕还是要依赖于认知能力的发展，提高预期与对所预期现象的了解程度之间的匹配。当人们对所预期的现象有更多了解之后，最终会放弃不切实际的预期与努力。当然反过来想，如果不尝试，怎么知道行不通呢？从这个意义上，我们还是要对先辈的愿望保持诚挚的敬意。

死亡：网络不可逆失序后大分子复合体尚存的堆砌状态

死亡是人类感官经验中无法回避的一个现象。因此，也成为有关生命的讨论中如影随形的一个话题。在本书的引言中，我们曾经从语义的角度，揭示了人类在死的定义上的相对性。在第十章中，我们讨论过细胞死亡的问题。其实，人类有关死亡的认知，最初是从动物躯体，尤其是人类躯体状态，而非细胞状态的辨识而衍生的——人，即具有五官四肢的人，为什么就不能动、无法与周围的人互动了呢？于是，人们开始寻找指标来辨识一个人或动物究竟是不是还活着，然后去想象什么叫"活"，是不是在人体之外有类似灵魂的东西决定了人体的死活；如果是，那么灵魂是什么，离开人体之后，灵魂去了哪里等等。从人类对世界的认知可以被归纳为对周边实体的辨识、对实体间关系的想象和对实体由来的追溯的角度看，历史上有关生命和生死问题的讨论，有一个共同的前提，即都是以一个既存的实体为对象，来讨论其属性。虽然也有人提出过人类感官辨识的对象可能是一种动态过程的暂时状态，但这种观点在进入科学时代之后，始终是一种边缘化的存在，因为如我们之前讨论过的，科学认知的最大特点，是以实验为节点的双向认知，而实验就不可避免地需要具体的实体为对象。

随着现代科学的发展，曾经用来区别生死的灵魂已经被证明缺乏实证的基础，因此也不再被作为区别生死的客观指标了。但人们对个体的死亡的界定，其实仍然停留在对躯体这种实体状态辨识的操作层面上。比如，对人类个体死亡的判断，从过去有没有呼吸，到后来有没有心跳，再到现在有没有脑电图。可是有时在满足这些指标的情况下，人体的器官可以做移植，说明人体的组成部分还是"活"的。显然，这里就存在一个个体稳健性维持过程中，整体及其构成单元之间关系的平衡问题。

从整合子的视角看，动物个体是一个超细胞的生命大分子网络。虽然这个网络中的各个子网络具有不同层级的模块化，但总体网络的正常运行，只有在其各个子网络的运行都正常的情况下方可实现。一旦某些对于整体网络运行不可或缺的子网络出现了无法恢复并且无法替代的崩溃，在非人为干预的情况下，整体网络的运行自然难以为继。但是，各个子网络却由于其模块化的特点，还可以在一定时间内维持各自的运行。这在一定程度上可以类比于人体不同细胞寿命各不相同，可以很好地解释脑死亡个体的器官可移植的现象。但模块化却并不能很好地解释为什么同一个躯体，在所有生命体征消失后，仍然可以存在一段时间，甚至如果予以特殊处理（比如各种防腐处理）的话，躯体可以长期存在。

对于生命体征消失之后躯体可以持续存在一段时间的现象其实可以从生命大分子网络的角度得到解释。从整合子的角度，动物个体被视为一个超细胞的生命大分子网络，这种网络由生命大分子合成和降解、生命大分子复合体聚合与解体这两个不同层级的网络构成。这两个层级的网络中不同连接的动态速率是不同的。生命大分子复合体的存在相对于酶反应处于不同的时间尺度上。另外，从作为生命系统起点的结构换能量循环中，复合体（即IMFBC）的自发形成、作为生命系统可迭代性基础的正反馈自组织属性的自组织的特点看，复合体的解体是环境因子扰动的结果。没有扰动，也就没有解体。网络运行停止后，作为生物体存在的实体的生命大分子复合体原本扰动解体的过程也随之消失，这就是生命大分子网络无法正常运行后，生命大分子复合体（比如各种细胞结构）仍然存在，躯体仍然会存留一段时间的一种解释。当然，在没有特殊处理的情况下，周边其他相关要素（氧气、微生物、其他动物）的存在最终将通过其他的方式造成躯体的解体。从这个意义上讲，死亡这个概念形成的基础，其实是失去生命体征的躯体。而这种躯体，本质上应该是生命大分子网络不可逆的失序，即崩溃后，生命大分子复合体尚存的堆砌状态——如果说多细胞真核生物是一艘忒修斯之船的话，失去所谓生命体征的躯体，就是不再有零配件替换、等待着内外因素降解的静止的堆砌物。

如果从整合子角度对死亡的解释是成立的，那么我们可以发现，死亡这个原本在有关生命的讨论中如影随形的话题，恐怕也应该如灵魂这个概念那样，被移出有关生命系统本质及其属性的讨论范畴。当然，它仍然可以和灵魂一样，保留在人们的文学想象中。不过有一个揣测估计大家都不会反对，那就是如果没有失去生命体征的躯体的暂存，估计人类有关死亡的概念和今天我们所感悟的，会完全不一样。

　　植物的形态建成策略与动物不同。植物光合自养的特点决定了对于其中绝大多数类群而言是"生命在于生长"。植物多细胞结构稳健性维持的关键，在于如何有效地将在物理空间上异位分布的光合作用三要素整合到一起。对于多细胞结构的拓展而言，最重要的是如何在不断增加的光合作用三要素来源距离（向光性决定的植株生长造成生长点距离作为水源的土地越来越远）的生长过程中，维持足够的三要素整合效率。显然，从这个角度看，以既存结构为基础，在轴叶结构的基本模式下，通过生长点的不断生长和新生长点的重构，来拓展自身，占据更大的物理空间，植物细胞壁的存在反而成为一种优势，可以为细胞团的不断生长提供一个堆砌的基础。这就是我们前面提到过的植物多细胞结构的物尽其用。此外，与动物一样，植物细胞的寿命也是有限的。只是植物细胞死亡之后其细胞壁骨架并不消失。从这个意义上，人类肉眼所能辨识的植株，尤其是多年生乔木，不仅是多个植物发育单位聚集的聚合体，还是在死细胞骨架上堆砌起来的聚合体。这为我们提供了另外一个角度来看一棵植株和一丛珊瑚的可比性。当然，除了多年生乔木中"活"的多细胞结构在死细胞骨架上堆砌而成的形式之外，植物细胞衰老死亡后还有另外的去向，那就是草本植物的季节性枯萎和多年生木本植物的季节性落叶。这些凋落物中曾经以整合态存在的相关要素，被地面其他生物回收，重新参与整个食物网络的运行。植物的这些特点，使得我们在讨论植物这种多细胞真核生物的多细胞结构稳健性维持的问题时就必须从聚合体的角度来进行。因此，如果说一棵植株的"寿命"，作为比较对象的显然不能是动物的个体，而应该是类似珊瑚这种聚合体。传统上人们说树木的寿命有几千年而人类寿命不足百年而为之感叹时，我们不得不很遗憾地说，对植物形态建成策略的误读误导了我们的想象力。

多细胞结构形成之后的稳健性维持Ⅱ：
超细胞层面"三个特殊"相关要素整合的现象

　　我在前言中提到过，上大学时，我最不喜欢老师把解释不了的生命现象归为生物学本性。四十多年之后，我对生命系统的复杂性有了更多切身的体会，但同时我也更加相信，看似复杂的现象背后总有道理。对于一个以研究未知自然为职业的人，与其用生物学本性来回避问题或者掩饰自己的无知，不如花些时间和精力去反思一下，当我们使用"本性"一词时，这个词究竟意味着什么？

　　中国战国时期的思想家孟子有一句众所周知的话："食色，性也。"（《孟子·告子上》）。意思就是饮食男女，人之本性。《史记》中司马迁也有类似的说法："王者以民为天，而民以食为天。"可见在两千多年前，文人笔下所反映的社会观念中，就清楚地知道人是要吃东西的。可是人为什么要吃东西？*Campbell Biology* 中的解释是动物移动等要做功，做功会耗能，因此必须从体外环境获取自我维持所需的能量。可是动物为什么要移动呢？移动是为了获能，而获能是为了移动，这不是成了一个循环论证了吗？那么不移动不就可以不耗能，从而也就无须获能了吗？可是新的问题又产生了：为什么会出现动物？植物其实也有类似的循环论证的问题。有关动物移动与耗能的循环论证只是有关生命现象的讨论中过于简单化的举例。实际发生的现象远不止那么简单。对很多生命现象的解释如果追根溯源地问下去，很多都无法回避类似的循环论证怪圈。在我们现在对生命现象有如此之多信息可供参考时，都无法在目前主流生物学观念体系下有效地解决这些循环论证的问题，反思亚里士多德对自然现象的目的论解释，其实也是无可厚非的。

　　当然，从整合子生命观的角度看，上述有关耗能和获能的循环论证问题从源头上来自以既存实体为讨论对象这种思维定式。如果从整合子的角度来思考生命系统的运行特点，上面的循环论证怪圈就不复存在。道理很简单，即"活"的过程就是 IMFBC 自发形成、扰动解体、适度者生存的非可逆循环过程。整个生命系统是以此为原点，在 IMFBC 基础上共价键自发形成所衍生出来的正反馈自组织属性的作用下逐步迭代而成的。多细胞真核生物本质上是由以细胞这个动态网络单元为子系统构建起来的超细胞生命大分子网络。该网络自我维持和自我迭代的基础，还是"三个特殊"的自发形成、扰动解体和适度者生存。在整合子生命观下，凡是可以被检测到的整合子，无论肉眼可见的还是不可见的，无不是一个动态网络的暂时状态，如同结构换能量循环中的 IMFBC、酶反应中酶和底物结合的过渡态。换言之，目前人们所谓的"生物"，本质上都是动态的整合子运行中的一种特定的过渡态。这些整合子都具有正反馈自组织、先协同后分工和复杂换稳健的属性。不具备这些属性的组分相互作用均没有足够的存在概率作为迭代的前体而保存下来，并最终被人们检测到。我们在第十二章中讨论过，正是这些属性，尤其是正反馈自组织，构成了整合子维持和迭代的驱动力。在前细胞生命系统状态下，这些属性驱动生命大分子网络的扩张（即 Barabasi 无标度网络中的生长属性）和复杂化；而在细胞化生命系统状态下，这些属性驱动细胞生长与分裂。多细胞真核生物中看到的所谓获能，无论其形式是取食还是光合自养，其源头应该都是"三个特殊"相关要素的整合过程。如果一定要说"本性"，大概可迭代的结构换能量循环就是生命系统的本性。

　　可是，历史上基于感官经验形成的以既存实体为讨论对象的思维定式，引导人们总在寻找生物为什么要去取食，结果是以说不清楚的"性"作为为什么会出现"食色"的解释。相比较而言，从整合子生命观的角度看，作为既存实体的生物本身不过是动态整合子存在的形式，或者是迭代产物。作为多细胞真核生物的动物，它们看上去忙忙碌碌的取食或觅食，不过是作为整合子运行的表现，与有没有自我意识完全没有任何关系。至于说它们是"为了"生存乃至传宗接代，不过是人类演绎的结果。

　　从这个视角看，《动物世界》中那种不辞辛劳、不畏艰险在东非大草原上迁徙的角马；不厌其烦地敲打蛤蜊、等待其打开硬壳，以便取食其中美味的海岸边的猴子；乃至使用石块砸碎坚果以取食果仁的僧帽猴，制作工具以钓取白蚁的黑猩猩，都不过是不同的动物在不同的空间中，对不同的环境因子（部分"三个特殊"相关要素）的不同的整合方式。这么说起来好像鲜活的生命一下子变得很无趣了。可是，"有趣"难道不是人类自娱的一种形式吗？与其他动物的存在有什么关系？我们的初衷，不就是希望从生命系统的策略的多样性中去寻找原理的同一性吗？原理永远是抽象的，而抽象的只能是单调的。大千世界到了牛顿那里，不过是 $F=ma$；到了爱因斯坦那里，不过是 $E=mc^2$。整合子生命观当然没有资格与大师们对自然本质的描述相提并论，目前只是一种新的视角和概念框架。如果按照"最会讲故事的物理学家"L. Mlodinow 在《思维简史》（*The Upright Thinkers*）一书中对物理学发展史的描述，充其量相当于在 Heraclitus 观念基础上发展出了与亚里士多德概念框架不同的另外一套概念框架。但先辈们对自然现象背后的本质及其规律的探索与追求难道不是代表了科学的使命，不是为我们这些后人树立了高山仰止的榜样吗？作为有幸忝列以这些伟人为旗帜的职业，当"虽不能至，心向往之"，尽各人所能，去揭示千姿百态生命现象背后具有共性的原理，以无愧由这些科学家伟大贡献而获得社会尊重的科学家之名。

　　前面我们在分析多细胞真核生物起源时指出，多细胞结构这个平台的出现，使得多细胞真核生物在"三个特殊"相关要素整合得以通过细胞团的形变而在时空尺度获得更大的空间。这种全新的细胞团形变是对动物而言的移动自身和对植物而言的向性生长。对于动物而言，既然以其他生物作为取食对象，那取食对象之于它，就不过是食物，顾不上对方是不是也有"生"的权利了。基于传统的动物分类，动物分为草食类和肉食类。其实，从细胞的层面看，所谓的"草"和"肉"最大的区别，不过就是有没有细胞壁。如果去除细胞壁，无论是原核细胞还是真核细胞，无论自养细胞还是异养细胞，都不过是被网络组分包被的生命大分子网络，即一堆生命大分子的集合。从这个意义上，对处于演化早期的动物而言，取食主体对胞外网络组分的整合其实无所谓"草"还是"肉"。只是当被取食者，尤其是动物类多细胞真核生物出现更为高效的运动系统，以及植物出现难以消化的细胞壁结构（比如提供更强机械支撑的维管组织）之后，取食主体才不得不对其食物加以选择，出现其对胞外网络组分整合方式的特化，即"三个特殊"的要素偏好性，并在演化过程中出现路径依赖，形成相对稳定的模式，并被人类划分为草食类和肉食类。

考虑到生命系统进入真核细胞状态之后，真核细胞的存在从以单个细胞为单位，变成以超细胞居群为单位，多细胞真核生物自然也如此。虽然对于绝大多数动物而言，取食行为的主体是个体，但由于生存主体是居群，同一居群不同个体之间有类似的要素偏好性，而且有可能会出现取食时的分工协同，取食这种以个体为单位的行为会在居群成员内的不同成员之间以及不同居群之间形成复杂的相互关系。在上一章，我们分析过食物网络的现象。从"三个特殊"相关要素整合的角度看，动物多细胞结构形成之后稳健性的维持，不仅存在同一居群内不同个体的取食效率和避死方式之间的平衡乃至路径依赖的迭代，还存在不同居群之间取食效率和避死方式之间的平衡乃至迭代。在整合子思维下，怎么提出问题，才能从复杂的网络系统中解析出可以使用具象而有限的实验来加以有效的检验，其实是需要认真思考的问题。比如，在整合子生命观的视角下，环境因子是"三个特殊"的相关要素。可是在当下主流生物学观念体系中，潜在的前提是亚里士多德的二元化分类模式。怎么在实验过程中把环境因子放到一个合适的位置上，其实是需要从逻辑推理的源头重新考虑的。

前面讨论的主要是动物的情况。同样是多细胞真核生物，获得更大的时空尺度的细胞团形变在植物中表现为"生命在于生长"。前面讨论过，植物是轴叶结构为基本生长模式，以不定数量的发育单位聚集而成聚合体的形式实现多细胞结构的构建。植物自养的特点，决定了它们无须取食，但由此衍生出来的固着生长，却使得它们无可选择地成为动物取食的对象。此外，植物轴叶结构生长模式中的分支特点，决定了生长在同一聚合体的不同发育单位之间，不可避免地存在不同步性。这一点在城市生活的细心人很容易发现：在路边栽培的灌木被修剪之后，很快不同的分支会"争先恐后"地冒出来，使得灌木变得高高低低。这其实就是植株这个聚合体中不同发育单位不同步生长的结果。考虑到前面提到的，作为光合自养生物，植物稳健性维持的关键在于在物理空间中异位分布的光合作用三要素整合的有效性，生长速率快的分支自然更容易得到光照资源。从这个角度看，不同物种的植株之所以形成各有物种特异性的树冠，其实是不同分支在对"三个特殊"相关要素整合过程中效率差异的结果。传统的解释是分支之间的竞争。还是那句话：没有"自我"，哪里来的"竞争"？拟人化的表述有时看来方便，其实会因为引入了不准确的概念而对后续的探索带来误导。在对植株生长特点的分析中，说"分支间的竞争"还算是细心的。更多的研究，尤其是以农作物为对象的研究，基本上无视每个分支（植物发育单位）是一个独立地完成有性生殖周期的基本单位的事实，为了操作的方便，以单个植株作为单位来进行实验分析。转变这种认知习惯,恐怕需要很长的时间。

植物的固着生长决定了它会成为动物的取食对象。如何在不得不作为动物的取食对象的情况下维持自身的稳健性,成为一个不得不解决的问题。从目前对植物形态建成模式的了解来看,除了借助轴向生长而衍生出的聚合体与持续生长特征,植物还迭代出了另一种自我维持策略:耐受。这虽然并不表现为细胞团形变,但还是在改变自身。比如积累常常是对动物有毒的次生代谢产物,就是改变自身生命大分子网络中的代谢网络。当然,动物中也有类似的改变。但相对而言,借助次生代谢所产生的特别物质来自我维持似乎在植物中更为普遍。这是前面一章中提到的生命系统演化进程中食物网络不同成员之间"军备竞赛"的另外一种形式。

更有趣的是,虽然植物因为固着生长而不得不成为动物的食物,它们其实也从动物的光顾中得到帮助。我们前面提到,多细胞真核生物相对于单细胞真核生物的优越性在于细胞团的出现为真核细胞在更大的时空尺度上整合"三个特殊"相关要素提供了一个具有无限潜力的平台。从这个逻辑看,尽管植物的固着生长模式将其限定在特定的空间中,但如果有外力帮助聚合体的组分移动到其他的空间,不也是一种"拓展"存在空间的机会吗?我们大家耳熟能详的花粉和种子传播过程中的动物媒介,显然对植物居群的自我维持和自我迭代具有建设性作用。

这是我们对前面提到的多细胞真核生物的可迭代整合子不得不解决好的三种关系中第二种关系,即以细胞团为单位的动态网络单元[+]在获能和应变这两种功能之间的协同的本质、出现的原因,以及解决策略的解释。

多细胞结构形成之后的稳健性维持Ⅲ:
居群维持的纽带——性、性别分化、性行为

前面提到的多细胞真核生物所不得不解决好的第三种关系是体细胞与生殖细胞的关系。

为什么会出现体细胞与生殖细胞之间的关系?在前面一章中,我们提出,多细胞真核生物是在有性生殖周期三类核心细胞(合子、减数分裂细胞、配子)的两个间隔期中插入多细胞结构而出现的。合子为起点所形成的多细胞结构,不可能永生。原因在于,无论生命大分子网络衍生出什么样的维稳机制,真核细胞具有结构与调控机制的集约与优化特点,为真核细胞这种整合子形式带来的强化正反馈自组织属性的效应在增强细胞稳健性、提高其存在概率的同时,也强化了"三个特殊"相关要素在自由态与整合态这两种状态之间的失衡。因此,在真核生物中,迭代出了以 SRC 作为固定渠道,使得细胞集合共享 DNA 序列库,以超细胞居群为单位来应对两种状态失衡所带来的胞外网络组分匮乏。而 SRC 的完成,需要通过减数分裂细胞和配子形成,然后配子形成新一代的合子来实现。在前面的章节中我们介绍过,合子作为二倍体细胞,它开始进入多细胞结构的形成过程之后,其产物细胞将在不同时期分化出生殖细胞,以生殖细胞作为完成 SRC 的载体。而在这个过程中,生殖细胞不得不出现与多细胞结构中其他细胞(体细胞)的互动。在这个互动过程中,生殖细胞最终形成配子,并通过配子融合而形成新一代的合子,而体细胞则作为在 SRC 中整合周边相关要素变化的媒介,在维持自身稳健性的同时,作为 SRC 核心细胞与周边相关要素之间的中介,为 SRC 过程的完成提供缓冲与支持,从而保障特定整合子代代相传、繁衍生息。

考虑到动物作为多细胞真核生物，绝大部分类型（包括人类）都具有雌雄异体的属性，即居群中的个体都作为雌配子或者雄配子的载体的形式而存在。因此，SRC 完成过程中的配子形成和配子相遇，就不只是单细胞层面上两类配子之间的互动，还需要多细胞结构层面上两个个体体细胞之间的互动作为配子互动的媒介。正是通过多细胞结构这一媒介，在单细胞层面上发生的 SRC 纽带，将居群中不同个体关联在一起。因此，有关体细胞与生殖细胞的关系进一步衍生出异性个体之间的互动。植物源自合子的多细胞结构以发育单位的聚合体形式存在，雌雄配子的形成及其相遇问题相对来说比较复杂（见上一章）。但配子相遇过程与动物一样，也不只是单细胞层面上两类配子之间的互动，也需要体细胞构成的特殊结构的参与或者介导。毕竟，只有在 SRC 有效完成的前提下，多细胞真核生物才可能实现代际的可持续存在。

生殖细胞诱导发生

我们前面提到，动植物因为异养和自养这两种"三个特殊"相关要素的整合方式不同，在多细胞结构的形态建成过程中，生殖细胞诱导发生也衍生出完全不同的两种策略：在动物是以生殖细胞系作为 SRC 主体，与体细胞之间形成形态建成的二岔模式［图 13-8（c）］；在植物则由于在 SRC 的三类核心细胞的两个间隔期之间有两次多细胞结构的插入，要出现两次（二倍体和单倍体）生殖细胞的诱导发生，与体细胞之间形成形态建成的双环模式［图 13-8（d）］。因此，对生殖细胞由体细胞中诱导发生的问题，也只能对动植物分别讨论。

植物的二倍体生殖细胞的诱导发生，出现在二倍体轴叶结构的顶端，包括苔藓植物的孢蒴、蕨类植物的孢子囊（包括同型孢子囊和异型孢子囊）和种子植物的衍生孢子囊（sporangial derivatives）（即结构变得更为复杂的孢子囊），如雄蕊是聚生在一起的小孢子囊群，每个药室相当于一个小孢子囊；而胚珠是被称为珠被的叶性结构包被的大孢子囊。对这些生殖细胞诱导发生过程中的细胞形态变化，在过去的形态学研究中都有程度不同的描述。

在诱导机制层面上，研究结果非常有限。一个很重要的原因是进入 20 世纪之后，有关植物研究的焦点已经高度集中到如何更有效地从植物中获得对人类有用的部分。相比于苔藓和蕨类，人类的粮食和其他生活资源几乎全部来源于被子植物，尤其是当时已经被驯化的作物。因此，对孢子囊中生殖细胞的诱导发生，更多的是从"育性"，即雌雄孢子能否正常发育并完成有性生殖以得到种子的角度来加以研究。在 2020 年 6 月 20 日 PubMed 上所做的检索结果中，以 plant male sterility 为检索词，可以得到 2836 篇文献；以 plant male fertility 为检索词，得到 3464 篇；以 plant female sterility 为检索词，可以得到 992 篇；以 plant female fertility 为检索词，可以得到 2463 篇。这些文献很可能会有重叠，因此，具体数字可以不必太当真。可是，如果以 plant sporangia 为检索词，只能得到 859 篇。两相比较，可以看到关注焦点的差别。

另外一个诱导机制信息缺乏的原因，是由于关注焦点在育性上，对被子植物雄蕊和胚珠中生殖细胞分化过程及其调控的研究，更多的是基于传统的横切面细胞形态的变化，然后从突变体表型中这些形态的变化来解释基因功能。这些研究基本上都是在有限的几种作物或者模式被子植物之间进行比较，很少放到整个陆生植物孢子囊形成的框架下加以比较，更不会考虑从体细胞到生殖细胞的诱导的角度来加以探索。当然，实验技术的局限也是造成有关诱导机制信息缺乏的一个原因。

我们实验室在研究水稻和拟南芥雄蕊早期发育的过程中，发现一些二倍体生殖细胞诱导发生机制方面的线索。基于我们和一些同行的发现,我认为,植物二倍体生殖细胞诱导发生应该有一些共性的规律。如果对陆生植物孢子囊早期发育过程开展系统的比较研究,应该可以揭示这些规律。

相比较而言,植物单倍体生殖细胞诱导发生的机制了解得就更少。其中最主要的原因,在于过去对植物的研究主要集中在被子植物上,而被子植物的单倍体生殖细胞诱导发生局限于有限的几个细胞,比如花粉中的两三个细胞,或者胚囊中的几个细胞。可以用来探索这个问题的苔藓植物和蕨类植物基本上无人问津。这种情况在近年小立碗藓和地钱被作为模式植物加以研究之后,开始有所好转。但还是远远不够。

动物生殖细胞发生的问题倒是研究得挺多的,但基本上是通过遗传学突变体分析来寻找和分析相关基因的功能。大概也是由于材料的问题,有关生殖细胞系的分化研究中更多地侧重于相关基因有无的影响,很少涉及诱导的概念。或许这是发育生物学从 19 世纪后期关注分化过程的诱导机制,转为关注分化事件的决定基因所产生的影响。

什么叫"性":异型配子的现象

我们在第十一章中对什么是"性"的概念做了简单的介绍。在那里给出的定义是:"性"所指的是异型配子的区分。之所以没有在那里展开讨论,主要是因为异型配子和 SRC 源自单细胞真核生物,有关性(sex)或者性别的概念却源自人类对多细胞真核生物的观察。生命系统演化过程中先协同后分工和复杂换稳健属性所衍生出的迭代发生的先后关系,与人类认知生命系统及其演化过程传统的由表及里方式所解读的先后关系是不同的。从目前所掌握信息看,生命系统的演化过程应该是一个由简单组分渐次整合成越来越复杂的系统,即本书所描述的整合或者零配件拼装过程。而人类传统的认知方式,则是从人类周边可见的实体存在,即演化到当下的结果为对象,以不同的办法将实体存在拆分成不同的组件,然后根据能否将组分装回成原来的样子来检验拆分的过程是否正确,并以此为依据去推测实体存在的由来。

就性或者性别现象而言,人类感官所观察到的多细胞真核生物中很多都可以分为"雌(母、女)""雄(公、男)"两类。因此,甚至连就性选择机制问题提出著名的 Fisherian runaway(也有表达为 Fisher's runaway process,即"费雪逃逸")的 R. Fisher 在他著名的 *The Genetic Theorem of Nature Selection* 一书中谈到性别问题时这么说:No practical biologist interested in sexual reproduction would be led to work out the detailed consequences experienced by organisms having three or more sexes, yet what else should he do if he wishes to understand why the sexes are, in fact, always two? Sex is defined as gender, male or female. 他的意思是性别就是两种,雌雄;讨论三个以上性别现象是没有意义的。从我们在前面章节中所介绍的内容来看,在单细胞真核生物中,很多物种具有多个配子型,即多性,如黏菌的 3 种配子型、四膜虫的 7 种配子型。对这些生物而言,讨论三个以上性别的现象不是没有意义的。可是对于多细胞真核生物而言,的确,绝大多数物种都是两种配子型,从多细胞结构的角度上讲,表现为两性。

在第十一章介绍我对性这个概念的定义时,曾经提到,之所以会思考性的问题,是因为在我来北大工作时,有机会参与黄瓜单性花发育机制的研究。当时,黄瓜单性花发育是被作为植物性别分化过程的模式系统在研究的。可是我们的工作发现,黄瓜雌花之所以会形成,主要原因是其雄蕊在早期发育过程中出现了发育停滞。基于这些发现,我开始质疑以单性花发育作为植物性别分化过程这种学界主流观念的合理性，并开始追溯这种观念的来源。然后，在龙漫远教授有关在植物中开展性染色体起源研究的合作建议下，我又追溯了有关动物性别问题研究的历史。发现有关性别的问题，研究者们众说纷纭。于是从2013年开始，我先后借不同的机会撰文梳理对性这一现象的认知的发展历史和存在问题。对于本书的读者而言，在高等教育出版社《生命世界》杂志上发表的《性是什么》一文，以及为北京大学继续教育学院开设的"'性'是什么?"的在线课程可以作为参考资料。

由于有这些已发表的文章，在此就不再重述全部的内容。只是特别强调一点，即性的本质，是在单细胞层面上出现的、阻止同类单倍体细胞融合成为二倍体合子的特殊细胞分化。这种分化的结果，使得减数分裂产物细胞在遇到胁迫而进入配子分化过程中时，会形成不同类型的配子，即异型配子。比如酵母中被标记为 α 和 a 的两类异型配子、衣藻中被标记为"＋"和"－"、黏菌（*Dictyostelium discoideum*）中的 type-Ⅰ、type-Ⅱ 和 type-Ⅲ 等等。从目前的研究结果看，这些区分不同配子类型的分化，都是由编码与细胞识别相关的特定蛋白的基因，在减数分裂过程中随相关基因所在染色体而被分配到不同的产物细胞中，使得不同细胞携带不同特定蛋白的结果。在多细胞真核生物中，虽然对于人类观察者而言，性首先是以多细胞结构——如动物的个体——为对象而被辨识的，可是本质上，性所代指的对象，还是在单细胞层面上出现的异型配子，即卵细胞和精细胞。虽然精卵细胞的分化最明显的差异是体积的大小，但两种细胞之间的差异远比体积大小要复杂。虽然精卵细胞中染色体上的确携带不同的性别决定基因，比如 Y 染色体上的 *SRY*，这个基因直接影响的并非配子识别机制，而是周边体细胞的分化——生殖腺向卵巢还是精巢的分化。而这已经是我们下一小节要讨论的内容了。

什么叫性别分化Ⅰ：保障异型配子形成的体细胞分化

在《性是什么》这篇文章中，我对性别分化的本质和类型做过概要的介绍。然而，在那篇文章中，虽然也介绍了 SRC，讲到了生殖细胞和体细胞的关系，但没有对这些关系背后的道理展开介绍。现在对性别分化的讨论则将把这个问题放到多细胞结构形成之后，稳健性维持机制的大框架下所进行讨论。

在本书前面的章节中我们已经讨论过，在单细胞真核细胞的状态下，居群中的各个细胞都有可能在特定的胁迫因子诱导下，从体细胞分化为生殖细胞。其中，单倍体生殖细胞，即配子，会出现不同的类型。只有异型配子（如酵母中的 α 和 a，无论是否出现体积差异）才能在相遇时融合形成下一代的合子。由此可见，在单细胞真核生物的状态下，体细胞和生殖细胞之间的关系是同一个单细胞所处不同状态之间的关系。生殖细胞从体细胞分化出来之后，其后续分化及其在 SRC 过程中的功能实现，不依赖于既存体细胞的支持。在相关居群中，只要有细胞可以实现两类生殖细胞（即减数分裂细胞和配子形成细胞，也即二倍体生殖细胞和单倍体生殖细胞）的分化，这个居群的 SRC 就可以完成，实现自身的自我维持与自我迭代。

可是在多细胞真核生物中，情况就变得比较复杂。首先，由于多细胞结构的出现，生殖细胞不再从居群内各自独立存在的处于体细胞状态下的单个细胞被分别诱导产生，而是从发育到一定时期的多细胞结构的特定区域的体细胞分化而来。在三大类多细胞真核生物中，多细胞结构与 SRC 三类核心细胞之间的关系存在三种类型，即在绝大多数动物中只存在于合子到减数分裂细胞（二倍体生殖细胞）之间；在绝大多数真菌中只存在于减数分裂产物细胞到配子形成细胞(单倍体生殖细胞)之间;而植物在 SRC 三类核心细胞之间的两个间隔期都有多细胞结构的出现。这就使得多细胞真核生物中的体细胞和生殖细胞的关系起码在形式上变得更加复杂。

其次,在 SRC 的完成过程中,减数分裂是实现自身 DNA 序列改变(自变)的机制;能够整合不断变化的胞外网络组分并生存下来,而且相遇融合形成下一代合子(应变)的是异型配子。SRC 的这种特点到了多细胞真核生物的状态下,就在不同的多细胞真核生物类型中出现了不同的问题:在动物中,由于其形态建成的二岔模式,SRC 的过程是由生殖细胞系为主体而完成的。可是生殖细胞系在合子分裂而衍生出来的细胞团中只出现一次。这就产生了一个问题,SRC 过程中所需要的异型配子从哪里来? 是一个个体产生不同的配子类型,还是由不同的个体产生不同的配子类型? 现在看到的情况是,在现存的不同动物类群中,绝大部分是不同的个体产生不同的配子类型,而且产生不同类型配子的个体连体细胞都出现了差异(即所谓的公母、雌雄、男女)。异型配子和体细胞的分化之间出现了某种形式的关联。在植物中,由于在 SRC 的两个间隔期都有多细胞结构出现,于是两类生殖细胞分别由二倍体和单倍体多细胞结构中的体细胞诱导产生而来。本来,异型配子分化发生在单倍体多细胞结构中似乎是顺理成章的。在现存植物类群中也的确有这样的例子。可是偏偏却出现其他的类型,比如维管植物的二倍体多细胞结构中出现异型孢子囊(二倍体生殖细胞出现异型),甚至出现二倍体多细胞结构的异型性,如银杏、杨柳类树木的雌雄异株现象。

最后,由于生殖细胞都从多细胞结构的特定时空节点上出现,它们的进一步分化是否会受到体细胞的影响,或者它们的分化是否会影响体细胞,这就成为在单细胞真核生物状态下不曾出现过的问题。

在上面提到的不同的多细胞真核生物中出现的与 SRC 核心细胞形成过程所面临的多样性问题之外,其实还有一个共同的、常常会被忽视的问题,即性别分化究竟是指生殖细胞或者更具体地指配子形成细胞在不同类型之间的分化,还是指体细胞分化,还是同时指向两种分化? 如果是指生殖细胞或者是配子形成细胞在不同类型之间的分化,这个问题本质上已经被包括到了性这个问题之中了。因为异型配子分化是在单细胞层面发生的分化。无论是在单细胞真核生物状态下还是在多细胞真核生物状态下,配子形成细胞都是从体细胞分化而来。从对目前各种动植物性别分化过程的研究结果看,异型配子分化之前,都程度不同地依赖于生殖细胞之外的体细胞的相关分化。因此,性别分化不应该代指导致异型配子的、在单细胞层面上的从体细胞到生殖细胞的分化,而应该代指保障特定时空节点上的体细胞得以向生殖细胞分化、最终形成异型配子的体细胞分化,即本小节标题所示,保障异型配子形成的体细胞分化。

什么叫性别分化Ⅱ:动物性别分化

我们在第十三章介绍动物形态建成的二岔模式时曾经提到,大部分动物在其胚胎发生早期,在由合子分裂的产物细胞所形成的细胞团中,一部分细胞分化成为生殖细胞系,其他的细胞都成为体细胞。体细胞中的一部分分化成为被称为生殖腺(gonad)的特殊结构。在原肠化过程中,生殖细胞系迁移到生殖腺中,在那里继续分化,渐次进入减数分裂和配子形成过程,最终形成配子。由于这些动物都属于一个个体承载一种配子的类型,对于这些动物而言,从合子开始的分化过程中,导致特定类型配子分化而不是另外一种类型的配子分化的节点,起码有三个: (1)在合子阶段就被决定;(2)在生殖细胞系的发生过程中被决定;

（3）在生殖腺分化过程中被决定，然后由于生殖腺的分化类型而决定迁移至其中的生殖细胞系分化出的配子类型。

由于动物世界的多样性，要回答上述三种类型如何调控的问题，需要另外再写一本书。在这里只能简单地给出我对这个问题思考和研究所得出的结论。综合各种研究案例，动物性别分化大概可以概括成这么几点：第一，保障异型配子形成的体细胞分化的核心是生殖腺的分化。每一个体通常形成一个生殖腺，它出现后进一步分化为卵巢或者精巢；第二，生殖细胞系分化出来之后迁移进入生殖腺，并在生殖腺中分化为卵细胞或者精细胞；第三，以生殖腺为中心出现两种相互作用——生殖腺与生殖细胞系之间的相互作用和生殖腺与其他体细胞之间的相互作用。我们姑且把这种对动物性别分化过程的解释称为生殖腺中心说。

上面这种对动物性别分化要点的解读与当下主流生物学教科书所介绍的内容有很大的不同。在当下主流生物学教科书中，与性别有关的内容集中在性染色体、性激素和第二性征方面，很少去追问生殖细胞系和生殖腺分化之间究竟是什么关系、没有性染色体的动物会不会有性别分化、性染色体是哪里来的。对性别分化问题的研究者而言，大家知道性染色体不只是类似人类的 X 和 Y，还有其他类型，而且，很多动物的性别决定并不需要性染色体，比如乌龟、蜥蜴等爬行动物的性别是由胚胎发育过程中的温度所决定的。而且大家还知道，在有的动物中，如果把含一种性染色体的生殖细胞系移植到含不同性染色体的生殖腺中，最后分化出来的配子居然是属于生殖腺的性别类型。甚至还有同一个体中的生殖腺会在不同发育阶段出现性别类型的转换。但是，在这些令人眼花缭乱的现象背后是不是存在同一性的规律？迄今很难形成共识。如果从生殖腺中心说来看，上面提到的这些性别分化现象的多样性可以看作是生殖腺为中心的性别分化解释中，各个环节变异的表现。

其实，无论怎么解释动物性别分化现象，有一个问题是无法回避的，那就是为什么来自一个合子的动物个体只产生一种配子类型，即卵细胞或者是精细胞？换个角度，为什么一个合子到动物个体可以有那么多细胞分化类型，却不同时既产生卵细胞又产生精细胞？我觉得如果我向我的同事问这个问题，大家多半会说这是个哲学问题。其实，从 SRC 的角度看，这个问题的答案应该很简单。我们在前面提到，在单细胞真核生物状态，在细胞所在空间中胞外网络组分（"三个特殊"相关要素）不可预测变化中生存下来并且能相遇、融合而成为合子，从而把能够有效整合胞外网络组分变化的 DNA 序列类型放到居群的 DNA 序列库中的主体，是 SRC 三类核心细胞中的配子。之所以是异型配子融合而不是同型配子融合，其原因应该是同样 DNA 序列的配子所能整合的胞外网络组分变化程度是相同的，相比较而言，异型配子融合所产生的整合胞外网络组分变化的效率更高。按照这个逻辑，在多细胞真核生物状态下，如果作为 SRC 主体的生殖细胞系同时分化出两种配子，则它们感知胞外网络组分变化，拓展整合"三个特殊"相关要素空间的功能会受到着生于同一多细胞结构的局限。一个个体承载一种配子类型，很大程度上承袭了单细胞真核生物状态下不同配子独立感受胞外网络组分变化，从而把能有效整合这些变化的个体的 DNA 序列整合到居群在 DNA 序列库的特点。尽管动物世界的确有所谓雌雄同体的现象，但当下动物世界绝大多数类群都是雌雄异体的事实，应该是支持上述解释的。

如果一个动物个体只产生一种配子是一种在多细胞真核生物中实现 SRC 过程及其功能的高效形式，那么在动物个体发育过程中的各种分化不得不受到这种特点的制约。从这个角度，我们就很容易理解高度多样性的动物性别分化类型中如果有"万变不离其宗"的规律的话，"宗"在何处：既然 SRC 的过程有多个分化环节，那么有一个稳定的空间来维持作为

SRC 主体的稳定分化会比较有利。这解释了为什么会出现生殖腺作为生殖细胞系的分化空间。既然一个个体只产生一种配子类型对于 SRC 功能的实现比较有利，那么产生一个机制来确定生殖腺的类型会比较有利，这解释了目前所知性别分化的主体都发生在生殖腺上的事实。由于个体是配子相遇的载体，个体发育过程中出现与生殖腺类型的协同分化应该比非协同分化更加有利，而且个体其他部分与生殖腺的协同分化也可以反过来稳定生殖腺分化。这就解释了大多数动物雌雄异体的现象。既然配子类型的分化从生殖细胞系向外推到生殖腺，又从生殖腺向外协同到个体分化，那么如果在基因层面上在单细胞合子层面上就出现与配子类型相关的分化，应该是一种"四两拨千斤"式的高效策略。这解释了为什么很多动物的性别分化都受到定位在不同染色体上的基因的控制。至于性染色体起源的问题，在过去三四十年中，澳大利亚国立大学的 Jennifer Grave 实验室利用澳大利亚特有的鸭嘴兽和袋鼠在动物演化系统的特殊地位，系统研究了性染色体的起源问题。芝加哥大学的 B. Charlesworth 和龙漫远教授先后就 Y 染色体的起源问题做了系统的研究。将这些工作放到多细胞真核生物形态建成与 SRC 完成的相互关系的概念框架下，不同动物中表现出的性别分化过程的多样性都可以在生殖腺中心说所概括的三个要点上找到各自的位置（图 14-2）。

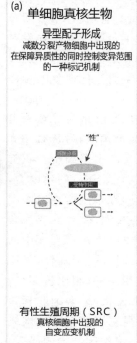

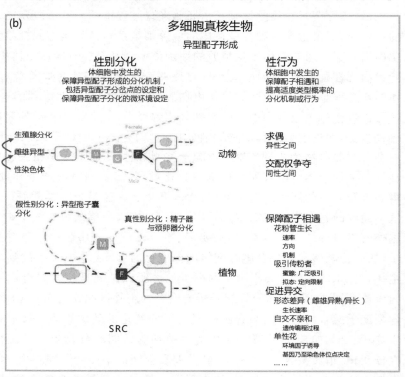

图 14-2 以有性生殖周期概念为起点看性、性别分化、性行为三个概念的内涵及其相互关系。
（a）单细胞真核生物中出现有性生殖周期现象。异型配子形成是 SRC 中的一个构成事件，异型配子之间存在的差异是"性"，即 sex 一词的核心内涵。（b）右侧绿色方框内表示多细胞真核生物异型配子形成的相关要素。动物的性别分化以生殖腺为中心，蓝色箭头表示对生殖腺分化调控在不同层级上的强化。植物的性别分化本质上是发生在配子体世代的精子器和颈卵器的分化，我们称之为"真性别分化"。但对于种子植物而言，因为异型孢子囊的出现和配子体世代的压缩，异型孢子囊分化所衍生的渠化效应（canalization）可以实现保障异型配子形成的功能。可是，因为异型孢子囊分化并非源自与异型配子形成的关联，因此我们称之为"假性别分化"。

什么叫性别分化Ⅲ：植物性别分化

如果说生殖腺中心说可以为解释动物性别分化提供一个具有同一性的框架,对没有生殖细胞系和与生殖细胞系平行分化的生殖腺的植物而言,性别分化有没有普适的规律或者具有同一性的框架? 如果有的话,这种框架与动物的性别分化的同一性框架有没有共同性? 为什么动植物的性别分化应该存在共同性?

从图 13-8 可以看出,动植物在单细胞层面发生的 SRC,都要在合子开始分裂之后所产生的细胞中诱导出生殖细胞,经历减数分裂和配子形成。目前所知,真核细胞的减数分裂从细胞行为到关键蛋白组分到编码这些蛋白质的基因都具有高度的相似性(也有人称为保守性)。配子形成方面动植物之间差别比较大,但共同之处是都出现卵细胞和精细胞两种配子类型。从这个意义上,动植物在 SRC 过程的完成上,关键节点事件都是一样的。可是在多细胞结构的构建模式上,动植物之间存在重要的差别:绝大多数动物是二岔模式,即在胚胎发生早期出现体细胞和生殖细胞系的分化,之后体细胞和生殖细胞系的分化平行进行;而植物是双环模式,即从合子分裂衍生出来的细胞团先全部进入体细胞分化,形成轴叶结构,然后在胁迫诱导下,部分轴叶结构的末端(生长点区域)分化出孢子囊,囊中的细胞被诱导产生二倍体生殖细胞,即减数分裂细胞。这些细胞经过减数分裂之后,产物细胞进一步分化为孢子,又以孢子为起点衍生出单倍体的多细胞结构(即配子体)。在这些结构中的特定区域分化出颈卵器和精子器,在这两种"器"中诱导产生配子形成细胞,并最终分化成为配子。从最终结果是保障异型配子形成的体细胞分化的角度看,显然,植物的颈卵器和精子器的分化相当于动物的生殖腺向卵巢或者精巢的分化,因此颈卵器和精子器的分化,甚至向前追溯到孢子萌发之后所出现的多细胞结构的分化,应该是植物中相当于动物性别分化的真正的性别分化。尽管动物中生殖腺分化乃至生殖腺分化出现之前在合子阶段的相关分化(如性染色体)都是二倍体体细胞,而植物颈卵器和精子器以及其中的卵细胞和精细胞的分化都来自单倍体的配子体体细胞;动物生殖细胞系与生殖腺各自独立发生,然后生殖细胞系迁移到生殖腺中协同分化,而植物的异型配子是分别从颈卵器或者精子器这些特化细胞团中诱导产生;但以异型配子这一最终结果为参照点,动物的生殖腺向卵巢/精巢的分化与植物的颈卵器/精子器分化从功能上是相同的。因此,我们将颈卵器和精子器的分化(包括追溯到孢子萌发后出现的多细胞结构的分化)称为真性别分化。

既然有真性别分化,有没有假性别分化呢? 有。假性别分化是指从二倍体轴叶结构末端分化出来的异型孢子囊以及追溯到合子分裂后出现的二倍体多细胞结构的分化。可能有人要问,动物生殖腺的分化不是在二倍体细胞团中发生的吗? 为什么动物生殖腺出现之后向卵巢或者精巢的分化被称为性别分化,而植物在二倍体多细胞结构中的分化却被称为假性别分化? 其中的道理,在《性是什么》以及其他相关的文章中有比较详细的介绍。在这里简单强调两点:第一,与动物生殖腺分化之后,只有一种类型,而且在其中的生殖细胞系的各种分化只限于完成 SRC 相关事件,形成配子不同;植物的孢子囊所产生的是减数分裂细胞,其产物细胞即孢子,可以形成具有自养功能的单倍体多细胞结构。保障异型配子形成的体细胞分化源自单倍体多细胞结构中特定区域的体细胞。在苔藓和部分蕨类植物中,孢子囊都只有一种类型(同型孢子囊)。出现两种不同大小孢子囊的异型孢子囊源自二倍体多细胞结构不同部位"三个特殊"相关要素整合效率的差异。因此,从源头上讲,异型孢子囊的分化与动物生殖腺出现后的向卵巢还是精巢的分化起因是不同的。这是由动植物之间多细胞结构发生策略的差别所决定的。第二,在具有异型孢子囊的蕨类植物,如卷柏 *Selaginella apoda* 中,即使孢子从孢子囊中被释放出来,其大孢子所衍生的多细胞结构虽然仍然被限制在孢子壁中,仍然可以产生几百个细胞。这些细胞只有一个最终形成卵细胞,其他的并不执行单倍体生殖细胞的功能。这一点与动物的生殖细胞系完全不同。从这个意义上,既然陆生植物的早期类型有颈卵器和精子器的存在,而且我们将它们的分化定义为性别分化,另外这些植物中也同时存在孢子囊甚至异型孢子囊(如在卷柏中),而且异型孢子囊分化的起因与异型配子形成并没有直接关系,我们就不能用性别分化在一些植物中代指颈卵器和精子器的分化,在另一些植物中代指异型孢子囊的分化。那将出现我们之前提到的,在对器官描述上的形式逻辑的混乱。

如果上面的分析是合理的,那么我们很容易回答本小节开篇提出的问题:不仅不同的植物类群的性别分化应该具有同样的定义方式,而且动植物性别分化从原理上也应该具有逻辑的同一性。无论是动植物之间还是不同类群的植物之间,在性别分化实现策略(过程和调控机制)上具有丰富的多样性,从这些现象的多样性中辨识出原理的同一性,对我们研究性别分化的机理和理解这种多细胞真核生物特有的形态建成现象,将提供不可或缺的参照系。其实,这种原理同一性存在的前提,就是对于所有多细胞真核生物都不可或缺的 SRC 的普适性。

显然,从 SRC 的同一性出发,从保障异型配子形成的体细胞分化作为性别分化的内涵,与动物生殖腺向卵巢或精巢方向的分化具有可比性的,在植物中就是单倍体多细胞结构中颈卵器与精子器的分化;动物中生殖腺分化稳健性的维持机制有雌雄异体、相关基因的差异性表达以及性染色体等不同机制。植物单倍体多细胞结构中颈卵器与精子器的分化机制,由于主要发生在苔藓和蕨类植物上,而植物研究者更关注能为人类提供食物和赏玩用的种子植物,研究苔藓和蕨类植物的人太少,因此目前没有多少有效的信息来解释颈卵器和精子器分化的调控机制。与此形成对照的,倒是有不少研究者基于与雌雄异株相关的异型染色体(类似于 XY 或 ZW,出现长短不同的一对染色体)的观察,提出植物性染色体的概念。对此现象,一个基本的回答是,动物类似 X、Y 的异型染色体确定与生殖腺后续分化方向有关,因此,将它们称为性染色体在逻辑上是完全合理的。相应地,对于那些与植物颈卵器和精子器分化相关的异型染色体应该也可以被称为性染色体。可是,这种相关性目前由于研究得太少而没有确定的证据。相反,研究报道较多的"植物性染色体"多以衍生的异型孢子囊,即雄蕊与胚珠分化中某一种类型分化异常,以至于形成单性花的被子植物有关。由于上面已经分析过,异型孢子囊的起源原本与性别分化无关,而且,目前所有的研究结果都显示,所找到的单性花发育机制都是雄花中雌蕊发育受抑制的机制或者是雌花中雄蕊发育受抑制的机制。从这个意义上,已知的单性花发育机制都是阻止相应类型的配子形成,而不是保障相应类型的配子形成。把与这种阻止配子形成机制关联的异型染色体称为性染色体,显然对性染色体概念的内涵带来了混乱。这一点是解释植物性别分化现象时必须特别指出并予以明确反对的。

另外一个与植物性别分化有关的问题就是雌雄异花和雌雄异株问题(大家很容易从网络上寻找术语的定义。在这里就不作赘述)。我们在有关植物形态建成的讨论中,特别强调了,一棵植株相当于一丛珊瑚,是一个由不确定数量的植物发育单位聚生而成的聚合体。生殖细胞都在轴叶结构的末端由体细胞分化而来。在异型孢子囊的维管植物中,孢子囊可以有不同的着生方式。在被子植物中,大约90%的种类都是具有衍生孢子囊的雄蕊与胚珠(胚珠与心皮伴生又被称为雌蕊)比邻而生,被称为完全花(perfect flower)。其余约10％的种类会出现一个发育单位形态建成完成时只存在一种有功能的异型衍生孢子囊(或者是雄蕊,或者是雌蕊),被称为单性花(unisexual flower)。由于一棵植株是不确定数量的植物发育单位的聚合体,因此在一棵植株上会出现单性花和完全花的各种组合类型。在相关研究领域出现的类似雌雄异株等复杂的术语,都是在把一棵植株看作是一个个体的前提下而出现的。如果将一棵植株看成是一个聚合体,则这些术语存在的前提将不复存在。由于对单性花现象研究开始于把一棵植株视为一个动物个体的时代,未见有人从植株作为聚合体的视角来讨论单性花发育及其调控的问题,因此目前从这个视角开展的研究尚未出现。由于有关植物单性花研究的信息非常复杂,如果对这方面研究感兴趣,建议大家去读我在专业杂志上发表的其他文章。

从2012年我基于实验室在黄瓜单性花发育研究中的发现,以"鸟和鸟巢困境"[1]为比喻指出把黄瓜单性花发育当作植物性别分化机制来研究的传统观念的逻辑困境以来,我一直在各种场合呼吁大家关注这个问题,反思传统思维定式中的逻辑困境。之所以做这种努力,主要是从自身的经历中,意识到虽然传统观念是后人了解这个世界的不可或缺的基础,但有些观念,如把单性花发育作为植物性别分化的观念,则对人们解释植物性别分化现象带来了误导。这不仅阻碍了人们揭示植物性别分化机制的努力,还增加了人们解释动物性别分化现象时所面临的困难。作为动物类群中的一个物种,我们能否对性别分化做出合理的解释,不仅影响到对性的理解,而且还影响到对性行为的理解,而后者在人类社会生活中时时刻刻地产生着潜移默化的影响。

什么叫性行为：保障异型配子相遇的行为及相关的体细胞分化

记得小时候在一本少儿杂志(不确定是《儿童时代》还是《少年文艺》了)上看到过一个外国寓言:一个猎人打了一只兔子,炖了一锅兔肉汤,请他的好朋友来喝。他的好朋友喝完觉得美味,就告诉他的朋友也去猎人家喝汤。可是猎人并不认识他的朋友的朋友,于是用了上次炖的汤加水又炖了汤。味道仍然不错。结果,他朋友的朋友又告诉他的朋友去喝他喝过的好汤。猎人同样也不认识这个朋友的朋友的朋友,于是他用被稀释过的汤又做了汤。终于有一个n手朋友发现味道没有传说中的那么美味,就问猎人为什么汤寡淡无味。猎人告诉他,因为你是朋友的朋友的……朋友,所以我就用兔肉汤的兔肉汤的……兔肉汤。

还有一个故事,也是小时候读到的童话:森林里一个木瓜成熟了,掉到水里,"咕咚"一声,把旁边的小兔子吓了一跳。它马上边逃边喊:"咕咚来啦,大家快逃吧!"沿途的大小动物听到小兔子的呼喊,也都跟着跑,还向其他人描述"咕咚"可怕的样子。最后一个动物反问大家,你们谁见过"咕咚"的样子? 大家你推我让,最后回到小兔子那里,小兔子说在水边听到的。于是大家回到水边,恰好又有一只成熟的木瓜掉落水中,"咕咚"。

在这个章节中讲这两个儿童故事,其实是想说,很多时候追根溯源真的很重要。我们之前提到过,人类自从因基因突变而出现认知能力之后,就无法避免地生活在两个世界中,即由在人类出现之前就已经存在的、不依赖于人类存在而存在的各种实体所构成的实体世界,

---

[1]　所谓"鸟和鸟巢困境"的表述是:一般而言,鸟会自己筑巢,而且鸟会在鸟巢中下蛋和孵小鸟。我们不能通过鸟巢如何被破坏来理解鸟如何下蛋和孵小鸟。在这个比喻中,鸟巢被破坏用来代指的是单性花中雄蕊或雌蕊发育停滞,而下蛋和孵小鸟则用来代指异型配子形成。

以及由前人对这些实体存在的辨识以及对它们之间关系的猜测的表述所构建的虚拟世界。当我们面对性行为(sexual behavior)这个词时，我们脑子里首先浮现出来的印象是什么？我们会不会去追究这种印象的来源？如果追究的话，我们能追究到什么程度？如果我们追究的结果只是"人家说""专家说""古人说"，我们该不该反思一下，我们凭什么将与自身的生存密切相关的行为的解释托付给那些我们认识或者不认识的人？他们何德何能可以让我们相信？

从人类行为的角度，性行为的话题太大了。但如果回归生命系统本身，性行为的出现，原本是一件不得不的事情。道理很简单：我们前面的分析中介绍过，对于多细胞真核生物而言，作为居群维系的基本纽带 SRC 过程中的三类核心细胞都在多细胞结构内分化形成。这就产生了一个基本问题，即在不同多细胞结构中产生的配子这种单细胞如何相遇。

我们在上一章介绍过，虽然无论动植物都有一些类型是将一类或者两类配子都排出体外(通常是水中)，任由它们随机相遇，但大多数现存动植物都具有特殊的结构(体细胞分化，在动物中是各种外生殖器，在植物中则主要是被子植物包被胚珠的心皮上的柱头及各种附属组织，以及花粉管)与行为(多细胞结构的移动，在动物中是求偶/courtship 与交配/mating，在植物中是花粉管的定向生长)作为配子相遇的载体。将配子排出体外由它们随机相遇，相比于出现特殊结构与行为作为配子相遇的载体，后者配子相遇的概率应该更高。这大概可以作为现存大多数动植物都具有性行为的一个简单而合理的解释。如同我们前面一再强调的，生命系统是一个自发形成、扰动解体、适度者生存的特殊的物质存在形式，在以结构换能量循环为起点的生命系统的演化过程中，各种迭代形式都是不得不发生的解决系统稳健性所面临的扰动的各种方式中获得较高存在概率的那一种。协助配子相遇的特殊结构与行为的出现也不例外。

我们在上一章中提到的求偶与交配行为本质上并不是多细胞结构出于主观意愿的传宗接代或者寻欢作乐的行为，而是不得不的行为。动植物无不如此，人类也不能例外。从这个意义上讲，孟子所谓的"食色，性也"中与性行为相关的"色"，其实与动物们不辞辛劳地在取食或觅食中终其一生一样，是一件不得不做的苦差事——为居群成员共享的 DNA 序列库增加自己所携带的 DNA 多样性。生命系统(包括动物植物)如何来驱动多细胞结构去完成需要额外付出的行为的呢？除了前面提到的激素驱动之外，还会对实现此功能的多细胞结构予以正反馈，比如动物中交配行为中的快感，植物接受或者吸引传粉者的结构等等。根据我们学院已经退休的于龙川教授介绍，人类神经系统中食物所引发的快感和性高潮所引发的快感共享同一个奖赏回路。可怕的是，毒品所引发的神经系统的反应恰恰是劫持了这条对维持个体存在的稳健性(取食)和居群存在的稳健性(交配)都具有不可替代作用的奖赏回路。这就是吸毒成瘾者被毒品控制，毒品替代了人类个体作为一个社会成员被赋予的不得不完成的行为驱动力，造成奖赏回路短路，即无须通过相应行为而获得正反馈，最终丧失作为一个社会成员的正常功能，而且几乎难以戒除的根本原因。回到性行为话题，协助配子相遇，从而有助于 SRC 的完成而维持居群的稳健性，这是多细胞真核生物性行为的一方面内容。

除了协助配子相遇之外，性行为的另一方面内容，就是 SRC 配子相遇过程中的配偶选择或者叫交配权争夺(mating competition)效应。我们在介绍 SRC 时曾经提到，配子相遇、融合的受精过程除了实现细胞从单倍基因组回复为二倍以外，还有一个重要的功能，就是不同单倍体细胞与周边胞外网络组分变化的整合效率的比较与选择。只有在胞外网络组分变化的情况下有效实现"三个特殊"相关要素整合的单倍体细胞,才有机会分化为配子,将其所携带的作为自身动态网络单元调控枢纽的 DNA 序列通过 SRC 这个纽带进入居群的 DNA 序列库,成为维持居群稳健性的资源。在多细胞真核生物中,单倍体生殖细胞及由其分化而来的配子都在多细胞结构的保护之下,它们并不能直接感受与整合周边胞外网络组分变化。可是多细胞结构却不得不感受与整合胞外网络组分变化。最终的效果是一样的,即只有在胞外网络组分变化的情况下有效实现"三个特殊"相关要素整合的多细胞结构,才有机会将其所承载的配子与其他配子相遇。整合效率越高的多细胞结构,其所承载的配子相遇概率越高。这种相遇反过来使得整个居群共享的 DNA 序列库获得更多的高稳健性生命大分子网络的调控枢纽的 DNA 序列,从而对整个居群的稳健性维持产生正效应。从这个意义上,动物个体的交配权争斗不过是单细胞真核生物状态下 SRC 完成过程中受精事件做选择效应的升级版。

在植物方面,由于植物固着生长的特点,受精过程的选择效应无法通过配子载体的行为而实现。可是植物在演化中也保留下了功能类似但形式不同的选择策略,即保障/促进异交。对于卵细胞留囊发育的种子植物而言,与在其他空间形成的雄配子融合应该可以拓展其应对不同胞外网络组分变化的可能性。因此,各种有利于异交,即与除了相邻小孢子囊(如雄蕊)所产生花粉之外的花粉中精细胞实现受精的形态建成或者分子互动机制,就成为植物中普遍存在的现象(图 14-2)。单性花就是一种促进异交的机制——在花发育过程中,利用各种阴差阳错出现的抑制其中一种生殖器官发育的机制,使得另一种发育完成的器官中的配子不得不利用远道而来的配子来实现配子相遇,完成受精。这就是为什么我提出单性花发育不是植物性别分化的机制,而是促进异交的机制。换句话说,单性花发育不是植物性别分化,而是植物性行为。

有关交配权争夺的现象,有两个问题需要讨论。一个问题有关前面提到的费雪逃逸现象,即对个体生存不利的巨大鹿角和鸟尾羽没有在演化过程中被淘汰,反而保留下来。这个现象曾经被达尔文和华莱士用作解释人类起源的重要原因(见《性是什么》),并被作为性选择(sexual selection)这一概念的内涵。由于这些名人的讨论,当人们提到性选择概念时,常常会联想到这些特殊的性状,并且认为这些性状所反映的性选择是与自然选择不同的选择机制。但如果从整合子的角度,把生命系统的演化看作是因组分变异和互作创新而引发整合子迭代,不同迭代形式中那些具有高效率和高稳健性的类型被保留下来(适度者生存)的过程,也就无须基于"生物—环境"二元化分类前提之下的自然选择的解释,从而也就无须区分性选择和自然选择之间在强度或者方向上的差异。实际上,如果以上面一段所讨论的配偶选择或交配权争夺来定义性选择,而不是将性选择的内涵仅限于鹿角和鸟尾羽,性选择当然是驱动生命系统演化的重要力量。

另一个问题是交配权争夺的驱动力究竟是什么。传统观念中,常常强调是个体希望将自己的基因传递下去。可是,我们在第十一章中介绍过,真核细胞是以细胞集合,即以 SRC 为纽带、共享 DNA 序列库的超细胞居群为单位而存在的。SRC 本身除了是不同细胞之间 DNA 序列得以共享的固定渠道外,还是增加变异、化解真核细胞集约与优化的优越性所产生的副作用、整合周边相关要素变化从而维持系统稳健性的机制(自变应变)。因此,完成 SRC 的效应并非作为 DNA 序列多样性中特定类型载体的细胞或者个体"要"将自己的基因传下去,而是在演化过程中所形成激励机制驱动而不得不为居群 DNA 序列多样性做贡献。历史上,人们一直将交配权争夺视为利己的现象,还因此演绎出了"自私基因"的概念。然而却一直找不到生物世界中利他现象的原因。其实，从整合子生命观，尤其是将真核生物中出现的两个主体性作为物种存在的前提，可以看到历史上被人们解读为"利己"的交配权争夺，从生物学功能上恰恰是利他的。这也可以理解，为什么在动物世界中会演化出激励性行为的机制——因为只有这样，才能维系生存主体的存在！人们苦苦寻求多年而不得的动物利他现象的生物学基础，恐怕源头就是在性行为上。

至于作为 DNA 序列多样性载体的个体自己的基因在自变应变之后的 DNA 序列库中会变成什么样子，对于特定 DNA 序列类型的携带者而言，完全不是它自己所能控制的。同时，对于那些传承亲代基因的后代而言，它们的出生并不是它们"想要"的，因此也没有义务去传承亲代的基因。它们只是在不得不成为居群的一员，并成为更大的网络节点之后，在正反馈自组属性的驱动下不得不维持自身的稳健性，并在其所在物种演化历程中形成的激励机制驱动下，去做它们不得不做的事情。从这个角度，我们就很容易理解前面提到的《我的火鸡生活》中主人公所观察到的火鸡的行为。

不仅如此，我们这里对 SRC 中配子形成过程中存在的选择功能，以及交配权争夺作为配子层面选择功能的升级版的讨论，还解释了为什么在雌雄异体的动物中存在雌雄配子数量层面上的巨大差异——即相对于有限的雌配子/卵细胞，雄配子/精细胞的数量几乎无限，而在居群中雌雄个体数量层面上的比例（性别比）却通常为 1∶1；以及为什么在居群中个体层面上出现 1∶1 的雌雄比例，却在很多群居动物中会出现"一夫多妻"的现象。这些不过是维持多细胞真核生物居群稳健性的表现。很多人以动物居群中出现"一夫多妻"的现象为依据来解释为一些男性寻花问柳而开脱。对此我的解释是这样的，即人类的确属于动物中的一个物种，人类行为的确受到其他动物共有的生物学机制的控制。可是人类因为基因变异所衍生出的认知能力，走上了一条认知决定生存的全新的演化道路。在这条演化道路上，人类发展出了全新的、超越 DNA 编码的生存能力。这些演化创新决定了基于对动物行为乃至生命系统的研究发现作为对人性的解读是远远不够的。历史上把对动物行为的有限的了解照搬到人类社会曾经带来了社会达尔文主义的灾难。如何在理解生命系统原理同一性的基础上理解人类生存策略的独特性，这是一个人类认知无法回避的挑战。

居群维持的其他纽带

我们之前曾指出，在可迭代整合子在单细胞真核生物的基础上发展到多细胞真核生物这种形式时，出现了三种全新的关系，即以细胞团为单位的动态网络单元⁺与以作为细胞团构成单元的细胞自身动态网络单元之间的关系；动态网络单元⁺在获能和应变这两种功能之间的协同；多细胞结构中 SRC 的三种核心细胞产生与细胞团中其他细胞之间的关系。前两种关系已经够复杂的了，因为在第一种关系中，要在多细胞结构的构成单元的细胞这种动态网络单元自身的稳健性与这些动态网络单元作为子网络整合而成的超细胞生命大分子网络的稳健性之间取得平衡；在第二种关系中，要在多细胞结构获能所必需的开放性和应变所必需的封闭性之间取得平衡，而且对于动物中的逃生和植物中的耐受甚至防御（如次生代谢产物对动物的毒性）还是在更大的食物网络的平衡中衍生的结果。可是，这两种关系基本上主要是在体细胞层面上发生的。到了第三种关系，即从源自合子的体细胞中分化出 SRC 核心细胞，还得为配子相遇提供帮助，这无法避免地增加了描述和解析的复杂性。可是，我们在前面讨论过，对于真核细胞而言，只有通过 SRC 这个固定渠道，才能在居群中共享 DNA 序列库，因此 SRC 的完成是真核细胞作为居群稳健性维持的关键所在。没有 SRC 的完成，体细胞层面上的关系再复杂，最后也都只能进入解体，为周边多细胞结构"三个特殊"的运行提供自由态胞外网络组分。因此无论怎么复杂，我们还是得对这个过程的核心环节的关键问题进行概要的介绍。这也使得这一部分讨论的篇幅格外长。

除了SRC这个核心纽带外，多细胞真核生物居群稳健性的维持在动物中还有育幼、不同个体之间的不同形式的合作以及由头领出来维持居群的秩序等各种不同的机制。这些机制常常也都是各种有关动物的科普纪录片的热门题材。近年有研究表明，育幼和个体间合作行为的不同与生物演化中基因变异引起的生命大分子或者生命大分子复合体的种类、数量、结构的改变有关。比如杏仁核大小或肾上腺素分泌情况的改变，可以让动物的行为更加暴躁或者更加温和。当然，考虑到动物类群种类繁多，哺乳动物、鸟类甚至鱼类中的这些维持居群的机制都是一些特例，未必有普适性。维持居群稳健性的核心或者原初纽带，还是SRC。人类对其他动物居群稳健性维持机制的关注，除了满足好奇心之外，还有寻找对照来更好地理解自身的动机。但对于人类而言，维持自身居群稳健性的机制除了SRC、育幼之外，还出现了如语言、分工协同、观念体系等更强大的纽带。

对于植物而言，由于其固着生长的特点，SRC的完成不可避免地需要周边的环境因子作为媒介。从这个意义上，植物居群的稳健性单从植物本身考虑是没有意义的。但具体到哪一种环境因子作为媒介，常常又是种群特异性。从这个意义上，演化与生态常常被相提并论的确不无道理。

两个多细胞真核生物形态建成过程的特例及其启示

在本章前面的介绍中，我们对千姿百态的多细胞真核生物形态建成的多样性策略背后的原理同一性做了概要的梳理和分析。结合上一章的内容可以发现，虽然对于植物、动物、真菌这三大类多细胞真核生物而言，它们的形态建成的基本单位有所不同——例如几乎所有的植物都是轴叶结构，人类肉眼可辨的是发育单位的聚合体；绝大部分动物则是作为特定配子类型载体的个体。如果将它们都视为超细胞的生命大分子网络的话，它们的形态建成原理还是存在同一性的。不同物种形态建成策略的不同，无非在于其生命大分子网络在要素偏好性和相关要素整合策略上的差别——当然，DNA序列差异是生命大分子网络运行要素偏好性中的关键要素。了解原理的同一性，有助于我们更好地理解多细胞真核生物的本质及其形态建成策略的多样性。

在本书的前言中提到，在生物学研究者的圈子中，常常有人会说"生物学规律永远有例外"。在我看来，这句话是否成立，很大程度上要看规律所指的是什么。如我们在前面章节中所介绍的，目前在生物学教科书中所讨论的生物，实际上是以生命大分子网络为主体的生命系统在不同迭代层级上的产物。不同层级的生命大分子网络因其"三个特殊"运行的要素偏好性，不可避免地会出现各自形态建成策略的多样性。而且，从整合子运行过程中互作的随机性特点来说，不同的生物都是具有不同要素偏好性的整合子动态运行的特殊状态，运行过程中的要素分布不可避免地会出现正态分布。如果一定要以某种或者某类整合子的运行模式作为规律，自然会出现例外。但是，我们不能因为目前对生命大分子网络中的组分/零配件自发形成而构成动态网络的装配机制知之甚少，就否认自发形成在生命系统形成过程中的共性，否则将难以避免落入创造论或者不可知论的困境。而自发形成背后的机制是什么，本书所介绍的整合子生命观所给出的解释，就是作为生命系统起点的"活"的结构换能量循环所遵循的热力学第二定律。从这个角度看，地球上生命系统尽管形式千姿百态，但它们无不是以"三个特殊"为起点的迭代产物。如果说作为热力学第二定律特殊形式的结构换能量是生命系统存在不得不服从的基本规律，那么对于这个规律，在生物学中没有例外。

当然，生命系统迭代到细胞化之后，我们不可能也不应该把不同层级的整合子运行状态都简单地用结构换能量原理来解释。过于简单化的解释等于什么都没有解释。不同层级的整合子有各自的运行特点，需要研究者去探索和解释，从而加以理解和利用。但有时，在同一层级——比如说多细胞真核生物的同一大类（如动物或者植物）之内不同具体类型整合子之间所发现的不同运行特点，究竟该是被视为规律的同一性，还是策略的多样性，常常会在研究者之间产生分歧。对这些问题的探究可以为更好地理解多细胞真核生物形态建成过程的调控机制提供全新的视角。在此，我们将在动物和植物中各选一个例子来讨论。

蚂蚁——超级有机体还是真社会性动物

对于动物世界的大多数成员而言，一个物种/居群中的不同成员，除了出现雌雄异体的差异外，作为行为主体的个体，在形态结构上都具有共同的特征——这是早年博物学家对物种加以分类的基本依据，物种的英文 species 的词源就是 appearance，外观。可是在动物世界中，有一个很多年以来一直被人们所津津乐道的现象，即在蚂蚁与蜜蜂等特殊的动物居群中，出现成员之间在形态和功能上显著而稳定的分化——比如蚂蚁居群中通常有蚁后（由完成交配的雌蚁有幸发育而来，先是作为蚁群的起点，然后专司产卵功能，靠其他工蚁供养）、工蚁和兵蚁（都是由受精卵发育而来的二倍体雌蚁。但它们通常没有生殖功能，只能执行保障蚁群生存所需的相关要素整合的功能）、雄蚁（由未受精的卵发育而来，因此是单倍体）。虽然在拥有几百万物种之众的动物世界中，具有类似蚂蚁蜜蜂那样出现个体之间形态和功能上显著而稳定分化的动物种类并不多，类似的动物有膜翅类昆虫中的蚁科（Formicidae）、胡蜂（Vespidae）、蜜蜂（Apoidea），蜚蠊目中的白蚁，以及哺乳动物中的裸鼹鼠等；但引发的话题却不少。早年提出社会生物学（sociobiology）概念而引发巨大争议、后来被学界称为"当代达尔文"、两度因其作品而获得普利策奖、在 1996 年被美国《时代》杂志评为对当代美国影响最大的 25 位美国人之一的哈佛大学教授 Edward O. Wilson，就是因研究蚂蚁而成名。

和很多生物学问题都会被追溯到达尔文或者亚里士多德的情况不同，人们对蚂蚁的关注和以蚂蚁为主角的故事在西方可以追溯到公元前 600 年《伊索寓言》形成的时代，甚至更早的《圣经》形成的时代。值得注意的是，从这些寓言故事和《圣经》记述来看，历史上人们对蚂蚁的关注，主要是借蚁喻人，比如规劝人们要勤勉、要谦卑、要未雨绸缪。或许这与在人们生活区域中所容易观察到的动物中，蚂蚁表现出的有组织行为与人类有更多的相似之处有关。与蜜蜂因其产蜜而成为人类的生存资源、白蚁因其为人类生活带来困扰而成为研究对象不同，蚂蚁并不能为人类生存提供什么有意义的生存资源，似乎绝大部分也不对人类的生存带来什么危害。之所以蚂蚁一直是生物学研究领域中一个独特的存在，除了曾经的博物学乃至后来的分类学意义之外，其居群成员之间的分工发展到个体结构与功能都随着改变的程度可能是一个重要的原因。

了解一个蚂蚁居群中存在蚁后、工蚁、雄蚁等分化类型不难。难在了解这种复杂分化的起源及其背后的调控机制，以及解释这种分化对作为生存主体的居群会产生什么样的影响。

在蚂蚁研究领域，这种分化类型被称为 caste。这个词一般用来指人类社会基于血缘的世袭的等级现象，如传统社会的国王、贵族、平民，或者传统印度社会中的种姓。在蚂蚁研究的文章中，这个词的中文被译为"品级"。因为我不是蚂蚁研究的专家，因此不知道 caste 为什么被译为"品级"。尽管觉得这个翻译有点儿怪，但蚂蚁研究圈相关的人知道表示什么意思，不影响大家的交流就可以。

从前面讲到蚂蚁居群的起源及其不同成员的功能分化来看，要了解蚂蚁居群的不同成员为什么会形成与绝大多数动物不同的个体形态建成过程的差异，首先需要了解分化的过程及其调控。然而，在基因组测序技术出现之前，尽管有人对蚂蚁居群不同分化类型的个体的形态建成过程及其可能的调控机制做过不同层面上的研究，发现胚胎发育过程中的季节因素、营养条件、激素水平等在不同类型个体分化过程中都发挥重要的作用，却总是很难得出结论，因为涉及因素太多，而且常常互为因果。按照目前对生命系统的了解，各种代谢和内外环境因子响应无非都是生命大分子网络的改变，而网络的主要节点分子，即包括酶的各种蛋白质都来自中心法则所描述的生产流水线，因此，从源头，即作为零配件生产线图纸的 DNA 序列的解析，来获取有关蚂蚁个体之间显著而稳定的形态建成过程差异的尽可能完整的信息，就成为有关众望所归的愿景。

这一愿景因为基因组技术的发展而开始变为现实。通过与美国研究染色质水平基因表达调控机制和动物衰老机制的实验室合作，华大基因在 2010 年完成了佛罗里达弓背蚁（*Camponotus floridanus*）和印度跳蚁（*Harpegnathos saltator*）两种蚂蚁的基因组测序。这个工作的主要作者之一张国捷博士随后在哥本哈根大学任教期间，凭借对基因组技术和演化发育生物学的独到理解，对蚂蚁不同品级的发育调控做了系统的研究。他们课题组发现不同品级蚂蚁在基因组的 DNA 序列层面上并没有差别，但那些最终发育成蚁后和工蚁的不同个体，在从胚胎发育到成体的发育不同阶段都会出现不同形式的基因差异表达。通过不同物种之间的比较，他们发现那些决定蚁后命运的关键调控基因表达如果改变，蚁后的特征就会消失。非常有趣的是，通过基因表达网络的分析，他们发现向蚁后方向发育的个体，受精会中止大脑的发育，否则它们的大脑可以继续正常发育。单细胞转录组数据则进一步揭示了不同发育方向个体大脑的不同细胞组成，不同类型的蚂蚁之间转录组层面的分化在形态差别出现之前的二龄幼虫阶段就已经出现。这些发现为人们理解不同分化类型的蚂蚁的行为差异提供了全新的视角。此外，当年提出印度跳蚁基因组测序项目的美国 Danny Reinberg 实验室最近在基因组数据基础上，发现了蚁后长寿的分子基础。这从另一个角度揭示了不同分化类型（品级）个体形态建成过程差异的调控机制。

从目前看到的对蚂蚁不同分化类型个体的形态建成过程的调控机制研究进展看，最终完成从合子，甚至卵细胞开始到个体形态建成过程的基因、细胞、组织、器官分化的系统描述，并给出不同层级/环节上分化机制的合理解释将不是一个难以实现的愿景。但是为什么同样都是来自受精卵的胚胎发育过程会有如此大的差别，这种差别对蚂蚁居群的两个主体性（行为主体的个体性和生存主体的群体性）分别会产生什么影响，又能为人们理解居群组织机制带来什么不同的启示？

在此，我们不考虑借蚁喻人方面的意义，包括从蚂蚁行为而引申出来的将蚂蚁居群成员分工特点与人类社会分工特点比较而衍生出来的褒贬解读。比如有人认为蚂蚁居群成员的分工反映了专制社会对个体自由的压制，人类一定要引以为戒；而有人则反过来认为蚂蚁居群成员的分工代表了社会分工演化的最高阶段，人类应予以模仿和学习。我们只讨论蚂蚁作为生命系统一种存在形式的独特性所带来的启示。

目前，有关蚂蚁居群成员的形态和功能上显著而稳定分化（分工/品级）现象有两种解读。一种是认为蚂蚁居群成员的分工体现为真社会性（eusociality）。人们根据对蚂蚁、蜜蜂等具有成员之间形态和功能的显著而稳定的分化物种的观察早已有之。但真社会性这个概念在 20 世纪 60 年代才被人提出。目前，这个概念的内涵一般认为包括三个特点：（1）繁殖分工，即居群中分化出专行繁殖的类型，其他类型则不具备或者只有在特殊条件下才具备繁殖功能；（2）世代重叠，即居群中的发育完成的个体，可分为两个以上的世代；（3）合作照顾未成熟个体，即某一个体会照顾群体中其他个体的后代。真社会性这个概念因为受到 E. O. Wilson 的认可和规范化而得到广泛的接受。相比于一般动物居群，包括人类社会所表现出来的分工现象主要表现在居群成员的行为层面，而非个体形态结构层面（雌雄异体现象不属于这里讨论的范围），以蚂蚁为代表的物种在个体形成之前，从受精开始就在个体发育过程中出现了各种与功能/分工相关的分化。这对分工这个概念原有的内涵提出了挑战。对于人类社会而言，分工源自个体形成之后行为上的差别，原则上不是基因决定的（尽管个体间基因差别所引发的生理特征的差别对于不同个体与不同分工角色之间匹配的有效性会产生影响）。可是蚂蚁个体之间的分工作为个体形态结构层面的分化的结果，个体之间的差别发生于形态建成完成之前。如果蚂蚁个体之间在功能上的差别可以被视为分工，那么羊吃草和狼吃羊是不是也可以被视为"分工"呢？人类语言的有效性取决于语言符号（概念）与所代指实体的匹配度和符号之间关系的合逻辑性。从这个意义上，将蚂蚁居群中不同类型的分化称为真社会性并与人类社会的分工对比是不是妥当，其实是值得反思的。

另一种解读，是将一个蚂蚁居群视为一个超级有机体（superorganism）。这种观点基于蚂蚁居群不同成员之间分工的形成是个体发育过程差异的结果，把胚胎发育过程中不同部位细胞分化的概念，放大到居群，把蚂蚁居群中执行不同功能的分化类型（个体），对应于个体中执行不同功能的器官/组织。比如，蚁后虽然形态上是一个个体，但实际上却是居群这个被视为超级有机体的虚拟个体中的生殖细胞系，工蚁在这个虚拟个体中则相当于一般个体中的四肢或者大脑。超级有机体的概念早在 1911 年就由 William M. Wheeler 提出。张国捷等人在基因组规模上对不同分化类型的蚂蚁个体的转录组和细胞分化的分析表明，居群中不同个体之间的分化，从分子机制上看，的确与同一个胚胎不同部位的细胞/组织的分化没有实质性的不同。他们也因此而支持超级有机体的解读。

将一个蚂蚁居群视为一个超级有机体还有另外一个支持证据，即就目前所知，一个蚂蚁居群源自一个成功完成受精的雌蚁（即后来的蚁后），居群中其他成员都由这个雌蚁所产的卵分化而来。这类似一个动物个体中的不同细胞、组织、器官都来自一个受精卵，在胚胎发育过程中分化而来的情况。可是，如果从整合子生命观所提出的，多细胞真核生物的存在需要两个主体和一个纽带的角度，另外一个主体，即作为生存主体的居群在哪里？是同种（没有生殖隔离的）其他蚂蚁居群吗？从这个意义上，超级有机体的解读也还有很多问题需要探索。

在这里之所以会花篇幅讨论蚂蚁的问题，很重要一个原因就是超越感官分辨力局限之后，我们怎么从多细胞真核生物多样性的形态建成策略中发现和理解同一性的形态建成原理，从而更好地理解生命系统运行的本质及其基本规律。前面章节的讨论中，我们很大程度上是从微观的方向上追溯感官分辨力范围内生物的形成机制。蚂蚁则从宏观的方向上挑战了人们基于感官分辨力而建立的个体的概念。如果我们可以接受前面所介绍的，细胞是一个被网络组分包被的生命大分子网络，环境因子是"三个特殊"的构成要素，那么意味着对于单细胞生物而言的细胞膜和对于多细胞生物而言的细胞团表面，从生命大分子网络运行的角度看，都只是一种相对的边界，不能将其绝对化。按照这个逻辑，把基于感官分辨力所辨识的个体如蚂蚁，视为一个对于感官分辨力而言是虚拟存在的、更大的功能性个体，即如多细胞真核生物细胞团中的一个细胞；不同具象的蚂蚁个体之间（起码在其早期发育过程中），如多细胞结构中的细胞之间那样，借激素为信号（如 D. Wheeler 在 1986 年的综述中所介绍）彼此协同分化，为什么不可以呢？

　　回到具体的、细胞化生命系统的运行过程来看，理解蚂蚁居群成员中不同类型的分化，似乎关键在于如何理解其胚胎发育过程中不同部位分化的可塑性。在目前主流的发育生物学观念体系中，动物的胚胎发育遵循严格的程序——比如从桑葚胚到囊胚到原肠胚等，被相应的基因网络严格地调控——比如极性决定基因、体节决定基因、同源异型基因等。可是，这种程序及其调控在不同的物种中并非一成不变。目前有关胚胎发育的基因程序性调控的解读所依据的实验证据，主要来自果蝇突变体的研究。可是，果蝇在巨大的昆虫家族中，并非代表性的物种。大部分昆虫在胚胎发生过程中，并非如在果蝇中所看到的那样所有体节同时分化（被称为长胚节，long germ，或者 long germband），而是如另一种早在 2008 年完成基因组测序，但远不如果蝇那么有名气的模式动物赤拟谷盗（*Tribolium castaneum*）那样，腹部的体节在原肠胚阶段才借生长区（growth zone）的活动，从头到尾渐次形成（被称为短胚节，short germ，或者 short germband）。有人从演化的角度，认为短胚节模式是一种祖先性状，类似果蝇的长胚节模式是特化的性状。由此可见，昆虫胚胎形成过程原本是具有很强可塑性的。如果大部分昆虫在其胚胎形成过程连体节都需要渐次形成，蚂蚁胚胎形成过程中其他组织器官的形成出现可塑性，可以在不同分子机制的调控下出现或者不出现，最终表现为不同个体之间出现形态和功能的显著而稳定的分化，似乎也不足为奇。

　　如果上面基于短胚节昆虫胚胎形成过程中所出现的可塑性和蚂蚁形态建成过程中在更大时空尺度上所出现的可塑性具有可比性，那么蚂蚁的研究为我们理解多细胞真核生物形态建成过程的可塑性，提供了一个突破人们思维定式的绝妙案例。相比于这个能以实验为工具而加以描述的问题，有关真社会性和超级有机体的争论，目前可能更多地发生在对现象的解释乃至演绎层面上。

微萍——植物形态建成的核心过程的实例

　　与动物中蚂蚁居群究竟算是超级发达的真社会，还是一个功能意义上的超级有机体的争论？相映成趣的是，在植物中也有一棵植株究竟算是相应于一只小鼠、一头熊猫那样的个体，还是相应于一丛珊瑚那样的聚合体的争论？在本书前面的章节中，我们论证了一棵植株是一个聚合体。但问题在于，那些论证主要是以有性生殖周期为参照系，通过比较不同分枝发生过程的相似性或者平行性来实现的。对于绝大多数植物而言，其自然的形态建成过程，就是以轴向生长为基本模式，在轴叶结构的不同节点上不断重复发生发育单位及作为其构成组分的器官类型。我们在之前提出的"植物形态建成123"中提出的形态建成核心过程，是从具象的复杂重复事件中抽象出来的。长期而言，一直缺乏一个可以从实验层面上操作的植物形态建成核心过程的实体对象作为植物发育单位存在的证明。

　　早在 1994 年，我从美国完成博士后训练回到植物所后，一次和我读博士时的好朋友张大明聊起我在做博士后时形成的植物发育单位概念。大明认为这个概念很有意思，并热情地鼓励我设计实验来检验这个概念。我当时和他说，据我所知，几乎所有的植物都是以聚合体的形式存在的，怎么设计实验呢？没想到，学识渊博的他马上告诉我，有一种植物叫 *Wolffia*

（无根萍属，属于天南星科中浮萍亚科的一类水生植物，因其中大部分种的小植株没有根而被称为无根萍，我们因其体积微小而将其称为微萍）。这是世界上最小的被子植物，直径只有约 1 mm 大［图 14-3(a)～(c)］。这种植物没有根。虽然和其他植物一样可以分支，但分支会很快脱离其所来源的小植株。因此，这种小植株应该可以作为我所谓的植物发育单位的原型。对他的建议，我虽然感到很兴奋，但觉得刚回国，还是应该稳妥一点，先做自己熟悉的工作，不敢贸然进入自己不了解的新领域。于是，在我 1998 年转入北大工作之后好几年，虽然在课上会因讲植物发育单位而向同学介绍微萍，但从来没有进一步关心过微萍研究的进展。

　　让我没有想到的是，大明对研究微萍的事情上心了！到 2006 年，我听说他安排研究生收集了全国不同地区生长的微萍样本，在实验室做成了可以无菌培养的株系，做了形态学观察等等，但因无法在实验室诱导开花而难以进一步推进。听到这个消息后，我一方面深深钦佩老大哥的执着，另一方面也为他面临的困难而着急——是因为我提出了植物发育单位的概念才让大明花了那么多精力去研究微萍。我知道他遇到困难而袖手旁观，这无论如何也说不过去。因此，我也努力设法寻找帮助大明克服困难的方法。

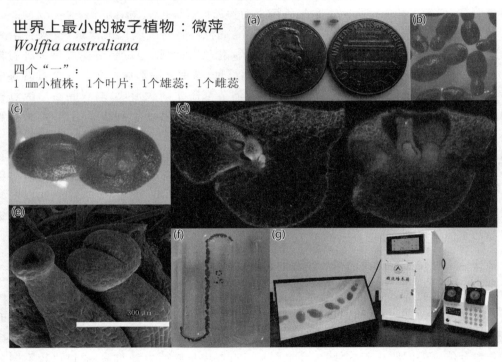

图 14-3　世界上最小的被子植物微萍(*Wolffia australiana*)。
(a) 微萍小植株在一美分硬币参照下的顶视和侧视图；(b) 培养液中正常生长的微萍小植株局部（大多包括一个类似出芽酵母分裂时状况的分枝）；(c) 开花时的微萍顶视图，右侧大微萍中可看到两个形状不同的结构——左侧是雌蕊的柱头，右侧是雄蕊的花药；(d) 扫描电镜下的雌蕊（左侧）和雄蕊（右侧）；(e) 处于营养生长状态下的微萍小植株内的分支情况：从左向右可见从大到小有三个分支依次排列（CT 活体观察）；(f) 进入开花状态的微萍小植株内部雌蕊和雄蕊结构：小植株中部空腔中左侧是雌蕊，其基部包含有胚珠，右侧是雄蕊，上部是花药，下部是花丝（CT 活体观察）；(g) 用于微萍培养的"毫流芯片（milifluid chip）"及生长在其中的微萍小植株。详细信息参照(Li et al,2023)。

恰好，在一次北大理论生物学中心暑期研讨会上，我得知物理学院的欧阳颀教授和法国巴黎高师的陈勇教授合作的微流（microfluidics）技术可以为细胞培养同时提供多样的生长条件。我就问他们能不能把微流，即在微米级别的培养体系扩容成"毫流"，即放大到毫米级别，那样不就可以同时提供不同的微萍生长条件，以便高效地从中找出诱导开花的条件吗？这个想法得到二位的热情支持。在那次会议上的畅谈中，还形成了"plant-on-chip（芯片植物）"的概念。会后，欧阳颀教授还专门安排了一位 2007 级的研究生到我实验室，合作建立微萍培养的微流实验体系。从此我直接参与了微萍的研究。

从 2007 年到 2023 年，微萍研究历经各种艰难曲折，终于修成正果。通过一个多达 14 个单位、41 位作者参加的"众筹"项目（所谓众筹，实际上是说没有专门的项目经费支持，全凭参与者的情怀和彼此的信任，各尽所能），我们完成了微萍（Wolffia australiana 种）的高分辨力形态描述，高质量基因组测序以及高效微流培养系统的建立[图 14-3(d)(e)]，并在此基础上，对植物形态建成核心过程中的一些关键问题进行了初步的探索（Li et al，2023）。有关这项研究的背景信息，读者可以点击 http：//www. wolffiapond. net 网页阅读简介。有关微萍"众筹"项目的研究结果，则可见上述文献。

目前得到的有关微萍的信息，简单地说，在没有开花诱导的条件下，微萍的小植株（plantlet）由一片弯曲成球形的叶，以及叶腋中生长点细胞分裂渐次产生的 3 个大小不同的分枝所构成[图 14-3(f)]。在开花诱导条件下，叶腋中的生长点向产生分枝的反方向几乎同步地分化出一个雄蕊和一个雌蕊[图 14-3(g)(h)]。在实验室条件下，可以观察到雄蕊中的花粉和雌蕊中的胚珠。虽然目前还没有在实验室培养条件下获得种子，但从被子植物的一般规律来看，我们所培养的微萍小植株最初应该来自合子；而且开花诱导条件下所得到雄蕊及其中的花粉和雌蕊及其中胚珠，应该都可以产生配子。如此推理，微萍这种一片叶、一个雄蕊、一个雌蕊的结构，应该构成了一个作为完成生活周期载体的完整的植物发育单位，从生长点中诱导产生雌雄蕊结构，再加上有待实验验证的从合子到球形叶的过程以及配子体发育过程，就是植物形态建成的核心过程。

基于基因组比较，我们知道微萍 Wolffia australiana 的近缘种的多细胞结构都是正常的、以聚合体形式的存在。相比其近缘种，我们所研究的微萍除了小植株体积急剧减小之外，也简化掉了根、维管束、花瓣/苞片等被认为是被子植物基本构成要素的结构，但却保留了光合自养不可或缺的叶片和减数分裂、异型配子形成所需的多细胞结构——雄蕊和雌蕊。这也从另外一个方面支持了我们的判断，即微萍的小植株是一个完整的植物发育单位，小植株的形态建成过程是植物形态建成的核心过程。

不仅如此，在与其他已知基因组序列的比较中发现，虽然微萍小植株中并不出现根、维管束、花瓣/苞片等结构，但几乎各种基于突变体研究而发现的器官决定基因不仅在微萍基因组中都存在，而且在微萍不同发育阶段都表达。这种现象与前面提到的蚂蚁的个体分化有异曲同工之妙——零配件的图纸虽然都在，但零配件生产的种类、数量、时间上的差别，会影响模型拼搭的结果。我们在对微萍开花诱导前后的基因表达网络的分析中，的确发现网络结构的改变与多细胞结构形成过程的改变之间具有直接的关联。

微萍作为一个实验系统的建立，为人们探索植物形态建成核心过程的调控机制提供了一个前所未有的可能性。我们在前面的章节中提到过，植株是一个聚合体的概念由现代植物学奠基人所提出。这个概念在 17、18 世纪被人们认为是理所当然的。但在进入 19 世纪之后，出于各种阴差阳错的理由，人们为了方便而放弃了把植株视为聚合体的解读，转而把植株视为一个类似动物个体的个体加以研究。我后来基于 emf 突变体的研究而提出植物发育单位概念,只不过是因为当时自己的无知而"重新发明了一遍轮子"。随着后来学识的积累,现在不仅可以理解 19 世纪学者误入歧途的范式转换的原因,也可以理解当下主流植物学界路径依赖的难言之隐。如果说我在 1999 年发表的植物发育单位还只是一种概念上的转变,缺乏可操作性,大家可以姑妄听之,现在有了微萍作为实验系统,对当下主流植物学观念体系中各种自相矛盾的解释不满意的研究者,可以认真对待植物发育单位这个概念,并以植物形态建成 123 为概念框架,借微萍这个实验系统,设计全新的实验来探索植物形态建成过程中核心事件的调控机制问题。

在我们"众筹"项目论文的投稿过程中,我见识了各种拒稿意见。科学发展历程中存在范式转换过去都见诸科学哲学和科学史的研究中。微萍的研究让我亲身经历了一次范式转换的过程,从而有机会切身体会到范式转换的艰难。但从人类科学认知的发展过程来看,有机会经历和见证范式转换,恐怕是一个研究者难得的荣幸。

启示:万变不离其宗

在本节引言部分提到,之所以在这里介绍蚂蚁和微萍两个例子,是因为它们的形态建成策略和大家习以为常的动植物大多数物种的形态建成策略具有非常大的差别。在上述两小节中,我们分别提到,蚂蚁居群中个体的分化,从生命大分子网络层面上非常类似大多数动物个体形态建成中不同细胞和组织的分化,从而支持把蚂蚁居群作为一个超级有机体的解释。而微萍小植株的结构,则为我们之前基于比较而提出的植株是一个发育单位聚合体的解释,提供了一个具象的实体。如果单独解读两种生物的形态建成过程,好像没有什么内在联系。可是,如果把两个例子放在一起比较,可以发现,它们从两个不同的方向启示我们,多细胞结构形态建成过程的可塑性,可能远远超出主流教科书所划定的边界。

如我们在第一章中所提到的对科学认知的解释,所谓的科学认知,本质上和其他人类的认知一样,都是对周边实体的辨识、对实体间关系的想象,以及对实体由来的追溯。不同于其他认知形式的是,科学认知是以实验为节点的双向认知,并因此而能为上述的辨识、想象和追溯提供客观性基础。在 16 世纪望远镜和显微镜发明、现代科学出现之前,人们只能基于感官分辨力来进行辨识,基于感官经验来进行想象,基于想象来对实体由来进行追溯。由于人类周边的实体绝大部分都早于人类的出现而存在于这个世界,人类有限的感官分辨力和感官经验对周边实体的认知和实际情况出现偏差在所难免。人们对世界的认知本来就是在提高对实体的分辨力和突破对实体间关系的想象力的过程中发展的。正因为如此,我们可以发现制约我们对周边实体认知的,除了对实体的分辨力之外,还有对实体间关系的想象力。在现代社会,前一个制约是借助不断的仪器发明和改进而突破,而后一个制约则需要通过不断的观念体系重构,或者说范式转换来突破。

从动物形态建成的角度讲,其绝大部分成员行为主体的个体性为人们的研究提供了先天的方便。尽管如此,从历史上看,人们还是经历了从胚胎学,即把形态建成过程聚焦于出生之前的胚胎,到发育生物学,即不仅看胚胎,还关注出生之后的个体的认知拓展。但这种拓展一直受到基于感官分辨力的个体存在物理边界的思维定式的制约。虽然目前还无法确定蚂蚁居群不同个体之间的分化多大程度上可以类比其他动物个体内不同器官/组织/细胞的分化,但从目前蚂蚁研究的进展看,如果这种可比性最终被证明,对我们的认知而言应该是在实体间关系的想象力上的突破。

从植物形态建成的角度讲，虽然把植株视为聚合体有其逻辑合理性，但这只是实体间关系想象的结果。这种观点一直缺乏可以作为实验对象的具象实体的支撑。从这个角度，19世纪实验科学兴起之后，植物学领域放弃聚合体的解释，而将植株作为相比于动物个体的操作对象，也在所难免。可是这样一来，对形态建成的核心过程及其调控机制的研究就难免受到聚合体所带来的形态建成复杂性的遮蔽而难以切中要害。微萍作为实验系统的建立，虽然没有在仪器上带来突破，但因它是植物形态建成核心过程的载体，所以可为解析植物形态建成的核心过程及其调控机制提供实验操作的对象。这在具象层面上带来了突破。

蚂蚁从实体的动物个体到虚拟的超级有机体的扩张，和微萍从植株是一个发育单位聚合体的虚拟的概念，到具体的微萍小植株这个实体的收缩，两个不同方向的发展，其实都在帮助我们从形态建成策略的多样性中去探索原理的同一性。这个同一性，在当下对生命系统的了解来看，应该都是生命系统网络中不同组分变化所带来的网络结构的变化。而这种变化，其实是可以从不同层级来加以解析，并寻找其共同遵从的基本规律的。如同用乐高玩具所做的比喻：零配件生产的时空量上的调控，以及不同零配件在同样原理制约下的拼搭。过去 60 多年分子生物学的发展，帮助我们找到了零配件生产的原理同一性，即中心法则。从前面章节的分析来看，零配件拼搭作为自发过程，最终所遵循的，恐怕还是"三个特殊"所遵循的结构换能量原理。

本章的主题是基于上一章对不同类型多细胞真核生物形态建成过程的描述，从策略多样性中梳理出原理同一性。在本章的引言部分，我们把对多细胞真核生物形态建成的原理同一性问题的探讨分解为三个子问题：第一，合子从哪里来；第二，合子如何形成一个多细胞结构；第三，多细胞结构形成之后如何自我维持与迭代。在前面的分析中，我们可以发现，千姿百态的多细胞真核生物的形态建成过程，最终都可以从其迭代过程的方向溯流而上，从多细胞结构发生到真核细胞的两个主体和一个纽带，再到被网络组分包被的生命大分子网络，最终到以"三个特殊"为核心的网络连接。到网络连接的层面，我们发现，如我们在第三章中所说，生命系统的"活"，无论其外在的表现形式如何，从源头上看，无非就是所谓的"三个特殊"的相关要素在自由态和整合态之间的动态变换过程，无论这些相关要素是在细胞内，抑或是跨细胞膜，还是跨细胞团边界。从这个意义上，我们可以想到在第五章中提到的居维叶对生命系统的漩涡比喻："生命是一个漩涡，或快或慢、或复杂或简单，漩涡的方向不变，各种独立的分子不断被整合进去，又不断被解离出来"。只不过，居维叶当年用漩涡做比喻，希望强调生物体的形式，即乐高积木模型的拼搭结果——"生物体的存在形式比其构成组分更加重要"。现在，从寻找形态建成过程的原理同一性的角度，则希望大家关注"漩涡"的动态过程，以及在他的表述中的"组分"，即我们的表述中的"三个特殊"的相关要素的通用性——尽管在强调通用的相关要素在自由态和整合态之间的动态变换过程时，我们需要意识到，这种视角的时空尺度是在 10^9 年中地球表面所发生的生命系统运行过程。在这个时空尺度下，每一个时间断面上，不同的整合子都会因要素偏好性而出现不同的形式，并且在不同层级、以不同的整合形式来共享具有通用性的相关要素。这种动态的整合子运行中的中间状态，或者叫整合态（如结构换能量循环中的 IMFBC、酶反应过程中的酶和底物结合的过渡态），表现为不同生物体的形态，而这种相关要素共享，则表现为食物网络。

如果上述解读在逻辑上是成立的，那么就会出现两个问题：第一，在人们讨论地球生物圈的食物网络现象时常常被人们提到的"天敌"是一成不变的吗？第二，不同物种之间真的存在生存竞争吗？

如果大家从上面对蚂蚁和微萍两个特例的讨论理解了很多习以为常的概念其实是早年基于有限的感官经验而构建的，那么就可以发现，第一个问题中的所谓"天敌"，不过是在特定区域的特殊时间切面上，最初是随机形成，后来因路径依赖而被强化的不同生物之间在相关要素共享上出现的相互关系。如果两种生物被放到不同的区域中，相信它们可以整合不同形式存在的相关要素来维持自身存在的稳健性。因此，天敌并非一成不变。

至于第二个生存竞争的问题，我们之前在不同的地方强调过，被人们观察到的生物体，从源头上讲不过是自发形成、扰动解体、适度者生存的整合子，都是以结构换能量循环为起点的"活"加上在 IMFBC 基础上共价键自发形成为起点的迭代所形成的生命系统的迭代产物。这些以整合子形式存在的生命系统中的子系统的出现本质上是自发过程，因此无论有没有自我意识，都不存在"要"生存的问题，也就不存在生存竞争的问题。表现为不同生物种类的不同子系统/整合子的存在，取决于其自身的稳健性。虽然在相关要素共享的过程中，不同的整合子的稳健性差异，会衍生出相关要素在不同整合子之间的不平衡，表现为不同物种的兴衰或者同一居群不同成员在相关要素整合效率上的高低，但将这些在不同层级上表现出来的整合子之间的平衡改变称为生存竞争，显然是一种具有目的论意味的拟人化解读。

在这里提出对生存竞争概念的反思，主要是从整合子生命观的角度，我发现生存竞争这个概念存在一个非常有趣的逻辑怪圈：首先，人们基于人类特有的谋而后动的行为模式（相对于其他动物的刺激响应行为模式），以及以对自身感官经验中人与人之间互动模式的感受为参照，对地球生物圈中不同物种的关系提出了一套拟人化的表述；然后，又借这种拟人化的表述，基于感官经验解释作为观察对象的实体（生物体）的特征以及不同实体之间的关系，并将这些解释作为生物的属性；再然后，又因为对生物之间关系的观察和描述过程是一种科学活动，而把这些解释作为科学结论，反过来把这种原本基于拟人化表述所构建出来的生物属性作为处理人类社会自身问题的"科学的""客观"依据。在这个怪圈中，人类观察的对象是客观的（不依赖于人类的存在而存在），观察的过程是科学的（符合科学认知的流程），但对观察结果解释的拟人化，尤其是引入"动机"这种人类特有的行为模式的要素之后，却如当年亚里士多德借不同的"灵魂"来解释万物一样，无视没有这种行为模式的其他生物在人类出现之前的地球上无须动机也存在了很多亿年这个基本事实，为了人类自己解释的方便，把原本在其他生物中并不存在的动机，强加于其他生物之上。如果人们希望跳出这个怪圈，为合理处理人类社会自身问题找到真正具有客观合理性的依据，恐怕首先需要从源头上梳理一些基本概念的来龙去脉，为描述人类作为其中一个成员的生命系统找到一个具有客观合理性的表述方式。

从宇宙起源的角度，我们看到的天体不过是大爆炸宇宙中的物质在不断碰撞和整合中形成的。生命系统也一样。在地球表面的相关要素的汪洋大海中，偶然的因素触发了整合子的形成与迭代，形成了一个个的漩涡。从这个角度看，水体大概总在那里，可是漩涡既不是从来就这样，也不会是永远就这样。这大概就是"万变不离其宗"的"宗"。

第十五章　整合子生命观：生命系统是一个不同层级整合子迭代而成的倒圆锥状网络

关键概念

生命系统的起点与本质；生命系统的主体；生命大分子网络自发形成的三个原理；生命大分子网络稳健性的三个支柱；生命大分子网络复杂性的三个来源；生命之网123

思考题

"生命"是什么？

"生命"复杂性概念出现的原因是什么？

如何从"简单性"的原理来解读"复杂性"的过程？

如果以第二章中所介绍的目前生物学主流教科书为代表的对生命系统及其运行规律的描述与解读为参照系，大家可以发现，本书从第三章到第十四章中对生命系统及其运行规律的描述与解读是非常另类的，甚至或许会被很多人认为是"异端邪说"。在目前生命科学蓬勃发展的今天，新的前沿问题层出不穷，能够站到研究前沿，并通过对前沿问题的研究，拓展人们对生命系统的理解就已经非常不容易了，为什么要去追溯大家耳熟能详的概念的来源，质疑大家习以为常的思维定式呢？

原因说来也简单：我们在这里讨论的对象，都是在人类出现之前就已经存在于这个地球上的。它们既不依赖于人类的出现而出现，自然也不依赖于人类的解释而存在。而且，从目前人类对地球生命系统所了解到的特点而言，不仅人类之外的其他物种不需要"解释"就在地球生物圈世世代代地繁衍生息，人类本身也并不因理解和解释这个世界而出现，而是在出现之后，发展到很晚的阶段才建立起了现代人可追溯的对世界的解释体系。从这个角度看，任何对世界，包括人类所在的生命系统的解释都不可避免地具有人类作为解释者的臆想。既然如此，张三可以想，为什么李四不能想？既然张三的解释中存在自相矛盾的地方，为什么不能允许李四提出化解这些自相矛盾的解释？回顾人类有文字以来6000多年的历史，好像没有哪一种对生命系统的描述和解释是一成不变的。当然，对于那些质疑既存解释的人来说，把自己的想法讲清楚，是不可推脱的责任。从这个角度看，在从第三章到第十四章的长篇大论之后，对其中的内容做一个梳理和凝练，对整合子生命观的要点给出更加简明的概括，或许可以为大家的阅读提供更好的获得感。

整合子生命观的要点 I：
生命系统的起点与本质——可迭代整合子

在第三章中我们介绍了整合子概念的由来。这个概念由 Jacob 在他的 *The Logic of Life* 一书中作为章节标题提出。由于这个概念特别传神地点出了生命系统作为不同组分动态互作过程这种特殊的物质存在形式的特点，我们在本书中以这个概念为核心来构建对生命系统的解读。

如果问整合子生命观的要点是什么，大概可以分为三方面来概括。

第一方面，有关生命系统的起点与本质是什么。

在第三章中，我们提出了一个概念，即结构换能量循环。这个概念所指的，就是特殊组分在特殊环境因子参与下的特殊相互作用（所谓"三个特殊"，也是整合子的最初形式）。其中，特殊组分指的是早期地球中已经存在的作为大爆炸产物的碳骨架组分；特殊环境因子指的是包括光、水、氧等地球上其他物理、化学因子。从作为元素周期表中成员的角度，特殊组分和特殊环境因子本来无须区分。但考虑到后面的特殊相互作用，即维系碳骨架组分之间自发形成复合体的分子间力，还是分开讨论比较方便。毕竟，正是以分子间力为纽带，复合体在顺热力学第二定律描述的自由能降低方向自发形成之后，还可以在周边特殊环境因子的扰动下解体，从而形成以复合体为节点，将两个不同机制的自发过程耦联为一个不可逆循环，即所谓的结构换能量循环。由于这个循环是自发的、作为循环节点的复合体是动态的，即处于不断的自发形成和扰动解体的两种状态中，我们将这个过程定义为最初的"活"。从这个意义上，"活"不过是物质世界中的特殊组分在开放系统中，遵循热力学第二定律的一种特殊存在形式。

根据目前对各种生物体内发现的化学反应研究的结果，我们假设结构换能量循环可以在地球环境下自发形成。虽然它与人们目前理解的生命活动过程相比超乎想象的简单，但将其作为生命系统的起点，应该是一种值得设计实验加以检验的合理假设。

与其他在地球环境下自发形成的化学反应相比，结构换能量循环除了作为其节点的复合体是动态的特点之外，还有一个特点与众不同，那就是在复合体的基础上，碳骨架组分可以在自催化或者异催化的条件下，自发形成共价键。共价键的形成不仅使"三个特殊"的相关要素变得复杂化，尤其是作为特殊组分的碳骨架分子出现各种各样的、传统上被归于化学研究范围的分子结构的变化，而且赋予结构换能量循环以正反馈属性。"三个特殊"相关要素复杂性的增加衍生出结构换能量循环的正反馈迭代，这可以被视为人们在对生物广泛研究基础上发现的演化现象的源头。在第三章到第十四章的叙述中，我们可以发现，包括人类在内的多姿多彩的地球生物圈，都可以被解读为"三个特殊"迭代的产物。这就是为什么我们提出了这么一个定性的公式：

$$生命＝"活"＋"演化"（"达尔文迭代"）$$

按照上述公式对生命的定义，由于"活"所代指的"三个特殊"中，环境因子是不可或缺的要素，于是，环境因子就不再如传统的、传承自亚里士多德时代的"生物—环境"二元化分类思维所认为的，是相对于生物的一种外在的存在，而是生命系统的构成要素。这种解读虽然可以解决很多目前主流生物学中难以解决的问题，比如对演化动力的目的论，但因为其与主流生物学对生物与环境关系的解读不同，也难免成为人们理解整合子生命观时不得不面对的转换思维定式的挑战。

我们在第一章中提到，钱绲曾经提出物理学的起点概念是质点。由于质点是抽象的、同质的，当我们从整合子生命观的视角解读生命时，特别需要强调，"三个特殊"的相关要素都是不可被质点化的。因为"活"和演化这两个过程的关键在于相互作用，而实现"活"与演化过程，需要互作的组分与互作本身各自具备三个属性（下文简称为"组分三性"与"互作三性"）：

组分：群体性、通用性、异质性；

互作：随机性、多样性、异时性。

其中，组分的群体性容易理解，就是需要很多组分共存于同一空间。通用性指组分之间的互作是可以互换的。此时，就可以更好地理解为什么要把碳骨架组分特别提出来，作为特殊组分区别于其他要素。异质性则指组分构成的多样性。

对于互作而言，由于假设的结构换能量循环是基于组分的碰撞，因此不同组分间的碰撞不得不假设为是随机过程。多样性是组分通用性和异质性的必然结果。值得一提的是异时性。在动态的结构换能量循环中，不同的组分之间随机互作形成动态的复合体的过程中，组分 A 在与组分 B 形成复合体并解体后，还可以和组分 C 形成复合体。显然，对单个组分而言，A 与 B 或 C 的结合在时间上是不同步的。但从组分群体的角度看，同一个时间点同一类组分（如 A）很可能会同时与不同类型的组分发生互作。至于出现什么样的复合体以及"三个特殊"的迭代类型，那就要看各个复合体的稳健性或者其存在的概率。

我在北京大学和化学与分子工程学院的同事讨论有关结构换能量循环概念时，得到最多的反馈是，在化学中，这样的情况很多，凭什么把"三个特殊"作为生命系统的起点。在我看来，生命系统本质上就是一个复杂多样的化学反应同时发生的系统。虽然作为特殊组分的碳骨架分子结构出现各种各样的变化属于传统上化学的范畴，但结构换能量循环中基于分子间力形成的动态复合体的存在，使得生命系统中的化学反应与结构换能量循环是热力学第二定律效应的一种特例一样，是化学反应中的一类特殊形式。

从我对化学反应的粗浅理解来看，一个化学反应中一般有底物、产物两种形式。在从底物到产物的转换过程中，会出现存在时间长短不同的过渡态。通常情况下，过渡态存在时间特别短，难以测量。因此，一般人们根据对特定时间中底物和产物含量的测量来计算反应动力学，对相关反应过程加以描述。如果把结构换能量循环视为一个化学反应，那么动态的复合体就可以被视为一种过渡态。同理，如果把生命系统视为以结构换能量循环为链接的网络系统（详见第八章及下一小节的讨论），那么，如在上一章最后一小节中提到的那样，目前主流生物学中作为研究对象的包括人类自身在内的生物体，其实就是一种特殊的过渡态。

北京大学前校长周其凤院士是一位化学家。他写过一首引起争议的《化学是你、化学是我》。虽然周校长的这首歌出于他对自己专业的热爱，稍有夸张之嫌，但从我们把生命定义为"活"加演化的角度来看，他把你我这些生命体视为化学完全没错。如果人们接受把结构换能量循环作为一种特殊的化学反应，应该可以不仅为大家理解生命的本质，而且为拓展化学的探索范围都可以提供新的视角。

我们在引言中对"生命"一词的内涵做过讨论。基于本书第三章到第十四章的讨论，我们希望传递这么一种理念，即生命这个概念是有特定内涵的，它不是一种特殊的物质，而是一种特殊的物质存在形式。离开了物质而讨论生命只能被视为比喻之类的修辞，与生命真正的内涵无关；而如果试图把生命还原为某种特殊的分子，试图从这种特定分子的属性揭示生命的奥秘，那则无异于缘木求鱼。

整合子生命观的要点Ⅱ：
生命系统的主体——生命大分子网络

从第六章到第八章，我们基于迄今生物学研究中所积累的有关分子层面的知识，对生命系统在非细胞化状态下的运行提出了一个解读，即它是一个以可迭代的结构换能量循环为连接、以酶为节点的生命大分子互作的双组分系统为催化机制、基于各种组分互作而自发形成的生命大分子网络。第九章到十四章，则以细胞是一个被网络组分包被的生命大分子网络动态单元的定义为起点，为细胞、真核细胞、多细胞等细胞化生命系统的不同存在形式的发生、运行与迭代的可能机制提供了一个统一的解释。基于从第六章到第十四章的讨论，我们可以给出一个总的结论，即生命系统的主体是生命大分子网络。

既然是网络，就不可避免地要讨论其基本的构成要素和构成机制。基于上述章节的讨论，我们可以看到，生命大分子网络的构成要素中，网络的节点是组分，即处于动态变化中的异质的生命大分子，连接是以结构换能量循环（即"三个特殊"）为起点与核心的互作，而连接机制，最核心的就是作为偶联两个独立过程节点的复合体得以形成的分子间力，当然包括由此衍生出的其他互作模式。从演化的角度看，生命大分子网络无论是不是以细胞化的形式，都具有正反馈自组织、先协同后分工、复杂换稳健等三个基本属性。在进入细胞化形式之后，又根据迭代的层级，先后出现动态网络单元化（在原核细胞阶段）和自变应变（进入真核细胞阶段）这两个属性。

如果认同结构换能量循环是生命系统的起点，那么由此衍生出的基于共价键的"三个特殊"相关要素的复杂化，乃至生命大分子网络的形成，都不得不以前面提到的"组分三性"，即群体性、通用性、异质性，和"互作三性"，即随机性、多样性、异时性。网络形成的核心动力，就是正反馈自组织属性。生命大分子网络的运行是一个由异质性组分为节点、多样性互作为连接、各种化学反应同时发生的复杂系统。其中各种连接，包括作为节点组分变化相关的反应，都基于各自的反应动力学而发生，自然也受各种各样的因素的调控。虽然每一种反应的发生所需要的条件不同，但总体上，生命系统是一个自发过程，如我们在讨论结构换能量循环时所说的，是热力学第二定律的特例。

在第八章中，我们提出一种解读，即在细胞化生命系统出现之前，生命大分子网络主要以两种形式存在：一种是生命大分子的合成与降解网络，即各种生化教科书中所介绍的、包括基因表达调控网络在内的代谢网络；另一种是生命大分子复合体聚合与解体的网络，即各种细胞学教科书中所介绍的细胞结构及其动态变化。近年异军突起的有关生命大分子复合体形成过程中的相分离研究对生命大分子复合体的聚合与解体机制提供了一个全新的视角。但相分离的本质，还是生命大分子基于分子间力的相互作用。

细胞出现之后，生命大分子网络的运行自然不可避免地出现了很多新的特点。这些在第九章到十四章中有比较系统的讨论。这些讨论与传统生物学教科书的叙述最大的不同，在于希望从复杂多样的生物体的各种结构和过程中，找出具有同一性的原理。这就是我们在第十四章中提到的策略的多样性和原理的同一性。从我们以"活"和演化来定义生命的整合子视角看，纷繁复杂的生物体的各种现象，从单个细胞到整个的地球生物圈，追根溯源，不过是自发形成的生命大分子网络的不同形式。这也是为什么我们认为，生命系统的主体就是生命大分子网络。

与传统生物学教科书中对以生物体为对象而讨论的生命活动的解读做比较，从网络的角度来看生命系统，非细胞系统相对比较好理解，只要把酶的作用过程中酶与底物的关系理解为不对称的双组分系统就可以了。细胞化系统的理解中，需要强调的是细胞膜作为生命大分子网络的组分对网络的包被的半透性中的"透"字。强调了透，就很容易理解被细胞膜包被的生命大分子网络的运行和没有被包被的状况下（一般可检测的就是生物学实验室在试管中进行的各种实验）在本质上没有不同，都是组分在游离态/自由态和整合态之间的变换。在膜的包被下出现的最重要的改变是两个：一是游离态的组分在运行过程中需要经历跨膜的过程，由此衍生出一系列跨膜调控的机制；二是细胞膜对被其包被的生命大分子的移动设置了一个边界，由此衍生出在正反馈自组织属性的驱动下细胞分裂的现象。把细胞看作是被网络组分包被的生命大分子网络的动态单元，就很容易找到生命系统在非细胞体系和细胞体系下的运行方式和调控机制的原理同一性。

真核细胞和多细胞真核生物作为生命大分子网络的迭代形式，当然也有之前的网络形式所不具备的特点。最重要的特点是从真核细胞的出现开始，生命系统就以两个主体、一个纽带的形式存在。其中，"两个主体"中的一个主体是生命大分子网络的运行主体——可以是单细胞真核生物中的单个细胞，也可以是多细胞真核生物中实现"三个特殊"相关要素整合过程的多细胞结构（对绝大多数动物而言是肉眼可辨的个体，又可以叫行为主体；另一个主体由共享多样性 DNA 序列库的生命大分子网络运行单元组成的居群，即生存主体）。"一个纽带"是不同单元之间交流多样性 DNA 序列库的渠道，即有性生殖周期。这是在主流生物学教科书中很少明确强调的一种解读。

传统的生物学研究，是以人类感官可以辨识的既存生物体为对象而开始的。而地球生物圈中千姿百态的生物体各有各的特点。这就给人留下了生物复杂的印象。可是，如果从生命系统的主体是生命大分子网络的角度来看，我们可以发现，无论是动物的取食还是植物的生长，甚至是与人类生存直接相关的生老病死，乃至整个地球生物圈中食物网络不同成员之间的关系形成，其背后的驱动力不过是具有正反馈自组织属性的"三个特殊"运行过程中对游离态相关要素的动态整合趋势。这种趋势最终可以从对"活"和演化的定义给出解释。基于这些分析我们认为，把生命系统的主体定义为生命大分子网络，可以帮助人们更好地理解以千姿百态的形式存在的生命系统运行中的原理同一性。

整合子生命观的要点 Ⅲ：
生命系统的构建原理、稳健性机制与复杂性来源

在从第三章到第十四章的讨论中，我们在寻找生命系统的原理同一性时，特别强调生命系统的自发性。1995 年，为纪念薛定谔《生命是什么》演讲出版 50 周年，Murphy 和 O'Neill 编辑出版了一个文集，*What is Life? The Next Fifty Years，Speculations on the Future of Biology*。这本文集汇集了 11 位当时在生命科学领域取得过非凡成就的学者对各自领域在过去 50 年中一些重要进展的回顾和对下一个 50 年的展望。在引言中，两位编者把薛定谔演讲的主题归结于两句话：从有序到有序和从无序到有序。他们认为，前一个主题激励 Watson、Crick 这些学者发现 DNA 是遗传信息的载体，从分子层面上解释了性状在代际传递的机制，从而回答了从有序到有序的问题。后一个主题却没有得到令人信服的回答。

实际情况的确如此。在文集出版的 1995 年，虽然 Prigogine 所提出的耗散结构理论可以为自然界发生的一些自组织现象给出一个合理的解释，而且他一直自认为耗散结构理论可以回答生命系统从无序到有序的机制，但这个理论中并没有考虑碳骨架这个具象的组分和分子间力的存在。迄今为止，很多用来解释生命系统自组织特点的理论，同样都没有针对碳骨架组分相关属性和分子间力的解释。在我看来，这种现象背后的道理其实很简单：Prigogine 的耗散结构和很多其他理论对自组织现象所做的是在传统的热力学第二定律的范式内的质点化解释，有些甚至根本连热力学第二定律都不需要，直接从对所关注的现象加以简

化，找出数学关系，然后加以推导而形成。基于之前的分析，脱离生命系统中碳骨架组分的特殊性、不考虑基于分子间力的相互作用、无视"组分三性"和"互作三性"来讨论生命，对于解释生命系统作为物质的特殊存在形式的特殊之处而言，无异于无的放矢。

在前面的章节中，我们引入了居维叶对生命过程的漩涡比喻来形容整合子的某些属性。但漩涡比喻存在与耗散结构类似的问题，既没有也无法对整合子中组分及其互作的机制给出解释——当然，期望居维叶在19世纪初就提出组分互作的机制显然有失公允——那时人们还不知道细胞的存在！也恰恰因为当时人们对生物体的物质构成缺乏了解，他在那个时代能提出漩涡比喻，来表达对生物体本质上是一个动态过程的洞见，其深刻性显然不仅是其同辈人望尘莫及的，对我们这些生活在分子生物学乃至基因组时代的后辈而言，也是难以望其项背的。可惜的是，这种洞见因为其超前性而在之后的岁月中被主流生物学界所忽略。

整合子生命观从原理上重新"发明"了一遍居维叶漩涡比喻这个"轮子"，强调了生命系统的动态性，但面对今天生命科学发展所积累的海量信息，我们没有理由像居维叶当年那样，止步于对生命系统的动态性给出一个漩涡的比喻。那么，"三个特殊"为起点的生命系统通过什么机制而自发形成生命大分子网络（包括我们肉眼可辨的千姿百态的生灵）呢？在前面的章节中，我们根据不同章节所讨论的主题，对不同层级上整合子形成机制做过分散的讨论。下面对过去讨论过的内容做一些简单的概括。

生命大分子网络自发形成的三个原理

在前面章节的讨论中，我们曾经提到，生命系统的自发形成遵循三个原理：

第一，结构换能量，即在第三章中讨论的结构换能量循环所遵循的原理。在这一原理下，作为两个独立过程的偶联节点的复合体（即IMFBC）自发形成、扰动解体，适度者生存。在这里的"适度"指IMFBC的存在概率。

第二，达尔文迭代（演化）。其最原初的形式即在IMFBC的基础上，在自催化或者异催化的状态下共价键的自发形成。"三个特殊"中特殊组分因共价键形成所出现的复杂性增加衍生出正反馈自组织属性，最终在多细胞真核生物的层面上表现出达尔文演化理论所描述的不同物种之间的共祖、关联和伴随修饰的传承（descent with modification）。

在前面的章节中，我们曾经从整合子迭代的角度，对生命系统演化在不同层级上出现的特点做过分别的讨论。如果把那些讨论中涉及的整合子迭代中演化创新事件发生的共同特征及其保留下来的基础做一个比较分析，可以发现这些演化创新事件具有一个共同的基本模式：组分变异、互作创新、适度者生存。其中组分变异指"三个特殊"相关要素中的任何要素在种类、数量、配置模式上的改变。

如我们所用的乐高积木比喻那样，生命大分子网络的存在形式相当于乐高积木的模型，对生命大分子网络存在和运行过程及其机制的解读相当于对模型拼搭过程及其机制的解读，而不是零配件生产过程的解读。当然，零配件的种类、数量和配置模式对模型的拼搭会产生影响是不言而喻的。因此，在过去一百多年生命科学研究中，生物体的特征，即所谓性状在代际传承的规律，也就是所谓遗传学的发展揭示DNA是遗传信息的载体后，达尔文讲的变异被聚焦到基因变异也在情理之中。但是，从前面章节的讨论来看，对生命系统运行产生影响的可变异的组分不只是基因。显然，仅从基因这个特殊组分来解读整个生命系统的演化机制，不可避免地会挂一漏万。

互作创新从"三个特殊"的角度讲可以从两个方面来考虑：一是"三个特殊"相关要素的

变换所引起的互作创新。其中，基因变异引发的蛋白质序列改变不可避免地会引发特殊相互作用的改变，甚至引发生命大分子网络的重构。二是"三个特殊"相关要素整合媒介的迭代也会引发互作创新。比如动物生命活动中，"三个特殊"相关要素的整合媒介从海绵、水螅等固着生长的类型中所依赖的水流，到感觉和运动系统形成之后对反映周边实体特征的物理、化学信号，甚至包括蜜蜂、鸟类、海豚等演化出来的符号。

适度者生存的含义和结构换能量循环中的适度者生存本质上是一样的，即概率或者稳健性。但从网络的角度讲，可以进一步具体化到两个评估指标：网络内各个连接（即各种组分间的互作）的效率和网络整体的稳健性。二者的兼顾谓之"适度"。

在这里需要特别指出的是，适度者生存与大家耳熟能详的达尔文演化理论表述中的"适者生存"是不同的。适者生存所指的是生物适应环境，属于沿袭自亚里士多德时代的"生物—环境"二元化分类思维的范畴。这显然与我们整合子生命观中强调的环境因子是生命系统的构成要素的观念无法兼容。适度者生存所指的则是包括了环境因子在内的生命大分子网络本身的运行状态。两种表述一字之差，内涵则截然不同。

第三，无标度网络。如在第八章中所介绍的，我是从龙漫远推荐的 Barabasi 所著 *Linked* 一书中了解到无标度网络这个概念的。后来，还特地和我在生命科学学院做生物信息学研究的年轻同事确认了这个概念的由来和在他们工作中的意义。在我的理解中，Barabasi 的无标度网络概念是从很多身边不同事物之间关联方式的分析中抽提出来的一般化的数学形式。他后来把这个概念用在生命系统中不同层级、不同形式的已知网络特征的分析上，发现有不错的解释力。于是这个概念在 20 世纪 90 年代风靡一时。虽然不同的学者对无标度网络概念的合理性和有效性有不同的看法，但这个概念所描述的网络特征，对大家理解网络运行的特点还是有帮助的。

其实，有关生物体的复杂性问题很早就被研究者关注。在本章后面讨论整合子生命观的意义时，会稍微介绍一点相关的背景。在这里，我主要希望在介绍完生命系统的各种不同的存在形式及其运行特点之后，重申一下在第八章中基于前细胞生命系统相关要素的讨论而提出的无标度网络概念，以及这个概念同样可以帮助大家理解细胞化生命系统运行中所表现出的网络属性。这也是为什么我们将无标度网络作为生命大分子网络自发形成所遵循的三个原理之一。

需要指出的是，我们在前文的讨论中曾经对 Barabasi 在 *Linked* 中对无标度网络的三个属性做了一点调整。他讲的生长的属性，我们不仅从可迭代整合子的正反馈自组织的属性给出了具象的代指对象，还可以作为生长属性驱动力来源的解释。偏好性连接的属性，我们从"三个特殊"为连接而形成的生命大分子网络中的"组分三性"和"互作三性"，以及由此而衍生出的不同子网络间要素偏好性和子网络生长过程中出现路径依赖性的现象，为这一属性给出了具象的代指对象。关于他所讲的适应的属性，因为与我们前面讲到的环境因子是生命系统的构成要素的概念之间出现了逻辑上的不兼容，加上伴随网络的正反馈扩张而出现网络复制的可能性——这种可能性在细胞化生命系统中表现为细胞分裂，这种属性在他的书中没有予以特别的强调，我们用网络的可复制性替代，作为无标度网络的第三个属性。

生命大分子网络稳健性的三个支柱

与目前主流生物学对生命系统的表述不同，整合子生命观特别强调生命系统形成的自发性。而这一点显然是反直觉的。其实，回顾现代科学的发展历史就可以发现，现代科学对世界的解释,很多都是反直觉的。为什么物理学的解释反直觉可以接受,对生命系统的解释反直觉就不能接受呢?

其实,是不是反直觉并不重要。毕竟,如我们在本章引言中提到,生命系统并非因为人类的出现而出现,更不会因人类的解释而改变。直觉究竟是什么还有待讨论,应该没有资格作为对生命系统运行特点解释的合理性的评判标准。可以用来作为评判标准的,还得是人们对研究对象在辨识、关系想象、由来追溯的解读上的合理性、客观性和开放性。

对于生命系统形成的自发性解释而言,最大的挑战,应该不是结构换能量循环——我们有关这个假设过程的论文 2018 年发表后,在和物理学、化学领域专家的交流中,大家对这个假设过程更多的反馈不是觉得其不合理,反而是觉得没有任何新奇的地方。如有的化学家说,在化学领域有很多类似的例子。他们只是不理解为什么会把这种司空见惯的化学过程视为生命系统的起点。最大的挑战,其实来自如果生命系统的基础是借助分子间力形成的复合体为节点而偶联起来的自发过程,它怎么可能如此坚韧?或者用稍微专业一点的话讲,这个系统的稳健性从何而来?

基于从第三章到第十四章的介绍,我们可以发现,生命大分子网络稳健性有三个支柱:

第一,势阱递降。在从第三章到第六章的介绍中,我们发现生命系统运行过程中最重要的相互作用有三类:基于分子间力的,基于共价键的,和基于电子得失的。虽然在共价键和离子键的键能大小上因涉及元素不同而难以一概而论,但对于目前所知的各类生化反应而言,所谓的高能键都源自电子得失,这是有大量实验证据支撑的。从这个角度讲,在生命系统的运行过程中,基于分子间力的、基于共价键的、基于电子得失的这三种互作方式发生的难易程度及互作发生后的稳健性出现反向变换的趋势是:基于分子间力的互作因键能低而容易发生,但也容易被扰动解体从而稳健性比较低;基于共价键的互作因键能高而不容易发生(因此共价键的打破和重建需要催化),但一旦发生之后,其互作就比分子间力更加稳定而不容易解体,稳健性比较高;基于电子得失的互作当然更不容易发生,一旦发生,就不可逆。这也很容易理解为什么光合作用和呼吸作用中的电子传递链都是单向的。

在蛋白质结构研究中,人们发现在从肽链形成特定结构的蛋白质折叠过程中,低能态的结构更加稳定。这是一个遵循热力学第二定律所描述的沿自由能降低方向进行的自发过程。人们常常用势阱来表示能态。势阱越深,表示能态越低;概率越高,稳健性越强。如果把上述三种相互作用的机制综合起来考虑,很容易发现,从相互作用能态的角度看,整合子迭代过程中出现的势阱递降趋势,为生命大分子网络的稳健性提供了第一个支柱。

由于不同互作类型的加入,网络迭代的过程中整个系统的复杂程度不可避免地增加,从网络迭代过程中复杂性所包含的势阱递降趋势,很容易理解为什么我们在第八章中提出,生命大分子网络在迭代过程中会表现出复杂换稳健的属性。

第二,中心法则。大家可能已经注意到了,在本书从第三章到第十四章的讨论中,我们强调的一个主线是相互作用。相互作用的主体从结构换能量循环中以红球蓝球为代表的特殊组分(碳骨架组分),到酶为节点的不对称生命大分子双组分系统,生命大分子网络中彼此关联的不同组分细胞化之后作为网络组分的膜和被膜包被的生命大分子网络,真核细胞中的两个主体,多细胞生物中的细胞与细胞团,乃至食物网络中彼此关联的不同成员。这与目前讨论生命系统时占据主导地位的基因中心论的叙事有很大的不同。但反对基因中心论,并不意味着否认基因在生命大分子网络运行(包括复制)中的重要性。

我们在第七章中提出过一种对中心法则的不同解读，即中心法则所描述的，本质上是一种核酸和多肽在多组分互惠式互作过程中形成的、多肽以模板拷贝形式高效形成的生产流水线。在这个多组分互惠式互作过程中，核酸以碱基序列的形式记忆高概率存在的多肽能态（按照前面提到的低能态蛋白质结构自发形成的现象，高概率存在的多肽中氨基酸序列应该可以自发形成低能态结构），即以序列记忆能态。然后再反向，以具有更高稳定性的 DNA 作为生产流水线的图纸，在各种生命大分子复合体的介导下，新的多肽得以高效拷贝的形式形成。相比于第四章提到的在复合体基础上借自催化或异催化形成共价键，进而在组分随机碰撞、互作过程中借正反馈自组织属性形成越来越复杂的大分子，比如多肽，中心法则所描述的以模板拷贝形式形成多肽的生产流水线的效率应该高很多。从这个角度讲，作为生命大分子网络关键节点的多肽由以中心法则所描述的流水线生产，从网络关键节点的供给方面，即乐高积木比喻中的零配件供给方面，提供了稳定的保障，从而实质性提高了生命大分子网络运行的稳健性。这是为什么我们将中心法则（其实是其所描述的模板拷贝形式的多肽生产流水线）作为生命大分子网络稳健性的第二个支柱。

借乐高积木做比喻，我们之前强调过，对生命系统的了解，应该是以模型的构建为对象，不能止步于了解既存模型中拆解出来的零配件的生产机制。达尔文时代人们所关注的性状是类似乐高积木模型的某些特征。孟德尔的豌豆实验中一个关键的假设，是性状由独立的遗传因子控制。虽然在 19 世纪后半段出现的各种对性状决定和传递的猜测中，孟德尔的猜测恰好是对的，后人以此为前提，最终找到了 DNA 是遗传信息的载体，并最终揭示了零配件的生产流水线，但在孟德尔的假设中存在一个被很多人都忽略的地方，即性状是由独立的遗传因子直接控制的。在他的年代，这种假设与当年牛顿把天体无论其大小和组成都作为物体来处理（这种处理被后人发展为质点假设）类似，是一种对研究对象特征的简化。这种简化类似于解几何题时需要的辅助线——没有它，很可能找不到切入点——在人类对未知世界的探索进程中作为观念工具有其不可或缺的意义。但辅助线并不是要解决的问题本身。在人类对生命系统解析的分辨力达到如此高程度的今天，如果看不到性状和基因之间有那么复杂的过程要经历，仍然以为了解了零配件如何借生产流水线生产出来，就可以自动解释模型的拼搭，难免有刻舟求剑之嫌。

其实，早在 20 世纪 40 年代，被誉为最后一位百科全书式的生物学家 C. Waddington 已经注意到了传统遗传学在逻辑上的局限性。他创造了 epigenetics 这个词，希望引导研究者关注基因是如何变成性状/表型的。在他提出这个概念时，人们还不知道遗传信息的载体是 DNA。而当人们发现 DNA 是遗传信息的载体，并在短短的 10 年时间内就提出了中心法则的概念和解析了遗传密码之后，Waddington 的命题就被基因工程热所淹没。到 20 世纪 90 年代后期 epigenetics 这个概念被人们旧话重提时，这个词的内涵已经被阉割得面目全非，仅限于覆盖当时所了解的基因表达调控中启动子和转录因子相关机制之外尚未了解的机制，比如染色质层面上的 DNA、组蛋白的修饰，RNA 层面上的 RNA 修饰和小 RNA 的功能等等。对启动子和转录因子之外的基因表达调控机制的研究本身是人类认知能力发展中正反馈的结果。在这个方向上的发现对我们理解生命系统的运行机制提供了大量难能可贵的信息。从科学认知是一种以实验为节点的双向认知的角度，以具象的实体为对象而得出有限的结论本身无可厚非。但如果因此而陷入路径依赖，忽略从现象到解释的逻辑链中曾经存在的局限性，大家钻到某个特定的牛角尖中出不来，那也会对认知的发展带来副作用。这样的例子过去很多，现在很多，将来或许也难以杜绝。

　　有关孟德尔遗传学中的那个被人们忽略的假设——即性状是由独立的遗传因子（现在叫基因）直接控制——中存在的逻辑局限性，我们在之前的一个有关乐高积木的拆与拼的讨论中其实已经提到了。在那个讨论中，我们提到，人类面临的周边实体相当于拼搭成的乐高积木模型。如果希望了解这个模型是怎么拼搭出来的，第一步显然只能去拆。如果把拆下来的零配件拼回去而复原模型的样子，我们会认为自己已经知道这个模型是怎么拼搭出来的了。可是如果从达尔文的演化理论，以及我们在本书中所介绍的整合子生命观来看，在生命系统的演化进程中，零配件总是先于模型而存在，而且是在被整合到模型中之后，才被视为零配件的。对于基因而言，作为生命大分子网络的组分，即零配件，常常是在我们关注的模型，即生物体的性状出现之前就已经作为 DNA 序列形式存在，而且常常在其他的模型，即其他生物的其他性状中发挥其他作用。或者说，同样的零配件，可以用来拼搭不同的模型（图 1-5）。这种情况在传统的遗传学研究中因为研究对象的局限性而无法被检验，从而被人们所忽略。

　　出现这样的情况从历史上讲是难以避免的。其中的客观原因，首先是人们对生物的研究是以既存的，基于感官分辨力所能分辨的生物体为起点的。人们依赖于对生物体特征的观察、描述来辨识研究对象，并定义所谓的性状，从而对生物进行分门别类。因此，如我们在前面章节中提到的，早年大家认为性状是确定的，而决定性状的因子是需要去寻找的。孟德尔遗传学的特点，就是假设决定性状的是特定的因子，可以根据性状在后代分离的特点为线索来寻找决定这些性状的未知因子。在摩尔根遗传学（尤其是借突变体方法）和分子遗传学终于可以找到决定性状有无的染色体或者 DNA 片段时，性状与基因之间的直接关系已经根植于人们的潜意识之中。尽管此时人们已经知道性状形成过程非常复杂，大家还是倾向于用曾经帮助人们成功找到基因的思维定式，在基因序列层面上讨论性状的形成机制。这大概是目前的生物学研究会在有限的性状与有限的基因之间关系上"内卷"的原因之一吧。如果乐高积木中同样的零配件可以被拼搭出不同模型的现象可以得到应有的重视，相信对于生命系统运行及其调控机制的研究而言，会出现巨大的全新空间。

　　在这里花篇幅讨论基因中心论乃至孟德尔理论假设中的局限性，并不是否定基因的重要性，而是希望人们对基因的重要性予以恰当的理解。

　　第三，细胞化。相对于中心法则作为生命大分子网络稳健性支柱的颇费周折的论证，细胞作为生命大分子网络稳健性支柱的论证中需要澄清的地方要简单很多。就我的知识范围而言，细胞作为生物的结构和功能单位这一概念早已成为人们讨论生命现象的默认前提。这个概念衍生的问题是细胞的由来和生命是不是一定要以细胞为前提来定义。在本书第九章到十一章中，我们从可迭代整合子的视角对细胞的起源做了猜测，提出了细胞是被网络组分包被的生命大分子网络的动态单元的概念。这样不仅可以很好地解决了之前观念难以解决的困难，而且还为有形的细胞和无形的网络之间建立了合理的整合。在此基础上，我们可以发现被组分包被的网络表现出的可调控性、可移动性、可复制性（其实网络本身就有可复制性，只是细胞分裂使得这种属性变得更加容易辨识），这些新的属性，尤其是可调控性和可移动性使得细胞化网络相比于非细胞化（或者前细胞化）网络具有更高的稳健性。这是为什么我们将细胞化作为生命大分子网络稳健性的第三个支柱。

生命大分子网络复杂性的来源

在主流的生物学教科书中,大家得到的印象是生命系统是复杂的。但在本书第三章到第十四章的讨论中,大家时常会读到"生命系统是简单的"。其实,我们讲生命系统是简单的是出于一个直觉性的推理:即如果生命系统是自发形成的,那么其原理应该是简单的。但是,原理的简单并不等于现象的简单。如果说原理非常简单的结构换能量循环的确是生命系统的起点,而把演化或者达尔文迭代定义为在 IMFBC 基础上经自催化或者异催化出现共价键自发形成在原理层面上也简单,那么在已知地外空间有那么多不同种类的碳骨架组分的背景下,"活"+演化这种生命系统运行基础的"组分三性"以及"互作三性",显然不可避免地衍生出生命系统或者生命大分子网络在存在形式上的多样性和不确定性。这对于人类这种作为生命系统演化产物,即"身在此山中"的观察者而言,感到复杂本来也是情理之中。

尽管"组分三性"和"互作三性"决定了生命大分子网络在存在形式上的多样性和不确定性,从前面几章所介绍的情况看,生命大分子网络的运行与迭代过程中,复杂性的出现或者增加其实还是有迹可循的。概括起来大概有以下三个来源:

第一,迭代(iteration)。这在前面的章节,尤其是第三、第四章中已经有比较完整的介绍。

第二,叠加(overlaying)。从前面几章的介绍中,我们可以看到,在整合子的迭代过程中,原有的整合子并没有消失,还在以不同形式存在于系统中。比如在酵母这种单细胞真核生物中,尽管生存主体变成了借有性生殖周期这种相对稳定的基因流渠道共享多样性 DNA 序列库的居群,作为生存主体的细胞仍然是这个系统不可或缺的一部分;多细胞真核生物发挥不同功能的细胞团中,细胞仍然是自主运行的生命大分子网络动态单元;食物网络中彼此依存的不同成员仍然可以相对独立地繁衍生息等等。另外一个存在于我们每个人身上的叠加现象,即肠道微生物菌群——我们在之前章节中提到,我们每个成年人的个体中,体内微生物细胞数量与我们人体细胞数量处于同一个数量级。在整个生命系统中不同复杂程度的子系统同时存在、彼此叠加的存在形式,是复杂性的另外一个来源。

第三,交织(interweave)。我们在第八章中提到,生命大分子网络有两种存在形式:生命大分子合成与降解的网络和生命大分子复合体聚合与解体的网络。大家比较熟悉的代谢网络就是第一种存在形式的代表。在这种网络中,不同类型生命大分子,比如核酸、蛋白质、多糖、脂类的代谢子网络之间存在产物、底物、中间物作为节点的交织。这可以被视为交织的最简单的例子。

在对整合子生命观的要点做上述梳理概括之后,我们还可以套用之前在讨论植物和动物时用过的"123"模式,进一步将上述要点概括为"生命之网 123"。

一个起点("1"):结构换能量循环,即特殊组分在特殊环境因子的参与下的特殊相互作用——作为"活"的内涵;

两个要素("2"):"活"+演化;

三个"三"("3"):① "三条原理",即结构换能量、达尔文迭代、无标度网络;② "三个支柱",即势阱递降、中心法则、细胞化;③ "三个阶段",即生命系统的演化可以从三个阶段来加以分析和理解,前细胞(或者非细胞)阶段、细胞化阶段、后细胞阶段——这个阶段主要指人类的认知。因为篇幅的关系,我们在本书中不对人类认知做专门的展开讨论。

图 15-1 对生命之网 123 中的相关要素做了一个图解。在这个图解中,细胞化生命系统的不同形式用不同颜色的倒圆锥体来表示。希望在这个图解能帮助大家对整合子生命观的要点有更加清晰的把握。

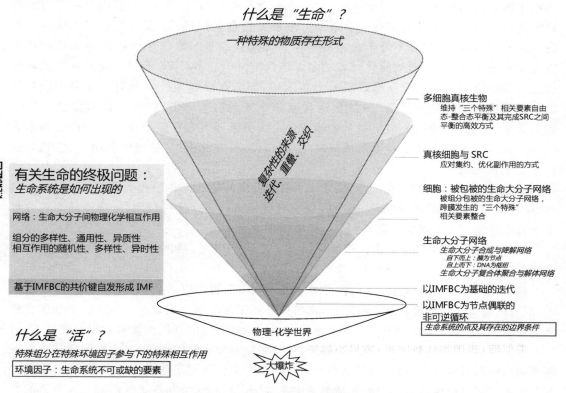

图 15-1　整合子生命观有关生命起源、演化及其不同形式之间关系的概述

整合子生命观的特点

　　我们在从第三章到十四章的讨论,以及本章前面部分对整合子生命观要点的梳理和概括中,都以不同的形式涉及了在解读生命系统时整合子生命观与传统生物学的不同。为了帮助大家更好地理解整合子生命观与传统生物学对生命系统解读的不同,我们在这里把这些不同归纳为以下几点:

　　第一,对生命系统本质的解读不同。 在整合子生命观中,我们认为生命系统的本质是一种特殊的物质存在形式,不是一种特殊的物质。

　　第二,对生命系统构成特点关注的侧重点不同。 在整合子生命观中,我们所关注的是相互作用——即大爆炸宇宙中既存的碳骨架组分之间的互作,而不是把生命还原为某种特定的生命分子(如核酸);关注的是分子间力——即作为偶联两个自发过程形成非可逆循环节点的动态复合体形成的纽带,而不是一般生化反应中特殊生命大分子结构形成所依赖的共价键,尽管共价键的重要性在整合子生命观中同样受到重视,但它是作为结构换能量循环的衍生物而被定义的;关注的是环境因子作为"三个特殊"的构成要素对特殊组分的特殊相互作用中所具有的不可或缺的作用,而不是在"生物—环境"二元化分类模式下纠结难以定义的生物与环境的互动。

第三，对生命系统发生、运行与迭代过程及其前景的预期不同。谈到生物，人们在大众媒体乃至大学生物学教学过程中，总是难免看到如下一些表述：比如，生物"要"繁衍后代，"要"适应环境。这些表述中，总是有挥之不去的目的论味道。比如，各种生物作为大自然生灵，常常被描述为"美"的、乃至是"完美的"存在而被赞叹。在这些表述的影响下，久而久之人类的"美"乃至"完美"的标准是以人类周边所存在的生物的样子而被定义，而且反过来会认为自然的样子就是"完美"的。又比如，因为人们对不同生物物种的描述、对决定性状的基因的追踪，乃至近年通过改变 DNA 序列带来表型改变的成功，使得人们期待未来可以根据人类的需要而创造出各种不同的生物，包括长生不老的人类本身。在这种"既然这样，那么一定可以那样"的叙事过程中，人们潜移默化中对生物之所以成为这样和将来应该成为那样产生了确定性的预期。

可是，大家从第三章到第十四章的讨论中可以发现，在整合子生命观中，我们不断在强调，生命系统之所以以当下的形式被人们所感知，并不是它们"要"成为现在的样子，而是机缘巧合使得它们不得不成为现在的样子；现在的样子也不是完美的。它们之所以成为现在的样子其实是在不确定的变化中恰好出现的结果，将来还不知道会变成什么样子。

其实，整合子生命观中所强调的生命系统的不得不（forcedness）、不完美（imperfection）和不确定性（uncertainty）其实并不是什么新的观念。早在 18 世纪末的决定论信奉者，法国著名学者拉普拉斯（Pierre-Simon Laplace）就曾经说过：总体而言，生命中最重要的问题不是别的，就是概率问题。对于生命系统的不确定性，钱纮教授在 2017—2019 年为我们暑假学期"生命的逻辑"课程所做的有关精确科学的讲座中，曾给出过系统的论证。

类似的，法国现代科学家，诺贝尔医学或生理学奖获得者 Francois Jacob 用补锅来比喻生命系统的演化过程。没有人会把补过的锅认为是"完美的"。同样，在 2017—2019 年"生命的逻辑"课程的讲座中，龙漫远教授在讲授演化逻辑时，给出了大量的案例论证生命系统作为演化结果的不完美性。

至于生命系统发生、运行与迭代过程的不得不特点，如果我们接受生命系统的形成应该是一个自发过程，接受把结构换能量循环作为生命系统的起点，那么从第三章到第十四章所做的讨论来看，我们应该可以发现，在生命系统的发生、运行与迭代过程中，各种事件的发生都是不得不的。包括人类自身在内的各种生命子系统的存在形式，只不过是在各种不得不的迭代事件所形成的整合子的稳健性恰好使得它们在人类的观察范围内得以存在。因此，根本无须借助目的论来做画蛇添足的解释。

在我的研究经历中，我发现从具体的研究个案而言，人们要解释的只是非常有限的细节问题——毕竟，从所谓科学认知的角度讲，其与其他认知过程不同的、作为双向认知的节点的实验，只能以具象而有限的实体为对象，并以对这些具象而有限的实体中的某些特定解释的合理性为问题而设计与实施。从这个意义上，可以理解为什么绝大部分从事生物学研究的人没有去质疑传统生物学观念体系是否存在内在的逻辑缺陷，更不太可能为了了解"庐山真面目"而走出"此山"，构建一个不同的解读体系。我是在过去十多年中因为各种机缘巧合，把研究和教学过程中遇到的困惑与问题先是就事论事地做了一些不同视角的反思和梳理，然后才发现这些反思和梳理居然可以被整合成一种不同于传统生物学观念体系的对生命系统的新的解读。既然出现了一个不同的解读，那么两相比较，那些与传统生物学观念体系中的不同之处，就可以被视为整合子生命观的特点吧。

整合子生命观的意义

在上一节最后一段提到,对于以科学研究为职业的人而言,绝大部分人关注的问题都是具象的和有限的。如果用一棵大树来做比喻现代科学的知识体系(这个比喻其实并不贴切,因为认知空间中的观念体系其实是不断重构、不是像一棵树那样有固定枝权的。用大树来比喻知识体系,仅仅是因为这个比喻比较容易解释特定时间节点上研究者与观念体系的关系),每个研究者都是在这棵大树成长的不同阶段来到这棵树上。只有那些有幸站到某一分枝的尖端,帮助这棵知识之树生长的人,他们的贡献才能被融入知识之树。大概因为这个特点,探索未知自然的行为被职业化之后,从业人员的业绩常常也以是否能站到学科前沿、所做之事能否融入知识之树生长之中作为评价标准。在这种评价体系下,科学研究这种特殊职业的从业人员常常要使出浑身解数来站到他所在那枝的尖端,并尽可能让自己的工作融入所在分枝的生长。从这个意义上,站到从业者的职责和实际利益的角度来考虑,把同样的资源投入置身事外地考虑知识之树的由来还是投入身在此山地钻研分枝尖端的生长,两者之间的利弊得失是不言自明的。既然如此,在当下科学研究首先是一种谋生的职业的情境下,讨论与作为一种特定职业得以形成和传承基础的传统生物学观念体系不同的整合子生命观,从逻辑上不可避免地会面临从业者的质疑、抵触乃至反对。最可能的友善态度是敬而远之或者束之高阁。在这种情况下,讨论整合子生命观有什么意义呢?

对这一问题,大概可以从以下三个方面做简单的回应。

生命现象解释本身的自洽

在前面章节的讨论中,我们已经涉及了很多对具体生命现象的解释中两种不同观念体系的差别。从对这些解释的差别中,我们认为整合子生命观所给出的解释可以化解很多传统观念体系中难以解释,或者不得不引入目的论才能解释的问题。在这里,我们就不再重复。考虑到科学认知作为人类认知的一种,无非是要对周边实体、实体间的关系、实体的由来给出更符合实际的解释,从而在作为动物的不得不的行为(在前面章节中我们提到过对于动物而言,生命在于移动)中做出有效的选择。人类因为认知能力的出现,在行为模式上从刺激响应转为谋而后动,更需要做有效的选择。由于我们在前面提到科学认知与其他认知相同之处在于同样追求合理性,独特之处在于借助实验为合理认知提供客观性基础,而实验都是具象和有限的,在科学认知过程中,不可避免地需要把具象和有限的具有客观合理性的解释整合成为更大的观念体系,而在这个过程中,就会出现对不同具象有限的解释做不同整合的可能性。如果这种分析反映了实际情况,那么显然,选择一种更加自洽的解释来替代存在自相矛盾的解释,应该是广义科学中不可或缺的一部分。

此外,从现实科研的需求来看,如果再用一下前面不甚贴切的知识之树比喻,在其演化/迭代过程中不可避免地会出现路径依赖性。路径依赖性在网络中出现的不得不,并因此表现出马太效应在 Barabasi 的 *Linked* 一书中曾经做过的具体论证。怎么才能从路径依赖中跳出来?如果借知识之树的比喻,那么就是分岔。从整合子生命观中提到的植物生命在于生长的特点来看,不断地分岔,是植物的多细胞结构在更大的空间整合"三个特殊"相关要素的有效策略。回到具体的生命科学研究,如果从网络的角度来看待生命系统的运行与迭代,我们可以提出很多在基因中心论的概念框架下不存在的新问题，并借助当下各种新技术来加以实验研究。这将实质性地拓展人类对生命系统的理解。

值得强调的是，在科学认知过程中，现象，和对现象的描述、解释、演绎是两大类完全不同的内容。现象是不依赖人类而存在的，而对现象的描述、解释、演绎是人类认知行为的结果。后者从与现象的关系的客观性程度上是越来越弱的，或者说描述、解释、演绎三者之间在主观性程度上越来越强。从这个意义上，任何一种对生命系统的发生、运行、迭代（其实还包括生命这个概念本身的内涵）加以解释的观念体系，都必须以被实验检验过的概念作为基础。如乐高积木那样，零配件是一样的，但同样的零配件可以拼搭出不同的模型。把这个比喻用在这里所要表达的是，同样的实验结果，可以用来构建不同的观念体系。从这个意义上，整合子生命观与传统生物学观念体系的差别不是实验结果本身，只是对实验结果的解释及其在观念体系中所处的位置的构建。

解释背后逻辑的整合

其实，对生命是什么以及生命系统究竟是如何发生、运行与迭代的问题，自人类有文字以来就有不同的解释。如果说伴随 1500 年以后欧洲人的大航海或被称为地理大发现，对地球上肉眼可见的生物类型的博物学研究在 17 世纪后期形成了以林奈分类系统为代表的分门别类的框架，之后人类对生物的研究，就在此基础上转入了对其构成、由来（包括个体的由来和物种的由来，乃至生命本身的由来）与运行机制的系统探索。从人类认知的对实体的辨识、实体间关系想象、实体由来的追溯的角度，在过去三百年左右人类锲而不舍的努力下，终于把原本肉眼可见的生物的构成解析到生命大分子；把生物体的性状在代际传递的信息载体最终追溯到在 DNA 分子上碱基排列的方式，多细胞生物个体的由来追溯到以合子为起点的细胞团的有序构建，不同物种的由来追溯到共同祖先，物种之间的区分可以追溯到生殖隔离；把生物体的运行机制分析关联到物理学和化学所揭示的物质世界运行的一些基本规律。可是，究竟是什么使得生物成为有别于其他实体的一种独特存在呢？有关这个问题，在对生物的研究从博物学的分门别类转入以实验为节点的科学认知之后就一直存在不同的解读。

我在读硕士研究生时，就意识到将来可能以科学研究为职业。或许性格使然，我觉得无论做什么事，应该尽可能了解自己做的是一件什么事。因此，我对"什么是科学"这一个问题一直很关心。虽然没有时间去做系统研究，甚至没有时间去读有关科学史或者科学哲学的论著，但如果遇到讨论这些问题的文章，我还是会尽可能地读一下。久而久之，大致了解在对生命本质的解读和生命特征的研究中，大致可以分为还原论和反还原论两大阵营。

在还原论阵营，人们主张要不断把肉眼可辨的生物解析到尽可能小的单元，相信既然生物体是由原子分子构成的，那么也应该可以由原子分子的属性来解释其特征。在过去两三百年时间中，秉持还原论观念的人对生命系统所做的锲而不舍的解析，为人类了解生命系统做出了实质性的贡献。

但也有人主张，还原论不足以解释生命的本质，甚至不足以解释生命现象的独特性。他们的理由是，为什么同样是由碳这样的原子构成的实体，石墨或者金刚石就没有"生命"的属性？针对还原论解释在逻辑上出现的难以回答的物体，从 17 世纪开始，就有人提出各种不同的替代解释。为方便起见，我将这些替代解释概括为"反还原论"。基于 Ganguilem 和 Bango 等人的著作，我意识到之所以会出现还原论和反还原论之间的冲突，一个关键的原因，是人类对周边实体的辨识，最初是源自感官经验。如在第十二章中我们曾经讨论过的，感官经验中最重要的视角,所依赖的是光的反差。古人把火作为一种物质元素,所依据的正是它和水、土等一样,都可以基于反差而被辨识。没有光的反差,人类(其他动物也一样)是无法借视觉来对周边实体加以辨识的。之所以感官会存在这样的特点,我们在第十三章对动物形态建成策略及其演化进程中做过一些讨论。作为演化的结果,人类只能在这种感官功能上生存,而且这些感官功能也足以保障人类作为一种动物的生存。

问题是,如苏东坡"不识庐山真面目,只缘身在此山中"的诗所说,人类不满足于如同其他动物那样"身在此山"地繁衍生息,而是要了解"庐山真面目"。但在显微镜和望远镜这"两镜"发明之前,人类对周边实体的辨识无法超越感官分辨力的边界。然而,在"两镜"发明之前,人类已经在依赖于光的反差的视角分辨经验的基础上,把既存的实体作为了解和解释的对象,在非常粗糙的、本来只是帮助人类实现取食、逃避捕食者、求偶需要的分辨力的基础上,加上基于有限信息而发展的想象,在轴心时代的不同地区的文明形态中,不约而同地形成了"生物—环境"二元化分类模式,乃至形式与本质的二元化解读模式。而后世的认知一直在这种认知模式的路径上发展。在"两镜"发明之后,虽然人类在技术上突破了自身感官分辨力(首先是视觉)的局限性,但能够为认知的客观性提供基础的实验永远是以可检测的具象的、有限的实体为对象,这在逻辑上使得人们不仅难以跳出二元化认知模式,甚至还强化了这种模式。比如在还原论和反还原论争论中涉及的物质与形式、结构与功能、生物与环境、连续与不连续等话题,本质上都是古代基于感官经验所形成的自然观的不同形式之间争论的现代版。尽管在轴心时代古希腊曾经出现过 Heraclitus"万物皆流"的思想,但由于历史上人类认知能力的局限,难以有效地对多因素构成的、变动不居的、看似难以重复的"流"加以有效的实验分析,这种思想始终没有办法进入人类自然观的主流。

科学家常常喜欢用"眼见为实"这个说法可以为上述判断提供一个支持证据。可是,从整合子生命观的视角看,首先,生物只是生命系统不同子网络的动态的存在形式。如居维叶漩涡比喻那样,生物体其实是"三个特殊"相关要素的自由态和整合态之间的动态平衡的状态,而且,其形成并不以人类感官分辨力为边界。从这个角度看,基于人类感官分辨力为边界而争论整体与组分的关系难以反映生命系统的实际情况。其次,"三个特殊"的相关要素并不是以人类感官分辨力为边界而被截然划分为生物和环境两部分(比如之前讨论过的细胞膜的半透性)。因此,按照"生物—环境"二元化分类的思维定式来解释生命系统的运行,难免陷入逻辑上的困境。第三,当下成为人类研究对象的生物,都是在一个生命之树当下的横截面上的存在。麻烦的地方在于,这棵生命之树当下横截面存在的祖先或者迭代的前体作为实体都已经不复存在。尽管基于现代生物学的知识,我们知道所有的生物体都以生命大分子为构成要素,但在曾经发生但现在已经无迹可寻的演化事件中,为什么这些看上去具有组分通用性的生命大分子自发形成这种生物而不是另一种,变得很难追溯。如果用乐高积木的比喻,我们把街景模型拆成零配件之后再来拼搭,未必一定要拼搭成原来的街景,也可以拼搭成小屋,或者是愤怒的小鸟(图1-5)。由于科学认知的独特性在于以实验作为双向认知的节点,而实验又必须以实体为对象,生命之树中作为当下存在的前体在实体层面上不复存在,这为对生命系统的研究引入了难以用实验结果来判断的争议空间。

如果上面的分析是成立的,那么整合子生命观对生命系统的解读显然可以跳出之前这些不同观点的争论。从这个意义上,这种观念体系不仅可以为对生命系统的探索提供新的视角,而且可以帮助人们从传统观念的路径依赖中跳出来,开辟全新的探索空间。

对人类自身的理解

就目前人们对生命系统包括人类自身的各种属性的了解而言，"人是生物"是一个不争的事实。在一次博古睿研究院中国中心的讨论会上，这种观点得到了一位北大哲学系从事佛教研究的老师的认同。但人类这种生物与其他生物究竟有什么不同？我们作为人类的一员，在对人类行为的理解和解读上以什么为参照系？这大概不仅是人文学科不同流派之间，而且也是生物学内部不同专家之间争论的问题。从 Mlodinow 在他的 *Upright Thinkers* 一书中所描述的理性时代人文学者在对人性的解读中引入了牛顿力学的逻辑的历史来看，人类对自身的解读难以避免地受到自然科学发展的影响。当然，如芝加哥大学荣休教授、现浙江大学人文高等研究院主任赵鼎新所说，自然科学的发展也难以避免地受到当时社会观念的影响。人类不同居群之间（其实也包括居群之内）的争斗乃至残杀并非人类特有，并且早在现代科学出现之前就一直存在，纳粹德国把当时流行的社会达尔文主义作为其对犹太人的大屠杀"合理性"的依据之一则更加具有欺骗性。从这个意义上，对人类这种生物的特殊性给出具有客观合理性的解释，是生物学家义不容辞的责任。

我曾经向我周边几个可能会有兴趣的朋友提出过一个问题，即他们认为人类走到今天最重要的、不可或缺的演化创新是什么。这些演化创新中可以包括基因层面的、工具层面的和观念层面的。在可想而知的多样化的回复中，所有人都提到的只有一个：文字（包括符号）。可见文字/符号在这些人理解人类特殊性上的重要性。然而，在目前对人类独特之处两种主流的解读中———一种是基因决定论的，以生物学家为主体；一种是文化决定论的。从整合子生命观的角度看，类似前面提到的对生命系统解析中的还原论和反还原论的争论关键在于对生物体这种实体的解读方式，对人类独特之处的争论关键，应该在于对以文字为代表的人类认知能力的本质与功能的解读方式。有关人类认知能力，乃至人类认知决定生存的独特的演化道路，因为篇幅的关系，我们在本书中不展开讨论。但有一个结论是可以被论证的，即人类作为地球生物圈的一个成员，其起源、生存与演化同样服从生命系统的同一性原理。

第十六章　结语：生命的逻辑——寻找第三极的漫漫修远之路前的曙光？

从 1998 年到北大工作至 2021 年底退休的 20 多年时间，我有很多要感谢的人。其中就有我刚到北大时的植物与生物技术系主任吴光耀老师。他出于对我的关心，告诉我说在高校工作一定要有一门自己的课。"上课"对于在大学工作的人有多重要我当时完全不了解，而且对上课这件事情本身既不向往，也不排斥。为不辜负吴老师的一片好心，我提出由于自己从事植物发育方面的研究，可以为研究生开一门"植物发育生物学"课程。他告诉我说之前已经有形态学方面的老师用这个名称开课了，建议我将课程的名字改为"植物发育的分子生物学"。这是我在北大开的第一门课。十几年之后，其他老师的"植物发育生物学"课程停开，我把我的课程名称改回为"植物发育生物学"，一直开到 2019 年。开课之后，我发现，上课和备课，是一个非常难得的梳理自己对所教授学科的思考和理解的机会。每年上课，都会对这个学科中的问题，以及不同问题之间的关系有新的理解。而且，自己当了教师之后，反观自己在学生时代的感受，更加体会到，学生才是教学过程的主体。老师如果以为学生是自己"教"出来的，那不仅是高估了自己的能力，还低估了学生的智商。作为老师，我要感谢同学们选我的课。正是因为有人选，我才可以开课，才有机会让我对学科做系统思考。至于学生为什么选，他们怎么学，学习的效果如何，这可能更多的是他们要考虑的问题。尽管我会尽可能对他们所提出的问题做出反馈，鼓励他们思考，甚至为了鼓励他们思考而强行要求他们提问，但在学生的学习动机和热情方面所能提供的帮助，其实非常有限。我估计在北大，像我这样看待教学过程的老师一定不止我一个。

课可以这样上，这学期讲了，下学期还可以有不同的讲法。常讲常新。可是一本书写出来要改就不容易了。我在开了"植物发育的分子生物学"课程之后，当时在北大出版社做编辑的张仲鸣就来约我把讲授的内容写出来成一本书。我当时不知天高地厚，恰好又有话要说（大家可能从这本书中有关植物发育和形态建成的讨论部分也看出来了），于是就答应下来。2003 年出版了《植物发育生物学》。当时自己对书稿还挺满意的（否则也不会付梓），但到了 2005 年就开始感到不满意了。2006 年出版社编辑提出是不是可以出第二版，我也有类似的想法，以便把不满意的地方改掉。于是从列提纲开始，把想到需要修改地方进行或大或小的修改。每年都会改好几次。可是一直不满意，也就一直没有对出版社兑现出第二版的承诺。开始每年编辑还以寄贺卡的形式委婉地催问一下进度，后来看我这边一直没有动静，编辑也懒得问了。直到 2019 年秋季学期上课的过程中，才终于发现一种方式把各种困扰我的主要问题理顺了，终于觉得可以动手写第二版了。与第一版相比，虽然从现在看来当时所提出的方向还是站得住脚的，但从内容到结构都不得不做出脱胎换骨的改变。因为有这个经历，我对写《生命的逻辑》就有点儿如履薄冰的感觉。虽然相比于写《植物发育生物学》时的青涩，经过这些年在北大的熏陶，视野的广度和思考的深度多少还都有所长进，但还是担心这次的《生命的逻辑》写完了会不会很快就不满意。

从一个比较大的时空尺度讲，我相信一个人只要一直保持学习和思考，对自己在特定阶段的思考结果和对其他人的思考结果一样，都会感到不满意。在现阶段能做的，恐怕也只能做几个评估：一是看自己是否清楚表达当初决定写这本书时的想法；二是看这些想法能不能为专业读者带来新的思考；三是看这些想法能不能为更大范围的非专业读者理解生命的本质及其规律提供一个具有客观合理性的框架，并在这个新的框架下，反观社会与人生，产生新的感悟，看到在当今撕裂的观念世界中重构共识的希望。当然，作为一本讨论生命的本质及其规律的书，我也希望对学习生物学的年轻人能够有所帮助。

决定开课、写书时想表达的想法表达清楚了吗？

如在前言和第二章有关对当前生物学教学状态的分析中所提到的，我之所以思考"生命是什么"这种被认为是哲学的问题、将这个问题转换为"什么是'活'"，最后下决心开设生命的逻辑这门课，并把讲课的内容写成这本书，主要出于对几个现象的不满意：

第一，觉得目前主流的有关生命定义所描述的过程（无论是 RNA-first 还是 Metabolism-first）都太复杂。按照这些定义，很难找到已知宇宙中存在的碳骨架分子与如此复杂的生命过程之间的关联，而且很难想象那么复杂的系统如何自发形成——而如果不以自发形成作为生命起源的前提，那么就很难摆脱创造论的窠臼。

第二，不知道是不是由于对生命的定义的不确定，在对生命现象的研究中，不同的实验系统之间除了基因、细胞、演化，以及一些研究技术具有共性之外，很难找到原理层面的共同点。不要说动植物等不同实验系统的研究者之间很难找到共同的问题，就是同样以植物为研究对象的同事，都很难找到可以深入讨论的共同感兴趣的问题。比如，在目前植物学教科书对植物形态结构的"根茎叶花果实种子"分类讨论的框架下，研究根的不关心种子，研究花的不关心叶，如果向大家提出现有的这种分类讨论的框架有没有道理这样的问题，大家会觉得你浪费时间。

第三，从生物学教学的角度，本科生同学认为生物学是"理科中的文科"，是一堆要靠死记硬背的知识。就算是美国麻省理工学院的那些为全校本科生必修课所准备的生物学概念框架（a hierarchical biology concept framework）的教授，虽然希望构建一个层级关系，但最后顶层的 18 个概念之间，还是只能并列成为一个平面。这样的教学体系，难免让非生物学专业的人对生物学或者是望而生畏、敬而远之，或者是不屑一顾；而生物学专业的学生又常常一头扎进细节中，很难跳出具象的细节来思考和把握这些细节的由来。在这样的状况下，研究工作越深入，距离公众的距离就越远。可是人作为一种生物，与生命现象和生命规律无法分离，每个人都无法无视与自身安全相关的话题。对生命现象的解释与公众的距离越远，留下的认知空白区域就越大，给各种善意的或者恶意的无稽之谈留下的发酵空间也就越大。我认为，社会上有关医患关系和转基因生物安全性的争议之所以发展到无法讨论的地步，我们这些从事生物学教育的人要反思自己的责任——我们没有资格抱怨公众对生命现象的无知，因为如果有这种不应该的无知存在，那么责任首先在我们这些专业的生命现象的研究者和生命知识的传播者。

在这些不满意的困扰下，看到周围比我优秀得多的人都在全力以赴地在具象的问题上攻坚克难，无暇顾及这些抽象的问题，那只好求人不如求自己，看看自己能不能做一点不同的尝试。如同我们在第一章中提到的对科学认知的解读，科学研究首先是因问题而起的。先有问题，以及对问题回答的一套推理，如果这一推理过程具有合理性，然后才会考虑怎么用实验来检验这一推理过程中的各个环节是否具有客观性。

从这个角度看，对于"生命是什么"这样一个问题，可以有薛定谔的回答，也可以有 Prigogine 的回答，还可以有 Shapiro 的回答。自然，也可以有其他的回答。薛定谔的回答虽然名满天下，但他的两个命题，即"从有序到有序（order from order）"和"从无序到有序（order from disorder）"，迄今其实只有前者得到了实验的检验，后者在他的演讲发表近 80 年之后，仍然停留在一个抽象的负熵的概念层面上，并没有得到实质性的实验检验。

既然这么多年这么多聪明人都没有找到可以被实验检验的有关生命本质的令人信服的解释，不能排除的一种可能性，就是在当初的可供思考的信息范围内，人们的思考方向有问题。比如，关注于寻找特殊的、可以稳定存在的分子。万一生命的源头不是一种特定的分子，而是一种相对不那么特殊的分子之间的相互作用，那么寻找特定分子的努力会不会成为缘木求鱼呢？对这种可能性的源头思考，本来是无须实验的——被检验的对象还没有出现，用实验检验什么呢？如我们前面介绍过的，在经过好几年的思考和与周围第一流的学者的合作，我们为"生命是什么"这个基本的问题提出了一个不同的解读方式，即把生命这个概念拆解为两个概念，即"活"（结构换能量循环，带有吸引子属性的最初的整合子）与迭代（以共价键在作为结构换能量循环节点的复合体 IMFBC 基础上自催化或异催化自发形成为起点的"三个特殊"相关要素的复杂性增加过程）。如在前面相关章节中所讨论的，"活"与迭代这两个概念所描述的过程虽然听起来很空洞、很抽象，其实是可以通过实验来寻找可以形成可迭代结构换能量循环组分，从而对这个有关"活"假设加以检验。这不仅为我的第一个不满意找到了一个解决方案，也为之后讨论生命系统的演化提供了一个新的原点与方向。

有了结构换能量循环这个假设作为起点，再加上有一定实验证据支持的在碳骨架分子基础上共价键自发形成的另外一个假设，基于生物学研究中所发现的各种具有共性的特点，我发现，现存生命系统中千差万别的各种存在形式，它们的起源与演化，是有迹可循的。我们是可以从生命大分子到生命大分子网络、再到细胞，乃至多细胞真核生物的形态建成策略的多样性中找出原理的同一性。在 2020 年暑假学期的课程中，有同学提出欧几里得可以从几条假设作为公理而推导出很多重要的几何命题，问生命系统中是不是也可以有这种推理。从本书的讨论中，我们可以看到这是可能的，即以结构换能量循环为起点，整合子的确可以在组分变异、互作创新、适度者生存中发生迭代，从而解释现存生命系统中各种复杂存在形式的由来。把由结构换能量循环为构成单元（或者借用 Barabasi 无标度网络的术语，叫连接，即 link）的生命大分子网络作为生命系统的主体，不仅不与主流生命观中基因、细胞、演化这三块基石产生任何冲突，还为它们之间的关联提供了更加简明和统一的解释。不同的研究者所探索的具体问题如果希望回到其源头的话，无论是植物的形态建成还是动物的疾病，在整合子生命观的概念框架中都可以追溯到共同的源头。这起码在目前为我上面提到的第二个不满意找到了一个解决方案。

至于第三个不满意是不是得到了解决，我觉得很大程度上与学生和公众的认知惯性有关。从读过我书稿的不同背景读者的反馈来看，有比较完整的生物学知识的读者中有人认为整合子生命观概念框架为他们把不同的生命现象有机地整合在一起提供了一个新的视角，而且这个视角在逻辑上非常有说服力。但缺乏生物学知识的读者会觉得这个框架中的概念听起来比较陌生，和他们上中学时所留下的对生物知识的印象相去甚远（很多人都把知识"还给老师"了）。因此，从字面上看上去都能懂，但具体指什么他们很难理解，更加无法在这个概念框架涉及和传统观念体系的比较①。当然也有一些朋友因本书对生命的定义和生命系统的演化历程与他们熟悉的教科书说法大相径庭而本能地产生抵触与质疑。显然，出现这些不同的反馈，尤其是质疑，再正常不过。从我的角度讲，能够为感兴趣的读者提供不同观念体系，或许可以为他们思考生命问题提供不同的视角。

总之，反观开课和写书的初衷，就目前本书的结构和内容而言，还是把自己想表达的意思表达出来了。对自己不满意于现有答案的问题，给出了自己的选项。我非常了解自己的才疏学浅。我的分析或许对于饱学之士而言不值一提，连引玉之砖都算不上。但如我常常和学生提到的，一个人可以糊里糊涂地进入一个领域或者职业，但不要糊里糊涂地出去。我自己的职业生涯已经结束了。能把自己所了解的生命知识梳理出一个脉络，从而可以把自己做过的研究在整合子生命观这个概念框架中找到合适的位置，并对这些研究工作的意义做出合理的评估，这对我自己而言，如同一个演员在演出结束时所做的谢幕。如果有人来问我"你这辈子都做了点什么""生命是什么""你研究的生命与我们的生活有什么关系"这类问题，我可以给出无愧于自己所谨守的职业尊严的回答。

整合子生命观能为专业读者带来新的思考吗？

我在本书的引言中提出了自己对科学的理解。我认为：第一，科学是一种认知方式，是为周围的实体存在、这些存在之间的关系乃至实体的由来给出具有合理性的解释。第二，科学是一种双向的认知方式，即对观察分析而来的推论的各个推理环节分别加以实验检验，把能否通过实验检验作为一种解释是否可以被接受的标准。由于实验是尽可能排除人为干扰的一种检测行为，因此，科学是人类迄今为止所有已知方式中唯一一种为具有合理性的解释提供客观性基础的方式。第三，科学是一种开放的认知方式。它的开放性表现为科学认知中有一种与之前所有认知方式不同的"游戏规则"，即把自己有待检验的假设设置为"错"（即统计学上的无效假设），在竭尽全力无法证明这种假设是错的情况下，姑且接受这种假设为"对"。一旦发现有新的证据证明自己的假设是错的，马上可以调整或者放弃自己原有的假设。

如果从更加广义的视角来理解，一般话语体系中的"科学"其实由两部分组成。第一部分是具有上述三个特点的，以实验为节点的双向认知，即狭义的科学认知；第二部分是对科学认知中形成的概念的辨析、概念之间关系的梳理以及概念框架的构建。这一部分本质上属于传统上哲学的范畴。这也是牛顿时代的科学家将自己称为自然哲学家的原因。后来因为在物理学的发展中，将第二部分中的概念以数学符号、概念之间的关系用数学方程的形式来表示，使得人们以为科学就是实验加数学。这种特殊形式伴随物理学（其实是与物理学相关的技术）所向披靡的发展，使人们似乎忘记了数学原本是哲学的一种表达形式。从这个角度看，广义科学的两个部分之间其实是存在张力的。在狭义的科学认知范畴内，因为实验是双向认知的节点，而实验对象是具象的，因此是有限的，基于实验的结论也只能是个案的和有限的。可是，物理学家常常号称自己在发现宇宙的普适规律，受到物理学模式影响的其他学科也期待能找到这样的规律。但起码对生物学而言，要想从具象的、有限的实验结果来提

---

① 对这个问题，我意识到其中的一个原因，是本书中很多生物学基本现象都没有予以介绍。主要是考虑到篇幅。希望读者从主流生物学教科书去了解这些基本现象，这的确为读者增加了额外的负担。

出普适的结论,常常会面临巨大的风险。这个问题,法国著名的生理学家 Claude Bernard 早在 19 世纪就提出过忠告。

广义科学的特点,使得现实的研究工作中存在一个无法回避的问题,如何提出一个具有重要性、新颖性和可操作性的问题？就我个人的经验,实际研究中的问题通常有两个来源,一是既存的问题。通常大家可以从自己求学过程中的师承、同行发表的工作中发掘。这类问题通常可以从主流的教科书或者科学史中找到其由来以及意义。二是技术创新所带来的新视野。从人类对生命世界探索的历程中看,每次新技术的出现,都为研究者带来了全新的探索空间,从而引发全新的研究问题。从胡克、列文虎克的显微镜,到分离有机分子,到大分子结构的解析,甚至对感官可辨性状的统计分析,更不要说当今热门的基因测序、生物信息学、单分子、相分离等等。对于来源于新技术的问题,在其快速发展过程中,很少有人会停下脚步反思走出去了多远,因为有更多的新东西等着去发现。怎么把新技术带来的发现整合到一个什么概念框架中去阐述其意义呢？最简单的办法就是放到目前主流的、反映在主流教科书的观念体系中。如果主流观念体系本身没有实质性的逻辑困境,大家大可如玩拼图游戏那样,把捡到的零片放到尚未完成的拼图中。可是,如果主流观念体系关键节点上存在一些实质性的逻辑困境,比如在植物形态建成的调控机制中对于“花”这个概念所代表的结构该怎么解释,或者植物发育如果是一个无限的程序,该如何解释下一代从哪里来,再比如把植物的单性花发育的调控作为植物性别分化的机制,一个人还能在这样的观念体系中心安理得地去捡零片吗？捡到的零片该往哪里放呢？

我曾经在一篇约稿的有关植物发育研究的综述文章中使用过一个标题：量体裁新衣。字面的意思是,一个 15 岁的少年是穿不进为 5 岁孩子裁制的衣服的,必须为他/她重新裁制一身新的衣服。科学研究也一样。19 世纪植物学家构建的观念体系,是用来解释他们当时所能观察到的植物现象的。他们身后科学的发展所带来的各种新发现是他们当年无论如何也想象不到的——毕竟,大自然不是他们创造的,再聪明的人只能对既存的信息加以分析并进行关系构建。伟大如牛顿者,也无法想象作为他概念框架前提的物体的属性。他的观念体系无法为解释后来发现的质点的属性提供足够的空间。从人类认知、尤其是科学认知的发展历程来看,新发现揭示与过去观念体系中的推论逻辑不兼容的现象在所难免。后来者在先辈们提供的观念体系中获得了新的发现,并对这些观念体系带来突破,正是对先辈们最大的致敬。问题在于,面对被新发现冲击得千疮百孔的旧的观念体系,我们这些后来者是努力去修补、维持,还是尝试去重建,为长成 15 岁的孩子做一件得体的新衣服？

中国宋代诗人陆游有一句流传很广的诗：“山重水复疑无路,柳暗花明又一村”。当我们在新的发现基础上构建新的概念框架之后,会出现前所未有的广阔的探索空间。在生物学上,一个脍炙人口的例子就是孟德尔对性状遗传机制的解释开辟了一个全新的现代遗传学领域。那么,整合子生命观这个新的概念框架能为研究者提供什么可以用实验加以检验的具体问题吗？

在和钱纮、葛颢合作撰写结构换能量循环论文期间,我们曾经讨论过有没有可能用实验来检验这个有关“活”的假说。钱纮认为是可能的。他甚至为此提出了实验方案。前一段时间,*Nature* 杂志报道有化学家可以借计算机程序高效开展实验。从我的角度看,或许这种新技术可以极大增强钱纮实验方案的可操作性。由于结构换能量循环是整个整合子生命观的起点,这个假说能否禁得起实验的检验,对于整个整合子生命观能否站得住脚,具有决定性的作用。

　　除了对结构换能量循环可以进行实验检验之外，我们在不同章节都提到过不同的可以通过实验加以检验的具体问题。比如说多肽的氨基酸序列与核酸的碱基序列之间的匹配，即遗传密码，是不是有可能通过互惠式互作而形成的问题、真核细胞中集约化的生命大分子复合体是不是富余生命大分子自组织的产物问题、原生生物中以单倍体形式存在的类群中合子形成后发生的减数分裂与酵母之类单细胞真核生物中基于二倍体有丝分裂的减数分裂过程及其调控机制是不是有实质性的差别问题等等。这些问题都是整合子生命观这个概念框架中重要的节点，而且应该都是可以通过实验来加以检验的问题。或许这个世界上已经有人在开展对这些问题的探索，而我由于个人的学识浅薄或者孤陋寡闻而不知道。如果真的有人在做，我特别希望能早日看到他们的研究结果。

　　动物和真菌方面的研究我不熟悉，没有资格对这些方面的研究工作妄加评论。但对于植物形态建成领域，在整合子生命观的概念框架中，可做的事情实在太多了。我在不同的观点文章（包括前面提到的《植物发育生物学第二版》）中都有不同程度的提及。在这里就不再一一列举了。

　　从这个意义上，虽然整合子生命观只是一种概念框架，是一种不同概念之间关联方式的重构——因为大家可以看到，在这个概念框架不同层级的逻辑关系中，除了少数的节点概念没有实验基础，只是根据物理和化学原理所做的假设/推论之外，很多节点概念都是对已知事实的重新解释（其中一些代表性核心概念的重新解释见表16-1），但它是一种可以从中提出新的可用实验加以检验的具象问题的概念框架。至于这种概念框架有没有资格被视为T. Kuhn所说的范式转换，或者按照I. Lakatos的说法，一种新的科学研究纲领（scientific research programs），那恐怕要看同行在多大程度上能够从中找到其他观念体系中没有理由提出的实验，并从中获得新的发现。按照道理，我应该首先站出来"以身试法"。问题是，任何实验都需要经费。而任何经费都需要专家评审。而且就算是有经费，还需要能找到做实验的人——尤其不能不提的是，这些做实验的人要有足够的兴趣、热情和勇气去参与一个非常有可能以失败而告终，甚至连是不是失败了都很难搞清楚的探索，他们这样的人怎么在这个世界上生存下来，直白一些说，谁来养活他们呢？对于我这样已经退休的人，最理想的状态，大概就是作为旁观者，怀着好奇的心情，观察这个新的概念框架会面临什么样的命运。

表 16-1　生命系统中若干核心概念的两种不同解读

核心概念	传统观念	整合子生命观
"活"	生物有别于非生物的属性	"三个特殊"（结构换能量循环），地球条件下自发形成
"演化"	"生命之树"	以共价键自发形成为起点的迭代（正反馈自组织）
环境因子	生物体周边的存在	"三个特殊"的构成要素
酶	有催化功能的多肽/RNA	生命大分子互作双组分系统的组分之一（先协同后分工）
基因	生物性状的决定因子	高效拷贝模式的多肽（零配件）生产流水线的图纸
网络	以特定分子/目标而定义	生命系统的主体（生命大分子网络/复杂换稳健）
细胞	生物结构/功能的基本单位	被网络组分包被的生命大分子网络动态单元（动态网络单元化）
细胞行为	细胞生命活动的表现	动态网络单元运行的表现
真核细胞	细胞的一种	动态网络单元迭代产物：两个主体一个纽带（自变应变）
多细胞结构	生物体的一种结构	动态网络单元黏附/不分离的产物（胁迫响应产物）
多细胞生物	具有不同属性的生物类型	SRC两个间隔期不同的细胞团插入方式的衍生物

《生命的逻辑》能为有志于以生物研究为业
的学生提供什么帮助吗?

在生命的逻辑这门课迄今 7 年的教学过程中,我特别关注生命科学学院的选课同学和其他院系非生命科学专业同学对课程内容反应的差别。我曾经思考过教育的本质。我给出的答案是,教育是为年轻人的社会化提供他们所需要的帮助。具体到学校的教学活动中,这种有关教育的理念就表现为一门课能不能为选课的人提供帮助。从我个人的学习经历和同学们不同的反馈来看,对于一个希望了解自己感兴趣的学科、并希望成为主动的学习者的初学者而言,一个合理的、能把不同的细节整合在一起的大纲,会非常有帮助。在我做学生的时候,对于生物、生物学、生命的理解完全停留在感官辨识范围的层面上。近年,我曾经问过选修我有关植物形态建成课程的本科同学,如果在他们所知道的生物学范畴内的概念中选出三个他们认为最重要的,他们会选什么,同学们不约而同地选了基因、细胞、演化。的确,无论从《陈阅增普通生物学》还是从 *Campbell Biology* 的内容来看,现代生物学的教科书的确是围绕这三个概念被组织起来的。在麻省理工学院教授们为他们的学生提供的生物学通选课教案 *A Hierarchical Biology Concept Framework* 的 18 个顶层概念(Top-level concepts in the BCF)中,有 4 个直接以细胞(cell)为关键词,2 个描述细胞的内含物,3 个描述细胞的特点和其中发生的过程;4 个与 DNA 或者基因有关;3 个与演化有关。还剩下的两个,一个强调生物学是一种实验科学,另一个强调生物学在分子层面讨论的是互补表面的三维相互作用(at the molecular level, biology is based on three-dimensional interactions of complementary surfaces)。虽然这 18 个顶层概念各自都可以引出很多有关生命活动的细节,但它们之间还是很难进一步整合成为更简单关系。这也是我前面提到过的让我感到不满意的地方。在我看来,生命系统作为自发的物质存在方式,它应该有更加简单的原理。

在"生命的逻辑"这门课程所介绍的整合子生命观这个概念框架中,我们为生命系统的起源与演化提供了结构换能量循环假设作为起点(原点),辅之以共价键在自/异催化下自发形成作为结构换能量循环这种"三个特殊"过程相关要素复杂性增加(迭代)的最初机制。于是,我们可以在现有对生命系统研究所获得的实验结果的基础上,基于"补锅"(整合子迭代的发生)和结构换能量(迭代后整合子稳健性与存在概率)等几条简单的原理,"拼"出一个由不同层级整合子关联而成的倒圆锥状网络(图 15-1)。这个概念框架与当前主流的生物学教科书所反映的观念体系的确是不同的,与麻省理工学院教授们做的 BCF 在形式上也不同。可是从用简单的框架把现有的生物学知识整合在一起的诉求上其实是一样的。通过为同学们提供一个有足够覆盖度、同时又有逻辑一致性的简明框架,应该可以帮助真正有兴趣学习生物学的同学既能够根据自己的兴趣在对纷繁复杂的生物学细节的了解过程中阐幽探赜(zoom in),又能够借助这个概念框架而从细节中审时度势(zoom out),从而不至于迷失方向。

通常,人们会以现有观念体系为参照系来审视新的观点,根据新观点在现有观念体系中的位置来决定自己对新的观点的态度以及取舍的选择。其实,有时也可以换位思考,即从新的概念框架来反思现有的观念体系。我就以《生命的逻辑》中对生命系统演化过程的描述为框架,把现有观念体系中的关键知识点放到整合子生命观的框架中,看看会出现什么效果。图 16-1 是同样的知识点在整合子生命观的概念框架中或者不考虑整合子生命观的推理逻辑所必需的假设环节时所出现的情况。我们可以发现，在整合子生命观的概念框架中，不同关键知识点可以顺畅地关联起来。可是，如果没有这个概念框架中的假设环节，不同的关键知识点常常只能孤立地存在。这或许是学习生物学的人感到知识零碎的原因。甚至，如果借用图 15-1，即表示生命系统起源与演化的倒圆锥图示，我们可以把目前我们学院为本科生设置的主干基础课之间的关系放到这个图中来加以关联（图 16-2）。不知道这个从教师角度能想到的为同学所提供的帮助，是不是能与同学们的需求匹配起来。

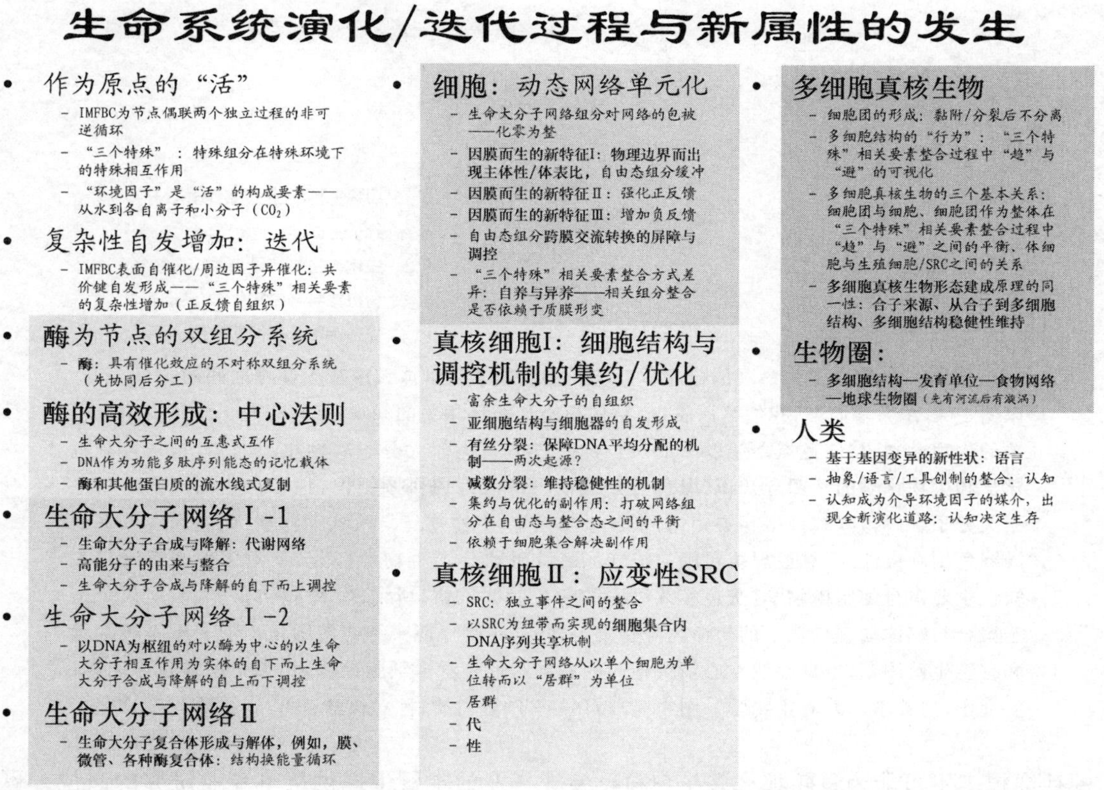

生命系统演化/迭代过程与新属性的发生

- **作为原点的"活"**
  - IMFBC为节点偶联两个独立过程的非可逆循环
  - "三个特殊"：特殊组分在特殊环境下的特殊相互作用
  - "环境因子"是"活"的构成要素——从水到各自离子和小分子（CO_2）

- **复杂性自发增加：迭代**
  - IMFBC表面自催化/周边因子异催化：共价键自发形成——"三个特殊"相关要素的复杂性增加（正反馈自组织）

- **酶为节点的双组分系统**
  - 酶：具有催化效应的不对称双组分系统（先协同后分工）

- **酶的高效形成：中心法则**
  - 生命大分子之间的互惠式互作
  - DNA作为功能多肽序列信息态的记忆载体
  - 酶和其他蛋白质的流水线式复制

- **生命大分子网络Ⅰ-1**
  - 生命大分子合成与降解：代谢网络
  - 高分子的由来与整合
  - 生命大分子合成与降解的自下而上调控

- **生命大分子网络Ⅰ-2**
  - 以DNA为框纽的对以酶为中心的以生命大分子相互作用为实体的自下而上生命大分子合成与降解的自上而下调控

- **生命大分子网络Ⅱ**
  - 生命大分子复合体形成与解体，例如，膜、微管、各种酶复合体：结构换能量循环

- **细胞：动态网络单元化**
  - 生命大分子网络组分对网络的包被——化零为整
  - 因膜而生的新特征Ⅰ：物理边界而出现主体性/体表化，自由态组分缓冲
  - 因膜而生的新特征Ⅱ：强化正反馈
  - 因膜而生的新特征Ⅲ：增加负反馈
  - 自由态组分跨膜交流转换的屏障与调控
  - "三个特殊"相关要素整合方式差异：自养与异养——相关组分整合是否依赖于质膜形变

- **真核细胞Ⅰ：细胞结构与调控机制的集约/优化**
  - 富余生命大分子的自组织
  - 亚细胞结构与细胞器的自发形成
  - 有丝分裂：保障DNA平均分配的机制——两次起源？
  - 减数分裂：维持稳健性的机制
  - 集约与优化的副作用：打破网络组分在自由态与整合态之间的平衡
  - 依赖于细胞集合解决副作用

- **真核细胞Ⅱ：应变性SRC**
  - SRC：独立事件之间的整合
  - 以SRC为纽带而实现的细胞集合内DNAJ序列共享机制
  - 生命大分子网络从以单个细胞为单位转而以"居群"为单位
  - 居群
  - 代
  - 性

- **多细胞真核生物**
  - 细胞团的形成：黏附/分裂后不分离
  - 多细胞结构的"行为"："三个特殊"相关要素整合过程中"趋"与"避"的可视化
  - 多细胞真核生物的三个基本关系：细胞团与细胞、细胞团作为整体在"三个特殊"相关要素整合过程中"趋"与"避"之间的平衡、体细胞与生殖细胞/SRC之间的关系
  - 多细胞真核生物形态建成原理的同一性：合子来源、从合子到多细胞结构、多细胞结构稳健性维持

- **生物圈**
  - 多细胞结构——发育单位——食物网络——地球生物圈（先有河流后有漩涡）

- **人类**
  - 基于基因变异的新性状：语言
  - 抽象/语言/工具创制的整合：认知
  - 认知成为介导环境因子的媒介，出现全新演化道路：认知决定生存

图 16-1　整合子生命观对生命系统演化/迭代过程的概述，以其为参照系反观目前主流观念中的节点概念。图中的文字概述了整合子生命观下生命系统演化过程中的关键迭代事件/演化创新（从上到下、从左到右顺序）。宋体文字标注目前主流生物学观念中已经具有的概念，楷体文字标注本书所介绍的整合子生命观中提出的、主流生物学观念中还没有或者给出另外解释的概念。不同色块区分生命系统不同复杂性层级上出现的现象。

整合子生命观为非专业读者理解生命提供一个新的选项对他们有帮助吗？

其实，大部分生命科学学院的同学毕业之后是不会在生命科学研究领域从事专业的研究工作的——先不论学生个性与喜好的多样性，就目前国内本科教育的招生情况来看，我们

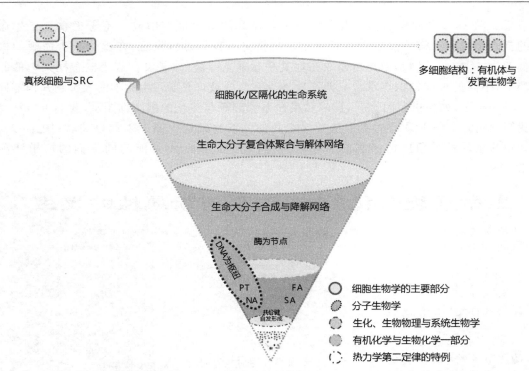

图 16-2　整合子生命观的概念框架与现行生物学教学体系中主干课程之间的关系。

以图 15-1 作为参照系,我们可以发现,结构换能量循环相关的知识,来自以热力学第二定律相
关的物理学知识(红色点划线以下的白色倒圆锥体);生命大分子属性相关的知识,来自有机化
学和生物化学的一部分知识(绿色点划线以下的浅棕色倒圆锥体,包含白色倒圆锥体);生
命大分子合成与降解网络相关知识,来自生物化学、生物物理与系统生物学(蓝色虚线以下的
浅绿色倒圆锥体)。红色虚线包围的浅红色区域表示分子生物学部分;细胞化生命系统相关
知识主要来自细胞生物学(灰色实线以下的粉色倒圆锥体,所谓的"细胞结构"本质上都是出
于聚合与解体动态变化中的生命大分子复合体)。左侧弯箭头指向的圆角矩形表示真核细胞
和有性生殖周期;上部虚线空心箭头指向的右侧图形表示多细胞结构,相关知识来自形态学、
生理学、遗传学与发育生物学。图中缩写符号:PT,蛋白质;NA,核酸;FA,脂肪酸;SA,多糖。

的社会根本不可能为每年那么多生命科学专业毕业的本科生提供从事专业研究的岗位。更
不要说高等教育中那些非生命科学专业的同学了。在这种情况下,生命科学学院的本科教
育培养目标该怎么设定,这是在过去十几年时间中在我们学院关心教育教学工作的老师中
激烈讨论的一个话题。"生命的逻辑"这门课程其实是这一讨论的一个副产品。在前面两节
的反思中,我主要讨论了整合子生命观对具有生命科学训练基础的专业学者和以生命科学
为专业的学生读者可能给出的帮助。可是,我更加关心的,是对于没有经过专业的生物学知
识的训练,也完全不从事与生物相关研究性工作的潜在读者而言,这本书对他们了解生命的
本质与规律,从而更好地了解自己能提供哪些帮助。

　　在我的阅历中,我注意到每个人都对讨论"生命是什么"拥有与生俱来的话语权。原因
很简单——每个人都是当下生命系统的一个成员。我印象非常深刻的一件事,是我在武汉
大学读硕士研究生时,听到过当年意气风发的、被称为是国内遗传学界米丘林学派旗手的汪

向明教授[①]的一句话：同样一个问题，可以用来考本科生，可以用来考研究生，也可以用来考教授。的确，"生命是什么"这个问题，无论一个人在年龄、性别、教育背景、社会角色、甚至语言肤色、宗教信仰之间有多大的不同，他们都有权利给出自己的回答，因为这个问题是超越所有这些差别的更加本质的问题。而且现实的情况是，在任何一个社会，对生命是什么、人是什么这种问题的解答，都有源远流长而且根深蒂固的传统观念。这些观念不仅对每一个人的生命观会产生与生俱来的影响，而且对社会行为规范的是非标准产生无法回避的影响。问题是，在这些众说纷纭的有关生命的解释中，有哪些是具有客观合理性的？人们怎么在这些不同的解释中进行取舍？如果不加取舍会出现什么后果？

因为篇幅的关系，我们在本书中没有对人类这种生物的特殊性展开讨论。但我在之前不同场合的演讲中曾经提到过[②]，人类与其他生物不同的一个基本特点，就是因为基因变异等因素，走上了一条认知决定生存的演化道路。人类的认知能力在不断发展，因此，对周边实体存在的辨识、对这些实体存在之间关系的想象、以及对实体由来的追溯，都会随认知能力发展的程度而有所不同。这一变化不仅表现在整个智人二三十万年的发展历程中（虽然第三类问题真正出现在农耕之后），也表现在一个人从出生到死亡的成长过程中。如同一个三岁孩子对世界的解释在一个十三岁的少年或者三十岁的成人眼里看来是幼稚可笑的一样，我们现在看一百年前或者一千年前人类对世界的解释，很多时候也会觉得是幼稚可笑的。两者之间的不同之处在于，一个人在三十岁时会理解而且承认自己在十三岁或者三岁时对世界的解释是幼稚可笑的。但是，很多人不会理解或者不愿承认他们所承袭的一百年前甚至一千年前祖先对世界的解释是（起码可能是）幼稚可笑的。这是一种非常有趣的现象。

我在这些演讲中还提到过，人类认知能力有两种表现形式：一种是实体的，器物工具的形式；一种是虚拟的，观念工具的形式。认知能力的这两种表现形式如同高跷的两条腿，必须彼此协调，才能使认知成为有效的外化生存工具。可是人们好像对实体的物化工具的演变/迭代比较容易辨识，也容易接受。比如，大家愿意用认知能力发展的实体表现，即新的工具来替代旧的工具，把旧的工具放到博物馆中供参观缅怀。可是对虚拟的观念工具的演变/迭代却比较不容易辨识，而且也不容易接受。但是一个无法回避的事实是，有关生命现象，我们现在所了解的信息，的确比一百年前，更不用说一千年前多了太多了。虽然我们每个人对"生命是什么"这样的问题与生俱来地具有话语权，可是有话语权是一回事，表明每个人都可以对生命是什么表达他的理解，可是所作的表达能不能和所要描述和解释的对象实际状态相匹配是另外一回事。每个人都有话语权和每个人所表达的内容都能够反映所要描述和解释的对象的实际状态之间是不能画等号的。可是，既然每个人都有同等的话语权，那么人们该不该被要求在使用他们的话语权时承担反映他们所要描述和解释的对象的实际状态的

[①] 我在 1983 年读硕士研究生时，我的导师肖翊华教授和汪向明教授、周嫦教授他们都是去苏联留学的学生，自然都受到当时苏联生物学界占统治地位的米丘林遗传学的影响。他们留学期间不过是二三十岁的年轻人，很难理解米丘林、摩尔根学派之争背后的政治因素。回国后又因政治因素而没有机会与国际科学界交流，在对科学的理解上难免受到当年求学时先入之见的影响。说汪老师是米丘林学派的旗手这句话本身没有任何贬义，而是对他对自己所相信的一种学说的热情与献身精神的一种尊敬。他们都是很好的老师。我从这一批老师那里受益良多。

[②] 2019 年在博古睿研究院中国中心演讲《人是生物——人类变革的出发点》；2023 年在浙江大学人文高等研究院演讲《人之为人与社会秩序重构》；2020 年北京大学人文与社会科学研究院《叩问生命》系列《从失序到有序：生命的逻辑与社会秩序重构》。

责任呢？如果不要求，那么每个人各执己见，怎么形成共识？如果要求，从伽利略、牛顿等人引发了人类历史上的科学革命以来，人类认知空间急剧膨胀，各种媒介中所记录的知识远远超出了任何个人所具有的信息处理能力。一个经过四年本科生命科学专业学习的人，甚至经过四十年专业生命科学研究的人尚且对生命是什么这个问题莫衷一是，怎么可能要求只经过中学生物课学习的绝大多数社会成员能给出具有客观合理性的回答呢？

其实，对于大众而言，还有比话语权与要不要和能不能承担表达与实际状态相匹配的责任的问题更加具有挑战性的问题，那就是面对众说纷纭的各种观念，包括"生命是什么"的各种说法，自己该怎么选择，对自己所选择的说法该信还是该疑？

我们在第一章有关"科学是什么"的讨论中曾经提到，与之前的所有人类认知形式不同，科学认知的特点是疑，尤其是自我质疑，而不是信。正是疑这个特点，为科学认知的发展提供了开放性，同时也为人类认知空间的拓展提供了可能性。这里的道理很简单：如果大家都信或者只能信既存的观念，那么就没有必要、也没有可能去探索未知，认知空间也就不可能拓展。可是，为什么科学认知出现之前的各种认知都强调信，无论是信祖宗还是信上帝；反对疑，不仅动用各种手段压制对当时社会主导观念的反对，甚至发展出各种诛心之术，希望每个人在各自脑海中出现疑的苗头时就自己把这种苗头扼杀在萌芽状态？道理也很简单，那就是任何一个社会作为生存主体的存在，都必须以一定的社会秩序为保障。而所谓的社会秩序，就是要求作为行为主体的社会成员遵守特定的行为规范；让作为行为主体的个人遵守特定的行为规范的最根本的办法，就是要这些人信这些行为规范是保障他们自身生存不可或缺的条件，信这些行为规范背后的是非标准无论来自哪里，祖先或者上帝，都是天经地义的，不可改变的。显然，科学认知的出现，虽然通过认知空间的拓展为人类生存带来了更大的生存空间，基于对自然规律的了解而发展出来的各种技术，使得人类各个民族共同向往的"千里眼""顺风耳""飞毛腿"成为现实，这些技术所带来的行为方式的改变，同时也打破了传统的行为规范。

更为麻烦的是，作为科学认知发展源头的疑，挑战了传统社会维持既存社会秩序所需要的信的传统。不仅如此，科学认知的这种特点，也为其本身的发展带来了越分越细、知识体系碎片化的问题。同时，疑还对科学认知的虚拟形式，即新的观念的传播本身带来了挑战。

以对"生命是什么"这个问题的回答为例。我们前面提到，每个人对这个问题都具有与生俱来的话语权。同时我们又知道，在对同时存在于当下的对这个问题的各种回答中，绝大部分、尤其是那些在对生命系统的物质基础和运行方式一无所知的时代形成并且传承下来的回答，与他们希望描述和解释的对象的实际状况相距甚远，甚至根本风马牛不相及。如果以这些解释作为选择的依据，那么人们对生命的理解不可避免地会被误导，比如生病了，希望用道士画过符的黄表纸烧成的灰来医治。但是，从目前整个社会认知空间的现状看，不可能让每一个社会成员都花时间去了解人类对生命现象的研究过程以及得出当下科学解释的来龙去脉。无疑，从每个人都有话语权的对生命的解读方式中，生物学家的解释只是非常少数的几种解释，在现代媒体空间中，以文本为载体的传统观念的声音占据主流地位，而生物学家的声音基本上没有存在的空间。更毋庸讳言实验科学研究的发展日新月异，不断有新的发现在挑战曾经的解释。如果我是非生物专业的社会成员，我该怎么选择？如果按照传统思维选择一种去信，我该选哪一种？如果疑，那么多说法，我去"疑"哪一种？为什么要信/疑这一种而不信/疑其他？如果都疑的话，自己还有没有时间去谋生——毕竟，吃饭是人类作为动物的一种无法回避的需求。面对公众的这种困境，对于占人口数量比例微不足道的生物学研究者该怎么办呢？如果放任对与每个人的生活状态和生活质量密切相关的生命现象的误读或者曲解，我们能不能面对他人因此而遭遇身体或者精神上的痛苦，比如服用纸灰无法摆脱病痛而无动于衷？可是，反过来，如果我们要求社会公众信我们基于虽然有限但却诚实的研究而提出的具有当下能够具有的客观合理性的解释，会不会又违背了科学认知本身的疑的特点。而且，科学认知作为一种开放的过程，学者怎么知道自己今天的结论可以经得起时间的考验，值得更多的人接受和认同呢？

可能有的人会说，在知识大爆炸的当今世界，让每个人了解所有的事情是不可能的。对于研究者而言，我们只要老老实实做研究，把研究出来的结果转换为有益于社会的产品，让大家有更好的生活就可以了。比如，所有的人都可以从智能手机中获得便利，但绝大部分使用手机的人其实并不理解也无须理解手机是如何运作的。这种观点在原则上是对的。可是，一方面，人类对未知自然的探索中，不是所有发现都可以被转变为实用的产品。很多发现的意义在于重构人们的观念体系，重构人们对世界的解释方式。比如日心说对地心说、演化论对创造论。另一方面，在当今世界上，研究者所需要的研究资源基本上只能来自社会机构。而掌握资源分配权的人如何做出决定，很大程度上依赖于社会公众对于作为研究结果"出口"的技术的理解。如果公众对某种技术持负面的态度，与这种技术相关的研究很可能会受到影响。在生命科学领域，转基因技术就是一种饱受争议的技术。由于转基因植物和转基因动物对人类生活的影响是不同的，转基因技术在动物和植物的使用方面争论的焦点也不同。在全球范围的转基因植物应用的争论方面，绝大部分的反对意见的依据都与生物过程本身无关。争论双方到最后所争的已经不是基因和生物的问题，而是各自所执的对生命的理解和阐释的话语权，以及各自对自己的话语权的捍卫问题。我在前面曾经提到过，我们每个人在对实体存在及其相互关系进行表述时，大致可以分为几个层面，即对事物/现象的描述、解释和演绎。有意义的讨论本来应该首先将有关各方对所讨论的事物/现象是什么描述清楚，确定大家讨论的是同一个事物/现象，然后彼此分享和分析各自的解释，以期借助相关方不同的视角，形成更加合理的解释。可是，一旦讨论发展到演绎的层面，甚至演绎到把讨论的对方看作十恶不赦的坏蛋时，这已经偏离了讨论存在的意义。从整合子生命观的角度看，这种讨论过程不再是一种"合"的过程。这种讨论不再具有正反馈自组织属性，不再可能为社会这个生命系统的存在提供更高的稳健性和存在概率，而只会产生负面的效应。这种情况在现实社会中的存在提醒我们，在短短一两百年时间内，由在人口总数中微不足道的生物学家研究出来的对生命现象的描述和解释，以及由此而衍生出的生命观，在因与生俱来以及先入之见而由亿万个体作为载体的传统生命观面前，显得那么地微不足道！

既然看到了这样的社会现实，为什么我还会提出为非专业读者提供整合子生命观（小众中的小众）的概念框架对他们理解生命是不是有帮助这样的问题呢？这里大概有下面几点考虑。

第一，从我的观察来看，身边绝大多数人都是具有"讲理"这种基本能力和基本意愿的。而合理或者合逻辑的生物学基础，应该是由概念（具体以词为表征）为代表的神经子网络之间具有稳健性的关联。如果这个假设是成立的，那么我们可以得出一个结论，即所有人的信息处理过程都服从结构换能量原理。但是，每个人所接受信息的种类和数量、对信息的分辨力，以及相关信息的处理方式，或者说是神经子网络之间的关联方式的不同，导致了每个人形成了其个体特有的观念体系和认知模式。既然所有的人在信息处理过程都服从同样的生物学原理，那么不同人之间只要在信息与神经子网络之间的关联方式上形成一致，那么大家就可以进行有效的沟通。

第二，每个人在其成长过程中，总会伴随其活动范围/生存空间的拓展或者变化而不断拓展认知空间。这就如同一个人在从幼儿到成人的成长过程中，不得不做几身合体的衣物。在个体认知空间拓展甚至重构的过程中，不可避免地会对其过去所相信的观念产生怀疑。从这个意义上，质疑原本应该是人的认知能力的一部分而并不是科学家特有的专利。差别只是在于，科学认知这种认知方式鼓励而且设定游戏规则来保障科学认知过程中的质疑，而传统认知则不鼓励，甚至设定各种规则来压制对既存观念的质疑。既然质疑或者疑惑是每个个体在成长过程中无法回避的问题，在面临质疑或者疑惑时，怎么来解决这些问题，或者从哪里去寻找解惑的答案呢？无非是两个方向中的一种：要么向外寻求更多的信息，以便从中发现帮助自己解惑的要素；要么向内自省，对自己的认知空间加以梳理和重构。后者别人帮不了什么忙。别人能帮的，就是提供尽可能具有客观合理性的信息，供那些因疑而生惑、因惑而求解的人们选择。既然疑与惑是伴随个人成长而不可避免会发生的现象，那么新的具有客观合理性的对世界（比如生命世界）的解释就有机会被人们整合到自己的认知空间中。如果没有人对这个世界提出比既存观念体系更加具有客观合理性的解释，那么这个社会的认知空间就无法拓展，观念体系就无法改变。这是一个社会为什么要有探索未知的研究者存在的意义所在。

第三，既然每个人都有"讲理"的生物学基础，而且在成长过程中都有因惑而求解的需求，为什么在生命是什么这种问题上，基于科学的声音仍然那么微弱呢？在我看来，有两个原因。一是生命科学的发展尚处于早期阶段。人们还没有如同看到工业革命的成功而接受与认同牛顿力学那样，因生命科学这一认知领域中物化工具所带来的便捷而接受与认同与之协同发展的观念工具（即观念体系及其话语体系）。二是生命科学本身的观念体系自身还不够简洁。在现有的主流生物学观念体系中，从人们感官辨识的现象到其内在规律之间的逻辑链太长，类型太多样。目前各种媒体上流行的科普文章中都不得不包含大量拗口的专业词汇，连受到过专业训练的人大都不得不选择偏安一隅，让没有经过专业训练的社会公众理解其中的逻辑关系，的确有点儿强人所难。或许，一个具备一定客观合理性基础，同时又相对简明的概念框架会为非专业读者在理解生命相关问题时，提供一点帮助。

从上面几点分析作为参照，我希望《生命的逻辑》这本书对生命系统的本质与来龙去脉的描述是简明的。我并不指望读者接受本书的观点，更不能保证书中的观念不被别人甚至将来的自己批判，但希望读者从整合子生命观这种对生命系统的解读方式中，看到生命也是可以"讲道理"的——这句话套用自我上中学时，一位物理老师在给我们上课时讲过的一句话。他在向我们解释"物理是什么"这个问题时告诉我们，"物理就是讲道理"。这句话一直让我记忆犹新。现在的年轻人可能无法理解，身处"文革"的动荡之中，看到身边发生太多颠倒黑白、没有理可讲，也没有地方去讲理的故事，听到"物理就是讲道理"对人心是一种多大的慰藉——终于有个地方可以让人运用每个人与生俱来的讲理的基本能力和满足讲理的基本需求了。我想，在有关生命的各执一词的各种说法中，整合子生命观可以提供一个超越个人或者群体传统或者情感的概念框架，让读者可以从人类发展至今公认的物质世界的基本构成，以一些尽可能简单的原理，自己去追溯和发现生命的道理。如果读者能发现，自己身为其中一员，而且只是其中匆匆过客的生命系统那么复杂——纵，有 10^9 年的历史；横，遍及地球各个角落，千姿百态、光怪陆离，最终也是有道理可讲的，那么在自己成长过程中面对疑与惑时，大概也总会有理可讲，总可以通过讲理来找到解惑的办法。非专业读者如果能从本书对整合子生命观概念框架的阐述中建立这种信心，那么对本书的阅读就没有浪费时间。

在这个方面，我一位大学同学读了本书未完成书稿之后对书稿的评论给了我一个意外的惊喜。他大学毕业后先在地区农业局工作，后来基本上是从政。从1982年初到现在接近40年时间没有接触过生命科学方面的前沿研究。但因为他是一位才华横溢的人，现在又退休在家，有时间也有兴趣分享我的写作。我便将我的部分书稿发给他看，主要希望从他那里了解书稿是不是有可读性。在他的很多鼓励性的评论中有一条说，书中提到人们每天在面临选择时有一条合理/不合理的依据，这给他留下了深刻的印象。他告诉我，一般大家在考虑问题时，判断的标准常常是好/不好或者对/不对，很少会考虑合理/不合理。我在书中提出这一点，对他很有启发。他认为，他的感受一定代表了相当多的潜在读者。

基于整合子生命观的"生本"观念
能作为重构人类共识的一个选项吗？

提到讲理与合理性，就无法回避地引出新的问题，即虽然讲理是作为行为主体的个人的行为，合理性是个体在选择时的一个依据，而且合理或者合逻辑也有生物学基础，但要去"合"的"理"是什么，却不是作为行为主体的个体所能够单独决定的。作为多细胞真核生物，人类的生存主体是居群/社会。在人类认知决定生存的演化道路上，那些有利于个体生存的认知，必须与有利于生存主体，即社会的生存和可持续发展的认知之间有兼容性，或者说作为行为主体的个体在做选择时的合理性依据中的理，必须与社会这个生存主体生存和可持续发展不可或缺的观念体系之间具备兼容性。这个兼容部分，就是一个社会秩序得以建立的社会共识。

如果讲理对人类社会的生存与发展这么重要，这是动物世界共同的属性吗？如果不是，那么这个世界上那么多不"讲理"的动物都可以比人类成功地在地球上生存得更久，为什么偏偏人类需要讲理和建立社会共识？

在我对生命系统的思考中，我发现上面的问题可以追溯到因为基因变异而衍生出的语言能力，以及因语言能力、抽象能力和创制工具能整合而成的、具有正反馈自组织属性的认知能力。认知能力的出现，不仅使人类"三个特殊"相关要素整合媒介从其他动物的实体化、信号化迭代到符号化，获得了更加高效的整合能力，而且还为生存主体的构成单元，即个体之间的关联提供了全新的纽带，获得了更加强大的居群稳健性。认知能力出现还衍生出全新的人类行为驱动力，并因此而衍生出不在DNA编码范围内的、全新的外在生存能力，以及在行为主体和生存主体之外衍生出全新的虚拟主体——认知空间。这一系列环环相扣的迭代和创新，驱动人类作为一种生物，走上了一条全新的认知决定生存的演化道路。在这条演化道路上，有一部分人类居群阴差阳错地在距今13 000年前进入了农耕时代。此后，伴随认知能力的发展，这批人的生存模式从与其他动物类似的采猎转入全新的增值（即如农耕那样，以动植物增值部分作为生存资源）；行为模式从与其他动物类似的刺激响应转入全新的谋而后动。这些转型的结果使得这些人类居群在很大程度上摆脱了，或者起码努力在摆脱对于作为动物生存主体的居群组织三组分系统中不可或缺的界定秩序和制约权力的食物网络制约的依赖。这当然为人类居群的生存带来了全新的空间，但也衍生出一种副作用，那就是食物网络制约的弱化，使得秩序失去了界定的依据，权力失去了制约的力量，最终陷入秩序和权力二元化振荡的困境。在这种困境的胁迫下，人们不得不去寻找食物网络制约的替代物来界定秩序和制约权力。在这种寻找三组分系统中的食物网络制约的替代物,即第三极的努力中,不同区域人类居群在感官经验基础上形成了界定居群秩序的行为规范,并且演绎出了祖先崇拜或者上帝崇拜作为终极依据,为解释行为规范(讲理)提供是非标准。这就解释了为什么其他动物的生存并不需要"讲理",而人类的生存中却衍生出讲理和社会共识构建的需要。

　　问题在于,人类历史上曾经出现的观念体系都只是以人类生存的感官经验,而不是以科学认知所提供的具有客观合理性的解释作为基础的。虽然它们都曾经为维持人类居群的生存与发展发挥了不可或缺的作用,随着现代科学的发展,祖先崇拜(人本)和上帝崇拜(神本)作为人类社会行为规范的是非标准的"终极依据"都面临越来越无法回避的局限性。终极依据如果不成立,相关的观念体系还有合理性吗?如果这些观念体系缺乏合理性,人类社会靠什么来构建共识,并以此来界定秩序和制约权力,为居群提供有效的组织机制,为个体提供"讲理"的依据呢?

　　从人类对包括人类在内的生命系统的研究发现来看,"人是生物"是一个经过大量实验检验(不是建立在感官经验基础上)的基本事实。无论人类演化道路与其他动物有什么不同,人类作为生命系统中的一个子系统的事实不会改变。如果接受人是生物这个事实,人类的可持续生存与发展,不过是一个生命子系统的生存与发展。如此看来,能不能以生命系统基本规律作为人类生存与发展不可或缺的界定秩序和制约权力的第三极(生本)?如果能,现有的有关生命系统的解释是不是具有足够的客观合理性而能担此大任?如果不能,有没有其他的选项?这显然是摆在所有人类社会成员,尤其是生命科学研究者和认知空间管理者面前的一个无法回避的挑战。

后　记

　　一本书面世之后，就再也不是作者的私有财产。一千个人眼里有一千个哈姆雷特。尽管作为作者，我尽我所能设想了各种读者可能的需求，但最后能够为读者提供哪些有意义的信息，还要看读者自己的需求。

　　对我开设"生命的逻辑"课程提供重要激励和支持的李沉简教授曾和我提到过一个美国社会流行的说法：这个世界上最难的事情是把别人口袋中的钱装到自己的口袋里，以及把自己脑袋中的想法装到别人的脑袋里。我觉得对于我而言，无论是开课还是写书，初衷并不是要把自己脑袋中的想法装到别人的脑袋里，而只是希望把自己思考的问题做一个梳理，然后拿出来和大家分享——毕竟，只有成形的东西才能作为大家（包括自己）评价和修改的对象。如果这门课程和这本书能引起大家对生命系统的思考，最好能有讨论，那就达到我开课和写书的目的了。有关这个问题，我在结语一章已有专门的讨论。

　　如我在结语一章中提到，我开课和写书是因为对目前关于生命系统的主流解释的不满意。可是人们为什么要寻求对生命系统具有客观合理性的解释呢？说到底，应该还是为了人类的生存。我在课程中有一次课专门讨论作为生物的人类。因为篇幅的原因，在本书中没有覆盖有关人类的内容，或许以后有机会单独发表这方面的思考。但正如结语最后一小节的标题中所提到的，人类在突破食物网络制约之后，究竟以什么来作为动物居群组织三组分系统中界定秩序和制约权力的第三极？在人类社会组织中，作为秩序的基本要素的行为规范的是非标准的终极依据究竟是什么？在历史上出现过的作为终极依据的祖先和上帝都难以面对科学发展所带来的挑战的情况下，是不是该认真考虑一下一个基本事实，即人是生物，从而从生命系统的基本规律的角度来看待人类行为规范的是非标准，把生命系统的基本规律作为人类行为规范的是非标准的终极依据呢？如果这是一个选项，那么我们对生命系统的本质及其基本规律的表述在多大程度上符合实际？如果我们对生命系统运行规律的解读是碎片化的，即使我们接受人是生物这个基本事实，我们对生命系统的碎片化的解读能够承担为人类行为规范的是非标准提供终极依据的重任吗？从这个意义上，为生命系统的本质及其基本规律提供一个简明而自洽的逻辑，显然不仅仅是一个生物学的问题。

参 考 文 献

第一章

相关文献：

Brading K，Stan M. (2021). How physics flew the philosophers' nest. *Stud*. *Hist*. *Philos*. *Sci*. , 88：312-320.

相关参考书：

葛云保.(2015).谁见过地球绕着太阳转.科学出版社.

Brockman J. (2016). Life：The Leading Edge of Evolutionary Biology，Genetics，Anthropology，and Environmental Science. Harper Perennial.

Schordinger E. (1944). *What Is Life*. Cambridge University Press.

Prigogine I，Stengers I. (1984). *Oder Out of Chaos*. Bantam Books.

Strevens M. (2020). *The Knowledge Machine*. Liveright.

Kuhn T. (1962). *The Structure of Scientific Revolutions*. University of Chicago Press.

Barabasi A. (2002). *Linked*. Persues Books.

第二章

相关文献：

Khodor J，Halme D G，Walker G C. (2004). A hierarchical biology concept framework：A tool for course design. *Cell Biol*. *Educ*. , 3(2)：111-21.

相关参考书：

Urry L A，Cain M L，Wasserman S A，et al. (2017). *Campbell Biology* 11th ed. Pearson.

Phelan J. (2013). *What Is Life：A Guide to Biology* 2nd ed. W. H. Freeman and Company.

Sadava D，et al. *Life：The Science of Biology*. W. H. Freeman and Company.

吴相钰，陈守良，葛明德.(2014).陈阅增普通生物学.高等教育出版社.

Darwin C. (1859). *On the Origin of Species*. John Murry.

Allen G E，Baker J J W. (2017). *Scientific Process and Social Issues in Biology Education*. Springer. (中译版)生命科学的历程. (2020). 李峰，王东辉译. 中西书局.

Allen G E. (1978). *Life Science in the Twenties Century*. Cambridge University Press.

第三章

相关文献：

Li H，Helling R，Tang C，Wingreen N. (1996). Emergence of preferred structures in a simple model of protein folding. *Science*，273(5275)：666-669.

Liang H H，Chen H，Fan K Q，et al. (2009). De Novo Design of a beta alpha beta Motif. *Angew. Chem. Int. Ed. Engl.*，48 (18)，3301-3303.

Ma W，Trusina A，El-Samad H，et al. (2009). Defining network topologies that can achieve biochemical adaptation. *Cell*，138(4)：760-773.

Bai S N，Ge H，Qian H. (2018). Structure for energy cycle：A unique status of second law of thermodynamics for living systems. *Sci. China Life Sci.*，61(10)：1266-1273

Qian H. (2006). Open-system nonequilibrium steady state：statistical thermodynamics，fluctuations，and chemical oscillations. *J. Phys. Chem. B*，110：15063-15074.

Saitta A M，Saija F. (2014). Miller experiments in atomistic computer simulations. *P. Natl. Acad. Sci. USA.*，111(38)：13768-13773.

相关参考书：

樊启昶，白书农. (2003). 发育生物学原理. 高等教育出版社.

樊启昶. (2005). 解析生命. 高等教育出版社.

Cookell C. (2018). *The Equations of Life*. Atlantic Books.

Jacob F. (1974). *The Logic of Life：A History of Heredity*. Pantheon Books.

Barton N H，et al. (2007). *Evolution*. Cold Spring Harbor Laboratory Press.

第四章

相关文献：

Wächtershäuser G. (1988). An all-purine precursor of nucleic acids. *P. Natl. Acad. Sci. USA.*，85(4)：1134-1135.

Orgel L E. (2004). Prebiotic chemistry and the origin of the RNA world. *Crit. Rev. Biochem. Mol. Biol.*，39(2)：99-123.

Zhong R G，Zhao L J，Zhao Y F. N-phosphorylamino acids and penta-coordinate phosphorous compounds in the chemical process of life. *Conf. Proc. IEEE. Eng. Med. Biol. Soc.*，2005：6108-6111.

Damer B. (2019). David Deamer：Five decades of research on the question of how life can begin. *Life-Basel*，9(2)：36.

Wołos A，Roszak R，Żądło-Dobrowolska A，et al. (2020). Synthetic connectivity，emergence，and self-regeneration in the network of prebiotic chemistry. *Science*，369 (6511)：eaaw1955.

相关参考书：

Mayr E. (1982). *The Growth of Biological Thought：Diversity，Evolution，and In-*

heritance. Belknap Press: An Imprint of Harvard University Press.

Fisher R A. (1930). *The Genetical Theory of Nature Selection*. Oxford at the Clarendon Press.

参考网站：

Leslie E Orgel 1927-2007. www. nasonline. org/memoirs

第五章

相关参考书：

Strasburger E. (1976). *Strasburger's Textbook of Botany English Translation* 30th ed. by von Denffer D, Bell P, Coombe D. Longman.

张昀. (1998). 生物进化. 北京大学出版社.

Hoffmann P M. (2012). *Life's Ratchet*. Basic Books.

Cuvier G, et al. (2012). *The Animal Kingdom*. Cambridge University Press.

第六章

相关文献：

Drygin Y F. (1998) Natural covalent complexes of nucleic acids and proteins: Some comments on practice and theory on the path from well-known complexes to new ones. *Nucl. Acid Res.*, 26(21): 4791-4796.

Tang Q Y, Ren W, Wang J, Kaneko K. (2022). The statistical trends of protein evolution: A lesson from AlphaFold database. *Mol. Biol. Evol.*, 39(10): msac197.

Kim J D, Rodriguez-Granillo A, Case D A, et al. (2012). Energetic selection of topology in ferredoxins. *PLoS Comput. Biol.*, 8(4): e1002463.

相关参考书：

Nelson D L, Cox MM. (2012). *Lehninger Principles of Biochemistry*. W. H. Freeman.

Gould S J. (1990). *Wonderful Life: The Burgess Shale and the Nature of History*. W. W. Norton & Company, Inc.

张凯. (2021). 膜蛋白结构动力学. 科学出版社.

第七章

相关文献：

Zhang Y, Lamb B M, Feldman A W, et al. (2017). A semisynthetic organism engineered for the stable expansion of the genetic alphabet. *P. Natl. Acad. Sci. USA*, 114(6): 1317-1322.

Shapiro R. (2007). A simpler origin for life. *Sci. Am.*, 296(6): 46-53.

Trefil J, Morowitz H J, Smith E. (2009). The origin of life: A case is made for the descent of lectrons. *Am. Sci.*, 97: 206-213.

Zhang L，Ren Y，Yang T，et al. (2019). Rapid evolution of protein diversity by de no-vo origination in Oryza. *Nat. Ecol. Evol.*，3(4)：679-690.

Mortola E，Long M. (2021). Turning junk into us：How genes are born. *Am. Sci.*，109：174-181.

相关参考书：

Allen G. *From Little Science to Big Science：The Development of Genetics in the Twentieth Century*. (in press)

第八章

相关文献：

Li Y M，Yin Y W，Zhao Y F. (1992). Phosphoryl group participation leads to peptide formation from N-phosphorylamino acids. *Int. J. Pept. Protein Res.*，39(4)：375-381.

Jacob F. (1977). Evolution and tinkering. *Science*，196：1161-1166.

Kahana A，Schmitt-Kopplin P，Lancet D. (2019). Enceladus：First observed primordi-al soup could arbitrate origin-of-life debate. *Astrobiology*，19(10)：1263-1278.

Zhang W，Landback P，Gschwend A R，et al. (2015). New genes drive the evolution of gene interaction networks in the human and mouse genomes. *Genome Biol.*，16：202.

相关参考书：

Lane N. (2013). *Power，Sex，Suicide：Mitochondria and the Meaning of Life*. Ox-ford University Press.

Dyson F. (1985). *Origin of Life*. Cambridge University Press.

VonBertalanffy L. (1969). *General System Theory：Foundations，Development，Ap-plication*. George Braziller Inc.

第九章

相关文献：

Cooney G，Gilbert D T，Wilson T D. (2017). The novelty penalty：Why do people like talking about new experiences but hearing about old ones? *Psychological Sci. A J. Am. Psychological Society*.

相关参考书：

Canguilhem G. (1966). *Knowledge of Life*. Fordham University Press (2008).

第十章

相关文献：

Qu Y，Jiang J，Liu X，et al. (2019). Cell cycle inhibitor Whi5 records environmental information to coordinate growth and division in yeast. *Cell Rep.*，29(4)：987-994. e5.

Zatulovskiy E，Skotheim J M. (2020). On the molecular mechanisms regulating ani-mal cell size homeostasis. Trends. *Genet.*，36(5)：360-372.

Pelletier J F，Sun L，Wise K S，et al. (2021). Genetic requirements for cell division in a genomically minimal cell. *Cell*，184(9)：2430-2440. e16.

Tan R，Zhou Y，An Z，et al. (2022). Cancer is a survival process under persistent microenvironmental and cellular stresses. *Genomics Proteomics& Bioinformatics*，18：S1672-0229(22)00076-6.

相关参考书：

Thompson D. (1917). *On Growth and Form*. Abridged by Bonner J T (1961). Cambridge University Press.

第十一章

相关文献：

Terasaki M，Shemesh T，Kasthuri N，et al. (2013). Stacked endoplasmic reticulum sheets are connected by helicoidal membrane motifs. *Cell*，154(2)：285-296.

Marshall W F. (2013). Differential geometry meets the cell. *Cell*，154(2)：265-266.

Lin C，Zhang Y，Sparkes I，et al. (2014). Structure and dynamics of ER：Minimal networks and biophysical constraints. *Biophys. J.*，107(3)：763-772.

Powers R E，Wang S，Liu T Y，et al. (2017). Reconstitution of the tubular endoplasmic reticulum network with purified components. *Nature*，543(7644)：257-260.

Li Q，Han X. (2018). Self-assembled rough endoplasmic reticulum-like proto-organelles. *iScience*，8：138-147.

López-García P，Moreira D. (2020). Cultured asgard archaea shed light on eukaryogenesis. *Cell*，181(2)：232-235.

Booth A，Doolittle W F. (2015). Eukaryogenesis, how special really? *P. Natl. Acad. Sci. USA*，112(33)：10278-10285.

白书农. (2016). 量体裁新衣：从植物发育单位到植物发育程序//《新生物学年鉴 2015》编委会. (2016). 新生物学年鉴 2015(pp. 73-116). 科学出版社.

Bai S N. (2015). The concept of the sexual reproduction cycle and its evolutionary significance. *Front. Plant Sci.*，6：11.

白书农. (2020). "有性生殖周期"，一个新概念是如何产生的?. 高校生物学教学研究（电子版），(05)：51-58.

白书农. (2017). 有性生殖周期. 植物学报，52 (3)：255-256.

白书农，赵春秀. (2020). "性"是什么?. 生命世界，(10)：52-59.

白书农. (2020). 质疑、创新与合理性——纪念《植物学通报》创刊主编曹宗巽先生诞辰 100 周年. 植物学报，55(3)：274-278.

Bai S N. (2020). Are unisexual flowers an appropriate model to study plant sex determination? *J. Exp. Bot.*，71(16)：4625-4628.

Bai S N. (2022). Updating our view of unisexual flowers in sex determination. *Science*，eLetter to Zhang et al.

相关参考书：

Milo R，Phillips R. (2015). *Cell Biology by the Numbers*. Garland Science.

Diamond J. (2013). *The World until Yesterday*. Penguin Books.

Service E R. (1975). *Origins of The State and Civilization：The Process of Cultural Evolution*. W. W. Norton & Company，Inc.

第十二章

相关文献：

Tong K，Bozdag G O，Ratcliff W C. (2022). Selective drivers of simple multicellularity. *Curr. Opin. Microbiol.*，67：102141.

Kaplan D R，Hagemann W. (1991). The relationship of cell and organism in vascular plants. *BioScience*，41(10)：693-703.

Richter D J，King N. (2013). The genomic and cellular foundations of animal origins. *Annu. Rev. Genet.*，47：509-537.

Nissen S B，Perera M，Gonzalez J M，et al. (2017). Four simple rules that are sufficient to generate the mammalian blastocyst. *PLoS Biol.*，15(7)：e2000737.

Kirk D L. (2005). A twelve-step program for evolving multicellularity and a division of labor. *Bioessays*，27(3)：299-310.

Herron M D. (2016). Origins of multicellular complexity：Volvox and the volvocine algae. *Mol. Ecol.*，25(6)：1213-1223.

相关参考书：

Lindenmayer A，Prusinkiewicz P. (1991). *The Algorithmic Beauty of Plants*. Springer.

第十三章

相关文献：

Bai S N. (2017). Reconsideration of plant morphological traits：From a structure-based perspective to a function-based evolutionary perspective. *Front. Plant Sci.*，8：345.

Bai S N. (2019). Plant morphogenesis 123：A renaissance in modern botany? *Sci. China Life Sci.*，62(4)：453-466.

Chen R，Shen L P，Wang D H，et al. (2015). A gene expression profiling of early rice stamen development that reveals inhibition of photosynthetic genes by OsMADS58. *Mol. Plant*，8：1069-1089.

白书农. (1999). 现象，对现象的解释和植物发育单位//李承森主编. (1999). 植物科学进展(第二卷)，(pp. 52-69). 高等教育出版社.

Bai S N，Rao G Y，Yang J. (2022). Origins of the seed：The "golden-trio hypothesis". *Front. Plant Sci.*，13：965000.

杨亲二. (2006). 也谈"物种"一词的用法——与王文采先生商榷. 植物生态学报，30(2)，359-360.

相关参考书：

白书农. (2003). 植物发育生物学. 北京大学出版社.

Arber A. (1950). *The Natural Philosophy of Plant Form*. Cambridge University Press.

Waddington C H. (1966). *Principles of Development and Differentiation*. Macmillan.

Gilbert F. (2006). *Developmental Biology*. Sinauer Associates Inc.

Wolpert L, Tickle C. (2010). *Principles of Development*. Oxford University Press.

第十四章

相关文献：

Zheng Y F, Wang D H, Ye S D, et al. (2021). Auxin guides germ-cell specification in *Arabidopsis anthers*. *PNAS*, 118(22): e2101492118.

Shen L, Tian F, Cheng Z, et al. (2022). OsMADS58 stabilizes gene regulatory circuits during rice stamen development. *Plants-Basel*, 11(21): 2899.

Bai S N, Xu Z H. (2012). Bird-nest puzzle: Can the study of unisexual flowers such as cucumber solve the problem of plant sex determination? *Protoplasma*, *249 Suppl 2* (s2): S119.

Wheeler D. (1986). Developmental and physiological determinants of caste in social hymenoptera: Evolutionary implications. *Am. Naturalist*, *128*(1): 13034.

Li F, Yang J J, Sun Z Y, et al. (2023). Plant-on-Chip: Core morphogenesis processes in the tiny plant *Wolffia australiana*. *PNAS Nexus*, 2(5): pgad141.

相关参考书：

Bell G. (1982). The masterpiece of nature: The evolution and genetics of sexuality. E-thology & Sociobiology, 5(1): 73-75.

Moldinow L. (2015). *The Upright Thinkers*. (中文版) 思维简史：从丛林到宇宙. (2018). 龚瑞译. 中信出版社.

Robbins W W, Pearson H. (1933). *Sex in The Plant World*. D. Appleton-Century Company.

Coulter J M. (1914). *Evolution of Sex in Plants*. University of Chicago Press.

Bull J J. (1983). *Evolution of Sex Determing Mechansims*. Benjamin/Cummings Pub. Co.

Beukboom L W, Perrin N. (2014). *The Evolution of Sex Determination*. Oxford University Press.

Wilson E O. (1975). *Sociobiology: The New Synthesis*. Belknap Press.

第十五章

相关参考书：

Murphy M P, O'Neil L J. (1995). *What Is Life: The Next Fifty Years, Specifica-*

tions on the Future of Biology. Cambridge University Press.

Waddington C H. (1966). The Principle of Development and Differentiation.

Bungo M. (2019). *Doing Science：in the Light of Philosophy*. (中文版)搞科学：在哲学的启示下. (2022). 范岱年，潘涛译. 浙江大学出版社.

第十六章

相关参考书：

Arthur B. (2011). *Nature of Technology：What It Is and How It Evolves*. Free Press.

白书农. (2021). 疫情之后，人类社会向哪里去//宋冰主编. 走出人类世. (2011). 中信出版社.